AF325470

ENCYCLOPÉDIE INDUSTRIELLE
Fondée par M.-C. Lechalas, Inspecteur général des Ponts et Chaussées en retraite

COURS DE L'ÉCOLE NATIONALE SUPÉRIEURE DES MINES

COURS

DE

CHEMINS DE FER

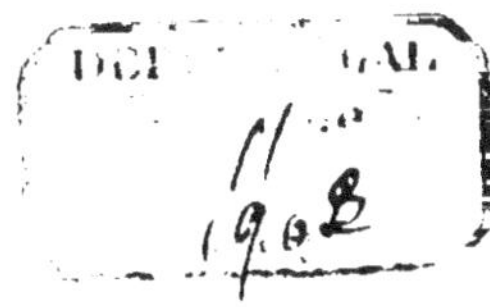

PROFESSÉ PAR

E. VICAIRE
Inspecteur général des Mines

RÉDIGÉ ET TERMINÉ PAR

F. MAISON
Ingénieur au Corps des Mines

MATÉRIEL ROULANT. — TRACTION
VOIE
EXPLOITATION

PARIS

GAUTHIER-VILLARS, IMPRIMEUR-LIBRAIRE

DE L'ÉCOLE POLYTECHNIQUE, DU BUREAU DES LONGITUDES, ETC.
55, quai des Grands-Augustins

Tous droits réservés

ENCYCLOPÉDIE DES TRAVAUX PUBLICS
Fondateur : M.-C. LECHALAS, 108, *rue de Rennes, PARIS.*
Volumes grand in-8°, avec de nombreuses figures.
Médaille d'or à l'Exposition universelle de 1889
Exposition de 1900 (Voir pages 3 et 4 de la couverture)

OUVRAGES DE PROFESSEURS A L'ÉCOLE DES PONTS ET CHAUSSÉES

M. **Bechmann**. *Distributions d'eau et Assainissement.* 2ᵉ édit., 2 vol. à 20 fr...... 40 fr.

M. **Bricka**. *Cours de chemins de fer de l'École des ponts et chaussées.* 2 vol., 1343 pages et 514 figures.. 40 fr.

M. **Colson**. *Cours d'économie politique,* tome 1................................. 10 fr.

M. L. **Durand-Claye**. *Chimie appliquée à l'art de l'ingénieur,* en collaboration avec MM. Dérôme et *Féret,* 2ᵉ édit. considérablement augmentée, 15 fr. — *Cours de routes de l'École des ponts et chaussées,* 606 pages et 234 figures, 2ᵉ édit., 20 fr. — *Lever des plans et nivellement,* en collaboration avec MM. *Pelletan* et *Lallemand.* 1 vol., 703 pages et 280 figures (cours des Écoles des ponts et chaussées et des mines, etc.).................... 25 fr.

M. **Flamant**. *Mécanique générale (Cours de l'École centrale),* 1 vol. de 544 pages, avec 203 figures, 20 fr. — *Stabilité des constructions et résistance des matériaux.* 2ᵉ édit., 670 pages, avec 270 figures, 25 fr. — *Hydraulique (Cours de l'École des ponts et chaussées),* 1 vol., 2ᵉ éd. considérablement augmentée (Prix Montyon de mécanique)..................... 25 fr.

M. **Gariel**. *Traité de physique.* 2 vol., 448 figures............................... 20 fr.

M. **Hirsch**. *Résumé du cours de machines à vapeur et locomotives.* 1 volume....... 18 fr.

M. F. **Laroche**. *Travaux maritimes.* 1 vol. de 490 pages, avec 116 figures et un atlas de 46 grandes planches, 40 fr. — *Ports maritimes.* 2 vol. de 1006 pages, avec 524 figures et 2 atlas de 37 planches, double in-4° (*Cours de l'École des ponts et chaussées*)..... 50 fr.

M. DE **Mas**, Inspecteur général des ponts et chaussées. *Rivières à courant libre.* 1 vol. avec 97 fig. ou planch., 17 fr. 50. —*Rivières canalisées.* 1 vol. avec 176 fig. ou planch. 17 fr. 50

M. **Nivoit**, Inspecteur général des mines : *Cours de géologie,* 2ᵉ édition, 1 vol. avec carte géologique de la France.. 20 fr.

M. M. **d'Ocagne**. *Géométrie descriptive et Géométrie infinitésimale* (cours de l'École des ponts et chaussées), 1 vol., 340 fig................................. 12 fr.

M. DE **Préaudeau**. *Procédés généraux de construction. Travaux d'art.* Tome I, avec 508 fig. 20 fr. Tome II, avec 389 figures...................................... 20 fr.

M. J. **Résal**. *Traité des Ponts en maçonnerie,* en collaboration avec M. Degrand. 2 vol., avec 600 figures, 40 fr. — *Traité des Ponts métalliques* 2 vol., avec 500 figures, 40 fr. — *Constructions métalliques, élasticité et résistance des matériaux :* fonte, fer et acier. 1 vol. de 652 pages, avec 203 figures, 20 fr. — Le 1ᵉʳ volume des *Ponts métalliques* est à sa seconde édition (revue, corrigée et très augmentée) — *Cours de ponts,* professé à l'École des ponts et chaussées, 1 vol. de 410 pages, avec 284 figures (*Études générales et ponts en maçonnerie*), 14 fr. — *Cours de résistance des matériaux* (École des ponts et chaussées), 120 figures, 16 fr. — *Cours de stabilité des constructions,* 240 figures............ 20 fr.

OUVRAGES DE PROFESSEURS A L'ÉCOLE CENTRALE DES ARTS ET MANUFACTURES

M. **Deharme**. *Chemins de fer. Superstructure* ; première partie du cours de chemins de fer de l'École centrale. 1 vol. de 696 pages, avec 310 figures et 1 atlas de 73 grandes planches in-4° doubles (voir *Encyclopédie industrielle* pour la suite de ce cours). 50 fr. On vend séparément : *Texte,* 15 fr.; *Atlas,* 35 fr.

M. **Denfer**. *Architecture et constructions civiles.* Cours d'architecture de l'École centrale : *Maçonnerie.* 2 vol., avec 794 figures, 40 fr. — *Charpente en bois et menuiserie.* 1 vol., avec 680 figures, 25 fr. — *Couverture des édifices* 1 vol., avec 423 figures, 20 fr. — *Charpenterie métallique, menuiserie en fer et serrurerie* 2 vol., avec 1.050 figures, 40 fr. — *Fumisterie (Chauffage et ventilation).* 1 vol. de 726 pages, avec 731 figures (numérotées de 1 à 375, l'auteur affectant chaque groupe de figures d'un numéro seulement). 25 fr. *Plomberie : Eau, Assainissement ; Gaz,* 1 vol. de 568 p. avec 391 fig.......... 20 fr.

M. **Dorion**. *Cours d'Exploitation des mines.* 1 vol. de 692 pages, avec 1.100 figures. 25 fr. Ce Cours, professé à l'École centrale, est suivi du recueil complet des documents officiels, actuellement en vigueur, relatifs à l'exploitation des mines (lois, ordonnances et décrets, circulaires).

M. **Monnier**. *Électricité industrielle,* cours professé à l'École centrale, 2ᵉ édition considérablement augmentée (*voir ci-après*), 1 vol. de 830 pages......................... 25 fr.

M. Mᵉˡ **Pelletier**. *Droit industriel,* cours professé à l'École centrale. 1 vol........ 15 fr.

MM. E. **Rouché** et **Brisse**, anciens professeurs de géométrie descriptive à l'École centrale. *Coupe des pierres.* 1 vol. et un grand atlas................................ 25 fr.

OUVRAGES D'UN PROFESSEUR AU CONSERVATOIRE DES ARTS ET MÉTIERS

M. E. **Rouché**, membre de l'Institut. *Éléments de statique graphique.* 1 vol..... 12 fr. 50

MM. **Rouché** et Lucien **Lévy**. *Calcul infinitésimal,* 2 vol. Chaque vol. (*Encyc. indust.*) 15 fr.

OUVRAGES DE PROFESSEURS A L'ÉCOLE NATIONALE SUPÉRIEURE DES MINES

M. **Aguillon**. *Législation des mines, française et étrangère.* 3 vol.................... 40 fr.

M. **Pelletan**. *Lever des plans et nivellement souterrains* (Voir ci-dessus : *Durand-Claye*).

M. **Chesneau**. *Lois générales de la Chimie.* 1 vol. avec 37 figures .... 7 fr. 50

MM. **Vicaire** et **Maison**. *Cours de Chemins de fer de l'École des Mines*............ 20 fr.

(*Voir la suite ci-après*)

CHEMINS DE FER

COURS DE L'ÉCOLE NATIONALE SUPÉRIEURE DES MINES

*Tous les exemplaires du Cours de M. VICAIRE seront
revêtus de la signature du Fondateur de l'Encyclopédie Industrielle
et de la griffe du Libraire.*

Le Cours de Chemins de fer de M. VICAIRE sera étudié avec un grand intérêt et beaucoup de profit par les Ingénieurs ; on remarquera que l'auteur a interverti l'ordre des matières habituellement adopté, et plusieurs penseront qu'il était intéressant de faire cette tentative. Le professeur, atteint par la maladie qui devait le ravir à sa famille et à ses amis, ayant désigné M. MAISON, son ancien élève, pour la rédaction du Cours, cet ingénieur a suivi de nouveau les leçons du maître et les a fidèlement reproduites ; mais il faut ajouter que les dernières leçons avaient été très écourtées, M. VICAIRE s'étant laissé surprendre par le temps, et que, par suite, la composition même d'une partie notable de l'ouvrage doit être attribuée à M. MAISON Le lecteur ne verra pas où est le point de soudure, et c'est le plus bel éloge que nous puissions faire du nouveau collaborateur de l'Encyclopédie.

M.-C. L.

ENCYCLOPÉDIE INDUSTRIELLE
Fondée par M.-C. LECHALAS, Inspecteur général des Ponts et Chaussées en retraite

COURS DE L'ÉCOLE NATIONALE SUPÉRIEURE DES MINES

COURS

DE

CHEMINS DE FER

PROFESSÉ PAR

E. VICAIRE
Inspecteur général des Mines

RÉDIGÉ ET TERMINÉ PAR

F. MAISON
Ingénieur au Corps des Mines

MATÉRIEL ROULANT. — TRACTION
VOIE
EXPLOITATION

PARIS

GAUTHIER-VILLARS, IMPRIMEUR-LIBRAIRE
DE L'ÉCOLE POLYTECHNIQUE, DU BUREAU DES LONGITUDES, ETC.
55, quai des Grands-Augustins

1903
Tous droits réservés

RENSEIGNEMENTS STATISTIQUES ET CONSIDÉRATIONS GÉNÉRALES

Avant d'aborder l'étude des chemins de fer, objet de ce cours, nous donnerons d'abord quelques renseignements statistiques qui feront ressortir l'importance et le caractère de cette industrie.

Ce qui caractérise les chemins de fer, c'est la grande uniformité des données, comme aussi des résultats, la répétition des éléments qui se multiplient par des facteurs énormes. Dans les autres industries, les Mines et la Métallurgie par exemple, les données, les solutions, les produits varient avec chaque espèce. Dans les chemins de fer, les conditions sont tout autres. Si le tracé varie, il ne présente point, d'un endroit à l'autre, des écarts tellement grands qu'ils impliquent des solutions essentiellement différentes, sauf quelques cas exceptionnels. Les moyens adoptés pour le transport des marchandises et des voyageurs seront presque toujours les mêmes, mais ils se reproduiront sur une échelle considérable. Par suite, tous les détails prennent une très grande importance. On peut étudier la tête d'un boulon, par exemple, de manière qu'elle satisfasse à telle ou telle condition ; ce détail, pour d'autres industries, serait sans intérêt à rappeler dans un cours parce que rarement en rencontrera les mêmes conditions ; il prend une grande importance dans les chemins de fer parce que ce même boulon y est employé des millions de fois. De même, lorsque, dans l'industrie, on a besoin d'une poutre en fer, on n'en étudie pas spécialement la forme ; on se borne le plus souvent à prendre les types du commerce ; pourvu que la résistance que l'on évalue par un calcul approximatif soit suffisante, on s'en contente. Le rail est en réalité une poutre en fer. Il est cependant de première nécessité, au point de vue économique, puisqu'il se reproduit sur des milliers de kilomètres, ainsi qu'au point de vue de la sécurité, puisque c'est lui qui guide les convois, d'en étudier minutieusement la forme ainsi que la nature du métal qui doit le constituer. Si, dans l'art des mines, on voulait pénétrer tous les détails avec le même soin, il faudrait consacrer plusieurs années à étudier, par exemple, l'armement des puits, et l'étude serait dénuée d'intérêt puisque les solutions ne restent pas les mêmes, et qu'elles varient avec chaque cas.

Si nous nous reportons à la statistique des chemins de fer français pour l'année 1895, nous voyons que les *chemins de fer en exploitation*, appartenant ou devant faire retour à l'Etat,

ont une longueur totale de.......................... 36.564 km.

les *chemins de fer d'intérêt local*, en exploitation, une longueur de.. 3.889 km.

ce qui donne un total, en exploitation de............ 40.453 km.

auxquels il faut ajouter, pour les *tramways en exploitation* 2.167 km.

De la même statistique, il résulte que, pour les chemins de fer d'intérêt général, c'est-à-dire ceux de la première catégorie ci-dessus, la dépense de premier établissement est de.................. 13.589 millions

celle du matériel roulant de....................... 2.009 millions

La dépense totale est donc de.................... 15.598 millions pour les chemins de fer français, ce qui représente, par kilomètre, 429.728 francs.

Les résultats financiers de l'année 1895, s'établissent ainsi (1) :

	TOTALES	PAR KILOMÈTRE
Recettes.......	1.253.130.178 fr.	34.567 fr.
Dépenses	676.765.639 fr.	18.668 fr.
Produit net	576.364.539 fr.	15.899 fr.

Ce qui donne un rendement de 3,69 o/o du capital effectivement dépensé. Ce rendement est très modeste.

Si on prend le rapport de la dépense à la recette, on obtient ce que l'on nomme le *coefficient d'exploitation*, chiffre souvent envisagé dans l'étude des questions de chemins de fer. Ce coefficient, pour l'année 1895, est de 54 o/o. Il varie essentiellement d'une ligne à l'autre, et même d'un réseau à l'autre. Pour les grandes lignes, il tombe rarement au-dessous de 33 o/o ; sur les lignes secondaires, d'exploitation difficile et de faible recette, il dépasse parfois 100 o/o. Entre les divers réseaux, les écarts sont moins sensibles ; il passe de 46,3 o/o, pour le réseau P.-L.-M., à 75,9 o/o pour celui de l'Etat, et 81,2 o/o pour les lignes secondaires concédées.

(1) En 1897, pour un réseau à peine accru (36.934 kilom. en exploitation au lieu de 36.564) les résultats financiers ont été sensiblement différents :

	TOTALES	PAR KILOMÈTRE
Recettes.....................	1.337.863.720 fr.	36.223 fr.
Dépenses	696.779.864 fr.	18.866 fr.
Produit net...	641.083.856 fr.	17.357 fr.

Coefficient d'exploitation : 52 o/o.

Il ne faut pas attacher au coefficient d'exploitation un sens trop absolu et le prendre pour argument de la plus ou moins bonne exploitation d'une ligne. Lorsqu'il s'élève, les dépenses totales croissent plus vite que les recettes ; cela peut tenir à des circonstances de fait, aux conditions de l'exploitation, mais cela ne prouve nullement une plus ou moins bonne exploitation. De plus, il est facile de voir qu'il y a souvent intérêt à augmenter le coefficient d'exploitation d'une ligne. Si, par exemple, le coefficient d'exploitation est de $\frac{54}{100}$, et que l'on fasse sur cette ligne une dépense d pour se procurer une recette r, dès que la recette r est supérieure à d, il y aura avantage à faire cette dépense et, cependant, tant que cette recette sera inférieure à $\frac{100}{54} d$, le coefficient d'exploitation s'élèvera ; l'augmentation de ce coefficient, loin d'être le signe d'une exploitation défectueuse, sera donc ici, au contraire, la preuve d'une exploitation progressive.

Si nous considérons maintenant les quantités transportées, nous avons les résultats suivants, pour le réseau d'intérêt général seulement :

	A TOUTE DISTANCE	KILOMÉTRIQUES
Voyageurs................	348.852.096	10.656 999.557
Tonnes de marchandises..........	100.833.742	12.898.456.429

Nous rappellerons que le nombre des voyageurs kilométriques ou des tonnes kilométriques représente la somme totale des parcours des voyageurs ou des tonnes de marchandises.

De ces résultats on déduit les suivants :

Parcours moyen d'un voyageur....... ....   3o km. 5
   (rapport du nombre de voyageurs kilométriques
   au nombre total des voyageurs à toute distance)
Parcours moyen d'une tonne................   127 km. 9

Un autre point intéressant est de connaître le tarif moyen des voyageurs et des marchandises ; il est représenté par le tableau ci-après :

	TARIF MOYEN (1)	
	D'UN VOYAGEUR	D'UNE TONNE
En 1895................	3 c. 83	5 c. 16
En 1893.......	3 c. 88	5 c. 25
En 1890..................	4 c. 4o	5 c. 46

(1) On voit qu'un voyageur transporté à un kilomètre et une tonne transportée à un kilomètre donnent une recette et probablement aussi une dépense à peu près

De 1890 à 1895, il y a eu diminution du tarif moyen pour les marchandises et les voyageurs. Pour les marchandises, la différence est peu sensible ; elle est au contraire importante pour les voyageurs. Elle provient de ce que l'État ayant, en 1892, supprimé l'impôt sur les transports en vitesse, les Compagnies ont dû, ainsi qu'elles s'y étaient engagées lors des conventions de 1883, réduire leurs tarifs correspondant à cette catégorie de transports.

Voici encore quelques chiffres utiles :

Nombre total des locomotives...... 10.080

représentant une puissance totale de 4 millions de chevaux. On sait que l'évaluation de la puissance d'une machine à vapeur en chevaux dépend des conditions dans lesquelles elle travaille. Elle a été faite ici en prenant les conditions habituelles de marche des locomotives.

Nombre des voitures à voyageurs............ 25.729

Nombre des wagons à marchandises......... 269.630

Total......... 295.359

Soit environ 300.000 véhicules. Ce nombre est très éloquent au point de vue de l'importance des détails dont nous parlions tout à l'heure. Si l'on remarque, par exemple, que chaque véhicule possède deux attelages, toute modification à apporter au système d'attelage devrait être reproduite 600.000 fois. Même peu coûteuse, une telle modification soulève donc immédiatement une difficulté au point de vue économique.

Personnel de tout ordre des compagnies.... 252.919

dont 25.350 femmes, soit 1/10 environ. On voit que le nombre total des agents de tout ordre est un peu inférieur à celui des véhicules. Il y a quelques années, ces nombres étaient sensiblement les mêmes, et l'on pouvait dire que, sur le réseau français, il y avait un agent pour un véhicule. Depuis lors, les économies de personnel ont été réalisées, mais la règle reste encore approximativement vraie.

En ajoutant au nombre des locomotives déjà donné, qui ne s'applique qu'au réseau d'intérêt général, le nombre des locomotives des chemins de fer secondaires et des tramways, on a, pour les chemins de fer de toute nature et les tramways, un nombre total de 11.223 locomotives d'une puissance totale de 4.134.829 chevaux-vapeur. Les machines actionnant les ateliers annexés aux chemins de fer, les pompes d'alimentation, etc... sont au nombre de 2.238, avec une puissance de 27.487 chevaux. Finalement, l'industrie des chemins de fer représente donc une puissance de 4.162.316 chevaux-vapeur.

pareilles. C'est pourquoi, lorsqu'on veut comparer le trafic de deux lignes sur lesquelles l'élément voyageurs et l'élément marchandises n'ont pas la même importance relative, on prend assez ordinairement le voyageur kilométrique et la tonne kilométrique comme des quantités équivalentes sous le nom commun d'*unités de trafic*, et l'on obtient la comparaison demandée en prenant le nombre total d'unités de trafic que chacune des lignes transporte dans un même temps.

Ce dernier chiffre fait ressortir l'importance des chemins de fer eu égard aux autres industries : pour l'ensemble des établissements industriels français, le nombre total des machines, d'après les relevés faits par le Service des Mines, est de 65.595 représentant seulement une puissance de 1.163.205 chevaux-vapeur, c'est-à-dire le quart environ de la puissance dont disposent les chemins de fer. La puissance motrice n'est évidemment pas la mesure de l'importance d'une industrie ; néanmoins le rapprochement qui précède fait ressortir d'une manière saisissante la place que les chemins de fer occupent dans la vie industrielle du pays. Pour le rendre équitable, il faut remarquer toutefois que ce qui importe n'est pas tant la consistance du matériel moteur disponible que le travail moteur développé. Or, les conditions d'utilisation des machines motrices sont parfois très différentes dans les chemins de fer et dans d'autres industries. Tandis que, dans certaines industries, comme les Forges, par exemple, le travail est continu, il est, au contraire, dans les chemins de fer très fréquemment interrompu : on a, en effet, l'habitude, pour des raisons sur lesquelles nous reviendrons, d'affecter une équipe à chaque locomotive ; le travail de celle-ci se trouve ainsi limité par celui du personnel qui la conduit, travail qui doit être d'autant plus court en durée qu'il est plus intensif.

Si nous comparons maintenant les chemins de fer à la navigation fluviale et maritime, la prédominance de cette industrie est encore plus marquée. La force motrice comprend, la marine militaire exclue :

appareils propulseurs 1.799 donnant une puissance de..	747.677 chx
appareils auxiliaires 4.535 » ..	47.976 chx
Total.....	795.653 chx

soit moins de 1/5 de la force utilisée dans l'industrie des chemins de fer.

Voici maintenant les chiffres qui s'appliquent au monde entier, et qui sont tirés d'une publication allemande (*Archiv. f. Eisenbahnwesen*, reproduite dans *Bull. Congrès internat.*, juillet 1897). Ils s'appliquent à la fin de 1895 :

Amérique, longueur totale de chemins de fer en exploitation....................................	369.686 kil.
Europe, longueur totale de chemins de fer en exploitation....................................	249.899 »
Asie, longueur totale de chemins de fer en exploitation....................................	43.279 »
Australie, longueur totale de chemins de fer en exploitation....................................	22.349 »
Afrique, longueur totale de chemins de fer en exploitation....................................	13.143 »
Total.........	698.356 kil.

Dans cette publication, on admet que la dépense kilométrique moyenne a été :

en Europe.......... de 389.625 fr.

hors d'Europe...... de 191.900 fr.

ce qui donne, pour le capital engagé :

en Europe..... 97.367,5 millions

hors d'Europe. 86.047,5   »

soit au total, pour le monde entier, une dépense de 183.415 millions.

On voit que la dépense kilométrique est moins grande pour l'Europe que pour la France, et moins grande encore pour l'Amérique que pour l'Europe. Il ne faudrait pas croire que ces différences de prix indiquent pour les chemins de fer français ou européens une construction moins économiquement dirigée, un gaspillage des capitaux. Elles tiennent dans la plus large mesure à des différences dans les installations ; suivant qu'un chemin de fer est construit avec des déclivités et des courbures plus ou moins fortes, qu'il est à simple ou à double voie, qu'il est pourvu de gares plus ou moins amples, d'appareils de sécurité ou de manutention plus ou moins complets et perfectionnés, le coût moyen d'un kilomètre varie dans une mesure considérable.

Nous avons comparé l'industrie des chemins de fer avec les autres industries du pays. Il y aura intérêt à la comparer maintenant, au point de vue des services rendus, avec les autres modes de transport.

En faisant abstraction des nouveaux modes de circulation sur route (automobiles, bicyclettes) il y a entre la vitesse de circulation routière et celle obtenue avec les chemins de fer des différences considérables.

La vitesse des voitures à voyageurs sur les routes principales de Paris aux grandes villes de France, temps d'arrêt compris, était :

à la fin du xviie siècle.....de 2 k. 2

à la fin du xviiie siècle....de 3 k. 4

en 1814.................de 4 k. 3

en 1830.................de 6 k. 5

en 1847.................de 9 k. 7

En dernier lieu, sur les routes les mieux desservies, avec de bons services de malles-postes, elle atteignait 12 km. à l'heure. Il fallait en moyenne 5 jours pour aller de Paris à Marseille, tandis qu'actuellement le trajet s'effectue en 13 heures.

Quant aux transports de marchandises sur route, ils s'effectuent à une vitesse très faible, puisque les convois vont presque toujours au pas.

Avant de donner les chiffres qui se rapportent aux chemins de fer, nous préciserons le sens adopté pour certaines expressions concernant la vitesse.

On distingue trois sortes de vitesse :

La *vitesse réelle de marche*, qui est la vitesse au sens cinématique du mot ; nous n'avons pas besoin de la définir ;

La *vitesse moyenne de pleine marche* : c'est le quotient du chemin parcouru entre deux stations par le temps mis à le parcourir, diminué d'un certain temps pour tenir compte du temps perdu pour le démarrage et le ralentissement à l'arrivée, quelquefois pour ralentissement en certains points du parcours. Cette quantité, dont on diminue la durée du parcours, varie suivant les règles adoptées par les Compagnies, et même pour chaque catégorie de trains. Fréquemment, on prend comme règle une diminution de 1 minute pour le ralentissement à l'arrivée et de 1 minute pour le démarrage.

Enfin, la *vitesse commerciale* : c'est le quotient de la distance parcourue par la durée totale du parcours, arrêts compris :

La vitesse de marche des trains de marchandises varie de 14 à 24 km. à l'heure ; elle descend rarement au-dessous de 20 km.; les trains mixtes ont une vitesse de 25 à 40 km. ; les trains omnibus de 27 à 50 km. ; les trains directs de 40 à 55 km.; enfin, les trains express et rapides ont une vitesse de marche qui atteint ordinairement 75 à 80 km. et s'élève parfois à 110 et même 120 km. ; la vitesse commerciale varie, suivant la fréquence et l'importance des arrêts, entre 45 km., 50 et 65 ou 70 km. ; pour certains parcours, on arrive même, depuis quelques années, à des vitesses commerciales de 80 et 90 k.

Pour les marchandises, la vitesse commerciale est très variable ; elle est limitée par les délais de transport qui sont alloués aux compagnies et qui, en France, sont calculés, non compris les délais au départ à l'arrivée, à raison de :

    200 km. par jour pour les grandes lignes,
    125 km. par jour pour les lignes secondaires.

En réalité, la vitesse est, le plus souvent, bien au-dessus des résultats donnés par cette règle, mais cette dernière est nécessaire pour permettre aux compagnies de grouper les marchandises de manière à suffire aux exigences des expéditeurs et des destinataires sans mettre en circulation un trop grand nombre de trains, et à pouvoir faire ainsi des transports économiques.

Les transports par chemins de fer sont non seulement plus rapides que ceux sur routes, mais encore notablement moins coûteux. Le tarif moyen des marchandises est d'environ 5 c.; mais, il n'est pas rare, pour des matières pondéreuses, dans certaines conditions favorables, notamment quand on utilise des trains de retour, de voir ce tarif s'abaisser à 1 c. 5, 1 c., et même tomber, en Amérique, au-dessous de 1 c. Sur routes, il est d'environ 0 fr. 50. Il ne descend jamais au-dessous de 0 fr. 30, et il atteint parfois 1 fr. par km. sur de mauvaises routes ; et cependant, le tarif du chemin de fer comprend l'entretien de la voie, tandis que le transporteur sur route ne paie pas autrement que comme le font tous les contribuables l'entretien des routes sur lesquelles il effectue ses transports. A ces avantages de vitesse et d'économie, s'en ajoute un troisième, c'est la puissance de *débit* qui est beaucoup plus grande sur les voies ferrées que sur route.

La navigation donne encore des vitesses plus faibles, parce que la vitesse de pleine marche est généralement très réduite, et que le temps perdu est presque toujours très considérable. Sur les canaux elle ne dépasse pas, en moyenne, 15 à 20 km. par jour, atteignant parfois pourtant, avec les porteurs isolés à vapeur, 50 à 60 km. par jour. En revanche, le tarif moyen de transport par bateaux est beaucoup moins élevé que sur route et est même plus faible que sur les chemins de fer Ce tarif est généralement inférieur à 2 c. par tonne kilométrique ; pour les grands voyages en mer, quand on utilise les bateaux de retour, ce tarif s'abaisse souvent au-dessous de 1 c. et descend à 0 c. 5. Remarquons encore que ces prix de fret ne comprennent aucune dépense d'entretien de la voie.

Ainsi donc, les chemins de fer réalisent deux avantages principaux, presque toujours cumulés, sur les autres modes de transport, l'économie et la vitesse. Ces avantages tiennent à deux causes principales : l'emploi d'une voie perfectionnée et celui de moteurs à vapeur.

La voie perfectionnée a permis, en guidant les véhicules, d'établir la circulation avec de grandes vitesses et, en diminuant la résistance au roulement, d'utiliser plus complètement la puissance du moteur, c'est-à-dire de faire des transports économiques. La vapeur a donné le moyen d'obtenir une grande vitesse en même temps qu'une grande puissance de traction et un travail moteur à bon marché.

Ces deux éléments, voie perfectionnée et vapeur motrice, peuvent ne pas être toujours employés simultanément. Il existe des voies ferrées sans moteur mécanique : chemins de fer à traction animale, tramways, chemins de fer d'usines, de mines, etc... C'est même l'emploi de la voie ferrée seule qui a été le point de départ des chemins de fer. D'un autre côté, on se sert de locomotives sur les routes sans établissement de voies ferrées et, depuis quelque temps, de moteurs variés : moteurs à pétrole, moteurs électriques. Dans l'un et l'autre cas, on vise surtout à l'économie ; la vitesse est forcément limitée, même dans le second cas où elle ne pourrait pas être augmentée sans danger pour le moteur lui-même et pour la circulation routière. Il n'y a, en réalité, chemins de fer véritables que lorsque ces deux éléments sont réunis, et c'est seulement l'étude des chemins de fer proprement dits qui fera l'objet de ce cours. Nous serons même, faute de temps, dans l'obligation de nous réduire au type adopté pour les lignes importantes. La solution du transport par voie ferrée, quoiqu'empreinte d'une grande uniformité, comme nous l'avons dit, a pourtant reçu quelques variantes. Dans certains cas, la voie, au lieu d'être posée sur une plate-forme spéciale, a été placée sur les routes ; dans d'autres cas les rails, au lieu d'être saillants, constituent une rainure à fleur du sol ; d'autres fois, enfin, la largeur de la voie a été réduite de 1 m. 50 environ, qui est la largeur normale, à 1 m. et même 0 m. 75, o m. 6o et o m. 5o. Mais les grands chemins de fer forment la solution la plus complète ; en passant aux types des lignes secondaires, on ne rencontre guère que des simplifications, et celui qui connaît bien les chemins de fer à voie normale n'a, pour s'occuper utilement des autres, qu'à recueillir quelques renseignements de fait sur les simplifications admissibles dans chaque cas.

L'ordre naturel qui se présente à l'esprit pour l'étude des chemins de fer, c'est l'ordre historique ou chronologique, qui est en même temps l'ordre d'invention et celui d'établissement : voie, matériel roulant et locomotives, exploitation. C'est la voie qui a été d'abord inventée et c'est elle qu'il faut d'abord établir : il paraît donc naturel de commencer l'étude par elle. Mais l'ordre le plus rationnel pour l'enseignement est celui qui permet, dans l'étude des diverses questions, de passer toujours du connu à l'inconnu. C'est là un desideratum que l'on ne peut guère réaliser d'une façon absolue dans les sciences appliquées ; il faut nécessairement faire appel, pour certaines questions, à des connaissances qui seront ultérieurement développées. Il importe d'ordonner le cours en vue de rendre cet appel aussi peu fréquent que possible, et c'est ce qui peut être obtenu en commençant l'étude des chemins de fer par celle du matériel roulant ; il suffit, en effet, pour cette étude, de savoir que le matériel roule sur deux barres parallèles ; il n'y a guère que la largeur et le profil de la jante qui dépendent des détails de construction de la voie.

Au contraire, pour se rendre compte des conditions à remplir par celle-ci, il est nécessaire de connaître le matériel roulant, le mode de traction, les mouvements et leurs perturbations. Dans le matériel roulant nous étudierons d'abord le cas le plus simple, celui des voitures et wagons, puis le cas plus complexe des locomotives ; ensuite l'utilisation de ce matériel, c'est-à-dire la traction ; après quoi nous passerons à la voie. Après la voie proprement dite, l'étude des gares, celle des signaux nous conduiront tout naturellement à l'exploitation qui est l'utilisation et la mise en œuvre des solutions et des moyens précédemment étudiés.

Il serait impossible de traiter dans ce cours toutes les questions, même purement techniques, qui se rattachent aux chemins de fer. Nous nous attacherons surtout aux questions qui intéressent directement l'exploitation technique, entendue dans le sens le plus large, et à celles qui intéressent la sécurité de la circulation.

En ce qui concerne le tracé d'un chemin de fer et l'établissement de la plate-forme, nous nous bornerons à quelques indications générales.

En définitive, nous adopterons le programme suivant :

Matériel de transport : Voitures et wagons.

Matériel moteur : Locomotive considérée comme véhicule; locomotive considérée comme machine à vapeur.

Résistance des trains, traction.

Voie : Voie proprement dite ; Tracé ; Gares.

Signaux.

Exploitation technique.

PREMIÈRE PARTIE

MATÉRIEL ROULANT

CHAPITRE PREMIER

MATÉRIEL DE TRANSPORT

§ 1. GÉNÉRALITÉS

Nous nous proposons d'étudier le *matériel de transport*, avant de passer au *matériel de traction*. Toutefois, l'un et l'autre présentent des caractères généraux communs qui les distinguent du *matériel routier*, et c'est par là que nous commencerons.

Dans leur ensemble, les véhicules des chemins de fer ressemblent à ceux des routes ; mais les circonstances spéciales dans lesquelles ils doivent être utilisés ont nécessité des modifications importantes.

1. — La première particularité du matériel des chemins de fer résulte de l'emploi combiné de la voie perfectionnée et d'un moteur à vapeur, qui permettra de transporter des charges beaucoup plus considérables que sur routes. Ces charges seront réparties sur plusieurs véhicules groupés et attachés les uns aux autres de manière à former des *convois* ou des *trains*. Ces trains ont des poids qui dépassent 200 et 250 tonnes pour les trains à grande vitesse, et 600 tonnes pour les trains de marchandises ; on assure même qu'en Amérique, pour les trains de marchandises, on arrive à dépasser 1.500 tonnes. Des charges de cette importance doivent nécessairement être réparties sur un grand nombre de points d'appui.

La voie perfectionnée est constituée par une bande métallique à laquelle on donne une faible largeur dans le but de réduire la dépense. Pour que cette voie puisse être utilisée, il faut que les véhicules soient guidés de manière à ne pas la quitter. De là résulte la nécessité de donner aux roues une forme spéciale pour les obliger à rester sur cette bande étroite. Cette condition n'est pas suffisante pour déterminer complètement la forme de la roue; on peut, par exemple, munir la bande d'une gorge creuse et donner à la roue un bourrelet qui s'engagerait dans cette ornière. C'est ce qui se fait pour les tramways urbains. On peut aussi donner à la voie la forme d'un bourrelet saillant, et à la roue celle d'une gorge : c'est la solution qui est adoptée pour les chemins de fer proprement dits ; elle permet d'avoir une voie saillante qui est toujours plus dégagée et plus propre ; mais on se contente, au lieu d'une gorge complète, qui serait nécessaire, si l'on avait un seul rail, pour guider le véhicule, de mettre un seul bourrelet sur chaque roue, de dédoubler en quelque sorte la gorge en deux parties. Ce bourrelet est appelé *boudin* ou *mentonnet*.

Quelle sera la position du boudin ? Le mettra-t-on à l'intérieur ou à l'extérieur de la voie ? Il est d'abord évident que, par raison de symétrie, la position sera la même sur chaque roue. La position universellement adoptée est celle du boudin intérieur Cela tient d'abord à ce que la voie est plus dégagée à l'intérieur qu'à l'extérieur ; on verra plus loin que la voie est, en effet, généralement encaissée au milieu du ballast qui s'appuie contre les faces externes des rails. D'autre part nous allons dire bientôt

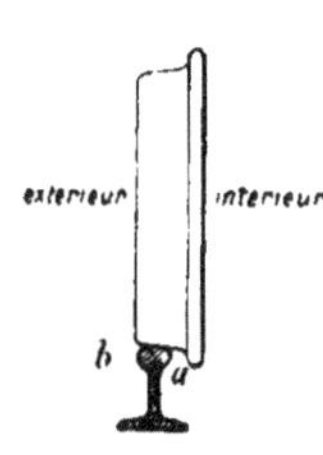

que les roues ne sont pas cylindriques, qu'on leur donne, au contraire, une certaine *conicité* ouverte du côté intérieur à la voie ; le boudin placé du côté intérieur fera dès lors avec le profil de la roue un angle obtus, tandis qu'au contraire, s'il était du côté extérieur, l'angle *b* du boudin avec la roue serait aigu ; la roue présenterait dans ce cas un angle rentrant qui serait d'une construction plus difficile et d'une solidité moins grande. Mais la raison la plus déterminante de la position intérieure du boudin des roues est une raison de sécurité : si un déraillement vient à commencer, le boudin intérieur tend à ramener la roue dans sa position normale, tandis que le boudin extérieur le compléterait et le rendrait définitif.

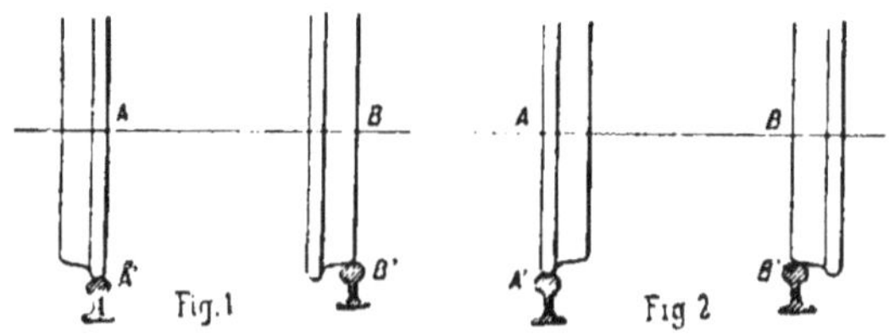

En effet, lorsqu'un déraillement commence, le boudin d'une des roues monte sur le rail correspondant. Cela se produit par un mouvement du dedans au dehors, si le boudin est intérieur, du dehors au dedans si le boudin est extérieur. Considérons l'instant où le boudin est sur le rail ; la disposition sera représentée par la fig. 1 dans le premier cas, par la fig. 2 dans le second, en supposant, par exemple, que ce soit le rail de gauche qui soit franchi.

Or les deux roues sont, comme on le verra, calées sur l'essieu et forment avec lui un solide ; elles ont donc à chaque instant la même vitesse angulaire. Si l'on admet que les deux roues roulent sur les rails, le centre instantané de rotation de chacune d'elles sera, à chaque instant, le point de contact avec le rail, A' et B', et comme la vitesse angulaire sera la même, les déplacements linéaires des centres A et B des roues seront proportionnels à leurs distances AA', BB' aux centres instantanés de rotation. Le centre de la roue qui roule sur le boudin se déplacera plus vite que l'autre centre, puisqu'il roulera sur un plus grand rayon ; il

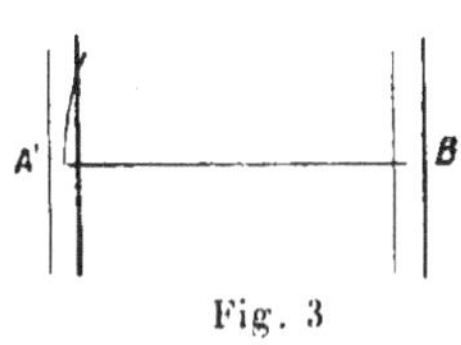

Fig. 3

prendra donc de l'avance sur lui. Le mouvement se continuant, l'essieu tendra, en plan, à exécuter un pivotement autour du point de contact de la roue qui roule sur le plus petit rayon, mouvement qui amènera à l'intérieur des rails le boudin de la roue qui roulait sur le rail Ce pivotement tendra donc à replacer la roue dans sa position normale, si le boudin est intérieur ; il complètera et achèvera le déraillement, si le boudin est au contraire extérieur.

2. Solidarité des roues et de l'essieu. — La seconde particularité du matériel des chemins de fer est la *solidarité des roues et de l'essieu*. Cette disposition est motivée par plusieurs raisons.

Les roues étant invariablement liées à l'essieu, on peut donner à la portée de calage le diamètre que l'on veut, la renforcer autant qu'il est besoin et ne laisser, entre les roues et l'essieu, aucun jeu, de manière à former un système solide à écartement bien déterminé. Il n'en serait pas de même si les roues étaient folles sur l'essieu ; quelque bien montées qu'elles pussent être, il y aurait nécessairement dans le moyeu un certain jeu qui produirait un mouvement de ballottement.

D'autre part, la solidarité des roues et de l'essieu permet de séparer de la roue la surface de glissement qui réunit le système roulant au véhicule. Lorsque la roue est folle, la fusée est à l'intérieur de la roue ; avec les roues calées, elle est en dehors du moyeu, ce qui permet d'adopter des dispositions plus commodes pour le graissage, et, en particulier, de placer la fusée à l'extérieur des roues.

Mais la raison principale de cette solidarité est la nécessité, dans les chemins de fer, de faire guider les véhicules par la voie, tandis que, au contraire, les véhicules routiers sont guidés par une action spéciale exercée sur les roues. Les deux roues étant invariablement fixées à l'essieu ont même vitesse angulaire ; si elles roulent sur des diamètres égaux, leurs centres se déplacent avec la même vitesse, quelle que soit la façon dont l'essieu est tiré ; si l'on fait abstraction de la conicité, les deux roues ont donc la même vitesse et l'essieu tend à se déplacer toujours parallèlement à lui-même. Si l'une des roues est mieux graissée ou plus chargée que l'autre, cela importe peu ; le parallélisme du mouvement de l'essieu subsistera grâce à la solidarité des roues et de l'essieu. Ce parallélisme ne peut être troublé que par des efforts horizontaux suffisants pour faire glisser les roues sur le rail.

Ce parallélisme du mouvement de l'essieu, qui offre de grands avantages en alignement droit est, au contraire, un inconvénient dans les courbes. Pour que l'essieu puisse tourner, il faut que l'une des roues marche plus vite que l'autre. Le roulement, en courbe, est donc accompagné d'un mouvement de glissement à cause de la solidarité des roues et de l'essieu. Aussi, tandis que les roues folles permettent de tourner court, de pivoter même sur une roue, les roues calées exigent que les courbes aient de grands rayons et, par conséquent, elles imposent une sujétion au tracé. Mais il faut remarquer que cette nécessité de donner aux courbes de grands rayons résulte également d'autres conditions indépendantes du parallélisme du mouvement des essieux. En particulier, la nécessité de marcher à grande vitesse impose une limite sous ce rapport. Donc, quand bien même les roues seraient folles sur l'essieu, il faudrait encore diriger le tracé de la voie de manière à faire des courbes de grand rayon.

3. Conicité des roues. — La troisième particularité du matériel de chemins de fer est la *conicité des roues*. La surface de roulement appartient à un cône ayant son sommet à l'extérieur de la voie. Cette disposition est le corollaire de leur solidarité avec l'essieu, et elle a pour but de compléter le guidage en ligne droite ; on peut s'en rendre compte par un raisonnement semblable à celui que nous avons fait tout à l'heure pour montrer l'avantage du boudin intérieur.

Supposons l'essieu oblique à la voie, dans la position AB, les roues reposant sur le cercle moyen du bandage. S'il continue à avancer, l'instant d'après, la roue reposera sur un cercle de rayon moindre, et la roue B sur un cercle de rayon plus grand ; cette dernière roue tendra donc à prendre de l'avance sur la roue A et à ramener l'essieu dans la position perpendiculaire au rail, c'est-à-dire à le redresser. Mais ce raisonnement n'est juste qu'autant que les roues A et B ont même vitesse angulaire, c'est-à-dire qu'elles sont calées sur l'essieu ; la conicité n'aurait pas de raison d'être si les roues étaient folles. Aussi, lorsqu'on a construit des chemins de fer avec matériel à roues folles, comme l'ancien chemin de fer de Sceaux, par exemple, on a donné la forme cylindrique aux roues.

Ainsi la conicité des roues a pour effet d'imprimer à l'essieu une tendance à revenir dans la position normale sans intervention du boudin. Le boudin ne fonctionne plus alors que comme organe de sécurité, ce qui est très heureux parce que l'on évite ainsi le frottement contre les rails qui augmenterait les frais de traction et ceux d'entretien de la voie. Mais cette conclusion n'est vraie qu'en alignement droit. Dans les courbes, il se produit, au contraire, toujours des frottements entre les rails et les boudins des roues.

Nous avons dit que si l'essieu prenait une position oblique, la roue la plus en arrière prendrait de l'avance, par suite de la conicité, et tendrait à replacer l'essieu dans sa position normale. Le mouvement ne s'exécute pas avec cette simplicité ; il est évident que le mouvement d'avance que prend la roue B ne lui permet pas de s'arrêter juste lorsque l'essieu est perpendiculaire à la voie ; elle dépasse cette position de manière à laisser la roue A à l'arrière. Mais celle-ci, roulant bientôt sur un plus grand rayon que la roue B, prendra elle-même de l'avance sur cette dernière, et ainsi de suite. On voit donc que la tendance de l'essieu à revenir dans la position normale se fait par une série d'oscillations qui seront d'autant plus accentuées que la conicité sera plus grande. Ces oscillations constituent ce que l'on nomme des mouvements de *lacet*. Il faut donc une conicité modérée pour que ces mouvements ne soient pas trop accentués. Généralement on la fixe à 1/20 pour le matériel de transport, c'est-à-dire que la tangente de l'angle formé par la génératrice avec l'axe du cône est de 1/20. En Allemagne, on va jusqu'à 1/16. Pour les roues de certaines machines, on va jusqu'à 1/10 et même 1/7.

Un autre avantage de la conicité est de favoriser le passage des véhicules dans les courbes. Au moment où l'essieu pénètre dans la courbe, par l'effet de sa marche parallèle ainsi que de l'inertie, il se rapproche du rail extérieur, la roue extérieure roule donc sur un plus grand rayon et progresse par conséquent plus vite que la roue intérieure. Or c'est précisément ce qui convient puisque la file extérieure des rails est plus longue que la file intérieure.

Mais, si la conicité offre de grands avantages, il peut arriver dans certains cas qu'elle fonctionne à rebours : c'est ce qui se produirait, par exemple, en alignement droit si, l'essieu ayant une position oblique, une force extérieure appliquée à la fusée sollicitait l'essieu de manière à rapprocher constamment la roue la plus avancée de son rail. Dans ce cas, la roue la plus avancée roulerait sur un plus grand rayon que l'autre, et la conicité accentuerait encore l'obliquité de l'essieu. De même, dans les courbes, avec les véhicules à trois essieux, l'essieu du milieu se rapproche du rail intérieur ; la roue intérieure de cet essieu roule sur un plus grand rayon que l'autre et tend à prendre de l'avance sur cette dernière, tandis que, au contraire, c'est la roue extérieure qui a le plus grand chemin à parcourir.

4. Solidarité des essieux et du châssis. — La quatrième particularité du matériel des chemins de fer est le *parallélisme des essieux* ou plutôt leur *solidarité avec le châssis des véhicules*. Cette particularité résulte de la nécessité de grouper les véhicules en convois et de pouvoir les faire circuler aussi bien dans un sens que dans l'autre sans qu'il soit nécessaire de les retourner. Les véhicules, simplement attachés les uns aux autres, doivent donc pouvoir se diriger d'eux-mêmes sur les rails dans les deux sens, et pour cela il faut nécessairement que les essieux soient reliés aux châssis des véhicules, sans quoi, s'ils pouvaient se mouvoir autour de leur milieu, ils tendraient à se placer en travers de la voie. La symétrie indique même que les deux essieux doivent être placés de la même manière par rapport à la caisse. Il est naturel de les mettre perpendiculairement à la caisse des véhicules et c'est cette position qui est adoptée.

Les véhicules routiers ne sont pas soumis à la même sujétion ; chacun d'eux a un moteur animé ou autre. La direction est obtenue en laissant mobile l'essieu d'avant que l'on relie invariablement sous un angle droit à la flèche ou au timon dirigé par le moteur animé, ou que l'on solidarise avec le guidon dans les automobiles (1). Quant à l'essieu d'arrière il est relié à la caisse du véhicule, sauf le jeu que permet la suspension.

Dans les chemins de fer, la solidarité entre la caisse et les essieux, dans le sens horizontal, est quelquefois complète : c'est ce qui arrive avec le matériel moteur (machines, tenders). Pour le matériel de transport, on laisse un jeu de quelques millimètres, beaucoup plus faible d'ailleurs que celui qui existe dans l'essieu d'arrière des voitures sur route. La position de l'essieu par rapport au châssis est déterminée ou limitée par les branches d'une sorte de fourchette que porte le châssis : c'est ce que l'on nomme les *plaques de garde*.

5. Position des roues. — Une nouvelle particularité du matériel réside dans la *position des roues sous la caisse des véhicules*. Sur route, la caisse des voitures est généralement comprise entre les deux roues, sauf pour certains camions par exemple ; dans les chemins de fer, au contraire, si l'on excepte les machines, les véhicules débordent toujours au-dessus des roues. Cette différence se justifie par plusieurs raisons. Sur route, il importe beaucoup de réduire le plus possible les résistances au roulement qui constituent la partie prédominante de l'effort de traction. Or, comme nous le verrons, ces résistances, aussi bien celle qui s'exerce dans le moyeu que celle qui se produit à la circonférence des roues, sont en raison inverse ou au moins en sens inverse du diamètre des roues. Il est donc naturel que sur route on cherche à augmenter le rayon des roues

---

(1) Dans ceux-ci toutefois, le plus souvent, l'essieu d'avant est brisé et la direction s'obtient en donnant aux roues une position oblique par rapport au corps de l'essieu.

pour réduire l'effort de traction. Si la caisse débordait alors au-dessus des roues, la stabilité des véhicules pourrait être compromise d'autant plus que les véhicules y ont parfois des inclinaisons transversales très accentuées. Sur les chemins de fer, où la résistance à la jante est beaucoup moindre, où la résistance de l'air prend une importance prédominante et où le travail moteur coûte moins cher, on se contente de roues de moindre diamètre que l'on peut alors placer sous les véhicules. Cette disposition est d'ailleurs rendue indispensable par la nécessité de transporter sur une voie, qui est à peu près de même largeur que celle des véhicules sur route, des charges très lourdes. Pour éviter de donner aux trains de trop grandes longueurs, d'élever les chargements au-dessus d'une certaine hauteur, il faut nécessairement gagner de la place en largeur, et c'est ce que l'on fait en étalant les véhicules au-dessus des roues, et en leur donnant toute la largeur compatible avec la sécurité, d'une part, et la nécessité de passer sous les ouvrages d'art, de l'autre. Cette disposition ne nuit pas à la stabilité des véhicules parce que les chargements ne sont jamais accumulés en hauteur. Il faut d'ailleurs remarquer que la surface sur laquelle ils roulent est toujours parfaitement horizontale, ou d'une inclinaison calculée précisément pour assurer cette stabilité dans les parties de voies en courbe.

6. — Enfin, nous citerons cette dernière particularité du matériel des chemins de fer qui consiste à *faire reposer la caisse des véhicules sur des fusées extérieures aux essieux.*

Cette disposition est commode pour le graissage : la fusée étant d'un accès facile peut être plus aisément visitée.

Quelquefois cependant les fusées sont intérieures aux roues : cela arrive pour les machines ; mais, pour le matériel de transport, les fusées sont toujours placées extérieurement.

Un second avantage des fusées extérieures, c'est qu'elles se trouvent, dans cette position, indépendantes des chocs que les roues peuvent éprouver en cours de route, ou, du moins, les efforts qu'elles subissent ne dépendent que de leur masse qui est faible. Les chocs se transmettent au contraire intégralement au corps de l'essieu. Si les fusées étaient intérieures, elles devraient être calculées non seulement pour supporter la caisse du véhicule, mais encore pour résister aux efforts résultant de ces chocs, efforts qui sont considérables. La présence d'une charge sur les fusées extérieures modifie un peu cet état de choses ; mais les ressorts qui séparent la charge des fusées permettent un petit déplacement relatif de l'essieu, moyennant un faible surcroît de pression, ce qui atténue l'effet sur la fusée des chocs que subit l'essieu monté. Il en résulte qu'on peut donner aux fusées un diamètre inférieur à celui du corps de l'essieu. Ce résultat a l'avantage de diminuer la résistance due au frottement de la fusée et, par suite, la résistance à la traction.

Les fusées extérieures sont, en outre, très favorables à la stabilité des véhicules. En effet, lorsqu'une cause quelconque, inégalité de la voie, réaction quelconque reçue par la masse suspendue, tend à produire un mouvement relatif du véhicule par rapport à l'essieu dans le sens vertical, il en résulte une action tendant à détendre ou à comprimer les ressorts ; supposons que cette action soit inégale de manière à produire un mouvement de rotation du véhicule autour d'un axe parallèle à la

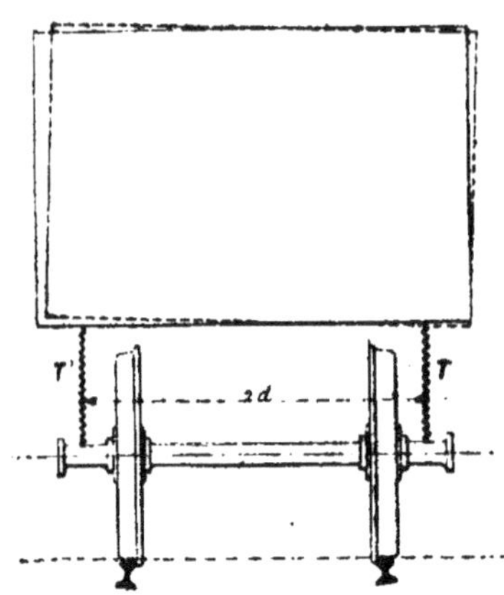

voie. Soient α l'angle dont tourne ainsi le véhicule, $2d$ la distance des ressorts. En vertu du principe de d'Alembert appliqué à l'essieu monté, la somme des moments des forces qui sollicitent l'essieu, y compris les forces de tension des ressorts, est égale à la somme des moments des forces d'inertie. Groupons dans un même terme A, qui sera indépendant de d, les moments des forces d'inertie et ceux des forces autres que les tensions. La somme des moments des tensions est $(T' - T)\, d$, et l'on a :

$$(T' - T)\, d = A.$$

Donc, toutes choses égales d'ailleurs, la différence entre les tensions des ressorts est en raison inverse de leur distance $2d$ que l'on nomme la base élastique.

On verra plus tard que les tensions T et T' sont proportionnelles aux dépressions des ressorts par rapport à leur état naturel. Si donc h représente la différence des longueurs de ces ressorts, on a : $h = K\,(T'-T)$.

Or, on a évidemment :

$$\operatorname{tg}\alpha = \frac{h}{2d},$$

et par suite :

$$\operatorname{tg}\alpha = \frac{KA}{2d^2}.$$

L'angle d'inclinaison du véhicule varie donc, toutes choses égales d'ailleurs, en raison inverse du carré de la base élastique.

Indépendamment de ces diverses conditions, qui caractérisent les organes du matériel des chemins de fer et le différencient du matériel routier, il y a des *conditions d'ensemble* auxquelles il est soumis et que nous allons donner.

Les véhicules comportent deux parties distinctes : la partie inférieure constituée par les roues, les essieux et le châssis qui les réunit : c'est ce que l'on nomme le *train de roulement* ; la partie supérieure, qui forme

la *caisse*. L'une et l'autre de ces parties ont leur importance, mais celle qui intéresse le plus l'ingénieur, c'est la partie inférieure, le train de roulement.

La caisse dépend plutôt des conditions d'utilisation du matériel ; elle intéresse donc surtout le côté commercial des chemins de fer. Nous n'en dirons que quelques mots ici, et nous l'étudierons plus spécialement plus tard, dans une leçon finale

Les véhicules des chemins de fer n'ont pas, comme ceux des routes, un avant et un arrière. Ils doivent, à l'exception toutefois des machines et tenders, être utilisés indifféremment dans les deux sens et pouvoir être retournés. Cette condition se traduit, au moins en ce qui concerne les parties essentielles du véhicule, par une certaine symétrie par rapport à un plan vertical perpendiculaire au rail, ou plutôt par une symétrie diagonale, par rapport à un axe vertical passant par le centre du véhicule,

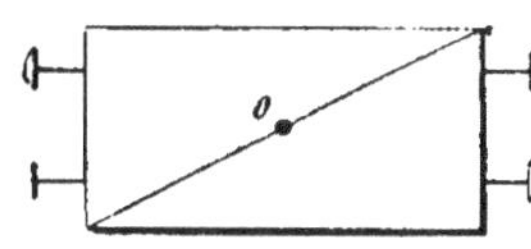

de façon qu'il se superpose à lui-même quand on le fait tourner autour de cet axe. L'absence d'une complète symétrie proprement dite se rencontre fréquemment dans les tampons. Souvent les deux tampons d'une même extrémité ne sont pas identiques ; l'un est plat, l'autre est bombé ; les tampons d'une des extrémités sont symétriques de ceux de l'autre extrémité par rapport au centre *o* du véhicule.

7. Nombre des essieux. — En France, sur presque tous les réseaux, les véhicules des chemins de fer sont en général munis de *deux essieux* seulement comme le matériel routier. Il n'est guère fait d'exception que pour certains véhicules dont le poids excède celui qu'on peut faire porter par deux essieux. Cependant, l'un de nos grands réseaux, le réseau de Lyon, a toutes ses voitures à voyageurs munies de *trois essieux*.

Quelle est la disposition la plus avantageuse ? Est-il préférable d'adopter deux ou trois essieux à chaque voiture ? La question est controversée et il faut reconnaître qu'aucune solution ne s'impose péremptoirement plus que l'autre, puisque les deux solutions sont adoptées sur une grande échelle.

La disposition à deux essieux est plus économique que l'autre. Les deux essieux doivent être certainement plus forts que s'il y en avait trois, mais leur prix reste inférieur à celui de trois essieux.

La disposition à trois essieux paraît offrir une sécurité plus grande ; en cas de rupture d'essieu, il en restera toujours deux sous le véhicule, et l'on peut espérer que ces deux essieux suffiront pour éviter le renversement et permettre encore au véhicule de rouler jusqu'à ce que le train puisse s'arrêter. En revanche, on peut remarquer que la présence d'un troisième essieu sous un véhicule ajoute une chance de plus d'avarie.

Lorsqu'un véhicule est supporté par trois essieux, la charge de chacun d'eux n'est pas déterminée *a priori* ; on peut faire la répartition en agissant sur la suspension. Sur le réseau de Lyon, il est d'habitude de ne donner à l'essieu du milieu qu'une charge égale aux 8/10 de la charge des essieux extrêmes. Quoi qu'il en soit, il est certain que la charge de chaque essieu est plus faible que lorsqu'il n'y a que deux essieux sous le véhicule. Il en résulte que le passage sur les joints des rails est moins sensible avec les véhicules à trois essieux qu'avec les autres, d'abord parce que la charge moindre diminue la flexion du rail, ensuite parce que cette flexion est compensée en partie par une détente du ressort situé au-dessus du joint et un report de la charge sur les deux autres essieux. C'est ce qu'on verra en détail lorsqu'il sera traité de la répartition du poids d'une locomotive entre ses points d'appui. Pour ces deux motifs, la caisse du véhicule s'abaisse moins au passage du joint que s'il y a deux essieux seulement.

Mais, d'un autre côté, les essieux extrêmes étant moins chargés, les frottements qui s'opposent à leurs déplacements latéraux sont diminués, ce qui est favorable à la production de mouvements de lacets. On peut donc dire que les voitures à trois essieux subissent des secousses moins vives que les véhicules à deux essieux, mais qu'ils ont une tendance au lacet plus accentuée, qu'ils sont moins bien dirigés. C'est ce que l'on peut facilement constater dans certains trains du réseau de Lyon qui comprennent des voitures du Nord à deux essieux. Dans ces dernières, on a la sensation d'une orientation plus ferme, mais on perçoit nettement les chocs de tous les joints des rails — ce qui permet même, connaissant la longueur de ces derniers, en comptant le nombre des chocs à la minute, d'apprécier très exactement la vitesse de marche ; — dans les voitures P.-L.-M., au contraire, on ne peut guère compter les joints ; en revanche, on s'aperçoit très bien des mouvements d'oscillation latérale du véhicule.

Mais cette tendance au lacet est d'autant moins accentuée que les essieux sont plus écartés. A tout prendre, la disposition à trois essieux semble donc préférable pour les grandes voitures.

Un inconvénient de cette disposition est la complication qui en résulte pour l'application du frein à toutes les roues comme on a tendance à le faire maintenant avec le frein continu. Si l'on compte que pour que le frein fonctionne convenablement, il faut 4 sabots par essieu, cela repré-sente 12 sabots par voiture. La complication est telle que le réseau de Lyon avait pris le parti de ne freiner que les deux essieux extrêmes ; mais alors le poids freiné était inférieur au poids total et n'en était guère qu'un peu plus des 2/3 : c'est là un gros inconvénient comme on a dû le reconnaître ; aussi la compagnie va-t-elle, malgré la difficulté, freiner le troisième essieu.

Lorsqu'on adopte la disposition à trois essieux, l'essieu du milieu doit être muni d'un jeu longitudinal. Au P.-L.-M., ce jeu répond à l'inscription dans une courbe de 3oo m. de rayon, sans compter le jeu normal entre le boudin et le rail ; en Allemagne, le déplacement de l'essieu du milieu a jusqu'à 3o et même 36 et 4o m/m , pour des écartements d'essieux extrêmes de 7 m.

Ce que nous venons de dire s'applique au matériel ordinaire des chemins de fer, généralement appelé *matériel rigide* ou *matériel anglais*.

Mais on est arrivé à adapter plus de 3 essieux aux véhicules ; on peut en avoir 4 et même 6, partagés en sous-groupes de 2 ou 3 formant chacun un véhicule du type rigide. Le matériel ainsi obtenu est ce que l'on appelle le *matériel américain*. Les véhicules sont constitués par une caisse portée par deux *trucks* ou *bogies* et réunie à ces bogies par un pivot autour duquel ils peuvent tourner. Cette disposition permet de donner aux véhicules une très grande longueur même sur des lignes à courbes très accentuées.

8. Écartement des essieux. — Un point important à considérer dans le matériel des chemins de fer est l'*écartement des essieux du matériel rigide*. Plus cet écartement est grand, plus grande est la stabilité du véhicule. En effet, à cause du jeu qui existe entre les boudins des roues et les rails, les véhicules peuvent subir des déplacements latéraux, des mouvements de lacet. Ces mouvements seront d'autant moins sensibles que les essieux seront plus éloignés l'un de l'autre. Il y a donc intérêt à augmenter le plus possible l'écartement des essieux. Mais ces avantages n'existent réellement qu'en alignement droit ; l'écartement des essieux rend au contraire l'inscription dans les courbes plus difficile, et cette considération impose une limite à l'écartement et qu'on appelle aussi l'*empattement* des véhicules.

Il est une autre considération qui limite aussi cet écartement et qui s'applique surtout au matériel à marchandises : c'est la nécessité de pouvoir tourner sur des plaques dont le diamètre ne soit pas excessif. Ces plaques doivent être très nombreuses, pour rendre les manutentions faciles ; leur diamètre est nécessairement limité par la largeur de l'entrevoie ; l'écartement des essieux est donc intimement lié aux emplacements des gares et peut, par conséquent, influer sur leurs dépenses de construction.

Pour toutes ces raisons, on ne donnait pas, autrefois, plus de 2 m. 5o à 2 m. 6o à l'écartement des essieux du matériel à marchandises. Depuis, cet écartement a été porté à 3 m. 5o (Ouest, wagons plats), 3 m. 6o (Ouest, modèle à 12 tonnes) et même 3 m. 75 (wagons couverts de l'Est).

Pour le matériel à voyageurs, on s'est, pendant longtemps, contenté de 3 m. 5o à 4 m. d'écartement ; cependant, depuis un nombre d'années assez grand déjà, l'Orléans a construit de grandes voitures de première classe à 5 m. 5o d'écartement. Mais cette longueur est aujourd'hui dépassée ; la Compagnie d'Orléans a construit des voitures à voyageurs de 6 m. 5o, 6 m. 8o, 7 m. et même 7 m. 20 d'écartement ; la Compagnie P.-L.-M. a adopté l'écartement de 7 m. 20 et 7 m. 25 pour ses nouvelles voitures de première classe à intercirculation. Il semble que ce soit là la limite possible avec le matériel rigide. Avec le matériel américain, on est arrivé à des écartements, entre les essieux extrêmes des voitures, de 18 m. et même plus.

9. Gabarit du matériel roulant.— Les considérations que nous venons de donner se rattachent à la longueur des véhicules ; mais il importe aussi de considérer leur section transversale. Nous sommes ainsi amené à parler de ce que l'on appelle le *gabarit* du matériel roulant. Il faut que le matériel puisse circuler sous les ouvrages d'art sans les heurter, malgré les oscillations qu'il exécute pendant la marche, les inclinaisons qu'il peut prendre sur ses ressorts. Pour cela, les dimensions des caisses et des chargements sont limitées par un profil ou gabarit qui varie d'un réseau à l'autre, et même parfois d'une ligne à l'autre. Progressivement on s'attache à faire disparaître les différences entre les gabarits, de manière à adopter, pour faciliter les échanges, un gabarit unique enveloppant tous les autres ; on a même déterminé un gabarit international pour permettre la circulation des wagons indifféremment sur les réseaux français et étrangers. En France, c'est le gabarit des chemins de fer de ceinture, sur lesquels tous les wagons à marchandises doivent pouvoir circuler, qui fait loi.

Dans les gares, le gabarit est souvent matérialisé par un profil en fer suspendu à une potence, sous lequel on fait passer les wagons chargés.

Entre le gabarit et les ouvrages d'art, il doit y avoir un certain jeu, qu'on a intérêt à faire aussi faible que le permet la sécurité. Tout dernièrement, sur la ligne du Havre, qui est ancienne, et dont les ouvrages d'art sont très étroits, on est arrivé à réduire ce jeu à o m. o5, et l'expérience a montré que la mesure n'était pas dangereuse pour la sécurité.

10.— Nous avons dit que la partie des véhicules de chemins de fer qui intéresse le plus l'ingénieur est le train de roulement composé des organes de roulement, du châssis, des appareils qui doivent les relier entre eux, ainsi que de ceux qui servent à établir la connexion entre les véhicules.

Le *châssis* est un élément très important des véhicules : c'est lui qui forme la liaison des roues entre elles et avec la caisse; il constitue en quelque sorte le squelette, l'ossature du véhicule. Il repose sur les *essieux* par l'intermédiaire d'un système élastique que l'on nomme les *ressorts*, ou la *suspension*. Il est, en outre, relié aux essieux par des *plaques de garde* qui forment comme un guidage destiné à fixer l'essieu par rapport au châssis dans une position variable seulement en hauteur, mais fixe, sauf un très petit jeu, en projection horizontale. L'essieu lui-même est constitué par l'*essieu proprement dit* et les *roues*; il est relié à la suspension et aux plaques de garde par l'intermédiaire de *boîtes de graissage*. A ces organes viennent s'ajouter, pour compléter le châssis, les *appareils de traction* ou de *choc*.

Nous étudierons successivement les divers éléments du train, et nous commencerons par les roues.

§ 2. ROUES

11. — Les roues du matériel de transport, au moins pour les grands chemins de fer, ont un diamètre qui s'écarte peu de 1 m.; il est généralement compris entre 0 m. 90 et 1 m. Cependant, en Amérique, on emploie habituellement des roues de 0 m. 85 et même moins.

Pour les locomotives, au contraire, les diamètres des roues dépassent notablement cette limite; ils atteignent souvent 2 m. et l'on est même allé jusqu'à 2 m. 50.

On ne pourrait augmenter, sans de grands inconvénients, le diamètre des roues des véhicules. Cette augmentation diminuerait peu la résistance à la traction, et, par contre, elle accroîtrait notablement le poids mort, en même temps qu'elle élèverait les caisses ou exigerait des logements dans les planchers des véhicules. Ces logements, incommodes pour les voyageurs, seraient inadmissibles pour les wagons à marchandises.

Les roues sont formées de deux parties essentielles :

L'une intérieure : c'est le *moyeu* qui forme un renflement central alésé en cylindre intérieurement; il s'adapte sur l'essieu;

L'autre extérieure, qui appuie sur le rail : c'est la *jante*. Ces deux parties sont réunies par une partie intermédiaire formée de bras isolés ou *rais* ou par une surface continue comme dans les roues à centre plein.

Le plus souvent, la jante elle-même est formée de deux parties distinctes : la partie extérieure qui roule sur le rail et que l'on nomme le *bandage*; elle doit avoir une forme spéciale et être constituée par un métal très résistant parce qu'elle s'use très vite : c'est même, à vrai dire, la seule partie de la roue qui s'use par le travail, le reste ne s'usant que sous l'influence des agents atmosphériques. La partie intérieure constitue la jante proprement dite.

La partie de la roue comprise à l'intérieur du bandage se nomme le *centre*. Celui-ci comprend donc le moyeu, les rais et la jante proprement dite.

Il existe cependant des roues d'une seule pièce en fonte ou en acier coulé.

Les roues en *fonte* sont employées sur une assez grande échelle en Allemagne et en Amérique. Pour établir la différence qui doit exister dans la qualité du matériel entre la partie externe de la roue, en contact avec le rail, et le centre, on a recours au moulage en coquille : le moule de la roue est formé de deux parties de sable réunies par une couronne en fonte qui refroidit brusquement le métal fondu à la périphérie. La partie externe de la roue est ainsi formée, sur une certaine épaisseur, de fonte blanche, plus dure, mais aussi plus fragile, que la fonte grise qui constitue le reste de la roue.

Ces roues bien construites, avec des fontes au bois de première qualité, peuvent donner de très bons résultats. Aux États-Unis et au Canada, on les préfère aux roues en fer, malgré les rigueurs de l'hiver; leur usure est lente et uniforme, et l'on estime à 260.000 km. leur parcours moyen; leur diamètre est de o m. 83.

Ces roues ne peuvent convenir pour les wagons freinés; le frottement des sabots de frein y développe une température qui peut altérer la surface extérieure trempée. Elles ont l'avantage d'être d'un prix d'acquisition peu élevé; en revanche, elles nécessitent des frais d'entretien importants: lorsque la surface de roulement est altérée, ce n'est pas simplement le bandage qu'il faut remplacer, mais la roue toute entière. Un inconvénient de ces roues est la difficulté d'organiser un système d'épreuves de réception qui permette d'en apprécier sûrement la qualité. Leur fabrication est délicate, et demande un tour de main spécial et un excellent choix de matériaux ; à défaut d'épreuves décisives, on est à peu près obligé de s'en rapporter à l'habileté et à la conscience du fondeur. Aussi cette fabrication est-elle monopolisée par un petit nombre de maisons connues d'ancienne date.

En France, ce mode de construction n'a jamais été adopté. Non seulement on craignait que les ruptures ne fussent fréquentes, mais on redoutait les conséquences de ces ruptures. Si avec une roue ordinaire un bandage vient à se rompre, outre que ses parties peuvent ne pas se détacher, il reste encore la jante pour soutenir le véhicule. Avec les roues en fonte, il y a, en cas de rupture, dislocation complète de la roue, ce qui rend les conséquences beaucoup plus dangereuses. Plusieurs accidents se sont d'ailleurs produits dans ces conditions, occasionnés par des véhicules étrangers à roues en fonte admis à circuler en France. A la suite de ces accidents, une décision ministérielle a interdit formellement l'admission de ces véhicules dans les trains transportant des voyageurs. Cette mesure a occasionné des difficultés d'exploitation pour les lignes secondaires, où fréquemment, il n'y a que des trains mixtes, en nécessitant le transbordement des marchandises portées par ces véhicules. Après une expérience plus longue, les accidents ne s'étant pas reproduits, elle a été rapportée, et aujourd'hui les wagons étrangers à roues en fonte peuvent entrer dans la composition des trains mixtes.

Les roues en *acier coulé* offrent plus de sécurité que les roues en fonte; mais elles sont d'un prix encore plus élevé, et, par suite, d'un entretien plus coûteux. Elles n'offrent donc même pas l'avantage apparent d'économie que nous signalions pour les roues en fonte. Aussi sont-elles peu employées en France ; leur usage ne s'est même pas répandu en Allemagne où cependant elles ont pris naissance. La principale usine qui les fabrique est l'usine de Bochum. Ces roues exigent un acier doux, bien recuit ; on estime qu'elles peuvent subir 7 à 8 tournages et faire un parcours moyen de 700.000 à 800.000 km. Elles peuvent supporter l'action des freins. Quoique plus résistantes que les roues en fonte, ces roues ont cependant donné lieu à quelques ruptures.

12. Roues à bandage et à centre distincts. — Centre. — On a construit le centre des roues des véhicules de bien des manières différentes depuis l'origine des chemins de fer. Au début, il était constitué par un *moyeu en fonte* et des *bras en fer*. Nous parlons bien entendu ici du matériel de transport ; les roues des locomotives, qui demandent une bien plus grande résistance, ont toujours été faites en fer. Cette disposition économique a été pendant longtemps la seule employée, et, aujourd'hui encore, elle est très répandue.

Les rais sont formés de barres de fer recourbées sur un mandrin, placées côte à côte, et dont les extrémités sont noyées dans le moyeu en fonte. Ces roues sont à bras triangulaires ou à bras pentagonaux suivant que le contour donné aux barres constituant les rais a la forme d'un triangle ou d'un pentagone. Généralement le nombre des bras est de 7 ou 8. Les triangles curvilignes se touchent par leurs sommets qui peuvent être sou-

 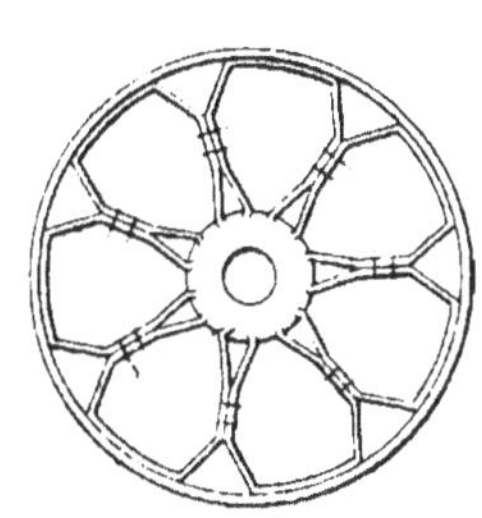

dés entre eux de manière à former, par la réunion des arcs de cercle de base, une jante continue. On se dispense alors d'y ajouter un cercle de liaison ou *faux cercle*. Les rais pentagonaux sont rivés entre eux par un des côtés ; mais les arcs de cercle de base n'embrassent pas toute la circonférence, et il est nécessaire de réunir les bras entre eux par un faux cercle.

Pour donner plus de légèreté aux roues, on a cherché à remplacer le moyeu en fonte par un moyeu en fer et l'on est arrivé ainsi aux *roues à bras en fer forgé*.

Ces roues peuvent se construire par divers procédés. L'un d'eux est le procédé Déflassieux ou Arbel : on constitue une roue grossière avec des paquets de fer ; on la place ensuite dans un four à réchauffer ; puis, quand elle est au blanc soudant, on soude le fer en le martelant au marteau-pilon. On a soin d'ailleurs de donner à l'enclume et à l'étampe du marteau une forme creuse, dont les deux parties juxtaposées constitueraient le moule de la roue.

La difficulté de ce procédé est d'avoir à la fois un bon soudage et un bon moulage. La fabrication demande beaucoup de tâtonnements et a l'inconvénient d'exiger un matériel très important qui la rend inaccessible aux ateliers d'ordre secondaire.

Pour réduire les installations, M. Brunon a remplacé le soudage au marteau-pilon par le soudage à la presse hydraulique; de plus, au lieu de l'exécuter d'un seul coup, il le fait par parties successivement.

On a construit également des *roues à centre plein* ou *à disque*, formées d'un moyeu et d'une jante réunis par une surface continue. Elles ont l'avantage de ne pas provoquer de tourbillonnement de l'air, et, par conséquent, elles ne soulèvent pas de poussière et ne projettent pas d'escarbilles comme les roues à rais. Tantôt la surface ou toile continue qui réunit la jante au moyeu est plate; d'autres fois, elle est ondulée afin de lui donner plus de raideur, et l'on en profite pour reporter sur le bord interne la réunion de la jante et de la toile afin d'avoir plus de facilité pour la fixation du bandage.

La maison Arbel construit, sous le nom de *roues pleines à nervures*, un type intermédiaire entre les roues à rais et les roues pleines.

Ces roues sont des roues à rayons ordinaires, que l'on étampe au marteau-pilon; seulement toutes les saillies sont reportées d'un côté et logées dans la matrice inférieure du marteau-pilon, la matrice supérieure étant une surface plane avec saillie au milieu, pour le creux du moyeu, et retrait autour

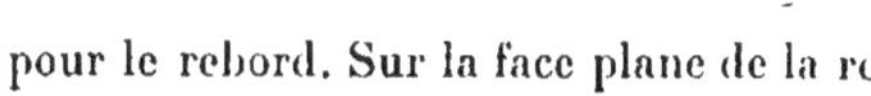

pour le rebord. Sur la face plane de la roue, autour de laquelle a été ménagé un rebord, dont la hauteur est inférieure à l'épaisseur du disque d'environ 3 mm., on applique une tôle plane qu'on soude au marteau. Ces roues ont les avantages des roues à centre plein ordinaire, et, en outre, celui d'éviter les accumulations de poussières sous le bord extérieur du bandage, poussières qui, pendant les arrêts, tombent sur les boîtes à graisse.

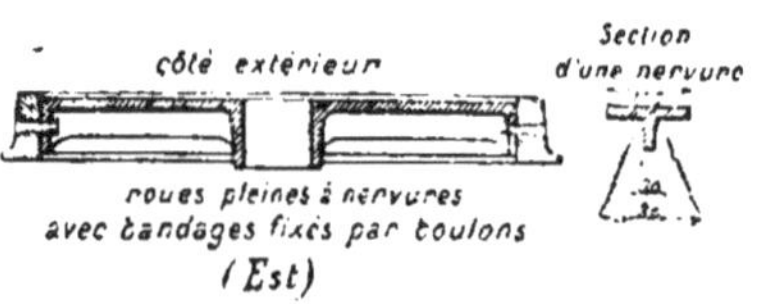

En Angleterre, on a construit des roues à centre plein d'un type différent : ce sont les *roues à centre en bois*, dont une des plus connues est la roue *Mansell*. Ces roues sont formées d'un moyeu en fonte, portant une couronne venue de fonte, dans laquelle vient se placer un disque en bois qui supporte le bandage. Mais comme le bandage ne peut être boulonné directement sur le disque, on a employé pour le fixer un système d'agrafes très ingénieux, dont on se sert également maintenant même pour fixer les bandages sur les roues de métal. Le bandage porte, à sa base, deux rainures qui donnent à sa section droite une forme de queue d'aronde; deux agrafes métalliques s'engagent dans ces rainures, de manière à pincer le bandage, et elles sont réunies par un boulon qui traverse le disque de bois.

L'avantage de ce système d'attache est de ne pas affaiblir la section du bandage, et de retenir en place les diverses parties du bandage en cas de rupture, de manière à lui permettre de rouler pendant un certain temps.

Les roues à centre en bois ont un roulement plus doux, moins bruyant que les roues métalliques; elles sont employées spécialement pour le matériel à voyageurs. Elles exigent une construction très soignée et des bois de première qualité, sans défauts plus ou moins cachés. Le centre ne peut être formé d'une seule pièce, car on trouverait difficilement des arbres de section suffisante et sans défauts pour les tailler; d'ailleurs, même si l'on pouvait en obtenir, les fibres ne seraient pas convenablement orientées par rapport à la jante dans toutes les parties de la roue, dont la résistance ne serait pas uniforme en tous les points. Pour cette raison, on fait le disque par secteurs; les secteurs doivent être exécutés avec une précision telle que, une fois rapprochés sur le moyeu, la roue ne doit pas avoir besoin d'être tournée : c'est du moins la garantie que l'on exige. Le bandage doit s'adapter exactement sur les secteurs.

Le bois employé est généralement le chêne de premier choix.

En Amérique, on a substitué au bois le *carton*, qui a plus d'homogénéité et qui permet d'éviter les joints des secteurs, dans lesquels l'humidité peut pénétrer et provoquer l'altération du bois. Dans ce cas, le centre de la roue est constitué par du métal sur lequel on empile des feuilles de carton. Ce système de roues a été employé par la Cie internationale des Wagons-lits qui a adopté également les roues en bois de Mansell.

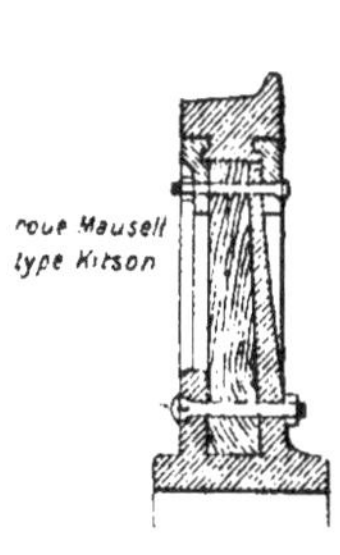

Le carton assourdit les roues encore plus que le bois.

13. Bandages. — Le bandage est la partie de la roue la plus intéressante, au point de vue technique, et la plus importante, au point de vue de la sécurité. Il faut d'abord en déterminer la section; puis on devra rechercher le métal qui convient le mieux et enfin examiner comment le bandage est rattaché à la roue.

Profil des bandages. — Les règles suivant lesquelles on détermine le profil des bandages ne sont pas très précises, parce que les principes sont encore mal connus, bien que cependant, dans ces derniers temps, quelques points obscurs aient pu être élucidés. Il en résulte que les solutions varient d'un chemin de fer à l'autre et, parfois, qu'un même réseau a plu

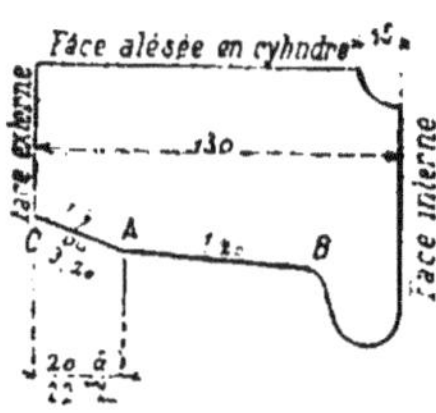

sieurs types de profils pour ses bandages. Certaines cependant sont communes à tous les profils. Le profil comprend toujours une face interne, alésée en cylindre, abstraction faite des détails relatifs à la fixation du bandage sur la roue, et deux faces latérales planes dont la distance forme la largeur du bandage. Cette largeur est généralement de 130 mm. en France. Elle a, comme nous le verrons plus tard, un certain rapport avec divers éléments de la voie. Elle ne descend guère au-dessous du chiffre cité, et il y a plutôt tendance à l'accroître jusqu'à 135 et même 140 mm. En Amérique, on adopte souvent cette dernière largeur.

La face cylindrique est souvent terminée, du côté intérieur, par un petit congé en creux de 15 mm. de rayon qui n'a d'autre but que de réduire le poids et de faire compensation au boudin. Ce congé a une certaine importance au point de vue du laminage, parce qu'il évite le refoulement d'une portion du métal pour obtenir la saillie du boudin; il y a simplement déplacement du métal.

La partie inférieure du profil comprend la *surface* ou *table de roulement* AB, sur laquelle roule habituellement la roue. Cette table est tronconique; sa pente, que l'on nomme la *conicité*, est généralement de 1/20. La table se prolonge parfois avec son inclinaison jusqu'à la face externe du bandage, mais souvent on donne au prolongement AC, vers l'extérieur, une inclinaison plus accentuée, le triple environ de la conicité (1/7 ou 3/20) sur une longueur de 20 à 22 mm. Cette forte inclinaison avait surtout son

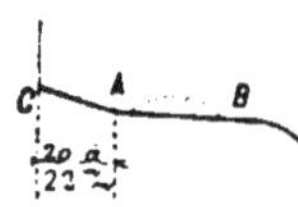

utilité pour les bandages en fer doux. Par suite de l'usure, la table de roulement se creusait en gorge, et le métal était refoulé vers l'extérieur. Si la table avait eu la même inclinaison jusqu'au bord antérieur du bandage, la gorge aurait été en s'accentuant; il se serait formé, symétriquement au boudin, une sorte de bourrelet; au contraire, si on a un profil brisé et une inclinaison plus forte vers l'extérieur, il se produit en A une arête que l'usure peut faire disparaître. Avec l'acier, la formation d'un bourrelet vers l'extérieur serait moins à craindre; néan moins, on conserve l'inclinaison de 1/7 environ. Du côté intérieur, la surface du roulement se prolonge par le *boudin* ou *mentonnet*.

C'est par cette partie du bandage surtout, que les profils diffèrent. La saillie et l'épaisseur du boudin varient peu cependant.

La *saillie du boudin* est la distance qui sépare la tangente horizontale menée au sommet du boudin et l'horizontale passant par l'extrémité de la surface de roulement. Elle est généralement de 3o à 36 mm. souvent 3o mm. dans les bandages neufs. Elle augmente quand la surface de roulement s'use.

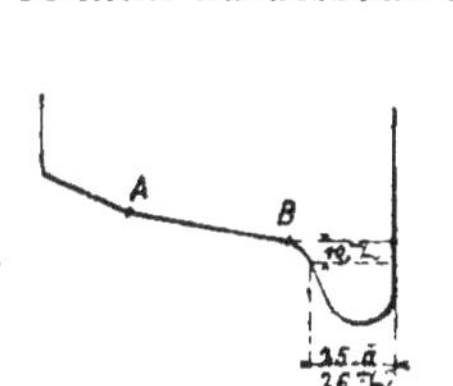

L'*épaisseur du boudin* se compte généralement à 10 mm. au-dessous de l'extrémité B de la table, encore que cette règle ne soit pas universellement adoptée. Cette épaisseur est de 25 à 26 mm. Il reste maintenant à raccorder le boudin avec la face interne du profil et avec la table de roulement.

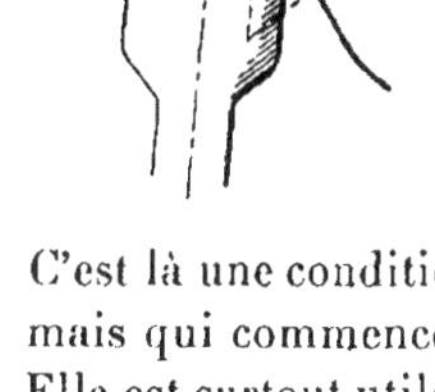

Le raccordement de la surface de roulement avec le boudin a une très grande importance. Pour déterminer le congé de raccordement, il faut rapprocher le profil du rail de celui du bandage. L'axe du rail est incliné à 1/20, de manière que les deux surfaces de roulement du rail et du bandage coïncident ; cette inclinaison de 1/20 donnée au rail se nomme le *devers* du rail. Or la partie supérieure du rail est terminée elle-même par deux arrondis ; il est facile de voir que le congé de raccordement du boudin du bandage doit avoir un rayon plus grand que l'arrondi du rail. C'est là une condition du profil dont l'importance a été souvent méconnue, mais qui commence maintenant à être acceptée par tous les ingénieurs. Elle est surtout utile à considérer pour le passage dans les courbes, puisque, dans les alignements, le boudin ne doit théoriquement pas toucher le rail. Dans les courbes, le boudin de la roue extérieure des véhicules appuie contre le rail. Si le rayon du congé de raccordement du boudin est plus petit que celui de l'arrondi du rail, le bandage touchera le rail le long de la génératrice de contact de la surface de roulement ainsi qu'en un point *b* du boudin situé à une certaine distance de l'axe instantané de rotation qui est à peu près cette génératrice *a'a*. Il se produira alors en *b* un travail de frottement et une vive usure du rail et du bandage. Cette question a été étudiée particulièrement en 1889 par un comité d'Ingénieurs Américains qui conseilla, pour accroître la durée du rail et du bandage, la règle que nous avons donnée (*Revue générale des chemins de fer*, septembre 1889). Il avait admis un rayon de 6 mm., pour le congé du rail, et de 19 mm., pour celui du bandage. Le congé de 6 mm. pour le rail était un peu court ; les Américains ont augmenté le rayon, mais en le maintenant toujours au-dessous de celui du bandage.

En France, le rayon du congé du bandage varie de 8 à 20 mm. ; à l'Est, il est de 15 mm. ; celui de l'arrondi du rail n'est pas toujours inférieur, ce qui est défectueux.

Lors des expériences de la Commission des petits rayons, M. Desdouits a proposé de prolonger la surface de roulement vers le boudin par un plan 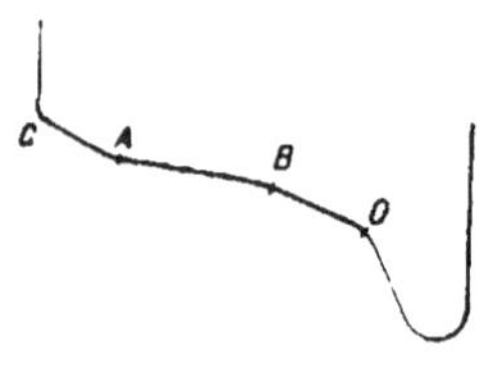 plus incliné, comme du côté extérieur, et on a reconnu que ce profil réduisait sensiblement la résistance au mouvement en courbe ; en réalité, cela revient à accroître le rayon du congé de raccordement, et les conclusions de M. Desdouits confirment par suite celles des Ingénieurs américains.

Quant au boudin lui-même, son profil comprend, du côté extérieur, 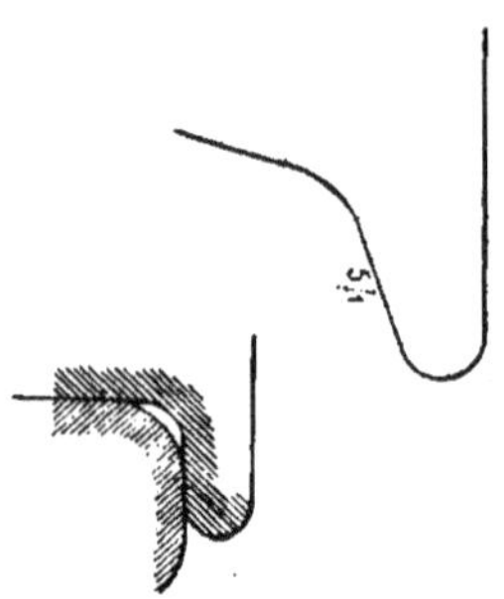 généralement une droite incliné de 5 sur 1. Il semblerait que, avec une face verticale, on aurait moins de danger de déraillement. Mais. dans les courbes, le frottement du champignon contre le boudin creuserait une petite gorge dans celui-ci ; le double contact précédemment indiqué se produirait alors, et il pourrait en résulter un soulèvement de la roue, par suite de l'appui qu'elle prendrait sur le point de contact latéral du rail, soulèvement qui pourrait favoriser un déraillement.

Pour éviter cet inconvénient, certains chemins de fer, comme l'Ouest en particulier, emploient un profil convexe, formé 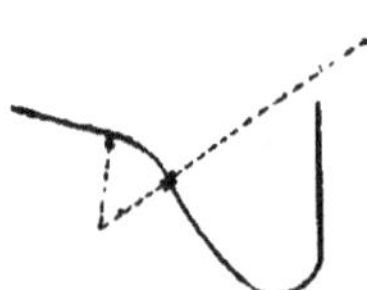 par un arc de cercle se raccordant au congé. Mais même avec ce profil, il est nécessaire que le congé ait un rayon supérieur à l'arrondi du rail.

Enfin, la face externe du boudin est raccordée par un congé avec la face interne du bandage. Le rayon de ce bord varie de 10 à 15 mm.

L'*épaisseur du bandage m n*, se compte dans le plan du cercle de roulement, plan qui se trouve à o m. 755 du milieu de l'es-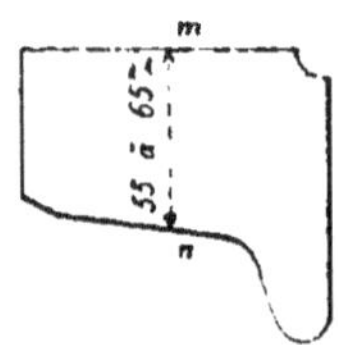sieu. Cette épaisseur varie de 55 à 65 mm. pour les bandages neufs des véhicules ordinaires. Pour les machines, les bandages sont plus épais ; ils atteignent 75 mm. Sur certains chemins de fer, comme le réseau néerlandais, par exemple, l'épaisseur va jusqu'à 99 mm. pour le matériel de transport.

Les grandes épaisseurs ont des avantages au point de vue économique ;

le bandage n'étant rebuté que quand son épaisseur descend au-dessous d'une certaine limite qui est toujours à peu près la même, 20 à 25 mm. après réduction par des tournages successifs, le rapport de la perte au bandage initial est d'autant plus faible que celui-ci était plus épais. Mais les bandages épais ont l'inconvénient de donner de trop grandes variations dans les diamètres des roues.

Fixation du bandage. — Autrefois les bandages étaient fixés sur les roues uniquement par des rivets ou des boulons. Les rivets ont l'inconvénient d'affaiblir le métal et, avec l'acier, on aurait facilement des ruptures. On leur a substitué la vis avec filet dans le faux cercle ou le bandage.

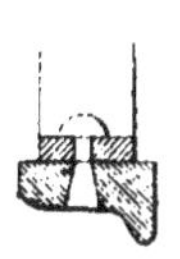
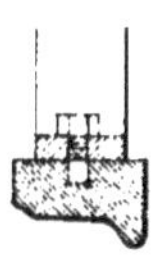
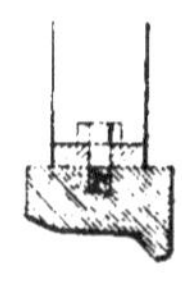

Lorsque le faux cercle est seul fileté, le bandage n'est plus retenu s'il vient à se rompre. Au contraire, si les filets sont dans le bandage, on peut espérer que les filets de la vis pourront maintenir en place les deux parties d'un bandage rompu et permettront d'arriver à l'arrêt. A la vérité, ces filets de vis ont peu de résistance.

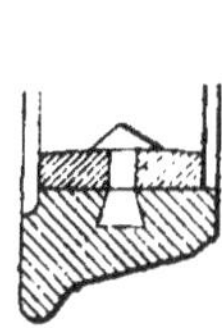
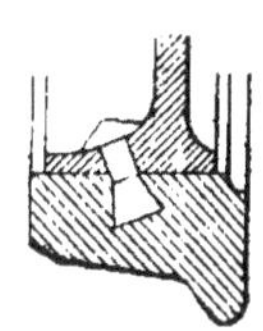

Un autre système d'attache consiste dans l'emploi des rivets borgnes, comme à la Cie du Midi, toutes les fois que la jante n'a pas une épaisseur suffisante pour permettre l'emploi d'agrafes : on perce dans le bandage des trous évasés, et on y introduit des rivets dont la tête est chauffée au noir et le bout au rouge blanc, afin de bien remplir les trous par le matage.

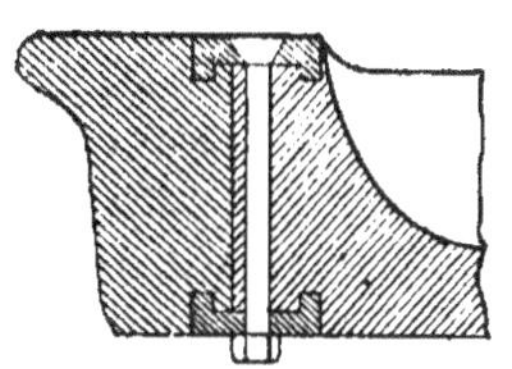

Ces divers modes d'attache ont tous l'inconvénient, à un degré plus ou moins grand d'affaiblir le bandage, aussi préfère-t-on maintenant le système des *agrafes* décrit à propos des roues Mansell et qui s'applique également aux roues en fer.

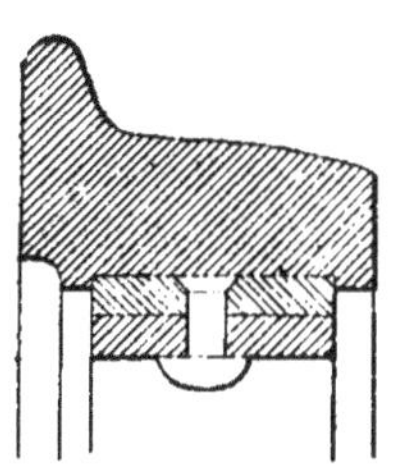

Au chemin de fer du Nord, on applique depuis 1882, un autre procédé pour les roues à rais pentagonaux : On fixe sur ces rais un faux cercle, par des rivets à tête fraisée, et on le tourne soigneusement; d'autre part, on alèse l'intérieur du bandage de manière à lui ménager un rebord de 1 mm. à l'intérieur et un talon de 5 mm. à l'extérieur. Le bandage, une fois mis en place à chaud, est maintenu par ces rebords, et cela suffit pour qu'un bandage lâché ne puisse tomber.

Une disposition analogue est employée à l'Etat belge pour le matériel à marchandises, type de la Société alsacienne de constructions mécaniques de

Belfort; le rebord intérieur a 2 mm. de saillie, le talon extérieur 10 mm. et ce dernier est évidé en queue d'aronde.

Lorsque l'on emploie les agrafes, celles-ci peuvent être continues ou fragmentées. Il est préférable qu'elles soient fragmentées, parce que l'on peut plus facilement s'apercevoir de l'étirement du bandage par usure ou par laminage au roulement, tandis que, au contraire, les agrafes continues masquent le joint de la jante et du bandage : c'est le système qui a été adopté au Midi et à l'Ouest.

14. Nature du métal des bandages et mode de fabrication.— À l'origine, les bandages étaient en fer, faits avec des barres laminées droites au profil voulu, et recourbées ensuite, puis soudées. Mais on voulut bientôt éviter la soudure qui pouvait être mal faite, et qui, en tout cas, constituait un point faible du bandage, à cause du défaut d'homogénéité que le chauffage au blanc soudant y créait. On a alors imaginé le laminage circulaire par cylindres horizontaux ou verticaux. Avec les derniers, le bandage est laminé horizontalement, et il conserve mieux sa forme circulaire. En rapprochant progressivement les cylindres qui portent des cannelures, on arrive à avoir des cercles du diamètre voulu, avec le profil convenable. L'anneau laminé était obtenu avec du fer en paquet soudé et martelé. Aujourd'hui, on se sert d'acier coulé. Quelquefois, on coule l'acier sous forme d'un anneau prêt à être laminé. Mais, le plus souvent, on préfère couler un lingot ordinaire et le transformer en anneau par martelage. On est plus sûr ainsi d'avoir un métal homogène. On coule même des lingots d'un poids suffisant pour faire deux bandages, et on les coupe ensuite au pilon.

On n'a pas toujours été d'accord sur la qualité de l'acier à employer pour les bandages. Lorsque l'acier a été substitué au fer, on a voulu d'abord un métal dont les propriétés se rapprochassent de celles du fer, et l'on a pris de l'acier très doux; ce qui était d'autant plus indiqué que l'on ne savait obtenir de l'acier dur et dépourvu d'aigreur qu'à un prix élevé. Mais, actuellement que, par les procédés de déphosphoration et de désulfuration, la métallurgie permet d'obtenir dans des conditions économiques un métal dur et non cassant, on emploie des aciers plus résistants. Il y a intérêt à ce que le métal du bandage soit moins dur que celui du rail, pour que ce dernier, qui ne se remplace pas aussi aisément, s'use moins rapidement.

On rencontre cependant fréquemment le contraire. Cela tient à ce que les bandages sont remplacés individuellement et que l'on est arrivé ainsi progressivement à employer des métaux de plus en plus durs. Au contraire, pour les rails, on fait des substitutions d'ensemble, et comme, d'autre part, ils sont renouvelés moins fréquemment, la progression dans la dureté du métal a été moins rapide.

Beaucoup de chemins de fer emploient pour leurs bandages des aciers offrant une résistance à la rupture de 55 à 60 kilogrammes ; c'est encore un métal assez doux. Mais il y a tendance à augmenter ces chiffres, surtout pour les bandages des machines, qui sont plus soignés. On arrive à 70 et même 75 kilogrammes. M. André (*Revue universelle des Mines*, 1894) estime même que ce dernier chiffre devrait être un minimum. On peut donc dire que les aciers à bandage doivent avoir une résistance comprise entre 55 et 75 kilogrammes et qu'il y a tendance, actuellement, à se rapprocher de ce dernier chiffre.

15. Réception des bandages. — Les bandages faits, il faut s'assurer de leur qualité, et, pour cela, les soumettre à certaines épreuves. Ces épreuves sont faites par un agent réceptionnaire des compagnies, qui est attaché à l'usine du fournisseur, et qui surveille constamment la fabrication.

Les conditions de réception des bandages sont déterminées par un cahier des charges. Elles ne sont soumises à aucune règle précise et varient d'ailleurs selon les compagnies. Certains chemins de fer imposent non seulement des conditions de réception, mais même des conditions de fabrication. D'autres, au contraire, laissent toute latitude aux usines et se contentent d'exiger que les bandages faits satisfassent aux épreuves imposées et remplissent toutes les conditions requises, sans se soucier du procédé par lequel ils ont été obtenus.

Généralement, les conditions imposées pour les bandages sont de deux sortes : les unes se rapportent à la période de fabrication, pendant laquelle on peut prélever du métal du bandage et faire, sur la prise d'épreuve, des essais à l'analyse chimique ou à la traction. L'Etat belge, par exemple, exige que le métal ait une teneur en carbone au moins de 0,3 o/o. C'est une condition qui se rapporte à la dureté ; mais il eût été bon aussi de parler de la teneur en phosphore et en silicium qui a une influence considérable sur la qualité de l'acier. On exige aussi que les éprouvettes taillées sur le métal prélevé donnent une résistance à la rupture fixée à l'avance, et un allongement proportionnel également défini. On exige même quelquefois que la somme du chiffre de la résistance par millimètre carré et de l'allongement proportionnel atteigne une certaine valeur. Cette somme de deux chiffres représentant des grandeurs non homogènes n'a aucun sens par elle-même ; il n'y a là qu'un moyen empirique de réaliser une certaine compensation entre ces deux éléments.

Les autres conditions visent les bandages fabriqués.

Les essais qui mettent les bandages hors de service ne peuvent naturellement porter que sur une petite fraction de la fourniture. Généralement on en prend au hasard un sur un lot de 50 ou même de 30 ; mais on exige que le lot de 50 ou de 30 soit d'une même coulée pour qu'il forme un tout bien homogène.

Sur les bandages ainsi choisis on fait des essais au choc : on place le bandage sur une enclume d'une masse suffisante, et on l'éprouve au choc d'un mouton d'un poids déterminé et tombant d'une hauteur également déterminée.

Il est important, pour ces essais, que l'enclume ou chabotte ait une masse suffisante; on spécifie parfois qu'elle doit peser au moins 10 tonnes.

Quant au mouton, son poids varie de 500 kil. à 1000 kil., et la hauteur de chute de 4 à 5 mètres, et quelquefois 10 mètres. A l'Etat Belge, le poids P du mouton et la hauteur de chute H sont liés, pour les bandages des locomotives et tenders, par la relation :

$$P H = 0,1108 \, be^2.$$

Dans cette formule :

b est la largeur en millimètres du bandage.

e son épaisseur en millimètres, mesurée à la surface de roulement.

Pour les voitures, la formule est :

$$P H = 0,1286 \, be^2 \,;$$

pour les wagons :

$$P H = 0,1119 \, be^2.$$

Les bandages des machines subissent trois chocs.

Après le second, le diamètre ne doit pas être réduit de plus de 1/7 ; après le troisième, il ne doit y avoir aucune crevasse. Ceux des voitures et wagons ne reçoivent qu'un seul coup de mouton.

Il paraît rationnel de fixer ainsi le produit PH qui mesure la force vive dépensée sur le bandage. Cependant, au point de vue des efforts subis par le métal, il n'est pas indifférent que le choc ait lieu à une vitesse quelconque. En fait, comme le mouton dont on se sert est toujours le même, il n'y a aucune indétermination, et la formule précédente revient à la détermination de la hauteur de chute.

Les épreuves au choc donnent une certaine garantie, mais elles ne révèlent pas les défauts individuels: soufflures, pailles, etc..., et c'est ce qui a conduit, au chemin de fer de l'Ouest, à prescrire, en outre, un essai individuel de tous les bandages. Cet essai ne doit pas d'ailleurs être poussé jusqu'à une limite extrême, afin de ne pas détériorer les bandages ; on se borne à leur faire subir des efforts comparables à ceux qu'ils auront à supporter à l'usage. L'essai se fait sur les bandages mis en place, et une fois les roues montées. On dispose l'essieu monté sur une voie très résistante et on le frappe d'un certain nombre de coups de marteau, d'une violence calculée pour reproduire aussi exactement que possible les efforts subis en service. Ce résultat est obtenu avec un marteau de huit kilogrammes lancé à toute volée par un ouvrier. Le nombre des coups de marteau est de quatre sur chaque point. L'épreuve est répétée sur quatre points de bandage, et l'on choisit de préférence ceux où il peut y avoir affaiblissement, par suite de la présence d'un rivet ou d'une vis, par exemple. Tous les bandages qui se rompent ainsi présentent des défauts de métal ou de fabrication. Ces essais individuels évitent environ 95 o/o des ruptures en service.

16. Mise en place des bandages ou embatage. — Cette opération est fort importante. Il faut que le bandage serre énergiquement la roue et qu'il se maintienne de lui-même sur la roue. Les modes d'attache employés, et que nous avons décrits, doivent être considérés comme des adjuvants pour empêcher des déplacements accidentels, ou encore pour le maintenir en place pendant un certain temps en cas de rupture.

Pour avoir une adhérence suffisante sur le centre, on donne au bandage un diamètre un peu inférieur à celui de la jante. L'excès de diamètre de la roue sur celui du bandage se nomme le *serrage*. Il est généralement de $1/1000^e$, soit de 1 mm. pour une roue de 1 m. Ce serrage varie suivant la nature du centre ; il peut être inférieur à $1/1000^e$ avec les bandages en acier et des centres peu compressibles, et descendre alors à $3/4$ de millimètre pour une roue de 1 m. On met le bandage en place à la presse, après l'avoir chauffé pour le dilater, puis on laisse refroidir. Pour éviter l'encombrement dans les ateliers, on refroidit artificiellement le bandage. Le refroidissement est obtenu de deux façons : quelquefois par immersion ; mais alors il se produit une véritable trempe du métal, ce qui est un inconvénient avec les métaux durs et peut provoquer des ruptures peu de temps après la mise en service. On préfère obtenir un refroidissement moins brusque, en arrosant le métal sur toute sa périphérie par de petits jets liquides.

17. Bandages en service. — Les bandages mis en service doivent satisfaire à certaines conditions de durée que stipulent les cahiers des charges. Ils doivent donner un certain parcours avant de subir un premier tournage, puis un autre avant le second tournage, et, au total, un parcours donné de garantie. Comme il faudrait une comptabilité très coûteuse pour suivre tous les bandages sur les grands réseaux, on se borne à marquer d'un signe spécial les essieux que l'on choisit arbitrairement pour en suivre les bandages.

Au bout d'un certain parcours, les bandages s'usent et se déforment ; la saillie du boudin s'accroît et peut devenir un obstacle, surtout sur les voies à coussinets ; de même, son épaisseur diminue et accroît le jeu de la voie. Il faut alors tourner de nouveau le bandage pour lui redonner son profil primitif, sauf à réduire son épaisseur. Cette opération se nomme le *rafraîchissage des bandages*. C'est surtout pour les machines qu'il importe que les bandages soient le moins déformés possible.

Les dimensions à partir desquelles le rafraîchissage doit avoir lieu varient selon les réseaux ; il n'y a pas, à cet égard, de règle absolue ; la règle n'est d'ailleurs pas la même pour les machines et pour les voitures ou wagons. Pour les machines, on tient compte surtout de l'épaisseur du boudin ; pour les voitures ou wagons, de l'épaisseur au roulement. Comme le profil neuf doit pouvoir s'inscrire dans le profil usé, la quantité de métal à enlever dépend essentiellement de la forme de l'usure.

Lorsqu'il s'agit des essieux d'avant des locomotives, il n'importe pas seulement que le boudin n'ait ni une saillie exagérée ni une épaisseur trop réduite ; il faut aussi qu'il ne présente pas d'arête vive qui formerait coin et s'insinuerait dans les aiguilles.

§ 3. ESSIEUX

18. — Dans un essieu, on distingue trois parties essentielles :

1° Le *fût* ou *corps de l'essieu* A, compris entre les roues ;

2° La *portée de calage* B, qui est la partie de l'essieu emprisonnée dans le moyeu de la roue ;

3° La *fusée* C qui prolonge l'essieu extérieurement et sur laquelle la partie non tournante des véhicules repose par l'intermédiaire de coussinets. Entre la fusée et la portée de calage, il existe une partie plus étroite et moins importante que l'on nomme la *portée d'obturateur* D. Elle sert à recevoir l'obturateur en bois ou généralement la garniture qui ferme les boîtes à huile. La fusée est cylindrique et se termine par le *champignon d'arrêt* E qui est quelquefois

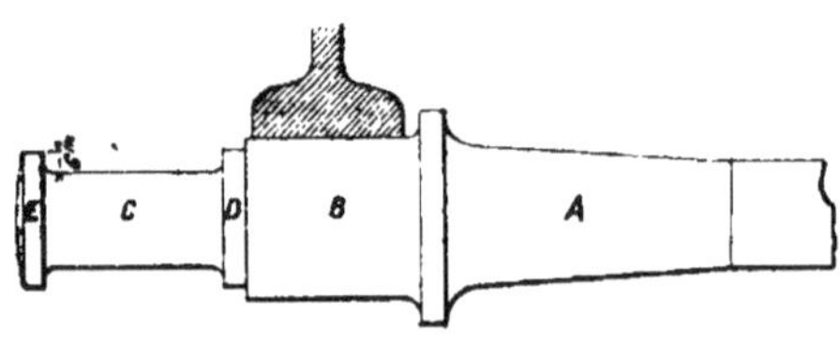

bombé. Elle se raccorde au champignon d'arrêt et à la portée d'obturateur par des congés dont le rayon est d'environ 6 mm. Ces arrondis sont indispensables pour éviter les ruptures. La portée de calage se termine généralement par un cordon d'un diamètre un peu plus grand, qui se raccorde au corps de l'essieu et à la portée de calage par de petits congés.

La roue est enfilée sur la portée de calage à la presse hydraulique sous de grandes pressions, qui atteignent 3o.ooo et 4o.ooo kg. et même 8o.ooo kg. pour les roues de machines ; on ne l'enfonce pas jusqu'au cordon qui n'a pas pour but de servir d'appui à la roue. Elle doit être arrêtée à la naissance du congé de raccordement sans aller au delà, sans quoi il y aurait écrasement du métal et tendance à la fissuration à l'intérieur du moyeu. On ne pourrait appuyer la roue sur le cordon qu'en alésant le moyeu de la roue pour lui donner un arrondi correspondant au congé.

Le cordon séparant la portée de calage du corps de l'essieu a cependant une réelle utilité parce qu'il sert de repère pour déterminer très exactement la position de la roue.

Le corps de l'essieu a généralement un diamètre inférieur à la portée de calage. Assez fréquemment, il est tronconique, avec une partie cylindrique au milieu. Cette disposition permet d'alléger un peu son poids.

Autrefois, les essieux étaient toujours en *fer*. On se servait de fers fins

de première qualité, supérieurs encore au métal du bandage. On les sou-
dait en paquets et les étirait au martelage.

Aujourd'hui on emploie le *métal fondu*, sauf pour les essieux coudés
des machines. L'acier doit être doux. D'après M. André (*Revue universelle des Mines*, 1894), à l'État belge, on spécifie une résistance de 40 kg.
par mm², avec allongement de 20 o/o.

Comme les bandages, les essieux sont soumis à des épreuves avant
réception. Ces épreuves se font également au choc au marteau. L'essieu
recourbé est redressé, et il ne doit présenter ni criques ni fissures. Au
P.-L.-M., l'essieu repose sur deux appuis distants de 1 m.40 ; le mouton de
500 kg. tombe de 4 m. 50 de hauteur. On produit une flèche de o m. 30
sur 1 m. 40, puis on redresse l'essieu, et il ne doit pas y avoir de criques.
Au chemin de fer du Nord, les points d'appui sont à 1 m. 50 l'un de
l'autre ; le mouton, de même poids, tombe de 3 m. 50 seulement. La
flèche à atteindre est de o m. 25 pour les essieux en fer ; elle ne doit pas
l'être avant le 5e coup. En outre, les essieux doivent donner un parcours
de garantie de 80.000 km., soit de 3 ans pour les voitures à voyageurs, et
de 5 ans pour les véhicules à marchandises. Pour les essieux en acier, la
flèche d'épreuve est de o m. 125.

A l'État belge, on se sert même d'acier pour les essieux coudés ; mais
on exige alors des aciers extra doux. Sur ce réseau, les épreuves au choc
sont réglées sur les bases suivantes. Avec les essieux de 100 mm., la
chute du mouton doit produire un travail de 3.250 kilogrammètres ; pour
un diamètre quelconque d, on emploie la relation : $Ph = 0,00325\, d^3$;
P désignant le poids du mouton et h la hauteur de chute.

19. Détermination de la fusée. — Une des dimensions les plus
importantes à déterminer pour les essieux, c'est le diamètre de la fusée. Il
faut qu'il soit assez grand pour offrir une résistance suffisante ; d'autre
part, il importe de le réduire autant que possible pour diminuer la résistance à la traction. Ce sont là deux conditions contradictoires. Aussi les
dimensions des fusées ont-elles été, de tout temps, serrées de près. A
l'origine, les véhicules étaient moins lourds, les trains allaient moins
vite, le diamètre des fusées descendait à 70 mm. ; leur longueur était de
120 à 140 mm. Ces dimensions, que l'on rencontre encore sur d'anciens
véhicules, sont trop faibles. Le diamètre a été porté à 85 mm , et la longueur à 170 mm. pour le matériel à voyageurs et à marchandises ; pour
les grandes voitures à voyageurs, on arrive même à des diamètres de 110
et 115 mm. avec des longueurs de 220 et 230 mm.

En général, la longueur des fusées varie entre un diamètre 3/4 et deux
diamètres 1/4 ; elle est très souvent le double du diamètre.

Les autres parties de l'essieu sont soumises à des conditions
différentes. Elles doivent, comme les fusées, offrir une résistance suffisante ; mais leurs dimensions ne sont pas comme elles soumises à des
conditions limites.

Pour déterminer les dimensions des fusées, on se guide surtout sur l'expérience acquise. Si l'on a remarqué que des fusées fonctionnaient dans des conditions satisfaisantes, on en accepte le type.

Les conditions auxquelles elles doivent satisfaire sont au nombre de trois :

1º la fusée doit résister à la charge qu'elle supporte en restant loin de la limite de rupture. Il est important, en effet, d'avoir un coefficient de sécurité assez grand, car le calcul s'établit à l'état statique, et, en marche, les efforts sont considérablement plus grands ;

2º la fusée doit être établie de manière à réduire autant que possible la résistance à la traction ;

3º on doit éviter l'échauffement au contact du coussinet. Cette dernière condition a une importance considérable.

Les deux dernières conditions se lient d'ailleurs l'une à l'autre. Pour réduire la résistance à la traction, il faut introduire une matière lubrifiante entre le coussinet et la fusée, et, pour que cette matière lubrifiante ne soit pas expulsée et qu'il ne se produise pas d'échauffement, il faut d'abord que la pression par centimètre carré sur la fusée ne dépasse pas une certaine limite, dont la valeur dépend de la nature de la matière lubrifiante : certaines matières ont plus de corps, plus de viscosité, et peuvent supporter des pressions plus fortes ; d'autres, plus liquides, ne peuvent supporter que de faibles pressions. L'eau, par exemple, constituerait un excellent lubrifiant si on pouvait la maintenir entre les surfaces en contact ; mais elle n'a pas assez de viscosité et on ne peut l'utiliser en général qu'avec des artifices. Elle a été d'ailleurs employée avec succès par l'Ingénieur Girard, en la refoulant sous pression, pour graisser des paliers de machines, et dans la construction d'un chemin de fer glissant dont on a vu un exemple à l'Exposition de 1889. En général, le frottement est d'autant plus doux que la matière employée est moins visqueuse ; mais la viscosité a l'avantage de faciliter le maintien de la matière interposée, et, pour les fusées, on ne se sert que de matières grasses visqueuses.

Les corps gras étant d'autant plus fluides que leur température est plus élevée, on conçoit, dès lors, comment la troisième condition se lie à la seconde. Si, par suite de l'excès de la pression sur la fusée, de l'interposition de poussières, ou pour tout autre cause, un commencement d'échauffement vient à se produire, le corps gras devenant plus fluide est rapidement expulsé ; le frottement devient alors plus grand et l'échauffement très rapide. Il se produit un *grippement*, une adhésion complète entre le coussinet et la fusée qui imprime à celle-ci un mouvement de torsion et en provoque nécessairement la rupture. Ce cas se produit assez souvent avec le matériel neuf, lorsque les surfaces ne sont pas encore suffisamment rodées. Lorsque, en marche, on constate qu'une boîte à graisse s'échauffe, il faut immédiatement la refroidir et graisser, et souvent même différer le véhicule.

Mais, en admettant que la pression exercée sur la fusée ne dépasse pas la limite permise et que le graissage soit bon, le frottement qui s'établit entre la fusée et le coussinet développe normalement de la chaleur qui se perd par l'effet de la conductibilité ou par le contact de l'air incessamment renouvelé, et la température de la fusée est le résultat de l'équilibre qui se produit entre cette production de chaleur et la déperdition. Cette température ne doit pas être trop élevée, sans quoi l'on aurait les phénomènes décrits tout à l'heure. On admet généralement qu'elle ne doit pas dépasser 45°. Pour la calculer, il faudrait connaître exactement les lois des phénomènes d'où elle résulte. Ce serait là un calcul difficile, sinon impossible. On peut s'en passer. Il suffit de remarquer que la température d'équilibre dépend du rapport de la production de chaleur à la déperdition, que celle-ci est grossièrement proportionnelle à la surface de la fusée, et celle-là au travail du frottement dans l'unité de temps. Pour que la fusée ne s'échauffe pas, il faut donc non seulement que la pression par unité ne dépasse pas un certain chiffre, mais encore que le travail du frottement par unité de surface produit dans l'unité de temps reste au-dessous d'une certaine limite.

Les trois conditions fondamentales auxquelles les fusées doivent satisfaire peuvent dès lors être remplacées par les trois suivantes, susceptibles d'une interprétation mathématique :

1° la fatigue du métal à l'état statique ne doit pas dépasser une certaine limite ;

2° la pression par centimètre carré exercée sur la fusée doit être au-dessous d'une quantité donnée ;

3° le travail de fottement, par unité de surface de la fusée, produit dans l'unité de temps, doit rester au-dessous d'une limite donnée.

Première condition. — On peut, pour la traduire, assimiler la fusée à une poutre encastrée à une de ses extrémités.

Soient *l* la longueur de la fusée, $2r$ son diamètre, et P la charge qu'elle supporte et que l'on suppose appliquée en son milieu. La section la plus fatiguée est évidemment la section encastrée. Nous écrirons que, pour cette section, le moment des forces appliquées est égal au moment fléchissant.

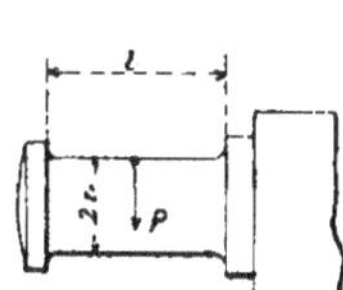

Or on sait que le moment fléchissant a pour expression $\dfrac{EI}{\rho}$, E désignant le coefficient d'élasticité du métal,

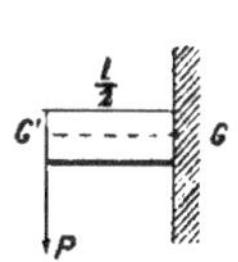

I le moment d'inertie de la section considérée et ρ le rayon de courbure de la fibre neutre, c'est-à-dire de la fibre GG' des centres de gravité. Si v désigne la distance d'une fibre quelconque au centre de gravité, i l'allongement proportionnel qu'elle subit, F sa fatigue par unité, on a

$$i = \frac{v}{\rho},$$

et
$$F = E i = \frac{E v}{\rho}.$$

Le moment fléchissant peut donc s'écrire :
$$\frac{EI}{\rho} = \frac{FI}{v}.$$

En écrivant la condition sus-indiquée, on a donc l'équation :
$$\frac{FI}{v} = \frac{Pl}{2}.$$

La fibre la plus fatiguée sera évidemment la fibre la plus éloignée du centre de gravité ; F désignant la fatigue de cette fibre, v devra être égal à r. D'autre part, le moment d'inertie d'un cercle par rapport à son diamètre est $\frac{1}{4} \pi r^4$. La première condition s'exprime donc ainsi :
$$\frac{Pl}{2} = \frac{1}{4} F \pi r^3.$$

Deuxième condition. — Soit c le rapport de la corde de contact du coussinet au rayon r de la fusée. Si le contact se faisait suivant un diamètre, on aurait $c = 2$. Généralement il a lieu sur un angle au centre de 120°.

Si la pression entre le coussinet et la fusée était partout normale et 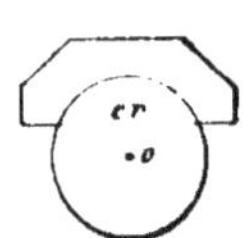 égale à p pour l'unité de surface, on sait que la résultante de ces pressions élémentaires serait normale sur le plan qui contient le contour de la surface de contact et équivalente à une pression p uniformément répartie sur l'aire de ce contour. C'est un théorème élémentaire d'hydrostatique. A défaut d'une pression uniforme, on peut appliquer ce théorème à une pression moyenne p. L'aire du contour ou de la surface d'appui étant crl, la deuxième condition s'exprime donc par l'équation :
$$P = c . r . l . p.$$

Troisième condition. — Pour évaluer le travail du frottement, nous allons analyser les divers phénomènes qui se passent pendant le roulement au contact de la fusée et du coussinet.

Représentons par deux cercles tangents la section de la fusée et le profil idéalement prolongé de la surface d'appui du coussinet, en exagérant considérablement et les dimensions absolues de ces deux cercles et surtout la différence qui existe nécessairement entre leurs diamètres.

Au moment du repos, le coussinet repose symétriquement sur la fusée ; les deux centres o et o' du coussinet et de la fusée sont sur une même verticale, et c'est sur cette verticale que se trouve leur point de contact s, c'est-à-dire au point le plus haut de la fusée.

Si maintenant nous tirons le véhicule vers la droite, par exemple, avec

une force t, cet effort va tendre à déplacer le coussinet, ainsi que le
véhicule qui lui est lié, vers la droite, par rapport à l'essieu ; celui-ci va
subir l'entraînement, en vertu du frottement qui s'exerce entre le coussinet et la fusée.

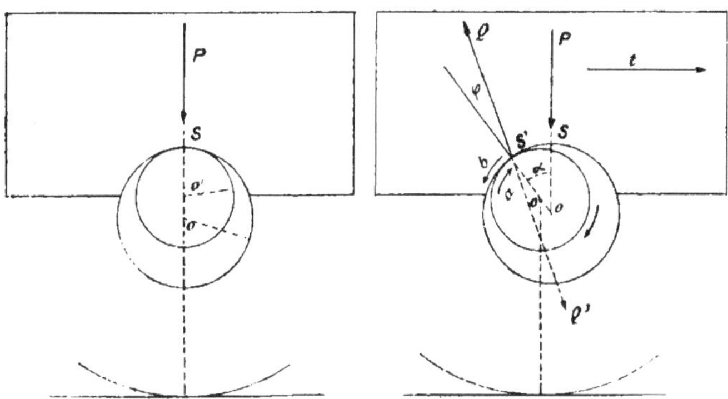

Le mouvement que prend alors l'essieu par rapport au véhicule, d'une
part, par rapport à la voie, d'autre part, est déterminé par cette condition, résultant des lois du frottement, que deux solides en contact ne
peuvent pas glisser l'un sur l'autre si la réaction tangentielle nécessaire
pour faire équilibre aux forces qui les sollicitent (y compris, s'il y a lieu,
les forces d'inertie) est inférieure à une certaine limite égale au produit de
la réaction normale par le coefficient de frottement. Tant que cette limite
n'est pas atteinte, le mouvement relatif des deux corps ne peut être qu'une
combinaison de frottement et de pivotement.

Ici, comme nous ne considérons que des cylindres parallèles entre eux
et des forces situées dans une même section droite (ce qui n'est vrai
qu'approximativement pour la roue et le rail), il ne peut pas être question de pivotement. Le mouvement relatif ne peut donc être qu'un roulement.

L'étude de la résistance au roulement, ainsi qu'on le verra plus loin,
montre que, dans le cas actuel, le roulement peut, en effet, se produire avant que les conditions nécessaires pour le glissement soient
atteintes. Le premier mouvement sera donc un roulement de la roue sur
le rail et de la fusée, solidaire de la roue, sous le coussinet.

Par suite de ce roulement, le point de contact géométrique de la fusée
et du coussinet se porte vers l'arrière. Mais lorsqu'il atteint un certain
point S′, les conditions de glissement se trouvent réalisées, et le mouvement se transforme ; le point de contact ne peut se déplacer davantage ;
l'essieu monté continue à tourner sur lui-même en roulant sur le
rail, mais il glisse sur le coussinet qu'il touche constamment au même
point S′.

Il est facile de trouver la position de ce point. Nous la chercherons dans le cas simple de l'équilibre ou, ce qui revient au même, d'un mouvement uniforme dans lequel les forces d'inertie sont nulles ou se détruisent.

Remarquons que ce glissement est inévitable par le fait que l'essieu est entraîné avec le véhicule de manière que son axe occupe par rapport à celui-ci une position invariable. La demi-circonférence supérieure de la fusée ayant, par rapport à l'axe, un mouvement de l'arrière à l'avant, a ce même mouvement par rapport au coussinet. Le point de contact situé sur cette demi-circonférence a donc aussi un mouvement de l'arrière à l'avant par rapport au coussinet. La fusée se déplace dans le sens de la flèche a, tandis que le coussinet tend à glisser en sens inverse. Tout se passe comme si l'on avait un corps pesant appuyé sur un plan incliné

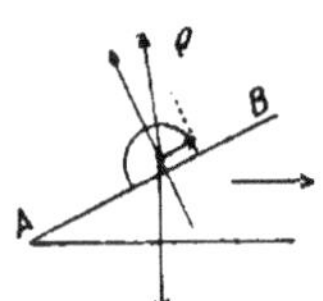

qu'il chasserait devant lui. Le corps ayant une tendance à descendre, le plan incliné exercerait sur lui une action Q tendant à s'opposer au mouvement de ce corps, c'est-à-dire ayant sa composante suivant le plan dirigée dans le sens où le plan est chassé. De même, la fusée exerce sur le coussinet une action Q située à droite de la normale OS', de façon que sa composante sur la tangente en S' soit opposée à la flèche b, et dans le même sens que la flèche a. Inversement, le coussinet exerce sur la fusée une force égale et opposée à Q. La force Q fait d'ailleurs avec la normale OS' un angle égal à l'angle de frottement φ.

Finalement, on voit que, pendant le roulement, le coussinet, c'est-à-dire le véhicule, est sollicité par le poids P, la force t et la réaction Q ; l'essieu monté, par la réaction de la voie et une réaction S'Q' égale et opposée à Q.

Considérons, pour le moment, le véhicule ; il est en équilibre relatif, et les forces qui le sollicitent doivent satisfaire aux équations d'équilibre.

Les équations des projections sur l'horizontale et sur la verticale donnent, en désignant par α l'angle d'écart SOS',

$$t = Q \sin (\alpha - \varphi)$$
$$P = Q \cos (\alpha - \varphi).$$

D'où :

$$\operatorname{tg} (\alpha - \varphi) = \frac{t}{P}.$$

Etant donné le sens considéré pour les forces t et P, ces deux forces sont essentiellement positives. Donc $\alpha > \varphi$.

L'effort t est d'ailleurs très faible par rapport au poids P du véhicule, en sorte que α diffère très peu de φ. L'effort nécessaire pour produire l'entraînement du véhicule varie, en effet, entre 1 k. 5 et 7 à 8 k. par tonne suivant la vitesse : le rapport $\frac{t}{P}$ varie donc entre :

$$\frac{15}{10000} \quad \text{et} \quad \frac{70 \text{ à } 80}{10000}.$$

Les deux équations précédentes donnent d'ailleurs :

$$Q^2 = t^2 + P^2 = P^2 \left(1 + \frac{t^2}{P^2} \right).$$

La réaction tangentielle du frottement Q est Q sin φ, ou, en remplaçant le sinus par la tangente, l'angle de frottement étant faible, Q tg φ, c'est-à-dire Qf, f désignant le coefficient de frottement.

Si on néglige le rapport $\frac{t^2}{P^2}$, on voit que Q peut être sensiblement remplacé par P, et la réaction tangentielle du frottement devient alors égale à Pf, les deux facteurs de ce produit étant approchés, l'un par excès, l'autre par défaut.

Revenons maintenant à la troisième condition à remplir par les essieux. Si v désigne la vitesse du véhicule en mètres à la seconde, R le rayon de la roue, le chemin parcouru dans l'unité de temps par le point de contact S′ est évidemment $v\,\frac{r}{R}$, et, par suite, le travail du frottement dans l'unité de temps est $P.f.\,v\,\frac{r}{R}$. D'autre part, la surface de la fusée est $2\,\pi.r.l$. Si τ désigne la quantité de travail par unité de surface que l'on ne doit pas dépasser, la troisième condition s'écrira :

$$\frac{P\,f.\,v}{2\,\pi.\,l.\,R} = \tau.$$

Les trois conditions que nous avons traduites par des égalités sont des conditions limites, et, en réalité, le signe $=$ devrait être remplacé par le signe $\leqq$.

Voyons maintenant les valeurs numériques que l'on peut donner aux coefficients caractéristiques F, p et τ de ces trois conditions.

1º Dans la première, F désigne la fatigue maximum du métal. On sait que les aciers des essieux doivent résister à 40 kg. par mm^2 ; mais comme la formule est établie à l'état statique, que, d'autre part, la limite d'élasticité qu'il ne faut jamais dépasser est inférieure à la résistance à la rupture, on devra adopter un coefficient de sécurité assez élevé. Le mieux est de savoir les résultats de la pratique, d'appliquer la formule à des essieux existants et fonctionnant bien. On trouve, en général, pour F, des résultats inférieurs à 5 kg. par mm². Cependant, il y a des exemples où cette résistance atteint 7 kg. On devra, dans la pratique, se limiter à 5 kg. ; mais on admettra comme possible 7 kg. lorsqu'il s'agira de véhicules à marchandises, devant circuler à faible vitesse.

2º A l'origine des chemins de fer, on admettait que la pression par cm² sur la fusée ne devait pas dépasser 6 kg. En perfectionnant les moyens de graissage, on a pu élever cette limite. On accepte couramment aujourd'hui des pressions de 15 à 20 kg. et même on a construit des véhicules où elle atteint 35 à 40 kg. sans qu'il en soit résulté d'inconvénient : c'est le cas des wagons à marchandises d'Alsace-Lorraine, à coussinet de métal blanc et graissage à l'huile minérale de Péchelbronn. En général, on ne devra atteindre ces chiffres que lorsque l'on sera bien sûr des conditions dans lesquelles on opère.

3° Ici, plus encore que précédemment, la valeur à adopter pour $\tilde{c}$ ne peut être fixée *a priori* et il faut recourir aux cas de la pratique pour la déterminer, en appliquant la formule à des exemples d'essieux fonctionnant d'une façon très satisfaisante.

Dans l'expression de $\tilde{c}$:

$$\tilde{c} = \frac{Pfv}{2\pi lr} ,$$

il entre le coefficient de frottement f auquel il faut attribuer une valeur; or ce coefficient est très variable et très mal connu, ce qui constitue une difficulté pour calculer $\tilde{c}$. Il vaut mieux éviter d'attribuer une valeur à ce coefficient, et on le peut en admettant cette hypothèse qu'il doit être sensiblement le même pour des véhicules donnant un service satisfaisant et se trouvant dans les mêmes conditions de graissage. On écrira :

$$2\,\pi\,\frac{\tilde{c}}{f} = \frac{Pv}{Rl} ,$$

et, en désignant par T le premier membre $2\,\pi\,\dfrac{\tilde{c}}{f}$, on calculera $\dfrac{Pv}{Rl}$ dont la valeur ne devra pas dépasser T,

$$\frac{Pv}{Rl} \leqq T.$$

On déterminera donc T pour les cas normaux de la pratique et même, si on le peut, pour des cas limites au delà desquels il pourrait y avoir échauffement.

La valeur de T dépend des unités adoptées. On évalue P en kilogrammes (c'est le quart du poids suspendu pour un véhicule à deux essieux), R et l en mètres. Quant à v, c'est la vitesse en mètres à la seconde; elle ne diffère de la vitesse V en kilomètres à l'heure que par un coefficient constant $\left(v = \dfrac{V}{3,6}\right)$. On peut donc, pour calculer T, substituer V à v.

D'autre part, comme, dans les chemins de fer à voie normale, le rayon R est très approximativement constant et égal à o m. 5o, on peut se borner à considérer le rapport

$$\frac{Pv}{l} = \frac{1}{2}\,T.$$

En calculant cette expression sur divers exemples, on trouve des résultats variant de 920.000 à 1.350.000. Ce dernier chiffre se rapporte à de grandes voitures de première classe dont les fusées ont 100 mm. de diamètre et 200 mm. de longueur, et il est un peu élevé. On a constaté, en effet, que ces fusées ont donné lieu à des chauffages assez fréquents. On a donc là un de ces cas limites dont nous avons parlé. On peut en moyenne, admettre pour ce coefficient 1.000.000 environ et ne pas dépasser 1.200.000.

Si on voulait faire l'application de la condition à des essieux de machines ou à des véhicules de chemins de fer à voie étroite, en un mot à des essieux portant des roues d'un rayon R notablement différent de o m. 5o, il faudrait conserver l'expression complète $\frac{P\,v}{R l}$ qui devrait rester inférieure à la valeur de T résultant des calculs ci-dessus, c'est-à-dire, autant que possible, à 2.000.000, avec un maximum de 2.400.000

C'est surtout pour les véhicules exposés à faire de longs parcours sans arrêt qu'on devra s'éloigner de la limite supérieure.

On a donc pu ainsi traduire les trois conditions relatives aux essieux sous forme de trois égalités. P et v étant des données de la question, il n'y a que deux inconnues r et l, et, par suite, il n'est pas possible de satisfaire rigoureusement à ces trois conditions. Le problème n'en est pas moins possible puisque ces trois équations ne sont, en réalité, que des inégalités limites. Il suffit donc de résoudre deux d'entre elles et de considérer la troisième comme une condition limite. Dès lors, on combinera les équations deux à deux, et l'on choisira dans les trois systèmes de valeurs trouvées pour r et l, les plus grandes, de manière que les trois conditions, considérées comme des inégalités, se trouvent à la fois satisfaites.

En fait, avec les données généralement admises aujourd'hui, ce sont les deux dernières conditions, relatives au graissage et au chauffage, qui déterminent les dimensions des fusées. C'est pourquoi, lorsqu'on calcule, d'après la formule donnée plus haut, la valeur de F pour des fusées existantes, on trouve généralement pour les véhicules de types récents, des valeurs inférieures à celles qu'on aurait jugées admissibles *a priori* et que l'on rencontre quelquefois.

Si l'on emploie les deux premières conditions on obtient pour r et l des formules que nous n'écrirons pas, mais qui conduisent à la relation

$$\frac{r}{l} = \sqrt{\frac{2\,cp}{\pi\,F}}\,.$$

Le second membre ne contient aucune donnée particulière au véhicule considéré. C'est sans doute ce qui explique la pratique très générale de donner aux fusées toujours la même forme, le rapport $\frac{l}{2\,r}$ différant très peu de 2.

Mais il en est tout autrement si l'on part, au contraire, des deux dernières conditions. Elles donnent :

$$r = \frac{R\,T}{pcv}, \qquad\qquad l = \frac{P\,v}{RT}\,.$$

D'après ces formules, les fusées seraient d'autant plus minces et plus longues que le véhicule doit circuler à plus grande vitesse.

C'est par la troisième condition que la considération de la vitesse s'introduit dans la question. L'équation qui l'exprime contient le produit Pv. Il y a donc compensation entre la charge et la vitesse. Cette conclusion est d'accord avec la pratique : lorsqu'on introduit des wagons à marchandises dans les trains de vitesse, on a soin d'en réduire la charge. La charge normale de 10.000 kg. est assez fréquemment ramenée à 6.000 kg.

20. Corps de l'essieu. — Considérons l'essieu monté ; il repose sur les rails par deux petites surfaces. Nous supposerons que le contact se fasse

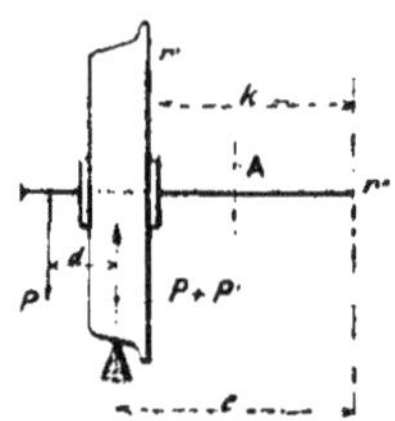

en un point. L'ensemble de l'essieu et de la charge étant symétrique par rapport au plan médian de la voie, l'essieu fléchira d'une façon symétrique, en sorte que la tangente en son milieu sera horizontale. On peut donc considérer l'essieu comme un solide encastré en ce point, et l'on devra écrire que, pour une section quelconque A, $\dfrac{FI}{V}$ est égal à la somme des moments des forces par rapport au centre de gravité de cette section. Si P désigne le poids supporté par la fusée (le quart du poids suspendu, pour les véhicules à deux essieux), P' la moitié du poids de l'essieu monté, la réaction du rail sur la roue est égale à P + P'. Les forces P, appliquée au milieu de la fusée, et P + P', appliquée au point de contact de la roue et du rail, sont les seules qui agissent sur l'essieu ; il faut en prendre les moments. Or, on peut dans une première approximation négliger P' devant P. Dans un véhicule à marchandises pesant 15 tonnes chargé, les deux essieux montés ne pèsent guère que 1500 kg. Le rapport $\dfrac{P'}{P}$ est donc de $\dfrac{1}{10}$. Il est un peu plus élevé pour le matériel à voyageurs, mais toujours une assez petite fraction de la charge. Si d désigne la distance entre les deux forces, la somme de leurs moments, en négligeant P', se réduit à celui d'un couple égal à Pd ; on a donc, pour une section quelconque de l'essieu de rayon r' :

$$\frac{FI}{V} = Pd.$$

Or
$$I = \frac{1}{4}\,\pi\,r'^4 \qquad V = r'.$$

Donc
$$\frac{1}{4}\,F\,\pi\,r'^3 = Pd.$$

On voit que r' est constant et que par suite l'essieu doit être cylindrique. Si l'on tenait compte du poids P', le rayon, comme on le verra, serait plus petit au milieu que près des roues, et il faudrait, par conséquent, adopter une forme tronconique. En fait, P' étant faible, la diminution du rayon doit être très faible, et l'on préfère souvent aujourd'hui faire les essieux cylindriques.

Au ras du moyeu, on peut supprimer P′, puisque le bras du levier est voisin de zéro. Si r' désigne le rayon en ce point, on a donc exactement :

$$P d = \frac{1}{4} \, F \, \pi \, r'^3.$$

Pour la fusée on a trouvé :

$$\frac{P l}{2} = \frac{1}{4} \, F \, \pi \, r^3.$$

Le métal étant le même, on peut supposer qu'on le fasse travailler de la même façon, et l'on a alors :

$$\frac{r'}{r} = \sqrt[3]{\frac{2 \, d}{l}}.$$

On devrait, à la rigueur, admettre une fatigue moindre pour calculer le corps de l'essieu que pour la fusée, parce que celle-ci est soustraite à des chocs qui atteignent le corps de la fusée. Mais, en général, on adopte la même valeur et la formule précédente donne bien, dans la pratique, le rapport de deux rayons. Nous avons vu d'ailleurs que la fusée est dans de grandes conditions de sécurité quant à la rupture.

Voici par exemple un cas courant :

Ecartement des milieux des fusées.................... 1 m 920
Ecartement des milieux des rails.................... 1 . 510
$$2d = 0 \text{ m } 410$$

Avec une fusée de 0 m. 170 sur 0 m. 085, on a :

$$\frac{2d}{l} = \frac{0.410}{0.170} = (1.34)^3$$

Donc :

$$\frac{r'}{r} = 1.34,$$

ce qui donne, pour le diamètre du corps de l'essieu : $0,085 \times 1,34$, soit 114 mm. C'est, à très peu près, ce que l'on adopte en pratique.

Pour les grandes voitures de 1re classe de l'Orléans, dont l'écartement du milieu des fusées est 1 m. 940, on a $2 \, d = 0,430$, $l = 0,200$. Donc :

$$\sqrt[3]{\frac{2 \, d}{l}} = 1,30.$$

Au diamètre 100 mm. de la fusée, correspond un diamètre de 130 pour le corps de l'essieu. On a en réalité admis 135 près du moyeu et 125 au milieu.

Avec la fusée de 115×230, on a :

$$\sqrt[3]{\frac{2 \, d}{l}} = 1,23 ;$$

par suite, le rayon du corps de l'essieu doit être de $115 \times 1,23 = 142$ mm.

En réalité on a pris 145 mm. Si on voulait tenir compte du poids de l'essieu monté, voici comment la question pourrait être traitée. Désignons par r' le rayon dans la section voisine du moyeu, et distante de K du plan médian, et par r'', le rayon de la section du milieu. Soient p la moitié du poids de l'essieu monté, p' le poids de la partie de l'essieu monté extérieure à cette section, p'' le poids de la partie située à l'intérieur, h' et h'' les distances des centres de gravité de ces deux parties de l'essieu au plan médian et e la demi-largeur de la voie. On a, pour la section extrême :

$$\frac{1}{4} \, \mathrm{F} \, \pi \, r'^3 = \mathrm{P}d - p \, (e - \mathrm{K}) + p' \, (h'\text{-}\mathrm{K}).$$
$$= \mathrm{P}d - pe + p' \, h' + (p\text{-}p') \, \mathrm{K}.$$

Pour la section médiane, on a :

$$\frac{1}{4} \, \mathrm{F} \, \pi \, r''^3 = \mathrm{P}d - pe + p'h' + p'' \, h''.$$

D'où l'on déduit, en remarquant que $p'' = p - p'$.

$$\frac{\pi}{4} \, \mathrm{F} \, (r'^3 - r''^3) = p'' \, (\mathrm{K} - h''),$$

équation qui permet de calculer r'' connaissant r'. Le second membre étant évidemment positif, on a $r'' < r'$.

21. Portée de calage. — La portée de calage ne peut pas se déterminer par des formules aussi précises, parce que l'on connaît moins bien le sens et la grandeur des efforts qui y agissent. Cette portée est cylindrique. Autrefois on la faisait un peu conique pour assurer le serrage malgré un alésage imparfait; mais il en résultait, dans cette partie, une tension moléculaire excessive qui, s'ajoutant à la fatigue produite par la charge, y déterminait une tendance à la rupture.

Il est de toute évidence qu'il y a intérêt à donner à cette portée de calage

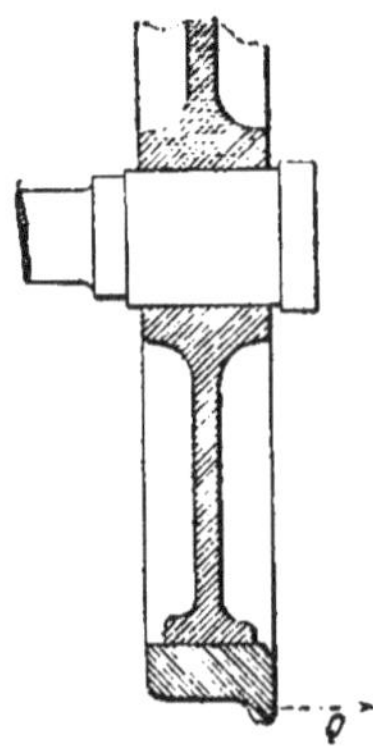

la plus grande longueur possible : le moyeu sera mieux assujetti sur l'essieu ; la tension moléculaire en chacun des points sera moindre. Si, de plus, il se produit entre le rail et le boudin du bandage une réaction horizontale Q, cette réaction détermine, dans la portée de calage, des pressions dont la somme des moments est égale à QR, R désignant le rayon de la roue. Ces réactions, réparties sur toute la surface de la portée, déterminent des couples. On admet généralement que les résultantes de ces réactions sont appliquées au $\frac{1}{3}$ de la portée de calage ; quoi qu'il en soit, ces deux résultantes forment un couple dont le moment est proportionnel à la longueur de la portée de calage, et comme ce moment est égal à QR, on voit que l'on diminuera d'autant plus ces réactions, pour un même effort Q, que la portée sera plus longue.

En augmentant la longueur de la portée de calage, on diminue donc la grandeur des efforts qu'elle supporte à l'état statique, ainsi que l'effet des réactions accidentelles que reçoit la roue pendant la marche. Cette longueur est généralement égale au diamètre et quelquefois même plus grande.

Quant au diamètre, on doit, pour le déterminer, remarquer que le métal supporte dans cette partie de l'essieu des efforts analogues à ceux que l'on a calculés pour le reste de l'essieu, et, en plus, la pression exercée par le moyeu. Comme, d'ailleurs, c'est une partie essentielle de l'essieu, et que les criques ou commencements de cassures ne peuvent s'y apercevoir, il y a un intérêt tout particulier à lui donner une grande résistance. Aussi, en fait, le diamètre à la portée de calage est toujours notablement supérieur à celui du corps de l'essieu. Au chemin de fer de Lyon, pour des fusées de 85 × 170 mm., on donnait 125 mm. à la portée de calage, avec une longueur de 182 mm. Mais ces essieux ayant donné lieu à des ruptures fréquentes à la portée de calage, le diamètre fut porté à 150 mm., et elles disparurent. A l'Orléans, les essieux à fusées de 100 × 200 mesurent 150 à la portée de calage dont la longueur est de 160 mm.

22. Ruptures d'essieux. — Les ruptures d'essieux constituent des accidents importants qui, dans certains cas, peuvent gravement compromettre la sécurité. Pour les éviter, il faut calculer les dimensions avec soin, en tenant compte des considérations qui précèdent, et s'attacher à avoir des essieux d'une bonne fabrication et faits avec un métal de première qualité. Il faut, en outre, les visiter souvent et avec le plus grand soin, pour voir s'il n'existe pas de criques ou de fissures qui les affaiblissent et finiraient par en provoquer la rupture. Les visiteurs du matériel sont chargés de cette opération, et il leur est alloué des primes pour les fissures qu'ils découvrent.

Les ruptures d'essieux tiennent à des causes diverses. La plupart du temps, elles résultent d'un vice de fabrication ou d'un défaut du métal, ou encore d'une surcharge du véhicule eu égard aux conditions primitives d'établissement des essieux. Lorsqu'on rapproche les données relatives aux essieux rompus, on trouve, en effet, qu'ils se groupent par séries : séries de fabrication dont la faiblesse est due à une fabrication défectueuse ; séries de types ou d'applications dont l'équarrissage est insuffisant, eu égard aux efforts auxquels ils sont soumis, ou bien dont la forme est défectueuse. Les séries mauvaises pour l'un ou l'autre motif cassent au bout d'un parcours déterminé, dans certaines limites

L'âge des essieux ne paraît pas avoir d'influence sur leur solidité. Les séries bonnes sont aussi bonnes au bout de 30 ans de service, si les fusées ne sont pas usées et si l'on n'augmente pas la charge. On a ainsi la preuve que les essieux ne présentent pas de défauts accidentels, et, en ce sens, ces essieux sont plus sûrs qu'au début. Mais lorsque, eu égard à la nature du métal et aux dimensions, les efforts supportés par l'essieu dans le service dépassent fréquemment la limite d'élasticité, il se produit une altération qui augmente indéfiniment, puis un commencement de rupture et, en général, une couronne de fissures; dans les séries bonnes, au contraire, la limite d'élasticité n'est jamais atteinte, et il n'y a pas d'altération permanente.

Cependant un ingénieur attaché aux essais sur le chemin de fer de l'Etat belge, M. André (*Revue universelle des mines*, 1894) dit avoir constaté que le métal, même l'acier, se transforme complètement par les vibrations. Cette théorie, très en faveur autrefois, n'est généralement pas admise aujourd'hui.

C'est surtout dans les portées de calage que les ruptures sont fréquentes; elles se produisent généralement à 15 mm. de la face externe du moyeu plutôt qu'au ras de cette face. C'est qu'en effet, au niveau même de cette face, ce serait le moyeu qui céderait et non l'essieu.

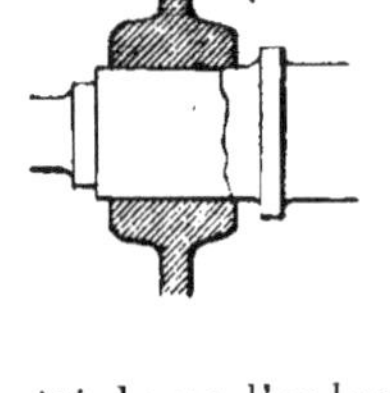

A l'origine, l'administration supérieure exigeait que les essieux fussent tous suivis. L'ordonnance de 1846, art. 9 § 2, stipule, en effet: « Il sera tenu pour les essieux de locomotives, tenders et voitures de toute espèce des registres spéciaux sur lesquels, à côté du nº d'ordre de chaque essieu, seront inscrits sa provenance, la date de sa mise en service, l'épreuve qu'il peut avoir subie, son travail, ses accidents et ses réparations ». Bien que cette prescription soit toujours en vigueur, l'administration supérieure n'en exige plus l'observation que pour les essieux des locomotives et des tenders. Le nombre des véhicules pour le réseau français étant de 300.000 environ, celui des essieux est au moins de 600.000, et, s'il fallait les suivre tous jour par jour, cela conduirait à une comptabilité formidable. On se borne, en dehors des essieux des locomotives et des tenders, à suivre ceux qui doivent donner un parcours de garantie. A la Cⁱᵉ d'Orléans, il y a quelques années encore, la comptabilité se faisait pour tous les essieux des véhicules conformément à l'ordonnance et ce travail exigeait plus de 20 employés. La dépense était hors de proportion avec le but à atteindre.

§ 4. GRAISSAGE DES FUSÉES DES ESSIEUX

23. — Nous avons étudié la partie du train animée d'un mouvement de rotation. Elle est surmontée par le châssis qui est au contraire animé d'un mouvement de translation. Au contact de la partie roulante et des châssis qu'elle supporte, il se produit nécessairement un glissement qu'il faut rendre aussi doux que possible. C'est là le but du graissage.

On pourrait se demander s'il ne serait pas possible d'éviter ce glissement, s'il n'y aurait pas un moyen d'établir la liaison entre le châssis et
l'essieu de manière à n'avoir que des roulements. La solution d'un tel problème est possible en théorie, mais elle ne comporte pas une réalisation
pratique, en matière de chemin de fer du moins. Elle n'est guère employée
que pour des modes de transports grossiers, lorsqu'il s'agit de faire cheminer, sur un court trajet, un lourd fardeau, comme un bloc de pierre
de taille, par exemple ; on interpose, entre le bloc et le sol, des rouleaux de
bois sur lesquels on le fait rouler en le poussant. Si l'on considère le rou-

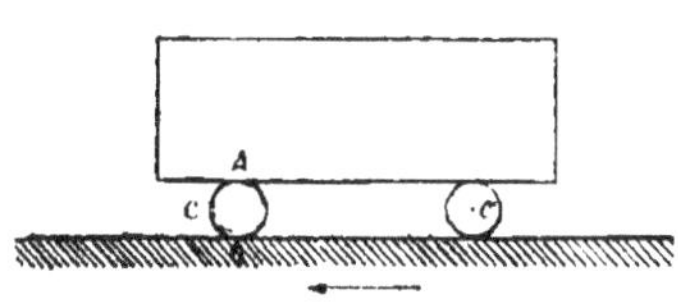

leau C, à chaque instant le point de contact O du rouleau sur le sol est le centre
instantané de rotation du mouvement.
Il en résulte que le point le plus haut A
du rouleau, formant le contact avec le
bloc, subit un déplacement double de
celui du centre de C. Pour que le bloc
roule sans glissement, il faut donc que le point A du bloc se déplace de la
même quantité et que, par conséquent, le bloc chemine deux fois plus vite
que le rouleau. Le mouvement ne pourra donc se poursuivre avec continuité qu'à la condition d'engager un nouveau rouleau à l'avant du bloc, au
fur et à mesure que le rouleau d'arrière C' est sur le point d'échapper.

On pourrait éviter que le bloc se déplaçât si rapidement par rapport au
rouleau, en réduisant l'écart entre les vitesses de déplacements instantanés
du point centre du rouleau ; il suffirait pour cela de remplacer le rouleau par
une sorte d'essieu monté. Si l'on désigne par r le rayon de l'essieu sur lequel

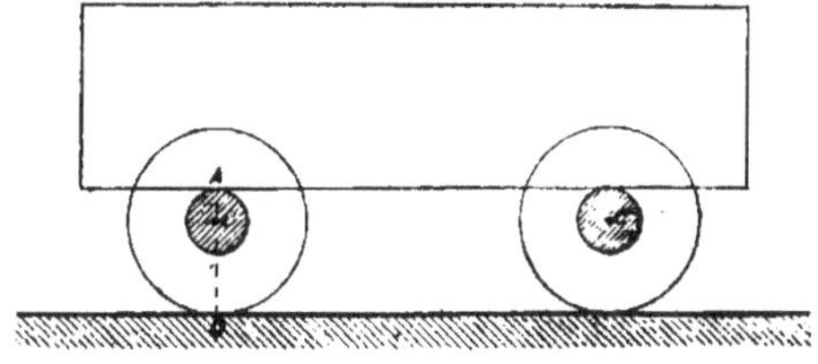

repose le bloc, ou plutôt le rayon de la fusée sur laquelle il appuie, par R
le rayon de la roue, le point de contact O étant toujours le centre instantané de rotation du mouvement, les vitesses de translation du point de
contact avec le bloc et du centre de l'essieu sont entre elles dans le rapport
des rayons AO et CO, c'est-à-dire $\dfrac{R + r}{R}$. Pour qu'il n'y eût pas déplacement du bloc par rapport à l'essieu, il faudrait que ces deux vitesses fussent égales et par suite que r fût nul, ce qui est impossible.

Une telle solution est évidemment inadmissible pour les chemins de
fer ; on ne peut concevoir que les essieux puissent se déplacer par rapport
à la caisse des véhicules. Il importe, au contraire, que leur liaison soit

invariable; mais alors cette liaison implique nécessairement un glissement au contact de la caisse et des fusées. Ce glissement sera d'autant moindre que les vitesses de translation des points A et C seront plus rapprochées, c'est-à-dire que le rayon de la fusée sera plus petit, conclusion identique d'ailleurs à celle que nous avons déjà obtenue en considérant l'expression du travail de frottement entre la fusée et le coussinet.

Le meilleur moyen de réduire le frottement entre le coussinet et la fusée est d'introduire un liquide entre les deux surfaces de contact, de manière à substituer au frottement d'un solide sur un solide le frottement d'un solide sur un liquide, toujours beaucoup plus doux. Il faut que ce liquide soit visqueux, pour qu'il ne soit pas expulsé sous l'action de la pression exercée par le poids du véhicule sur la fusée, et il faut, de plus, qu'il ne durcisse pas au contact de l'air, comme ferait un sirop, par exemple, ou comme font les huiles siccatives : on emploie pour cet usage des matières grasses.

24. Coussinets. — Bien que, lorsque le graissage est bien fait, la matière grasse interposée entre les deux surfaces frottantes empêche leur contact, l'expérience montre qu'il n'est pas indifférent que les deux surfaces soient constituées par le même métal ou par deux métaux différents, et que l'on a, au contraire, un très grand avantage pour réduire le frottement, à employer deux métaux différents. Comme la principale condition à remplir par la fusée est une condition de résistance, elle est nécessairement en fer ou en acier. On a dès lors interposé, entre la caisse et la fusée, une pièce formant surface d'appui, appelée coussinet, et formée par un alliage auquel on donne une composition spéciale. L'expérience a montré que, pour obtenir le meilleur graissage possible, il doit y avoir une relation entre la composition de cette pièce et la nature même de la matière grasse employée.

Les coussinets employés autrefois étaient généralement en *bronze*, et leur composition était la suivante :

$$\text{Cuivre} \dots \dots \quad 82$$
$$\text{Etain} \dots \dots \dots \quad 18.$$

On ajoutait parfois à ce mélange un peu de zinc pour augmenter la dureté de l'alliage ; on obtenait ainsi un métal susceptible d'un plus beau poli, mais pouvant plus facilement rayer la fusée et provoquer des chauffages. Au bronze ordinaire on substitua souvent du *bronze phosphoreux*. Une disposition fréquemment utilisée consiste à fixer, sur la surface interne du coussinet, un mince revêtement, de un demi-millimètre environ d'épaisseur, constitué par un alliage spécial facilement fusible et que l'on appelle *alliage anti-friction*. Cet alliage a une composition variable ; il est généralement formé de plomb et d'antimoine, auxquels on ajoute un peu de cuivre, de zinc et d'étain. Souvent aussi, on emploie pour la fabrication des coussinets le *métal blanc*, alliage formé d'étain et d'antimoine avec un peu de cuivre. Cet alliage a été substitué au bronze phosphoreux sur les chemins de fer d'Alsace-Lorraine, avec la formule suivante :

Etain .... 83,333 ou 5/6
Antimoine.... 11,111 ou 1/9
Cuivre........ 5,555 ou 1/18.

Nous avons dit que, pour obtenir un bon graissage, le métal du coussinet devait être approprié à la matière grasse employée. On s'en est aperçu sur les chemins de fer d'Alsace-Lorraine, lorsqu'on a voulu employer pour le graissage l'huile minérale de Péchelbronn. Avec les coussinets de bronze, on obtint de mauvais résultats ; ils devinrent excellents avec le métal blanc. Celui-ci n'a donné, avec l'huile de colza, que des résultats médiocres au chemin de fer de l'Est.

Le coussinet servant, en quelque sorte, d'intermédiaire entre le mouvement de rotation des roues et de l'essieu et la translation de la caisse, est soumis à des efforts intenses. Il doit donc avoir une certaine épaisseur pour pouvoir résister à ces efforts. D'autre part, il faut qu'il appuie sur la fusée par une surface d'étendue suffisante, afin que la pression exercée sur cette surface ne soit pas trop élevée. Généralement, cette surface de contact, qui est une portion de cylindre, s'étend sur un arc de 120°. Quelquefois ce coussinet se prolonge par des oreilles jusqu'à la hauteur

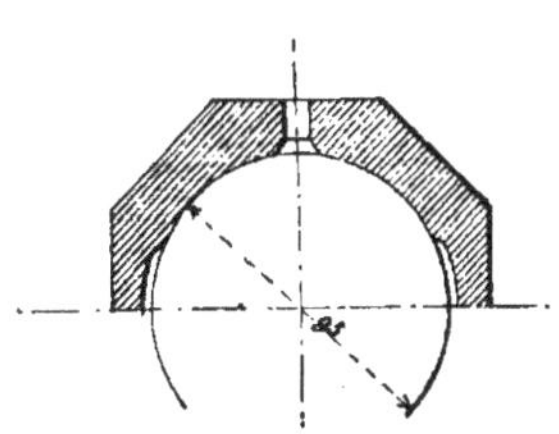

du centre de la fusée, mais avec un évidement de manière que le contact ne s'étende pas jusque-là. S'il convient d'ailleurs que la surface d'appui ait une certaine étendue, il n'est pas nécessaire de l'exagérer puisque, comme nous le savons, pendant la rotation, le contact tend toujours à se faire suivant une génératrice au voisinage du point le plus haut de la fusée. Pour les essieux moteurs des machines, cependant, les efforts exercés par les bielles tendent à écarter le point de contact de cette position ; aussi, bien que très souvent on s'en tienne aux coussinets de cette forme, on dispose parfois, de chaque côté de la fusée, des coussinets latéraux qui empêchent le point de contact de se rapprocher des bords du coussinet principal et qui, par suite, diminuent l'usure de ce dernier.

Dans le sens transversal, c'est-à-dire de la longueur de l'essieu, le coussinet doit être disposé de manière à immobiliser l'essieu. Pour cela, la fusée est terminée par deux rebords entre lesquels vient exactement se placer le coussinet, sauf un

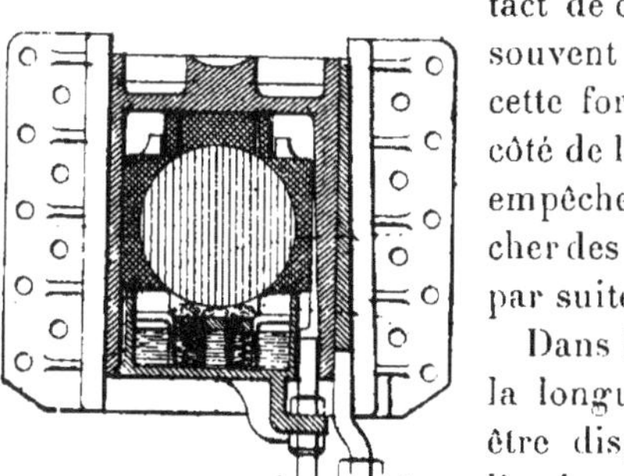

petit jeu ; de plus, le coussinet est fixé d'une manière invariable à la boîte à graisse, reliée elle-même au véhicule. La solidarité entre la boîte à graisse et le coussinet s'obtient par des dispositions très variables : tantôt à l'aide de rebords qui emprisonnent une saillie correspondante de la boîte à graisse ; d'autrefois par un tenon qui pénètre dans un creux de la boîte à graisse, d'autrefois encore, à l'aide d'une vis qui traverse la boîte à graisse et s'engage dans une mortaise filetée du coussinet. Ce dernier mode a l'avantage de pouvoir supprimer, à tout instant et avec facilité, la solidarité entre la boîte à graisse et le coussinet, et de permettre, en

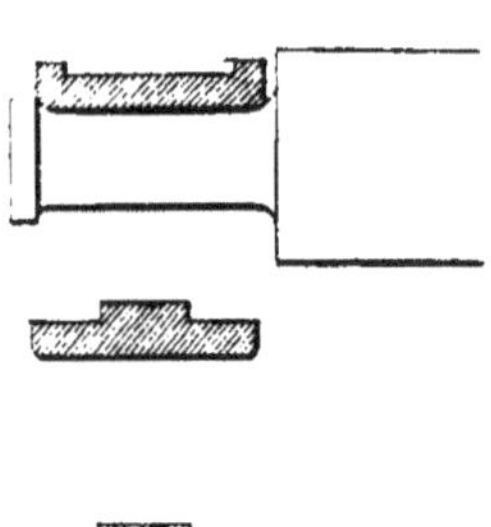

particulier, de ne mettre en place ce dernier qu'au moment du montage de la boîte sur la fusée.

Le champignon d'arrêt de la fusée a pour but, comme on vient de le dire, de maintenir l'essieu dans une position fixe, transversalement à la voie ; il n'est cependant pas indispensable pour obtenir ce résultat, grâce à la solidarité qui existe entre les boîtes à graisse de chaque extrémité d'un essieu par l'intermédiaire du châssis du véhicule ; les coussinets des deux extrémités venant buter contre les collets de l'essieu, il ne peut se produire de déplacement latéral. Aussi cette disposition, commode pour le montage des boîtes à graisse, que l'on peut enfiler sur la fusée, est-elle quelquefois employée. On la rencontre même assez fréquemment en Amérique. Elle

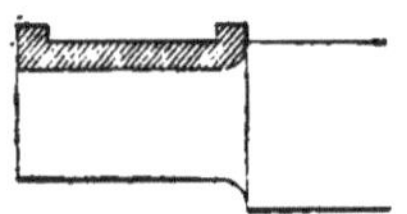

a l'inconvénient d'abord de faire intervenir le véhicule lui-même pour empêcher le déplacement latéral des essieux ; si un écartement vient à se produire entre les deux boîtes d'un même essieu, celui-ci n'est plus maintenu fixement en place. Le champignon d'arrêt a l'avantage, au contraire, de maintenir d'une manière indépendante chacune des extrémités de l'essieu. Il a, en outre, l'avantage de réduire la pression exercée sur les collets par les efforts transversaux que subit l'essieu en cours de route. Quel que soit le sens de cet effort, la pression se répartit toujours à la fois sur un collet de l'essieu et sur un collet de champignon d'arrêt, tandis que, si le champignon manque, cette pression s'exerce tout entière sur l'un des collets de l'essieu. Comme il importe de réduire les pressions sur les collets, et que, d'ailleurs, ces efforts transversaux se reproduisent très fréquemment, les essieux munis d'un champignon d'arrêt se trouvent donc dans de meilleures conditions d'utilisation.

25. Étude sur le fonctionnement du graissage; expériences de Beauchamp Tower. — Il était intéressant de chercher à se rendre compte de ce qui se passe entre ce coussinet et la fusée d'essieu pour bien apprécier l'influence des matières grasses interposées sur l'intensité du frottement.

Bien que cette question soit d'ordre essentiellement pratique, elle n'en a pas moins une très grande importance, au point de vue économique d'abord, puisque les dépenses de graissage, en raison du nombre énorme d'unités auxquelles elles s'appliquent, se chiffrent pour l'ensemble du réseau français par millions chaque année, et surtout au point de vue de la sécurité, puisque le graissage a pour but d'éviter les chauffages de fusées, cause très prochaine de ruptures et susceptibles, par suite, d'occasionner de graves accidents. Parmi les expériences réalisées dans cet ordre d'idées, nous citerons celles qui ont été faites il y a une quinzaine d'années en Angleterre sous la direction de Beauchamp Tower, aux frais de l'Institution of mechanical engineers de Londres (*Revue générale des chemins de fer*, février 1884 et février 1885). Nous citerons également ment une série d'expériences faisant suite à celles de Tower, sur le frottement des colliers ou collets de butée, qui ont été publiées également dans la *Revue générale des Chemins de fer* (juillet 1889).

Dans une première série d'expériences, on a mesuré la valeur du coefficient de frottement, en se servant pour cela d'un appareil représenté par la figure ci-dessous et basé sur le même principe que le frein de Prony.

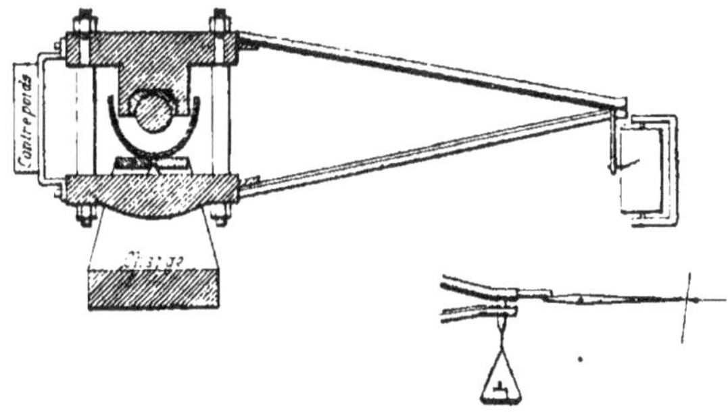

Il se compose d'un bâti en fonte, reposant, par l'intermédiaire d'un coussinet en bronze, sur une fusée de 100 mm. de diamètre et 158 mm. de longueur. Ce bâti est relié par des boulons à une pièce de fonte disposée sous l'essieu. Sur cette pièce repose un couteau portant un plateau métallique auquel est suspendu une charge d'un poids déterminé ; l'arête du couteau détermine exactement le point d'application de cette charge. La fusée peut être graissée de diverses manières ; par exemple, comme dans la figure, on pose sur le plateau métallique un réservoir dans lequel on place la matière lubrifiante à essayer, telle que de l'huile, en quantité suffisante pour que l'essieu baigne dans le liquide. Ce réservoir constitue le bain d'huile dont on peut régler la température à volonté à l'aide de flammes de gaz.

Lorsque l'essieu est mis en mouvement, l'appareil tend à être entraîné dans le sens de la rotation ; mais, d'un autre côté, la charge suspendue tend à le ramener dans la position verticale ; il y aura équilibre, sous un certain angle α, lorsque le moment de la charge suspendue sera égal au moment du frottement. Si P désigne cette charge (y compris le poids de l'appareil), d la distance du couteau au centre de la fusée, qui était de 130 mm., f le coefficient de frottement, le moment de la charge P est $Pd \sin \alpha$; la réaction tangentielle du frottement Pf, et son moment Pfr ; on a donc :

$$Pfr = Pd \sin \alpha,$$

d'où :

$$f = \frac{d \sin \alpha}{r} \, .$$

Pour éviter de mesurer l'angle α par rapport à la position d'équilibre au repos, qui est indéterminée, on fait tourner l'appareil dans les deux sens et l'on mesure le double de l'angle α. Mais on peut remplacer cette mesure d'angle par une détermination de poids, ce qui est beaucoup plus exact. Pour cela on dispose un contrepoids sur le côté de l'appareil, qui tend à le faire basculer du même côté, et l'on s'arrange de façon que, quel que soit le sens de la rotation, l'appareil soit entraîné dans le même sens. On rétablit alors l'équilibre à l'aide de poids que l'on place dans un petit plateau suspendu à l'extrémité du bras de levier. D'après la disposition indiquée, il faut, dans les deux cas, placer des poids pour rétablir l'équilibre, mais moins dans un sens que dans l'autre.

On a reconnu d'abord, avec cet appareil, que le coefficient du frottement f, contrairement à ce qui se passe dans le frottement des solides entre eux, variait avec la charge, presque en raison inverse. Voici par exemple les résultats obtenus avec un bain d'huile, pour une vitesse de 20 tours par minute, à la température de 32º.

Charge moyenne p par cmq. de la surface d'appui.	Valeurs de f	Valeurs du produit $10^4 pf$.
31 k. 09	0.00132	410
23 k. 37	0.00168	393
14 k. 81	0.00247	366
6 k. 24	0.0044	275

Ainsi l'on voit que le produit Pf, qui devrait varier comme P, et par suite comme p, si la valeur de f était constante, diminue moins vite que P. Autrement dit, *le travail de frottement augmente moins vite que la charge*.

Sans nous étendre plus longtemps sur les résultats de cette première série d'expériences, nous dirons qu'elles ont montré que, avec le bain d'huile, qui donne le graissage le plus parfait, le coefficient de frottement descend jusqu'à $\frac{1}{1000}$, pour des vitesses de glissement de 1 à 2 m. et sous de fortes charges. Dans ces conditions, on a pu porter la pression jusqu'à 40 kg. par cmq. avec l'huile de colza et 44 kg. avec les huiles minérales ; mais ces pressions n'ont pu être dépassées sans provoquer le chauffage.

L'appareil a permis d'étudier l'influence de la vitesse sur le frottement. Lorsque deux corps solides frottent l'un contre l'autre, on sait que le frottement diminue quand la vitesse augmente. Si on interpose entre les deux corps une matière lubrifiante, la loi est bien différente et l'on voit, au contraire, le frottement croître en même temps que la vitesse. On retrouve là une loi analogue au frottement des liquides dans les tuyaux de conduite. Avec le bain d'huile, il y a, en effet, une nappe interposée entre le coussinet et la fusée. Le frottement des deux métaux est remplacé par celui du métal sur la nappe liquide, et il n'est dès lors pas surprenant que l'on trouve une loi analogue à celle du frottement des liquides dans les tuyaux. Toutefois, le frottement ne croît pas, comme dans ce cas, proportionnellement au carré de la vitesse.

Si le graissage est moins abondant, moins parfait, la nappe n'est plus continue ; il y a plus ou moins contact entre les solides et la loi du frottement n'est plus la même. Ainsi, par exemple, en plaçant sous la fusée une mèche imbibée dans laquelle l'huile monte par capillarité, on peut avoir un graissage assez bon qui peut se faire sous des pressions moyennes atteignant 38 et même 40 km. par cmq. ; mais la couche d'huile interposée est à peine sensible et le frottement se rapproche des lois du frottement des solides ; l'expérience montre que le coefficient de frottement est d'environ 1/100, qu'il est sensiblement indépendant de la charge, et qu'il croît moins vite lorsque la vitesse augmente.

On a essayé comparativement diverses dispositions employées pour le graissage par la partie supérieure des coussinets. Les figures ci-après représentent trois de ces dispositions : dans la première une rainure longitudinale est pratiquée à la partie supérieure du coussinet, et l'on fait arriver l'huile dans la rainure à l'aide d'un trou percé en son milieu. Cette disposition a donné des résultats défectueux, et n'a pas permis de dépasser une charge moyenne sur la fusée de 7 kg. par cmq. sans chauffage ; l'huile minérale refluait par le trou central avec une pression de 14 kg. Avec deux rainures latérales percées chacune d'un trou dans lequel l'huile est amenée, on a pu atteindre la charge de 14 kg. par cmq. Enfin, en faisant arriver l'huile dans deux rainures en écharpe, on a pu porter la charge à 27 kg. par cmq.

Pour expliquer les différences entre ces résultats, Tower a entrepris une deuxième série d'expériences sur la répartition de la pression aux divers points de la surface d'appui d'un coussinet. Le coussinet avait 150 mm. de longueur et reposait sur une corde de 98 mm. ; il était percé de trois conduits longitudinaux intérieurs sur chacun desquels on perça successivement trois trous de 1 mm. 6. et sur ces trous, on adaptait des manomètres Bourdon. Si l'on admet que sur les bords du coussinet

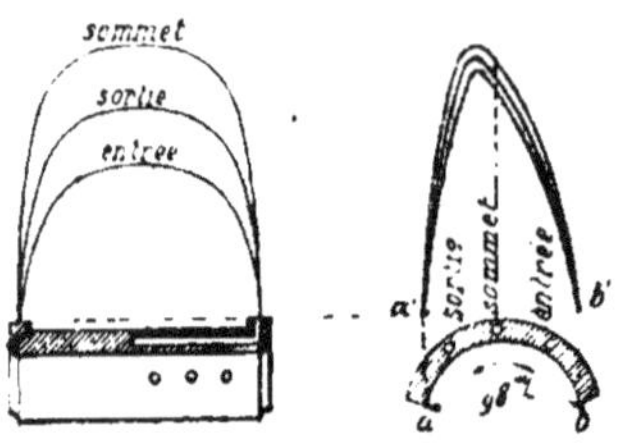

la pression est nulle, puisque l'huile communique directement avec l'atmosphère, on a pu obtenir ainsi la répartition de la pression le long de cinq génératrices.

Sur chaque génératrice, on peut admettre qu'il y a une répartition symétrique des pressions. Mais, dans les sections droites, la courbe est un peu dissymétrique ; le point le plus haut de la fusée n'est pas le point de pression maximum. Ce dernier se trouve légèrement à côté du sommet et du côté de la sortie ; il est en quelque sorte entraîné par le mouvement ; cela tient à ce que l'huile est refoulée de ce côté par son adhérence avec la fusée. Ce point de pression ne doit pas être confondu avec le point de contact théorique entre la fusée et le coussinet qui résulte des conditions d'équilibre. Ce dernier serait le point d'application de la résultante des pressions normales.

Ces résultats montrent pourquoi la disposition de graissage avec une rainure unique au sommet du coussinet est défectueuse. Cette rainure détermine le long de la génératrice correspondante une ligne où la pression est nulle au lieu d'atteindre son maximum comme dans l'expérience précédente. Avec deux rainures parallèles, on a deux lignes de pression nulle, de part et d'autre de la génératrice supérieure. En général, on comprend que la pression peut s'élever d'autant plus que les bords par lesquels l'huile peut fuir sont plus éloignés l'un de l'autre. Ceci met en évidence un inconvénient essentiel de tout graissage par dessus et montre que le graissage le plus rationnel est le graissage par dessous ; l'huile est alors introduite entre le coussinet et la fusée en des points où la pression est nulle ; elle est entraînée sur toute la surface du coussinet.

La troisième série d'expériences dont nous avons parlé est relative au frottement des colliers ou collets de butée. Ces expériences sont beaucoup plus délicates à conduire. Elles consistent à faire tourner deux anneaux de bronze appuyant sur un anneau d'acier ; mais la difficulté est d'obtenir un bon graissage

On peut conclure toutefois de ces expériences que la pression limite que peuvent supporter les collets pour qu'il ne se produise pas de chauffage est bien inférieure à la pression limite de charge que peut supporter la fusée. Pour avoir toute sécurité, la pression sur les collets ne doit pas dépasser 5 k. 25 par cmq. aux grandes vitesses et 6 k. 3 aux faibles vitesses. Le coefficient de frottement sur les collets de butée est plus élevé que celui sur les fusées cylindriques ; il semble être indépendant de la vitesse et diminuer un peu quand la charge augmente. Il est à peu près de :

$$1/20 \text{ pour des charges de } 1 \text{ k. } 05 \text{ par cmq.}$$
$$\text{et descend à } 1/30 \text{ pour des charges de } 5 \text{ k. } 25 \text{ par cmq.}$$

26. Boîtes de graissage. — Après avoir étudié les principes du graissage nous allons voir comment on le réalise. On y parvient à l'aide d'un appareil que l'on nomme la boîte de graissage, dans laquelle vient se fixer le coussinet qui frotte sur la fusée, et sur laquelle repose la caisse du véhicule par l'intermédiaire des ressorts de suspension. La forme de ces appareils varie à l'infini ; mais on peut les classer en deux catégories, suivant que la matière de graissage employée est solide ou liquide, à la température ordinaire, c'est-à-dire selon qu'il s'agit du graissage à la graisse ou du graissage à l'huile.

Choix de la matière lubrifiante. — De tout temps on a employé, pour les machines, le graissage à l'huile. Cela était naturel parce que l'huile est déjà employée pour le graissage du mécanisme et que la machine étant placée sous la surveillance continuelle d'ouvriers de choix, tout commencement de chauffage dans les boîtes serait immédiatement aperçu. Mais, pour le matériel de transport, on a, pendant longtemps, préféré la graisse à l'huile. On craignait que l'huile, plus liquide, ne fût expulsée sous l'action de la pression sur les fusées, surtout si un commencement de chauffage venait à se produire, la chaleur augmentant la fluidité de l'huile, et que, par suite, son emploi fût la cause de fréquents chauffages. Certaines expériences avaient même paru indiquer que la graisse donnait un frottement moindre ; cependant le contraire est aujourd'hui reconnu, et l'expérience ayant montré qu'avec des boîtes bien établies l'huile peut être employée sans inconvénient dans les conditions de la pratique, elle est aujourd'hui d'un usage général.

Lorsqu'on emploie la graisse pour le graissage des véhicules, il faut que cette graisse se liquéfie pour pénétrer entre le coussinet et la fusée. Cette liquéfaction s'obtient automatiquement par l'échauffement même de la fusée. Mais, comme cet échauffement est variable selon la saison, il faut que la composition des graisses varie également. C'est là un des inconvénients sérieux du graissage à la graisse. On pourrait, avec le graissage liquide, faire également varier la composition de l'huile suivant la saison pour obtenir le meilleur résultat possible ; comme, au demeurant, l'huile est toujours liquide à la température ordinaire, les avantages que l'on en retirerait ne compenseraient pas les ennuis que cette complication introduirait dans le service, et, pour simplifier, on emploie généralement une composition unique. Les huiles les plus employées en France sont les huiles de colza et de navette, et l'huile d'olive qui est meilleure mais plus coûteuse. On emploie également les huiles minérales pour le graissage du matériel roulant ; ainsi, à la Compagnie de l'Est, le graissage est effectué avec le mélange suivant :

Huile minérale noire de Russie (Mazout).......   90 o/o
Huile de schiste (pour augmenter la fluidité)...   10 o/o

Conditions à remplir par les boîtes de graissage. — Etant donnée la variété des types de boîtes, entre lesquels il est difficile d'en choisir un pour lui donner la préférence, nous nous bornerons à en décrire quelques-unes et à faire connaître, avant tout, les principales conditions auxquelles elles doivent être assujetties.

Les boîtes de graissage servent à assurer la liaison mécanique entre l'essieu et le véhicule. Cette liaison est obtenue par l'intermédiaire des ressorts de suspension, d'une part, et des fourchettes ou plaques de garde dont nous avons déjà parlé. C'est par les ressorts que la caisse des véhicules repose sur la boîte et de là sur la fusée d'essieu ; ces ressorts permettent un déplacement vertical du véhicule par rapport à la boîte.

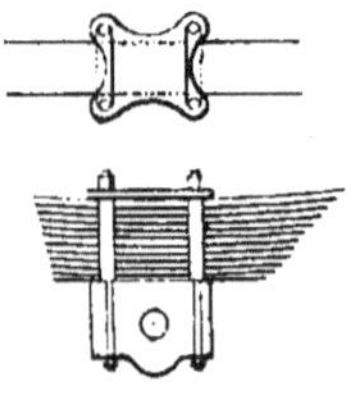

Les plaques de garde, fixées au chassis, pénètrent avec un certain jeu dans des rainures placées de chaque côté de la boîte à graisse. Elles empêchent la boîte à graisse de se déplacer dans le sens de la longueur du véhicule, et, par conséquent, elles immobilisent l'essieu et l'empêchent de se déplacer par rapport au véhicule.

Les boîtes de graissage doivent en outre être munies d'un récipient destiné à recevoir la matière lubrifiante, et présenter des dispositions propres à assurer le renouvellement de la matière grasse sur la fusée. Enfin, elles doivent être construites de manière à protéger la fusée contre l'accès des poussières qui pourraient la rayer et provoquer des chauffages. Les boîtes de graissage ont donc la triple fonction suivante :

1° d'assurer la liaison mécanique de l'essieu avec le véhicule ;

2° d'entretenir une couche convenable de matière lubrifiante entre la fusée et le coussinet ;

3° de protéger les surfaces frottantes contre l'accès des poussières.

Le ressort de suspension est relié à la boîte par deux étriers qui emprisonnent les lames du ressort et qui se prolongent par deux boulons. Ces boulons traversent la boîte à graisse, de part et d'autre de l'essieu, et servent fréquemment à relier entre elles la partie inférieure et la partie supérieure de la boîte.

On rencontre cependant à cet égard d'autres dispositions. A l'Orléans, par exemple, les boulons de fixation des ressorts sont appuyés sur deux oreilles de la partie supérieure de la boîte de graissage. La partie inférieure est reliée à la partie supérieure par un étrier oscillant sur deux tourillons diamétralement opposés ; on l'immobilise à l'aide d'une vis qu'il suffit d'enlever pour pouvoir la faire basculer. Cette disposition a l'avantage de permettre d'examiner facilement et rapidement les fusées.

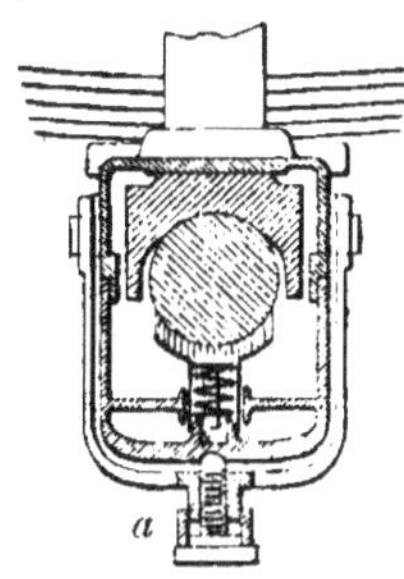

Boîte de graissage à étriers de la Cie d'Orléans

Nota: L'étui *a* est un frein qu'on soulève pour serrer la vis et qui, lorsqu'il est retombé dans la position représentée, empêche le desserrage.

En ce qui concerne le réservoir destiné à recevoir la matière lubrifiante, il peut être placé soit à la partie supérieure, soit à la partie inférieure, et, souvent même, les boîtes de graissage ont à la fois un réservoir supérieur et un réservoir inférieur.

Avec le graissage à la graisse, le réservoir contenant la matière grasse est à la partie supérieure ; il porte deux trous qui traversent le coussinet à la partie supérieure et qui amènent la matière grasse sur la fusée par l'intermédiaire de pattes d'araignées. A la partie inférieure se trouve un 2e réservoir destiné à recevoir les déchets du graissage et à empêcher l'accès des poussières.

La position du réservoir de graisse à la partie supérieure de la boîte est, d'un côté, très rationnelle, puisque c'est par l'échauffement que la graisse se liquéfie et pénètre sur le coussinet ; il se fait ainsi une sorte de réglage automatique entre cet échauffement et l'arrivée de la matière grasse destinée à le combattre. Mais, d'un autre côté, nous avons vu que l'arrivée de la matière grasse sur la fusée par la partie la plus haute était défectueuse en principe.

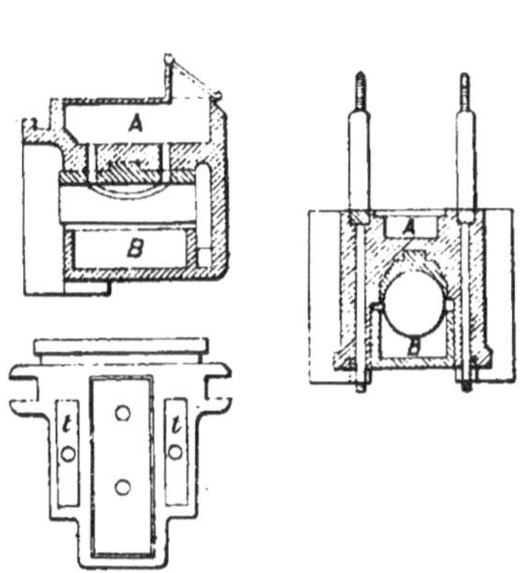

De part et d'autre du réservoir supérieur, la boîte présente deux rainures, avec, au centre, un trou pour le passage de la tige du boulon. C'est dans ces rainures que vient se loger la base des étriers qui doivent fixer les lames du ressort.

Dans le graissage à l'huile, le réservoir peut être à la partie supérieure ou à la partie inférieure. S'il est à la partie supérieure, l'huile sera amenée dans les trous du coussinet à l'aide d'une mèche en coton ou en laine, par capillarité et siphonnement. S'il est à la partie inférieure, il faut employer des dispositions spéciales pour que l'huile arrive au contact de la fusée. On se sert parfois pour cela d'un tampon pressé par des ressorts et soutenant des mèches qui plongent dans l'huile, et dans lesquelles l'huile monte par capillarité. C'est le système utilisé dans la boîte à graisse Delannoy. D'autres fois on se sert d'un rouleau plongeant dans l'huile et tournant sur un axe fixe au contact de la fusée. Ce procédé offre un inconvénient ; si l'axe du rouleau n'est pas convenablement réglé, ou bien si le rouleau est un peu usé, l'huile n'arrive plus au contact de la fusée. Pour y remédier, on s'est borné à laisser flotter le rouleau dans l'huile, sans le munir d'un axe de rotation. Enfin, on se sert également ment d'une brosse, comme dans la boîte de Neesen, pressée par des ressorts ; on évite alors que les poils de la brosse ne soient écrasés, qu'ils ne se feutrent, en séparant la fusée de la brosse par une petite pièce de bois qui s'use en même temps que les poils de la brosse.

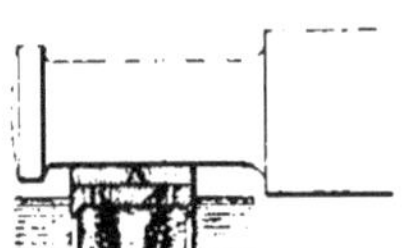

Parmi les boîtes de graissage à réservoir inférieur la boîte Delannoy, d'un emploi fréquent, mérite d'être citée à cause de sa disposition originale.

Elle est fondue d'une seule pièce et s'enfile sur la fusée qu'elle coiffe et

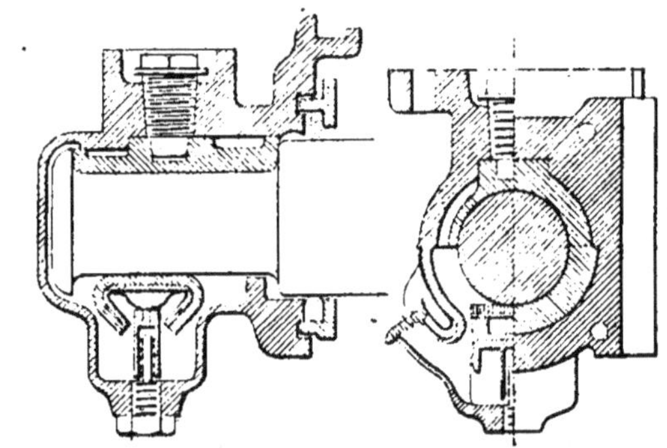

protège parfaitement contre les poussières. Le coussinet est fixé à la boîte à graisse à l'aide d'une vis ; la boîte ne porte, au contact du coussinet, qu'un seul rebord, du côté extérieur, pour permettre l'introduction de la fusée munie déjà du coussinet. L'inconvénient de cette boîte est que, pour visiter la fusée, il faut retirer la boîte entière en soulevant le véhicule pour la sortir des plaques de garde ; par contre la suppression du joint horizontal rend la visite moins utile. L'huile est amenée au contact de la fusée par une mèche pressée de haut en bas par un ressort. Pour mettre la boîte en place, on tire le support de la mèche avec un fil qui passe par le trou de la vis inférieure.

Le graissage par réservoir inférieur a l'avantage de faire pénétrer l'huile entre les surfaces frottantes par les points où la pression est la plus faible, c'est-à-dire dans les conditions les plus rationnelles ; de plus, il permet au graissage de se faire tant que la provision d'huile n'est pas complètement épuisée ou altérée ; mais il offre l'inconvénient de mélanger à l'huile pure toutes les souillures qui s'échappent des surfaces frottantes, huile altérée, poussières et parcelles métalliques enlevées tant à la fusée qu'au coussinet, dont le mélange forme une matière noirâtre et visqueuse que l'on nomme le cambouis.

Le réservoir supérieur permet d'éviter cet inconvénient. L'huile pure, contenue dans un récipient en fer-blanc que l'on loge sous le réservoir, est amenée au contact de la fusée par une mèche le long de laquelle elle s'écoule, comme on l'a dit, par siphonnement. En revanche, il en offre d'autres : en premier lieu l'inconvénient de principe indiqué plus haut, qui résulte de la présence des rainures ou des pattes d'araignée dans le coussinet ; en second lieu, dès que la provision d'huile est passée du réservoir supérieur dans le réservoir inférieur, le graissage cesse, et cependant toute la provision d'huile est loin d'être épuisée.

Pour remédier à ce dernier inconvénient, on combine le graissage par la partie supérieure au graissage par la partie infé-rieure comme cela se pratique dans la boîte de Nee-sen qui a servi de type à un grand nombre d'autres.

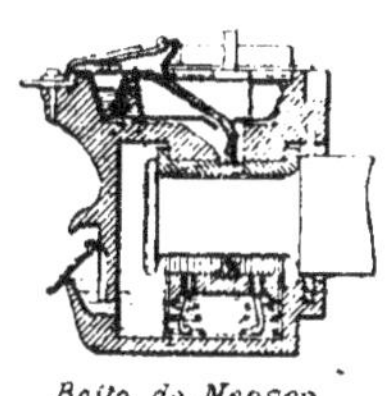
Boîte de Neesen

Nous avons dit qu'actuellement le graissage à l'huile est presque le seul employé. Pour compléter les indications que nous venons de donner, nous de-vons ajouter qu'au début de l'emploi de l'huile, on a fait ce que l'on nomme le graissage mixte avec des boîtes à deux réservoirs : le réservoir inférieur, contenant de l'huile servait d'une façon courante, le réservoir supérieur renfermait de la matière grasse solide qui ne devait être utilisée qu'en cas de besoin, si un chauffage commençait à se produire. Pour éviter, en temps normal, de dépenser la graisse, on bouchait les canaux conduisant au réservoir supérieur avec une matière facilement fusible, du soufre ou un mélange de savon et de stéarine. Si, par une circonstance quelconque, la tempéra-ture s'élevait un peu au-dessus de 100°, les canaux se débouchaient et la graisse entrait en fonction. Mais l'expérience a montré que cette réserve n'était guère utilisée et qu'avec des boîtes bien construites, hermétique-ment closes pour éviter les poussières, l'emploi de l'huile était très suffi-sant pour éviter les chauffages. Le graissage mixte tend donc à disparaître.

La suppression du réservoir supérieur donne d'ailleurs plus de facilité pour loger les boîtes sous le châssis, ce qui offre de l'intérêt à mesure qu'on allonge les véhicules.

§ 5. SUSPENSION

Après avoir étudié les roues et les boîtes de graissage, nous arrivons, en remontant de proche en proche, à l'étude des ressorts qui s'interposent entre ces organes et le châssis du véhicule. Les ressorts interviennent également dans les appareils de traction et de choc. Nous sommes donc conduit, avant d'étudier spécialement les ressorts de suspension, à dire d'abord quelques mots sur les ressorts en général.

27. Étude des ressorts. — En principe, un ressort est un corps élastique, facilement déformable, placé entre deux corps rigides, et destiné à emmagasiner, sous forme de travail intérieur produit par les forces moléculaires pendant la déformation, la force vive apportée par l'un des corps ou les deux corps, de manière à amortir les chocs. Pour que le corps fonctionne comme ressort, il faut qu'il reprenne sa forme primitive quand les causes qui ont provoqué sa déformation ont disparu.

Pour un corps quelconque, on peut toujours admettre, si les déformations sont très petites, que ces déformations sont proportionnelles aux efforts qui les produisent L'effort est, en effet, fonction de la déformation, et cette fonction, développée en série, peut, si la déformation est très petite, se réduire à une fonction du premier degré. Ce qui caractérise les ressorts, c'est que cette proportionnalité se maintient pour des déformations finies, souvent très considérables ; elle disparaît lorsque la figure primitive du ressort est très altérée ; les changements de figure augmentent alors, en général, moins vite que les charges. Ce fait est indépendant de la limite d'élasticité.

Si l'on veut évaluer le travail emmagasiné par un ressort, il suffit d'avoir la courbe représentative de sa déformation en fonction de la charge. Supposons, par exemple, que le ressort se déforme sous l'action d'efforts verticaux. Les déformations peuvent se mesurer par la hauteur du ressort ; traçons donc la courbe représentative des efforts en prenant pour abcisses les charges p et pour ordonnées les hauteurs du ressort. Cette courbe sera formée d'une portion de droite, coupant l'axe des hauteurs en un point A donnant la hauteur maximum du ressort, c'est-à-dire sa

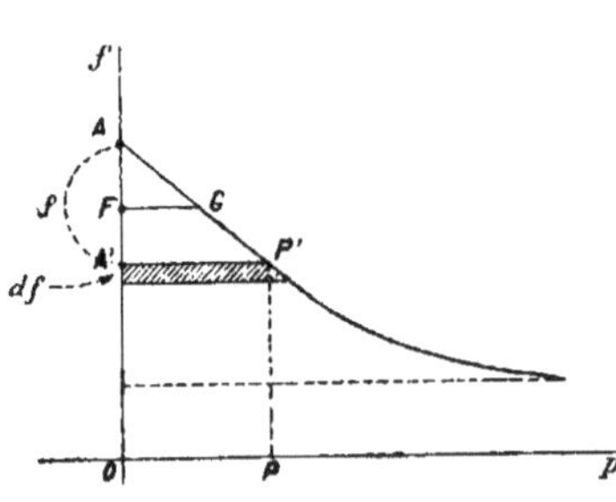

hauteur à l'état naturel, suivie d'une courbe tournant sa convexité vers l'axe des pressions. Si le ressort reçoit une charge OP, sa hauteur se réduit à OA′, et la différence OA — OA′ entre cette hauteur et la hauteur primitive, à l'état naturel, est ce que l'on nomme la dépression f du ressort Le travail correspondant à une déformation infiniment petite df est évidemment pdf, le produit de la force par le chemin parcouru ; le travail total correspondant à une dépression f est alors $\tau = \int_0^f pdf$. Tant que l'on reste dans la zone où il y a proportionnalité entre les efforts et les déformations, cette intégrale représente la surface du triangle $\frac{1}{2}$ Pf.

Au-delà, le travail emmagasiné est moindre que si la proportionnalité s'était maintenue ; il convientdonc, autant que possible, d'éviter que, dans l'usage, les ressorts n'atteignent ces déformations.

Il arrive fréquemment qu'un ressort est déjà tendu, c'est-à-dire qu'il subit déjà une déformation initiale par suite des conditions mêmes dans lesquelles il est établi. Sous l'influence de cette tension, il prend une dépression AF ; dès lors, le travail emmagasiné, correspondant à une dépression $AA' = f$, sera représenté par le triangle AA'P' diminué du triangle AFG correspondant à la dépression initiale. Mais les aires des triangles AFG, AA'P' étant entre elles comme les carrés des dépressions, ou des charges correspondantes, une tension initiale assez notable, nécessaire dans certains cas ainsi que nous le verrons, ne fait pas perdre beaucoup sur le travail que le ressort est susceptible d'emmagasiner.

Une des circonstances qui caractérisent un ressort est ce que l'on nomme la *flexibilité*. On dit qu'un ressort est plus ou moins flexible suivant qu'il se déforme plus ou moins sous l'action d'une charge donnée. Généralement, on représente la flexibilité par la dépression en millimètres qu'éprouve un ressort sous l'action d'une charge de une tonne. Si on appelle K cette flexibilité, la *dépression f*, prise par le ressort sous l'action d'une charge p, est, tant que l'on reste dans la proportionnalité des déformations aux efforts :

$$f = Kp.$$

Donc :

$$\tau = \frac{1}{2} pf = \frac{1}{2} K p^2.$$

Pour une charge donnée, le travail emmagasiné dépend donc uniquement de la flexibilité K. Ce travail est égal à la somme des travaux des forces moléculaires que les déformations ont provoquées. Il est clair que cette somme aura sa valeur maximum, pour une matière donnée, si le ressort est tel que les déformations produisent des efforts identiques en tous ses points. Si, en effet, en un point, la déformation développait un effort supérieur à celui produit en d'autres points, dès que cet effort aurait atteint la limite de rupture du ressort (qui se confond généralement avec la limite d'élasticité), le ressort se romprait là bien avant qu'aux autres points la limite de rupture fût atteinte ; si le ressort est établi, au contraire, de manière que les efforts soient identiques en tous les points, la rupture n'aura lieu que lorsque tous les efforts moléculaires développés auront atteint cette limite ; le travail que ce ressort peut emmagasiner est, par suite, plus grand que dans le précédent.

Le ressort le plus économique, au point de vue de la quantité de matière employée, est donc celui dont tous les points travaillent également. Un prisme, par exemple, supportant une charge p, uniformément répartie sur la section ω, fonctionnera dans ces conditions. Chacune des fibres supportera la même pression par unité de surface, sous l'action de la charge, et cette pression se répartira intégralement en tous les points de la fibre : la pression développée par unité de surface, en tous les points du prisme, est partout la même. Ce ressort constitue donc le ressort le plus économique ou le plus léger qu'on puisse réaliser avec une matière donnée.

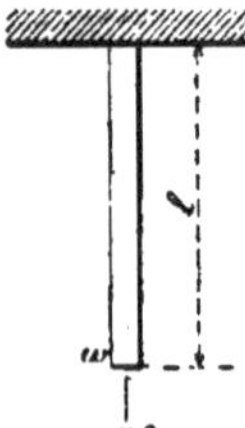

Connaissant la flexibilité K de ce ressort, son coefficient d'élasticité E. c'est-à-dire la charge, en kilogrammes, qu'il faudrait appliquer à un fil de 1 mmq. de section pour que sa longueur fût doublée, en admettant que les déformations restent proportionnelles aux efforts, — coefficients qui dépendent de la nature de la matière, — on peut facilement calculer la longueur l et la section ω qu'il est nécessaire de lui donner pour que, sous l'action de la charge p, les efforts moléculaires qui en résultent, par unité de section, ne dépassent pas une certaine limite R.

Appelons f l'allongement absolu du ressort, i son allongement proportionnel. On sait que l'on a :

$$R = Ei,$$

et comme

$$i = \frac{f}{l}, \quad f = li = l\frac{R}{E}.$$

Mais on a également :

$$f = Kp.$$

Donc

$$Kp = l\frac{R}{E}.$$

D'autre part, on a évidemment :

$$p = \omega R.$$

Les deux équations qui résolvent le problème sont dès lors :

$$\begin{cases} l = \dfrac{KpE}{R} \\ \omega = \dfrac{p}{R}. \end{cases}$$

On en déduit, pour le volume du ressort $V = \omega\, l$,

$$V = Kp^2\frac{E}{R^2}.$$

Quant au travail emmagasiné ε, il est égal à $\frac{1}{2} pf$ comme l'on sait, ce qui donne :

$$\varepsilon = \frac{1}{2} Kp^2.$$

Le travail emmagasiné est donc le même pour tout ressort de flexibilité donnée soumis à une charge p.

Les deux dernières formules donnent :

$$V = 2\,\varpi\,\frac{E}{R^2},$$

ce qui montre que le volume d'un ressort parfait nécessaire pour emmagasiner un travail donné ϖ ne dépend que du rapport $\dfrac{E}{R^2}$.

On peut se servir de la formule pour comparer, par exemple, l'acier et le caoutchouc, au point de vue de l'aptitude à emmagasiner le travail. Pour l'acier, on a

$$R = 60\ k., \qquad E = 20.000\ k.;$$

donc

$$\frac{R^2}{E} = 0,18.$$

Pour le caoutchouc, les données sont moins précises, moins constantes, et surtout moins étudiées. D'après le physicien allemand Kurz, on peut admettre pour E la valeur o k. o68. Pour avoir R, admettons, ce qui est bien au-dessous de la vérité, que l'on puisse sans inconvénient doubler la longueur du prisme, c'est-à-dire avoir un allongement proportionnel égal à l'unité ; alors $R = Ei = E$.

Donc :

$$\frac{R^2}{E} = E = 0,068,$$

soit un peu plus du tiers de la valeur précédente.

On voit que les résultats sont à peu près comparables et du même ordre de grandeur ; cependant, l'avantage resterait encore à l'acier dont le volume serait un peu moins du 1/3 du volume correspondant au caoutchouc. Mais la valeur de $i = 1$ que nous avons prise est bien au-dessous de la vérité ; i peut atteindre facilement 2 sans que des déformations se produisent, et même 4 avec de très bons caoutchoucs. Si l'on se borne seulement à la valeur $i = 2$, on aura :

$$R = Ei = 2E,$$

et

$$\frac{R^2}{E} = 4E = 4 \times 0,068 = 0,272.$$

Dans ce cas, l'avantage sera au contraire pour le caoutchouc.

Mais il faut remarquer que l'acier ne peut être employé sous forme de ressort parfait ; il exigerait des dimensions impraticables. En effet, si on prend l'expression de la longueur du ressort, on a :

$$l = Kp\,\frac{E}{R};$$

or de :

$$\varpi = \frac{1}{2}\,Kp^2,$$

on tire

$$Kp = 2\,\frac{\varpi}{p};$$

donc

$$l = \frac{2\tau}{p}\frac{E}{R}.$$

D'autre part, on sait que :

$$\omega = \frac{p}{R}.$$

Donc, pour un travail donné τ à emmagasiner sous l'action d'une charge p, la longueur du ressort parfait est proportionnelle à $\frac{E}{R}$, et sa section est en raison inverse de R. Or, pour l'acier, on a $\frac{E}{R} = \frac{20.000}{60} = 333$; pour le caoutchouc, $\frac{E}{R} = 1$ ou $1/2$, suivant qu'on a pris pour valeur limite $i = 1$ ou $i = 2$; d'autre part, $\frac{1}{R}$ est 880 fois environ plus grand pour le caoutchouc que pour l'acier. Donc le ressort parfait d'acier devrait avoir une longueur égale à 333 fois environ celle du ressort de caoutchouc et une section environ 880 fois plus petite. Il en résulte que le caoutchouc se prête à une utilisation sous une forme plus ramassée que l'acier, et que ce dernier ne peut être pratiquement employé sous la forme du ressort parfait. On a recours généralement, pour cette dernière substance, au solide d'égale résistance ou au ressort à lames étagées. Mais, dans ce cas, le travail emmagasiné est, comme on le verra, le $1/3$ de ce qu'il serait avec un ressort parfait. A ce point de vue, le caoutchouc, que l'on peut employer sous la forme du ressort parfait, serait donc équivalent à l'acier même en admettant la valeur limite $i = 1$; pratiquement il permet d'obtenir des ressorts sensiblement moins encombrants que les ressorts en acier.

28. Forme des ressorts d'acier. — L'acier ne se prêtant pas à l'utilisation sous la forme du ressort parfait, on a été conduit à lui donner des formes moins avantageuses au point de vue de la puissance d'emmagasinement du travail, plus commodes au point de vue pratique. Une des dispositions les plus connues est celle du *ressort à boudin* formé

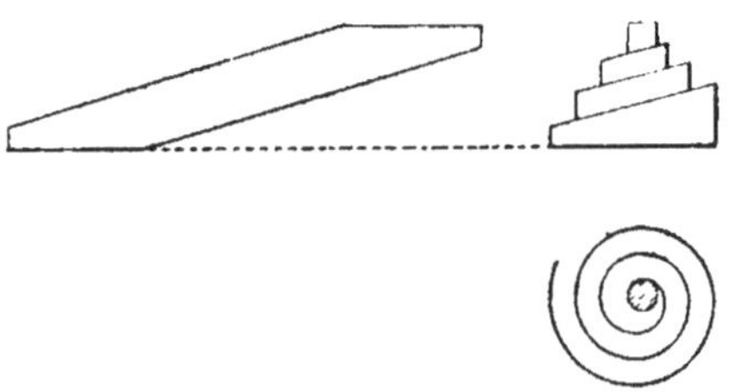

par une tige d'acier de section généralement circulaire, enroulée en hélice sur un cylindre. Il est visible que, dans ce ressort, toutes les parties du métal ne travaillent pas d'une façon identique, puisque le jeu du ressort se fait par une combinaison de deux mouvements de flexion et de torsion. Le ressort à boudin est peu utilisé sur les chemins de fer; mais, en revanche, on se sert très fréquemment d'un ressort de forme analogue, que l'on nomme le *ressort en spirale conique*. Ce ressort est constitué par une feuille plane d'acier, taillée en biseau, que l'on enroule en spirale. Dans l'intérieur du trou central, passe une tige portant un collet, par lequel elle appuie sur les rebords du ressort. Il n'est pas employé pour la suspension des véhicules, mais il est d'un usage courant pour les appareils de traction et surtout de choc.

La troisième disposition de ressort employée sur les chemins de fer est

celle déjà citée du *ressort à lames étagées*, constitué par une série de lames recourbées en arc de cercle, et de longueurs décroissantes, superposées les unes sur les autres ; la lame la plus longue, que l'on nomme généralement la *maîtresse feuille*, se termine par des appendices qui permettent de la rattacher au véhicule.

29. Fonctionnement de la suspension. — La suspension des véhicules a un double but. Elle doit d'abord amortir, pour les véhicules, la violence des chocs qui résultent des inégalités de la voie, de manière à adoucir le roulement. Elle est destinée, en outre, à diminuer l'effet des chocs des roues sur la voie et à éviter, par suite, que celle-ci ne se détériore trop rapidement. Si la vitesse de marche sur les chemins de fer ne surpassait pas celle des voitures sur route, on pourrait presque se passer de ressorts, grâce à la supériorité de la voie. Mais l'effet des chocs augmente comme le carré de la vitesse, et c'est ce qui rend la suspension indispensable, aussi bien pour la conservation du matériel roulant et de la voie que pour le confortable du transport.

Le problème du fonctionnement de la suspension des véhicules serait très complexe si l'on voulait envisager tous les éléments de la question. Il faudrait tenir compte de la vitesse de translation du véhicule, que nous supposerons horizontale et uniforme, du poids de l'essieu monté, sur lequel est appuyé le ressort, de la flexibilité du rail, etc. Pour simplifier la question, nous la ramènerons à des conditions théoriques plus accessibles à l'analyse, et nous supposerons que le véhicule, réduit à un point matériel de poids P et animé seulement d'un mouvement vertical, comme si le mouvement de translation horizontale n'existait pas, appuie, par l'intermédiaire d'un ressort de flexibilité K, sur une base de résistance infinie. Appelons x la hauteur du véhicule à l'époque t, T la tension du ressort. Le mobile est porté vers le haut par une force T — P ; on a donc :

$$\frac{P}{g} \frac{d^2x}{dt^2} = T - P.$$

D'autre part, les déformations verticales du ressort sont proportionnelles à T. Si h désigne une constante, on a : $x = h - \mathrm{K}\mathrm{T}$.

Posons :

$$z = \mathrm{T} - \mathrm{P}.$$

Ces deux dernières équations donnent évidemment :

$$\frac{d^2x}{dt^2} = - \mathrm{K}\,\frac{d^2\mathrm{T}}{dt^2} = - \mathrm{K}\,\frac{d^2z}{dt^2}.$$

Par suite, la première devient :

$$- \frac{\mathrm{PK}}{g}\,\frac{d^2z}{dt^2} = z,$$

ou :

$$\frac{d^2z}{dt^2} + a^2z = o,$$

en posant :

$$a^2 = \frac{g}{\mathrm{KP}}.$$

Cette équation est celle du mouvement pendulaire simple et a pour intégrale :

$$z = \mathrm{A}\,\sin\,(at + \theta)$$

dans laquelle A et θ sont des constantes arbitraires. On déduit de là :

$$\mathrm{T} = \mathrm{P} + z = \mathrm{P} + \mathrm{A}\,\sin\,(at + \theta)$$
$$x = h - \mathrm{KT} = h - \mathrm{KP} - \mathrm{KA}\,\sin\,(at + \theta).$$

Pour déterminer les constantes arbitraires, nous devons faire des hypothèses sur les données initiales. A l'état d'équilibre, la tension T du ressort est la même que la charge P, et alors $z = o$; prenons pour origine du temps t l'instant où le mobile passe par cette position, c'est-à-dire supposons $z = o$ pour $t = o$; on en conclut que $\theta = o$. Disposons, de plus, de h, de manière que :

$$h - \mathrm{KP} = o,$$

ce qui revient à prendre pour origine des x la position où $z = o$. Les équations se réduisent à :

$$\mathrm{T} = \mathrm{P} + \mathrm{A}\,\sin\,at$$
$$x = - \mathrm{KA}\,\sin\,at.$$

D'où l'on déduit, pour la vitesse du véhicule au temps t :

$$v = \frac{dx}{dt} = - \mathrm{KA}\,a\,\cos\,at.$$

Pour déterminer la constante arbitraire A, il faudrait faire une hypothèse sur la façon dont le mouvement oscillatoire a été provoqué. Si l'on suppose, par exemple, qu'à l'origine du temps, au moment de la position d'équilibre, le point matériel soit lancé avec une vitesse initiale v_0, on aura :

$$v_0 = - \mathrm{KA}\,a,$$

d'où :

$$A = -\frac{v_0}{Ka} = -v_0\sqrt{\frac{P}{gK}}.$$

L'équation donnant x permet d'avoir l'amplitude et la durée d'oscillation du mouvement.

L'amplitude est évidemment :

$$2\,KA = -2\,\frac{v_0}{a} = 2\,v_0\sqrt{\frac{KP}{g}}.$$

La durée de l'oscillation τ doit être telle que $a\tau = 2\pi$; donc :

$$\tau = \frac{2\pi}{a} = 2\,\pi\sqrt{\frac{KP}{g}}.$$

La durée de l'oscillation est proportionnelle à la racine carrée du poids suspendu et de la flexibilité du ressort. Or les oscillations sont d'autant plus fatigantes qu'elles sont plus rapides ; il y a donc intérêt à donner à τ la plus grande valeur possible, c'est-à-dire à employer des ressorts très flexibles et à les placer le plus près possible de la partie roulante pour que le poids suspendu soit le plus lourd possible.

Les ressorts placés sous le châssis des véhicules ne sont pas les seuls ressorts qui se trouvent dans les voitures à voyageurs. Assez fréquemment, on interpose encore des lames de caoutchouc entre le châssis et la caisse, et l'on dispose même des ressorts sous les sièges des voyageurs. Si l'on applique la théorie aux ressorts des coussins, considérés comme reposant sur une masse infinie, le poids P se réduit à celui du voyageur, on voit que les oscillations seront de courte durée. De là un inconvénient très sensible des sièges à garniture à ressorts. Les garnitures des sièges ont pour but d'augmenter la surface d'appui du voyageur, en l'emboîtant en quelque sorte, de manière à diminuer la pression qu'il exerce par unité de surface, pression qui devient incommode lorsqu'elle dépasse une certaine limite. Pour les sièges d'appartement, les ressorts remplissent parfaitement leur office sans inconvénient ; sur les véhicules en mouvement, exposés à des chocs fréquents, on voit qu'ils provoquent des oscillations rapides qui peuvent être une très grande gêne. Aussi semble-t-il préférable de remplacer, dans ce cas, les ressorts par une matière comme le crin, plutôt plastique qu'élastique. C'est à ce parti surtout que l'on semble s'être arrêté en France. Ailleurs, en Allemagne, par exemple, les sièges sont souvent munis de ressorts, et s'ils paraissent très confortables pendant les stationnements, ils font éprouver, pendant la marche, des oscillations désagréables qui rendent notamment la lecture difficile.

En plaçant les ressorts de suspension très bas, le plus près possible des boîtes de graissage, on voit que l'on améliorera la suspension du véhicule ; en outre, on réduira à son minimum (poids des essieux montés) la masse dont les chocs s'exercent directement sur la voie. A tous égards, il y a donc intérêt à placer ainsi les ressorts pour qu'ils remplissent le double but dont nous avons parlé. La suspension la meilleure serait celle pour laquelle tout le véhicule serait suspendu, comme avec les jantes pneumatiques. Ce système n'est pas utilisé dans les chemins de fer à cause de la nécessité de guider le véhicule par la jante.

Tandis que la durée τ d'oscillation du mouvement est indépendante des conditions initiales du mouvement, l'amplitude $2K A$ en dépend. Si nous déterminons A par la considération de la vitesse initiale v_0, on voit que l'expression de l'amplitude est $2 v_0 \sqrt{\dfrac{KP}{g}}$. Elle est donc proportionnelle à la racine carrée de la flexibilité et du poids suspendu comme τ, ainsi qu'à v_0. Mais il importe assez peu au voyageur que l'amplitude du mouvement soit plus ou moins grande ; ce qui lui cause une fatigue c'est la rapidité des oscillations d'abord, c'est-à-dire qu'il faut que τ soit le plus grand possible ; c'est ensuite l'accélération qui lui est imprimée, $\dfrac{d^2x}{dt^2} = \dfrac{g}{P} (T - P) = \dfrac{g}{P} A \sin at$, qu'il faut rendre aussi petite que possible.

Or, si on détermine A par la considération de la vitesse initiale, on a :
$$\frac{g}{P} A = - v_0 \sqrt{\frac{g}{KP}} = - v_0\, a.$$ La flexibilité et le poids suspendu ont donc, sur l'accélération verticale, une influence contraire à celle qu'ils ont sur la durée des oscillations. A ce nouveau point de vue, nous sommes amené à la même conclusion quant à la manière de placer le véhicule dans les conditions les plus favorables pour les voyageurs qu'il contient.

On doit remarquer que la constante A pourrait être déterminée par des conditions initiales différentes de celles que nous avons adoptées ; on pourrait, par exemple, et peut-être plus rationnellement, supposer qu'au lieu de la vitesse initiale v_0, au temps o, on donnât à la force vive initiale du véhicule une valeur déterminée V_0 ; on aurait alors :

$$\frac{1}{2} \frac{P}{g} v_0^2 = V_0 ,$$

d'où :

$$v_0 = - K A\, a = \sqrt{\frac{2g}{P}} \cdot V_0 ,$$

et

$$A = - \frac{1}{Ka} \sqrt{\frac{2g\, V_0}{P}} = \sqrt{\frac{2g\, V_0}{PK^2 \frac{g}{KP}}} = - \sqrt{\frac{2V_0}{K}}.$$

Le coefficient $\dfrac{g}{P}$ A de l'accélération a pour valeur $- \dfrac{g}{P} \sqrt{\dfrac{2V_0}{K}}$. Il est encore inversement proportionnel à $\sqrt{K}$; on peut donc dire, d'une manière générale, que l'effet de la suspension est proportionnel à la racine carrée de la flexibilité. Quant au poids suspendu, il intervient encore plus efficacement lorsque la question est ainsi posée.

30. Disposition des ressorts de suspension. — Les ressorts de suspension sont formés de lames étagées, comme nous l'avons dit, qui reposent sur le dos de la boîte à graisse, et qui sont reliées au véhicule par l'intermédiaire de la maîtresse feuille.

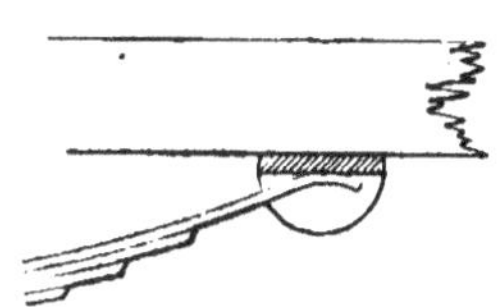

Le mode d'attache le plus simple, qui était généralement employé à l'origine des chemins de fer pour le matériel de transport, et qui, depuis, a été abandonné d'abord pour les voyageurs et de plus en plus pour les marchandises, est la suspension dite à *patins* : les extrémités de la maîtresse feuille, légèrement recourbées, glissent sur des patins de fonte, fixés au châssis et munis de deux oreilles. Ces patins étaient surtout nécessaires avec les châssis en bois que le frottement de la lame aurait rapidement usés.

Ce mode de suspension offre des inconvénients très sérieux. D'abord le frottement de la lame sur le patin gêne la flexion et le fonctionnement même du ressort ; d'autre part, il se prête mal au passage des véhicules dans les courbes ; les essieux tendent à prendre une position radiale, et il faut qu'il se produise pour cela un petit déplacement de l'essieu par rapport au véhicule, déplacement qui est gêné par les oreilles et le frottement du patin. Enfin — et ceci est le plus grave inconvénient — il n'est pas rare, sous l'influence d'un choc un peu vif, de voir la maîtresse lame s'échapper de son logement dans le patin, ce qui entraîne presque nécessairement un accident.

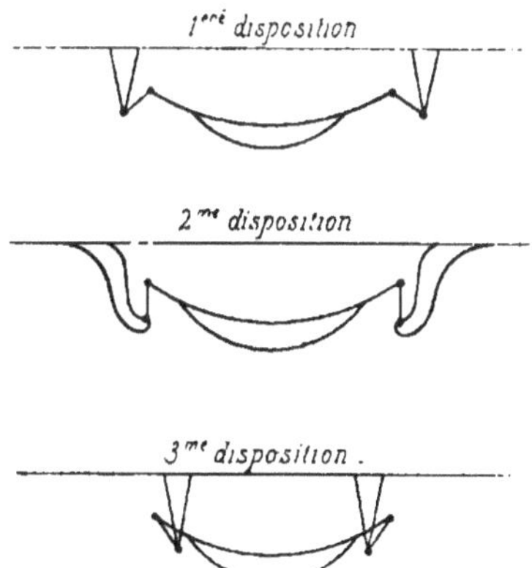

Aujourd'hui, ce mode de suspension est remplacé par la *suspension à menottes*. Elle consiste à réunir les extrémités de la maîtresse feuille à des supports fixés au châssis, à l'aide de petites bielles articulées ou menottes. Suivant le sens de l'obliquité des bielles, qui peuvent être également verticales, on obtient une des trois dispositions représentées par les figures schématiques ci-contre.

La première disposition est de beaucoup la plus fréquemment utilisée pour le matériel de transport. La seconde, avec bielles verticales, est peu employée pour le matériel de transport, mais elle est d'un usage exclusif pour les machines et même les tenders. La troisième, imaginée par M. Féraud, ingénieur à la Compagnie de l'Ouest, a déjà reçu un assez grand nombre d'applications et semble mériter de se répandre.

La première et la troisième disposition ont cela de commun que les menottes sont obliques. Cette obliquité est indispensable lorsque l'on veut laisser aux boîtes un certain jeu dans les plaques de garde de façon que l'essieu soit entraîné par la suspension et non pas par les plaques de garde.

En effet, si le châssis est tiré horizontalement, il entraîne le ressort et 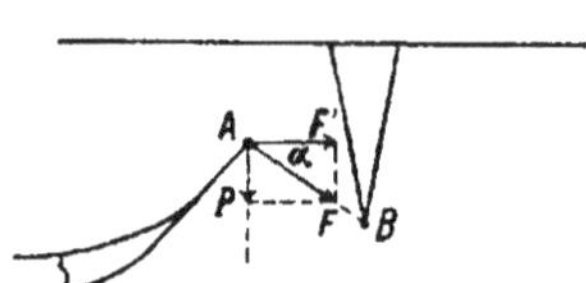 l'essieu lié à celui-ci, par l'intermédiaire de la menotte AB. Or, si l'on néglige le frottement dans les articulations A et B ainsi que le poids de la menotte, celle-ci ne peut transmettre de B en A qu'une force F dirigée suivant son propre alignement. L'effort horizontal F' transmis au ressort et à l'essieu sera la projection horizontale de F. Cette projection serait nulle avec une menotte verticale : celle-ci ne pourrait donc pas entraîner l'essieu.

La projection verticale de F est la partie P du poids du véhicule qui porte sur l'extrémité considérée du ressort. L'angle α de la menotte avec l'horizon est donné par la relation :

$$\operatorname{cotg} \alpha = \frac{F'}{P} \cdot$$

_ L'autre menotte exerce sur le ressort une traction F" et forme avec l'horizon l'angle α' tel que :

$$\operatorname{cotg} \alpha' = \frac{F''}{P} \cdot$$

L'effort transmis à l'essieu est finalement :

$$F' - F'' = P (\operatorname{cotg} \alpha - \operatorname{cotg} \alpha').$$

L'essieu est maintenu d'une manière d'autant plus stable que les angles α et α' sont moindres. Mais la tension exercée sur la maîtresse feuille augmente en même temps.

Lorsqu'on emploie des bielles verticales, l'entraînement de l'essieu doit donc se faire par les plaques de garde ; il faut alors que les essieux soient fixés parallèlement entre eux et immobilisés par les plaques de garde, qui doivent s'emboîter très exactement dans les logements correspondants des boîtes à graisse. C'est le mode de suspension que l'on emploie pour les essieux moteurs, qui ne peuvent jouer par rapport à la caisse des véhicules à cause de la connexion des bielles ; on l'a appliqué également aux autres essieux des machines et à ceux des tenders. Mais on ne le rencontre que très exceptionnellement dans le matériel de transport.

La première disposition a l'inconvénient de donner au véhicule des oscillations d'une amplitude supérieure à celle des extrémités mêmes du ressort.

En effet, si nous prenons, par exemple, la menotte de droite, il est facile

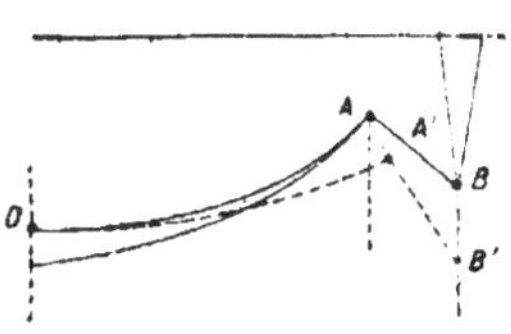

de voir que, si le ressort subit une certaine flexion, la maîtresse feuille se redressant, son extrémité A vient en A', à droite de la verticale de A. Le point B se déplace verticalement de B en B'. Par ce déplacement, la projection horizontale de AB a diminué et, par conséquent, sa projection verticale a augmenté. Le déplacement vertical de B, égal à celui du châssis, est donc plus grand que celui de l'extrémité A du ressort.

La différence entre les déplacements verticaux est loin d'être négligeable ; elle peut atteindre jusqu'à 15 et 20 o/o de l'amplitude du mouvement du ressort.

Cet inconvénient est évité avec la disposition de M. Féraud, comme on

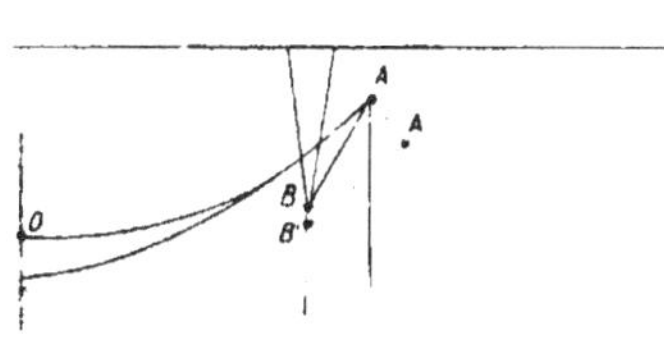

peut s'en rendre compte par un raisonnement analogue : ici, lorsque le point A se déplace vers la droite, il s'éloigne de la verticale de B au lieu de s'en rapprocher. La menotte AB se rapproche de l'horizontale au lieu de s'en éloigner ; il en résulte que l'extrémité B s'est déplacée d'une quantité moindre que l'extrémité A fixée au ressort.

La disposition de M. Féraud a, en outre, l'avantage de rapprocher les

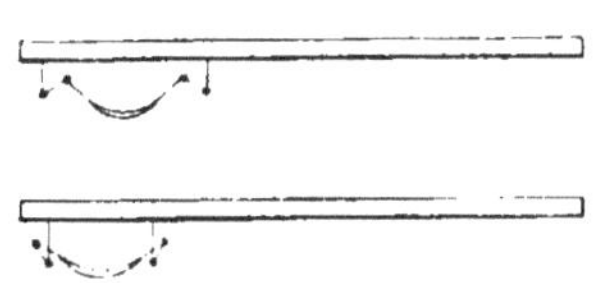

deux supports qui relient un même ressort au châssis. Cela permet ou bien d'employer des ressorts plus longs, ou bien de donner plus d'écartement aux essieux d'un même véhicule, en rapprochant les ressorts le plus près possible des extrémités de la caisse : on a pu ainsi augmenter la stabilité d'anciennes voitures.

Dans les deux dispositions 1 et 3, les menottes travaillent également par extension, mais les projections horizontales de leurs tensions étant dirigées en sens inverse, l'essieu, dans la seconde, est poussé par la différence $F''' - F'$ au lieu d'être tiré par la différence $F' - F''$. Mais la

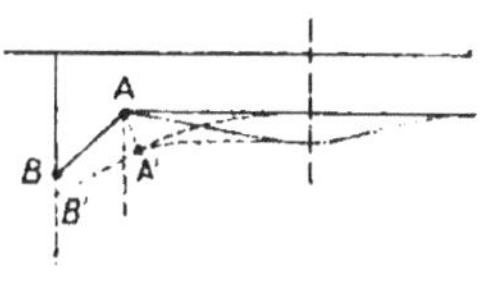

maîtresse feuille travaille par extension dans la première, par compression dans la seconde ; cette compression n'a pas d'inconvénient ; elle semble même plutôt avantageuse du moment qu'elle n'est pas assez forte pour faire bâiller la maîtresse feuille, c'est-à-dire pour qu'elle cesse d'être exactement appliquée sur la feuille suivante.

On arrive, en Belgique, à un résultat analogue, en ce qui concerne l'amplitude des oscillations, avec des ressorts formés de lames étagées rectilignes. Ces ressorts, sous la charge, prennent une forme convexe vers le haut, et le point A s'éloigne de la verticale B, ce qui conduit à la même conclusion que pour la suspension Féraud. Mais l'inconvénient de ces ressorts est de faire travailler inégalement les lames, surtout au moment où le ressort supporte la charge maximum.

31. Disposition des menottes. — Les extrémités de la maîtresse feuille sont disposées en forme de douilles, obtenues quelquefois à la forge (1) mais le plus souvent par enroulement (2).

Dans cette douille passe une broche, sur les extrémités de laquelle viennent s'articuler les deux bielles jumelles dont l'ensemble constitue la menotte.

À leur extrémité inférieure, ces deux bielles viennent s'articuler de la même manière sur une broche parallèle à la première, passée aussi dans une douille. Cette douille fait corps avec une tige, dite *main de réglage*,

passée dans un support en fer ou en fonte boulonné ou rivé sur le châssis. La main de réglage est filetée à son autre extrémité, et maintenue par un double écrou qui permet de régler la tension et l'inclinaison des menottes.

Autrefois, la main de réglage était toujours horizontale, et cette disposition est encore la plus fréquente. Elle a l'inconvénient cependant de soumettre la tige à des efforts de flexion et de cisaillement qui tendent à la rompre. Sur plusieurs réseaux, on a remédié à cette situation en recourbant le support, de manière à placer la main de réglage sensiblement dans le prolongement des menottes ; de plus, on a fréquemment remplacé les menottes par des anneaux, qui peuvent s'incliner latéralement et qui donnent

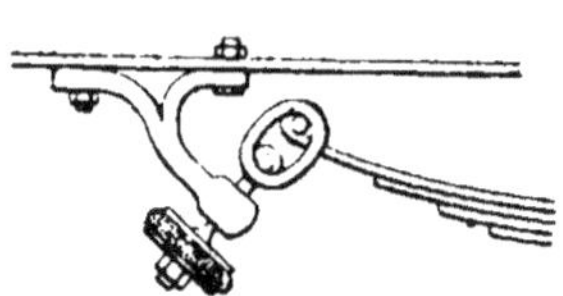

nent ainsi l'équivalent d'une articulation sphérique très avantageuse au point de vue du passage dans les courbes Enfin on interpose, entre le support et l'écrou de réglage, une plaque de caoutchouc qui augmente la souplesse de la suspension. Cette disposition se rencontre sur les réseaux de l'Est, de Lyon, d'Orléans et du Nord.

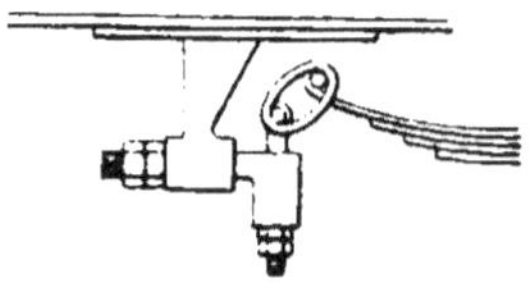

Sur le réseau d'Orléans, on a imaginé la *suspension à double réglage*, qui, depuis, a été adoptée par d'autres réseaux. Cette disposition permet de compenser l'effet de l'usure des bandages par un réglage vertical, de manière à maintenir le châssis toujours à la même hauteur. Elle est donc très avantageuse avec la tendance actuelle d'augmenter l'épaisseur des bandages, qui atteignent jusqu'à 75 mm. et dont la limite d'usure va jusqu'à 25 mm. Entre les bandages neufs et les bandages anciens, il peut donc se produire des différences de hauteur de 5 cm. que l'on rachète par le réglage vertical.

32. Fixation de lames de ressort. — Pour fixer entre elles les lames de ressort, on les traverse en leur centre par une broche. Mais cette disposition ne suffit pas pour les empêcher de se déplacer les unes par rapport aux autres. Il pourrait se produire autour de cette broche centrale, un pivotement que les étriers, qui fixent le ressort sur le dos de la boîte à graisse, ne suffiraient encore pas à empêcher.

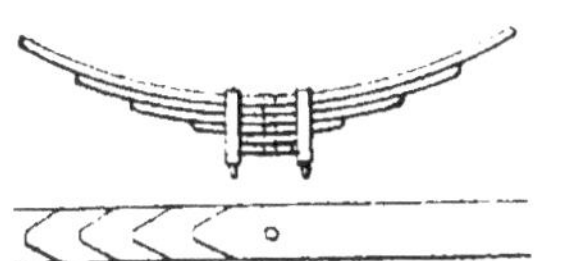

On évitait autrefois le déplacement des lames à l'aide de petits goujons fixés en dessous des lames et glissant dans une rainure de la lame inférieure. Ces goujons se nomment *étoquiaux*. Ils affaiblissent les lames et peuvent, en outre, se détacher ou se rompre. Par ces motifs et par raison d'économie, on emploie souvent une autre disposition qui consiste à faire venir au laminoir, sur les lames, des nervures qui s'emboîtent les unes dans les autres, et parfois on consolide encore l'étagement des lames à l'aide de deux colliers placés au milieu des deux bras des ressorts.

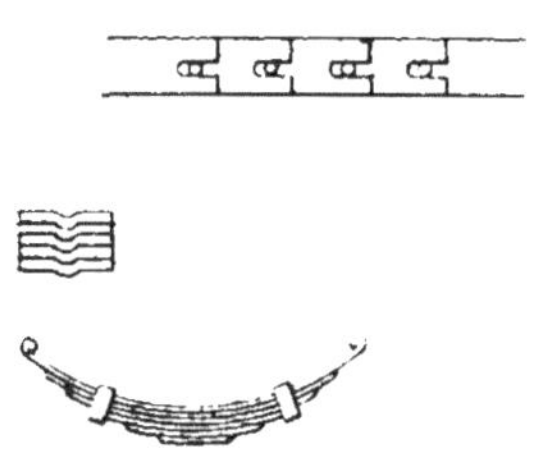

33. Détermination des ressorts à lames étagées. — Pour déterminer les dimensions des ressorts à lames étagées, il faut tenir compte de toutes les conditions qu'ils doivent remplir et qui sont de deux sortes.

Les unes sont précises et peuvent entrer dans le calcul : il faut d'abord que le ressort puisse supporter la moitié de la charge de l'essieu sans que la fatigue du métal excède un maximum R en aucun point; en second lieu, le ressort doit avoir la flexibilité donnée K, et il doit enfin avoir une hauteur totale donnée sous tare, c'est-à-dire sous le poids du véhicule vide, afin de pouvoir se loger entre la boîte à graisse et le châssis et maintenir le véhicule vide à une hauteur déterminée. Les autres sont des conditions de convenance ou de limitation.

La *flexibilité* des ressorts varie dans des conditions assez étendues.

Pour les machines, on prend des flexibilités assez basses ; une trop grande flexibilité nuirait au mécanisme en faisant varier la hauteur entre l'arbre de la machine, c'est-à-dire de l'essieu moteur, et le cylindre ; de plus, à cause du poids considérable que doivent supporter les essieux, une trop grande flexibilité ne permettrait pas de loger facilement les ressorts de suspension. Pour ces raisons, on est conduit à donner aux ressorts des roues motrices une flexibilité qui varie entre 10 et 15 mm. par tonne.

Pour les roues porteuses, on emploie des flexibilités encore moindres, de 6 à 10 mm., car ce sont surtout pour les roues extrêmes que les variations de hauteur doivent être très limitées.

Pour le matériel à marchandises, la flexibilité est analogue, quoiqu'un peu plus forte : elle varie de 12 à 25 mm.

Pour le matériel à voyageurs, on admet des flexibilités plus élevées, et on étend la mesure même aux fourgons à bagages dans l'intérêt de la voie surtout. Voici les chiffres admis :

Fourgons à bagages,. . . . . flexibilité de 30 à 40 mm.

Voitures de 2ᵉ et 3ᵉ classe,. . . . . flexibilité de 50 à 70 mm.

Voitures de 1ʳᵉ classe et de luxe, flexibilité de 80 à 140 et même 150 mm.

Ces différences dans la flexibilité sont motivées d'abord par une raison d'économie. On sait que le volume et, par suite, le poids et le prix des ressorts, sont proportionnels à la flexibilité, et c'est pour ce motif qu'elle s'élève avec le prix des places. Mais ces différences proviennent surtout de ce que la hauteur de tamponnement doit avoir une valeur déterminée, lorsque le véhicule est vide, et qu'elle ne doit s'en écarter, que le véhicule soit chargé ou non, que dans des limites très restreintes. Or l'abaissement du ressort est égal au produit de la flexibilité K par la charge utile; il est donc, toutes choses égales d'ailleurs, proportionnel à la flexibilité; comme les wagons à marchandises ont une charge utile plus grande, leur flexibilité doit être faible pour ne pas dépasser la limite d'écart permise qui est de 125 mm. Avec une charge utile de 10 tonnes par wagon à deux essieux, soit de $\frac{10}{4}$ tonnes par ressort, la flexibilité ne peut dépasser 125 : 2,5 = 50 mm. par tonne.

La *hauteur de tamponnement* n'a pas fait, en France, l'objet d'une réglementation proprement dite; mais elle a été déterminée par la conférence internationale réunie à Berne en 1886, qui a fixé un certain nombre de cotes pour le matériel de chemins de fer, afin de permettre aux véhicules de circuler indifféremment sur tous les réseaux. Les règles proposées par cette conférence ne sont pas légales au sens strict du mot; mais, en fait, les compagnies sont intéressées à les suivre très exactement, pour éviter, dans les gares frontières, des transbordements qui leur porteraient le plus grand préjudice. La hauteur de tamponnement, fixée par la conférence, doit être, au minimum, en pleine charge, de 940 mm.; la hauteur minimum tolérée pour le matériel existant est de 900 mm.

Les Compagnies se sont conformées à ces données: ainsi, par exemple, sur le réseau de l'Est, le matériel est construit de manière que, vide, la hauteur du tamponnement soit au minimum de 1 m. 020 et au maximum de 1 m. 065, et que cette hauteur ne descende pas au-dessous de 940 mm. à charge complète. L'écart maximum entre la hauteur de tamponnement à vide et la hauteur en charge est donc de 0 m. 125.

En ce qui concerne les *conditions de convenance ou de limitation* auxquelles doivent être soumis les ressorts, elles ne peuvent être introduites dans le calcul; mais les résultats doivent permettre d'y satisfaire. S'il en était autrement, il y aurait lieu de modifier les données premières admises. Ces conditions sont relatives : 1º à la largeur du ressort, qui doit être suffisante pour que le ressort soit bien assis sur la boîte à graisse, et qui ne doit pas dépasser celle dont on peut disposer sur le dos de cette boîte; cette largeur est ordinairement de 75 mm., mais on est allé, dans ces derniers temps, pour les nouvelles voitures à voyageurs, jusqu'à 90 mm. ; 2º à la longueur des ressorts. De cette longueur, combinée avec l'écartement des essieux, dépend la bonne répartition des points d'appui du longeron. Cette dimension varie avec la nature des véhicules. Elle est voisine de 1 m. pour les wagons. Pour les voitures à voyageurs, elle est généralement supérieure à 1 m. 50, et elle atteint jusqu'à 2 m. 40: dans les voitures du Nord de 5 m. 50 d'écartement d'essieux et 8 m. 80 de longueur de caisse, la longueur des ressorts est de 2 m. 20 ; elle est de 2 m. 40 dans les voitures à couloir de l'Est, avec une corde de fabrication de 2 m. 254. Enfin, il y a à considérer l'épaisseur des lames. Cette épaisseur ne doit pas être trop faible, pour avoir une bonne fabrication. Elle varie généralement de 9 à 13 mm.; pour la commodité, on lui donne un nombre exact de millimètres, sans fraction.

34. Calcul des ressorts. — Revenons aux conditions de résistance et de flexibilité des ressorts qui peuvent entrer dans le calcul.

Si R désigne la fatigue en un point, i l'allongement proportionnel en ce point et E le coefficient d'élasticité, on a : $R = Ei$.

Considérons une lame de ressort, que nous supposerons courbée en cercle à chaud puis trempée, et supposons qu'en se déformant sous la charge elle conserve toujours la forme d'un arc de cercle.

Soient ρ et ρ' les rayons de la fibre moyenne avant et après la déformation. Nous admettrons que cette fibre n'éprouve pas de variation de longueur, qu'elle soit, en un mot, une fibre neutre. Si nous prenons un arc d'angle au centre α de cette fibre, après la déformation, cet arc n'aura pas changé de longueur; l'angle α devenant α', on a

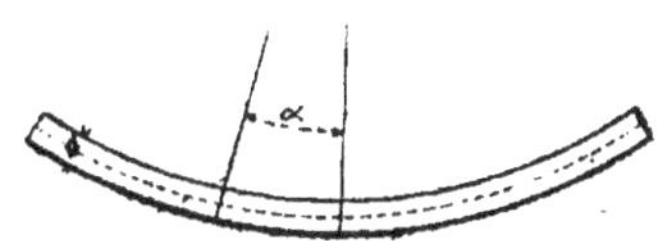

évidemment:

$$\rho\,\alpha = \rho'\,\alpha'.$$

Si a désigne l'épaisseur de la lame, la fibre extérieure d'angle α avait une longueur $\left(\rho + \dfrac{a}{2}\right)\alpha$; après déformation, sa longueur est $\left(\rho' + \dfrac{a}{2}\right)\alpha'$; l'allongement proportionnel est, par définition, donné par la relation

$$\left(\rho + \frac{a}{2}\right)\alpha - \left(\rho' + \frac{a}{2}\right)\alpha' = i\left(\rho + \frac{a}{2}\right)\alpha,$$

ou, en négligeant $\dfrac{a}{2}$ par rapport à ρ dans le second nombre,

$$\frac{a}{2}\left(\alpha - \alpha'\right) = i\,\alpha\rho,$$

et, en remplaçant α' par $\dfrac{\alpha\,\rho}{\rho'}$,

$$i = \frac{a}{2}\left(\frac{1}{\rho} - \frac{1}{\rho'}\right) ;$$

on a alors :

$$R = E\,\frac{a}{2}\left(\frac{1}{\rho} - \frac{1}{\rho'}\right).$$

Cette formule comprend implicitement la flexibilité K du ressort dont dépendent ρ et ρ'. Nous allons la mettre en évidence.

Admettons d'abord que le ressort ait une longueur assez grande pour que l'on puisse confondre la 1/2 corde avec l'arc. Si l désigne cette demi-corde et f la flèche du ressort on a :

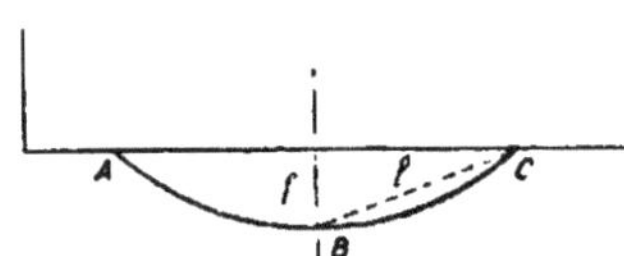

$$l^2 = 2\,f\,\rho.$$

Après déformation, nous admettrons que la corde n'a pas changé de longueur ; on aura donc $l^2 = 2\,f'\rho'$, f' et ρ' désignant la flèche et le rayon après déformation. On a alors :

$$\frac{1}{\rho} = \frac{2f}{l^2} \qquad \frac{1}{\rho'} = \frac{2f'}{l^2}.$$

Donc

$$R = E\,a\frac{f - f'}{l^2} .$$

$f - f'$ est la quantité dont le ressort s'est abaissé sous la charge totale. On a donc :

$$f - f' = 2\,K\,P,$$

et par suite

$$R = \frac{E\,a}{l^2}\,2\,K\,P.$$

Cette équation donne une première condition pour le ressort, relative à l'épaisseur de la lame.

Cette formule a été établie en admettant que le ressort conservait sa forme circulaire pendant la déformation. Elle s'applique très approximativement à toutes les lames du ressort, moyennant une condition que nous rechercherons plus loin.

Pour le construction de ces lames, on emploie fréquemment un gabarit unique, en sorte que toutes les lames ont le même rayon. Dès lors, pendant le montage, les lames ne peuvent s'emboîter exactement ; il se produit un vide entre chaque feuille. On a parfois placé dans ce vide des tasseaux de manière que, dans le ressort monté, les lames n'aient aucune tension initiale. Mais il est plus simple et plus commode de forcer les lames à

s'emboîter ; la tension initiale qui en résulte pour les lames dans le
ressort monté est très faible, eu égard aux tensions qu'elles subiront lorsque le ressort sera chargé.

On a aussi construit des ressorts avec des
lames de rayons croissants ; pour cela, après
avoir courbé une lame, on la laisse refroidir
sur le gabarit, et on courbe la deuxième lame
sur la première et ainsi de suite. Il en résulte une certaine complication
sans utilité, ainsi qu'on va le voir.

La méthode la plus simple consiste donc à construire des lames de
même rayon et à les emboîter l'une dans l'autre par force. On peut même
voir que ces conditions, en apparence défectueuses, sont, au contraire, les
conditions les meilleures pour que les lames du ressort travaillent également pendant la charge, pourvu que, à ce moment, le ressort soit à peu
près rectifié. Le rayon initial, qui est le rayon de fabrication et non celui
que la lame présente dans le ressort monté, étant le même pour toutes les lames, et ce rayon devenant infini ou très grand également pour
toutes les lames en charge, la différence $\frac{1}{\rho} - \frac{1}{\rho'}$ est la même et, par suite
aussi, la fatigue R. Il n'en serait pas ainsi si les lames avaient, à l'état
naturel, des rayons inégaux.

La limite de fatigue R admise pour les ressorts est très élevée. Elle
atteint 50 à 60 kg par mmq., tandis que, dans la construction ordinaire,
on admet que cette fatigue ne doit pas dépasser de 5 à 10 kg. par mmq.
Cela tient, d'une part, à ce que, pour les ressorts, on emploie un métal dur
et trempé dont la limite d'élasticité est très élevée, de l'autre, à ce que la
fatigue est calculée à l'aide d'une formule théorique, établie en admettant
des hypothèses qui sont probablement inexactes. Ces hypothèses paraissent heureusement donner, pour la fatigue calculée du métal, des résultats
supérieurs à la fatigue réellement éprouvée. C'est sans doute pour ce motif qu'il semble que le métal soit susceptible de mieux résister aux efforts
à la flexion qu'à la traction directe. Quoi qu'il en soit, la formule est très
utile, en ce sens qu'elle permet la comparaison des ressorts entre eux.

Avec certains aciers spéciaux, très durs et très résistants, on est même
arrivé à dépasser de beaucoup cette résistance limite : on a pu obtenir,
sous la charge d'épreuve, des allongements proportionnels de 7, 8 et
même 9 millièmes, ce qui, avec un coefficient d'élasticité de 20.000, donne
un effort de 180 kg. par mmq.

La condition que nous venons de trouver,

$$R = \frac{E\,a}{l^2} \cdot 2\,KP,$$

a été déduite de la définition de R par la valeur de Ei. Mais elle ne nous
donne pas toutes les conditions à remplir par le ressort pour qu'il supporte

la charge 2 P ; il faut encore satisfaire à l'équation des moments, et c'est l'application de cette équation qui va donner la *loi de l'étagement*.

Nous avons vu que, d'une manière générale, si R désigne la fatigue maximum d'une section, I le moment d'inertie de cette section par rapport à un axe horizontal passant par le centre de la section, et V la distance de la fibre la plus fatiguée à cet axe, le produit $\frac{RI}{V}$ doit être égal à la somme des moments des forces par rapport à cet axe. La section la plus fatiguée de la première lame est évidemment à l'origine A du premier étagement. On a donc là $\frac{RI}{V} = Pd$.

Pour la section de la première lame B, à la hauteur du deuxième étagement, on a :

$$\frac{RI}{V} = P\,(d + d') - m,$$

m désignant la somme des moments des réactions exercées par la deuxième lame sur la partie AB de la première lame.

Pour la fibre la plus fatiguée de la section B′ de la deuxième lame, à la hauteur du deuxième étagement, on a évidemment $\frac{RI}{V} = m$.

Puisque R doit avoir dans les trois sections A, B et B′ la même valeur, que, d'autre part, $\frac{I}{V}$ est le même, les lames ayant même épaisseur a et même largeur b, on a, en ajoutant les deux dernières équations :

$$\frac{2\,RI}{V} = P\,(d + d'),$$

et, comme

$$\frac{RI}{V} = Pd,$$

on en déduit

$$d = d'.$$

Ainsi, pour que les lames travaillent de la même façon à l'origine du deuxième étagement, il faut que $d = d'$. En continuant le raisonnement, on voit facilement que tous les étagements doivent être égaux pour que la fatigue du métal soit la même à la naissance de tous les étagements. En ces points, R étant le même, la différence $\frac{1}{\rho} - \frac{1}{\rho'}$ est la même également ; $\frac{1}{\rho}$ ayant la même valeur d'un bout à l'autre de chaque lame, il en sera de même pour $\frac{1}{\rho'}$ à la naissance de tous les étagements ; la lame doit donc conserver une figure à très peu près circulaire. Pour qu'elle la conserve rigoureusement, il faut encore que la variation de courbure, et par conséquent la fatigue du métal, soient constantes sur la longueur de chaque étagement. On démontre facilement qu'il est nécessaire, pour cela,

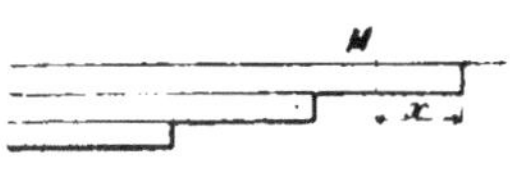

que la partie libre de chaque lame, celle qui n'est pas soutenue directement par la lame inférieure, soit un solide d'égale résistance. Si nous considérons une section M de la première lame, située à une distance x de l'extrémité, nous aurons :

$$\frac{RI}{V} = Px.$$

Pour que R soit le même quelle que soit la distance x, il faut que : $\frac{I}{V} = \lambda x,$ λ étant une constante.

Or
$$V = \frac{a}{2}, \qquad I = \frac{1}{12} b a^3.$$

Donc
$$\frac{I}{V} = \frac{1}{6} b a^2,$$

et, par suite,

$$ba^2 = \lambda' x,$$

λ' désignant une autre constante.

Si on laisse a constant, cela revient à tailler les lames en triangle sur

la longueur de l'étagement. En réalité, pour éviter un angle trop aigu, on abat la pointe des triangles et la remplace par une petite face.

Si, au contraire, on laisse la largeur constante, on voit qu'il faut diminuer l'épaisseur suivant une loi parabolique.

Nous avons vu qu'en faisant égaux les étagements, la fatigue du métal était la même dans toutes les sections à la naissance des étagements, et nous avons montré que cette égalité pouvait se poursuivre sur les étagements, à la condition de tailler les extrémités des lames d'une façon convenable. Cette fatigue est donnée par la formule :

$$\frac{RI}{V} = Pd,$$

ou

$$\frac{1}{6}Rba^2 = P\frac{l}{n},$$

en désignant par n le nombre des lames.

En fin de compte, les deux équations auxquelles nous ont conduit les conditions de résistance et de flexibilité des ressorts sont :

$$R = \frac{E\,a}{l^2}\, 2\,KP,$$

$$nba^2 = 6\,\frac{Pl}{R},$$

dans lesquelles figurent quatre inconnues a, b, l et n ; n et b n'entrant dans ces équations que par leur produit, il y a une compensation entre la largeur des lames et leur nombre, ou, autrement dit, c'est la somme totale des largeurs des lames qui intervient seulement.

Cherchons le volume V du ressort. Considérons pour cela un ressort à n lames, de demi-longueur l. Complétons un rectangle de longueur $AB = l$ et de hauteur $(n + 1)\,a$. La partie de ce rectangle que n'occupe pas la pro-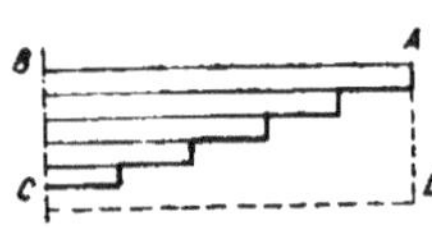jection verticale du demi-ressort est évidemment superposable à l'autre. L'aire du rectangle ABCD est donc égale à la projection du ressort entier. Le volume du prisme qui a pour face ce rectangle, et, pour troisième dimension, la largeur b du ressort, est donc précisément le volume du ressort dont nous n'avons représenté que la moitié. On a, par suite,

$$V = (n + 1)\,a\,l\,b.$$

Les deux formules fondamentales multipliées membre à membre donnent

$$R\,n.\,a.\,b. = \frac{12\,EKP^2}{R\,l},$$

d'où

$$l.\,a.\,b. = \frac{12\,EKP^2}{R^2\,n}$$

et

$$V = \frac{n + 1}{n}.\,12\,KP^2\,\frac{E}{R^2}.$$

Nous avons déjà trouvé cette formule, à un facteur constant près, quand nous avons calculé le ressort le plus économique ; mais il faut se rappeler que nous avions désigné alors la charge par P et non par 2 P. Pour comparer les formules, il faudrait remplacer, dans la dernière expression de V, P par $\frac{P}{2}$, et l'on voit alors que le volume ainsi trouvé est au volume du ressort le plus économique dans le rapport $3\,\frac{n + 1}{n}$, c'est-à-dire très approximativement 3, le nombre n étant assez grand. On peut donc dire *qu'avec les lames étagées, on triple le volume du ressort le plus écono-mique qui travaillerait dans les mêmes conditions de flexibilité et de charge.*

Le problème conduisant à deux équations à quatre inconnues est indéterminé. On choisira dès lors deux de ces quantités par tâtonnements, de manière à satisfaire aux conditions de convenance et de limitation précédemment indiquées.

On peut ajouter une troisième condition mathématique aux deux précédentes par la considération de la hauteur de tamponnement. Cette hauteur dépend des détails de la suspension, de la disposition des menottes, et enfin de la flèche de fabrication f du ressort. Cette flèche de fabrication se déterminera par la condition que le ressort à charge complète soit à peu près rectifié. Si $2P$ désigne la pression exercée sur chaque roue montée lorsque le wagon est à charge complète, le ressort fléchit d'une hauteur totale f, et l'on a

$$f = 2KP.$$

On en déduit alors, pour le rayon ρ de fabrication,

$$\rho = \frac{l^2}{2f} = \frac{l^2}{4KP}.$$

En réalité, on donne à ρ une valeur plus petite que celle trouvée, c'est-à-dire à f une valeur un peu plus grande, afin que le ressort complètement chargé ne soit pas tout à fait rectifié, mais conserve une petite flèche de 20 à 35 millimètres. Cette petite flèche est nécessaire pour parer d'abord à la déformation permanente de quelques millimètres que prend toujours le ressort la première fois qu'il est chargé, déformation qui ne s'accroît pas si le ressort est de bonne qualité, et ensuite pour compenser l'action des menottes ordinaires, qui ont l'inconvénient d'abaisser le véhicule plus que ne se déprime le ressort.

§ 6. PLAQUES DE GARDE

35. — Les plaques de garde servent à maintenir les essieux dans une position invariable par rapport aux véhicules. Comme nous l'avons déjà dit, ce sont des appareils de sécurité qui, normalement, ne doivent pas fonctionner. Elles doivent se mouvoir avec jeu, sans frottement, dans les glissières des boîtes de graissage.

Les plaques de garde se font en tôle découpée ou en fer forgé ; elles sont boulonnées ou rivées sur le châssis du longeron, suivant qu'il est en bois ou en fer, généralement sur la face interne.

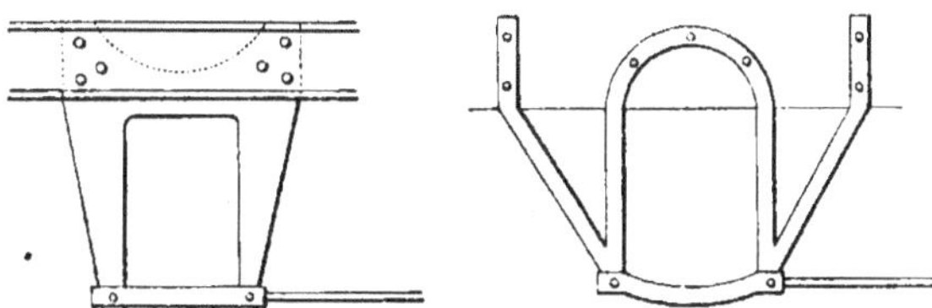

Quand la plaque de garde est en fer forgé et le châssis en métal, on peut, au lieu de fixer la première contre l'âme du longeron, la river sur le patin, en repliant à angle droit la base des deux branches.

Le plus souvent, les plaques de garde embrassent la boîte de graissage à sa partie postérieure, et les ressorts sont par devant, immédiatement sous les brancards du châssis. Quelquefois cependant, pour donner à celui-ci plus de largeur, on place les plaques de garde sur le devant de la boîte, et le ressort, qui repose toujours sur la boîte, ne se trouvant plus sous les brancards, lui est rattaché au moyen de consoles intérieures.

Les deux branches sont réunies à leurs extrémités par une traverse qui en double la résistance en les intéressant toutes deux aux efforts que reçoit l'une d'elles.

Quelquefois on cherche même à solidariser les deux plaques de garde d'un même côté de la voiture en réunissant leurs extrémités par une tringle en fer. Mais, à cause des dilatations, du jeu des attaches, du fouettement de la tringle, il est difficile que celle-ci donne la solidarité cherchée sans produire par elle-même des efforts nuisibles dans les plaques. Elle a, d'ailleurs, l'inconvénient d'offrir une sorte de perchoir aux agents, qui sont souvent tentés de s'en servir pour se faire transporter dans les manœuvres, et deviennent par là, trop fréquemment, victimes de graves accidents. On les supprime aujourd'hui très souvent, surtout dans les véhicules à grand écartement d'essieux.

Un point important, pour les plaques de garde, est la question du jeu à leur donner. Il faut que ce jeu soit assez grand pour permettre l'obliquité nécessaire de l'essieu par rapport à la caisse au moment du passage

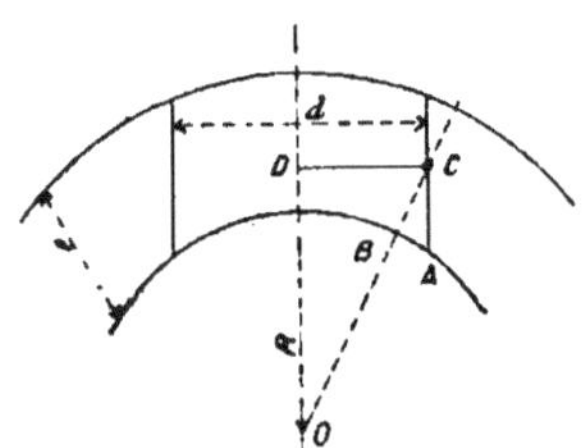

dans les courbes. Dans une courbe, les essieux doivent prendre une position radiale et, par conséquent, s'écarter de leur position moyenne d'une certaine quantité AB, qui constitue le jeu J à donner aux plaques de garde, de chaque côté des boîtes de graissage, pour que l'inscription du véhicule dans la courbe puisse se faire dans un sens comme dans l'autre. Si R désigne le rayon de la courbe, e la largeur de la voie et d l'écartement des essieux, on a, par les triangles semblables :

$$\frac{AB}{CB} = \frac{CD}{OD},$$

ou

$$\frac{J}{\frac{1}{2}e} = \frac{\left(\frac{d}{2}\right)}{R},$$

d'où :

$$J = \frac{de}{4R}.$$

On doit donner à R la plus faible valeur pour que les véhicules puissent circuler dans toutes les courbes. Si l'on prend $R = 250$, $e = 1$ m. 50, on obtient, pour des valeurs suivantes de d, les résultats ci-après :

d....	2 m. 50	3 m. 50	5 m. 50	7 m.
J....	3 mm. 75	5 mm. 25	8 mm. 25	10 mm. 50,

soit environ 5 mm. de jeu, de part et d'autre, pour les anciennes voitures à voyageurs.

Nous avons dit que les plaques de garde s'emboîtaient généralement 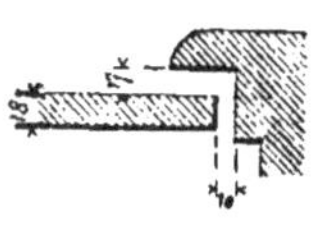 dans une rainure de la boîte à graisse. On est arrivé à supprimer l'un des rebords de la rainure. C'est ce qui se présente dans les voitures de première classe à quatre compartiments du Nord. Le jeu est alors de 10 m. dans un sens, 17 dans l'autre ; l'épaisseur de la plaque est de 18 mm. ; l'écartement d'essieux de 5 m. 50.

§ 7. CHASSIS

36. — Le châssis forme en quelque sorte l'ossature des véhicules. Il a une double fonction. En premier lieu, il doit répartir en un petit nombre de points sur la voie la pression de la charge qu'il reçoit et qui s'appuie sur lui en des points multiples et d'une façon souvent très irrégulière. Il sert, en outre, à transmettre les efforts horizontaux exercés entre eux par les véhicules, efforts qui peuvent être dus à des chocs souvent énergiques. Il faut donc que le châssis soit construit solidement, et qu'il ait une rigidité suffisante pour résister aux efforts à la flexion.

37. Châssis en bois. — Anciennement, et il n'y a pas bien longtemps encore, le châssis était toujours construit en bois. On a employé ensuite des constructions mixtes, bois et fer ; mais, aujourd'hui, on le construit exclusivement avec l'acier doux (métal fondu). Néanmoins, comme il existe encore beaucoup de châssis en bois, surtout pour le matériel à marchandises, nous en donnerons la description. En étudiant les châssis en bois, qui ne se prêtent pas à des variantes aussi nombreuses que le fer, on se rend mieux compte de l'ensemble des conditions auxquelles ils doivent être assujettis ; d'autre part, il importe de connaître leur mode de construction, parce que ce sont, malheureusement, les wagons à châssis en bois qui donnent lieu aux incidents de matériel les plus fréquents, par rupture de traverses ou d'attelages.

Le bois employé pour la construction des châssis est exclusivement le chêne bien sec.

Le châssis, dans son ensemble, se compose d'un cadre rectangulaire, constitué par des pièces de bois posées de champ, généralement de 25 cm. de hauteur sur 10 d'épaisseur, dont les deux grands côtés se nomment *longerons* ou *brancards*, et les deux petits côtés *traverses d'about*.

Les longerons sont assemblés dans les traverses par tenons et mortaises. Un certain nombre de traverses intermédiaires supportent la caisse et reçoivent divers organes. Ce cadre demande à être consolidé,

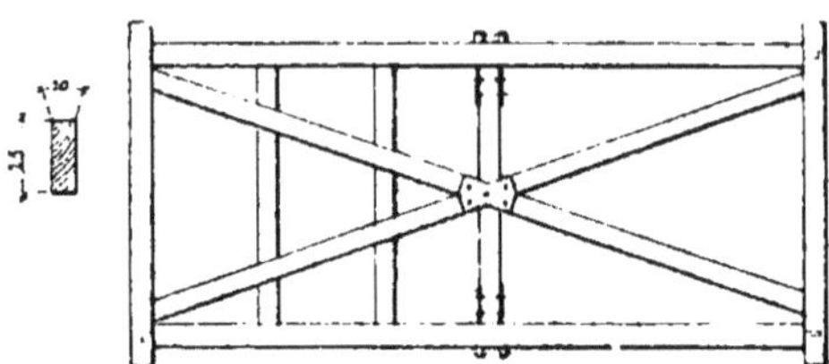

sans cela les assemblages seraient trop facilement démontés par les chocs ; il pourrait, de plus, se déformer, puisqu'un rectangle n'est pas déterminé par ses quatre côtés si les angles ne sont pas maintenus invariables.

Pour maintenir l'invariabilité des angles, on emploie le procédé le plus simple, qui consiste à décomposer le rectangle en triangles, seul polygone dont les côtés déterminent complètement la figure. On dispose généralement, entre les traverses, deux pièces de bois en diagonales, formant une croix de Saint-André. Ces pièces sont posées à plat, et non de champ, afin de permettre de loger par dessous les appareils de traction et de choc.

L'assemblage des longerons et des traverses d'about est consolidé par des boulons à pattes, qui se vissent de chaque côté du longeron et des branches de la croix de Saint-André, et qui, en même temps, servent à maintenir, sur la traverse d'about, le faux tampon, lequel sert à guider la tige du tampon. Cette tige longe la face interne du longeron. Enfin, une pièce de fer est vissée au croisement des deux branches de la croix, et des boulons à pattes servent à maintenir solidement la traverse du milieu.

Le châssis que nous venons de décrire constitue ce que l'on peut appe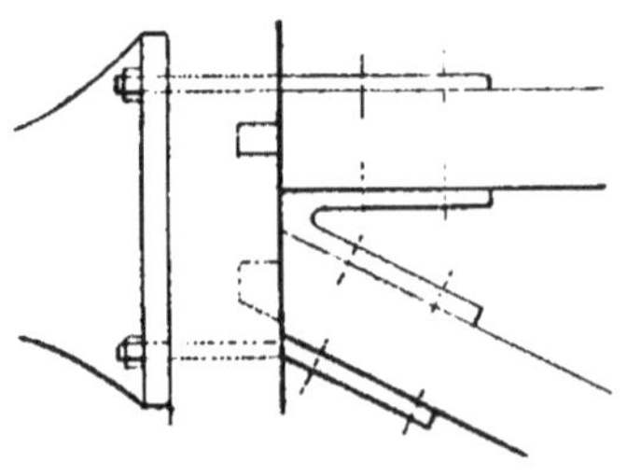ler le type classique, encore employé pour les véhicules à marchandises. Mais la disposition a dû être modifiée lorsqu'on a voulu allonger le matériel. La croix de Saint-André ne suffit plus alors pour assurer l'invariabilité des angles ; les pièces de bois étant longues, les angles des triangles en lesquels le rectangle est décomposé, et qui sont compris entre les longs côtés, sont très aigus ; les triangles peuvent subir des déformations sous l'influence de la flexion ou de l'extension des pièces, et les assemblages se disloquer. On remédie à cet inconvénient en divisant le rectangle primitif en deux grands rectangles et un petit rectangle intermédiaire, et l'on assure l'invariabilité des angles en munissant de croix de Saint-André les deux rectangles extrêmes.

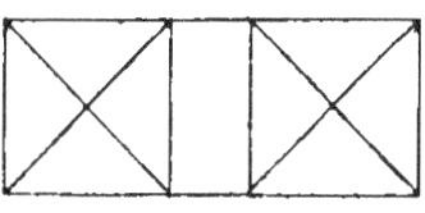

On emploie également d'autres dispositions. Ainsi, par exemple, à la Compagnie d'Orléans, deux traverses intermédiaires, sur lesquelles s'appuient les ressorts de traction, sont soutenues par des longerons intermédiaires et par des diagonales qui servent en même temps à assurer l'invariabilité des angles.

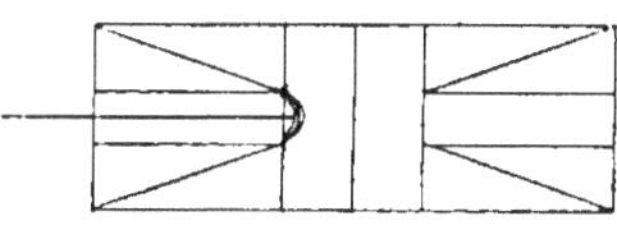

38. Châssis en fer. — Pendant longtemps, on a discuté les mérites relatifs du bois et du fer pour la construction des châssis : on redoutait la sonorité avec le fer. C'est là, en effet, un inconvénient incontestable du fer, inconvénient qui, jusqu'à ces dernières années, a fait conserver le bois pour les voitures de première classe Mais on craignait surtout, avec l'emploi du fer, qu'il ne se produisît des déformations permanentes dans le châssis, souvent trop peu sensibles pour ne pas passer inaperçues, mais suffisantes cependant pour altérer le roulement en détruisant, par exemple, le parallélisme des essieux. Cet inconvénient pourrait se produire, en effet, si l'on voulait profiter de la substitution du fer au bois pour réduire le poids des véhicules, en ne donnant aux pièces de fer qu'une résistance équivalente à celle des pièces de bois. Mais ce n'est pas ainsi que l'on opère dans la pratique ; le poids n'est pas réduit, bien au contraire ; le châssis en fer a alors une résistance bien plus grande que le châssis en bois, et il ne se produit aucune déformation permanente. Le fer offre, dans ces conditions, sur le bois des avantages considérables, surtout en cas d'accident : dans les collisions, les pièces de bois se brisent, en produisant des éclats qui tendent à en aggraver encore les conséquences pour les voyageurs ; le châssis en fer, au contraire, subit simplement des déformations, et, à ce point de vue, il offre beaucoup plus de sécurité que le précédent. Aussi, le fer a-t-il maintenant complètement remplacé le bois ; on passe sur l'inconvénient de sonorité, auquel on cherche à remédier par des dispositions de détail : emploi de tapis, de garnitures dans les fermetures, etc... Pendant quelque temps, on a fait usage aussi de la construction mixte, avec brancards en fer et traverses en bois ; mais elle est aujourd'hui généralement abandonnée. Dans le châssis en fer, on emploie, pour les traverses, des fers en Ⅰ et, pour les brancards, soit des fers en Ⅰ, soit des fers en Ⅼ. Le fer en Ⅼ est le plus commode pour l'attache des plaques de garde, qui sont rivées directement sur l'âme.

Les fers en ⊥ répartissent les efforts verticaux d'une façon plus symétrique, et l'on peut d'ailleurs, par des dispositions particulières, arriver à fixer les plaques de garde d'une façon très suffisamment solide, soit en recourbant les branches, pour les river sur l'âme,

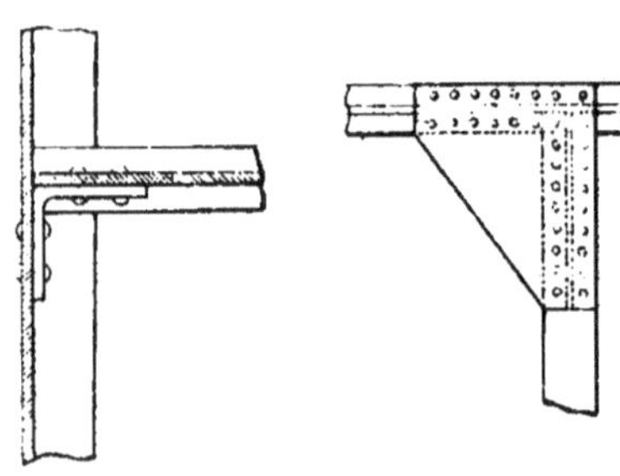

soit en mettant des tasseaux entre les branches et l'âme, soit enfin en fixant, comme nous l'avons dit précédemment, les branches de la plaque sur l'aile inférieure du ⊥.

Ce qui différencie surtout les châssis en fer des châssis en bois, c'est le mode d'assemblage des pièces. Tandis qu'il se fait par tenons et mortaises pour le bois — ce qui oblige à ne faire travailler les pièces que transversalement au tenon ou dans le sens de l'enfoncement du tenon, — l'assemblage des pièces de fer se fait à l'aide d'équerres et de goussets rivés, qui assurent, en même temps, l'invariabilité des angles. Ces goussets sont rivés à plat sur les ailes des fers, ou bien leurs bords repliés sont rivés sur les âmes. Il en résulte que les traverses extrêmes peuvent être utilisées pour transmettre les efforts de traction, et que l'on peut se passer de la décomposition en triangles ; cependant, on ne supprime pas toujours cette triangulation.

Le fer se prête à des constructions si variées qu'il n'y a pas de type classique de châssis en fer, comme avec le bois. Nous donnerons seulement deux exemples de types en usage.

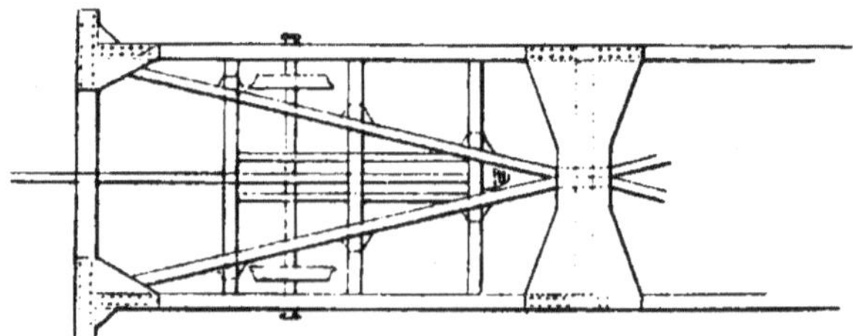

La première disposition est celle des voitures de deuxième et troisième classe à six compartiments de la Compagnie d'Orléans (*Revue générale des chemins de fer*, janvier 1895). On a conservé la croix de Saint-André ; seulement elle est formée, non plus de deux pièces rectilignes croisées, mais de deux pièces, repliées suivant les deux côtés et la petite base d'un trapèze isocèle, et rivées l'une sur l'autre dans la partie médiane formée par cette petite base. On a quelquefois employé la même disposition avec le bois, en le courbant à la vapeur. De chaque côté de la traverse médiane, il y a trois traverses intermédiaires, consolidées par deux longeronnets, qui forment un ensemble très résistant sur lequel s'appuie le ressort de traction. Voici les dimensions principales des pièces de fer de ce châssis :

	Hauteur.	Largeur du patin.	Epaisseur de l'âme.
Longerons, fers en ⊥	250 mm.	135 mm.	15 mm.
Traverses d'about, fers en ⊏..	250 mm.	80 mm.	10 mm.

Les essieux se trouvent placés au milieu de l'intervalle compris entre les deux premières traverses intermédiaires.

La seconde disposition est empruntée au matériel de la Compagnie de l'Ouest. On a cherché à réaliser, pour le matériel à marchandises, une construction plus légère et plus économique, en employant, non des poutres d'une seule pièce, mais des poutres assemblées. La hauteur des longerons est encore, ainsi que cela a lieu presque invariablement, de o m. 25. Les roues, en effet, ont presque toujours le même diamètre ; la hauteur de tamponnement est également constante, et il en est de même de celle du plancher des véhicules. Il en résulte que, quand on construit des véhicules nouveaux, les cotes devant être respectées, les longerons sont nécessairement obligés d'avoir sensiblement les mêmes dimensions que dans les véhicules en service. Pour obtenir cette poutre de o m. 25, on prend deux fers en ⊔ de 8 cm., que l'on sépare par un intervalle de 9 cm., et que l'on réunit par des fers plats en diagonale formant treillis. Entre les deux brancards, on dispose quatre autres longerons formés de la même manière. Le châssis est ainsi constitué par une sorte de cage à la fois très légère et très résistante (Voir le plan dans la *Revue générale des Chemins de fer*, 1895, planche 83, fig. 4).

§ 8. APPAREILS DE TRACTION ET DE CHOC

39. — En principe, les appareils de traction sont distincts des appareils de choc ; mais ils sont, habituellement, si étroitement liés les uns aux autres qu'il est difficile de les étudier d'une manière indépendante. On peut les comprendre sous la dénomination de pièces servant à transmettre les efforts horizontaux d'un véhicule à l'autre.

A l'origine, ces appareils étaient très rudimentaires. Le choc des véhicules entre eux se faisait à l'aide de pièces de bois fixées sur les traverses d'about, en prolongement des longerons, et que l'on appelait *tampons secs* par opposition aux *tampons élastiques*. L'attelage se faisait à l'aide d'une chaîne que l'on attachait à un crochet fixé à la traverse d'about.

Cette disposition est très défectueuse, parce qu'elle tend à disjoindre

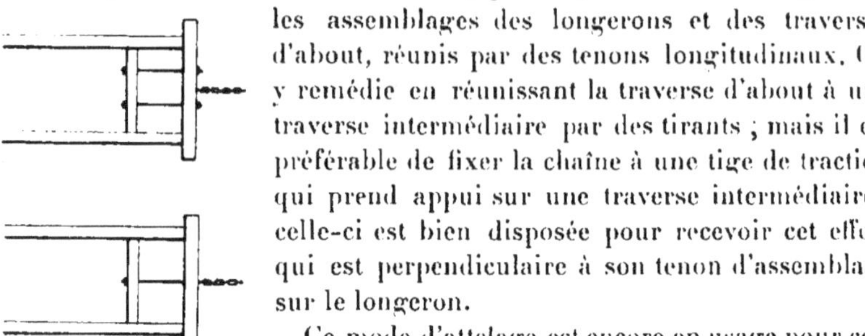

les assemblages des longerons et des traverses d'about, réunis par des tenons longitudinaux. On y remédie en réunissant la traverse d'about à une traverse intermédiaire par des tirants ; mais il est préférable de fixer la chaîne à une tige de traction qui prend appui sur une traverse intermédiaire : celle-ci est bien disposée pour recevoir cet effort qui est perpendiculaire à son tenon d'assemblage sur le longeron.

Ce mode d'attelage est encore en usage pour certains wagons de terrassement. Quelquefois, pour ces wagons, on conserve les tampons secs ; mais la chaîne est remplacée par un tendeur. Il faut alors que ce tendeur ait un arrêt qui ne permette pas, pendant l'attelage, de mettre les tampons en contact, sans quoi le train serait rigide et ne pourrait pas passer dans les courbes.

40. Utilité des ressorts dans les appareils de traction et de choc. — Les tampons à ressort permettent d'éviter cet inconvénient. Bien qu'étant en contact, ils laissent au train une certaine flexibilité qui lui permet de passer dans les courbes. Les ressorts de choc ne servent pas seulement à cet usage ; ils ont surtout pour but d'amortir les chocs en cours de route et au moment des arrêts. Les attelages sont également munis de ressorts, sans quoi, au moment du démarrage, ils se tendraient brusquement ; il en résulterait un choc qui pourrait en occasionner la rupture et serait, en tout cas, désagréable pour les voyageurs et plus ou moins nuisible aux marchandises.

Ressorts d'attelage. — Les ressorts d'attelage n'ont pas la même puissance d'emmagasinement de travail (1) pour les trains de voyageurs et

(1) La puissance d'emmagasinement d'un ressort ne doit pas se confondre avec sa flexibilité. Elle en dépend, mais elle dépend aussi de la flèche disponible que peut prendre le ressort. Si, par exemple, l'on part de l'état initial pour lequel il n'y a pas de tension, et que l'on arrive à une dépression f, correspondant à une tension T, le travail emmagasiné est, comme on l'a vu :

$$\tau = \int_0^f T\,df = \frac{1}{2}\,K T^2.$$

Or, tant qu'on ne dépasse pas la limite au delà de laquelle les efforts croissent plus vite que les déformations, on a :

$$f = KT.$$

L'expression du travail peut alors s'écrire :

$$\tau = \frac{1}{2}\,\frac{f^2}{K}.$$

Le travail emmagasiné, ou la puissance d'emmagasinement, est donc proportionnel au carré de la flèche disponible et en raison inverse de la flexibilité. Pour une course donnée, la puissance d'emmagasinement d'un ressort sera donc d'autant plus grande que le ressort sera moins flexible.

pour les trains de marchandises. Pour les trains de voyageurs, l'attelage ne doit pas être trop flexible. En effet, d'après les règlements, les véhicules des trains de voyageurs doivent être attelés au contact et ils doivent rester au contact pendant la marche. Le train forme comme un seul bloc, qui est enlevé par la machine avec une vitesse progressivement croissante, et une accélération qui se communique presque simultanément à tous les véhicules. Il n'est donc pas nécessaire que les ressorts aient une grande flexibilité, et l'on verra plus loin que celle-ci créerait une difficulté pour maintenir les tampons au contact. Il n'en est pas de même pour les ressorts des appareils de choc. Pour que les secousses ne soient pas trop violentes, au moment des arrêts, que l'on cherche à faire le plus rapidement possible, afin de gagner du temps, il est nécessaire, au contraire, que les ressorts soient très flexibles.

Pour les trains de marchandises, qui ont des vitesses généralement très limitées, on ne fait pas d'attelages au contact. Cela serait certainement préférable pendant la marche ; mais il est facile de voir que, si le train était d'un seul bloc au départ, la machine ne pourrait pas démarrer. En effet, la résistance à vaincre pour remorquer un train croît très vite avec la vitesse : cette résistance qui est de 1 k. 5 environ par tonne à faible vitesse, atteint 7, 8, 9 et même 10 kil. pour les trains de voyageurs, qui marchent à de grandes vitesses. Les machines de ces trains devant être assez puissantes pour vaincre cette résistance et maintenir la vitesse uniforme, auront nécessairement un excès de force au départ ; elles pourront donc enlever le train d'une seule pièce et lui communiquer l'accélération nécessaire pour le mettre en vitesse. Avec les trains de marchandises, il en est autrement. La résistance en pleine marche n'est pas beaucoup plus grande qu'au départ. Il en résulte que, si pendant la marche, toute la puissance de la machine est utilisée, elle n'aura pas, au démarrage, avec un train à attelages serrés, suffisamment d'excès de force pour lui imprimer une accélération. Le train ne pourrait donc pas se mettre en marche. Au contraire, si les attelages ne sont pas serrés, la machine au moment du démarrage, enlève d'abord le premier véhicule, dont la force vive s'ajoute à la puissance de la machine pour tirer le deuxième véhicule, qui se met en marche dès que l'attelage entre le premier et le deuxième véhicule est tendu, et ainsi de suite. Les véhicules du train sont ainsi mis en marche successivement, et le train s'ébranle sans difficulté. Mais il en résulte qu'à chaque attelage il se produit un choc, et c'est pour atténuer les effets de ce choc, et éviter les ruptures d'attelage, qu'il faut un appareil de traction suffisamment élastique.

Ressorts de choc. — Quant aux ressorts de choc, il n'ont pas besoin d'être aussi élastiques pour les trains de marchandises que pour les trains de voyageurs. L'inconvénient des secousses, au moment des arrêts, est moins grave pour les marchandises que pour les voyageurs : il y a donc une raison d'économie à donner à ces ressorts moins de flexibilité. Ce n'est pas la seule ; il y aurait même inconvénient grave à ce que les ressorts de choc des trains de marchandises fussent trop élastiques. En effet, au moment de l'arrêt, qui se produit par la tête, la machine ralentit sa vitesse ; le premier véhicule se presse alors contre elle, le deuxième contre le premier et ainsi de suite. Les tampons se compriment donc, et le train se raccourcit d'autant plus que les ressorts ont une plus grande flexibilité. L'arrêt obtenu, les ressorts se détendent ; le premier véhicule d'arrière recule, puis l'avant-dernier le suit, ainsi que tous les autres successivement jusqu'à la machine, et ce mouvement de recul, avec des ressorts puissants pourrait entraîner des ruptures d'attelages, surtout sur les rampes, où la pesanteur ajouterait son effet à celui des ressorts.

Données pratiques. — Dans la pratique, on emploie à peu près la même flexibilité pour les ressorts de traction et de choc des trains de marchandises, et cette flexibilité est de 30 à 40 et 50 mm. Pour les trains de voyageurs, on adopte généralement, pour les ressorts de traction, une flexibilité de 12 à 20 mm., et pour les ressorts de choc, une flexibilité de 50 à 70 mm.

Nous allons maintenant donner quelques détails sur les appareils de traction et de choc.

41. Appareils d'attelage. — *Attelage à tendeur.* — L'appareil d'attelage universellement adopté en France et en Europe est ce que l'on

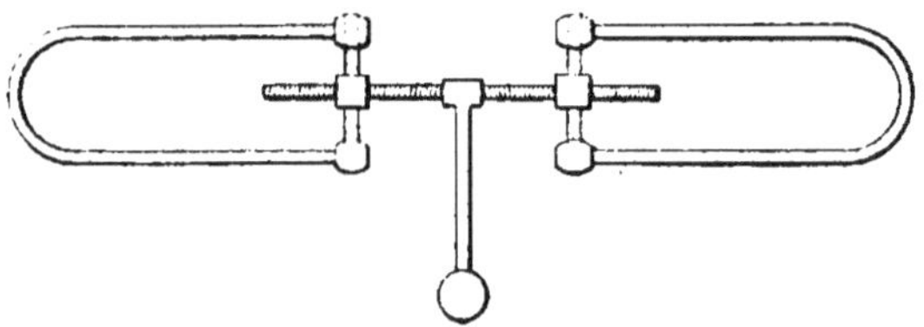

nomme l'*attelage à tendeur.* Il est constitué par deux maillons en forme d'étriers, dont les extrémités reçoivent les tourillons de deux écrous dans lesquels passe une vis à filets opposés, munie d'un levier à contrepoids. En tournant la vis, à l'aide du levier, on éloigne ou l'on rapproche simultanément les deux maillons. Le levier à contrepoids est généralement soudé à la vis ; quelquefois, cependant, il est articulé et peut s'incliner longitudinalement. Ce tendeur est réuni au véhicule par la barre de traction qui porte un œil allongé, en avant du crochet de traction ; dans cet œil passe l'un des maillons du tendeur, tandis que l'autre est libre et peut être fixé sur le crochet de traction du véhicule contigu.

Les véhicules étant munis de cet appareil à chacune de leurs extrémités, l'un des appareils est inutilisé pour chaque véhicule. Pour éviter que le maillon libre ne traîne à terre, on le relève sur le crochet de traction, où il est retenu par une petite saillie faisant talon.

Ce talon ne doit pas avoir un profil trop accentué, sans quoi il présenterait un inconvénient qui l'a fait supprimer sur plusieurs chemins de fer.

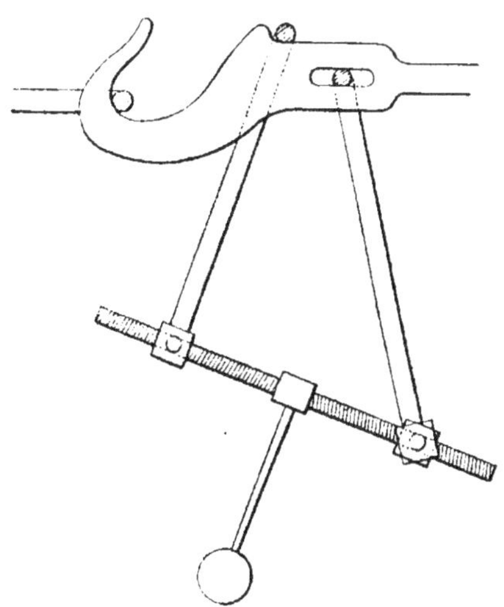

Il peut arriver qu'en faisant l'attelage l'agent n'engage pas le maillon du tendeur juste dans le crochet de traction, et qu'il dépasse le talon. S'il ne s'en aperçoit pas, et qu'il serre ainsi l'attelage, il suffit, en cours de route, d'un léger choc pour disjoindre les véhicules, bien qu'il n'y ait aucune rupture dans l'attelage.

Pour y remédier, on supprime le talon du crochet de traction, et on engage le maillon libre soit dans un crochet spécial, fixé à la traverse d'about ou faisant corps avec celui de traction, soit simplement dans le crochet de traction, à côté du maillon d'attelage.

Ces trois dispositions sont employées au chemin de fer du Nord.

Chaînes de sûreté. — Indépendamment du tendeur, on rencontre, dans nos attelages, un double organe supplémentaire que l'on nomme *chaînes de sûreté.* Ces chaînes sont destinées à retenir les deux parties du train qui tendraient à se séparer si le tendeur venait à se rompre. Ces chaînes sont fixées, non pas à la traverse d'about, mais à une traverse intermédiaire, à l'aide d'une tige, comme dans l'attelage à chaîne que nous avons décrit ; elles sont placées de part et d'autre du tendeur, et sont séparées par un intervalle qui varie de o m. 60 à 1 m. 20.

Il importe que cet écartement soit le plus faible possible, car si, après rupture du tendeur, les chaînes résistent et servent d'appareil de traction, il n'y aura généralement qu'une seule chaîne qui tirera, surtout dans les courbes, et il faut, autant que possible, que l'effort de traction soit voisin du milieu du véhicule.

Les chaînes de sûreté se rompent parfois sous le choc produit au moment de la rupture du tendeur, par suite des différences de vitesses que prennent les deux parties du train. Aussi conteste-t-on quelquefois l'utilité de ces chaînes. Mais il arrive souvent qu'elles résistent, surtout lorsque la traverse sur laquelle elles appuient résiste elle-même, et cela suffit pour les justifier.

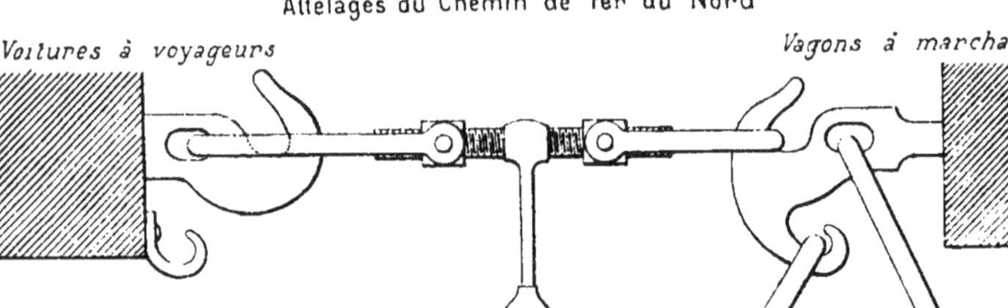

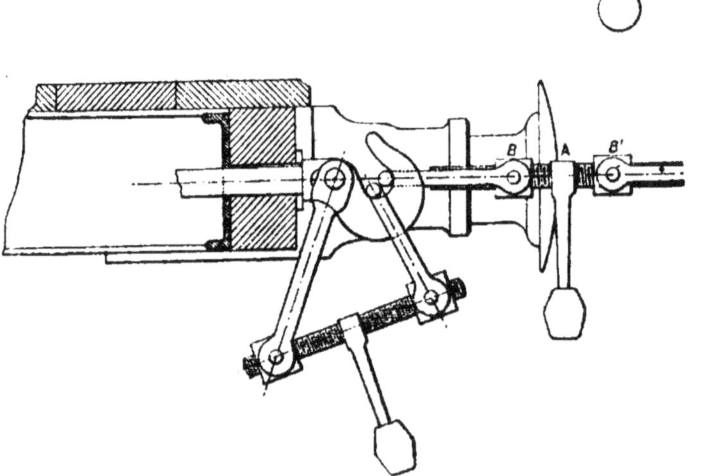

Les chaînes de sûreté ne doivent pas être trop longues afin que, lorsqu'elles pendent pendant les manœuvres, elles ne s'accrochent pas aux appareils de voie. Elles doivent être attachées entre elles aussi court que possible. On conçoit, en effet, que plus les chaînes seront lâches, plus la secousse sera vive en cas de rupture du tendeur ; aussi ne doit-on pas se borner, comme le font trop souvent les agents, à réunir simplement entre eux les deux crochets en les passant l'un dans l'autre; il faut passer les crochets dans les maillons de la chaîne.

Précautions à prendre pour faire l'attelage ou le dételage. — L'attelage est une opération fort importante, et elle est malheureusement la cause de fréquents accidents. L'agent qui en est chargé doit se placer entre les tampons, tenir en mains le maillon libre, et le placer dans le crochet du véhicule qui s'approche au moment du contact des tampons. Il faut donc que les tampons soient assez espacés pour loger l'agent sans qu'il risque d'être blessé ; il faut, de plus, que ni la caisse des véhicules ni le chargement ne présentent de saillies, qui pourraient écraser l'agent au moment du contact. Il arrive parfois que, pour des wagons de marchandises, les guérites à frein font saillie sur les extrémités des véhicules, à hauteur de la tête d'un homme. Si l'agent est prévenu, il peut, à l'accostage, faire un petit mouvement pour se préserver contre un accident ; mais si c'est le véhicule qui approche qui porte cette saillie, et que l'agent ne la remarque pas, il est exposé à avoir la tête écrasée. De tristes accidents se sont parfois produits dans ces conditions qu'il faut donc éviter.

Les agents ne doivent jamais passer entre les tampons des véhicules en marche. Pour faire l'accrochage, il faut que l'un des véhicules soit au repos ; l'agent se place entre les tampons de ce véhicule, et c'est avec le maillon de ce véhicule qu'il doit faire l'accrochage ; il ne doit pas aller au-devant du véhicule en mouvement pour prendre son maillon et l'accrocher au véhicule en repos. Cette manière de procéder l'oblige, en effet, à marcher devant le véhicule en mouvement ; s'il fait un faux pas, s'il rencontre un obstacle, il tombe et il est exposé aux dangers les plus graves.

Que l'attelage soit réussi ou non, l'atteleur ne doit sortir d'entre les tampons que lorsque les véhicules sont complètement arrêtés. Au moment du choc, ils ne s'arrêtent pas immédiatement, mais font un parcours souvent de plusieurs mètres. L'atteleur doit suivre ce mouvement et ne passer sous les tampons qu'après l'arrêt, sous peine de se faire prendre sous les roues. On doit chercher d'ailleurs à rendre ce mouvement aussi réduit que possible.

Le dételage des wagons présente également des dangers : les agents ne doivent pénétrer entre les tampons, pour manœuvrer la vis du tendeur, que quand les wagons sont au repos. Si l'attelage est trop serré et qu'un petit coup de recul à la machine soit nécessaire, ce mouvement doit être commandé par un autre agent et non par l'agent chargé de dételer les véhicules.

Enfin, d'une manière générale, les manœuvres d'attelage et de dételage de wagons doivent toujours être exécutées sous la direction d'un agent spécial, qui commande lui-même les mouvements ; ce ne doit jamais être le même agent qui commande le mouvement et opère l'attelage ou le dételage des véhicules.

7

42. Tampons. — Les tampons sont constitués par des plateaux, jadis en bois, mais aujourd'hui en fer, soudés à l'extrémité d'une tige de fer qui court sur la face interne des brancards, et qui est guidée par une sorte de boisseau en fonte, fixé lui-même sur la traverse d'about des véhicules. Ce guide se nomme le *faux-tampon*. La tige du tampon est carrée sur presque toute sa longueur, sauf dans la partie où elle est guidée.

Les tampons ne peuvent pas être simultanément plats. Ils ne seraient, en effet, en contact que lorsque les tiges des tampons, c'est-à-dire les axes des véhicules, seraient rigoureusement parallèles. Dès qu'une obliquité viendrait à se produire, les tampons ne se toucheraient plus que par leurs bords, ce qui en amènerait rapidement l'usure et tendrait à fausser les tiges. Pour éviter cet inconvénient, on pourrait employer des tampons simultanément bombés. Mais alors on aurait un autre inconvénient.

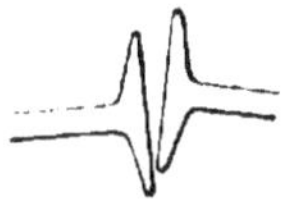

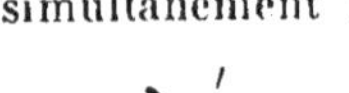

Lorsque les axes des tampons ne seraient plus à la même hauteur, le plan de contact des tampons serait incliné sur l'horizontale, et le véhicule le plus haut serait sollicité verticalement et tendrait à se soulever.

La disposition serait d'autant plus fâcheuse que la tendance au soulèvement s'appliquerait au véhicule le moins chargé qui, par suite de l'action des ressorts, est nécessairement le plus élevé. Le véhicule ainsi soulevé peut sortir des rails et provoquer un déraillement lorsqu'il se produit des réactions vives dans la marche des convois, comme, par exemple, en cas d'arrêt un peu brusque sur une pente. On pourrait tenter de remédier à cet inconvénient en groupant ensemble les véhicules chargés et les véhicules vides, et en plaçant autant que possible ceux-ci en queue. Le danger subsisterait toujours à la jonction des divers groupes. Aussi, tout en appliquant cette règle, préfère-t-on mettre en contact un tampon plat et un tampon bombé. Pour cela, les véhicules ont à chaque extrémité deux tampons de nature différente, disposés

symétriquement par rapport au centre du véhicule et de manière qu'on ait, en regardant le véhicule par un bout, un tampon plat à droite et un tampon bombé à gauche. Cette disposition doit être universellement employée pour que les véhicules puissent s'atteler entre eux.

Certaines Compagnies pourtant s'en sont affranchies en employant des tampons semi-bombés, comme l'Orléans et le Midi, par exemple. Ces véhicules peuvent entrer dans la composition de tous les trains.

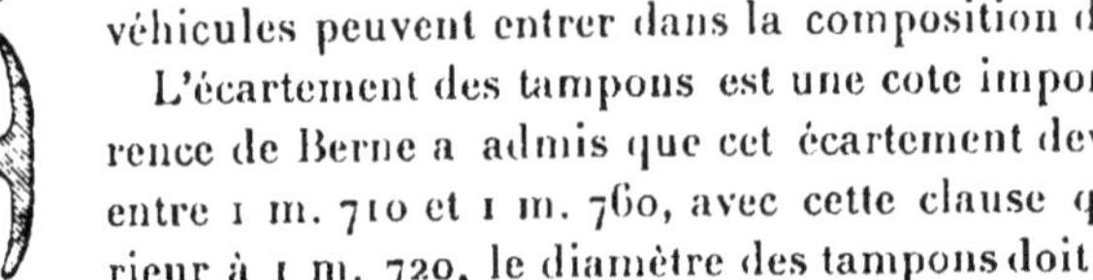

L'écartement des tampons est une cote importante. La Conférence de Berne a admis que cet écartement devait être compris entre 1 m. 710 et 1 m. 760, avec cette clause que, s'il est inférieur à 1 m. 720, le diamètre des tampons doit être au moins de 350 mm. En Allemagne, on a adopté uniformément l'écartement de 1 m. 754.

L'écartement des tampons a une influence directe sur la rigidité du train. Plus il est grand, plus il tend à s'opposer à la production des mouvements de lacets, parce qu'en effet le moment des réactions des tampons qui s'opposent au lacet est proportionnel à l'écartement des tampons. Mais, par contre, la saillie des tampons, la difficulté d'inscription seront d'autant plus grandes, dans les courbes, que l'écartement des tampons sera lui-même plus grand.

C'est par ce motif que, dans les chemins de fer secondaires, tracés avec de petits rayons de courbure, on emploie souvent un seul tampon central. Cela augmente la tendance au mouvement de lacet, mais c'est là un inconvénient peu important, parce que ces chemins de fer sont appelés à ne circuler qu'à des vitesses très réduites. Les deux tampons ne sont pas bombés pour éviter l'inconvénient du soulèvement ; ils sont cylindriques avec génératrices verticales. Comme il n'y a pas assez d'intervalles entre le tendeur et le tampon central placé au-dessus pour laisser passer le levier de manœuvre de la vis du tendeur, on a recours à la disposition suivante : le levier, au lieu d'être soudé à la vis à filets opposés, passe libre-

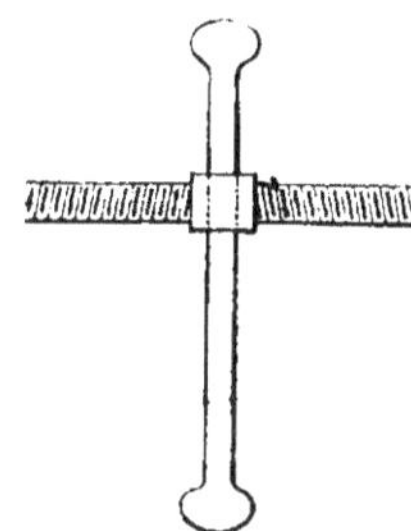

ment dans un œil de cette vis. De cette façon, on peut tourner la vis sans faire faire au levier une révolution complète, rien qu'en le tirant à la partie inférieure. Il suffit pour cela, à chaque mouvement, de le laisser retomber dans l'œil de la vis. Les manœuvres d'attelage et de dételage sont plus longues qu'avec la disposition précédemment décrite ; mais l'absence des tampons latéraux les rend beaucoup moins dangereuses pour les agents.

43. Disposition des appareils de traction et de choc. — Nous décrirons d'abord la disposition habituellement employée jadis,

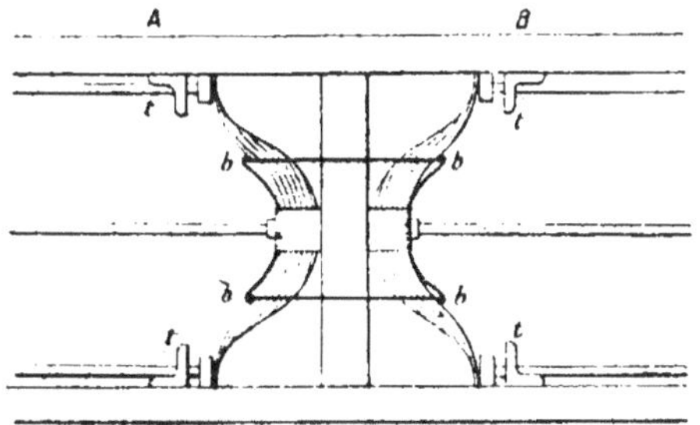

un peu délaissée aujourd'hui, mais que l'on rencontre presque sur tous les véhicules anciens. Elle consiste à faire servir les mêmes ressorts pour la traction et le choc. Le ressort s'appuie sur la traverse médiane du véhicule, et ses extrémités butent contre deux patins qui terminent les tiges des tampons. D'autre part, deux tasseaux, fixés aux brancards, limitent la course des patins et permettent l'entraînement du véhicule, lorsqu'on exerce un effort sur la tige de traction qui est réunie au ressort par une chape. Avec cette disposition qui se reproduit symétriquement de chaque côté de la traverse médiane, le ressort fonctionnerait dans les mêmes conditions pour la traction et le choc. Pour avoir une flexibilité et une puissance d'emmagasinement différentes, on a tourné la difficulté de la manière suivante : sur chacun des ressorts on applique une feuille supplémentaire, et on réunit les extrémités de ces feuilles par de petites bielles bb..., dont l'écartement est environ les 2/3 de la largeur du châssis. Dans l'appareil de traction, il n'y a plus, dès lors, que la partie médiane du ressort qui intervient, tandis que, pour le choc, le ressort tout entier agit. On arrive ainsi, pour le ressort de traction, à avoir une flexibilité qui n'est plus que le 1/4 ou le 1/5 de la flexibilité du ressort total.

Cette combinaison a l'avantage de ne pas faire servir les brancards à la traction des véhicules attelés à la suite, mais seulement à celle du véhicule lui-même, de réaliser, en un mot, ce que l'on appelle la traction continue. Si on exerce sur la tige de traction un certain effort, il se transmettra, d'une part, aux tasseaux des brancards pour solliciter le véhicule, et, d'autre part, par les petites bielles, à la tige de traction symétrique, et de là au véhicule suivant.

Dans ces ressorts, il ne faut pas considérer seulement la flexibilité et la course qui, à elles deux, déterminent, comme l'on sait, la puissance d'emmagasinement ; il faut, en outre, tenir compte de la bande initiale qui s'obtient, pour le choc, en rapprochant les tasseaux H, et, pour la traction, en raccourcissant plus ou moins les petites bielles. En combinant convenablement ces deux effets, on peut avoir la bande initiale que l'on veut pour la traction et pour le choc. Grâce à l'emploi de la bande initiale, le premier effet de l'effort de traction n'est pas de fléchir le ressort, mais de diminuer la pression qu'il exerce contre la traverse sur laquelle il est adossé ; la tension de la tige de traction se substitue à la réaction de cette traverse, et c'est seulement lorsque cette réaction est réduite à zéro que la déformation commence ; elle n'a lieu qu'en vertu de l'excès de la tension de la tige sur la bande initiale. On peut ainsi arriver à donner à la bande initiale du ressort de traction une valeur suffisante pour qu'il ne joue pas au démarrage.

Un point important à considérer dans le dispositif de la traction est la position du point d'attache du véhicule. Avec celui qui précède, l'attache du véhicule, qui se fait par les tasseaux des brancards, est voisine du milieu et un peu à l'avant. Elle pourrait être, si l'on voulait, plus près de l'avant du véhicule ; il suffirait pour cela de rapprocher les tasseaux des traverses d'about, et de modifier convenablement le ressort, ou même de séparer les deux ressorts symétriques, en les appuyant chacun sur une traverse intermédiaire. Il est facile de voir que la position du point d'attache influe beaucoup sur la marche du véhicule. Lorsque le point d'attache est à l'avant, le véhicule tend à se placer parallèlement à la voie, ce qui est très avantageux dans les alignements droits ; dans les courbes, l'essieu d'avant est ramené vers le rail intérieur. Si le point d'attache était à l'arrière, les roues d'avant frotteraient sur

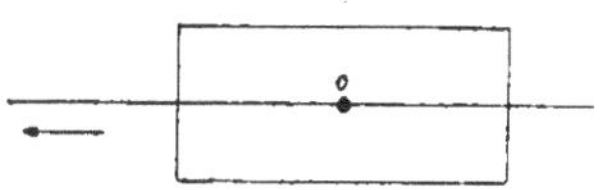

les rails, et le véhicule serait sollicité par des efforts qui tendraient à le retourner. Si enfin l'attache était au centre du véhicule, celui-ci serait, par rapport à la voie, dans une position d'équilibre indifférent. Il faut donc que le point d'attache soit en avant du centre du véhicule, mais il n'est pas facile de dire à quelle distance du centre il convient le mieux de le placer. Il y a aujourd'hui plutôt une tendance à l'éloigner du centre et, par conséquent, à le rapprocher de l'avant.

On emploie souvent, actuellement, des ressorts de chocs logés dans l'intérieur des faux tampons, et tout à fait indépendants des ressorts de traction. Ces ressorts sont en caoutchouc, ou formés de spirales coniques en acier.

Voici, par exemple, la disposition employée à la compagnie d'Orléans pour les tampons des locomotives, voitures et wagons. La lame qui sert à constituer la spirale a une épaisseur uniforme de 10 mm., mais elle s'amincit aux extrémités, sur une longueur d'environ 300 mm., jusqu'à une épaisseur de 3 mm. Elle est constituée par un acier extra-dur à 90 kg. de résistance à la rupture. Le nombre des tours d'enroulement est de $7\frac{1}{8}$.

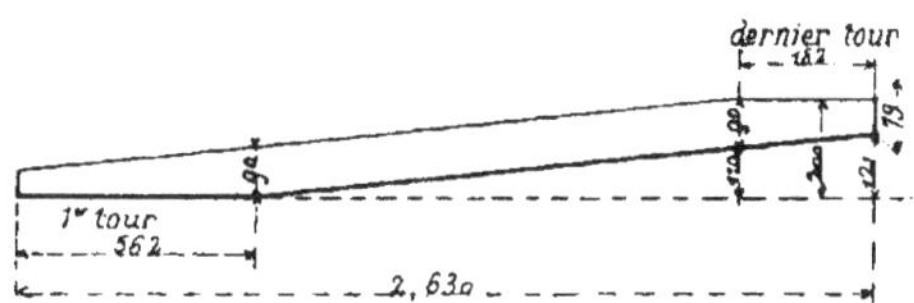

La tige du tampon appuie sur le ressort à l'aide d'un plateau de fonte, et elle est boulonnée sur la traverse d'about, qui est protégée, contre les détériorations par le boulon ou par le ressort, par deux platines métalliques.

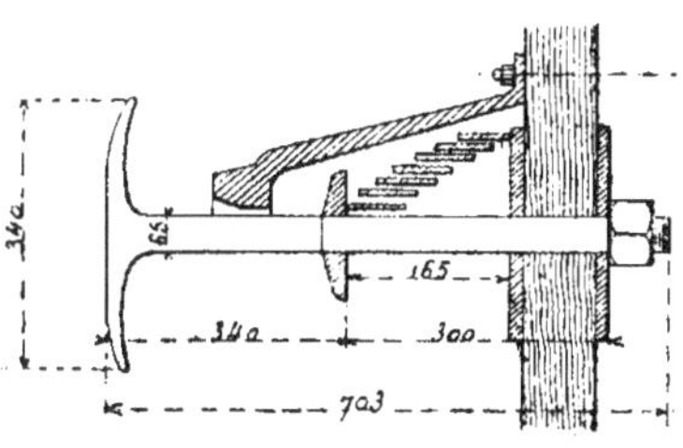

En serrant plus ou moins le boulon de la tige du tampon, on donne au ressort la bande initiale que l'on veut. Le ressort et le plateau d'appui du tampon sont logés dans le faux-tampon, qui est constitué par une surface continue, quand il est en fonte, ou par un trépied, s'il est en fer.

Le ressort est enroulé à chaud, de manière à avoir une hauteur de

200 mm. On le met en place et l'on serre l'écrou jusqu'à réduire sa hauteur à 165 mm., ce qui correspond à une bande initiale de 900 kg. La lame ayant une hauteur de 90 mm., la course totale disponible du ressort est de 110 mm. La flexibilité est de 35 à 40 mm. au début, mais elle est moindre en approchant de l'aplatissement. Il faut environ 5000 kg. pour produire l'aplatissement total.

Si l'on construit la courbe des tensions en fonction des flèches, dont l'aire représente le travail emmagasiné, on trouve que, pour l'aplatissement complet, le travail emmagasiné est de 188 kg., 5. Si on veut considérer le travail disponible, il faut tenir compte de la bande initiale, qui réduit la course à $165 - 90 = 75$ mm. seulement ; l'aire du triangle correspondant, dont la hauteur est de 35 mm., représente un travail de

$$\frac{1}{2} \times 0,035 \times 900 = 15,75 \text{ kilogrammètres.}$$

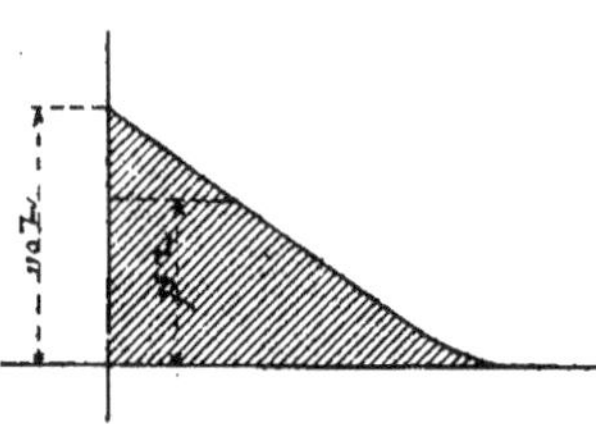

Le calcul ci-après a été fait en négligeant cette correction. Imaginons que le wagon au repos soit choqué par un véhicule à charge complète, dont la tare est de 5 tonnes environ, et la charge de 10 tonnes. Si v est la vitesse au moment du choc, la force vive à emmagasiner est de $\frac{1}{2} \frac{P}{g} v^2 = \frac{1}{2} \frac{15000}{9,81} v^2$; elle est égale au travail disponible des 4 ressorts en présence, ce qui donne :

$$\frac{1}{2} \frac{15000}{9,81} v^2 = 4 \times 188,5 = 754.$$

On déduit $v^2 = 0,986$, et, par suite, $v = 0$ m. 995, soit sensiblement 1 m. c'est-à-dire 3 km. 6 à l'heure, vitesse qui est très faible. Les ressorts suffisent quand il s'agit de manœuvrer à bras ou au cheval ; mais il n'en serait pas ainsi avec les manœuvres à la machine. En réalité, ces ressorts sont donc plutôt trop faibles ; ils sont destinés, dans les manœuvres, à fonctionner presque toujours jusqu'à l'aplatissement, ce qui peut leur imposer, à la longue, des déformations permanentes, et diminuer leur élasticité.

On voit, dès lors, tout l'intérêt qu'il y aurait à trouver des ressorts ayant une puissance d'emmagasinement supérieure. Nous avons vu, à cet égard, que le caoutchouc vulcanisé pouvait offrir des ressources plus grandes que l'acier. Son faible coefficient d'élasticité permet, comme il a été dit, de l'employer sous la forme la plus avantageuse du prisme travaillant par extension ou par compression, et, en fait, le caoutchouc est couramment utilisé en Allemagne et en Angleterre pour les ressorts de choc. En France, on le rencontre plus rarement.

44. Théorie des ressorts en caoutchouc. — Le caoutchouc pourrait s'employer à l'extension ou à la compression. A l'extension, cependant, il serait difficile d'appliquer l'effort bien uniformément à toute la section. La compression est plus commode de toute manière. On peut employer, par exemple, un prisme fixé dans le faux-tampon, et contre lequel vient appuyer le tampon, par l'intermédiaire d'un plateau. Il est

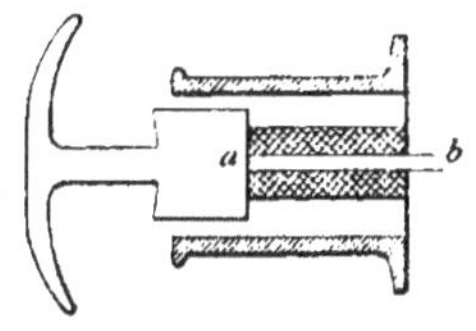

nécessaire alors de laisser, entre le faux-tampon et le caoutchouc, un jeu assez grand pour permettre au gonflement du caoutchouc de se faire librement sous l'action de la compression, gonflement qui arrive jusqu'à doubler la section primitive du prisme. Pour soutenir le cylindre dans l'axe du faux-tampon, et l'empêcher de se courber sous la charge, on le guide à l'aide d'une broche ab qui le traverse de part en part. Mais alors

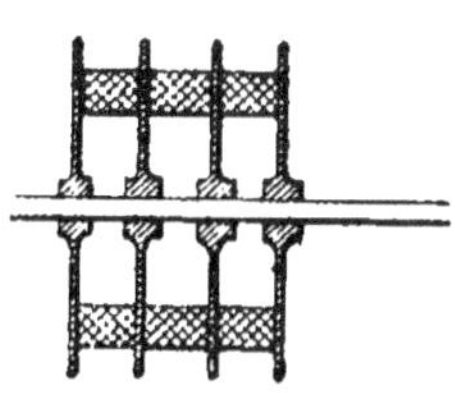

les fibres de caoutchouc ne travaillent plus uniformément ; le frottement contre la broche empêche l'élasticité de jouer librement ; le gonflement se produit entièrement sur la surface extérieure du cylindre. On obtient une meilleure répartition des efforts en faisant le cylindre creux, la surface intérieure se contracte, pendant que la surface extérieure se dilate. Cette solution implique une nouvelle difficulté ; il faut non seulement tenir le cylindre creux centré sur la broche, mais

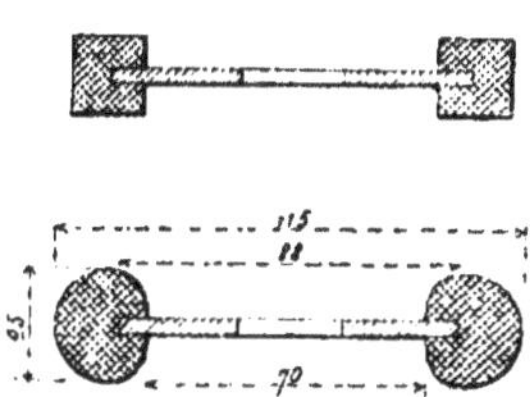

encore l'empêcher de se courber. On y a remédié en fractionnant le cylindre, et en constituant le ressort par des anneaux de caoutchouc séparés par des rondelles de tôle. Ces rondelles présentent, au milieu, un renflement qui limite la compression.

Mais, pour centrer exactement l'anneau sur la tige du tampon, le meilleur moyen est d'encastrer la rondelle de tôle dans l'intérieur. En outre, pour diminuer le frottement des anneaux les uns sur les autres, on a été conduit à leur donner une section ovale permettant

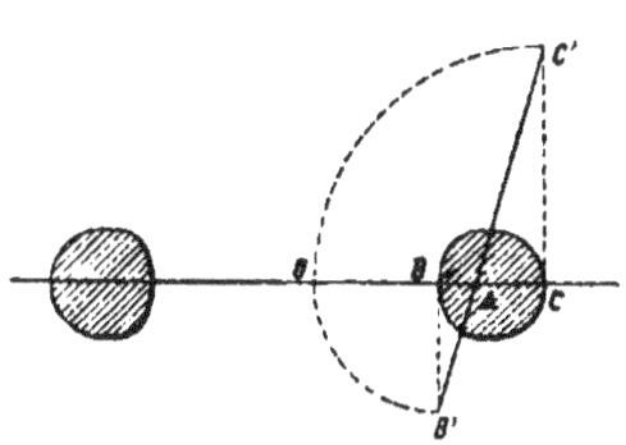

plus aisément à toutes les parties de l'anneau de travailler également. La rondelle métallique, étant sensiblement invariable pendant le jeu du ressort, doit avoir pour diamètre celui de la fibre de caoutchouc qui ne se dilate ni ne se contracte, c'est-à-dire de la fibre neutre. Si l'on admet qu'il y a égalité entre la dilatation linéaire à la surface extérieure, et la contraction linéaire à la surface intérieure, on obtient le rayon OA de la rondelle par une construction géométrique des plus simples. Il suffit d'élever aux points B et C des perpendiculaires respectivement égales aux rayons OB et OC, intérieur et extérieur de l'anneau, et de tirer la ligne B'C'.

En prenant les dimensions données à la page précédente, on arrive ainsi, avec 12 anneaux à section ovale, à avoir un ressort de 1.535 cmc. qui peut résister jusqu'à une pression de 6.000 kg. ; ce ressort est à peu près équivalent au ressort à spirale conique, mais il est de plus faible volume.

45. Fonctionnement des attelages pendant la marche. —

Considérons un attelage, et désignons par T la tension de cet attelage à un moment donné, par T′ la somme des réactions des tampons d'un véhicule sur ceux du véhicule qui lui est attelé, par t l'effort de la traction appliqué à cet attelage, effort variable dans le train, plus grand, évidemment, à la tête qu'à la queue du train. On a la relation :

$$T = T' + t.$$

Les efforts se transmettent par des intermédiaires élastiques, les ressorts de traction et de choc. Supposons qu'au moment où le train est formé, la barre d'attelage éprouve une tension initiale T_1. Les tampons sont eux-mêmes comprimés. Comme le train est au repos, et qu'à ce moment t est nul, la relation précédente indique que la tension initiale des tampons est la même que celle de l'attelage, soit T_1. Pendant la marche, la tension T de l'attelage s'accroît ; par conséquent $T - T_1$ est positif ; au contraire, l'attelage tendant à se desserrer, la réaction des tampons diminue ; T′ est donc inférieur à sa valeur initiale qui était T_1 ; par suite $T_1 - T'$ est également positif. La barre d'attelage n'ayant pas changé de

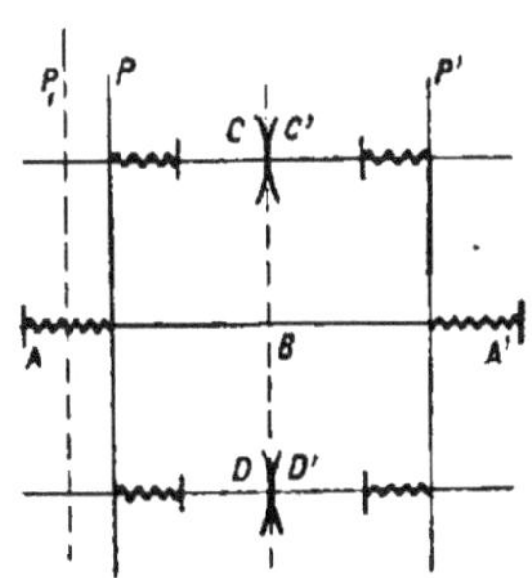

longueur, il faut que les tampons sortent d'une longueur totale égale à celle dont les ressorts de traction se sont déprimés. C'est ce que l'on voit facilement en supposant, par exemple, que le milieu de l'attelage soit fixe, et que les deux véhicules attelés s'éloignent de ce milieu par suite de la compression des ressorts. Si la paroi P d'un des véhicules vient en P_1, le ressort de traction A se déprime de PP_1 et les tampons ne peuvent rester en contact que si leurs ressorts s'allongent de la même quantité. Si K désigne la flexibilité du ressort de traction, K′ la flexibilité du ressort de choc, on doit donc avoir :

$$K (T - T_1) = K' (T_1 - T').$$

Des deux équations qui précèdent, on tire :

$$T = T_1 + \frac{K'}{K + K'}\, t,$$

$$T' = T_1 - \frac{K}{K + K'}\, t.$$

T augmente d'autant plus que les ressorts de choc sont plus flexibles; au contraire T' dépend de la flexibilité du ressort de traction.

Voyons la condition à remplir pour que les tampons soient en simple contact pendant la marche, sans compression. Il faut qu'à ce moment la réaction T' soit égale à la bande initiale T'_0 de construction des ressorts de choc, c'est-à-dire que l'on ait :

$$T' = T'_0 = T_1 - \frac{K}{K + K'}\, t.$$

T'_0 étant une donnée de la question, cette équation donne, pour chacun des attelages, la valeur T_1 nécessaire pour que la condition soit réalisée. *A priori*, il est évident que cette bande primitive T_1 doit être plus forte pour le premier attelage de tête que pour celui de queue, puisqu'au dernier attelage il n'y a plus qu'un seul véhicule à remorquer.

La relation précédente s'écrit :

$$T_1 = T'_0 + \frac{K}{K + K'}\, t.$$

On voit que T_1 augmente avec la flexibilité des ressorts de traction. Si n désigne le nombre des tours de la vis du tendeur pour arriver à la tension T_1, et p le pas de cette vis, le raccourcissement de l'attelage est évidemment égal à la somme des dépressions du ressort de traction et des ressorts de choc. Or le ressort de traction passe de sa *bande initiale* de construction T'_0 à la tension T_1 ; les ressorts de choc, de la bande initiale de construction T'_0 à la tension T_1. Donc on a :

$$np = K\,(T_1 - T_0) + K'\,(T_1 - T'_0).$$

La précédente équation ayant donné la valeur de T_1 nécessaire pour que l'attelage reste en contact, en cours de route, quand l'effort de traction est t, celle-ci fait connaître le nombre de tours de vis qui permet d'obtenir cette tension initiale. Plus p sera grand, moins n le sera, et plus l'attelage sera rapide ; mais il importe alors, si on donne une grande valeur au pas, de munir le levier du tendeur d'un contre poids lourd pour éviter le dévissage du tendeur pendant la marche.

16. Autres systèmes d'attelage. — Nous avons vu les dangers de l'attelage à tendeur, dangers qui résultent de la nécessité, pour les hommes de manœuvre, de pénétrer entre les tampons, soit pour atteler les véhicules, soit pour les dételer. Pénétrés de l'intérêt qu'il y aurait, pour la protection de la vie humaine, à avoir un système d'attelage qui pût se faire ou se défaire de l'extérieur des véhicules, les ingénieurs des chemins de fer se sont mis à l'œuvre pour en rechercher un qui satisfît à cette condition. Bien des solutions ont été proposées ; aucune d'elles n'a paru assez satisfaisante pour remplacer l'attelage ordinaire. L'association des ingénieurs allemands avait mis cette question au concours, il y a une vingtaine d'années environ. Le prix a été donné à un ingénieur autrichien, M. Becker, dont la solution n'était qu'une transformation du système à tendeur. L'attelage était manœuvré de l'extérieur de la voie à l'aide d'une perche à crochet qui faisait mouvoir une roue à rochets ; il pouvait l'être également dans les conditions ordinaires par un homme placé entre les tampons ; aussi, les hommes négligeaient volontiers de se servir de la perche, au risque du danger qu'ils pouvaient courir ; d'autre part, le système d'encliquetage exigeait de l'entretien. Pour cette double raison, l'attelage de M. Becker, qui a été employé sur les chemins de fer autrichiens où il a pris naissance, ne s'est pas répandu.

Et de fait, il faut remarquer que la solution du problème de l'attelage, par l'extérieur de la voie, est très difficile, parce qu'elle demande à être peu coûteuse, et, de plus, à être parfaite ou presque parfaite. Il faut que le système soit robuste, qu'il résiste aux actions atmosphériques sans grand entretien ou même sans entretien, qu'il soit d'une manœuvre rapide et facile, que l'attelage ne puisse pas se défaire en cours de route, et qu'enfin on puisse, en attendant une application complète, l'accoupler avec les attelages actuels. C'est à cause de toutes ces difficultés que le problème, théoriquement facile, n'a pu jusqu'ici être résolu d'une façon pratique satisfaisante ; l'on peut même croire qu'il est à peu près insoluble avec l'emploi de tampons latéraux sans quoi, étant données les recherches faites, il serait déjà résolu.

Mais, si on supprime les tampons latéraux, il comporte au contraire des solutions très convenables, dont l'une, au moins, est employée sur une vaste échelle.

La suppression des tampons latéraux n'a pas laissé de préoccuper les ingénieurs. Ces tampons paraissent nécessaires pour diminuer, par leurs réactions, par la rigidité qu'ils imposent au train, les mouvements de lacets. Il semblait bien que l'on pût les supprimer et les remplacer par un tampon unique dans les trains de faible vitesse, mais non dans les trains à marche accélérée. L'expérience a montré, au contraire, que cette suppression diminuait la tendance au lacet, à la condition de remplacer l'attelage à chaîne, qui n'agit que par traction et ne guide pas le véhicule latéralement, par un attelage rigide, fixé au véhicule et pouvant l'entraîner latéralement. Cet attelage doit être relié à l'attelage du véhicule voisin par une articulation.

L'attelage rigide rend solidaires les unes des autres les positions des véhicules, tandis que l'attelage à chaîne ou à tendeur — car le tendeur avec ses maillons constitue une véritable chaîne — ne détermine que la distance des véhicules entre eux. Si un véhicule tend à osciller autour d'une verticale passant par son centre de gravité, ce mouvement, avec l'attelage rigide, sera combattu par l'action des véhicules voisins auxquels il devrait se transmettre intégralement ; au contraire, avec les tampons et l'attelage à chaîne, il ne l'est que par le frottement des tampons, ce qui est évidemment très insuffisant. Or ce sont ces mouvements oscillatoires qui constituent le lacet ; il est donc mieux combattu par l'attelage rigide que par l'attelage à chaîne.

De plus, l'attelage rigide est d'une flexibilité beaucoup plus grande pour le passage dans les courbes. Si on imagine les axes des véhicules d'un train prolongés jusqu'aux articulations des attelages successifs, on obtient un polygone dont les sommets sont voisins de la ligne médiane de la voie, polygone régulier si tous les véhicules du train ont les mêmes dimensions. Les joints de deux attelages successifs mis en contact le restent donc toujours même dans les courbes, ce qui ne se produit pas pour l'attelage à

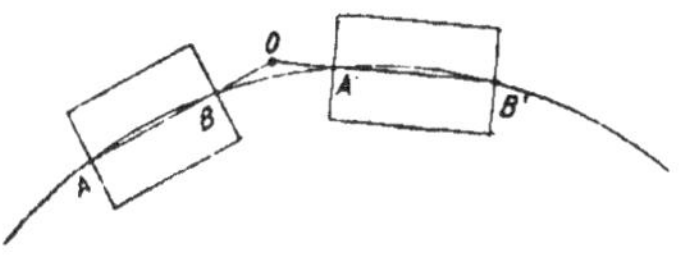

chaîne, et il est facile de voir que ce résultat est très favorable au passage du train dans les courbes.

Lorsqu'un véhicule passe dans une courbe, si on le suit en lui imprimant une très faible vitesse, on remarque que, bien qu'alors la force centrifuge n'intervienne pas, le véhicule prend la position indiquée par la figure ci-dessous ; la roue avant, côté extérieur, appuie contre ce rail, la roue opposée s'éloignant du rail intérieur d'une distance égale au jeu de la voie ; quant à l'essieu d'arrière, il prend une position sensiblement radiale. Nous avons, à dessein, exagéré les déplacements par rapport à la voie pour mieux montrer leurs conséquences. On voit que les deux crochets de traction a et b' de deux véhicules voisins ne sont plus en face l'un de l'autre ; le tendeur prend une position oblique ab' que l'ef-

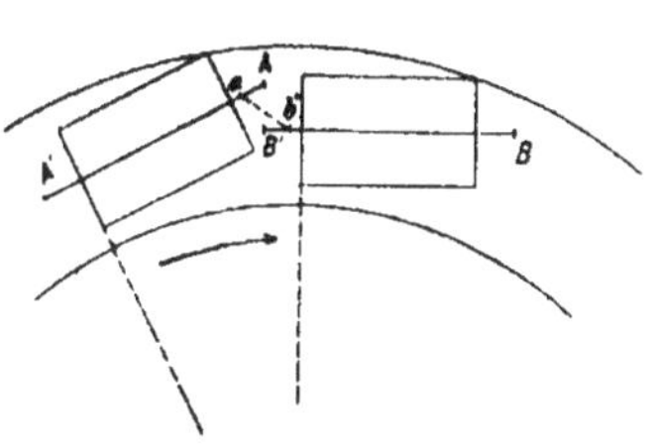

fort de traction tend seul à redresser. Si nous prolongeons les axes des véhicules jusqu'aux points A, A', B, B', où devrait se faire l'articulation

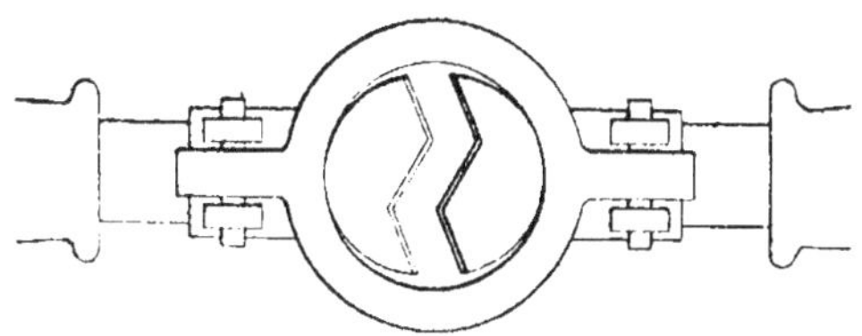

des attelages rigides, il faudra, avec ce dernier système, que les points A et B' restent nécessairement en coïncidence ; l'essieu d'avant du véhicule d'arrière tendra donc à être ramené dans sa position normale par la solidarité avec le véhicule voisin, et il en résultera que le boudin de la roue extérieure frottera moins fortement contre le rail, ce qui diminuera notablement la résistance au passage dans les courbes.

L'attelage rigide a été réalisé de plusieurs façons différentes. L'une des solutions comporte l'emploi d'un tampon central. Elle est due à M. Edmond Roy et a été appliquée sur le chemin de fer de Saint-Georges-de-Commiers à La Mure. Elle consiste, en principe, à réunir les tampons voisins par un anneau qui joue le rôle d'articulation. Ce système d'attelage ne s'est pas développé. Un autre système d'attelage, beaucoup plus répandu, permet de supprimer complètement les tampons que l'on conserve toutefois dans certains types ; l'attelage lui-même joue, à la fois, le rôle d'appareil de traction et d'appareil de choc : c'est l'*attelage automatique américain*, dont l'emploi a été rendu obligatoire aux États-Unis par une loi fédérale de 1893. Cette loi a obligé tous les chemins de fer à munir leurs véhicules, avant le 1er janvier 1898, d'attelages « fonctionnant automatiquement par simple choc, et permettant de décrocher sans obliger un agent à se placer entre deux véhicules consécutifs ». Elle n'a pu être édictée en termes si formels que parce l'on avait une solution prête pour l'application. Cette solution est celle qu'à adoptée l'association des constructeurs de matériel (*Master car builders*), à laquelle des modifications de détail ont été apportées, modifications qui ont l'inconvénient de lui enlever son caractère d'uniformité absolue, sans pour cela l'améliorer d'une façon bien sensible. L'un des modèles les plus répandus est le *Janney Coupler*. Il en existe un modèle pour wagons à marchandises, qui coûte 20 dollars par wagons à 4 roues, et un modèle pour voitures à voyageurs avec tampon central, qui coûte 100 dollars par voiture (*Janney Buhoup passenger equipment*).

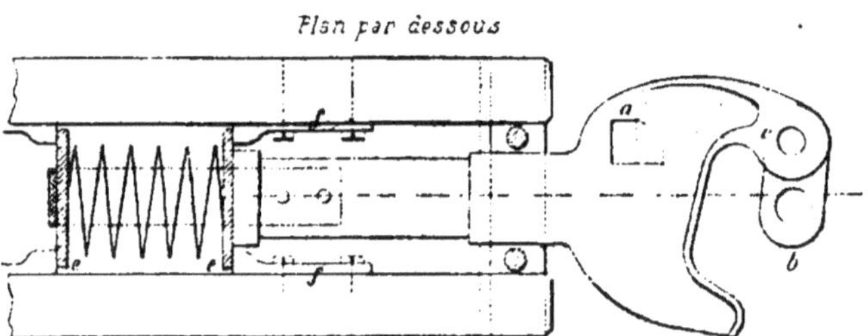

La partie essentielle du *Janney Coupler* est une tête creuse en fonte malléable ou en acier fondu, faisant corps avec un tronc également creux, à section carrée, qui est attaché horizontalement sous le véhicule. Dans cette tête joue, autour d'une cheville *c*, une pièce *a b*, en fer forgé ou en acier, recourbée presque à angle droit, que l'on appelle *knuckle* ; nous l'avons représentée dans la position où l'attelage est fait. La queue *a* du knuckle est retenue par une cheville lorsque celle-ci est abaissée ; lorsqu'on relève cette cheville, qui est munie, à sa base, d'une clavette pour l'empêcher de sortir complètement de son logement *d*, sa partie inférieure plus étroite vient se présenter devant la queue qui se trouve libérée. C'est surtout la manière de fixer la queue du knuckle qui a donné lieu à un grand nombre de variantes. Dans le Janney Coupler, la chaîne au moyen de laquelle on relève la cheville pour dételer est attachée à l'extrémité d'un bras, qui se manœuvre à l'aide d'une manivelle placée sur le bord de la façade du wagon.

Lorsque le knuckle est dans la position attelée, on voit que le vide compris entre lui et la tête d'attelage a précisément la forme d'un knuckle, et c'est dans ce vide que vient se placer la tête d'attelage symétrique du véhicule voisin.

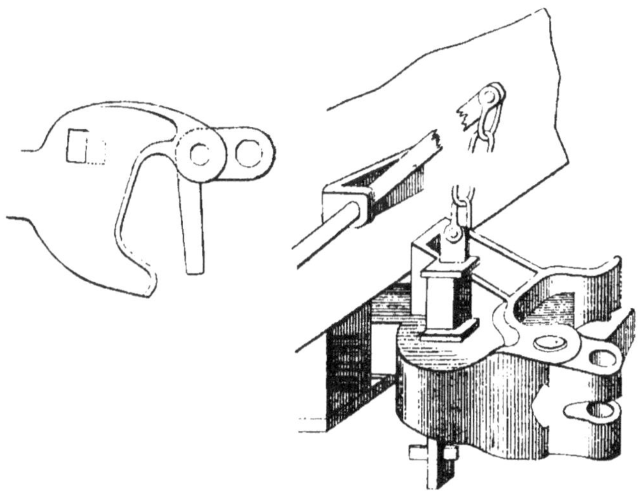

Le tronc carré, fixé à la tête, glisse entre les longerons, et sa course transversale est limitée par deux tiges rondes verticales laissant, entre elles et le tronc, un jeu de 10 mm. de chaque côté ; il appuie, à son extrémité, contre un plateau derrière lequel est un puissant ressort à boudin, et il est relié à ce ressort par un étrier. Le ressort à boudin joue entre les deux plateaux, qui viennent buter contre des heurtoirs ff solidement fixés aux longerons. Ce ressort, auquel on peut donner la bande initiale que l'on veut, fait à la fois fonction de ressort de traction et de ressort de choc, le choc étant transmis par la tête d'attelage et le tronc au ressort à boudin. La course du ressort est d'ailleurs limitée par un tasseau venu de fonte avec la tête et qui peut buter contre la traverse d'avant.

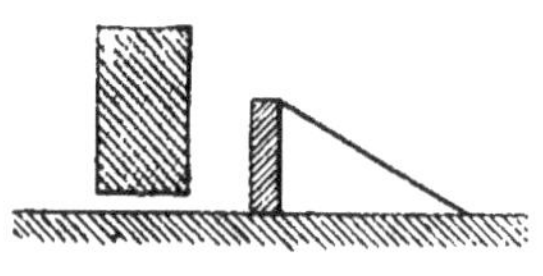

On voit que ce système ne réalise pas la traction continue et que l'attelage est appliqué tout à l'avant du véhicule.

§ 9. MATÉRIEL AMÉRICAIN

47. — Nous avons déjà indiqué la disposition qui caractérise le *matériel* dit *américain* par rapport au *matériel rigide* ou *anglais*. Il convient d'entrer dans quelques développements sur la construction de ce matériel qui reçoit, en Europe, des applications chaque jour plus nombreuses.

Le matériel américain, comme on l'a vu, est constitué par des caisses reposant sur des *bogies* ou *trucks*. Chacun des bogies constitue un véhicule rigide pour lequel le parallélisme des essieux est conservé. La caisse est réunie aux bogies par deux chevilles ouvrières placées au centre de chacun d'eux.

L'emploi du bogie est très ancien, puisqu'il remonte à 1833. Il a été primitivement employé pour les machines, bien que, pour elles, comme nous le verrons, il ne constitue pas une solution aussi complète que pour le matériel de transport. Mais il ne s'est développé en Europe qu'à une époque récente. On craignait qu'il ne donnât pas toute sécurité pour les trains de vitesse. L'expérience a montré, au contraire, que quand on donne suffisamment d'écartement aux essieux des bogies, les véhicules ont une stabilité très satisfaisante. Cet écartement va jusqu'à 2 m. et même 3 m, 20 pour les essieux extrêmes ; mais il existe des bogies dont l'écartement d'essieux a été réduit à 1 m. Ce matériel à bogies, qui s'inscrit très facilement dans les courbes, convenait tout spécialement pour un pays neuf, comme l'Amérique, où les voies devaient être établies sommairement, avec des rails légers, en contournant les accidents de terrain pour éviter les ouvrages d'art, où les voitures devaient être aussi vastes que possible, pour offrir tout le confortable désirable aux voyageurs qui étaient appelés à effectuer des parcours très longs. Aussi est-ce là surtout qu'il s'est développé, et il y est devenu d'un usage presque exclusif.

Le matériel se prête à une inscription facile dans les courbes, et il impose à la voie des réactions moins vives que le matériel rigide. Les bogies ne sont pas libres de se mouvoir comme les véhicules ordinaires ; le frottement du châssis qu'ils supportent tend à réduire les mouvements de lacets qu'ils pourraient prendre, et il y a lieu de remarquer que ces mouvements de lacets ne se transmettent au châssis général que par frottement. C'est que, en effet, ce mouvement oscillatoire de lacet n'affecte pas la cheville ouvrière du bogie, qui est placée sur la verticale de son centre de gravité ; en fait, il n'y a guère que les mouvements de la cheville ouvrière qui puissent se transmettre au châssis. Si le mouvement de lacet du bogie n'affecte pas la cheville ouvrière, néanmoins cette cheville subit des mouvements secondaires, par suite des réactions de la voie, mais d'une amplitude moindre que les mouvements des essieux. Ce sont ces déplacements de la cheville qui peuvent imposer un mouvement de lacet au châssis général. Comme le mouvement de la caisse dépend de celui des deux trucks qui sont à ses extrémités, les déplacements latéraux se transmettent à cette caisse d'une façon très atténuée, et, par suite, elle ne subit que de très faibles mouvements de lacet. Ces mouvements seront d'ailleurs d'autant plus faibles que la caisse sera plus longue. Aussi tend-on à allonger de plus en plus les voitures à voyageurs. Le type courant a 10 à 12 m. d'écartement entre axes des bogies, avec une caisse de 14 à 15 m. de longueur totale. Mais on est arrivé à faire des véhicules de 18 à 22 m., du poids de 30 tonnes, et même, pour les voitures de luxe à lits, de 24 m. et du poids de 50 tonnes. Avec ces véhicules, les mouvements de lacets sont presque complètement supprimés. D'autre part, les mouvements de tangage sont également très faibles, car les déplacements verticaux des chevilles ouvrières sont peu importants et ils ne se transmettent qu'affaiblis au châssis général. Ce sont les mouvements de roulis des bogies qui pourraient affecter le plus la caisse de la voiture. Mais on y remédie à l'aide de ressorts, en sorte qu'on peut dire que les véhicules du matériel américain ne subissent que très faiblement les réactions que la voie impose aux véhicules du type ordinaire.

L'inconvénient de ce système est l'importance du poids mort par rapport au poids utile transporté ; cet inconvénient a même fait que, pendant longtemps, en Amérique, on a employé les wagons ordinaires pour le transport des marchandises. La difficulté, pour des véhicules aussi longs, est d'avoir des longerons suffisamment renforcés. Dans les voitures à voyageurs, les parois de la caisse, reliées aux longerons, forment avec eux une sorte de poutre armée. Il ne pouvait en être de même avec les véhicules à marchandises, les parois devant être munies de larges ouvertures pour opérer le chargement et le déchargement. Cependant, malgré cette difficulté, presque tout le matériel américain à marchandises est maintenant monté sur bogies.

Voici, d'après MM. Lavoine et Pontzen (*Les chemins de fer en Amérique*, tome II), quelques renseignements sur l'importance du poids mort dans le matériel américain. Pour le matériel à voyageurs, le poids mort est de 300 kg. par place offerte, avec les voitures ordinaires, et de 700 à 900 kg. pour les premières classes et les places de luxe. Or nous verrons que, avec le matériel rigide, le poids mort est de 175 kg. environ pour les troisièmes classes, et de 3 à 400 kg. pour les premières classes et places de luxe. Le poids mort est donc doublé.

Pour le matériel à marchandises, le poids mort forme les 92 o/o de la charge, et les 48 o/o du poids total, au lieu de 50 et 33 o/o respectivement pour le matériel rigide. Toutefois, d'après un rapport de 1896 analysé par M. Demoulin (*Revue générale des chemins de fer*, août 1898), la situation a été complètement modifiée par l'emploi des wagons à grand tonnage. Dès 1889, on construisait des wagons de 12 t, 5, portant 27 tonnes, ce qui met le poids mort à 32 o/o du poids total, et ce type est aujourd'hui le plus répandu. On est même arrivé, en 1896, à des wagons pesant 16 tonnes et en portant 36. Cette dernière augmentation de capacité n'a pas beaucoup réduit le poids mort qui reste à 31 o/o du poids total parce qu'on a, en même temps, renforcé toutes les parties du véhicule.

Ce matériel est donc coûteux, au point de vue de l'exploitation et de la traction ; mais il a l'avantage de permettre de réaliser d'importantes économies dans la construction, en réduisant considérablement le rayon des courbes de la voie sur les lignes même parcourues par des express. En France, le rayon minimum généralement admis est de 500 m., pour les lignes de premier ordre, et l'on ne descend guère au-dessous de 300 m. ou tout au plus 250 m. pour les lignes secondaires. Avec le matériel américain, on arrive facilement à des rayons de 200 m. en pleine voie, même sur les lignes à express. Sur les lignes secondaires, les rayons peuvent être abaissés à 100 et 75 m. Le passage des trains se fait avec facilité dans ces courbes, sans que la résistance y soit très fortement accrue.

Un point important, dans le matériel américain, est la construction du véhicule porteur. Les dispositions varient suivant qu'il s'agit du matériel à marchandises ou du matériel à voyageurs.

Pour le matériel à marchandises, on se contente généralement de deux brancards, portant sur les boîtes à graisse sans interposition de ressorts, reliés entre eux, uniquement en leur milieu, par la traverse inférieure A

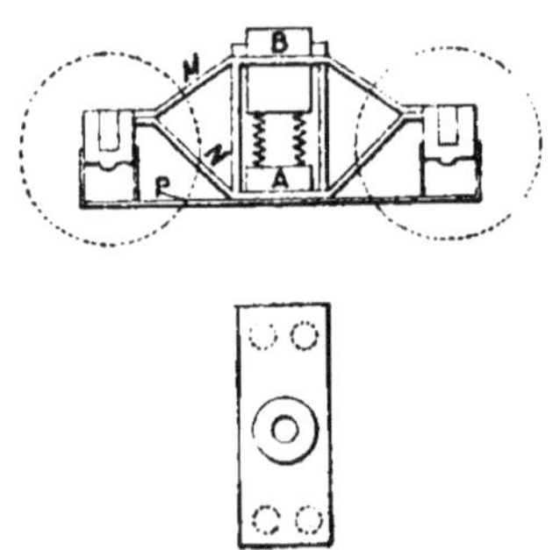

sur laquelle repose , par l'intermédiaire de quatre ressorts à boudin, la traverse à pivot B. Les brancards sont formés par l'assemblage de trois barres de fer MNP. Ce système de suspension atténue le mouvement de roulis.

Mais le truck ainsi constitué ne permet pas de déplacement latéral de la cheville ouvrière. Ce système a l'inconvénient de n'être pas assez flexible pour le passage dans les courbes, de fatiguer trop les tiges d'attelage central qui, dans les courbes, sont fortement serrées contre leurs guides latéraux. Dans le matériel à voyageurs, pour remédier à cet inconvénient, on emploie le système dit à déplacement latéral.

Le châssis, constitué par deux longerons principaux, deux longerons intermédiaires, deux traverses d'about et deux traverses intermédiaires, repose, par l'intermédiaire de deux tampons ou ressorts verticaux (à boudin ou en caoutchouc), sur un balancier qui porte sur les boîtes à graisse sans interposition de ressorts. Entre les tampons vient se loger une traverse, qui est suspendue par des menottes aux traverses intermédiaires du châssis. La traverse à pivot de la cheville ouvrière repose, par l'intermédiaire de trois ressorts à pincettes de chaque côté, sur cette traverse suspendue. A côté du pivot de la cheville, se trouvent deux plaques de fonte sur lesquelles frotte le châssis général. Ce dernier possède donc

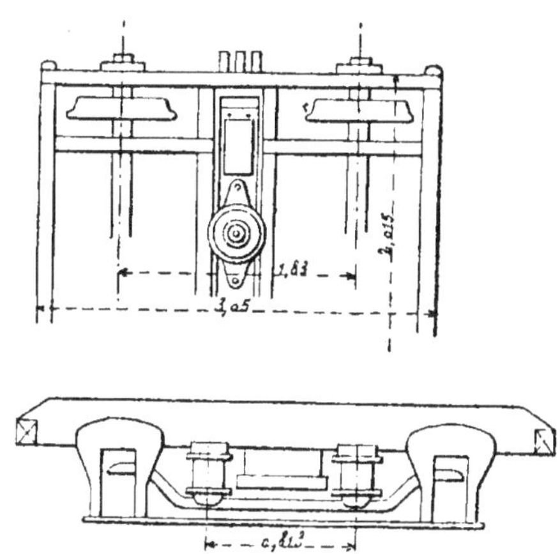

une double suspension susceptible d'atténuer considérablement les mouvements secondaires résultant de l'action de la voie. De plus, grâce à la suspension de la traverse qui supporte la traverse à crapaudine, la cheville ouvrière peut prendre un léger déplacement latéral. Quelquefois même, pour augmenter la mobilité du déplacement latéral, on interpose des couteaux entre les menottes et la traverse.

Pour les grandes voitures à voyageurs, on emploie des bogies à trois essieux. Il y a alors deux traverses danseuses, de part et d'autre de l'essieu du milieu, reliées par les entretoises qui portent la crapaudine.

§ 10. DISPOSITION ET AMÉNAGEMENT DES CAISSES
DES VÉHICULES

Au point de vue de la disposition des caisses, il y a deux cas à examiner : celui du matériel à marchandises et celui du matériel à voyageurs.

18. Matériel à marchandises. — Le matériel à marchandises comprend lui-même deux catégories de véhicules : ceux qui doivent avoir une affectation spéciale, qui sont créés en vue du transport d'une marchandise déterminée, et les wagons sans affectation, destinés au transport des marchandises de toute nature.

Il importe de restreindre le plus possible l'emploi du matériel à affectation spéciale, parce qu'il est susceptible de faire souvent des parcours inutiles. Lorsque les wagons de cette catégorie ont servi, en effet, à transporter la marchandise pour laquelle ils sont appropriés, ils ne trouvent, la plupart du temps, pas de marchandise de même nature à charger dans la station d'arrivée ; ils devront donc en repartir à vide. Toutefois, il est certaines marchandises pour lesquelles on ne peut se dispenser d'avoir de wagons spéciaux. Nous pouvons, par exemple, citer les wagons à lait, à marée, à liquides alcooliques et autres, etc..., qui souvent d'ailleurs ne sont pas tellement spécialisés qu'ils ne puissent être utilisés pour d'autres transports au retour ; ils sont destinés à recevoir des marchandises dont la valeur permet d'appliquer des tarifs élevés, en compensation des voyages à vide, ou exigeant des conditions spéciales pour leur transport, conditions d'aération ou autres.

Les véhicules sans affectation spéciale forment eux-mêmes trois catégories : 1° wagons couverts ; 2° wagons tombereaux ; 3° wagons plats ou plateformes.

49. Wagons couverts. — Ces wagons conviennent pour le transport de marchandises qui ont une certaine valeur, qu'il faut protéger contre les vols ou les intempéries. Ils servent, en outre, à transporter les bestiaux de toute nature, sauf les chevaux de luxe, pour lesquels il existe des wagons spéciaux avec aménagements *ad hoc* ; ils doivent être munis de portes latérales, susceptibles d'être manœuvrées de l'intérieur, et que l'on peut fermer soit avec un cadenas, soit avec un plomb. Les wagons couverts fermés, plombés par la douane, peuvent arriver ainsi de l'étranger, sous la garantie du plomb, jusqu'à Paris et ne subir qu'à destination les formalités de douane. Le plomb sert aussi pour garantir l'intégrité du chargement à l'expéditeur d'un wagon complet.

Outre le transport des marchandises, les wagons couverts sont destinés, en cas de mobilisation, au transport des militaires et des chevaux de troupe. A cet effet, ils ont reçu des aménagements spéciaux, les uns fixes, qui subsistent en tout temps et qui ne gênent pas l'utilisation du matériel, comme les anneaux d'attache, les supports de lanternes, etc...; les autres mobiles, remisés, en temps normal, dans des magasins ; ce sont les bancs mobiles pour la troupe, que l'on installe au moment d'un transport à effectuer.

50. Wagons tombereaux.. — Ils servent au transport des marchandises qui ne craignent pas les intempéries ou qui sont trop pondéreuses pour être volées, et qui ont besoin d'être maintenues par des rebords : tels sont les charbons, les minerais, les moellons, les pavés, les matériaux d'empierrement ou de ballastage, etc.; on les utilise aussi pour les marchandises qui n'exigeraient pas de rebords, mais qui ne les excluent pas, comme les tonneaux, les pierres de taille, etc... Ils servent encore, de même que les suivants, à transporter des marchandises de faible densité que l'on protège à l'aide de bâches, comme les fourrages.

51. Wagons plateformes. — Ces wagons sont établis en vue du transport d'objets généralement de grandes dimensions, que les rebords des véhicules pourraient gêner, comme les grands bois, les rails, les pièces de construction, etc... Ils sont quelquefois munis de rebords que l'on peut rabattre à volonté, ou de traverses posées sur le plancher, de manière à laisser un vide, entre le plancher et le chargement, pour le passage de cordes ou de chaînes de grues.

Les wagons plateformes sont utilisés également, en cas de mobilisation, pour le transport du matériel de guerre.

La question des transports militaires a pris une grande importance depuis vingt-cinq ans ; elle a fait l'objet d'une étude spéciale par la commission militaire supérieure des chemins de fer, avec le concours des représentants des services techniques des compagnies, et, finalement, le Ministre des travaux publics a fixé, conformément aux conclusions de cette commission, par une circulaire du 12 juillet 1884, les conditions auxquelles doivent satisfaire, depuis cette époque, les wagons à construire. Cette circulaire concerne les wagons couverts et les wagons plats ; elle précise les dimensions, longueur, largeur de caisse ou de rebords, etc.. ; elle règle la question de l'accès, de l'aération et de l'éclairage des wagons couverts, et celle des dimensions des traverses de saillie ; elle détermine les conditions de résistance du plancher des wagons plats ; elle stipule, en particulier, que les portes d'accès des wagons couverts doivent pouvoir être manœuvrées de l'intérieur, ce qui est essentiel, d'ailleurs, non seulement pour les transports militaires, mais aussi pour les transports du commerce, afin que les hommes ou agents montés dans ces wagons puissent en sortir facilement, en cas de besoin ou de danger.

52. Voitures à voyageurs. — Les voitures à voyageurs peuvent se classer en deux séries différentes, suivant les dispositions des cloisons et des compartiments : les *voitures à cloisons transversales et à portières latérales*, et les *voitures à circulation intérieure* n'ayant de portes qu'aux extrémités.

Les voitures en usage sur les chemins de fer européens se rattachent presque toutes au premier type. Les compartiments sont séparés entre eux par des cloisons transversales, auxquelles sont adossées les banquettes, et ils sont munis de deux portes à leurs extrémités. Chacun d'eux peut donc être utilisé séparément, sans dépendance aucune des compartiments voisins ; cependant il arrive parfois que la cloison de séparation, par raison d'économie, et en vue de réduire le plus possible le poids mort, n'est pas prolongée jusqu'au plafond. Cette circonstance, en France, ne se produit que pour les voitures de 3e classe. Elle a l'inconvénient de laisser les voyageurs de chaque compartiment sans défense contre les courants d'air, la fumée de tabac, les bruits provenant des compartiments voisins.

Les *voitures à cloisons transversales* utilisent le maximum de places disponibles et réduisent, par conséquent, à son minimum le poids mort. Par leur grand nombre d'ouvertures, elles donnent le maximum de dégagement, soit pour l'embarquement, soit pour la descente des voyageurs ; elles permettent donc de réduire le plus possible la durée des arrêts de route ; enfin, elles rendent la surveillance plus active sur les voyageurs pour éviter les déclassements frauduleux. Leurs inconvénients sont corrélatifs de ces avantages : les voyageurs sont immobilisés dans leurs compartiments et ne peuvent pas changer de place en cours de route ; le grand nombre d'ouvertures est une cause de refroidissement qui rend le chauffage moins efficace. Elles permettent l'isolement, généralement recherché par le public ; mais cet isolement peut devenir un danger en favorisant les attentats qui se produisent quelquefois.

Les *voitures à circulation intérieure* ont des avantages et des inconvénients qui sont la contre-partie de ceux que nous venons de donner. Elles ont moins de facilités de dégagement, et, de plus, elles augmentent notablement le poids mort. Avec un couloir central, elles offrent les inconvénients de promiscuité signalés dans les voitures à cloisons incomplètes. Un couloir latéral permet d'avoir des compartiments indépendants ; c'est le système le plus désavantageux quant au poids mort, mais le plus satisfaisant au point de vue du confortable et, en particulier, du chauffage. Ce dernier avantage s'atténue, sans disparaître entièrement, lorsqu'on emploie en même temps des portières latérales pour augmenter les dégagements, comme dans les voitures à couloir du Chemin de fer de Lyon.

Les voitures à circulation intérieure peuvent permettre seulement de circuler dans l'intérieur de la voiture, ou aussi de passer d'une voiture dans l'autre, c'est-à-dire de réaliser ce que l'on nomme *l'intercirculation*. Elles donnent la possibilité de mettre à la disposition des voyageurs, pendant la marche, des water-closets et, lorsqu'elles sont à intercirculation, de placer dans le train un wagon-restaurant dans lequel on pourra accéder sans arrêter. Ces voitures sont donc devenues une nécessité pour les trains rapides et les express, dont on

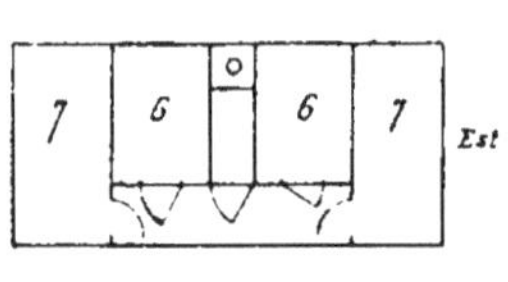

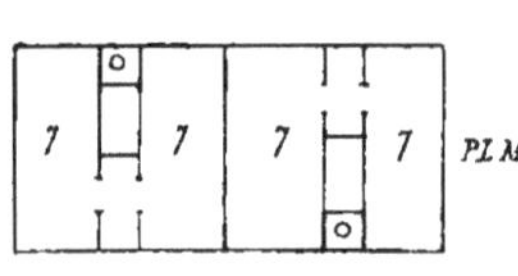

tend de plus en plus à supprimer les arrêts afin d'augmenter la vitesse commerciale.

Cependant, pour les voyages de nuit, la circulation intérieure et surtout l'intercirculation ont des inconvénients sérieux ; le voyageur qui s'est installé dans son compartiment est exposé à être réveillé pendant la marche par d'autres voyageurs ou par la circulation des agents.

Comme disposition permettant la circulation intérieure, tout en réduisant au minimum la perte de place et l'augmentation du poids mort, on peut citer la voiture de l'Est, avec quatre compartiments donnant sur un couloir fermé à ses extrémités ; celle du réseau de Lyon, à compartiments jumelés réunis par un cabinet de toilette, est préférable à certains égards pour les voyages de nuit.

Pour terminer ces renseignements sur le matériel des chemins de fer, il nous reste à faire connaître quelques données comparatives sur l'importance du poids mort. En voici, par exemple, qui se rapportent au réseau de l'Est :

	Poids mort par place
Voiture de première classe à circulation intérieure...... (celle décrite)	538 kg.
Voiture de première classe ordinaire à 3 compartiments..	442
Voiture de deuxième classe ordinaire à 4 compartiments.	243
Voiture de deuxième classe ordinaire à 5 compartiments.	219
Voiture de troisième classe ordinaire à 6 compartiments..	181

Dans les autres compagnies, on a des résultats analogues. Voici encore les chiffres relatifs aux voitures récentes du réseau d'Orléans :

Voiture de première classe à intercic., 4 compartiments et 1 coupé à 3 places....................	544 kg.
Voiture de première classe à 4 compartiments.....	360
Voiture de deuxième classe à 6 compartiments.....	188
Voiture de troisième classe à 7 compartiments......	166

Ces poids morts sont comparables entre eux et sont bien inférieurs à ceux que fournit le matériel américain, ou plutôt le matériel à bogies et à intercirculation, car les poids morts réalisés en Europe pour ce matériel sont sensiblement les mêmes que ceux que nous avons cités pour l'Amérique Les voitures à bogies du réseau de l'Etat (Exposition universelle de 1889), par exemple, donnent, pour les poids morts, les résultats suivants :

Voiture de première classe....	722 kg.
Voiture de deuxième classe....	448
Voiture de troisième classe ...	318.

Chauffage des trains. — Le chauffage le plus employé en France pour les trains est le système des *bouillottes* à eau chaude. Ce système, qui n'est pas excellent, est cependant assez satisfaisant ; il est surtout très sain et très hygiénique. Il n'exige pas d'aménagements spéciaux dans les voitures, mais n'est pratique qu'avec des portières latérales ; par contre, il en nécessite d'importants dans les gares, pour le remplissage et le réchauffage des bouillottes — ce sont les *bouillotteries,* — ou pour les véhiculer sur les quais. L'inconvénient de ce chauffage est d'avoir une durée limitée et, par suite, de nécessiter le renouvellement des bouillottes, qui est très désagréable pour les voyageurs, surtout la nuit. On a pu atténuer cet inconvénient en employant une solution saturée d'*acétate de soude*, dont la cristallisation maintient la température. On évite le phénomène de la sursaturation à l'aide d'une bille, que l'on introduit dans la bouillotte, et que les trépidations du train agitent continuellement. L'emploi de l'acétate nécessite, pour le réchauffage des bouillottes, des installations différentes de celles employées pour les bouillottes ordinaires. Celles-ci sont réchauffées généralement à l'aide d'un jet de vapeur, que l'on fait arriver au fond d'un tube plongé dans la bouillotte placée verticalement. Avec les bouillottes à acétate, il faut que le même liquide puisse resservir continuellement et, pour cela, que le réchauffage ne se fasse pas par contact direct avec la vapeur ; on les réchauffe alors par immersion dans de l'eau très chaude. La dépense de chaleur, pour le réchauffage de ces bouillottes, est naturellement plus élevée, puisqu'il faut, outre la chaleur sensible, fournir la chaleur latente que dégagera la solution au moment de la cristallisation.

On opère encore le chauffage des voitures à l'aide de *briquettes de combustible*, que l'on met en place de l'extérieur de la caisse. Il n'est pas nécessaire alors d'ouvrir le compartiment pour renouveler le chauffage ; mais le chauffage doit être installé sous les banquettes, et non sous les pieds, afin d'avoir la place suffisante. Par ce motif et parce qu'aussi les produits de la combustion se répandent dans les compartiments, il est moins hygiénique que le système des bouillottes.

Un autre système, qui a reçu en France de nombreuses applications, est le chauffage par *thermo-siphon*, qui consiste en une circulation, sous les pieds, d'eau chaude dont on entretient la température à l'aide d'un foyer extérieur. Ce mode de chauffage est coûteux d'installation ; il a l'inconvénient d'annexer un foyer aux véhicules contenant les voyageurs, ce qui, en cas d'accident, peut en aggraver les conséquences ; de plus, il nécessite un personnel spécial pour la visite et l'entretien des foyers dans les gares.

Le chauffage des trains peut s'obtenir encore avec de la vapeur : c'est le système du *chauffage à vapeur*, très en faveur dans divers pays et qui commence à être appliqué en France. Ce chauffage est opéré à l'aide de la locomotive, qui envoie une circulation de vapeur dans tous les compartiments. La difficulté est de faire le raccord des conduites de vapeur au passage d'un véhicule à l'autre ; on augmente encore la complication des attelages qui tendent à devenir de moins en moins simples.

Intercommunication. La question de l'intercirculation est une de celles qui ont le plus vivement passionné l'opinion publique. On a voulu y voir le véritable moyen de prévenir les attentats qui se commettent parfois sur des voyageurs pendant la marche des trains. Le public considère l'intercirculation comme le moyen le plus efficace d'assurer la sécurité des voyageurs à ce point de vue. Cette confiance est excessive, car on a vu se produire des attentats dans des trains composés de voitures à couloir ; si les compartiments séparés donnent au malfaiteur plus de facilités pour accomplir son crime, l'intercirculation lui en donne pour le préparer, pour choisir sa victime et pour s'échapper ensuite. Mais d'autres considérations conduisent à des conclusions plus fermes. Ces considérations sont celles de la commodité des voyageurs, des secours à leur donner en cas d'indisposition subite, des mesures que peut nécessiter un accident, tel qu'une rupture de bandage ou de ressort, un commencement d'incendie, etc.. Pour remédier au défaut d'intercirculation des voitures ordinaires à cloisons transversales, on a employé plusieurs procédés : l'un d'eux consiste à placer, sur la cloison de séparation des compartiments, des glaces dormantes qui permettent aux voyageurs d'un compartiment de voir ce qui se passe dans les deux compartiments voisins. Ce système a été rendu obligatoire, en France, par des circulaires ministérielles. L'autre consiste dans l'établissement de l'*intercommunication* entre tous les véhicules, qui permet, d'un point quelconque du train, d'appeler l'attention des agents. L'intercommunication a été imposée pour tous les trains de voyageurs proprement dits, sauf les trains mixtes, par une circulaire ministérielle du 10 juillet 1886, après l'avoir été déjà préalablement pour les trains express et directs. Par contre, pour éviter les abus que le public aurait pu faire des appareils d'intercommunication, un décret du 11 août 1883 a constitué en délit leur manœuvre intempestive et non justifiée.

L'intercommunication est réalisée de diverses manières. A l'origine, elle se faisait à l'aide d'une simple corde, qui courait de bout en bout du train. Ce système, qui a été obligatoire en Allemagne, avait l'inconvénient de fonctionner mal, et parfois indûment, à cause des variations dans la longueur du train par suite du jeu des tampons ou des courbes. En France, il existe deux systèmes d'intercommunication très satisfaisants : l'un électrique (système Prud'homme, du Nord, etc.) et l'autre pneumatique.

Le *système électrique* est une disposition télégraphique à sonnerie, qui fonctionne par émission ou interruption de courant. Il ne présente, en principe, aucune difficulté. Il importe qu'on puisse reconnaître le compartiment d'où l'appel est venu ; le mieux est de le désigner par un signal extérieur tel qu'une palette qui change de position par le fait même de l'appel. Ces palettes ont l'avantage qu'en les faisant tourner à la main, les agents peuvent s'assurer du fonctionnement de l'appareil sans avoir besoin d'ouvir les compartiments. La difficulté est d'établir un bon contact au passage d'un véhicule à l'autre. Ce qui rend le contact plus ou moins satisfaisant, c'est moins la façon dont il est établi que les conditions d'utilisation des véhicules et d'entretien de ces contacts. Ainsi, par exemple, au Nord ou au P.L.M., où ces appareils ont été employés avant même que l'intercommunication fût obligatoire, les résultats obtenus étaient très différents. Les ratés, peu nombreux sur le Nord, étaient très fréquents sur le P.L.M. Cela tient à ce que les lignes du Midi sont plus poussiéreuses que celles du Nord, et aussi à ce que, au Nord, les parcours effectués étant de 300 kil. au plus, les appareils étaient mieux entretenus.

Le système de l'*intercommunication pneumatique* est le plus répandu en France ; il est très rationnel, du moment qu'on a déjà dans le train une conduite constamment pleine d'air comprimé pour actionner les freins continus automatiques. Les freins fonctionnent par une baisse de pression dans la conduite générale ; il en est de même de l'appareil d'intercommunication. Cette baisse est obtenue par l'ouverture d'un robinet, ou d'une soupape, disposé sur chaque véhicule ; l'air sortant par cet orifice actionne un sifflet. Mais cela ne suffit pas ; il faut faire parvenir un avertisseur au personnel du train. Deux moyens sont employés : l'un a pris naissance en Hollande, et a été depuis employé à l'Etat français et sur le Midi. Il consiste à donner à l'orifice d'évacuation une section suffisante pour obtenir rapidement la baisse de pression nécessaire pour faire fonctionner les freins et arrêter le train. Ce procédé est énergique, sûr, prompt ; mais on craignait qu'il ne fût un peu osé. En fait, l'expérience a montré que ces craintes étaient excessives et les inconvénients que l'on redoutait, peu graves. Le second moyen, appliqué d'abord sur l'Ouest, puis sur le P.L.M., consiste à donner un signal sur la machine, au moyen d'un sifflet actionné par un appareil spécial suffisamment sensible. L'agent du fourgon de tête ainsi averti, cherche à se rendre compte, autant que possible, des circonstances qui ont pu motiver l'appel d'alarme ; d'après les résultats de cet examen, d'après la situation du train, il décide s'il y a lieu d'arrêter celui-ci, ou de se porter par les marchepieds vers le point d'où est parti l'appel, ou encore d'attendre le premier arrêt prévu.

Il faut produire une baisse de pression suffisante pour que le sifflet joue, mais insuffisante pour que les freins fonctionnent. *A priori*, il semble que, quelque petit que soit l'orifice, il arrivera toujours à réduire assez la pression pour que les freins se serrent ; il n'en est rien, parce que la conduite est en relation avec la pompe de compression qui fonctionne automatiquement dès que la pression s'abaisse ; il s'y établit donc une pression de régime qui dépend de l'orifice d'écoulement. Le fonctionnement du sifflet sur la voiture d'où est parti l'appel s'explique aisément : par la manœuvre d'un bouton ou d'une poignée, un robinet est ouvert, et l'air s'évacue par le sifflet en le faisant jouer ; en même temps cette manœuvre fait apparaître, à l'extérieur du véhicule, une palette qui signale ce compartiment au personnel du train. Celui du sifflet de la locomotive est un peu moins simple. Le sifflet est monté sur une boîte divisée, par un piston à diaphragme, en deux compartiments communiquant, l'un, avec la conduite générale du frein, l'autre, avec le réservoir principal de la machine. Le diaphragme porte, en son centre,

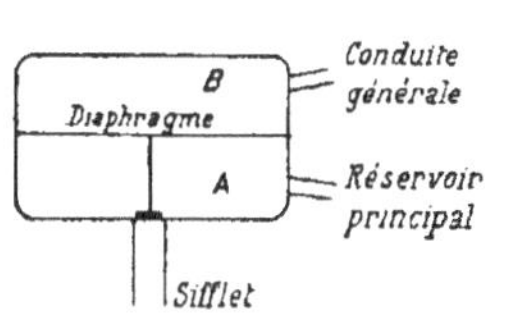

la tige d'une soupape qui, en se soulevant, laisse arriver l'air du réservoir principal dans le sifflet ; cet effet se produit dès qu'une baisse survient dans la pression de l'air de la conduite générale. La sensibilité de l'appareil dépend du diamètre du diaphragme. L'inconvénient, lorsqu'il est trop sensible, c'est qu'il peut être actionné intempestivement, par suite des fuites dans les conduites des freins.

CHAPITRE II

MATÉRIEL MOTEUR

Locomotive considérée comme véhicule

§ I. GÉNÉRALITÉS. — LOCOMOTIVES ÉLECTRIQUES

La locomotive est un véhicule qui jouit de la propriété de se mouvoir lui-même et de pouvoir remorquer d'autres véhicules. Cette faculté est obtenue à l'aide d'un moteur porté par le véhicule et qui communique un mouvement de rotation à un ou plusieurs de ses essieux. Bien que le moteur ne développe que des forces intérieures, l'effet de ces forces se trouve modifié par la réaction entre les roues motrices et le rail et peut produire un mouvement. C'est là d'ailleurs un fait général. Toutes les fois qu'un système n'est soumis qu'à des forces intérieures, le centre de gravité de ce système ne peut se mettre en mouvement ; mais si, en même temps, le système est soumis à des réactions extérieures, celles-ci peuvent se modifier par l'effet des forces intérieures et déplacer le centre de gravité. C'est ce qui arrive, par exemple, pour l'homme, qui marche grâce à la réaction produite entre le sol et lui.

Le moteur employé pour la locomotive peut être quelconque en principe. On peut avoir un moteur animé, comme dans les vélocipèdes, ou un moteur à pétrole, comme dans beaucoup d'automobiles, ou encore l'électricité et la vapeur. Mais quand il s'agit des chemins de fer on n'a guère à considérer que deux catégories de moteurs : les *moteurs à vapeurs* et les *moteurs électriques*.

Nous dirons quelques mots des locomotives électriques pour ne plus avoir à revenir sur ce sujet.

53. — Locomotives électriques. — Ces locomotives sont d'un emploi très répandu pour les tramways ; mais elles ne sont encore qu'à l'état d'essai ou d'applications isolées sur les chemins de fer proprement dits. Elles se distinguent par la manière dont est produite l'électricité qui alimente le moteur.

On peut la produire sur le véhicule lui-même, à l'aide d'une machine à vapeur que porte le véhicule : c'est le cas de la *machine Heilmann*, qui a fait un certain bruit dans ces dernières années. L'électricité n'intervient que comme transmission de mouvements ; elle permet d'éviter les perturbations de mouvements que comportent les transmissions mécaniques, ainsi que nous le verrons plus tard ; mais les appareils sont d'un poids et d'un prix considérables. Il paraît plus rationnel, du moment qu'on transporte un moteur à vapeur, de se passer de cet intermédiaire et d'utiliser directement la puissance du moteur.

Une deuxième manière de produire l'électricité consiste dans l'emploi de piles ou d'accumulateurs, que l'on dispose sur le véhicule. Le système des accumulateurs a été appliquée dans des expériences faites sur le réseau de Lyon. Mais les piles sont un procédé coûteux de production d'énergie ; les accumulateurs ont un faible rendement et exigent des poids très importants ; pour toutes ces raisons, les machines à piles ou à accumulateurs ne sont pas encore entrées dans le domaine de la pratique.

Enfin, dans le troisième mode de production d'électricité, l'énergie électrique est obtenue à l'aide d'une machine fixe qui fonctionne, par conséquent, dans les conditions les plus avantageuses et les plus économiques, et elle est amenée sur la locomotive par des conducteurs fixes en relation permanente avec elle.

Ce système semble le plus rationnel ; il évite de transporter la source d'énergie, et, par suite, il permet de réaliser une importante réduction dans le poids des locomotives. Mais les conducteurs sont coûteux, encombrants pour les voies et gênants pour leur entretien ; ils occasionnent une déperdition d'énergie d'autant plus considérable qu'ils sont plus développés, ce qui est aussi une source de complications ; enfin, leur mise en communication permanente avec le locomoteur porté par le train entraîne des difficultés qui n'ont pas encore été résolues pour les grandes vitesses.

Jusqu'à présent, l'électricité n'a été employée sur les chemins de fer proprement dits, à titre définitif, que pour des parcours limités où elle présente des avantages spéciaux, par exemple pour éviter la circulation des machines à feu dans certains souterrains.

Un avantage qui pourrait conduire dans certains cas à l'emploi de l'électricité comme force motrice, c'est la facilité de rendre moteurs plusieurs véhicules d'un train et, au besoin, la totalité.

§ 2. LOCOMOTIVE A VAPEUR. — SCHÉMA GÉNÉRAL

54. — La locomotive, devant porter un moteur, doit également, lorsque ce moteur est à vapeur, posséder un générateur à vapeur avec son foyer, et un emplacement pour le personnel chargé de la conduite.

La machine en usage, pour actionner les roues motrices, est une machine à cylindre. Le moteur est généralement double ; les deux cylindres sont disposés horizontalement, de chaque côté du véhicule, ou bien, dans des cas très rares, surtout de nos jours, avec une très légère inclinaison sur l'horizon ; ce sont des machines à connexion directe, c'est-à-dire que chaque piston est relié par l'intermédiaire d'une bielle au bouton d'une manivelle calée sur l'essieu moteur, en sorte que chaque tour des roues motrices correspond à une double course du piston.

Dans le cas où il y a deux essieux moteurs, le second est réuni aux manivelles de celui qui reçoit l'action directe du piston par des bielles

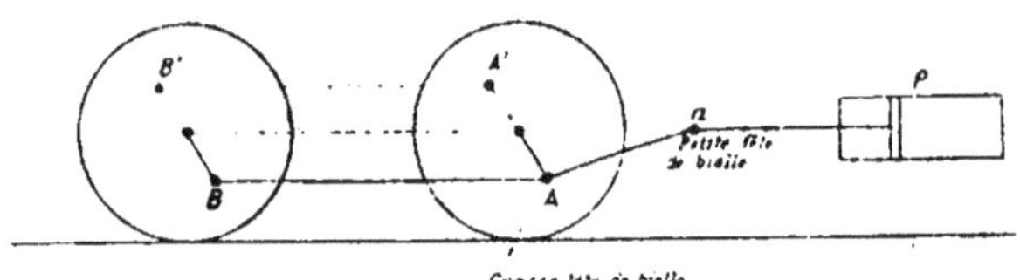

d'accouplement dont la longueur est nécessairement égale à la distance des centres des roues. Le premier porte le nom d'*essieu moteur principal*, quelquefois simplement d'*essieu moteur* ; l'autre est un *essieu accouplé*.

Fréquemment, on accouple un troisième et un quatrième essieu ; on est même allé jusqu'à cinq. Ces essieux peuvent être placés du même côté de l'essieu moteur, mais ordinairement on les dispose de part et d'autre.

La jonction de la bielle et de la tige du piston se nomme la *petite tête de bielle* ; celle de la bielle et de la manivelle, la *grosse tête de bielle*.

Il arrive parfois que les bielles d'accouplement, au lieu d'être articulées à l'extrémité de la manivelle motrice, le sont sur l'extrémité d'une manivelle spéciale, calée sur l'essieu moteur à 180 degrés de la manivelle principale. On obtient alors la disposition A' B', représentée en pointillé sur la figure.

Les roues accouplées ayant nécessairement la même vitesse angulaire, il en résulte qu'*elles doivent avoir identiquement le même diamètre*. S'il n'y a, en effet, aucun glissement, le centre instantané de rotation de chacune d'elles est, à chaque instant, le point de contact avec le rail. Or les deux centres des roues se déplacent avec la même vitesse linéaire. Cette vitesse étant le produit de la vitesse angulaire, qui est commune aux roues, par la distance au centre instantané, qui est le rayon, il faut, pour qu'il n'y ait pas de glissement que ces deux rayons soient identiques. Si donc l'un des bandages s'use plus que l'autre, on ne pourra pas changer le premier sans remplacer également le second, afin de maintenir l'égalité des rayons.

§ 3. CONDITIONS GÉNÉRALES DE FONCTIONNEMENT.
EFFORT DE TRACTION

55. — Supposons qu'un véhicule roule d'un mouvement uniforme, et considérons-le à un moment donné. Le véhicule étant sensiblement symétrique et toutes les forces considérées parallèles au plan médian, nous pouvons le supposer ramassé dans ce plan ; de plus, comme ce que nous allons dire s'applique à chaque essieu, nous pouvons supposer le véhicule porté par un seul essieu, ou, si l'on veut, n'envisager que la partie du véhicule qui porte sur cet essieu.

Le véhicule étant animé d'une translation uniforme, et l'essieu d'une rotation uniforme, les forces d'inertie constituent un système en équilibre, et, par conséquent, les forces proprement dites se font équilibre dans les mêmes conditions que s'il n'y avait pas mouvement. Si l'on veut étudier les relations qui existent entre ces forces, il faut donc écrire les conditions d'équilibre qui, dans un système plan, se réduisent à trois :

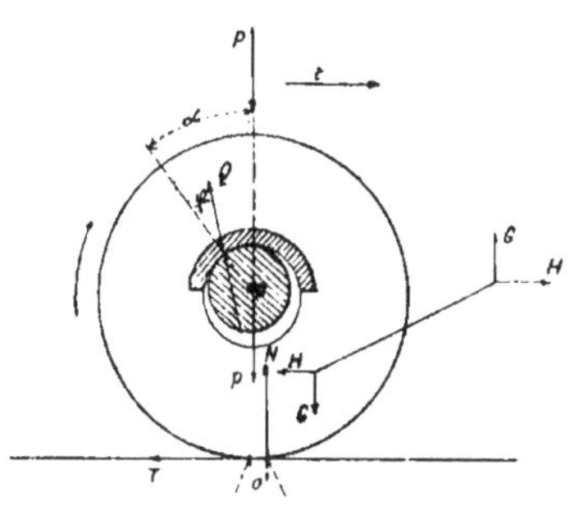

les deux équations des projections sur deux axes rectangulaires et l'équation des moments.

Nous supposerons que le véhicule est remorqué par un effort de traction t, vers la droite ; la rotation se fait dans le sens de la flèche.

On sait que le point de contact entre le coussinet et l'essieu n'est pas au point le plus haut de l'essieu, comme si le véhicule était au repos, mais qu'il se trouve en arrière d'un certain angle α. D'autre part, la fusée exerce sur le coussinet une réaction Q dirigée vers le haut, et faisant, avec la normale au plan de contact, un angle φ, dont la tangente est égale au coefficient de frottement f,

$$\operatorname{tg} \varphi = f,$$

puisqu'il y a glissement entre la fusée et le coussinet.

Soient P le poids du véhicule supporté par la roue, et p le poids de l'essieu monté, que nous supposerons appliqué au centre de la roue, lequel coïncide sensiblement avec le centre de gravité de cet essieu. La voie exerce sur la roue une réaction dont nous désignerons par N la composante normale, et par T la composante tangentielle, en considérant cette composante tangentielle comme positive vers l'arrière, c'est-à-dire dans le sens où elle se présente pour un véhicule remorqué.

Représentons la bielle motrice à l'instant considéré. Elle exerce sur la roue une action qui serait dans le prolongement de cette bielle s'il n'y avait pas de frottements. Pour éviter toute hypothèse à cet égard, désignons par G et H ses composantes. Cette bielle exerce, sur le véhicule, une action égale et inverse, par l'intermédiaire de la petite tête de bielle. Le véhicule est donc en équilibre sous l'action des forces P, l, Q et des réactions G et H exercées par la bielle sur lui.

La projection sur l'axe vertical donne :

$$Q \cos (\alpha - \varphi) = P - G. \qquad (1)$$

La projection sur l'axe horizontal donne :

$$Q \sin (\alpha - \varphi) = l + H. \qquad (2)$$

S'il s'agissait uniquement d'un véhicule remorqué G et H seraient nuls ; il en serait de même dans le cas où le moteur produirait un moment moteur sur l'axe par un couple, comme un moteur électrique, par exemple, ou deux machines à vapeur accouplées en sens inverse sur l'axe de l'essieu O, ainsi que le représente la figure ci-dessous.

Nous ne nous occuperons pas, pour le véhicule, de la condition donnée par l'équation des moments, parce qu'elle nécessiterait la considération de ses divers points d'appui.

Si nous passons maintenant à l'essieu, il est sollicité par les forces p, N, T, G et H, et par une nouvelle force Q, égale et directement opposée à la première et représentant l'action exercée par le coussinet sur l'essieu.

La projection sur un axe vertical donne :

$$Q \cos (\alpha - \varphi) = N - p - G. \qquad (3)$$

La projection sur l'axe horizontal donne :

$$Q \sin (\alpha - \varphi) = T + H. \qquad (4)$$

Dans l'équation des moments, prise par rapport au centre de la roue, au lieu de mettre en évidence les composantes G et H, représentons simplement par $\mathfrak{M}$ le moment de leur résultante, en le considérant comme positif quand il tend à faire mouvoir l'essieu dans le sens du mouvement. Le moment TR de la réaction tangentielle du rail, R étant le rayon de la roue, est aussi positif.

La force Q, dirigée vers le bas, tend à mouvoir l'essieu en sens inverse ; son moment $Qr \sin \varphi$ est donc négatif (r, rayon de la fusée) ; cela est d'ailleurs de toute évidence, puisque la force Q est une réaction qui s'oppose au mouvement de l'essieu.

La force p passant par l'axe de rotation a un moment nul, et il devrait en être de même de la réaction verticale N. Mais l'expérience montre que, quand un corps roule, il faut exercer sur lui un certain effort pour vaincre la résistance qu'il oppose au roulement, et l'on représente cette résistance au roulement en supposant que la force N agit non pas au point de contact géométrique de la roue, mais un peu *en avant*, à une certaine distance δ, de manière à produire un moment $N\delta$ négatif. La somme de tous ces moments devant être nulle, on a :

$$TR + \mathfrak{M} - Qr \sin \varphi - N\delta = o. \qquad (5)$$

On obtient ainsi cinq équations à cinq inconnues qui sont T, N, Q, α et t. En retranchant les équations (1) et (3), on a :

$$N = P + p ;$$

les forces G et H disparaissent, ce qui devait être, puisque ce sont des forces intérieures.

Les équations (2) et (4) retranchées donnent :

$$t = T ;$$

Or, pour que le véhicule devienne moteur, il faut que t change de sens ; on en conclut que T doit également changer de sens.

L'équation (5) donne :

$$T = - \frac{\mathfrak{M}}{R} + Q \frac{r}{R} \sin \varphi + (P + p) \frac{\delta}{R}. \qquad (6)$$

Le deuxième terme de cette équation correspond à ce que l'on nomme la *résistance à la fusée ;* le troisième provient de la résistance au roulement : il constitue la *résistance à la jante*. Pour que le véhicule devienne moteur, il faut que le terme $\dfrac{\mathfrak{M}}{R}$ l'emporte sur la somme de ces deux résistances ; la différence représentera la valeur de l'effort de traction t.

La dernière équation donnerait la valeur de T pour un véhicule remorqué en supprimant simplement le terme en $\mathfrak{M}$. Mais il faut, bien entendu attribuer alors à Q, la valeur qui convient à ce cas et qui est très différente de ce qu'elle est pour la locomotive.

Les équations (1) et (2) donnent en effet :

$$Q^2 = (P - G)^2 + (t + H)^2,$$

tandis que, pour un véhicule remorqué, on avait trouvé

$$Q^2 = P^2 + t^2.$$

La valeur de Q serait la même si les forces G et H étaient nulles sans que $\mathfrak{M}$ le fût pour cela, ce qui est possible comme on l'a vu plus haut, et même réalisé dans certaines locomotives électriques. Il n'en est pas ainsi avec les locomotives à vapeur en usage ; la réaction verticale G est généralement peu importante ; mais la force H a, au contraire, une très grande valeur.

Les équations (1) et (2) donnent encore

$$\operatorname{tg}(\alpha - \varphi) = \frac{t + H}{P - G}.$$

Pour les véhicules remorqués, on avait trouvé

$$\operatorname{tg}(\alpha - \varphi) = \frac{t}{P}.$$

L'angle φ étant constant, on voit que la valeur de α dépend des réactions H et G. Lorsque H et G ont des valeurs positives, l'angle α est plus grand pour les locomotives que pour les véhicules remorqués ; lorsque H et G changent de signe, l'angle α est au contraire plus petit et devient même négatif. Cet angle oscille donc dans des limites plus étendues que pour les véhicules remorqués. C'est pourquoi, dans quelques machines, on place des coussinets supplémentaires aux extrémités d'un diamètre horizontal.

§ 4. ADHÉRENCE

56. — La valeur de l'effort moteur étant égale à celle de la réaction T, il semble, d'après l'équation (6), que l'on puisse accroître autant que l'on veut cet effort en augmentant la valeur de $\mathfrak{M}$. En réalité, T a une limite, qui tient au mode d'appui de l'essieu sur la voie. L'essieu réagit sur la voie par frottement, et, en vertu des lois du frottement, la réaction tangentielle ne peut dépasser une certaine limite. Si la valeur (6), nécessaire pour l'équilibre, dépasse cette limite, l'équilibre ne peut subsister : la roue glisse sur le rail. Cette limite dépend de la nature des deux corps et de la valeur de la réaction normale. Si on désigne par f' le coefficient de frottement, la valeur limite de la réaction tangentielle est Nf', ou $(P + p)f'$; on doit donc avoir :

$$T = (P + p)f'.$$

Le deuxième membre représente la limite de la réaction T, et, par suite celle de l'effort moteur t. Cette limitation provient uniquement de la manière dont la roue est retenue sur le rail. Si l'adhérence était produite d'une autre manière, la limite serait différente ; avec une crémaillère, par exemple, la valeur de T ne serait limitée que par la résistance des dents. Si, au lieu d'avoir un seul essieu moteur, il y en avait plusieurs, réunis par une bielle d'accouplement, chacun d'eux donnerait, pour limite de la réaction tangentielle, le produit de la charge correspondante sur le rail par le coefficient de frottement. Dès lors, la limite de l'effort moteur est représentée par le produit de la charge totale qui pèse sur les points d'appui des essieux accouplés par le coefficient f'.

f' est ce que l'on appelle le *coefficient d'adhérence*. On nomme *poids adhérent* la charge qui pèse sur la voie par points d'appui des essieux accouplés. Le produit de ces deux quantités, qui limite l'effort moteur, est généralement appelé *adhérence* ; on donne ainsi un sens concret au mot qui désigne le phénomène, pour représenter l'effet résultant de ce phénomène.

Tant que la valeur de T ne dépasse pas la limite d'adhérence il n'y a pas glissement entre la roue et le rail, c'est-à-dire que le point de contact entre la roue et le rail n'a pas de vitesse. Quand T atteint la valeur limite, le glissement commence, et il commence avec une vitesse nulle. Or, on sait que le coefficient de frottement entre deux corps solides ne dépend pas seulement de la nature des corps, comme on l'enseigne généralement d'après les expériences de Coulomb, de Marin et d'autres ; il dépend aussi essentiellement de la vitesse relative des deux corps. Puisque, lorsque la réaction tangentielle limite est atteinte, le glissement commence à une vitesse nulle, on voit que le *coefficient d'adhérence* est une *valeur particulière du coefficient de frottement*, celle qui correspond à une *vitesse nulle*. Le coefficient de frottement décroît très rapidement quand la vitesse s'accroît ; sa valeur s'abaisse au tiers, au quart, et même au cinquième de celle qu'il avait pour une vitesse nulle.

Le *coefficient d'adhérence* ou coefficient de frottement maximum dépend des conditions atmosphériques et de l'état du rail. Dans les conditions favorables, par un temps très sec ou par une pluie abondante, qui nettoie bien les surfaces métalliques, le coefficient peut atteindre $\frac{1}{5}$ et même $\frac{1}{4}$, soit de 20 à 25 o/o. Au contraire, dans les conditions défavorables, lorsque le rail est un peu onctueux, par une pluie commençante ou du brouillard, qui ramollissent plus ou moins les matières organiques de la surface des rails, il descend à $\frac{1}{9}$ ou même à $\frac{1}{10}$. Dans les souterrains, par exemple, où il y a toujours une certaine humidité, il ne faut pas compter sur une valeur supérieure à $\frac{1}{10}$. Cette circonstance doit être prise en considération dans l'établissement des lignes ; il faut diminuer la pente de la voie dans les souterrains pour que les trains puissent y remorquer les mêmes charges que sur les autres parties de la voie.

Enfin, dans les circonstances tout à fait défavorables, par un temps de verglas, ou quand il y a sur le rail des feuilles mortes humides, le coefficient d'adhérence peut s'abaisser jusqu'à $\frac{1}{12}$ ou à $\frac{1}{13}$. Il en est quelquefois de même au voisinage des gares, par suite du dépôt de matières grasses sur les rails, notamment de l'huile entraînée par la vapeur qui s'échappe des cylindres lorsque les mécaniciens les *purgent* au départ.

Habituellement, on calcule la charge que peuvent remorquer les machines en prenant pour valeur du coefficient d'adhérence $1/7$, en Allemagne $\frac{1}{6,5}$. La charge ainsi trouvée n'est qu'une charge moyenne ; mais la charge réelle peut varier du simple au double, et même plus.

Quand il y a glissement, l'équilibre est rompu, puisque l'équation des moments ne peut plus être satisfaite ; la somme des moments des forces qui agissent sur l'axe n'est plus nulle ; le moment moteur $\mathfrak{M}$, qui était équilibré par les résistances et par la réaction tangentielle, ne l'est plus. L'essieu prend alors un mouvement angulaire accéléré, et, comme le coefficient f' décroît quand la vitesse augmente, le mouvement angulaire s'accélère très rapidement. On désigne ce phénomène en disant que la roue *patine*. Si le mécanicien ne prend pas des dispositions pour empêcher le patinage, la vitesse de rotation devient tellement grande qu'il peut se produire des ruptures dans les pièces. Pour combattre le patinage, il suffit de restreindre l'arrivée de la vapeur.

Rien ne serait donc plus facile que d'éviter le patinage, s'il ne s'agissait que de cela. Mais l'effort moteur peut alors devenir insuffisant pour mouvoir le train. Quand on le peut, le mieux est, en ce cas, de réduire l'effort demandé, soit en ralentissant la marche, soit en diminuant le nombre des véhicules. Mais ces moyens échappent si l'on est en pleine voie, à une vitesse telle qu'il n'y ait plus à gagner d'une manière appréciable sur la résistance du train en la réduisant encore. Cela arrive souvent par suite d'un changement survenu en cours de route dans les circonstances atmosphériques, ou pour une cause quelconque affectant l'état du rail.

On peut alors augmenter l'adhérence en répandant sur la voie du sable bien sec. Les locomotives sont toutes munies, à cet effet, d'une sablière. Quelquefois, on obtient le même résultat en arrosant les rails avec de l'eau, de préférence chaude.

§ 5. CAS D'UN EFFORT DE RETENUE

57. — Dans le calcul précédent, nous avons supposé que le moment moteur $\mathfrak{M}$ était dirigé de manière à faire tourner la roue dans le sens où elle est remorquée. Supposons maintenant que ce moment agisse en sens inverse, c'est-à-dire changeons $\mathfrak{M}$ en $-\mathfrak{M}$; on a

$$T = \frac{\mathfrak{M}}{R} + Q\frac{r}{R}\sin\varphi + (P+p)\frac{d}{R}.$$

Pour une même valeur de $\mathfrak{M}$, on a donc, pour T, une valeur supérieure si $\mathfrak{M}$ est négatif.

Cette valeur de T est positive, comme la réaction dans les véhicules remorqués ; t, qui lui est égal et qui est de même signe, devient alors un *effort de retenue*, au lieu d'être un effort moteur. Donc, à égalité du moment moteur, l'effort de retenue est plus grand que l'effort moteur ; les résistances s'y ajoutent au lieu de s'en retrancher. Cela ne veut pas dire que si l'on renverse la vapeur (*marche à contre-vapeur*), et que l'on marche au même cran de distribution, l'effort de retenue sera supérieur à l'effort moteur obtenu au même cran, car alors, comme on le verra plus tard, le travail de la vapeur dans le piston est moins grand ; dans ce cas, par conséquent la valeur absolue de $\mathfrak{M}$ est diminuée et, finalement, la valeur de T peut être moins grande.

L'effort de retenue a, comme l'effort moteur, pour limite l'adhérence, c'est-à-dire $(\mathrm{P}+p)\,f$. L'adhérence limite donc l'effort de la contre-vapeur, comme elle limite l'effort direct de la vapeur, c'est-à-dire l'effort moteur. Si l'on suppose que le moment négatif $\mathfrak{M}$, au lieu d'être obtenu par la contre-vapeur, le soit par un autre procédé, par l'action de freins, par exemple, il en sera encore de même ; la valeur de la réaction tangentielle, qui sera un effort de retenue, aura toujours pour limite l'adhérence. L'adhérence sert donc de limite à l'effort moteur comme à l'effort de retenue, — que celui-ci soit produit à l'aide de la contre-vapeur ou par l'action des freins.

En définitive, le rôle de l'adhérence dans la locomotive, que celle-ci ait à tirer ou à retenir son train, est entièrement assimilable à celui de la réaction d'un levier sur son point d'appui. La puissance et la résistance qui agissent sur le levier peuvent recevoir des valeurs quelconques, petites ou grandes, jusqu'à la limite où le support viendrait à céder. Dans la locomotive, le support, c'est-à-dire le rail, ne cède pas, mais il laisse glisser le point d'appui, ce qui revient au même.

Nous venons de dire que ce qui limitait l'action des freins, quel que soit le mode de retenue employé, c'était l'adhérence. Il y a cependant une différence entre l'effet des freins à sabot et l'action de la contre-vapeur. Les sabots agissant par frottement, toujours à l'opposé du mouvement relatif, peuvent arriver à annuler le mouvement de rotation des roues, à *caler les roues,* suivant l'expression employée ; mais ils ne peuvent déterminer une rotation en sens inverse. Il n'en est pas de même avec la contre-vapeur, force active, qui peut produire ce que l'on nomme le *patinage inverse*, c'est-à-dire une rotation inverse de celle qui produirait le mouvement d'entraînement des véhicules. Dans les deux cas, la limite d'adhérence est dépassée ; quand les roues sont simplement immobilisées (roues calées), la vitesse du point de contact est égale à la vitesse du train ; lorsqu'il y a patinage inverse, la vitesse relative du point de contact est supérieure à la vitesse du train ; le coefficient de frottement, qui décroît lorsque la vitesse augmente, est donc plus réduit, et, par suite, l'effort de retenue est moindre. Cet effet paradoxal, par suite duquel le résultat obtenu est d'autant moindre que l'action de la vapeur sur les pistons est plus considérable, ne doit pas être perdu de vue par les mécaniciens ; il paraît avoir joué un rôle dans plusieurs accidents, provenant d'emballements de trains sur des pentes.

6. ÉTUDE DES RÉACTIONS INTÉRIEURES ET EXTÉRIEURES D'UNE LOCOMOTIVE A VAPEUR : LOCOMOTIVE AU REPOS

58. Répartition du poids entre les points d'appui. — Nous traiterons d'abord le cas où la machine est au repos ; la vapeur n'agit pas, ou bien son action est détruite par des forces intérieures sans effet sur la voie, comme celle d'un frein ; les réactions d'appui de la machine sont supposées normales aux rails.

La question de la répartition des charges sur les points d'appui se présente différemment pour les machines et pour les véhicules ordinaires. Cela tient à ce que, pour les machines, le nombre des essieux est supérieur à 2. Lorsqu'il n'y a que deux essieux, cela équivaut, en raison de la symétrie, à 2 points d'appui ; la charge est rigoureusement déterminée sur chacun d'eux. Si l'on n'admettait pas qu'il y eût symétrie, il faudrait envisager la répartition sur chacun des 4 points d'appui. Le problème serait indéterminé avec les éléments ordinaires de la statique. Cette indétermination ne proviendrait, à la vérité, que de ce que l'on considérerait la machine comme un corps rigide ; elle n'existe pas en réalité, la nature ne laissant rien indéterminé. Mais, pour la lever, il faudrait faire appel à d'autres considérations, comme l'élasticité, par exemple.

Les locomotives ayant au moins 3 essieux, ce qui représente, eu égard à la symétrie, au moins 3 points d'appui, la répartition de la charge sur les points d'appui n'est pas déterminée par la statique ; l'indétermination serait plus grande encore si la symétrie n'existait pas, puisqu'il y aurait 6 points d'appui. Dans les dépôts de machines, on s'assure pratiquement de la répartition des charges sur les appuis à l'aide de ponts à bascules, comprenant autant de bascules différentes qu'il y a de roues aux machines. Comme on a fréquemment en service des machines à 4 essieux, c'està-dire à 8 roues, le pont est généralement à 8 bascules. C'est ce que l'on nomme le *pont octuple*. Lorsque la machine repose sur le pont, il importe que les plateaux soient ramenés rigoureusement à leur niveau primitif pour apprécier la charge de chacun d'eux, sans quoi les ressorts joueraient et les résultats seraient complètement faussés.

Nous pouvons traiter par le calcul la question de répartition. Nous supposerons qu'il y a symétrie par rapport au plan médian, de manière à n'envisager que l'équilibre d'un système plan. Si l'on voulait traiter le problème dans toute sa généralité, il faudrait, au contraire, rapporter le système à 3 axes, et considérer les moments par rapport à chacun d'eux. Nous ramènerons la question à des proportions plus simples. Soient A,

B, C les points d'appui ; p, p', p'' les charges sur chacun d'eux ; P le poids de la machine appliqué à son centre de gravité G ; l et l' les distances entre les axes des essieux, et enfin d la distance du centre de gravité G à l'essieu du milieu.

Nous convenons de désigner par p' la charge de l'essieu du milieu, et nous supposons que le centre de gravité G de la machine est compris entre les deux essieux dont les charges sont p' et p''. Cela n'implique aucune hypothèse sur la constitution de la machine ; dans ce cas, l'essieu extrême, de charge p'', est l'essieu d'avant ou l'essieu d'arrière, suivant que G est en avant ou en arrière de l'essieu du milieu. La distance d est nécessairement positive. Dans d'autres questions, nous pourrons trouver avantage à faire une convention différente à cet égard.

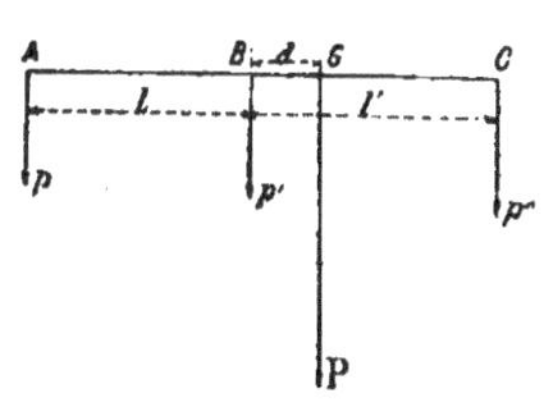

La position du centre de gravité à l'avant ou à l'arrière de l'essieu du milieu n'est pas indifférente. Il est nécessaire que l'essieu d'avant soit assez chargé, pour éviter que les boudins des roues puissent franchir les rails.

Or la charge p'' de l'essieu C ne peut pas devenir nulle, puisque le centre de gravité G est compris entre les deux essieux B et C, tandis que, au contraire, la charge p peut le devenir. Aussi, considère-t-on souvent comme indispensable à la sécurité que le centre de gravité de la machine soit placé en avant de l'essieu du milieu. Ce desideratum fait même, en Angleterre, l'objet d'une recommandation spéciale du *Board of Trade*, dans les « Précautions recommandées pour l'exploitation des chemins de fer » (décembre 1885). Au 6°, il est dit que « les machines utilisées aux trains de voyageurs doivent être stables, n'avoir pas moins de 6 roues avec un empattement suffisant ; elles doivent avoir leur centre de gravité en avant des roues motrices (1) et des mécanismes équilibrés ».

C'est peut-être donner trop d'importance à cette condition, car il est possible, en disposant convenablement de l'espacement des essieux, ou d'autre manière, d'obtenir une charge suffisante sur l'essieu d'avant sans qu'elle soit remplie. Elle offre même un inconvénient évident pour la sécurité, en cas de rupture de l'essieu d'avant. Si les deux roues de cet essieu venaient à manquer à la fois, la machine tomberait à l'avant, donnerait du nez par terre, suivant l'expression adoptée, ce qui pourrait

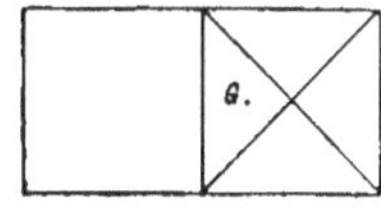

occasionner un grave accident. Fort heureusement, il est rare que les deux roues manquent à la fois, et il suffit, dès lors, que le centre de gravité soit en arrière des deux diagonales du rectangle formé par 4 points d'appui, pour que la machine soit toujours

____

(1) Les roues motrices ne sont pas nécessairement les roues du milieu, mais la recommandation ne peut avoir d'intérêt que dans ce cas.

soutenue, au cas où une des roues d'avant viendrait à faire défaut.

L'équation des projections verticales donne

$$p + p' + p'' = P.$$

Pour l'équation des moments, nous prendrons pour centre le point A ou le point C, afin d'éliminer l'une ou l'autre des pressions extrêmes ; le mieux sera même de prendre successivement pour centre des moments chacun de ces deux points ; on obtient ainsi les valeurs de p et de p'' en fonction de p', en évitant une élimination algébrique. En prenant le point C pour centre des moments, on a :

$$p\,(l + l') + p'l' = P\,(l' - d) \;;$$

d'où :

$$p = \frac{P\,(l' - d) - p'l'}{l + l'}\,.$$

En prenant les moments par rapport à A, on aurait :

$$p'' = \frac{P\,(l + d) - p'l}{l + l'}\,.$$

Il y a lieu d'abord de remarquer que p' figure dans les expressions de p et p'' avec le signe $-$; il en résulte que p et p'' varient simultanément en sens inverse de p'. D'autre part, p et p'' doivent être positifs. Donc p' doit être inférieur à $P\left(1 - \dfrac{d}{l'}\right)$ et à $P\left(1 + \dfrac{d}{l}\right)$. Comme d est positif, la moindre des valeurs précédentes, maximum effectif de p', est $P\left(1 - \dfrac{d}{l'}\right)$. Les valeurs limites de p' sont donc o et $P\left(1 - \dfrac{d}{l'}\right)$; les valeurs correspondantes de p et p'' sont données par le tableau suivant :

$$
\text{pour :} \qquad p' \ldots o, \qquad \text{ou } P\left(1 - \frac{d}{l'}\right),
$$

$$
\text{on a} \ldots \ldots \left\{
\begin{array}{lll}
p \ldots & P\dfrac{l' - d}{l + l'} & o \\[2ex]
p'' \ldots & P\dfrac{l + d}{l + l'} & P\,\dfrac{d}{l'}
\end{array}
\right.
$$

En donnant à p' une valeur arbitraire comprise entre les limites indiquées, on a, par les formules, les valeurs correspondantes de p et de p''.

On obtient une représentation graphique très simple de l'ensemble de ces formules en se fondant sur ce que les expressions de p et p'' sont du premier degré par rapport aux trois inconnues. Traçons un rectangle dont le grand côté représentera le poids total P de la machine. Sur le côté AC, portons les valeurs de p, p', p'', qui correspondent à la valeur maximum $P\left(1 - \dfrac{d}{l'}\right)$ de p' ; sur le côté A'C', les valeurs de p, p', p'', qui correspondent

à la valeur minimum o de p'. On voit que p croît de o à $A'\,B'$; p' de o à
AB, et p'' de BC à $B'C'$. Si on suppose que l'abscisse CC' représente une

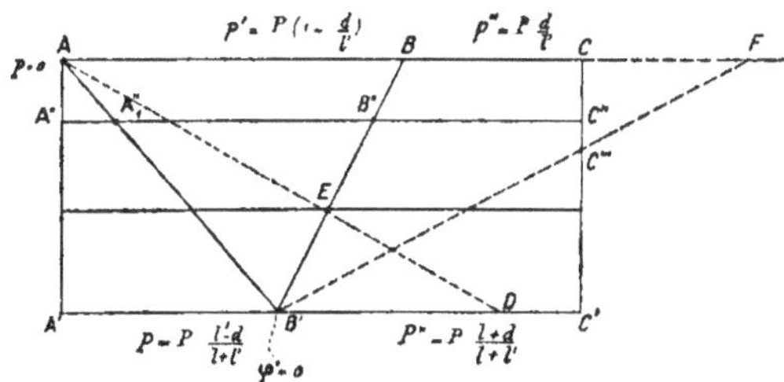

variable auxiliaire telle que, dans l'intervalle, BB' représente la variation
de la fonction p'', les valeurs de p et p' seront également limitées par des
droites, et, en plaçant les ordonnées à la suite de celles de BB', on aura
évidemment les droites AB' et AA'. Dès lors, il suffit de tirer une parallèle
quelconque $A''C''$ à AC pour avoir les trois valeurs simultanées de p, p', p'',
qui seront $A''A''_1$, $A''_1\,B''$, $B''C''$.

On voit facilement qu'il est toujours possible d'avoir $p = p'$; il suffit de
prendre $B'D = B'A'$, et de tirer $A'D$ qui détermine, par sa rencontre avec
$A''B''$, le point E par lequel on mènera la parallèle à AC. Cette droite
donne évidemment $p = p'$. Cette construction sera toujours possible.
Théoriquement, on peut toujours *a priori* poser $p = p'$; on obtient
3 équations à 3 inconnues, qui donnent une solution unique. Mais il
importe, pour que cette solution soit admissible, que les valeurs des trois
charges soient positives, et c'est ce qui demandait à être vérifié.

De même, en joignant B' au point F tel que $BF = AB$, on aura un
point C''' dont l'horizontale donne la répartition relative au cas où $p' = p''$.
Ce point C''' tombera, comme il le faut, entre C et C' si $AB > BC$
ou $\dfrac{d}{l'} < \dfrac{1}{2}$, condition toujours remplie dans la pratique.

Ainsi, on peut toujours rendre égales entre elles les charges de deux
essieux voisins.

Pour que les charges des deux essieux extrêmes puissent être égales,
il faut et il suffit que le maximum $A'B'$ de p surpasse le maximum $B'C'$ de
p'', c'est-à-dire que l'on ait :

$$l' - d > l + d \quad \text{ou} \quad d < \frac{1}{2}(l' - l),$$

ce qui suppose $l' - l > o$.

Bien entendu, il faut encore certaines conditions mécaniques pour que
l'une ou l'autre de ces égalités reconnues possibles soit réalisée.

En général, on ne peut pas rendre les trois charges égales, car ajouter
deux équations $p = p' = p''$ aux deux qui lient déjà entre elles ces trois
quantités, c'est former un système surabondant. Pour que ces quatre

équations soient compatibles, il faut, non plus des conditions d'inégalité comme celles que nous venons de montrer, mais une équation de condition entre les coefficients des trois inconnues.

On obtient cette condition en faisant $p = p' = \dfrac{P}{3}$ dans l'équation des moments qui devient :

$$\frac{1}{3}(l + 2\,l') = l' - d \quad \text{ou} \quad d = \frac{1}{3}(l' - l),$$

ce qui suppose $l' - l > o$.

59. Balanciers. — Il existe un moyen mécanique d'établir un rapport déterminé, notamment le rapport d'égalité, entre les parties du poids suspendu qui portent sur les boîtes de graissage de deux essieux ; c'est de relier ces essieux au moyen d'un balancier ou d'une combinaison équivalente.

On trouve décrites dans l'ouvrage de Couche un grand nombre de dispositions qui ont été employées dans ce but. Nous n'en donnerons que quelques types pour en faire saisir le mécanisme d'ailleurs très simple.

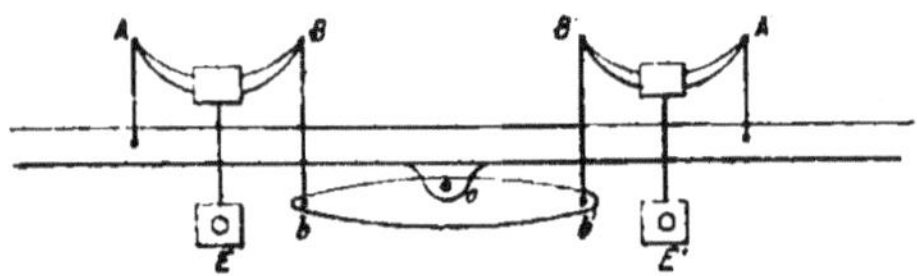

Représentons, par exemple, les deux ressorts de suspension AB, A'B' ; ils reposent, par l'intermédiaire de deux tiges de pression, sur les boîtes à graisse de deux essieux E et E'. Les extrémités A et A' sont réunies au longeron par des menottes ; les extrémités B et B' sont réunies aux extrémités d'un balancier dont le pivot O est fixé au longeron.

Les deux bras de levier étant égaux, les charges exercées par les menottes fixées à ses extrémités sont égales. Or, en considérant le ressort AB comme un levier dont A est le point fixe, on voit que la tension de la tige B est la moitié de la charge sur la boîte E. Il en est de même pour l'autre ressort. Donc les charges sur les deux boîtes sont égales. Au lieu de réaliser l'égalité des charges, on aurait pu produire la relation $p = mp'$. Il eût suffi, pour cela, d'établir la même relation entre les longueurs des bras de levier en ordre inverse.

La disposition suivante ne comporte qu'un ressort pour deux essieux. Dans ce cas, les extrémités du levier reposent sur les boîtes de graissage par l'intermédiaire des tiges de pression ; le ressort est suspendu au levier par son étrier, et ses deux extrémités sont réunies au longeron par les menottes. La charge supportée par le ressort se transmet par parties égales sur les deux tiges de pression A et B', qui appuient, sur les boîtes. Si le centre d'oscillation o n'était pas au milieu du balancier, mais partageait le levier dans un rapport m, la charge supportée par le ressort serait répartie dans le même rapport, pris en sens inverse, sur les deux essieux.

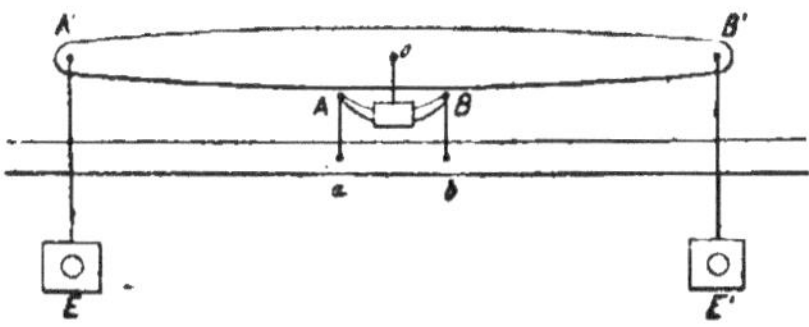

On peut substituer au levier tout autre mécanisme établissant un rapport déterminé entre la puissance et la résistance.

On a employé, par exemple, des renvois de sonnette dont les pivots o et o' sont fixés au longeron, et dont deux des extrémités libres sont réunies par une tige articulée AA'. Cette disposition, en usage sur les machines à grande vitesse du Nord, est plus facile à loger que la précédente.

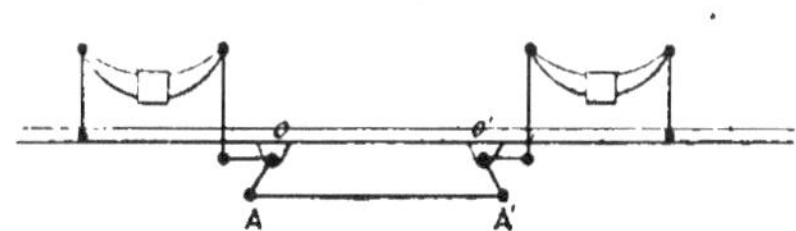

60. Répartition eu égard à la flexibilité des ressorts. — Nous avons dit que les théorèmes de la statique des corps rigides laissaient subsister une indétermination dans le problème de la répartition de la charge.

Pour lever cette indétermination, il faut tenir compte de ce que la machine ne constitue pas un corps rigide, mais, au contraire, un corps plus ou moins flexible, comme le sont les corps naturels. On serait conduit ainsi à faire des hypothèses sur la constitution et sur la nature de ce corps. Pris sous cette forme générale, le problème serait très compliqué ; mais on peut se contenter d'une solution très suffisamment exacte, en supposant que le bâti est complètement rigide et qu'il repose sur des points d'appui, rigides également, par l'intermédiaire de ressorts flexibles. Nous désignerons alors par P le poids total suspendu et par

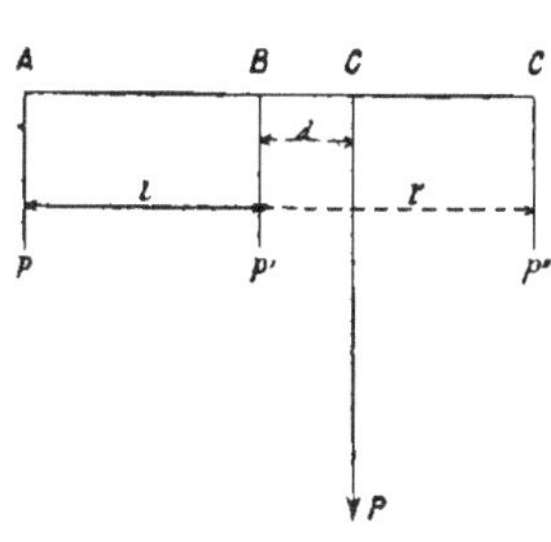

p, p', p'' les poids suspendus sur chacun des essieux A, B, C. Ces mêmes lettres désignaient précédemment les charges totales sur la voie. On passera de l'une à l'autre en ajoutant aux poids suspendus respectivement le poids de chaque essieu monté.

Considérons l'essieu A. Soit h la hauteur, au-dessus de la voie, d'un point marqué sur le châssis lorsque le ressort est à l'état naturel, en supposant que le châssis suive le ressort et ne pèse plus sur lui.

Lorsque ce ressort est soumis à l'action du poids p, il fléchit ; le point de repère s'abaisse de kp ; la hauteur z du point de repère au-dessus de la voie est alors $h - kp$; on a donc pour les trois essieux :

$$z = h - kp$$
$$z' = h' - k'p'$$
$$z'' = h'' - k''p'',$$

h' et h'' désignant la hauteur de points de repères analogues pour les essieux B et C.

Supposons que les 3 points de repère choisis pour les 3 essieux soient en ligne droite, ainsi que la voie elle-même ; lorsque les ressorts auront fléchi, ils resteront encore en ligne droite, puisque le châssis est un corps rigide ; z, z', z'' sont donc les ordonnées d'une ligne droite, et l'on a, par suite,

$$\frac{z - z'}{l} = \frac{z' - z''}{l'}.$$

En éliminant z, z', z'' entre ces 4 équations, on aura une relation en p, p', p'' qui, ajoutée, aux équations de la statique précédemment trouvées, qui s'appliquent encore avec la nouvelle signification des lettres, permettra de résoudre complètement le problème.

La dernière équation donne

$$(z - z') \, l' = (z' - z'') \, l.$$

En remplaçant les z par leurs valeurs, on a l'équation :

$$l'kp - (l + l') \, k'p' + l \, k''p'' = l' \, h - (l + l') \, h' + l \, h''.$$

Le second membre ne dépend que des éléments de la construction, l et l', h, h' et h''. En faisant varier les quantités h, h', h'', c'est-à-dire la longueur des menottes, on fera varier à volonté la valeur du deuxième membre, c'est-à-dire la troisième équation qui permet d'obtenir les valeurs de p, p' et p''. C'est donc de la valeur de la quantité

$$L = l' \, h - (l + l') \, h' + l \, h''$$

que dépend la charge des points d'appui ; nous pouvons donc considérer cette quantité comme caractérisant *l'état de réglage* de la machine et lui donner ce nom.

Si on donne à h, h' et h'' le même accroissement $d\,h$, L ne varie pas ; on en conclut que l'état de réglage est indépendant de la hauteur de la ligne des repères, ce qui devait être à priori. Si on fait varier h' seulement, l'état de réglage varie de l'accroissement dh multiplié par $l + l'$; si, au contraire, laissant h' fixe, on faisait varier h ou h'' seulement de la même quantité dh, l'état de réglage ne varierait plus que de dh multiplié par l ou l', soit sensiblement de la moitié de la variation précédente. C'est donc en agissant sur la suspension de l'essieu du milieu qu'on modifiera le plus rapidement la répartition.

Si à l'équation :

$$l'\,k\,p - (l + l')\,k'p' + l\,k''\,p'' = \mathrm{L},$$

nous adjoignons les deux équations de la statique :

$$p + p' + p'' = \mathrm{P}$$
$$p\,(l + l') + p'\,l' = \mathrm{P}\,(l' - d),$$

on obtient un système de trois équations qui permettra d'obtenir les charges p, p', p''. En appelant Δ le dénominateur commun, on aura

$$\Delta = k\,l'^2 + k'\,(l + l')^2 + k''\,l^2$$
$$\Delta\,p = \mathrm{P}\,[k'\,(l + l')\,(l' - d) - k''\,l\,d] + \mathrm{L}\,l'$$
$$\Delta\,p' = \mathrm{P}\,[k\,l'\,(l' - d) + k''\,l\,(l + d)] - \mathrm{L}\,(l + l')$$
$$\Delta\,p'' = \mathrm{P}\,[k'\,(l + l')\,(l + d) + k\,l'\,d] + \mathrm{L}\,l.$$

Les valeurs des p comprennent un terme indépendant du réglage et un terme qui, au contraire, en dépend, et l'on peut voir facilement qu'une modification $d\,\mathrm{L}$ de ce réglage influe sensiblement deux fois plus sur p' que sur p ou sur p''.

Puisque la considération des ressorts permet de déterminer p, p', p'', ces calculs ne perdent-ils pas toute leur valeur par l'emploi d'un balancier qui ajoute déjà une équation de condition au système, $p = mp'$, par exemple ? Cette équation de condition jointe aux deux de la statique, donne un système de trois équations à trois inconnues qui permet de déterminer ces dernières. Alors comment ces inconnues pourront-elles satisfaire à l'équation donnée par la considération des ressorts ? Il semble qu'il y ait contradiction. Il n'en est rien. En même temps que le balancier introduit une relation entre les charges p et p', par exemple la relation $p = mp'$, il fait que, de par la construction, les hauteurs h et h' ne sont plus déterminées mais seulement liées par une relation qui résulte de la disposition du balancier. La relation $p = mp'$, ajoutée aux deux équations de la statique, permettra de déterminer p, p' et p'' ; en substituant les valeurs de celles-ci dans l'équation :

$$l'kp - (l + l')\,k'p' + lk''p'' = \mathrm{L} = l'h - (l + l')\,h' + lh'',$$

elle devient une seconde relation entre h et h'.

On peut donc déterminer ces deux hauteurs ; on pourra ensuite calculer les hauteurs z, z' et z'' et déterminer ainsi la position de la machine par rapport à la voie.

Si l'un des essieux, celui, par exemple, dont la charge est p, passe sur un obstacle de hauteur e, c'est $z - e$ qui doit être égale à $h - kp$, l'ordonnée z étant toujours rapportée à la ligne droite qui passe par les deux autres points d'appui. La première des équations en z devient

$$z = h + e - kp.$$

On est donc conduit à remplacer h par $h + e$ dans toutes les formules.

§ 7. LOCOMOTIVE EN MARCHE

61. Influence de l'inclinaison de la voie. — Le calcul que nous avons fait a supposé que la voie était horizontale. Lorsqu'il n'en est pas ainsi, la somme des réactions normales exercées par la machine sur la voie n'est pas considérablement modifiée, parce que l'inclinaison est généralement faible. On a, en effet, en projetant sur une normale à la voie :

$$P \cos i = N + N' + N'',$$

tandis que précédemment l'on avait :

$$P = p + p' + p''.$$

Comme l'inclinaison ne dépasse jamais, pour ainsi dire, 3o mm. par mètre, soit 0,03, valeur qu'elle n'atteint d'ailleurs qu'exceptionnellement, on voit que cos i, est sensiblement égal à l'unité. Mais il ne faudrait pas croire que, si la somme totale des réactions normales n'a pas changé, la répartition des charges est restée la même. Ce ne serait pas exact. D'abord, l'équation des moments est plus modifiée que celle des projections. Au lieu de $Nl - N''l' = Pd$, par exemple, elle s'écrira $Nl - N''l' = P (d \cos i - h \sin i)$; ce qui équivaut à changer la distance d. Mais, de plus, le déplacement de l'eau dans la chaudière, ou dans les caisses à eau s'il s'agit d'une machine-tender, change d'une façon assez notable la position du centre de gravité de la machine, et tend encore à modifier la valeur de d ; il en résulte que les réactions normales N, N', N'' peuvent avoir, sur les pentes, des valeurs sensiblement différentes de celles qu'elles ont en palier. Ce résultat est augmenté par la flexibilité des ressorts, qui se dépriment davantage du côté où se porte le poids.

Le principal inconvénient du déplacement de l'eau dans la chaudière est de découvrir l'avant des tubes lorsque la machine gravit une rampe, ou le ciel du foyer, lorsqu'elle descend une pente. Cependant, on peut dire que, dans une machine isolée, la répartition de la charge sur les appuis n'est pas grandement modifiée par les pentes. Mais il en est tout à fait autrement lorsque la machine est attelée à un train. L'effort de traction que la machine exerce sur le train et l'action de la vapeur dans les cylindres peuvent modifier beaucoup plus profondément cette répartition.

L'action de la vapeur et celle du train ne sont pas d'ailleurs nécessairement simultanées. Il peut y avoir action du train sans que pour cela la vapeur agisse sur les pistons, lorsque, par exemple, la machine descend une pente ou stationne sur une rampe. L'effort de traction n'a pas le même sens dans les deux cas, mais il n'en existe pas moins, bien que la vapeur n'exerce aucune action dans les cylindres. D'autre part, la machine peut circuler sous vapeur sans remorquer un train.

Nous étudierons donc séparément l'influence de l'effort de traction sur la répartition des charges sur les points d'appui de la voie, et celle qui résulte de l'action de la vapeur dans les cylindres.

62. Influence de l'effort de traction sur la répartition du poids. — Considérons une machine ayant, par exemple, deux essieux moteurs accouplés et un essieu porteur à l'avant : c'est là un type que l'on rencontre fréquemment. Soient Θ l'effort de traction horizontal exercé par le train sur la machine, par l'intermédiaire du crochet de traction (ou des tampons quand il est négatif), H la hauteur à laquelle agit cet effort, P le poids total de la machine ; N, N', N'' les réactions normales de la voie sur les roues ; T, T', T'' les réactions tangentielles exercées également par la voie aux mêmes points. On sait que, quand il s'agit d'un véhicule remorqué, les réactions tangentielles sont dirigées vers l'arrière, et qu'elles s'exercent vers l'avant, au contraire, quand le véhicule devient moteur. Nous les compterons positivement vers l'avant, c'est-à-dire que nous donnerons le signe $+$ aux réactions T et T' exercées sur les roues motrices, tandis que la réaction T'', exercée sur la roue porteuse, sera négative. Nous supposerons la machine animée d'un mouvement uniforme de translation ; les forces qui la sollicitent doivent alors se faire équilibre, en vertu du principe de d'Alembert, et nous pouvons leur appliquer les équations d'équilibre.

L'équation de projections sur la verticale donne :

$$N + N' + N'' = P ;$$

sur l'horizontale, elle donne :

$$T + T' + T'' = \Theta.$$

Pour l'équation des moments, nous pouvons choisir arbitrairement pour centre le point que nous voulons ; nous le placerons sur la voie, afin

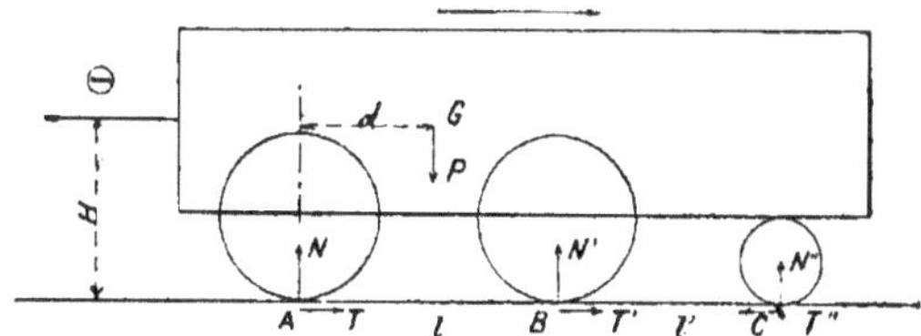

de faire disparaître les T de l'équation. Prenons, par exemple, le point A, point de contact de la roue arrière, et désignons par l et l' les distances des axes des essieux entre eux, par d la distance du centre de gravité G de la machine à la verticale qui passe par le centre de la roue arrière A. On aura :

$$N'\, l + N''\, (l + l') = P\, d - \Theta\, H = P \left(d - \frac{\Theta}{P}\, H \right).$$

La première équation est la même que s'il n'y avait pas d'effort de traction ; on voit que celle des moments est modifiée de la même manière que si la distance d était diminuée. *L'effort de traction agit donc sur la répartition des charges comme si le centre de gravité de la machine était reporté vers l'essieu d'arrière.* Il en résulte que la charge de l'essieu d'arrière est augmentée, tandis que celle de l'essieu d'avant est diminuée. Pour l'essieu du milieu, le sens du changement varie suivant les circonstances.

Le diamètre des roues motrices ne joue aucun rôle dans la question. Il importe de le remarquer, car le contraire est souvent enseigné. En particulier, l'ouvrage de Couche (2e volume, page 283) si exact, en général, contient une erreur à cet égard. D'après Couche, si Θ passait par le centre des roues motrices, la répartition des charges ne serait pas modifiée ; si Θ passait au-dessus des centres des roues motrices, la roue d'avant serait déchargée ; si Θ passait en dessous des centres, la roue d'avant serait, au contraire, chargée, comme s'il tendait à se produire un mouvement de bascule autour du centre de la roue d'arrière. Couche arrive à ce résultat inexact en appliquant l'équation des moments, non pas à l'ensemble de la machine, mais au corps principal qui repose sur les essieux, c'est-à-dire au poids suspendu. Il prend les moments par rapport à l'axe de l'essieu d'arrière, afin d'éliminer les réactions horizontales des plaques de garde. Il s'ensuit que, dans l'équation des moments, l'effort de traction a pour facteur le produit $H - R$, R désignant le rayon des roues motrices, et que son influence varie suivant le signe de $H - R$. Cette manière de procéder est parfaitement légitime, mais à la condition de tenir compte de toutes les forces extérieures qui agissent sur le système considéré. L'erreur de Couche provient de ce qu'il n'a pas fait entrer en ligne de compte la tension de la bielle motrice, force que nous n'avions pas à considérer tout à l'heure, parce qu'elle est une force intérieure pour l'ensemble de la machine, mais qui est, au contraire, une force extérieure pour la masse suspendue.

En faisant figurer cette tension dans l'équation des moments, et en tenant compte de ses relations avec les autres forces qui agissent sur les essieux, on retombe, comme cela devait être, sur le résultat obtenu plus haut.

Soit, en effet, $\mathfrak{M}$ le moment de la tension de la bielle motrice, pris par rapport à l'essieu d'arrière ; si nous désignons par q, q', q'' les charges sur les trois essieux (formant ensemble le poids suspendu), et par p, p', p'' les poids propres de ces essieux, l'équation des moments, pour le poids suspendu, donne, en remarquant que la quantité P, précédemment considérée, comprend les poids des essieux, et le produit Pd, leurs moments :

$$q'\, l + q''\, (l + l') = P\, d - \Theta\, (\text{H} - \text{R}) - p'\, l - p''\, (l + l') - \mathfrak{M}.$$

En prenant les moments, par rapport au même point, pour l'ensemble des essieux, accouplés ou non, on obtient :

$$\mathfrak{M} - (\text{T} + \text{T}' + \text{T}'')\, \text{R} + (p' + q' - \text{N}')\, l + (p'' + q'' - \text{N}'')\, (l + l') = o.$$

En remplaçant $\text{T} + \text{T}' + \text{T}''$ par la quantité Θ, égale pour l'équilibre de l'ensemble de la machine, on voit sans peine que cette équation, combinée avec la précédente, reproduit celle qui a été donnée en premier lieu.

A la rigueur, il aurait fallu tenir compte de la réaction horizontale des plaques de garde de l'essieu porteur dont le rayon est différent de R. Il est visible qu'elle disparaîtrait dans la combinaison des deux équations.

Si nous revenons à l'équation fondamentale

$$\text{N}'\, l + \text{N}''\, (l + l') = P \left(d - \frac{\Theta}{P}\, \text{H} \right),$$

on voit que si Θ change de signe, c'est-à-dire si la machine exerce un effort de retenue sur le train, au lieu d'un effort de traction, la conclusion précédente se trouve renversée, c'est-à-dire que l'essieu d'avant se trouve être chargé, tandis que l'essieu d'arrière est, au contraire, déchargé. Ce cas peut se produire dans la *double traction des trains,* lorsque, par suite d'un défaut d'entente entre les mécaniciens, la machine d'avant vient à se laisser pousser ; l'essieu d'avant de la première machine est surchargé ; son essieu d'arrière est déchargé. Mais, pour la deuxième machine, l'effet de la traction du train est augmentée de l'action de retenue de la machine d'avant ; son essieu d'avant est donc doublement déchargé, et il peut arriver à l'être tellement qu'un déraillement peut s'en suivre. Dans certains de ces déraillements, la poussée exercée par la seconde machine sur celle de tête a été si forte et si brusque que le maillon du tendeur qui les reliait est sorti du crochet d'attelage et que la machine de tête s'est trouvée dételée sans rupture des pièces d'attelage. On comprend qu'une semblable pression soulève énergiquement l'avant de la seconde machine et détermine le déraillement. Ceci met en évidence un inconvénient de la double traction et explique pourquoi c'est presque toujours, en cas de déraillement, la seconde machine qui sort des rails.

Pour achever la détermination des valeurs de $\text{N}, \text{N}', \text{N}''$, il nous faudrait une troisième relation entre ces quantités, relation que l'on pourrait obtenir par la considération des ressorts, par exemple ; mais nous ne nous arrêterons pas à cette question.

§ 8 EFFORTS DÉVELOPPÉS PAR L'ACTION DE LA VAPEUR

63. — Nous étudierons d'abord la relation qui existe entre l'effort de traction (-) et le moment moteur produit par la vapeur, c'est-à-dire le *mouvement de la machine sous l'action de la vapeur*.

Considérons, par exemple, pour fixer les idées, une machine à trois essieux, celui du milieu moteur, les autres accouplés ou non. Bien qu'en général, et maintenant surtout, les cylindres soient horizontaux, ou très faiblement inclinés sur l'horizon, nous supposerons, dans notre étude, les cylindres inclinés sous l'angle θ, de manière à traiter la question dans sa généralité et à mettre en évidence l'inconvénient de cette inclinaison. Nous supposerons, en outre, que la figure représente le côté gauche de la

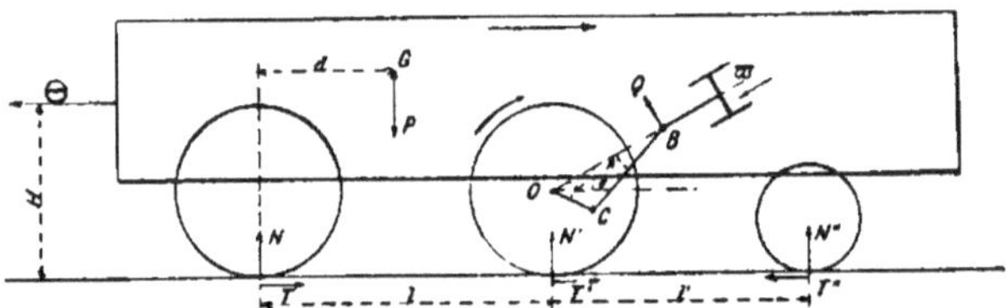

machine, et que la translation s'opère de gauche à droite, dans le sens de la flèche, c'est-à-dire que la machine marche en avant.

Lorsque la machine est animée d'un mouvement uniforme, le mouvement n'est, en réalité, que périodiquement uniforme, la période étant mesurée par un tour de roue. Les vitesses étant les mêmes au commencement et à la fin de chaque période, la variation de force vive est nulle, et, par suite aussi, la somme des travaux des forces appliquées.

Si nous considérons l'ensemble des forces extérieures qui agissent sur la machine, il y a, outre l'effort de traction (-) exercé par le train sur la machine, les résistances de toute nature et le travail moteur de la vapeur. Les forces résistantes agissent évidemment dans le même sens que l'effort (-) qui n'est, en réalité, qu'une résistance d'un autre ordre. Au bout d'un tour de roue, c'est-à-dire du chemin π D, en appelant D le diamètre des roues motrices, le travail moteur doit être égal au travail résistant. Or les résistances que la machine a à vaincre, en dehors de (-), peuvent se diviser en deux, les résistances extérieures et les résistances intérieures. Les premières forment l'ensemble des forces extérieures de résistance qui agissent sur la machine : résistance de l'air, résistance au roulement, etc.... Nous les désignerons par (-)′ ; les secondes proviennent des frottements intérieurs résultant du mouvement relatif des pièces : frottement du piston dans les cylindres, des coussinets sur les fusées et frottements de tous genres en général. Nous désignerons par M (du mot mécanisme) la force horizontale nécessaire pour les vaincre. La somme des travaux résistants, au bout d'un tour de roue, est alors $(\Theta + \Theta' + M) \pi D$.

Pendant ce temps, le travail de la vapeur est égal évidemment à quatre fois celui d'une cylindrée, soit $4 \dfrac{\pi d^2}{4} pl$, p désignant la pression moyenne effective de la vapeur par unité de surface, d le diamètre des pistons, et l leur course, qui est le double de la longueur de la manivelle. Finalement, on a :

$$\Theta + \Theta' + M = p \frac{d^2 l}{D} \cdot \tag{1}$$

Cette équation joue un rôle capital dans l'étude des locomotives.

p étant la pression moyenne effective de la vapeur est représenté par la moyenne de l'excès de la pression de la vapeur en avant de la face motrice sur la pression exercée contre la face résistante. Pour rappeler cette signification, nous remplacerons p par αp, p désignant alors la pression effective de la vapeur dans la chaudière, et α un coefficient de réduction.

Nous donnerons plus loin les formules à l'aide desquelles on peut évaluer approximativement cette pression moyenne. On peut l'obtenir d'une manière exacte lorsqu'on a recueilli les diagrammes du travail de la vapeur sur le piston au moyen de l'indicateur de Watt. La différence des aires des courbes obtenues pendant les courses d'aller et de retour, ou l'aire de la courbe fermée, représente le produit αpl ; cette aire donne donc, en la divisant par l, le produit αp, ou α, en la divisant par pl. Si la distribution ne donnait pas des diagrammes identiques pour les deux faces, il faudrait en prendre la moyenne.

Si on considère le deuxième membre de l'équation précédente, on voit qu'il se compose de deux facteurs, l'un p ou αp, dont on peut disposer dans une certaine mesure pour une machine donnée, l'autre $\dfrac{d^2 l}{D}$, qui est déterminé par la construction de chaque machine, qui en caractérise en quelque sorte la puissance de traction, et que l'on a appelé le *module de traction*. Le premier αp, qui est susceptible de prendre des valeurs différentes pour la même machine, varie peu, en somme, quand on passe d'une machine à l'autre, car les machines construites à une même époque fonctionnent habituellement au même timbre sensiblement, et elles ont toutes un système de distribution analogue. C'est donc ce terme qui varie le moins d'une machine à l'autre, et c'est, au contraire, le terme fixe $\dfrac{d^2 l}{D}$ qui change et qui caractérise bien chaque machine.

Soit ϖ la pression exercée par la vapeur sur une face du piston, à un instant donné, c'est-à-dire le produit de sa surface par la pression effective par unité de surface (différence entre les pressions exercées sur la face motrice et sur la face résistante). Désignons par Q la pression exercée par la petite tête de bielle B sur la glissière de la machine. Nous supposerons cette réaction normale à la glissière, c'est-à-dire que nous négligerons le frottement de la tête de la bielle sur ses glissières. Si nous considérons les efforts exercés par la bielle à chacune de ses extrémités sur la roue ou sur la glissière, ces efforts sont égaux et dirigés suivant la longueur de cette bielle, lorsqu'on néglige les frottements dans les articulations et la masse de cette bielle. En effet, d'après le principe de d'Alembert, il doit y avoir équilibre entre les forces extérieures exercées sur cette bielle et les forces d'inertie. Celles-ci étant nulles, par hypothèse, les forces extérieures doivent se faire équilibre, et, si l'on néglige les frottements, il faut, pour qu'il y ait équilibre, qu'elles soient égales, de sens opposé et appliquées suivant la longueur de cette bielle. Ces efforts ont donc la même valeur absolue ; nous la désignerons par F ; nous appellerons, en outre, α l'angle de la manivelle motrice et β celui de la bielle avec l'axe du cylindre. L'angle α peut être considéré comme la variable indépendante qui détermine, à chaque instant, la configuration du mécanisme de la machine ; celle-ci, en effet, forme un système à liaisons complètes, c'est-à-dire dépendant d'une seule variable.

64. Tension de la bielle motrice. — Considérons maintenant les forces qui réagissent sur la petite tête de bielle. Il y a la réaction Q de la glissière, la force F exercée par la bielle d'accouplement et la pression ϖ exercée par la tige du piston. Si on néglige les masses de ces organes ou plutôt leurs forces d'inertie, ces trois forces doivent être en équilibre, d'après le théorème de d'Alembert, et, comme elles sont appliquées au même point, les équations d'équilibre se réduisent aux équations de projections. On doit donc avoir :

$$\varpi = F \cos \beta \qquad\qquad Q = F \sin \beta.$$

D'où l'on tire :

$$F = \frac{\varpi}{\cos \beta} \qquad\qquad (2)$$

$$Q = \varpi \operatorname{tg} \beta \qquad\qquad (3)$$

La première de ces relations montre que F est toujours supérieur ou au moins égal à ϖ. En réalité, l'angle β étant très petit, F diffère peu de ϖ. Si, en effet, r désigne le rayon de la manivelle et b la longueur de la bielle, on a évidemment :

$$\sin \beta = \frac{r}{b} \sin \alpha,$$

et, comme $\sin \alpha$ varie entre -1 et $+1$, $\sin \beta$, en valeur absolue, est $\leqq \dfrac{r}{b}$,

et, par suite, on a :

$$\cos \beta \geqq \sqrt{1 - \frac{r^2}{b^2}}.$$

Dans les machines fixes, où l'on n'est pas restreint par la place, on peut donner à $\frac{r}{b}$ une valeur presque aussi petite que l'on veut. Dans les locomotives, où l'on est à l'étroit, il n'est pas possible de réduire autant ce rapport ; toutefois, il est toujours supérieur à $\frac{1}{5}$ et même à $\frac{1}{5,5}$. On peut même dire qu'il varie généralement entre $\frac{1}{8}$ et $\frac{1}{9}$. Mais, en admettant même la valeur maximum $\frac{1}{5,5}$ de $\frac{r}{b}$, on trouve pour maximum de β $11° 18'$, ce qui donne $0,98$ pour minimum de $\cos \beta$. En prenant $\cos \beta = 1$, on ne commet donc pas une erreur supérieure à 2 o/o, ce qui est une approximation très suffisante, au moins dans les questions de ce genre ; ce n'est guère que pour les questions géométriques que l'on ne serait pas fondé à s'en contenter, comme, par exemple, dans l'étude de la distribution. On peut donc, en fin de compte, à 2 o/o près, considérer F comme égal à ϖ.

65. Réactions sur la glissière. — La deuxième relation :

$$Q = \varpi \, \mathrm{tg} \, \beta$$

conduit à des conséquences intéressantes.

L'angle β change de signe quand la grosse tête de bielle C passe aux points morts, puisque $\sin \alpha$ passe alors par zéro. Mais on doit remarquer que ϖ change également de signe, par le fait de la distribution. Il en résulte que Q ne change pas de signe et que, par suite, la pression *exercée par la petite tête de bielle sur la glissière a toujours le même sens, quelle que soit la position de la manivelle.*

Cela peut se voir d'une autre manière.

Lorsque le point C est au-dessous de la ligne des points morts, la bielle occupe la position BC, et elle pousse la manivelle motrice ; la réaction exercée par cette bielle sur la petite tête tend à l'appuyer sur la glissière supérieure. Lorsque la bielle occupe une position symétrique, elle tire, au contraire, sur la manivelle et exerce alors, à son autre extrémité, une réaction qui tend encore à appuyer la petite tête de bielle sur la glissière du haut.

Ainsi donc, lorsque la rotation s'opère dans le sens supposé, de gauche à droite, la petite tête de bielle exerce toujours une pression sur la glissière du haut. Si l'on renversait la marche, le résultat serait inverse, et la petite tête de bielle appuierait sur la glissière du bas. Aussi les mécaniciens désignent-ils généralement la glissière du haut du nom de *glissière de la marche en avant*, et l'autre, du nom de *glissière de la marche en arrière*.

Ces conclusions ne sont pas d'ailleurs rigoureusement vraies, et il y a un moment où, dans la marche en avant, la pression de la petite tête de bielle s'exerce sur la glissière inférieure. Cela tient à ce que, à un moment donné de la course du piston, on supprime l'échappement, de manière à produire une contre-pression qui dépasse la pression sur la face motrice ; ϖ est alors changé de signe avant que β le soit, ce qui entraîne le changement de signe de F.

66. Équations du mouvement. — Pour étudier le mouvement de la machine sous l'action de la vapeur, nous allons appliquer le théorème du travail, en négligeant les masses de pièces mobiles telles que pistons, bielles, manivelles, et nous écrirons que, à un instant donné t, la variation de force vive du système matériel formé par la machine, pendant le temps dt, est égale au travail élémentaire des forces qui agissent sur elle

Pour le travail de la vapeur, au lieu de prendre celui de la force ϖ, on peut considérer celui de la force intérieure F, qui en est la conséquence. Pour une rotation élémentaire $d\alpha$, le travail de la force F est égal à cette force multipliée par le chemin parcouru $rd\alpha$, et par le cosinus de l'angle compris F C M, qui est égal à $90° — (\alpha + \beta)$, soit :

$$Frd\alpha \cos [90° — (\alpha + \beta)] = Frd\alpha \sin (\alpha + \beta).$$

Il nous faut prendre, au même instant donné, le travail élémentaire de la vapeur dans le second cylindre de la machine, celui du côté droit. Marquons par l'indice ₁ les éléments du côté droit correspondant à ceux déjà désignés pour le côté gauche. Les pistons sont calés à $90°$ afin d'éviter que tous deux puissent passer au point mort en même temps, et, généralement, par suite d'une convention tacite, qui est vraisemblablement la continuation d'une situation de fait créée par les premiers constructeurs de locomotives, — car il n'y a pour cela aucune raison essentielle, — le piston droit est en avance sur le piston gauche. Pour avoir le travail élémentaire de la vapeur du cylindre de droite, il faut donc remplacer, dans l'expression précédente, α par $\alpha + 90°$, β par β_1, F par F_1 ; on a alors :

$$F_1 \, rd\alpha \sin (\alpha + 90° + \beta_1) = F_1 \, rd\alpha \cos (\alpha + \beta_1).$$

Si v désigne la vitesse du train, la somme des travaux résistants qui s'exercent sur la machine pendant le temps dt ou le chemin vdt est

$$(\Theta + \Theta' + M) \, vdt,$$

et elle est évidemment de sens contraire au travail moteur. La variation de force vive est d'autre part :

$$\frac{P}{g} \, d\left(\frac{1}{2} v^2 \right) = \frac{P}{g} \, vdv.$$

On a donc la relation :

$$d\alpha \left[\mathrm{F}r \sin (\alpha + \beta) + \mathrm{F}_1 r \cos (\alpha + \beta_1) \right] = (\Theta + \Theta' + \mathrm{M})\, v dt + \frac{\mathrm{P}}{g} v dv.$$

En écrivant cette équation, nous supposons implicitement que le mouvement de la locomotive est uniquement un mouvement de translation. Or les pièces du mécanisme sont animées également de vitesses relatives par rapport à la translation. Puisque nous négligeons les masses de ces pièces, il n'y a pas lieu de tenir compte de la force vive qui pourrait en résulter ; mais, en ce qui concerne les essieux montés, leur poids n'est pas négligeable par rapport à celui de la machine : leur force vive relative de rotation devrait être ajoutée à la force vive totale de translation de la machine supposée réduite à son centre de gravité. Or cette force vive varie entre le 1/7 et le 1/20 de la force vive de translation pour les véhicules ordinaires de marchandises ; elle en est environ le 1/7 lorsqu'ils sont vides, et le 1/20 lorsqu'ils sont chargés. Pour les voitures à voyageurs, elle est en moyenne le 1/10 de la force vive de translation. Il peut donc être important d'en tenir compte, et c'est ce que l'on fait notamment dans la question des freins. Ici, il y aurait intérêt aussi à en tenir compte si l'on voulait arriver à des résultats numériques précis ; mais les conclusions générales que nous avons en vue n'en seraient pas modifiées ; c'est pourquoi nous éviterons la complication d'écritures qui en résulterait.

Dans l'équation qui précède, il y a lieu de remarquer que Θ, Θ' et M n'ont plus tout à fait le même sens que dans la relation :

$$\Theta + \Theta' + \mathrm{M} = p\, \frac{d^2 l}{\mathrm{D}} ;$$

ils désignaient alors des valeurs moyennes, tandis que maintenant ils doivent être considérés comme représentant les valeurs des forces à l'instant t.

Si nous supposons qu'il y a roulement sans aucun glissement, l'arc $\mathrm{R}d\alpha$, développé par la roue, doit être égal au chemin parcouru $v dt$. Donc :

$$\mathrm{R}d\alpha = v dt.$$

On a donc :

$$[\mathrm{F} \sin (\alpha + \beta) + \mathrm{F}_1 \cos (\alpha + \beta_1)] \frac{r}{\mathrm{R}} = \Theta + \Theta' + \mathrm{M} + \frac{\mathrm{P}}{g} \frac{dv}{dt}, \qquad (4)$$

équation où figurent deux inconnues Θ et $\dfrac{dv}{dt}$.

L'effort de traction exercé par la machine dépend évidemment du train qu'elle a à remorquer On ne peut donc songer à trouver la seconde équation qui doit lier nos deux inconnues sans faire intervenir la considération de ce train.

S'il est nul, c'est-à-dire si la machine n'a à mouvoir qu'elle-même, on a :

$$\Theta = 0,$$

l'équation donne immédiatement l'accélération

$$\frac{dv}{dt}.$$

Soient en général Π le poids du train et ρ sa résistance par unité de poids : $\Pi\rho$ sera la résistance du train, c'est-à-dire l'effort nécessaire pour le maintenir en mouvement uniforme. Si v' est la vitesse de ce train à l'instant considéré, supposée commune à tous les points de sa masse, on aura évidemment :

$$\frac{\Pi}{g}\frac{dv'}{dt} = \Theta - \Pi\rho. \qquad\qquad (5)$$

La vitesse v' du train est, *en moyenne*, égale à la vitesse v de la machine ; mais elle peut en différer à chaque instant, puisque l'attelage permet un mouvement relatif de l'un par rapport à l'autre. Il faudrait prendre en considération le fonctionnement de l'attelage pour trouver une autre équation entre v et v'.

On peut considérer comme extrêmes les deux cas suivants :

1° L'attelage est supposé constituer un lien entièrement rigide et inextensible entre la machine et le train ; on a alors, à tout instant :

$$v = v', \qquad\qquad \frac{dv'}{dt} = \frac{dv}{dt}.$$

L'équation (5) ci-dessus devient :

$$\frac{\Pi}{g}\frac{dv}{dt} = \Theta - \Pi\rho.$$

Combinée avec la première (4), elle donne :

$$\frac{P+\Pi}{g}\frac{dv}{dt} = \frac{r}{R}[F\sin(\alpha+\beta) + F_1\cos(\alpha+\beta_1)] - \Theta' - M - \Pi\rho$$

$$\Theta = \frac{\Pi}{P+\Pi}\left\{\frac{r}{R}[F\sin(\alpha+\beta) + F_1\cos(\alpha+\beta_1)] - \Theta' - M + P\rho\right\}.$$

2° L'attelage est supposé amortir complètement les oscillations de la machine et ne les transmettre en aucune façon au train. La vitesse de celui-ci sera donc constante et égale à la vitesse moyenne de la machine :

$$v' = \text{const.} \quad \frac{dv'}{dt} = 0 \qquad\qquad 0 = \Theta - \Pi\rho$$

$$\frac{P}{g}\frac{dv}{dt} = \frac{r}{R}[F\sin(\alpha+\beta) + F_1\cos(\alpha+\beta_1)] - \Theta' - M - \Pi\rho,$$

Le second membre de cette expression est le même que dans le cas précédent ; les accélérations sont dans le rapport de $P + \Pi$ à P. Cela se comprend puisque, dans le premier cas, l'effort de la vapeur se répartit sur la masse totale $\dfrac{P + \Pi}{g}$ du train attelé et que, dans le second, elle s'applique à la seule masse $\dfrac{P}{g}$ de la machine.

Les trains de voyageurs avec attelage au contact doivent se rapprocher du premier cas ; les trains de marchandises, à attelages plus élastiques, doivent se rapprocher davantage du second, surtout si l'on a la traction continue.

Si la vitesse moyenne est constante, comme tout est identique dans deux tours de roue, la vitesse doit reprendre la même valeur à la fin de chacun d'eux ; l'intégrale $\displaystyle\int \dfrac{dv}{dt}\, dt$ étendue à un tour de roue doit être nulle. Cela exige nécessairement que la valeur de la différentielle, c'est-à-dire le second membre des équations ci-dessus, change de signe au moins une fois dans cet intervalle.

Ainsi, dans un train de marche uniforme, ce qui veut dire de vitesse moyenne constante, la machine n'en a pas moins, à chaque instant, une accélération qui peut être importante, mais cette accélération change de signe une ou plusieurs fois pendant chaque tour de roue.

La somme $\Theta' + M + \Pi \rho$, qui figure dans l'expression de l'accélération, représente la résistance totale du train, machine comprise.

67. Réactions tangentielles des roues. — Une quantité importante à calculer, c'est la somme des réactions tangentielles T et T′ des roues motrices. Si, à un instant quelconque, elle surpasse l'adhérence, il y a patinage.

Posons, pour abréger :

$$\frac{r}{R}\left[F \sin (\alpha + \beta) + F_1 \cos (\alpha + \beta_1) \right] = \Phi.$$

Si l'on se rappelle que $F \sin (\alpha + \beta)$ représente la projection de la tension F de la bielle de gauche sur la perpendiculaire au rayon passant par son point d'application, et $F_1 \cos (\alpha + \beta_1)$, la même chose pour la bielle de droite, on voit que ΦR représente le moment moteur total ; Φ est ce qu'on peut appeler *l'action totale de la vapeur ramenée à la jante des roues motrices*. C'est une force qui, appliquée en sens inverse à la jante ferait équilibre à l'action de la vapeur.

L'équation des projections sur une parallèle à la voie donne, la réaction tangentielle T″ des roues porteuses étant comprise dans la résistance extérieure :

$$T + T' = \Theta + \Theta' + \frac{P}{g}\frac{dv}{dt},$$

et, en vertu de l'équation (4),

$$T + T' \text{ ou } \Sigma T = \Phi - M.$$

Cette équation donne lieu à une remarque importante.

Le second membre représente l'action de la vapeur ramenée à la jante, diminuée des résistances intérieures. C'est ce qu'on peut appeler l'*effort disponible à la jante des roues motrices*.

C'est une grandeur qui dépend uniquement de la pression actuelle de la vapeur dans les cylindres et de la valeur de α, ou de la disposition actuelle du mécanisme ; elle ne dépend aucunement de la présence du train.

Celle-ci, contrairement à ce qu'on serait tenté de croire, est donc sans influence directe sur le patinage. Une machine dans laquelle la vapeur est admise d'une certaine manière, n'est ni plus ni moins en danger de patiner, toutes choses égales d'ailleurs, qu'elle soit libre ou attelée à un train.

Si, en fait, le patinage se produit surtout avec des trains lourds, c'est que, pour remorquer ces trains, on est obligé d'admettre la vapeur de manière à produire un effort de traction considérable et, pour ce faire, de donner à Φ une valeur élevée. Mais si, au moment où une machine ainsi attelée est sur le point de patiner, on supprimait instantanément l'attelage, le patinage ne s'en produirait pas moins. Au lieu de produire un effort de traction, l'action de la vapeur déterminerait une accélération considérable et le résultat serait le même quant au patinage.

Par un effet analogue, le patinage se produit souvent au démarrage, même avec un train que la machine remorque facilement une fois en vitesse ; c'est que le mécanicien donne la vapeur de manière à obtenir une forte accélération et qu'il dépasse ce que permet l'adhérence de la machine.

On pourrait se proposer de déterminer séparément les réactions T et T' des deux roues. Il faudrait, pour cela, étudier séparément les mouvements des deux essieux, ce qui amènerait à introduire les tensions des bielles d'accouplement.

En faisant cette étude, on constate que l'on fait apparaître autant d'inconnues que d'équations nouvelles ; on ne parvient donc pas à la détermination désirée.

Cela ne doit pas surprendre. Les forces T et T' sont en prolongement l'une de l'autre. On sait que deux forces en prolongement l'une de l'autre, appliquées à un solide invariable, ne sont réellement pas distinctes, puisqu'on peut transporter une force le long de son alignement sans que le mouvement du corps soit altéré en rien. On voit sans peine qu'il en est de même pour des forces appliquées à un système articulé formé de pièces rigides, comme c'est le cas ici.

68. Tensions des bielles d'accouplement. — Ainsi, nous ne pouvons pas espérer obtenir la détermination séparée des réactions T et

T' et, par conséquent, les tensions des bielles d'accouplement, tant que nous considérerons la locomotive comme un assemblage de solides invariables. On ne peut calculer ces forces qu'en faisant intervenir les propriétés physiques des pièces en jeu.

Les considérations suivantes rendront cette conclusion plus évidente.

Si la bielle d'accouplement n'a pas une longueur rigoureusement égale à la distance des centres des roues, le passage des points morts devient géométriquement impossible ou, du moins, incompatible avec une rotation toujours progressive des deux essieux ; en réalité, cette égalité rigoureuse n'existe jamais ; les points morts sont néanmoins franchis, grâce aux jeux des assemblages et aux petites déformations des pièces. On comprend sans peine que la tension développée dans la bielle varie énormément avec la différence de longueur et avec la plus ou moins grande facilité de déformation des pièces.

D'autre part, imaginons que la roue motrice principale et le rail, au droit de cette roue, soient parfaitement polis, de façon que le coefficient de frottement puisse être considéré comme nul ; dans ce cas on aura nécessairement $T' = o$ et $T = \Sigma T$. L'essieu accouplé sera le seul essieu véritablement moteur ; le travail moteur se transmettra en totalité par les bielles d'accouplement.

Si l'inverse avait lieu, c'est-à-dire si l'essieu accouplé n'avait aucune adhérence, on aurait $T = o$ et $T' = \Sigma T$. Les bielles d'accouplement n'auraient aucun effort à exercer, si ce n'est celui qui peut correspondre à l'accélération de l'essieu accouplé.

En faisant abstraction de cette accélération, le maximum d'effort que ces bielles puissent avoir à exercer correspond au cas où T a la plus grande valeur possible, valeur qui est l'adhérence. C'est dans cette hypothèse que l'on calcule la section de la bielle.

Si l'essieu accouplé commandait lui-même un autre essieu accouplé, ses bielles devraient être capables de vaincre l'adhérence des deux essieux.

Lorsqu'il y a des freins, les sabots ne sont pas nécessairement appliqués aux roues motrices principales et les bielles d'accouplement peuvent travailler autrement sous l'action des freins que sous l'action de la vapeur. Il faut les calculer en conséquence.

Si le mouvement de rotation des roues n'est pas uniforme, mais accéléré, les forces d'inertie des essieux montés correspondant à cette accélération peuvent devenir considérables, et, comme elles s'ajoutent aux réactions tangentielles des rails, les efforts imposés aux bielles peuvent dépasser le maximum de ces réactions tangentielles, en vue duquel elles ont été calculées. C'est ce qui explique pourquoi, lorsque les roues patinent, les bielles peuvent être faussées ou même rompues.

69. Influence de l'action de la vapeur sur la répartition du poids. — Pour étudier la répartition du poids de la machine entre ses points d'appui, il faut procéder exactement comme nous avons fait pour la répartition statique, mais en tenant compte de toutes les forces en jeu, y compris les forces d'inertie.

Les projections sur un axe vertical donnent

$$N + N' + N'' = P.$$

Les moments par rapport au point d'appui de l'essieu porteur donnent, en supposant le centre de gravité à une distance d en avant de l'essieu du milieu et à une hauteur G au-dessus de la voie,

$$N\,(l + l') + N'\,l' = P\,(l'\text{-}d) + \Theta\,H + \Theta'\,H' + \frac{P}{g}\frac{dv}{dt}\,G.$$

La première équation montre que la somme des réactions verticales est toujours égale au poids. Mais la deuxième montre que la répartition de ce poids dépend de l'action de la vapeur, puisque les quantités Θ, et surtout $\dfrac{dv}{dt}$, en dépendent.

Pour le mieux voir, éliminons $\dfrac{dv}{dt}$ au moyen de notre équation fondamentale (4)

$$\frac{P}{g}\frac{dv}{dt} + \Theta + \Theta' + M = \Phi.$$

Il vient :

$$N\,(l + l') + N'\,l' = P\,(l' - d) + \Phi\,G - \Theta\,(G - H) - \Theta'\,(G - H') - MG.$$

Dans le second membre, le terme en Θ dépend lui-même de Φ, mais les variations de Θ sont moindres que celles de Φ, puisque, dans le cas le plus défavorable, celui d'un attelage absolument rigide, l'expression de Θ contient Φ multipliée par la fraction $\dfrac{\Pi}{P + \Pi}$. En outre, Θ est multiplié par la différence $G - H$, qui est, en pratique, toujours positive et moindre que G. Les variations du terme en Θ ne peuvent donc pas compenser celles du terme en Φ.

Les variations du second membre de cette équation et, par conséquent, celles de la répartition du poids augmentent avec H et surtout avec G, c'est-à-dire avec la hauteur du crochet d'attelage et avec celle du centre de gravité de la machine.

Il y a là un motif pour tenir ce centre de gravité le plus bas possible.

Autrefois, on considérait cette condition comme très importante pour la stabilité des machines, et les constructeurs faisaient de grands efforts pour ne pas élever le centre de gravité. Aujourd'hui, les idées ont changé ; on ne craint pas d'élever les machines, ce qui procure incontestablement de grandes facilités pour donner aux chaudières les dimensions désirables et loger tous les organes. En Amérique surtout, on est allé très loin dans cette voie. Il y a lieu de se demander ce qui en résulte pour la stabilité.

Si l'on devait entendre par là la résistance au renversement latéral, la question serait simple. Il est certain qu'en élevant le centre de gravité, on diminue cette résistance mais qu'on reste toujours bien au-dessous du point où ce renversement est à redouter. Une machine ne verse jamais que dans les accidents très graves et alors, il importe assez peu que le centre de gravité soit à quelques décimètres plus haut ou plus bas. On ne construit pas les machines en vue de ces cas exceptionnels.

Ce n'est donc pas là le point essentiel à envisager. Ce qui caractérise la stabilité d'une locomotive, c'est la régularité de son allure dans toutes les circonstances, l'absence d'oscillations dangereuses ou nuisibles. A ce point de vue, on a soutenu, dans ces derniers temps, que non-seulement l'élévation du centre de gravité n'est pas nuisible, mais qu'elle est avantageuse.

Les oscillations d'une masse quelconque autour d'un axe fixe, ou considéré comme tel, dépendent à la fois de la grandeur de la force qui tend à les produire et du moment d'inertie autour de cet axe, de même que celles d'un pendule simple dépendent de l'intensité de la pesanteur et de la longueur du pendule.

Nous venons de voir une cause d'oscillations qui augmente avec la hauteur du centre de gravité.

Par contre, si l'on admet que la ligne des points d'appui d'un essieu sur la voie puisse être assimilée à un axe fixe, le moment d'inertie par rapport à cet axe sera d'autant plus grand que les masses importantes de la machine seront placées plus haut; les oscillations seront alors plus lentes, toutes choses égales d'ailleurs, et il est vraisemblable qu'elles seront d'autant moins dangereuses pour la bonne marche de la machine et pour la conservation de la voie.

Mais cette assimilation de la ligne d'appui à un axe fixe est-elle légitime? C'est ce qui n'est pas bien évident. Jusqu'à ce qu'elle ait été fortifiée par une théorie plus complète ou par l'expérience directe, on doit tenir pour douteuse cette influence favorable de l'élévation du centre de gravité et se contenter d'admettre qu'il n'en résulte pas des inconvénients de nature à compenser les avantages qu'on y trouve d'autre part, au point de vue de l'aménagement de la machine. En présence de la constatation positive qui résulte de nos formules, il sera prudent de n'élever le centre de gravité que dans les limites où on en obtiendra un bénéfice certain sous le rapport de la puissance de la machine, des facilités de service ou d'entretien, etc.

Des considérations analogues à celles que nous venons de rencontrer pour les mouvements et les forces parallèles au plan médian de la machine se retrouveraient d'ailleurs si nous étendions notre étude à ce qui se passe dans le sens perpendiculaire à l'axe de la voie. Dans ce sens, nous trouverions, en outre, un effet dont nous aurons à nous occuper plus tard ; c'est celui de la force centrifuge dans les courbes. Il est facile de voir que les inégalités des charges sur les deux rails qui résultent de cette force sont proportionnelles à la hauteur du centre de gravité : nouvelle raison très sérieuse de ne pas augmenter cette hauteur sans une utilité bien certaine.

La troisième équation qui permettra de compléter la détermination des réactions normales N, N', N", sera fournie par les mêmes considérations que pour la répartition statique.

De même que dans cette première étude, il faut ici faire entrer en ligne, non plus les charges sur rails, mais les charges sur ressorts, en d'autres termes, chercher la répartition du poids suspendu. Soient n, n', n'' les charges sur les trois essieux.

Les relations entre ces trois quantités, résultant du fonctionnement des ressorts ou de celui des balanciers, sont identiquement les mêmes que dans le problème purement statique.

Avec une suspension à ressorts indépendants, nous aurons l'équation

$$l'kn - (l+l')\,k'n' + lk''n'' = l'h - (l+l')\,h' + lh''. \qquad (6)$$

Avec un balancier à bras égaux entre les deux essieux accouplés, nous aurons

$$n = n' \qquad\qquad (6')$$

et ainsi de suite.

D'autre part, si nous désignons par p, p' et p'' les poids propres des trois essieux, l'équilibre de l'essieu porteur donne

$$N'' = n'' + p''.$$

Pour l'essieu accouplé, sollicité par une bielle horizontale, nous aurons de même

$$N = n + p.$$

La relation est plus compliquée pour l'essieu moteur, sollicité par les deux bielles dont les tensions sont F et F_1, et qui font, avec l'horizon, les angles $\theta + \beta$ et $\theta + \beta_1$. La projection verticale donne

$$N' = n' + p' + F \sin (\theta + \beta) + F_1 \sin (\theta + \beta_1).$$

En éliminant, au moyen de ces trois équations, les charges n, n', n'' dans celle des équations (6), (6'), etc., qui convient au cas particulier, on aura la troisième équation cherchée.

Prenons, par exemple, le cas du balancier à bras égaux ; l'équation cherchée est

$$N - p = N' - p' - F \sin (\theta + \beta) - F_1 \sin (\theta + \beta_1).$$

Posons pour abréger :

$$\mathfrak{M} = \Phi G - \Theta \, (G - H) - \Theta' \, (G - H') - MG,$$
$$\mathfrak{F} = F \sin (\theta + \beta) + F_1 \sin (\theta + \beta_1).$$

Les trois équations à résoudre, pour avoir N, N', N'', sont :

$$N + N' + N'' = P,$$
$$N \, (l + l') + N' \, l' = P \, (l' - d) + \mathfrak{M},$$
$$N - p = N' - p' - \mathfrak{F}$$

On trouve :

$$N \, (l + 2l') = P \, (l' - d) - (p' - p) \, l' + \mathfrak{M} - l'\mathfrak{F},$$
$$N' \, (l + 2l') = P \, (l' - d) + (p' - p)(l + l') + \mathfrak{M} + (l + l')\mathfrak{F},$$
$$N'' \, (l + 2l') = P \, (l + 2d) - (p' - p) \, l - 2\mathfrak{M} - l\mathfrak{F}.$$

On voit que les variations de $\mathfrak{M}$, liées à celle de Φ ou du moment moteur, se font sentir de la même manière sur les points d'appui des essieux accouplés, et en sens inverse, avec une valeur doublée, sur celui de l'essieu porteur. Celles de $\mathfrak{F}$, au contraire, se portent dans le même sens sur les essieux extrêmes et en sens inverse sur l'essieu du milieu, l'effet, sur ce dernier, étant encore égal à la somme des effets produits sur les deux autres.

Nous reviendrons plus loin sur les variations de Φ. Occupons-nous actuellement de $\mathfrak{F}$.

D'après la relation qui lie $\mathfrak{F}$ à la pression ϖ sur le piston, on a :

$$\mathfrak{F} = \varpi \, \frac{\sin (\theta + \beta)}{\cos \beta} + \varpi_1 \, \frac{\sin (\theta + \beta_1)}{\cos \beta_1} = (\varpi + \varpi_1) \sin \theta + (\varpi \, \mathrm{tg}\, \beta + \varpi_1 \, \mathrm{tg}\, \beta_1).$$

On a vu que $\varpi \, \mathrm{tg}\, \beta$ et $\varpi_1 \, \mathrm{tg}\, \beta_1$ sont des quantités toujours de même signe, qui représentent les pressions des crosses de pistons sur leurs glissières ; la seconde partie de $\mathfrak{F}$ est donc toujours de même signe et ne peut atteindre une très grande valeur à cause de la petitesse des angles β et β_1 ; ses variations ne peuvent pas produire de grands écarts dans les charges sur rails.

Au contraire, la somme $\varpi + \varpi_1$, change de signe à chaque demi-tour de roue comme chacun des termes qui la composent : elle est alternativement égale à la somme et à la différence des valeurs absolues de ses deux termes. Il y aurait donc de très grandes variations des charges sur rails si l'on ne faisait pas disparaître l'influence de cette première partie en faisant $\theta = o$, c'est-à-dire en employant des cylindres horizontaux.

Il résulte des valeurs trouvées pour N, N', N'' que, avec la suspension à balancier, la répartition du poids est indépendante de la flexibilité des ressorts.

Elle est également indépendante des inégalités de la voie et c'est là l'utilité essentielle des balanciers.

Ces deux conclusions subsistent visiblement quel que soit le nombre des essieux pourvu que celui des balanciers soit augmenté en conséquence. Elles supposent l'une et l'autre qu'on peut faire abstraction des résistances et de l'inertie des balanciers ; pour qu'il en soit ainsi, les inégalités de la voie ne doivent pas intervenir trop brusquement.

Les choses se passent autrement avec une suspension à ressorts indépendants, puisque les flexibilités apparaissent dans l'équation (6) et que les inégalités de la voie peuvent se traduire, ainsi qu'on l'a vu précédemment, par une modification des hauteurs h, h', h'', qui figurent aussi dans cette équation.

Dans ce dernier cas, les valeurs de n, n', n'', qui se déduisent immédiatement des N, donnent directement les hauteurs au-dessus de la voie des points d'une ligne de repère tracée sur la machine. On a, en effet, pour ces hauteurs les valeurs :

$$z = h - kn \qquad z' = h' - k'n' \qquad z'' = h'' - k''n'' \tag{7}$$

Dans le cas d'une machine à balanciers, ces équations subsistent, mais les hauteurs h et h' ne sont pas données ; il existe seulement entre elles une relation résultant de la construction. Il est évident que, si l'on suppose les ressorts solidifiés, l'effet d'un balancier à bras égaux est d'obliger les essieux qu'il relie à se déplacer par rapport à la machine de quantités égales en sens inverse. En d'autres termes, la présence de ce balancier se traduit par la relation :

$$h + h' = c.$$

L'équation (6) subsiste dans tous les cas. Mais dans celui-ci, elle n'a pu nous servir à calculer les n parce que le second membre n'en est pas connu. Au contraire, maintenant que les n sont connues, elle nous donne une deuxième relation entre h et h'.

Ayant h et h' au moyen de ces deux équations, nous calculerons les z au moyen des équations (7). On trouve ainsi :

$$(l+2l')z = \mathscr{P} - \frac{\mathfrak{M}}{l+2l'}\Big[2lk'' + (l+l')(k+k')\Big] + \frac{\mathfrak{J}}{l+2l'}\Big[l'(l+l')(k+k') - l^2k''\Big]$$

$$(l+2l')z' = \mathscr{P}' + \frac{\mathfrak{M}}{l+2l'}\Big[2lk'' - l(k+k')\Big] + \frac{\mathfrak{J}}{l+2l'}\Big[l^2(k+k') + l'^2k''\Big]$$

$$(l+2l')z'' = \mathscr{P}'' + 2k''\,\mathfrak{M} + k''l\,\mathfrak{J},$$

$\mathscr{P}$, $\mathscr{P}'$ et $\mathscr{P}''$ représentant trois quantités constantes dont nous n'écrirons pas les expressions.

On voit que les flexibilités k et k'' des ressorts reliés par le balancier n'interviennent pas séparément. Leur somme influe seule sur le résultat. Elle n'a, du reste, aucune influence sur z'', c'est-à-dire sur le point qui est à l'aplomb de l'essieu porteur.

Au contraire, la flexibilité k'' des ressorts de l'essieu porteur influe sur z et sur z' aussi bien que sur z'' ; pour les deux points extrêmes, donnés par z et par z'', elle intervient toujours pour augmenter l'effet des variations du moment moteur, et elle est affectée du multiplicateur 2. Ceci explique pourquoi on a été amené par l'expérience à réduire considérablement cette flexibilité. Les effets du moment moteur sur ces deux points extrêmes sont de signes contraires ; les variations de ce moment produisent donc un balancement, un mouvement de bascule, auquel nous donnerons plus loin le nom de *tangage*. Les déplacements ne peuvent être que moindres au droit de l'essieu du milieu ; et effectivement, nous voyons par l'expression du coefficient de $\mathcal{M}$ dans z' qu'il y a compensation entre les effets des flexibilités k'', d'une part, et $k + k'$, d'autre part, compensation qui serait complète si l'on avait à la fois $k'' = \dfrac{k + k'}{2}$ et $l' = l$.

Les choses se passent autrement en ce qui concerne l'influence de la quantité $\mathcal{F}$. Les flexibilités k'' et $k + k'$ interviennent dans le même sens pour l'essieu porteur et pour l'essieu moteur principal, en sens inverse pour l'essieu accouplé ; mais pour qu'il y eût compensation complète pour ce dernier, dans l'hypothèse, toujours peu éloignée de la réalité, où $l' = l$, il faudrait que l'on eût $2(k + k') = k''$. Au contraire, dans la pratique, k'' est toujours au plus égal à k et à k' ; le coefficient de $\mathcal{F}$ dans z sera donc toujours positif.

Les coefficients de $\mathcal{F}$ dans z et dans z' seront même égaux, si l'on a :

$$2lk'' = l(k + k'),$$

ce qui, dans l'hypothèse de $l' = l$, sensiblement vraie, nous ramène à

$$k'' = \frac{k + k'}{2}.$$

En résumé, les variations de $\mathcal{F}$ produiront une augmentation ou une diminution simultanée des valeurs de z, z' et z'', c'est-à-dire un mouvement se rapprochant d'une translation verticale, que nous désignerons plus loin sous le nom de *galop*.

Il ne faut pas perdre de vue que les valeurs ainsi calculées de z, z' et z'' donnent ce qu'on pourrait appeler des positions d'*équilibre dynamique*, c'est-à-dire les positions que le système prendrait sous l'influence des valeurs successives de $\mathcal{M}$ et de $\mathcal{F}$ si l'on pouvait, à chaque instant, remplacer la force d'inertie du système par une force proprement dite de même valeur. Encore n'avons-nous considéré que la force d'inertie principale, celle qui correspond au mouvement général de translation de la machine ; en réalité, il faudrait prendre en considération les forces d'inertie correspondant aux divers mouvements oscillatoires qui se produisent. Nos équations deviendraient ainsi des systèmes d'équations différentielles à intégrer.

Les valeurs obtenues alors pour les charges sur rails N, N', N'', aussi bien que pour les hauteurs sur rails, z, z', z'', pourraient différer sensiblement de celles que donnent les formules précédentes. Néanmoins, on peut admettre que ces formules représentent la partie principale du phénomène, et surtout qu'elles font bien connaître le sens dans lequel influent les diverses circonstances prises en considération.

Jusqu'à présent, nous avons tout ramené dans le plan médian de la machine ; il est clair que, pour une étude complète, il faudrait distinguer les deux côtés de la machine. La vapeur n'agissant pas simultanément de la même manière dans les deux cylindres, les deux côtés ne sont pas poussés vers l'avant avec la même force et, si les cylindres ne sont pas horizontaux, ne sont pas soulevés simultanément avec la même force. On trouverait ainsi que les variations de l'action de la vapeur doivent produire des oscillations autour d'un axe vertical, ce que nous appellerons un mouvement de *lacet* et des oscillations autour d'un axe horizontal longitudinal, c'est-à-dire un mouvement de *roulis*. La considération de ce dernier nous apporterait une nouvelle raison de réduire autant que possible les projections verticales des tensions F et F_1 des bielles, en faisant $\theta = o$.

Nous nous contenterons d'indiquer ces questions dont le développement nous entraînerait trop loin.

Pour compléter ce qui précède, il convient de rechercher comment varie, dans la pratique, la quantité Φ qui y joue un rôle essentiel.

Nous avons vu que l'accélération $\dfrac{dv}{dt}$ et, par conséquent, son produit par la masse :

$$\frac{\mathrm{P}}{g}\frac{dv}{dt} = \Phi - \mathrm{M} - \Theta' - \Theta,$$

doivent changer de signe au moins une fois par tour de roue.

Or, les autres termes du second membre sont ou sensiblement constants, ou liés à Φ et oscillant avec cette quantité dans une amplitude moindre. Ce sont donc essentiellement les oscillations de Φ qui déterminent les changements de signe du second membre ; cette quantité doit être alternativement supérieure et inférieure à la somme des termes soustractifs.

Cette expression Φ, considérée comme fonction de α, a évidemment pour période un tour de roue ou quatre angles droits. Mais il est facile de voir qu'elle a, au moins très approximativement, une période plus courte. Si l'on néglige l'obliquité de la bielle, elle a rigoureusement pour période un angle droit.

En effet, si l'on suppose $\beta = o$, il vient $F = \varpi$ et

$$\Phi = \frac{r}{\mathrm{R}}\left(\varpi \sin \alpha + \varpi_1 \cos \alpha\right).$$

Comme on l'a déjà remarqué, ϖ est une fonction de α telle que

$$\varpi\,(\alpha + 180°) = -\varpi\,(\alpha) ;$$

sin α se comporte de même, en sorte que le produit ϖ sin $\alpha = \varphi (\alpha)$ reprend la même valeur, mais sans changer de signe quand α augmente de 180° :

$$\varphi (\alpha + 180°) = \varphi (\alpha).$$

Le terme ϖ_1 cos α est la valeur de $\varphi (\alpha)$ pour le côté droit de la machine, c'est-à-dire $\varphi (\alpha + 90°)$.

Ainsi :

$$\Phi (\alpha) = \frac{r}{R} \left[\varphi (\alpha) + \varphi (\alpha + 90°) \right] ;$$

par suite :

$$\Phi (\alpha + 90°) = \frac{r}{R} \left[\varphi (\alpha + 90°) + \varphi (\alpha + 90° + 90°) \right]$$

$$= \frac{r}{R} \left[\varphi (\alpha + 90°) + \varphi (\alpha) \right] = \Phi (\alpha), \qquad \text{c. q. f. d.}$$

Lorsqu'on tient compte de l'obliquité de la bielle, cette périodicité n'est plus rigoureuse, mais elle reste approchée. Ce n'est donc pas une fois mais quatre fois que l'accélération $\frac{dv}{dt}$ change de signe dans chaque tour de roue. C'est pourquoi, alors même que cette accélération éprouve des oscillations considérables, les variations de la vitesse restent faibles.

70. Variations de l'effort de la vapeur ramené à la jante. — Nous avons vu que, si l'on désigne par ΣT la somme des réactions tangentielles exercées par la voie sur les roues motrices de la machine, cette expression peut s'écrire :

$$\Sigma T = \frac{r}{R} \left[F \sin (\alpha + \beta) + F_1 \cos (\alpha + \beta_1) \right] - M,$$

ou :

$$\Sigma T = \Phi - M,$$

Φ désignant l'action de la vapeur ramenée à la jante ; M, les résistances intérieures également ramenées à la jante, et ΣT représentant l'effort disponible à la jante des roues motrices

On voit que Φ est une fonction de α, angle de la manivelle avec l'axe du cylindre moteur.

Pour étudier les valeurs de Φ, nous devons prendre les diagrammes obtenus avec l'indicateur de Watt, qui donnent la pression de la vapeur sur chaque face du piston pour toute position de celui-ci Si nous prenons pour abscisses les chemins décrits par le piston, et pour ordonnées la pression de la vapeur dans le cylindre, le diagramme obtenu pour l'une des faces motrices du piston aura la forme approximative ci-contre ABCDEF : la partie AB correspond à la pleine admission ; la partie BC à la période de détente ; la partie CD à l'échappement anticipé ; enfin la partie DEF correspond à la course de retour du piston, pendant laquelle la face considérée devient résistante : DE représente la pression pendant l'échappement proprement dit et EFA la contre-pression, quand l'échappement est coupé, ainsi que l'admission anticipée.

Si nous prenons le piston dans une certaine position donnée par la distance OX à sa position extrême, le travail de la vapeur motrice pour une course élémentaire dX, à partir de ce moment, sera représenté par

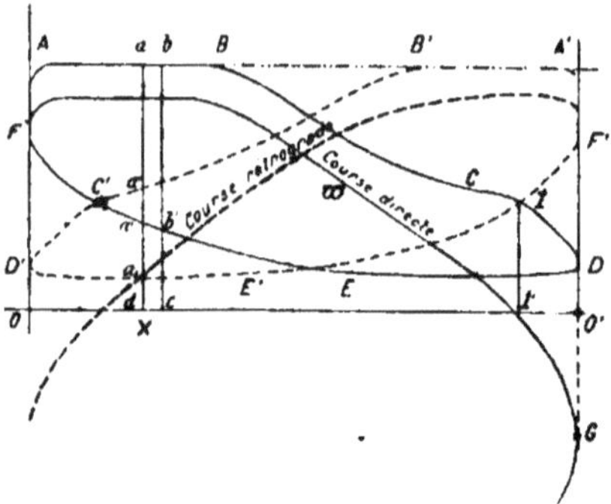

l'aire $abcd$; le travail élémentaire de la vapeur sur la même face, lorsque le piston sera revenu à cette position, sera donné par l'aire $a'b'cd$ et sera négatif. Finalement l'aire $aba'b'$ représente le travail moteur élémentaire, et la surface totale du diagramme le travail moteur de la vapeur sur la face motrice considérée pendant une course, c'est-à-dire le produit αpl, α étant un coefficient de réduction, p la pression de la vapeur dans la chaudière et l la course du piston.

Ce que nous avons appelé ϖ précédemment, c'est l'excès, à chaque instant, de la pression de la vapeur sur la face motrice sur la pression sur la face résistante. Si l'on admet que la distribution de la vapeur sur les deux faces du piston est la même — ce qui n'est qu'approximatif comme nous le verrons, — le diagramme sur la seconde face sera représenté par une courbe A'B'C'D'E' symétrique de la précédente. Pour une position du piston représenté par OX, ϖ est la différence entre l'ordonnée da de l'arc supérieur ABCD du diagramme de la face motrice du piston et l'ordonnée da_1 de l'arc inférieur F'E'D' du diagramme de la seconde face. En faisant cette différence pour tous les points de l'axe OO', on obtient une courbe ϖ qui passe évidemment par le point I', projection du point I où l'arc supérieur du diagramme direct et l'arc inférieur du diagramme inverse se coupent, et par le point G tel que O'G = F'D.

Cette courbe tracée permet d'avoir la valeur de ϖ pour toute position donnée du piston représentée par l'abscisse OX pendant la course considérée. On aura facilement, d'autre part, les valeurs de α et β qui correspondent à cette même position en traçant un cercle de diamètre l, prenant la longueur RX' = OX, élevant la perpendiculaire XM à un diamètre représentant l'axe du piston, et prenant enfin MP égale à la longueur de la bielle. Les angles α et β sont ceux marqués sur le croquis ci-contre. On aura les données correspondantes au piston droit en élevant le rayon SM_1 perpendiculaire à SM. SM_1 représente la position de la manivelle en avance de 90° sur celle de gauche ; les angles α_1 et β_1 se trouvent alors

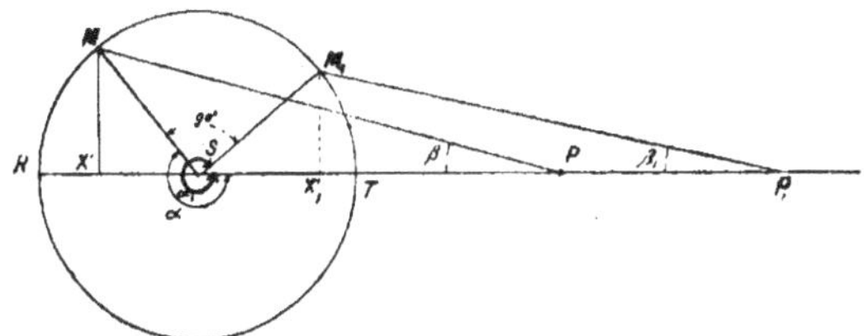

déterminés ; on portera sur la figure précédente une longueur égale à l'abscisse RX'_1 du point M_1 et l'ordonnée de la courbe ϖ correspondante fera connaître la valeur de ϖ_1. En prenant une courbe symétrique de la courbe ϖ, on obtiendra les valeurs de ϖ et de ϖ_1 correspondant à la course rétrograde des pistons.

Comme l'on a :

$$F = \frac{\varpi}{\cos \beta},$$

tout est alors connu dans l'expression de Φ que l'on peut d'ailleurs écrire :

$$\Phi = \frac{r}{R} \left[\frac{\varpi \sin (\alpha + \beta)}{\cos \beta} + \frac{\varpi_1 \cos (\alpha + \beta_1)}{\cos \beta_1} \right].$$

Si l'on néglige l'angle β de l'obliquité de la bielle, l'expression se simplifie et devient :

$$\Phi = \frac{r}{R} \left[\varpi \sin \alpha + \varpi_1 \cos \alpha \right].$$

On peut ainsi déterminer les valeurs de Φ pour toutes les valeurs de l'angle α, et construire une courbe en prenant Φ pour ordonnée et les angles α (et non les courses du piston cette fois) pour abscisses. On a vu précédemment que les valeurs de Φ sont périodiques et qu'elles se reproduisent chaque fois que α augmente de 90°. La courbe tracée se composera donc de deux parties identiques entre 0 et 90°, d'une part, entre 90° et 180° d'autre part. C'est ce qui n'apparaîtrait plus si l'on prenait pour abscisses, les déplacements du piston, ceux-ci n'étant pas proportionnels aux angles parcourus par la manivelle.

Φ oscille donc autour d'une valeur moyenne et reprend la même valeur chaque fois que l'angle α augmente d'un angle droit. Or, pour qu'il n'y ait pas patinage, il faut qu'à aucun moment de la course du piston, étant donnée la valeur admise pour le degré d'admission, l'excès

Φ — M de l'action de la vapeur sur la résistance du mécanisme ne dépasse la limite d'adhérence. Cette circonstance se produira d'autant moins facilement qu'il y aura un moins grand écart entre la valeur maximum de Φ et sa valeur moyenne, qui est la valeur nécessaire pour remorquer un train.

Les courbes ci-contre, déduites de diagrammes réellement observés, correspondent à des admissions de 28 o/o, 43 o/o, 72 o/o, et peuvent donner une idée de la grandeur et des oscillations de la valeur de Φ pour ces diverses admissions.

Pour la courbe correspondant à l'admission de 28 o/o, le rapport du maximum au minimum de Φ est $\dfrac{16,3}{8,1} = 2,01$. Le maximum correspond à $\alpha = 45°$ et le minimum à $\alpha = 73°\ 1/2$.

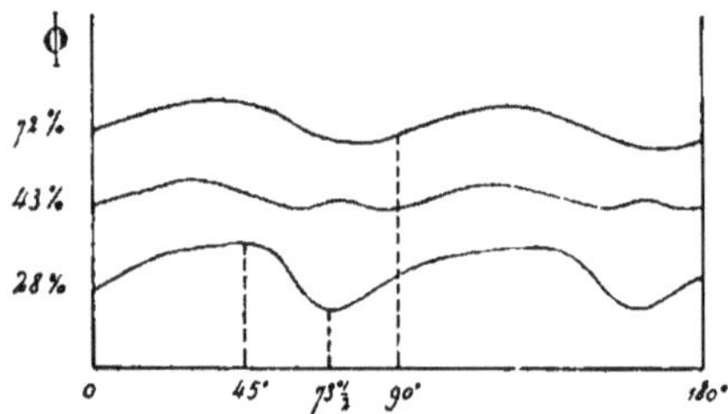

Pour une admission de 43 o/o, la courbe est plus régulière ; le maximum étant représenté par 27,2, le minimum est de 21,9, leur rapport de 1,24. Enfin, pour l'admission de 72 o/o, les écarts deviennent de nouveau plus considérables ; le rapport de la valeur maximum à la valeur minimum s'élève à 1,44.

Ainsi, les plus faibles oscillations de la valeur de l'effort de la vapeur ramené à la jante, pendant une course du piston, sont obtenues par les valeurs moyennes de l'admission ; on a, au contraire, pour Φ les plus grandes oscillations lorsque le degré d'admission est peu élevé ; lorsqu'on approche de la pleine admission, les oscillations, contrairement à ce qu'on aurait pu penser au premier abord, redeviennent notables : la constance de ϖ et de ϖ_1 laisse apparaître les variations des facteurs sin α et cos α, tandis que, pour les admissions moyennes, il y a compensation entre les variations des premiers et celles des derniers.

Mais ce qu'il importe de considérer, c'est moins l'écart entre les valeurs maximum et minimum de l'effort de traction que les variations de cet effort par rapport à sa valeur moyenne. Au chemin de fer de Lyon, pour calculer les dimensions des machines, on admet l'échelle suivante pour le rapport de l'effort maximum à l'effort moyen.

On retrouve dans ce tableau, sous une autre forme, le résultat mis en évidence par nos courbes de tout à l'heure ; l'écart entre le maximum et la moyenne ne varie pas constamment en sens inverse de l'admission : il atteint un minimum vers l'admission 0,60.

Admissions	Rapport de l'effort maximum à l'effort moyen
0,10	2,16
0,15	1,66
0,20	1,56
0,25	1,42
0,30	1,31
0,35	1,22
0,40	1,15
0,45	1,10
0,50	1,08
0,55	1,07
0,60	1,05
0,65	1,07
0,70	1,10
0,75	1,12
0,80	1,14

§ 9. EFFETS DE L'INERTIE DES PIÈCES EN MOUVEMENT RELATIF

71. Position du problème. — Nous avons traité jusqu'ici la locomotive comme un solide naturel en mouvement de translation, sans tenir compte de ce que ce solide renferme des pièces mobiles animées d'un mouvement relatif, ou plutôt, en négligeant la masse de ces pièces : bielles, manivelles, pistons, etc... Il s'agit de savoir si nous avions le droit d'agir ainsi et si les résultats que nous avons obtenus ne seraient pas modifiés d'une manière appréciable dans le cas où l'on ferait intervenir la masse de ces pièces.

Une locomotive étant considérée comme un assemblage de corps solides, il faudrait, pour étudier son mouvement d'une manière plus complète, étudier séparément celui de chacun des corps assemblés. Or, le mouvement d'un solide absolu est entièrement défini par six équations, à savoir : trois équations de projections et trois équations de moments. En appliquant les six équations à chacune des pièces de la locomotive, le mouvement de celle-ci serait traité dans toute sa généralité ; nous aurions autant de fois six équations qu'il y aurait de pièces distinctes dans la locomotive

Soient m la masse d'un point quelconque d'une des pièces, v sa vitesse et F l'une des forces extérieures appliquées.

L'équation de projection sur l'axe des x, par exemple, appliquée à l'ensemble des forces d'inertie et des forces extérieures, y compris les réactions mutuelles, donne :

$$\Sigma m \frac{dv_x}{dt} = \Sigma F_x .$$

L'équation des moments, par rapport à l'axe des x également, donne :

$$\Sigma \frac{d}{dt} \mathfrak{M}_x mv = \Sigma \mathfrak{M}_x \mathrm{F},$$

le Σ du premier membre s'étendant à tous les points de la pièce considérée et le Σ du second membre à toutes les forces qui lui sont appliquées extérieurement. Ces équations, vraies pour chacune des pièces mobiles, s'appliquent évidemment à un groupe quelconque de ces pièces et, par conséquent, à la machine entière, comme on le voit facilement en ajoutant entre elles les équations analogues. Les forces intérieures au groupe considéré disparaissent dans cette addition. Or, dans les leçons précédentes, ce sont précisément ces équations que nous avons appliquées à l'ensemble de la machine, ou du moins quelques-unes de ces équations, en négligeant la masse des pièces en mouvement relatif, dont le poids était faible par rapport à celui de la machine.

Pour étudier l'influence qu'auraient pu avoir ces pièces, on peut prendre la question sous des formes différentes. L'une consiste à rechercher les conditions pour que cette influence soit neutralisée ; l'autre à rechercher l'effet de ces pièces mobiles.

La première manière est la plus simple ; en écrivant que les efforts de ces pièces mobiles sont nuls, on obtiendra les conditions à remplir. Mais il se peut que ces conditions ne soient pas toutes réalisables, et c'est ce qui se produira. La seconde est plus générale, mais aussi plus difficile, et elle ne peut même pas être traitée rigoureusement dans l'état actuel de la science.

Nous adopterons d'abord la première manière, qui fournit les résultats les plus essentiels pour la pratique ; mais, après avoir constaté qu'elle ne donne pas une solution complète, en ce sens qu'on ne peut pas arriver à faire disparaître toutes les perturbations de mouvement produites par les pièces mobiles, nous entrerons dans quelques considérations sur ces perturbations.

Les équations de projections et de moments, dont nous avons écrit les types tout à l'heure, sont rapportées à des axes fixes. C'est dans ces conditions que nous les avons appliquées, par exemple, à la recherche de la somme des réactions tangentielles des roues motrices. Pour la question actuelle, il convient de les rapporter à des axes qui se transportent avec la machine.

Considérons des axes animés d'un mouvement de translation et passant par un point pris sur la machine, sur l'axe de l'essieu moteur principal, par exemple. On sait, par la théorie des mouvements relatifs, qu'on peut raisonner comme si ces axes étaient fixes, à la condition de joindre aux forces réelles en jeu, certaines forces fictives, dites forces apparentes, qui, pour des axes en translation, se réduisent aux forces d'inertie d'entraînement.

Soit u la vitesse de translation du système d'axes et v la vitesse relative d'un point quelconque de la machine, de masse m ; la force d'inertie d'entraînement de ce point a pour composante parallèle aux axes

$$ -m\,\frac{du_x}{dt}, \quad -m\,\frac{du_y}{dt}, \quad -m\,\frac{du_z}{dt}, $$

et les équations de tout à l'heure, écrites maintenant par rapport aux axes mobiles, avec introduction de ces forces apparentes, sont, pour l'axe des x :

$$ \Sigma m\,\frac{dv_x}{dt} = \Sigma F_x - \frac{du_x}{dt}\Sigma m, $$

$$ \frac{d}{dt}\,\Sigma \mathfrak{M}_x\, mv = \Sigma \mathfrak{M}_x\, F - \frac{d}{dt}\,\Sigma \mathfrak{M}_x\, mu. $$

Si nous supposons réalisées les conditions propres à supprimer les perturbations de mouvement, u sera la vitesse commune à tous les points du corps principal de la machine, v sera nul pour tous ces points et, par conséquent, les Σ dans les premiers membres des équations ne s'étendront qu'aux points des pièces que nous appelons mobiles. Ceux des seconds membres s'étendront, le premier, à toutes les forces extérieures à l'ensemble de pièces considéré, le second, à toutes les masses fixes ou mobiles comprises dans cet ensemble, à toutes les masses sans exception, dans le cas particulièrement important où les équations s'appliquent à la machine entière.

Cela posé, pour que les vitesses relatives n'influent ni sur le mouvement du système considéré, ni sur les forces extérieures auxquelles il est soumis, il est évidemment nécessaire que les équations se réduisent à ce qu'elles seraient si ces vitesses étaient nulles, c'est-à-dire que l'on ait :

$$ \Sigma m\,\frac{dv_x}{dt} = o \qquad \frac{d}{dt}\,\Sigma \mathfrak{M}_x mv = o, $$

les sommes étant, comme nous l'avons dit, étendues à toutes les pièces mobiles.

Il convient de remarquer que ces conditions peuvent n'être pas suffisantes si les équations d'où nous les avons déduites ne sont pas en nombre suffisant.

Supposons, par exemple, que nous ayons opéré sur les six équations relatives à l'ensemble de la machine ; nous en déduisons six équations de condition. En les supposant satisfaites, nous pouvons conclure que les sommes de projections et les sommes de moments des forces extérieures pour l'ensemble de la machine sont les mêmes que si les mouvements relatifs n'existaient pas ; mais l'égalité de ces sommes ne suffit pas pour établir celle des forces elles-mêmes. Or deux systèmes composés de forces différentes, bien qu'ayant mêmes sommes de projections et de moments pour trois axes, ne peuvent pas, en général, être substitués l'un à l'autre dans l'application à un système comme la machine, qui n'est pas rigide. Nos six équations de condition ne sont donc pas suffisantes.

On en obtiendra d'autres en opérant séparément sur les solides dont l'assemblage compose la machine ou sur des ensembles partiels convenablement choisis.

Nous ferons plus loin l'application de cette remarque.

Nos deux équations de condition s'intègrent immédiatement et donnent :

$$\Sigma m v_x = c \qquad \Sigma \mathfrak{M}_x m v = c_1.$$

Considérons d'abord la première. En y remplaçant v_x par $\dfrac{dx}{dt}$, on voit qu'elle peut s'intégrer encore une fois, et qu'elle donne :

$$\Sigma m x = ct + c'.$$

L'abscisse x d'un point quelconque des pièces mobiles, par rapport à un système d'axes qui est emporté avec la machine, est essentiellement limitée par construction ; par conséquent, la somme $\Sigma m x$ est également limitée. Or, le second membre augmenterait indéfiniment avec le temps si la constante c n'était pas nulle. La condition ci dessus ne peut donc être réalisée que sous la forme :

$$\Sigma m x = \text{constante}.$$

De la même manière, les sommes $\Sigma m y$ et $\Sigma m z$ doivent être constantes. L'ensemble de ces trois conditions équivaut évidemment à celle-ci :

Le centre de gravité de l'ensemble des pièces mobiles doit occuper une position invariable par rapport au corps principal.

72. Mise en formules. — Si nous prenons pour axe des z, l'axe même de l'essieu moteur, tous les z seront constants par construction, puisque tous les mouvements des pièces mobiles s'effectuent dans des plans perpendiculaires à cet axe. Il ne restera donc qu'à rendre constantes les sommes $\Sigma m x$ et $\Sigma m y$.

Par un motif évident de symétrie, nous prendrons pour plan des xy le plan médian de la machine.

Il est très indiqué de prendre les autres axes, l'un horizontal, l'autre vertical. Mais, comme nous l'avons déjà fait dans une question précédente et pour les mêmes motifs, nous supposerons que les cylindres à vapeur sont inclinés sous un angle θ avec l'horizontal et, pour la commodité des calculs, nous prendrons d'abord l'axe des x parallèle aux axes des cylindres et l'axe des y perpendiculaire et dirigé vers le bas : le passage de l'axe des x positifs à l'axe des y positifs se fait ainsi par une rotation de même sens que celle des roues de la machine dans la marche en avant.

Chacune des sommes Σmx, Σmy, doit être une fonction de l'angle α déjà considéré. Il est d'ailleurs évident, par la définition même du centre de gravité, que, dans le calcul de ces sommes, on peut remplacer chaque pièce par un point de même masse placé à son centre de gravité.

Calculons d'abord Σmx pour la machine entière.

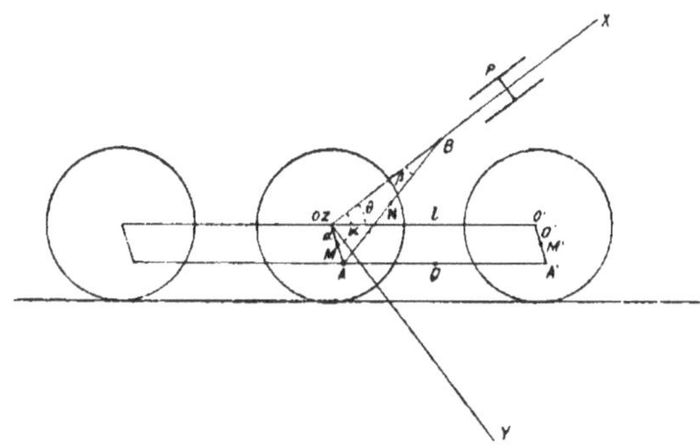

Pour la manivelle OA, de masse M, si a est la distance de son centre de gravité au centre O, le Σmx est M$a \cos \alpha$.

Si nous prenons une des manivelles secondaires O'A', de masse M', l'x du centre de gravité de cette pièce est la projection de la ligne brisée OO'M' sur OX, soit $l \cos \theta + a' \cos \alpha$, et, comme le premier terme est nécessairement constant par construction, dans la somme générale Σmx qui doit être constante, il suffira de prendre le deuxième terme $a' \cos \alpha$, qui donnera, pour la manivelle M', le terme M'$a' \cos \alpha$. Si l'accouplement avait lieu sur une manivelle à 180° du bouton moteur, α serait augmenté de 180°, et le produit correspondant à ajouter serait $-$M'$a' \cos \alpha$. Pour envisager ce cas, nous mettrons le signe $\pm$ devant le terme relatif aux manivelles secondaires, étant admis que le signe $-$ s'appliquera au cas où les manivelles d'accouplement sont inverses ; ce terme sera donc $\pm \Sigma$M'$a' \cos \alpha$, le Σ s'étendant à toutes les manivelles secondaires.

Passons maintenant à la bielle motrice AB ; soient N son centre de gravité, situé à la distance d de la tête A, et B sa masse. L'abscisse du point N est la projection de la ligne brisée OAN sur OX, soit $r \cos \alpha + d \cos \beta$; le terme correspondant est donc :

$$B r \cos \alpha + B d \cos \beta.$$

Pour le piston de masse P, l'x se compose de l'x du point B et de la distance du point considéré du piston à la petite tête de bielle. Or cette dernière distance est constante et nous n'en tiendrons pas compte pour la raison qui a été donnée. La distance OB est la projection de la ligne brisée OAB, soit, si on appelle b la longueur de la bielle AB :

$$r \cos \alpha + b \cos \beta.$$

Le terme correspondant au piston est donc :

$$P r \cos \alpha + P b \cos \beta.$$

Il reste encore à considérer, parmi les pièces mobiles, les bielles d'accouplement. Prenons l'une d'elles, AA'. Soit Q son centre de gravité. L'x de ce point est la projection de la ligne OAQ ; mais AQ a une projection constante, puisque cette longueur est constante et qu'elle reste constamment parallèle à elle-même. Il suffit donc de prendre la projection de OA, c'est-à-dire $r \cos \alpha$. Si B' est la masse d'une bielle d'accouplement, le terme correspondant à ces bielles sera $\Sigma B' r \cos \alpha$, le Σ s'étendant à toutes les bielles d'accouplement ; on mettra le signe $\pm$ devant, afin d'envisager le cas où l'accouplement serait inverse, l'angle α se trouvant alors augmenté de 180°, et, par suite, le terme en $\cos \alpha$ changé de signe.

Pour avoir maintenant les termes analogues provenant des pièces mobiles du côté droit de la machine, il faut remplacer α par $\alpha + 90$. Finalement, l'ensemble des termes variables, relatifs aux pièces mobiles de la machine, qui entrent dans l'expression de $\Sigma m x$, est :

$$[M a \pm \Sigma M' a' + (B \pm \Sigma B' + P) r] (\cos \alpha - \sin \alpha) + (B d + P b)(\cos \beta + \cos \beta_1).$$

Pour que la condition $\Sigma m x =$ constante soit remplie, il faut que l'expression ci-dessus soit constante. Or, elle se compose de deux termes qui ne peuvent pas se détruire constamment, puisqu'ils sont périodiques et qu'ils n'ont pas la même périodicité. Le facteur variable du premier terme est $\cos \alpha - \sin \alpha$, qui peut s'écrire $\sqrt{2} \cos (\alpha + 45)$; il a pour période 2π. Dans le second, c'est $\cos \beta + \cos \beta_1$. Or

$$\cos \beta = \sqrt{1 - \sin^2 \beta} = \sqrt{1 - \frac{r^2}{b^2} \sin^2 \alpha},$$

$$\cos \beta_1 = \sqrt{1 - \sin^2 \beta_1} = \sqrt{1 - \frac{r^2}{b^2} \sin^2 (\alpha + 90)} = \sqrt{1 - \frac{r^2}{b^2} \cos^2 \alpha}.$$

Il est évident que $\cos \beta$ et $\cos \beta_1$ permutent leurs valeurs lorsque β s'accroît de 90° ; la période de $\cos \beta + \cos \beta_1$ est donc de 90° ou $\frac{\pi}{2}$.

Les deux termes, n'ayant pas la même périodicité, n'ont pas constamment la même valeur absolue, et leur somme ne peut être constante que si chacun d'eux est nul séparément. La même conclusion peut se déduire de ce que le second terme est de signe invariable.

On doit donc avoir :

$$M a \pm \Sigma M' a' + r(B \pm \Sigma B' + P) = o$$
$$B d + P b = o$$

La somme Σmy se déduira de Σmx en faisant tourner l'axe de projection de $90°$. L'angle qu'une droite quelconque faisait avec l'axe des x se trouve ainsi diminué de $90°$. On verrait par le calcul, et il est évident géométriquement, que le terme en P se réduit à zéro.

Les pièces mobiles font avec l'axe des x des angles α et $-\beta$; ces angles devront être remplacés par $\alpha - 90°$ et $-\beta - 90°$. On aura donc, pour la partie variable de Σmy relative au côté gauche :

$$[Ma \pm \Sigma M'a' + r(B \pm \Sigma B')] \sin \alpha - Bd \sin \beta$$

ou, comme $\sin \beta = \dfrac{r}{b} \sin \alpha$,

$$\left\{ Ma \pm \Sigma M'a' + r[B\left(1 - \frac{d}{b}\right) \pm \Sigma B'] \right\} \sin \alpha.$$

Le terme relatif au côté droit s'obtiendra en remplaçant α par $\alpha + 90°$, soit $\sin \alpha$ par $\cos \alpha$, ce qui finalement donne, pour la somme totale :

$$\left\{ Ma \pm \Sigma M'a' + r[B\left(1 - \frac{d}{b}\right) \pm \Sigma B'] \right\} (\sin \alpha + \cos \alpha),$$

et pour nouvelle condition :

$$Ma \pm \Sigma M'a' + r[B\left(1 - \frac{d}{b}\right) \pm \Sigma B'] = 0.$$

73. Discussion de ces conditions. — Si l'on pose :

$$A' = Ma \pm \Sigma M'a' + r(B \pm \Sigma B' + P)$$

$$A = Ma \pm \Sigma M'a' + r[B\left(1 - \frac{d}{b}\right) \pm \Sigma B'],$$

on voit que la condition pour que Σmx soit constant est double et qu'elle est représentée par

$$\left\{ \begin{array}{l} A' = 0 \\ Bd + Pb = 0 \, ; \end{array} \right.$$

quant à la condition pour que Σmy soit constant, elle est unique et donnée par

$$A = 0.$$

Nous avons vu que la condition $Bd + Pb = 0$ était amenée par la nécessité de rendre constant le terme de Σmx $(Pb + Bd)(\cos \beta + \cos \beta_1)$. En réalité, la somme des cosinus $\cos \beta + \cos \beta_1$ est très peu variable. On sait, en effet, que $\cos \beta$ ne descend pas au-dessous de $0,98$; il en est de même de $\cos \beta_1$. On pourrait donc les considérer comme constants en ne commettant qu'une très légère erreur. Mais il y a plus, et on peut voir que leur somme est encore moins variable que chacun des cosinus pris séparément.

On a, en effet :

$$\cos \beta = \sqrt{1 - \frac{r^2}{b^2} \sin^2 \alpha},$$

$$\cos \beta_1 = \sqrt{1 - \frac{r^2}{b^2} \sin^2 (\alpha + 90)} = \sqrt{1 - \frac{r^2}{b^2} \cos^2 \alpha}.$$

Si on développe en séries et si l'on ajoute, on voit que le terme en $\frac{r^2}{b^2}$ aura pour facteur $\frac{1}{2} (\sin^2 \alpha + \cos^2 \alpha)$, c'est-à-dire $\frac{1}{2}$. La somme sera donc constante, au terme en $\frac{r^4}{b^4}$ près, terme qui est évidemment très petit.

Il en résulte qu'avec une approximation très grande on peut réduire les conditions pour que Σmx et Σmy soient constantes aux deux suivantes :

$$\begin{aligned}
A' &= 0 \quad &&\text{pour} \quad &&\Sigma mx = \text{constante,} \\
A &= 0 \quad &&\text{pour} \quad &&\Sigma my = \text{constante.}
\end{aligned}$$

Pour qu'il n'y ait aucune variation dans la projection des forces sur l'axe des x ou l'axe des y, il faut que les deux conditions soient réalisées simultanément. Mais, en les retranchant, on a :

$$A' - A = r\left(B \frac{d}{b} + P \right) = \frac{r}{b}\left(Bd + Pb \right),$$

c'est-à-dire, à un facteur constant près, la troisième condition dont nous avons fait abstraction comme étant inutile pour rendre Σmx constante ; en sorte que cette troisième condition, qu'il était inutile de réaliser pour ne pas changer la projection des forces sur l'axe des x, devient obligatoire si l'on veut réaliser à la fois $\Sigma mx = $ constante et $\Sigma my = $ constante.

74. Conséquences pratiques. — Est-il possible de réaliser l'une ou l'autre des deux conditions $A' = 0$ ou $A = 0$, ou les deux à la fois ?

Lorsque l'accouplement est inverse, comme il entre le signe — dans les expressions de A et A', il semble bien qu'il n'y ait aucune difficulté à annuler l'une ou l'autre de ces sommes. Mais, lorsque l'accouplement se fait sur le bouton même de la manivelle. le signe $+$ seul figurant dans ces expressions, on peut croire qu'il n'est pas possible de les annuler. On peut y parvenir par l'artifice des contrepoids. Ce que l'on a appelé a, c'est la distance au centre de la roue motrice du centre de gravité de la manivelle, comptée dans la direction de la grosse tête de bielle, et de même pour a'. Or, on peut reporter de l'autre côté du centre de la roue le centre de gravité, en adjoignant à la manivelle un contrepoids placé à l'extrémité du rayon opposé au bouton. L'ensemble du contrepoids et de la manivelle constitue une manivelle fictive. dont le centre de gravité est

dans la direction opposée à la manivelle proprement dite ; on peut agir
de même pour les roues accouplées ; a et a' deviennent négatifs, et on

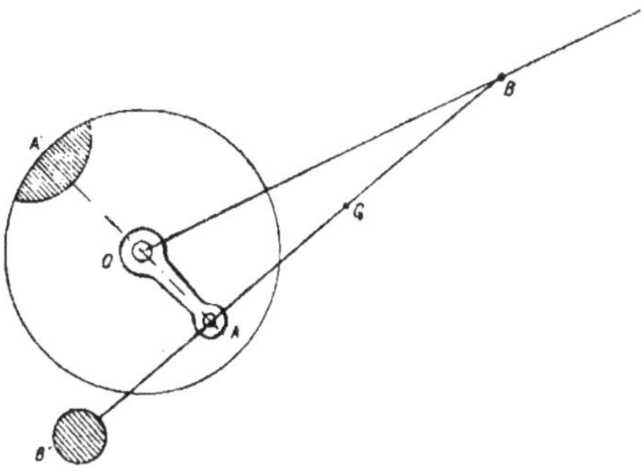

conçoit que, si l'on donne aux contrepoids des valeurs suffisantes, les termes — Ma et — $\Sigma M'a'$ peuvent annuler les autres.

On entrevoit donc, avec le système des contrepoids, la possibilité de
satisfaire à l'une ou l'autre des deux conditions fondamentales. Les
deux ne peuvent être simultanément réalisées que si

$$Pb + Bd = o.$$

P,B,b sont essentiellement positifs ; mais il n'en est pas de même pour
d qui représente la distance, comptée à partir de la grosse tête de
bielle A vers la petite tête de bielle B, du centre de gravité G de la bielle
motrice. On peut rendre d négatif par un artifice analogue au précédent,
en prolongeant cette bielle et la munissant, à son extrémité, d'un contrepoids B', de manière à reporter le centre de gravité du côté opposé à celui
de la petite tête de bielle, par rapport au bouton de la manivelle. Malheureusement cette solution est purement théorique ; la présence de ce contrepoids à l'extrémité prolongée de la bielle serait la source de complications dans le mécanisme ; en outre, Résal, qui a le premier signalé
cette solution théorique, a montré que ce contrepoids serait nuisible au
point de vue du mouvement de tangage.

Finalement, on ne peut pas pratiquement annuler simultanément A et A'.

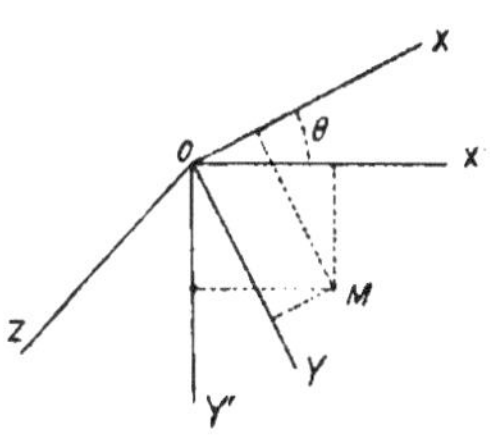

On peut seulement annuler l'une des deux sommes ou une combinaison de ces deux sommes.

Pour la commodité de nos calculs nous avons
pris jusqu'ici des axes de translation disposés
de telle façon que l'axe des x soit parallèle à
l'axe du cylindre. Ce ne sont pas là les axes
qui se présentent naturellement à l'esprit. Il
eût été plus normal de prendre des axes paral-
lèles ou normaux à la voie. L'axe des z étant déjà normal à la voie, il n'y

a pas lieu de le modifier, mais il eût été mieux, pour étudier les mouvements de la machine, de diriger l'axe des x horizontalement, suivant une parallèle à la voie, et par suite, l'axe des y verticalement. Cela revient à faire tourner de l'angle θ d'inclinaison des cylindres les axes ox, oy. Les formules de tranformation de coordonnées sont alors — ce que l'on voit facilement en projetant un point M du plan des xy sur les deux systèmes d'axes,

$$x' = x \cos \theta + y \sin \theta$$
$$y' = - x \sin \theta + y \cos \theta.$$

Donc :

$$\Sigma mx' = \cos \theta \Sigma mx + \sin \theta \Sigma my$$
$$\Sigma my' = - \sin \theta \Sigma mx + \cos \theta \Sigma my$$

Ces formules montrent que, si l'on voulait annuler les dérivées des quantités de mouvement soit sur l'axe horizontal, soit sur l'axe vertical, il faudrait, à la fois, réaliser $\Sigma mx = c^{\text{te}}$ et $\Sigma my = c^{\text{te}}$, ce qui n'est pratiquement pas possible, comme on l'a vu. Ainsi, quand les cylindres sont inclinés sur l'horizon, on ne peut réaliser la constance de la projection des forces ni sur l'horizontale, ni sur la verticale (1). Cette conclusion montre un nouvel inconvénient du défaut d'horizontalité des cylindres des locomotives. Maintenant que nous l'avons fait ressortir, il n'y a plus de raison de persister à supposer, dans notre étude les cylindres inclinés sur l'horizon. Nous admettrons, au contraire, qu'ils sont horizontaux.

La condition $\Sigma mx = c^{\text{te}}$, qui se traduit par $\text{A}' = o$, est alors la condition pour que la somme des projections horizontales des forces, suivant l'axe de la voie, ne soit pas modifiée par le jeu des pièces en mouvement relatif, c'est-à-dire pour que le jeu de ces forces n'introduise pas de mouvements secondaires ou oscillations parallèlement à l'axe de la voie. Elle représente la condition nécessaire et suffisante pour réaliser ce que l'on nomme *l'équilibre horizontal*. Pareillement $\Sigma my = c^{\text{te}}$ ou $\text{A} = o$ représentera la condition à réaliser pour que la somme des projections verticales des forces ne soit pas modifiée, c'est-à-dire pour que le jeu des pièces en mouvement relatif n'introduise pas de mouvements ou oscillations suivant la verticale. C'est la condition à réaliser pour obtenir *l'équilibre vertical*.

On ne peut dont pas réaliser à la fois l'équilibre horizontal et l'équilibre vertical. Il faut, dès lors, faire un choix entre les deux et l'on préfère

(1) En remplaçant Σmx et Σmy par leurs valeurs en α, on s'assure rigoureusement que pour annuler $\Sigma mx'$ il faudrait annuler, non pas une combinaison linéaire, telle que $\text{A} + \lambda \text{A}'$, ce qui serait possible, mais la somme des carrés $\text{A}^2 \sin^2 \theta + \text{A}'^2 \cos^2 \theta$, ce qui exige séparément $\text{A} = o$ et $\text{A}' = o$. De même, pour Σmy, il faudrait annuler $\text{A}^2 \cos^2 \theta + \text{A}'^2 \sin^2 \theta$.

l'équilibre vertical, de manière à modifier le moins possible la répartition des charges de la machine sur ses points d'appui. Nous avons vu déjà que l'action de la vapeur et du crochet de traction modifie cette répartition. Il ne faut pas que le jeu des pièces en mouvement relatif vienne ajouter de nouvelles perturbations, car il importe, pour la sécurité, que les roues exercent toujours sur la voie une pression suffisante. Si l'une des roues, celle d'avant surtout, venait à être fortement déchargée, le moindre obstacle, la moindre inégalité de la voie pourrait produire un déraillement. La réalisation de l'équilibre vertical est donc une question de sécurité. Mais alors Σmx ne sera pas constant. Il en résultera une variation dans l'effort de traction, des mouvements oscillatoires dans le sens de l'axe de la voie qui introduiront des secousses dans le mouvement du train. Ce sont là, certes, des inconvénients dont on doit se préoccuper, mais qui n'intéressent pas directement la sécurité, et c'est pourquoi on préfère l'équilibre vertical.

On a d'ailleurs essayé de sacrifier l'équilibre vertical pour l'équilibre horizontal. Les résultats n'ont pas été heureux. L'expérience a été tentée au chemin de fer du Nord, dans des conditions, il est vrai, particulièrement favorables pour mettre en relief les inconvénients du défaut d'équilibre vertical, avec des machines à grande vitesse à un seul essieu moteur à l'arrière, du type Crampton. La vitesse étant très grande, le trouble apporté dans les efforts verticaux par les pièces et les contrepoids était très grand, et, de plus, les essieux n'étant pas accouplés, on ne pouvait pas répartir les contrepoids sur les divers essieux. Ces machines ont éprouvé plusieurs déraillements et il a fallu revenir à l'équilibre vertical.

75. Calcul des contrepoids. — Nous allons pénétrer maintenant plus avant dans l'analyse des termes qui composent les sommes A et A'.

Parmi les pièces à mouvement relatif sur la machine, les unes sont animées d'un mouvement circulaire, les autres d'un mouvement rectiligne : la manivelle motrice et les manivelles secondaires décrivent des mouvements franchement circulaires ; les bielles d'accouplement ont un mouvement circulaire de translation ; un point M″ de ces bielles décrit

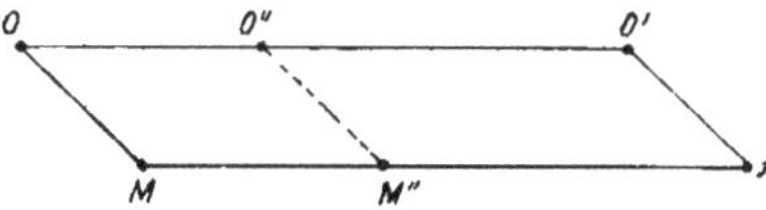

évidemment un cercle autour du point O″ de la ligne des centres des roues, obtenu en tirant la parallèle M″O″ aux manivelles. Le piston et sa tige ont un mouvement

rectiligne alternatif. Quant à la bielle motrice, l'une de ses extrémités participe au mouvement alternatif et rectiligne du piston, et l'autre au mouvement circulaire de la manivelle. Si on examine les expressions de A′ et de A, on voit que la masse B de la bielle motrice figure en totalité dans l'expression de A′, et seulement multipliée par le facteur $1 - \dfrac{d}{b}$ dans celle de A. Si nous décomposons la masse de cette bielle en deux masses placées à ses extrémités, d'après la règle suivie pour les forces parallèles, on voit que la masse placée sur la grosse tête de bielle sera $B\left(1 - \dfrac{d}{b}\right)$, et la masse placée sur la petite tête de bielle $B\dfrac{d}{b}$.

La masse $B\left(1 - \dfrac{d}{b}\right)$ sera alors nommée la *masse afférente à la grosse tête de bielle*, et la masse $B\dfrac{d}{b}$ *la masse afférente à la petite tête de bielle* ou *au piston*.

D'autre part, a étant la distance au centre de la roue motrice du centre de gravité de la manivelle, le produit $M\dfrac{a}{r}$ peut être appelé la *masse de la manivelle ramenée à son bouton*. De même $M'\dfrac{a'}{r}$ sera la *masse de la manivelle secondaire* M' *ramenée à son bouton*.

Si nous divisons par r les expressions de A' et A, on a :

$$\frac{A'}{r} = M\,\frac{a}{r} \pm \Sigma M'\,\frac{a'}{r} + B \pm \Sigma B' + P, \quad (\Sigma mx = c^{te})$$

$$\frac{A}{r} = M\,\frac{a}{r} \pm \Sigma M'\,\frac{a'}{r} + B\left(1 - \frac{d}{b}\right) \pm \Sigma B'. \quad (\Sigma my = c^{te})$$

La quantité $\dfrac{A}{r}$ est la somme des masses des pièces à mouvement circulaire, tandis que $\dfrac{A'}{r}$ est la somme des masses à mouvement relatif, tant circulaire que rectiligne. Comme ces expressions sont homogènes par rapport aux masses, on peut remplacer celles-ci par les poids qui leur sont proportionnels ; on voit donc que *pour avoir l'équilibre vertical, il faut des contrepoids tels que la somme des poids des pièces à mouvement circulaire soit nulle, et que, pour avoir l'équilibre horizontal, il faut des contrepoids tels que la somme des poids de toutes les pièces mobiles, soit à mouvement circulaire, soit à mouvement rectiligne, soit nulle.*

Il est évident, dès lors, que les contrepoids doivent être plus forts pour réaliser l'équilibre horizontal que pour obtenir l'équilibre vertical. Pour que les deux équilibres pussent être obtenus simultanément, il faudrait que la *somme des poids des pièces à mouvement rectiligne fût nulle*, ce qui n'est possible, comme on l'a vu, que théoriquement.

On peut d'ailleurs facilement concevoir qu'*avec des contrepoids tournants seulement* on ne puisse pas réaliser à la fois l'équilibre horizontal et l'équilibre vertical. Les contrepoids ont pour but d'équilibrer les forces d'inertie. Il faut donc considérer les forces d'inertie auxquelles ils donnent

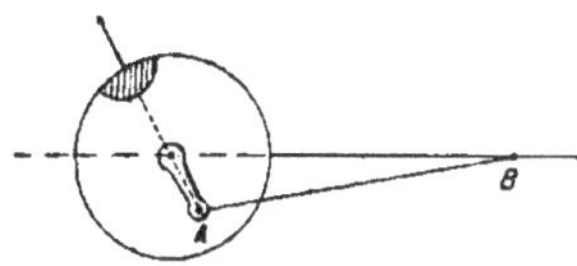

lieu, forces qui se réduisent à la force centrifuge, si le mouvement est supposé uniforme, par exemple. Le contrepoids équivaut donc à une force constante qui tourne autour du centre de la roue.

Si γ désigne l'angle de cette force avec l'axe des x, c'est-à-dire avec l'horizontale, la projection horizontale de cette force est F cos γ, et elle varie de $+$ F à $-$ F ; elle suit la même

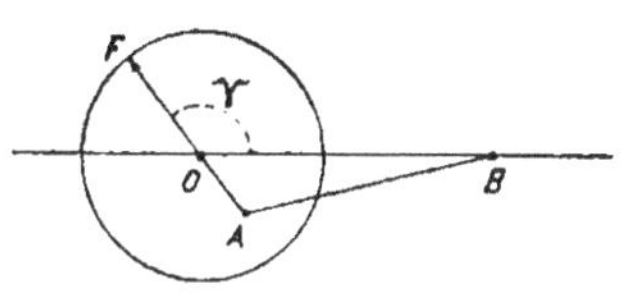

loi que la variation de la force d'inertie d'une pièce à mouvement alternatif ; il est donc possible de neutraliser à chaque instant cette force d'inertie variable. Mais cette force a une composante verticale F sin γ qui varie également de $+$ F à $-$ F. Si donc le contrepoids était tel qu'il équilibrât à la fois les pièces à mouvement circulaire et les pièces à mouvement rectiligne, la partie du contrepoids qui équilibrerait les pièces à mouvement circulaire réaliserait déjà l'équilibre vertical, mais la partie supplémentaire, nécessaire pour équilibrer les pièces à mouvement rectiligne et obtenir, au total, l'équilibre horizontal, introduirait des forces verticales qui viendraient troubler l'équilibre vertical que la première partie du contrepoids avait réalisé

On ne pourrait donc avoir les deux équilibres qu'en introduisant dans les mécanismes des contrepoids animés d'un mouvement rectiligne.

On a vu qu'il était impossible pratiquement de disposer un contrepoids sur la bielle motrice. Il ne serait pas impossible d'arriver au résultat d'une autre manière et l'on a proposé, dans ce but, d'introduire dans le mécanisme une bielle diamétralement opposée à la bielle motrice, à laquelle on fixerait un contrepoids qui se mouverait d'un mouvement alternatif. Mais on a reculé devant les complications qui en résulteraient

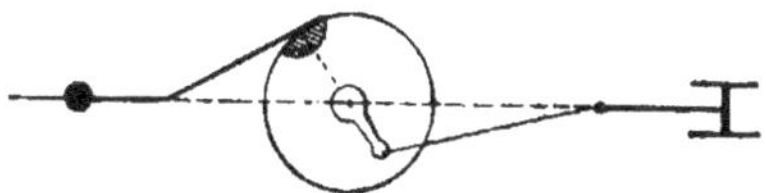

dans le mécanisme, probablement parce que l'on n'a pas apprécié suffisamment l'intérêt qui s'attache à la réalisation de l'équilibre horizontal. Celui-ci pourrait être réalisé d'ailleurs par des dispositifs plus simples. En fait, on a été amené à le réaliser approximativement, avec les machines à double détente, dites *machines compound*. Ces machines comportent le plus souvent quatre cylindres, un double mécanisme : deux cylindres de haute pression et deux cylindres de basse pression. Si on considère un côté de la machine où se trouvent un cylindre de haute pression et un cylindre de basse pression, on voit qu'en les faisant agir sur des manivelles à 180°, de manière que les pièces à mouvement rectiligne relatives à l'un et à l'autre aient des mouvements simultanés de sens inverse, ces pièces se feront mutuellement équilibre si leurs poids sont égaux. En fait, l'équilibre n'est pas complet, parce que, pour d'autres considérations, on a été amené à ne pas mettre les deux manivelles motrices en prolongement exact l'une de l'autre ; néanmoins, il l'est dans une large mesure, et l'on a pu réaliser, avec les machines de ce type, des vitesses sensiblement plus grandes que celles jusqu'ici obtenues avec les machines à deux cylindres, ce qui semble montrer l'intérêt qu'il y aurait à réaliser l'équilibre horizontal pour ces dernières, même au prix d'une certaine complication dans le mécanisme.

Si l'équilibre horizontal, au moins partiel, a pu être obtenu avec les machines compound, ce n'est pas, hâtons-nous de le dire, une conséquence nécessaire, obligatoire de l'emploi de la double détente. Dans quelques locomotives, on a disposé les cylindres à haute et à basse pression c et c_1 en tandem.

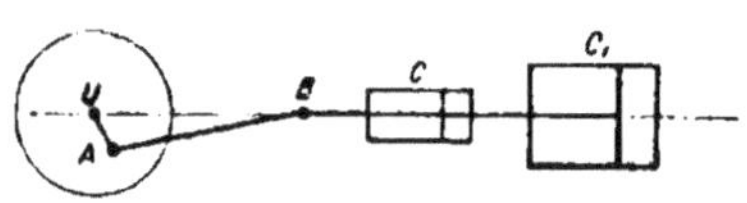

Cette disposition, qui a le mérite de la simplicité dans les transmissions, aggrave le défaut d'équilibre horizontal des machines ordinaires à deux cylindres. C'est donc grâce à une disposition convenablement choisie pour le mécanisme de la double détente que l'on peut, avec les machines compound, réaliser en partie l'équilibre horizontal.

Revenons maintenant aux machines à deux cylindres. Nous avons vu qu'il n'était pas possible d'avoir à la fois l'équilibre horizontal et l'équilibre vertical, et que la partie supplémentaire du contrepoids, qui est nécessaire pour équilibrer les pièces à mouvement alternatif, introduit des forces centrifuges qui viennent détruire l'équilibre vertical. Cette partie du contrepoids dépend essentiellement du poids du piston et de la partie de la bielle motrice qui lui est afférente, c'est-à-dire de la puissance de la machine, et nullement du nombre plus ou moins grand des roues accouplées. Or, lorsque les roues sont accouplées, il est indifférent que cette partie supplémentaire du contrepoids soit fixée uniquement à la roue motrice ou répartie sur les roues accouplées pour équilibrer les pièces à mouvement alternatif ; mais si l'on répartit ce poids supplémentaire sur chaque essieu, on répartit également sur chaque essieu l'influence perturbatrice de la force centrifuge sur l'équilibre vertical, au moment où le contrepoids passe par la verticale. L'effet perturbateur pour chaque essieu est alors bien inférieur à ce qu'il serait si le contrepoids était fixé à un essieu unique. Il en est de même, d'ailleurs, du contrepoids nécessaire pour équilibrer les pièces à mouvement circulaire, c'est-à-dire réaliser l'équilibre vertical. Si ce contrepoids est fixé à l'un des essieux seulement, la somme totale Σmy étant constante, rien ne sera changé à la somme des réactions verticales sur la voie, mais la répartition de cette somme entre les essieux sera modifiée. C'est l'application d'une remarque faite au début; il ne suffit pas que la somme Σmv_y soit constante pour l'ensemble de la machine. En appliquant la théorie aux groupes formés par les essieux et les bielles, on reconnaît sans peine, et c'est facile à prévoir, pour ainsi dire, sans raisonnement, que le contrepoids de l'équilibre vertical doit être réparti entre les diverses roues de façon que, sur chacune d'elles, il fasse équilibre à la manivelle de cette roue augmentée des parties afférentes des bielles.

Si l'on veut, en outre, équilibrer une partie des pièces à mouvement rectiligne, un tiers, par exemple, ce contrepoids supplémentaire sera réparti également entre toutes les roues accouplées.

76. Grandeur des réactions et amplitude des mouvements. — Supposons maintenant que l'on ait réalisé l'équilibre vertical et voyons la modification qui en résultera pour la projection horizontale des forces. Il faut pour cela se reporter à l'équation

$$\Sigma m \frac{dv_x}{dt} = \Sigma F_x .$$

L'altération de la projection horizontale des forces sera représentée par $\Sigma m \dfrac{dv_x}{dt}$ ou $\Sigma m \dfrac{d^2x}{dt^2}$, étendue à toutes les pièces non équilibrées. La partie variable de Σmx que l'on avait à rendre constante était représentée par

$$\Sigma mx = A' \sqrt{2} \cos (\alpha + 45^\circ) + (Pb + Bd)(\cos \beta + \cos \beta_1).$$

Or :

$$A' = A + r \left(B \frac{d}{b} + P \right).$$

Puisque $A = 0$ par hypothèse, que $\cos \beta + \cos \beta_1$ est très sensiblement constant, il suffit, pour obtenir $\Sigma m \dfrac{d^2x}{dt^2}$, de ne considérer que le premier terme qui sera réduit à

$$r \left(B \frac{d}{b} + P \right) \sqrt{2} \cos \left(\alpha + 45^\circ \right).$$

On a donc :

$$- \Sigma m \frac{d^2x}{dt^2} = r \left(B \frac{d}{b} + P \right) \sqrt{2} \cos (\alpha + 45^\circ) \left(\frac{d\alpha}{dt} \right)^2.$$

Si ω désigne la vitesse angulaire, on a :

$$\omega = \frac{d\alpha}{dt} ,$$

et par suite :

$$-\Sigma m\,\frac{d^2x}{dt^2} = \omega^2\left(\mathrm{B}\,\frac{d}{b} + \mathrm{P}\right) r\sqrt{2}\,\cos(\alpha + 45°).$$

Les efforts horizontaux qui résultent du défaut d'équilibre des pièces non équilibrées sont donc *proportionnels au carré de la vitesse angulaire*. Si D désigne le diamètre des roues motrices et v la vitesse de la machine, on a évidemment :

$$\omega = \frac{2v}{\mathrm{D}}.$$

On donne aux diamètres des roues des machines à grande vitesse des valeurs plus grandes que pour les roues des machines à petite vitesse ; mais, comme nous le verrons, le diamètre croit moins vite que la vitesse, et la vitesse angulaire ω est plus grande pour les machines à grande vitesse que pour celles à petite vitesse. L'influence perturbatrice du défaut d'équilibre horizontal est donc plus grande pour les machines à grande vitesse que pour les autres. Il en serait de même pour l'équilibre vertical si l'équilibre horizontal était réalisé, et c'est pour cela que l'expérience par l'équilibre horizontal tentée par la Compagnie du Nord sur une machine à grande vitesse était en quelque sorte une expérience à outrance.

Si la grandeur des efforts qui résultent du défaut d'équilibre est proportionnelle à ω^2, il n'en est pas de même des mouvements que ces efforts provoquent. Lorsque l'effort moyen de traction Φ est constant, la machine se meut d'un mouvement uniforme, mais il y a oscillation du centre de gravité des pièces mobiles et du centre de gravité de la partie fixe de part et d'autre du centre de gravité général, de manière que la position de ce dernier ne soit pas modifiée. Or l'x du centre de gravité des pièces mobiles est $\dfrac{\Sigma mx}{\Sigma m}$; celui du centre des pièces fixes variera comme cette expression qui est indépendante de ω.

77. Mouvements de rotation. — Nous n'avons jusqu'ici envisagé que les mouvements rectilignes, par la considération des équations de projections.

Nous devons prendre maintenant les équations des moments pour analyser les mouvements de rotation autour des mêmes axes.

Nous aurons ainsi complété l'étude de l'ensemble du mouvement de la machine, qui peut toujours se décomposer en trois translations suivant trois axes rectangulaires et trois rotations autour des mêmes axes.

Ces mouvements oscillatoires, qui viennent se superposer au mouvement principal de la machine, ont reçu des noms un peu variables suivant les auteurs. Voici ceux que nous adopterons.

	Mouvements oscillatoires rectilignes parallèlement aux axes de cordonnées.	Mouvements oscillatoires de rotation autour des axes.
Axe longitudinal . . .	Recul ou va et vient.	Roulis.
Axe transversal. . . .	Ce mouvement n'existe pas, z étant constant.	Tangage. (appelé galop par certains auteurs).
Axe vertical	Galop.	Lacet.

Nous avons déjà vu que, pour que l'effet des vitesses relatives des pièces mobiles disparaisse dans l'une des équations des moments, celle des moments autour de l'axe des x, par exemple, il faut que l'on ait pour l'ensemble considéré :

$$\Sigma \mathfrak{M}_x mv = \text{constante.}$$

En exprimant les moments au moyen des coordonnées relatives et de leurs dérivées, on obtient les trois équations de condition :

$$\Sigma m \left(y \frac{dz}{dt} - z \frac{dy}{dt} \right) = c \ldots \ldots \quad \text{roulis}$$

et de même pour les axes des y et des z :

$$\Sigma m \left(z \frac{dx}{dt} - x \frac{dz}{dt} \right) = c' \ldots \ldots \quad \text{lacet}$$

$$\Sigma m \left(x \frac{dy}{dt} - y \frac{dx}{dt} \right) = c'' \ldots \ldots \quad \text{tangage.}$$

La première de ces expressions correspond au roulis, la seconde au lacet, la troisième au tangage.

Nous laisserons de côté la troisième qui conduit à des calculs relativement compliqués et dont on n'a pas tiré, jusqu'à présent, des résultats qui soient entrés dans la pratique. Prenons donc les deux premières et remarquons que, z étant constant, on a $\dfrac{dz}{dt} = o$; par suite, elles se réduisent à :

$$- \Sigma mz \frac{dy}{dt} = c \ldots \ldots \quad \text{roulis}$$

$$+ \Sigma mz \frac{dx}{dt} = c' \ldots \ldots \quad \text{lacet.}$$

La première donne en intégrant, puisque z est constant,

$$- \Sigma mzy = ct + c_1,$$

et, comme ni x ni y ne peuvent être infinis, puisque les axes sont liés à la machine, c doit être nul et par conséquent on doit avoir :

$$- \Sigma m z y = \text{constante}$$

pour toutes les pièces mobiles.

Mais on doit remarquer que la plupart des pièces mobiles ont une faible épaisseur ; si donc on considère le produit $\Sigma m z y$ pour une pièce mobile, on peut très approximativement remplacer le z de ses différents points par celui du centre de gravité (1). Appelons ζ la coordonnée du centre de gravité parallèle à oz ; on aura pour chaque pièce mobile :

$$\Sigma m z y = \zeta \Sigma m y.$$

Dès lors, pour avoir la valeur de $\Sigma m z y$, il suffit de prendre la valeur de $\Sigma m y$, calculée précédemment, et de multiplier chacun des termes par le ζ correspondant. Or on a trouvé :

$$\Sigma m y = \left\{ \mathrm{M} a \pm \Sigma \mathrm{M}' a' + r \left[\mathrm{B} \left(1 - \frac{d}{b} \right) \pm \Sigma \mathrm{B}' \right] \right\} (\sin \alpha + \cos \alpha).$$

Désignons par e la distance du centre de gravité de la manivelle motrice au plan médian, par e' celle du centre de gravité de la manivelle secondaire M', par h la distance au même plan du centre de gravité de la bielle motrice et par h' celle du centre de gravité de la bielle d'accouplement B'.

Remarquons, en outre, que pour passer du côté gauche au côté droit, il faut, comme précédemment, augmenter α de $90°$, et aussi changer le signe de tous les ζ, c'est-à-dire de tous les termes. Nous obtenons ainsi :

$$\Sigma m z y = \left\{ \mathrm{M} a e \pm \Sigma m' a' e' + r \left[\mathrm{B} \left(1 - \frac{d}{b} \right) h \pm \Sigma \mathrm{B}' h' \right] \right\} (\sin \alpha - \cos \alpha),$$

ce qui donne pour la première condition :

$$\mathfrak{B} = \mathrm{M} a e \pm \Sigma \mathrm{M}' a' e' + r \left[\mathrm{B} - \left(1 \frac{d}{b} \right) h \pm \Sigma \mathrm{B}' h' \right] = 0.$$

C'est la condition pour qu'il n'y ait pas de mouvement oscillatoire de roulis.

$\Sigma m z \dfrac{dx}{dt} = \text{constante}$ nous conduirait à une condition analogue $\Sigma m z x = \text{constante}$, que l'on déduira de la somme $\Sigma m x$ déjà calculée en

---

(1) Cette substitution est permise en toute rigueur lorsque la pièce considérée (et c'est le cas pour toutes, sauf les manivelles) a un plan de symétrie parallèle au plan des xy, plan qui contient nécessairement le centre de gravité. En effet, à chaque masse m située à la distance $\zeta + \varepsilon$ du plan des xy, correspond une masse égale, ayant le même y, et située à la distance $\zeta - \varepsilon$ du même plan.

Dans la formation de $\Sigma m z y$, la distance ε disparaît pour le couple de points considéré, et, de même, pour tous les points de la pièce. Même raisonnement pour $\Sigma m z x$.

multipliant chaque terme par le ζ correspondant. La condition obtenue
sera, en considérant $\cos \beta$ comme une constante,

$$\mathfrak{B}' = \mathrm{M}ae \pm \Sigma \mathrm{M}'a'e' + r\left[\mathrm{B}h \pm \Sigma \mathrm{B}'h' + \mathrm{P}h\right] = o\ ;$$

*c'est celle qu'il faudra réaliser pour qu'il n'y ait pas de mouvement
oscillatoire de lacet.*

Si l'on fait la différence $\mathfrak{B}' - \mathfrak{B}$, on a :

$$\mathfrak{B}' - \mathfrak{B} = (\mathrm{A}' - \mathrm{A})\,h.$$

Or on a vu qu'il n'était pas possible de réaliser en même temps $\mathrm{A} = o$
et $\mathrm{A}' = o$ parce que l'on ne pouvait pratiquement pas annuler la différence
$\mathrm{A}' - \mathrm{A}$. On ne pourra donc de même pas annuler simultanément
$\mathfrak{B}$ et $\mathfrak{B}'$.

Mais il s'agit de savoir si l'on peut réaliser simultanément l'une des
deux conditions A ou $\mathrm{A}' = o$ et l'une des deux conditions $\mathfrak{B}$ ou $\mathfrak{B}' = o$. Il
clair que la condition $\mathrm{A} = o$ n'entraîne pas *ipso facto* la condition $\mathfrak{B} = o$;
généralement, au contraire, si $\mathrm{A} = o$, $\mathfrak{B}$ ne sera pas nul, puisque les facteurs e, e', h, h' détruisent la compensation qui existait entre les termes.
Si on a calculé les contrepoids nécessaires pour annuler A, on ne devra
pas les modifier pour annuler $\mathfrak{B}$ sans quoi A ne serait plus nul. Il faut
donc pouvoir agir sur les facteurs e, e', h, h' pour annuler $\mathfrak{B}$. Si l'on pouvait disposer arbitrairement d'un seul d'entre eux, il est clair que l'on
pourrait donner à $\mathfrak{B}$, ou aussi bien d'ailleurs à $\mathfrak{B}'$, une valeur quelconque
y compris zéro ; or les facteurs h et h' sont déterminés par la construction
de la machine, mais il n'en est pas de même de e et e'.

Considérons en effet la manivelle motrice OA ; soit μ le contrepoids qui
lui correspond et qui doit être placé à l'extrémité du diamètre opposé. e,

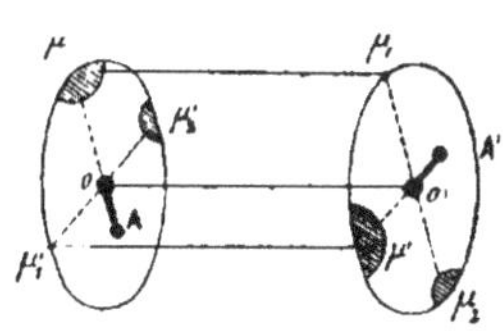

pour cette manivelle, est la distance du centre de
gravité de l'ensemble de la masse μ et de la
manivelle OA au plan médian ; mais, en répar-
tissant le contrepoids en deux, situés l'un en μ et
l'autre en μ_1 à l'extrémité du diamètre parallèle de la seconde roue, on déplace le centre de
gravité sur une parallèle à l'essieu ; on fait va-
rier e à volonté sans toucher aux masses ni à l'équilibre de translation. Il
semble qu'on ne peut ainsi que diminuer e, mais on peut également l'augmenter en plaçant un contrepoids complémentaire non plus en μ_1 mais au
point diamétralement opposé μ_2, de façon que ce ne soit plus la somme,
mais la différence des contrepoids μ et μ_2 qui égale le contrepoids primitivement calculé pour l'équilibre de translation. Dans toutes ces questions,
on doit traiter les contrepoids comme des forces dirigées suivant le prolongement du rayon passant par chacun d'eux.

On raisonnera de la même façon pour la seconde roue dont la manivelle O'A' est calée à 9c° de la manivelle OA ; le contrepoids correspondant sera réparti à l'extrémité μ' du rayon opposé à O'A' et à l'extrémité μ'₂ du rayon Oμ'₂ opposé au rayon Oμ'₁ parallèle à O'A'. En faisant la répartition convenablement, on disposera donc à volonté de e et e'. Ces contrepoids μ et μ'₂, et μ' et μ₂ se trouvent situés respectivement aux extrémités de deux diamètres à 90°. Comme chacun d'eux agit par sa force centrifuge, qui est proportionnelle à son poids, on peut composer les deux contrepoids qui devraient se trouver sur chaque roue par la règle du parallélogramme des forces : sur le rayon Oμ on prend une

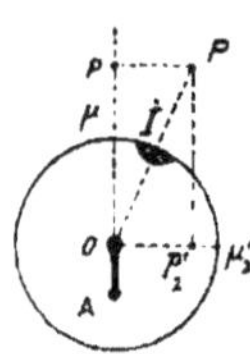

longueur Op représentant la partie du contrepoids de la roue considérée qu'il y aurait lieu de placer en μ ; sur Oμ'₂ on porte une longueur Op'₂ représentant la partie du contrepoids de l'autre roue qu'il faudra placer en μ'₂ ; la règle du parallélogramme donne à la fois la position I du contrepoids unique qui doit remplacer μ et μ'₂ et la grandeur OP de ce contrepoids.

78. Mouvements réels. — Nous avons dit précédemment que la grandeur des efforts qui résultaient du jeu des pièces à mouvement relatif, lorsqu'elles ne sont pas équilibrées, était proportionnelle au carré de la vitesse angulaire ω^2, mais que les déplacements géométriques pouvaient être considérés comme indépendants de la vitesse. Il ne faudrait pas prendre cette conclusion au pied de la lettre. Dans la réalité, la question est plus complexe et ne saurait être traitée complètement par le calcul simplifié que nous avons exposé. L'influence des pièces non équilibrées sur le mouvement de la machine dépend des conditions générales de la marche de celle-ci et n'en est pas, au contraire, indépendante comme la conclusion précédente semblerait le faire croire. C'est ce que l'on peut voir en prenant l'équation des projections sur l'axe longitudinal, par exemple, si l'on veut étudier l'influence des réactions horizontales occasionnées par l'inertie des pièces mobiles, en supposant que l'on ait réalisé l'équilibre vertical. Nous avons trouvé précédemment l'équation :

$$\Sigma T = \theta + \theta' + \frac{P}{g}\frac{dv}{dt}.$$

Actuellement, nous savons que $\dfrac{P}{g}\dfrac{dv}{dt}$ ne représente pas complètement les forces d'inertie, et qu'il faut ajouter à ce terme les forces d'inertie résultant de l'action des pièces non équilibrées et calculées par rapport à des axes de translation liés à la machine (page 167). Or, si on suppose l'équilibre vertical réalisé et si l'on désigne par $\mathcal{A}$ la différence des expressions A' et A précédemment définies, on a trouvé pour ces forces d'inertie :

$$- \Sigma m \frac{d^2x}{dt^2} = \mathcal{A}\,\omega^2\,\sqrt{2}\cos\left(\alpha + 45°\right).$$

L'équation de projections sur l'axe OX doit donc s'écrire :

$$\Sigma T = \Theta + \Theta' + \frac{P}{g} \frac{dv}{dt} - \mathcal{A} b \, \omega^2 \sqrt{2} \cos (\alpha + 45^\circ).$$

Cette somme est, comme on l'a vu, égale à $\Phi - M$, Φ représentant l'action de la vapeur ramenée à la jante et M la résistance du mécanisme. $\Phi - M$ est d'ailleurs une fonction de α. On écrira :

$$\Theta + \Theta' + \frac{P}{g} \frac{dv}{dt} - \mathcal{A} b \, \omega^2 \sqrt{2} \cos (\alpha + 45^\circ) = \Phi - M.$$

Nous avons vu par quelles considérations on peut trouver une autre relation contenant Θ et permettant de l'éliminer pour obtenir une équation différentielle en α qui résoudra théoriquement la question. Supposons, pour prendre le cas le plus simple, que la machine soit seule, qu'elle ne remorque aucun train. On a alors $\Theta = o$. D'autre part, s'il n'y a pas glissement,

$$v = R \frac{d\alpha}{dt},$$

R désignant le rayon des roues motrices.

Donc :

$$\frac{dv}{dt} = R \frac{d^2\alpha}{dt^2},$$

et, par suite

$$\Theta' + \frac{PR}{g} \frac{d^2\alpha}{dt^2} - \mathcal{A} b \left(\frac{d\alpha}{dt}\right)^2 \sqrt{2} \cos (\alpha + 45^\circ) = \Phi - M,$$

équation non linéaire, dans l'intégration de laquelle les différents termes ne donnent pas des résultats qui se superposent purement et simplement.

Nous ne pousserons pas plus loin l'analyse ; nous avons voulu seulement, par cet exemple, montrer que les effets des pièces mobiles sur le mouvement ne sont pas indépendants du mouvement général de la machine.

En outre, nous avons toujours négligé les forces d'inertie provenant des perturbations mêmes de mouvement qu'il s'agit d'étudier. Or il n'est pas évident que ce soit à bon droit, et cela pour deux motifs.

En premier lieu, si l'on peut admettre comme un fait d'expérience que les vitesses relatives dues à ces mouvements oscillatoires, sont toujours sensiblement inférieures à celles que la vapeur imprime aux pièces mobiles et qui dépassent parfois 9 ou 10 mètres par seconde, cela n'empêche pas que les accélérations correspondantes ne soient très appréciables si les oscillations sont de courte durée. Nous avons déjà remarqué que des accélérations très importantes peuvent ne pas engendrer de très grandes vitesses si elles changent fréquemment de sens.

En second lieu, tandis que les accélérations provenant du mouvement normal des pièces mobiles ne s'appliquent qu'aux masses relativement faibles de ces pièces, celles qui sont dues aux mouvements oscillatoires s'appliquent à la totalité de la machine. Or le poids de celle-ci vaut cinquante fois ou plus encore celui des pièces mobiles ; il suffit donc d'accélérations beaucoup moindres pour constituer un système de forces d'inertie tout à fait comparable ou même prépondérant.

Lorsqu'on tient compte de ces forces d'inertie ainsi que de l'élasticité de la suspension et des attelages, les résultats précédents peuvent être considérablement modifiés. L'amplitude des oscillations n'a plus aucun rapport avec celle qui se déduit de la considération de la conservation du centre de gravité et qui serait indépendante de la vitesse.

L'exemple suivant montrera, dans un cas simplifié à dessein, comment les oscillations que produit une cause perturbatrice périodique se combinent avec celles qu'une masse mobile tend à exécuter sous l'action de liens élastiques, comment leur amplitude dépend d'une relation entre la période de la force perturbatrice et celle de ces oscillations naturelles, et comment elle peut devenir très grande lorsqu'il y a concordance entre ces périodes.

Nous prendrons le cas déjà précédemment traité des oscillations verticales d'un véhicule suspendu, assimilé à un point matériel et nous supposerons que, sur ce point matériel vienne agir une force verticale périodique.

Ce cas n'est pas précisément celui d'une machine dont les contrepoids dépassent ceux de l'équilibre vertical, car les forces d'inertie de ces contrepoids attachés aux roues n'agissent pas sur la masse suspendue ; elles ne font que charger ou décharger le rail. Mais il se réalise dans les mouvements verticaux que la machine exécute par l'inertie des pièces mobiles ou sous l'action de la vapeur lorsque les cylindres sont inclinés ou encore sous l'action d'inégalités de la voie se répétant périodiquement, comme les joints des rails.

Dans les mouvements horizontaux de recul ou de lacet, le calcul ne se présente plus d'une manière aussi simple, à cause des réactions très complexes de la voie et du train. Mais il est évident qu'un effet analogue doit se produire ; l'amplitude de ces mouvements et des réactions correspondantes doit dépendre du plus ou moins de concordance entre la période des causes qui les produisent, forces d'inertie ou pression de la vapeur, et celle des oscillations naturelles du véhicule sous l'influence des ressorts de traction et de choc.

Réduisons donc, comme nous l'avons déjà fait, la machine à un point matériel de poids P. Soit h la hauteur primitive du ressort à l'état naturel. L'équation différentielle du mouvement vertical de la machine est évidemment :

$$\frac{P}{g}\frac{d^2y}{dt^2} = \frac{h-y}{K} - P, \qquad (1)$$

K étant la flexibilité du ressort ; le terme $\dfrac{h - y}{K}$ représente la tension du ressort.

Cette équation peut s'écrire :

$$\frac{d^2y}{dt^2} + \frac{g}{KP}\, y = \frac{hg}{KP} - g.$$

Posons :

$$\frac{g}{KP} = \mu^2 \qquad \left(\frac{hg}{KP} - g\right) = j\,\mu^2\,;$$

l'équation différentielle devient :

$$\frac{d^2y}{dt^2} + \mu^2 y = j\mu^2, \tag{2}$$

dont l'intégrale est

$$y = A \cos\,(\mu\, t + \theta) + j,$$

dans laquelle A et θ désignent des constantes arbitraires. Telle serait l'équation du mouvement de la machine sous l'action seule des ressorts. Ce mouvement est un mouvement oscillatoire qui a pour période $\dfrac{2\pi}{\mu}$.

Supposons maintenant que le mouvement de la machine soit troublé par une force verticale périodique, comme celles dont nous avons parlé. Cette force doit s'ajouter au second membre de l'équation (1) ; puis elle doit être multipliée par $\dfrac{g}{P}$ pour l'équation (2). Cela revient à ajouter au deuxième membre de cette équation la force perturbatrice rapportée à l'unité de masse.

Soit $p \, \cos\,(nt + \varphi)$ cette force. L'équation (2) devient :

$$\frac{d^2y}{dt^2} + \mu^2 y = \mu^2 j + p \cos\,(nt + \varphi), \tag{3}$$

dont l'intégrale est :

$$y = j + A \cos\,(\mu t + \theta) + \frac{p}{\mu^2 - n^2} \cos\,(nt + \varphi).$$

Le mouvement est plus complexe que précédemment. Nous avions tout à l'heure un mouvement oscillatoire dont la période était $\dfrac{2\pi}{\mu}$; il s'y ajoute maintenant un mouvement périodique dont la période est $\dfrac{2\pi}{n}$, c'est-à-dire celle de la force, et dont l'amplitude dépend de la quantité μ qui caractérise l'oscillation naturelle de la machine ; il en résulte que le second mouvement dépend de la constitution du système auquel il est appliqué.

L'amplitude du mouvement perturbateur renferme au dénominateur la différence $\mu^2 - n^2$. Si cette différence est très petite, c'est-à-dire si la période des forces perturbatrices est voisine de celle de l'oscillation de la machine, l'amplitude du mouvement perturbateur que ces forces introduisent dans le mouvement de la machine peut devenir très grande. C'est là un point très important à considérer : lorsque les forces perturbatrices ont une période qui se rapproche de la période d'oscillation naturelle du système, les oscillations de la machine prennent des amplitudes très grandes, résultats que l'on n'aurait pas soupçonné si l'on s'était borné à considérer simplement les forces perturbatrices. Si à la limite $\mu^2 = n^2$, ce qui est une condition parfaitement réalisable, la formule donnerait pour y une valeur infinie. En réalité, l'intégrale change alors de forme. Si on pose $n = \mu + \varepsilon$ et que l'on fasse tendre ε vers o, on trouve une intégrale de la forme :

$$y = j + \mathrm{A}\, \cos\,(\mu\, t + \theta) + \frac{p}{2\mu}\, t \sin\,(\mu t + \varphi)\,,$$

ce qui représente un mouvement périodique de même période que l'oscillation de la machine à l'état naturel, mais dont l'amplitude augmente indéfiniment avec le temps. En réalité, y ne peut pas devenir infini ; dire qu'il augmente indéfiniment quand t augmente indéfiniment, cela veut dire qu'il sort des limites dans lesquelles l'équation différentielle fondamentale d'où nous sommes parti était suffisamment approchée.

La considération de l'influence des forces périodiques permet de se rendre compte du résultat d'expériences qui ont été entreprises, il y a une dizaine d'années, au chemin de fer de Lyon, sur la stabilité des locomotives à différentes vitesses. On a trouvé que, si on faisait croître la vitesse de marche, il y avait une vitesse pour laquelle la marche de la machine était le plus désordonnée, c'est-à-dire pour laquelle les mouvements perturbateurs avaient leur amplitude maximum. Cette vitesse était, paraît-il, aux environs de 80 à 90 km. Au-dessus de cette vitesse les mouvements désordonnés étaient moins accentués. Quelle est la cause de ce phénomène si surprenant au premier abord ? Cela tient sans doute à ce que, pour cette vitesse critique, certaines forces perturbatrices ont une période égale à celle de l'oscillation naturelle de la machine, c'est-à-dire que $n = \mu$; le mouvement perturbateur a alors sa valeur maximum. Si la vitesse continue à s'accroître, n s'écarte de plus en plus de μ ; l'amplitude $\dfrac{p}{\mu^2 - n^2}$ de l'oscillation perturbatrice va en diminuant.

A quoi est due cette concordance entre les périodicités des forces perturbatrices et les oscillations de la machine ? C'est ce qu'une analyse très approfondie pourrait seule établir. Peut-être le maximum de défaut de stabilité provient-il de la concordance entre les périodes d'oscillations naturelles de la machine et celles des passages de la machine sur les joints des rails comme l'a pensé M. Nadal ? Il est certain qu'il entre en jeu des actions périodiques multiples : action périodique de la vapeur, forces périodiques produites par l'inertie des pièces mobiles, par les chocs au passage des joints des rails, etc..., qui se combinent pour contrarier les oscillations naturelles de la machine sur ses ressorts.

79. Exemple numérique. — Pour montrer comment se présente le calcul des contrepoids et faire apprécier l'ordre de grandeur des actions dues à l'inertie des pièces mobiles, nous citerons un exemple emprunté à une machine-tender du chemin de fer du Nord. La question de l'équilibre des pièces mobiles a plus d'importance pour les machines-tenders que pour les machines à tender séparé, le tender, pour ces dernières, augmentant la stabilité des machines et restreignant la tendance au lacet.

La machine considérée est à 3 essieux accouplés, avec cylindres extérieurs et accouplement sur le bouton moteur. Voici les éléments de cette machine :

Roues motrices, diamètre D........................... 1 m. 425

Timbre de la chaudière p.... .... 8 k. 5

Cylindres { diamètre d............................. 0 m. 40

Cylindres { course $l = 2r$............................. 0 m. 60

Effort maximum sur chaque piston $\dfrac{\pi d^2}{4} p$............... 10.680 kg.

Effort moyen (0,65 de l'effort maximum environ)........ 6.942 kg.

Effort moyen à la circonférence des roues F pour les deux côtés :

$$\pi.\text{D}.\text{F} = 4 \times 6942 \times 2r,$$

d'où :

$$\text{F} = 3.722 \text{ kg.}$$

F représente la valeur moyenne de Φ calculée d'une façon très approximative, ou l'effort de traction moyen, résistances comprises, $\alpha\, p\, \dfrac{dl^2}{\text{D}}$.

Poids de la machine { à vide....................... 30.100 kg.

Poids de la machine { en ordre de marche .... 39.300 kg.

Pression sur chaque point d'appui, en charge, en supposant une égale répartition .... 6.550 kg.

Pièces à mouvement relatif circulaire

	Manivelle et son bouton, rapportée au bouton	75 kg.
	Fausse manivelle, rapportée au bouton.....	5 kg.
Roue motrice	Partie de la bielle motrice afférente au bouton	58 kg.
principale	Parties des bielles d'accouplement........	83 kg.
	Total........	221 kg.
	Valeur du contrepoids réduit au bouton....	221 kg.

En réalité, le contrepoids a un poids moindre parce qu'il est placé tout près de la jante, c'est-à-dire que son centre de gravité est à une distance du centre bien supérieure au rayon de la manivelle. Ici, le centre de gravité est à 0,49. Le contrepoids effectif est donc $221 \times \dfrac{0,30}{0,49} = 135$ kg.

Ce contrepoids réalise l'équilibre vertical de la roue.

Pour chaque roue accouplée
Manivelle et bouton d'accouplement........	34 kg.
Partie de la bielle d'accouplement..........	27 kg.
Total............	61 kg.

Valeur du contrepoids réduit au bouton.... 61 kg.

Le contrepoids a encore une valeur comparativement moindre que la précédente, car son centre de gravité est encore plus rapproché de la roue, le contrepoids étant plus petit.

En réalité, il y a une petite différence dans les distances des deux essieux accouplés à l'essieu moteur et par conséquent dans la longueur et le poids des bielles d'accouplement et dans les calculs relatifs à ces deux essieux. Nous en faisons abstraction pour simplifier.

Pièces à mouvement alternatif

Piston et sa tige.................................	80 kg.
Tête du piston complète (avec son coulisseau et les patins)..	68 kg.
Partie de la bielle motrice......	30 kg.
Total.........	178 kg.

Si nous nous reportons aux expressions de A et A', on aura pour un côté de la machine :

$$\frac{A}{r} = 221 + 2 \times 61 = 343$$

$$\frac{A'}{r} = 343 + 178 = 521 \text{ kg.}$$

Comme nous avons supposé que l'on n'avait équilibré que $\dfrac{A}{r}$, c'est-à-dire les pièces à mouvement circulaire, l'équilibre vertical seul est réalisé. Voyons la perturbation qui en résulte pour les efforts horizontaux. La partie variable de Σmx se réduit à

$$\Sigma mx = \frac{178}{g} \sqrt{2} \cos (\alpha + 45°),$$

en supposant constants les termes en β et β_1. On a donc :

$$\Sigma m \frac{d^2 x}{dt^2} = - \frac{178}{g} \sqrt{2}\, \omega^2 \cos (\alpha + 45°).$$

Si V est la vitesse en kilomètres à l'heure, la vitesse en mètres à la seconde est $\dfrac{V}{3,6}$ et l'on a :

$$\omega = \frac{V}{3,6} \times \frac{2}{D} = \frac{2V}{3,6 \times 1,425}$$

d'où :

$$\Sigma m \frac{d^2 x}{dt^2} = -1\text{ k. }175\ V^2 \cos(\alpha + 45°),$$

ce qui conduit aux résultats suivants pour les valeurs maxima de $\Sigma m \dfrac{d^2 x}{dt^2}$ correspondant à $\cos(\alpha + 45°) = 1$:

$$V = 50\text{ k. }(3,1\text{ tours par seconde}) - \Sigma m \frac{d^2 x}{dt^2} = 2.937\text{ kg.}$$

$$V = 75\text{ k. }(4,6 \qquad - \qquad) \ldots\ldots\ldots = 6.609\text{ kg.}$$

Ces vitesses correspondent à des marches très normales et très satisfaisantes, la première surtout, et l'on voit que si on a réalisé seulement l'équilibre vertical; l'effort au crochet de traction peut varier à un moment donné, en plus ou en moins, de quantités considérables.

Si on voulait réaliser *l'équilibre horizontal*, la somme des contrepoids d'un côté serait de 521 kg.; si alors on appliquait le contrepoids de 178 kg. nécessaire à l'équilibre horizontal sur une seule roue motrice, on trouverait des efforts verticaux identiques aux efforts horizontaux que nous venons de calculer, ce qui serait inadmissible. Mais, comme on l'a vu, on peut reporter ces 178 kg. par tiers sur chacune des roues. La variation des efforts serait réduite au tiers.

En réalité, ce n'est pas la combinaison qui est adoptée ; on a réalisé un *équilibre mixte* en équilibrant le 1/3 seulement des pièces à mouvement alternatif. On a alors une réaction verticale par roue égale à $\dfrac{1}{3} \times \dfrac{1}{3} = \dfrac{1}{9}$ de ce qu'elle serait avec l'équilibre horizontal appliqué à une seule roue, soit de 230 kg. à la vitesse de 50 km., et de 517 kg. à la vitesse de 75 km.

D'autre part, la réaction horizontale est égale aux $\dfrac{2}{3}$ de celle qui avait lieu dans l'équilibre vertical, soit au maximum à :

$$1.958\text{ kg. pour la vitesse de 50 km.,}$$
$$4.406\text{ kg. } - \qquad 75\text{ km.}$$

C'est par là que nous terminerons les considérations préliminaires sur l'étude du fonctionnement de la locomotive.

Nous allons maintenant passer en revue ses dispositions de détail. Nous commencerons cette étude par une question d'un ordre en apparence secondaire, mais qu'il est utile cependant de connaître parce que les considérations qui s'y rattachent influent sur les dispositions générales des machines : c'est celle du passage des machines dans les courbes.

§ 10. DISPOSITIONS PROPRES A FACILITER LE PASSAGE DES MACHINES DANS LES COURBES

80. — Cette question a une importance particulière pour les machines. Le poids par essieu étant chez elles beaucoup plus considérable que pour les véhicules ordinaires, les réactions qui se produisent entre les roues et la voie y sont plus grandes. D'autre part, par sa position en tête des trains, la machine exerce dans les courbes des pressions sur la voie beaucoup plus fortes que s'il s'agissait d'un véhicule du même poids mais remorqué, car l'effort de traction sur les véhicules tirés tend à les ramener dans l'intérieur de la courbe, et, par conséquent, à éloigner le boudin des roues du rail extérieur. Les deux causes se cumulent pour accroître la pression latérale qui s'exerce entre le rail extérieur et la roue d'avant des machines. Cette pression augmente notablement la résistance au roulement, et elle crée, de plus, une tendance au déraillement, déraillement dont les conséquences seraient plus importantes que s'il s'agit du déraillement d'un véhicule ordinaire, la machine sortie des rails pouvant entraîner tout le train à sa suite. Enfin, il est une autre cause qui augmente encore la pression exercée sur le rail extérieur, c'est l'action même de la vapeur, qui tend à entraîner la machine suivant une ligne droite, et, par conséquent, à la rejeter contre le rail extérieur ; cet effet peut même être augmenté considérablement si les réactions tangentielles motrices des roues intérieures l'emportent sur celles des roues extérieures.

Il importe donc de prendre des dispositions pour faciliter le passage des machines dans les courbes. La question présente plus de difficulté que pour les véhicules ordinaires ; il y a une solidarité entre les roues et le mécanisme moteur, c'est-à-dire entre les roues et le bâti de la machine, qui n'existe pas pour ces derniers. Notamment, dans le matériel de transport, on laisse un certain jeu entre les boîtes de graissage et les plaques de garde pour permettre aux essieux de prendre une position radiale. Cette disposition est inadmissible pour les roues motrices ou accouplées des locomotives ; il faut, au contraire, qu'il n'y ait aucun jeu — ou plutôt qu'il n'y ait que le jeu indispensable pour la construction, — entre les plaques de garde et les boîtes de graissage, que celles-ci s'emboîtent exactement dans celles-là. Cependant, on pourrait adopter un certain jeu pour les essieux simplement porteurs. En fait, on préfère, même pour ces essieux, ne pas laisser de jeu entre les plaques de garde et les boîtes, afin d'éviter que, pendant la marche, les machines n'éprouvent un ballottement.

Si la question du passage dans les courbes présente plus de difficulté pour les machines que pour les véhicules ordinaires, il s'y rencontre cependant une circonstance favorable : c'est que les machines peuvent être construites spécialement en vue de certaines lignes.

Par suite de considérations relatives à l'entretien des machines et au service des mécaniciens, les locomotives doivent être rattachées à un dépôt, de manière à y revenir fréquemment. Il est donc possible de spécialiser les machines pour la région desservie et même pour certaines lignes particulières. Il n'en est pas de même pour le matériel de transport, qui doit pouvoir passer d'une ligne à l'autre et même d'un pays à l'autre, surtout le matériel à marchandises. Il n'y a que les petites compagnies qui peuvent difficilement faire des échanges de matériel, car leurs véhicules ne reparaîtraient que très rarement sur leurs lignes et ne pourraient plus être l'objet d'un entretien soigné.

81. Dispositions applicables indistinctement aux essieux moteurs et porteurs.

— Un des procédés employés pour faciliter le passage des machines dans les courbes consiste à augmenter la conicité des bandages. Il ne faut pas l'accroître par trop, parce que l'on sait que, dans les alignements droits, cette conicité donnerait à la machine des oscillations vives. Cependant, sur les lignes sinueuses, on va jusqu'à des conicités de $1/10^e$ et même $1/7^e$, alors que, pour le matériel de transport, la conicité est de $1/20^e$.

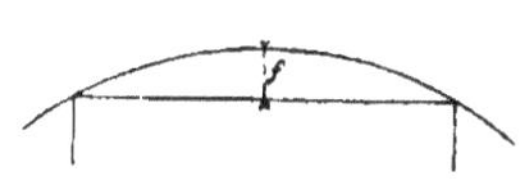

On a proposé, pour faciliter le mouvement en courbe, de supprimer le boudin et même la conicité des roues intermédiaires. L'essieu du milieu tend en effet à se déplacer à l'intérieur d'une courbe d'une quantité égale à la flèche de la corde formée par la ligne qui joint les centres des roues extrêmes. Si cette flèche est plus grande que le jeu compris entre le boudin et le rail dans sa position moyenne, le boudin gênera le mouvement en courbe. En même temps, la conicité fonctionne à rebours, car la roue intérieure de l'essieu intermédiaire roule sur un plus grand rayon que la roue extérieure. Il est fâcheux cependant de supprimer le boudin ; si la roue d'avant vient à sortir des rails, il n'y a plus rien pour retenir la machine sur la voie. Il est préférable d'amincir simplement le boudin pour augmenter le jeu de cet essieu.

Une disposition plus complète consiste à permettre aux essieux extrêmes de se déplacer légèrement transversalement à la voie, c'est-à-dire suivant leur axe. Ce déplacement transversal de l'essieu peut être réalisé de trois manières différentes :

1° on peut donner aux fusées une longueur un peu plus grande qu'aux coussinets qui sont invariablement liés aux boîtes de graissage. L'essieu se déplace par rapport au coussinet. Le jeu adopté pour ce déplacement a été porté dans certains cas à 2 et même à 4 centimètres.

Ce procédé ne doit être employé qu'avec réserve ; le déplacement de l'essieu est très facile, et, si le jeu est un peu fort, il peut en résulter pour la machine des mouvements de lacet excessifs;

2° on peut fixer la position du coussinet par rapport à l'essieu et permettre le déplacement du coussinet dans la boîte de graissage. Cette disposition est très employée ;

3° dans le troisième procédé, l'essieu, le coussinet et la boîte de graissage ont des positions relatives bien déterminées, mais la boîte peut se déplacer légèrement entre les plaques de garde. Il est également très employé.

Ces deux derniers procédés ont l'avantage de se prêter à l'emploi d'un dispositif de rappel, tendant à ramener l'essieu dans sa position moyenne et empêchant, par suite, les déplacements d'être trop faciles. Quand une machine entre dans une courbe, c'est la réaction du rail extérieur qui force la machine à pivoter sur elle-même pour suivre la courbe. Si l'essieu d'avant est lié invariablement à la machine, la réaction se fait sentir brusquement; si au contraire l'essieu peut se déplacer par rapport à la machine, le choc du rail se fait d'abord sur l'essieu dont le déplacement entraîne celui de la machine ; mais l'action sur cette dernière est graduelle surtout s'il y a un rappel ; lorsque le dispositif de rappel est tel que son action croît avec le déplacement, l'action du rail sur la machine est progressivement croissante.

On a imaginé de nombreux mécanismes de rappel. Le plus rationnel consiste dans l'emploi d'un ressort. Il existe depuis longtemps un appareil dans cet ordre d'idées : c'est *l'appareil Caillet,* dont on trouvera la description dans Couche ; il est constitué par deux ressorts horizontaux placés aux extrémités d'une tige entre les boîtes de graissage. Ces ressorts ayant reçu une bande initiale, les chocs des rails sur les roues ne peuvent provoquer le déplacement de l'essieu qu'autant que la pression dépasse celle-ci ; les petits chocs sont sans influence. Lorsque le déplacement a commencé, l'effort de rappel croît avec l'importance du déplacement.

Cet appareil, quoique remplissant, pour ainsi dire, les conditions théoriques auxquelles doivent satisfaire les dispositifs permettant le jeu longitudinal, a peu reçu d'applications en France. On lui reproche d'introduire de nouveaux mécanismes dans un organisme déjà très complexe, et on lui préfère généralement un système plus simple, celui du plan incliné, qui n'exige aucun mécanisme proprement dit, mais seulement une disposition spéciale de surfaces qui existent dans tous les cas. Ce système est moins parfait, car il ne donne pas une force progressivement croissante comme l'appareil Caillet. Toutefois la force de rappel augmente un peu par suite de la surcharge que provoque le soulèvement du bâti.

Les plans inclinés peuvent s'interposer soit entre le châssis et la boîte de graissage, soit entre cette dernière et le coussinet. Pour saisir le fonctionnement de ce système, représentons-le dans le cas où il est interposé entre le châssis et la boîte de graissage. Le châssis repose sur le dos des boîtes par l'intermédiaire des ressorts, portés eux-mêmes par des tiges robustes que l'on nomme *chandelles de ressort.*

La surface de contact des chandelles de ressort et des boîtes est constituée par deux plans inclinés formant un angle saillant pour la chandelle et un angle rentrant pour la boîte de graissage. La chandelle ne pouvant

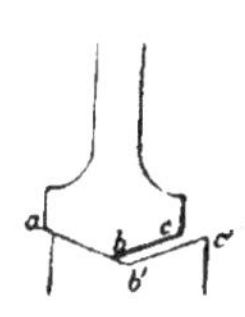

se déplacer latéralement à la voie, si l'essieu est sollicité longitudinalement, elle sera soulevée et il se produira un déplacement relatif entre les deux pièces, la charge verticale tendant toujours d'ailleurs à ramener l'essieu dans sa position normale. Cette disposition a été employée, mais elle offre cependant un inconvénient assez sérieux, celui de faire reposer la chandelle en porte-à-faux sur sa base lorsqu'elle est soulevée. On y a remédié en formant les surfaces de contact de trois plans dont deux

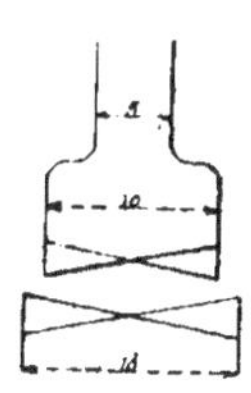

inclinés dans un sens et le troisième dans l'autre. Si un déplacement vient alors à se produire, la chandelle repose toujours par toute sa base sur une surface d'appui ; le porte-à-faux disparaît donc.

L'intensité de la force qui s'oppose au déplacement, et qui fait fonction de rappel, dépend de l'inclinaison des surfaces. Généralement, cette inclinaison est de 10 o/o, mais on va jusqu'à 12 et même 20 o/o.

L'inconvénient des plans inclinés est de donner une suspension un peu sautillante. Toutefois, ils sont pratiquement très satisfaisants, et l'on peut dire qu'ils sont d'un usage courant.

Il est facile de calculer la grandeur du jeu que doit pouvoir prendre l'essieu d'avant des machines. Désignons par j ce jeu, à partir de la

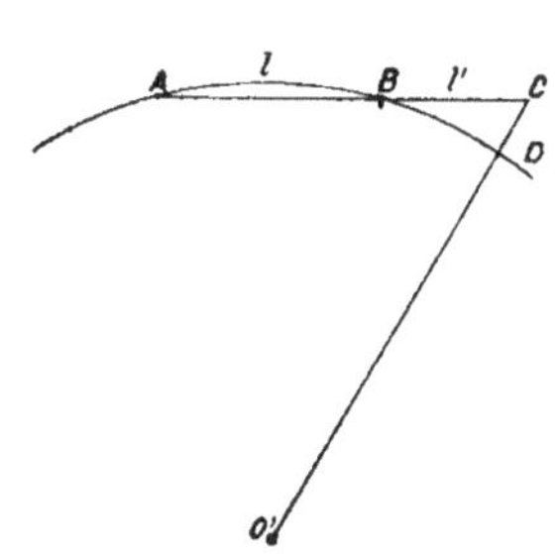

position moyenne de l'essieu, et supposons, par exemple, qu'il s'agisse d'une machine à trois essieux dont deux fixes, c'est-à-dire sans jeu. Soient A et B les projections des milieux de ces essieux sur l'axe curviligne de la voie ; le milieu du troisième essieu qui, dans sa position moyenne, se projette en C sur le prolongement de la droite AB, doit pouvoir, grâce au jeu, se placer en D sur l'axe de la voie ; CD est donc le jeu cherché. On a :

$$CD(2R + CD) = CA.CB = l'(l + l'),$$

en appelant l et l' la distance des axes des essieux, et R le rayon de la courbe. En négligeant $\overline{CD}^2$, on a :

$$j = \frac{l'(l + l')}{2R}.$$

Ce jeu est le déplacement maximum que l'essieu doit pouvoir prendre de part et d'autre de sa position moyenne. Il n'est pas d'ailleurs absolument indispensable, parce qu'il existe au roulement un certain jeu, que l'on nomme le jeu de la voie, représenté par un écart assez sensible entre la distance intérieure des rails et celle des boudins, et grâce auquel les roues peuvent déjà subir un déplacement latéral.

Dans le cas où il y aurait plus de deux essieux fixes, AB représenterait la distance entre les essieux fixes les plus éloignés.

Le déplacement longitudinal des essieux, par rapport au châssis, a un double but :

1° celui de diminuer les chocs au moment de l'entrée dans les courbes ;

2° celui de diminuer la résistance pendant le passage dans les courbes.

Le premier résultat est sûrement obtenu, puisque l'avant de la machine n'est pas dévié aussi rapidement que l'essieu ; mais il n'est pas certain qu'il en soit de même du second, et il pourrait même se faire que le déplacement longitudinal de l'essieu eût un effet opposé.

La question, à ce point de vue, est très complexe, et nous ne chercherons pas à en donner une véritable théorie. Les considérations suivantes permettront toutefois d'entrevoir pourquoi le résultat, quant à la résistance, peut varier suivant les circonstances de chaque cas.

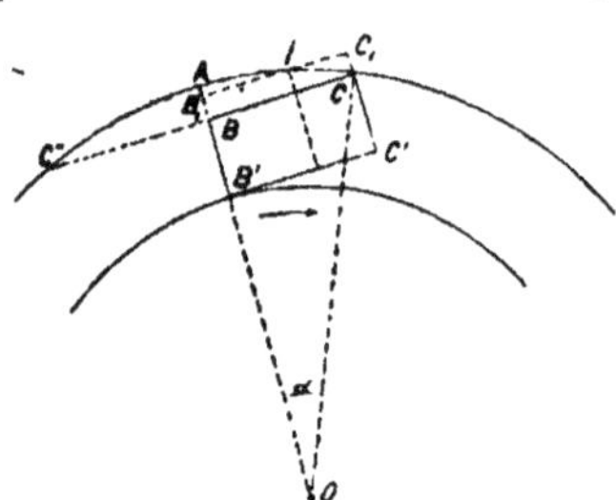

Nous avons vu que quand un véhicule se meut dans une courbe, l'expérience et certaines considérations théoriques montrent que l'essieu d'arrière tend à prendre une position radiale, tandis que l'essieu d'avant prend appui, par sa roue extérieure, sur le rail de grand rayon. Si l'essieu d'arrière prend cette position, la distance AB de sa roue extérieure au rail sera la flèche d'une corde dont la moitié BC sera égale à la longueur l comprise entre les essieux. On a évidemment :

$$AB(2R - AB) = l^2,$$

d'où, en négligeant $\overline{BA}^2$,

$$AB = \frac{l^2}{2R} ;$$

AB croît donc comme le carré de l. Si cette flèche est inférieure au jeu de la voie $2j''$, la roue B' intérieure de l'essieu d'arrière sera à l'intérieur de la voie ; si l'écartement des essieux croît jusqu'à ce que AB = $2j''$, la roue B' appuiera contre le rail intérieur ; enfin, si l'écartement d'essieu est plus considérable, l'essieu d'arrière ne peut plus prendre sa position radiale. La longueur maximum d'écartement des essieux, pour que l'essieu d'arrière puisse prendre une position radiale, est donc donnée par la relation :

$$l = 2R.2j''.$$

Avec un jeu $2j'$ de o m. o45, qui est fréquemment atteint et parfois dépassé dans les courbes, et avec un empattement ou écartement des essieux extrêmes de 6 m., qui est plutôt exceptionnel dans les machines, la condition est remplie par les rayons de 4oo m. et au-dessus.

Avec un empattement de 5 m., elle est déjà remplie pour un rayon de 28o m.

L'angle de la roue d'avant avec le rail extérieur est égal à C'CO et, par suite, à AOC. On a donc, en le désignant par α :

$$\text{tg } \alpha \text{ ou } \alpha = \frac{l}{R} \cdot$$

Cet angle est important à considérer ; on le nomme souvent l'*angle de cisaillement* ; plus il est grand, plus la roue d'avant a de tendance à mordre sur le rail, et plus la résistance au mouvement est grande. Lorsque la roue est parallèle au rail, le point d'application de la réaction qui se produit entre la roue et le rail est voisin de la génératrice de contact de la surface conique de roulement avec le rail, c'est-à-dire de l'axe instantané du mouvement ; le chemin parcouru par cette force, qui forme

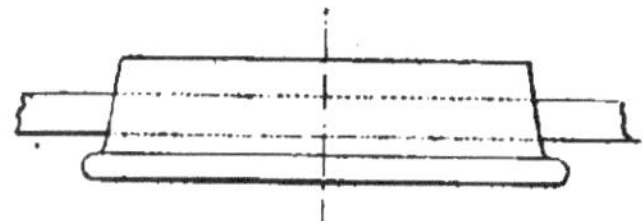 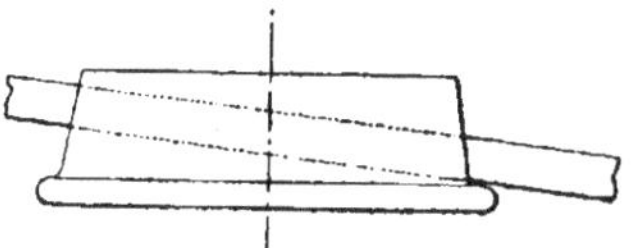

un des facteurs du travail de la résistance, est donc très faible. Au contraire, lorsque la roue est oblique au rail, la distance du point d'application de cette force à l'axe instantané, c'est-à-dire à la génératrice de contact de la surface de roulement, est relativement très grande par rapport à la précédente, et, par suite aussi, la résistance au roulement. L'angle de cisaillement est donc un élément essentiel de la résistance au mouvement des véhicules dans les courbes.

Considérons une machine circulant dans ces conditions, avec l'essieu d'arrière dans la position radiale. Si la roue d'avance a un jeu longitudinal, le véhicule se déplacera vers l'extérieur jusqu'à ce que l'essieu intermédiaire I vienne appuyer sur le rail extérieur, l'essieu d'arrière conservant sa position radiale. L'angle de cisaillement de la roue d'avant restera le même, mais celui de la roue extérieure de l'essieu intermédiaire sera environ moitié moindre. Les deux roues extérieures de l'essieu intermédiaire et de l'essieu d'avant appuyant sur le rail extérieur, la force qui tend à rejeter la machine contre ce rail se répartit entre les deux roues, et comme la roue intermédiaire a un angle de cisaillement inférieur à celui de la roue de l'essieu d'avant, on conçoit que la résistance au mouvement en courbe puisse être diminuée par l'effet du jeu longitudinal de l'essieu d'avant.

Mais ce raisonnement est subordonné à l'hypothèse que l'essieu d'arrière de la machine est dans une position radiale. Or il y a, dans les machines, une circonstance qui peut modifier beaucoup cette position. C'est l'intervention des réactions tangentielles des roues motrices, réactions beaucoup plus grandes que celles des roues porteuses et dirigées vers l'avant. Ces réactions peuvent n'être pas égales pour les deux côtés de la machine si le poids n'est pas également réparti.

Supposons, pour simplifier le raisonnement, un cas extrême, évidemment en dehors de la réalité, celui où le poids porterait tout entier sur la file intérieure de rails, les roues extérieures se trouvant totalement déchargées. Ces dernières ne pouvant avoir qu'une réaction tangentielle nulle, l'effort moteur se produit uniquement par les roues intérieures ; si, pour fixer les idées, le centre de la courbe est à droite, l'effort moteur est donc appliqué entièrement à la droite de la machine et tend à en porter l'avant vers la gauche, c'est-à-dire vers l'extérieur de la courbe, et l'arrière vers l'intérieur. La machine tend donc à tourner entre les rails, jusqu'à ce qu'elle soit arrêtée dans ce mouvement de rotation par le contact de ses boudins d'avant et d'arrière avec les rails. Si l'essieu d'avant a un déplacement longitudinal, c'est le suivant qui vient s'appuyer sur le rail et l'angle de cisaillement se trouve augmenté plus que s'il n'y avait pas de déplacement de l'essieu. L'augmentation de cet angle peut être suffisante pour que la somme des frottements des deux roues contre le rail extérieur l'emporte sur le frottement de la roue d'avant avec l'essieu fixe.

Or, l'effet indiqué doit se produire précisément quand la voie a un devers exagéré ; le poids de la machine, en ce cas, porte plus sur la file intérieure que sur la file extérieure de rails. C'est donc dans ce cas que le déplacement de l'essieu d'avant peut amener une augmentation de résistance.

I lest facile de se rendre compte, par le calcul, de ces variations de l'angle de cisaillement.

Quand l'essieu d'arrière est dans la position radiale, l'essieu d'avant étant fixe, la roue extérieure du premier est à la distance $\dfrac{l^2}{2R}$ du rail correspondant. L'angle de cisaillement, pour l'essieu d'avant, est, comme on l'a vu :

$$\alpha = \frac{l}{R}.$$

Si cet essieu a un jeu longitudinal que nous supposerons indéfini, le véhicule glisse parallèlement aux essieux jusqu'à ce que le second essieu vienne toucher le rail extérieur. Soit l' la distance de ce second essieu à celui d'arrière, son angle de cisaillement sera :

$$\alpha' = \frac{l'}{R} < \alpha.$$

Celui de l'essieu antérieur n'a pas changé.

La pression latérale sur le rail, qui s'exerçait uniquement par l'essieu d'avant, se répartit maintenant entre les deux essieux antérieurs dont l'un a un angle de cisaillement inférieur à α. Le travail de frottement des boudins doit diminuer.

Supposons maintenant que, par le jeu des réactions tangentielles des roues, l'essieu d'arrière quitte la position radiale pour venir s'appuyer sur le rail intérieur. Sa roue extérieure, qui était à la distance $\dfrac{l^2}{2R}$ du rail extérieur, vient à la distance $2j'$, que nous supposons plus grande ; l'essieu se déplace donc dans le sens du rayon de la quantité $2j' - \dfrac{l^2}{2R} = \varepsilon$, par un mouvement de pivotement autour de la roue extérieure de l'essieu d'avant.

Si c'est l'essieu extrême antérieur qui est fixe, ce pivotement fait tourner le véhicule d'un angle :

$$\beta = \frac{\varepsilon}{l}.$$

Si cet essieu est mobile, c'est autour de la roue du second essieu que se fait le pivotement, et l'on a :

$$\beta = \frac{\varepsilon}{l'}.$$

Dans l'un et l'autre cas, l'angle β s'ajoute aux angles de cisaillement qui prennent les valeurs suivantes :

1° pas de jeu à l'essieu antérieur ; cet essieu a seul un angle de cisaillement qui est :

$$\alpha = \frac{l}{R} + \frac{\varepsilon}{l} = \frac{l}{2R} + \frac{2j'}{l}.$$

2° Essieu antérieur mobile ; il y a à considérer deux angles de cisaillement qui sont :

pour l'essieu d'avant,
$$\alpha_1 = \frac{l}{R} + \frac{\varepsilon}{l'} ;$$

pour le second essieu,
$$\alpha' = \frac{l'}{R} + \frac{\varepsilon}{l'}.$$

Puisque $l' < l$, la première de ces expressions est supérieure à l'angle α réalisé avec l'essieu fixe ; la seconde peut être plus grande ou moindre, car on a :

$$\alpha' - \alpha = \varepsilon \left(\frac{1}{l'} - \frac{1}{l} \right) - \left(\frac{l - l'}{R} \right) = (l - l') \left(\frac{\varepsilon}{l l'} - \frac{1}{R} \right).$$

Cette différence sera positive si l'on a

$$\frac{\varepsilon}{l l'} - \frac{1}{R} > 0 \quad \text{ou} \quad 2j' > \frac{l}{R} \left(\frac{l}{2} + l' \right).$$

Dans ce cas, les deux angles de cisaillement ayant augmenté par le fait de la mobilité de l'essieu d'avant, on peut tenir pour certain que le travail du frottement des boudins, et, par suite, la résistance à la traction aura augmenté.

Si $\alpha' - \alpha$ est négatif, les deux essieux entre lesquels se répartit la pression latérale ont un angle de cisaillement inférieur pour l'un, supérieur pour l'autre à l'angle unique du cas où il n'y a pas de déplacement de l'essieu. Il pourra y avoir augmentation ou diminution du frottement suivant les cas.

Imaginons un essieu fictif situé en avant de celui d'arrière à une distance l_1 telle que

$$\frac{1}{2} l_1{}^2 = l\left(\frac{l}{2} + l'\right).$$

La condition pour que $\alpha' - \alpha = 0$ peut se traduire en disant que le jeu de la voie est tel qu'un véhicule d'empattement l_1 pourrait tout juste se placer dans la voie avec une position radiale de l'essieu d'arrière.

Dans une machine à trois essieux équidistants,

$$l' = \frac{l}{2} \qquad l_1 = l\sqrt{2} = l \times 1{,}4 \cdot$$

Dans une machine à quatre essieux équidistants,

$$l' = \frac{2}{3} l \qquad l_1 = l\sqrt{\frac{7}{3}} = l \times 1{,}5$$

Le cas où le jeu de la voie est insuffisant pour que l'essieu d'arrière puisse prendre une position radiale se traiterait en donnant à ε une valeur négative.

Si l'essieu d'arrière a lui-même un jeu suivant son axe, cela permet à l'arrière du véhicule d'effectuer un mouvement correspondant vers l'intérieur de la courbe. En d'autres termes, ce jeu s'ajoute à la quantité ε ou à $2j$ et augmente, en conséquence, tous les angles de cisaillement. Il ne peut certainement avoir d'utilité que lorsque le jeu de la voie n'est pas suffisant pour que l'essieu d'arrière prenne la position radiale et, dans ce cas même, son utilité ne paraît pas bien évidente.

On voit bien combien la question de la résistance au mouvement des machines dans les courbes est complexe, et les raisonnements qui précèdent permettent de comprendre pourquoi les résultats obtenus ne sont pas constants. C'est ce qu'ont montré également les expériences faites, il y a une dizaine d'années, par la commission dite des petits rayons, à Noisy-le-Sec; une machine du P.-L.-M., à essieu porteur à l'avant et à l'arrière, a donné sensiblement la même résistance lorsque les essieux avant et arrière étaient calés et lorsqu'ils avaient leur jeu; avec deux machines de l'Orléans, on a obtenu généralement une résistance plus grande avec les essieux libres qu'avec les essieux calés; et, pour l'une d'elles, sur une voie établie avec un fort devers, le surcroît de résistance obtenu en rendant à un ou plusieurs essieux la liberté de leur jeu a dépassé 5o o/o tandis que, sur la voie sans devers, la liberté des essieux produisait plutôt une légère diminution de résistance.

82. Dispositions applicables seulement aux essieux porteurs. — Nous venons de montrer les dispositions prises pour donner à l'essieu d'avant des machines un jeu longitudinal, et nous avons vu que ce jeu a quelquefois des inconvénients puisqu'il peut, dans certains cas, augmenter la résistance au mouvement en courbe. La situation serait complètement changée et l'inconvénient supprimé si, en même temps, il était possible de donner à cet essieu *un jeu de convergence*, c'est-à-dire lui permettre de prendre une position radiale. On annulerait ainsi l'angle de cisaillement et on diminuerait considérablement la résistance. Le jeu de convergence ne peut pas exister pour les essieux moteurs, à moins de dispositions mécaniques tout à-fait spéciales; mais on a pu le réaliser pour les essieux porteurs.

Le procédé le plus connu pour l'obtenir est celui des Américains; il consiste à remplacer l'essieu porteur de l'avant par un *bogie*. Cette disposition, employée en Amérique presque constamment, est déjà très répandue en Europe. C'est même, à vrai dire, pour les machines que le bogie a été inventé; cependant il donne avec elle des résultats moins satisfaisants que pour les véhicules ordinaires, car les essieux fixes déterminant l'axe du châssis, celui-ci force la cheville ouvrière à s'écarter de l'axe de la voie. Pour remédier à cet inconvénient on donne au bogie un

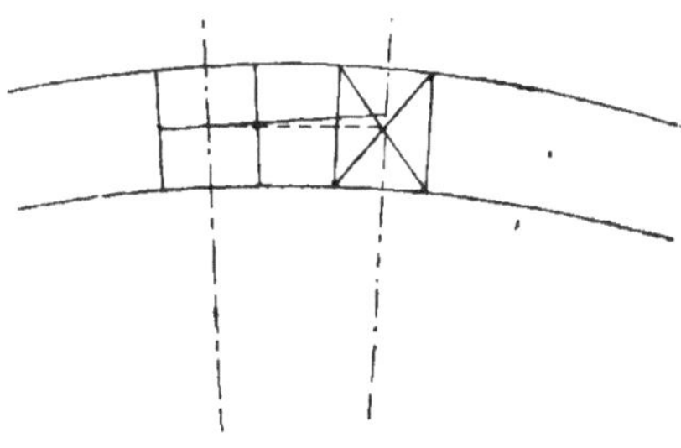

jeu parallèle aux essieux, et on lui applique un mécanisme de rappel, généralement réalisé avec des ressorts. Ce dispositif est couramment employé dans les machines à grande vitesse.

Le bogie a l'inconvénient d'augmenter le poids mort des machines. Néanmoins, comme la charge de l'essieu d'avant se trouve répartie sur deux essieux, la charge de chacun de ceux-ci est moins forte que lorsqu'il n'y a qu'un seul essieu. Cette faible charge de l'essieu antérieur pourrait favoriser le déraillement; mais ici, elle est compensée par la mobilité de cet essieu qui ne lui permet pas d'exercer une forte pression latérale sur le rail ; cette dernière circonstance est, en outre, favorable à la conservation de la voie, qui a par là moins de tendance à subir un déplacement latéral, ce qu'on appelle un *ripement*.

Pendant longtemps, on a considéré que le bogie ne pouvait être employé pour les machines à grande vitesse, à cause de sa faculté de pivotement qui pouvait déterminer un mouvement de lacet excessif. Mais l'expérience a montré que ces craintes n'étaient pas fondées, et, en fait, maintenant, c'est surtout pour les machines de grande vitesse que les bogies sont utilisés en Europe.

Dans les voitures à bogies, la caisse repose sur les longerons par l'intermédiaire de la traverse à pivot. Dans les machines, au contraire, le châssis étant déjà maintenu transversalement par les autres essieux, on fait porter la charge uniquement sur le centre du bogie, autour du pivot. La répartition est ainsi plus égale entre les diverses roues. Quelquefois cependant la charge porte, en outre, sur des appuis latéraux (chemin de fer du Nord).

On a cherché à réaliser les avantages du bogie avec un seul essieu. Cette disposition a été imaginée, il y a une trentaine d'années, par *M. Novotny*. L'essieu Novotny pivote autour d'une cheville ouvrière qui porte sur une traverse suspendue par ses deux extrémités aux ressorts de l'essieu. Le châssis de la machine s'appuie sur cette traverse, espèce d'avant-train, par l'intermédiaire de platines à plans inclinés, dont l'inclinaison, d'abord de $\frac{1}{8,5}$, a été portée à $\frac{1}{5,5}$ pour rendre l'essieu moins sensible aux irrégularités de la voie.

Le pivotement autour de la cheville ouvrière est limité, dans le cas du bogie, par la voie elle-même ; avec un seul essieu, il n'en pouvait être ainsi ; mais on a limité le déplacement de l'essieu Novotny à l'aide de buttoirs fixés au longeron et qui limitent les écarts possibles à 0 m. 003 au plus de part et d'autre de la position moyenne.

Il n'était pas évident *a priori* que cet essieu, qui n'est pas guidé par la voie, dût prendre une position radiale pendant la marche. Mais l'expérience a montré que cet essieu se comportait très bien dans les courbes. En Saxe, où il a été imaginé, l'essieu Novotny a été appliqué à des courbes descendant jusqu'à 172 mètres de rayon. On avait trouvé que les machines américaines roulaient très aisément jusque dans les rayons de 226 mètres, même à la vitesse de 60 km. à l'heure, mais qu'elles étaient instables dans les courbes de rayons moindres. Au contraire, l'essieu Novotny donnait une allure plus régulière, plus douce ; l'usure des boudins de l'avant-train était beaucoup plus lente.

Cependant les chemins de fer saxons semblent être revenus en dernier lieu au système américain. Peut être aurait-on évité certains inconvénients en donnant à la cheville ouvrière un certain déplacement latéral, plus nécessaire encore ici qu'avec le bogie.

On obtient à la fois le déplacement latéral et la convergence voulue au moyen du système désigné, d'après le nom de son inventeur, sous le nom de *train Bissel* ou simplement *Bissel*. Ce train peut avoir un ou deux essieux.

Considérons, par exemple, une machine à train articulé, à l'avant, et à deux essieux moteurs A et B, à l'arrière Les milieux A et B des deux essieux

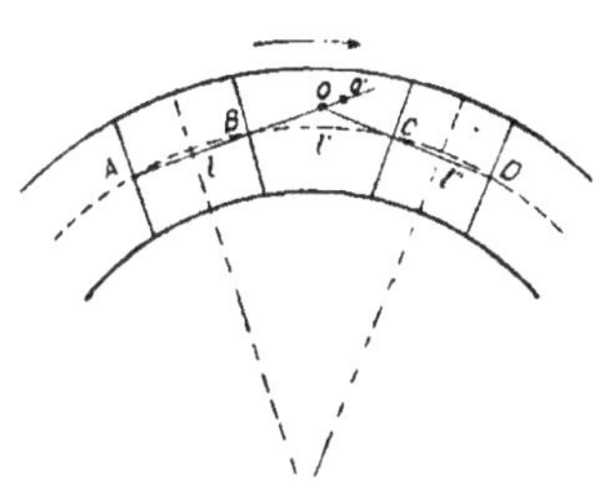

moteurs détermineront l'axe du châssis ; les milieux C et D des essieux du train, l'axe de celui ci, qui coupe l'axe AB en O. Imaginons que l'avant-train CD soit muni d'un timon articulé autour du point O. On voit alors que le mouvement en courbe se fera sans forcement. La position de la cheville ouvrière peut facilement être déterminée. En posant $OB = x$, appelant l, l' et l'' les écartements des essieux, on a :

$$(x + l)\, x = (l' - x)\,(l' + l'' - x),$$

d'où :

$$x = \frac{l'\,(l' + l'')}{l + 2\,l' + l''} \cdot$$

Le pivot étant ainsi déterminé, les essieux se placent sur la voie comme dans un véhicule à deux bogies.

Dans le cas où le train Bissel serait réduit à un seul essieu, il suffirait de faire $l'' = o$.

Si le pivot est placé au point théorique, le déplacement du Bissel est juste ce qu'il convient pour les courbes. Si, au contraire, on place la cheville en avant du point théorique, en O' par exemple, on voit que l'axe du Bissel tendra à se placer suivant O'D, c'est-à-dire que la roue extérieure de l'essieu C arrière du train tendra à appuyer sur le rail, tandis que la roue extérieure de l'essieu d'avant D s'en écartera ; l'angle de cisaillement deviendra négatif. Il y a avantage à ce que les choses se passent ainsi parce que la roue d'avant, qui attaque les courbes, subit une résistance moindre.

Le train Bissel a quelques inconvénients : il présente des difficultés de construction pour la fixation du pivot au châssis de l'avant-train. Il peut même être matériellement impossible de placer ce pivot au point théorique. De plus, le glissement par rapport au bâti est plus grand qu'avec l'avant-train américain. Le mouvement doit donc être moins libre, moins facile, ce qui peut offrir un inconvénient quand les courbes en sens inverse se succèdent rapidement.

D'une manière générale, le train Bissel est moins employé que le bogie américain ; cependant il peut se placer plus facilement que ce dernier à l'arrière des machines.

Les inconvénients inhérents soit à l'essieu Novotny soit au train Bissel peuvent être évités avec les *boîtes radiales*. Dans le cas d'un seul essieu, les boîtes radiales ne sont autre chose que les boîtes de graissage, convenablement disposées.

Soient AB un essieu et O le pivot autour duquel il doit se mouvoir. La liaison du pivot à l'essieu oblige les points A et B à se déplacer suivant un 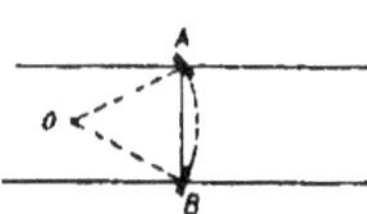 cercle dont le point O est le centre. On peut avoir le même effet au moyen de glissières qui embrassent les boîtes. Ces glissières sont cylindriques ou simplement planes et obliques, suivant l'élément d'un arc de cercle ayant pour centre le point fixe du Bissel. Dans ce dernier cas, si les glissières sont fixées à demeure au châssis, il faut que l'essieu, en se déplaçant par rapport à la machine, puisse tourner légèrement dans la boîte de graissage ; en effet, il tourne autour d'un centre fixe tandis que les boîtes se déplacent parallèlement à elles-mêmes. Plusieurs dispositions ont été imaginées pour réaliser ce déplacement ; l'une, bien connue, est due à M. *Edmond Roy*, qui a imaginé une boîte de graissage dont les coussinets se terminent extérieurement par une surface cylindrique permettant un pivotement de l'essieu dans la boîte (*Revue Générale des Chemins de fer, 1881*).

Une autre disposition employée pour permettre le déplacement est celle de M. *Weidknecht*, appliquée à 10 machines des chemins de fer départementaux de la Drôme (*Génie civil*, 3 juin 1893). L'essieu est relié au 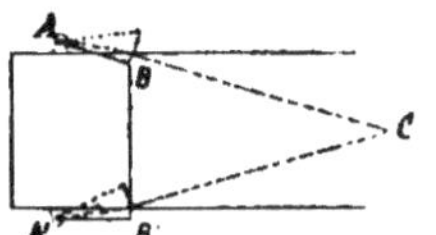 châssis par deux bielles AB, A'B', articulées sur deux boutons sphériques, portés par le châssis, et sur deux boutons verticaux, fixés aux boîtes.

Il est évident que les choses se passent, à très peu de près, comme avec un Bissel centré en C, au point rencontre des rayons menés des articulations A et A' aux milieux des arcs décrits par les extrémités de l'essieu. La boîte est chargée par l'intermédiaire de plans inclinés. Un essieu de ce genre se place facilement partout, même derrière le cendrier ou au-dessous

Au chemin de fer d'Orléans, M. Polonceau a appliqué une disposition qui participe de l'essieu Novotny et de l'essieu à boîte radiale, c'est l'*essieu à doubles plans inclinés* (*Annales des Mines*, 9e série, tome V, 2e livraison de 1894). Cet essieu a été appliqué à des machines à 4 essieux, dont 3 accouplés, faisant le service des lignes du plateau central avec de nombreuses courbes de 250 m. de rayon et des rampes de 20 à 25 mm.

Le dos du coussinet présente des plans inclinés perpendiculaires à l'essieu ; par dessus repose une pièce de fonte qui, en dessous, s'adapte sur ces plans inclinés et, par dessus, présente les plans inclinés ordinaires parallèles à la longueur de l'essieu. Le dos de la boîte à huile repose sur ces plans inclinés, non pas immédiatement, mais par l'intermédiaire d'une fourrure rendue, par un tenon, solidaire des mouvements de la boîte.

Le coussinet a un jeu de 10 mm. de chaque côté dans la boîte, et le dos de la boîte un jeu de 12 mm. de chaque côté, entre les collets du coussinet (les fusées sont intérieures). Les plans ont, dans les deux sens, une inclinaison de 12 o/o.

Avec les simples plans inclinés et l'attelage ordinaire, l'usure des boudins était de 6 mm , 5 au bout de 10 000 kilom. et nécessitait le rafraîchissage des bandages. Le rafraîchissage exigeait l'enlèvement de 10 mm. de métal sur la surface de roulement ; après 4 rafraîchissages, c'est-à-dire un parcours de 40.000 à 50.000 kilom. environ, le bandage était donc usé. Au contraire, avec les doubles plans inclinés, l'usure est nulle après 10.000 kilom., et de 4 mm. environ au bout de 50.000 kilom. A ce moment, le rafraîchissage devient nécessaire ; le bandage supporte 5 rafraîchissages, ce qui donne un parcours d'au moins 300 000 kilom. avant désembattage.

On a fait quelques expériences pour voir comment l'essieu profite de la liberté qui lui est donnée : on enregistrait pour cela les déplacements aux deux extrémités.

L'expérience a montré que les déplacements des deux extrémités sont toujours de sens opposé, et dans le sens convenable pour la convergence. Ils sont, en général, à peu près égaux Ils ne restent pas absolument constants le long d'une courbe de rayon donné, mais éprouvent assez fréquemment des oscillations, souvent importantes, qui paraissent dues aux irrégularités de courbure des rails, aux joints et aux autres défectuosités de la voie.

On n'a pu trouver de relation formelle entre l'amplitude des déplacements de l'essieu et les circonstances de courbure, déclivité, vitesse. Avec une machine dont les bandages étaient assez usés, l'amplitude des déplacements de l'essieu d'avant a presque toujours atteint le maximum.

Les écartements d'essieux étant ceux de la figure, si l'on admet que les essieux du milieu 2 et 3 aient leurs milieux sur l'axe de la voie (l'essieu 4 ayant lui-même un jeu longitudinal), on trouve que, dans une courbe de 250 mètres de rayon, le déplacement de convergence d'une des extré-

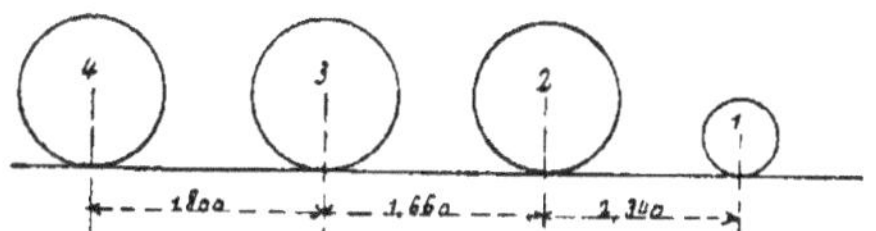

Distance des fusées d'un essieu, de milieu en milieu, 1 m. 06.

mités de l'essieu d'avant est :

$$j = \frac{1,06}{2} \times \frac{2.34 + \frac{1}{2} \, 1,66o}{250} = 0 \text{ m. } 00672 .$$

Le jeu dans le sens de l'essieu devrait être :

$$j = \frac{1}{2 \times 250} \, 2,34 \times (2,34 + 1,66) = 0 \text{ m. } 01872 .$$

En fait, on a donné 0,010 pour le premier jeu et 0,012 pour le second.

D'une manière générale, l'expérience a montré que, avec les doubles plans inclinés, les boudins ne s'usent pas plus vite sur des lignes à nombreuses courbes de 250 mètres que sur des lignes à grands rayons.

83. Essieux moteurs convergents. — Les dispositifs que nous avons décrits, et qui permettent un jeu de convergence des essieux, ne s'appliquent qu'aux essieux porteurs, mais non à ceux qui ont une fonction motrice. La liaison qui existe entre le moteur, qui est porté par le châssis, et les deux essieux, exige que ceux-ci restent rigoureusement parallèles entre eux et perpendiculaires aux longerons. Il en résulte que lorsqu'une machine doit gravir des pentes accentuées avec des courbes de faible rayon, il n'est pas possible d'utiliser pour l'adhérence tout le poids de la machine. C'est là un inconvénient des machines à bogie ou à train Bissel. Les Américains en ont pris leur parti, et ils ne construisent pas de machines, même pour le service des marchandises, sans placer à l'avant soit un truck soit un bissel. Il y aurait pourtant un très grand intérêt, dans certaines circonstances, à pouvoir utiliser l'adhérence totale des machines, tout en les faisant circuler sur des lignes à fortes courbures. Il faudrait pour cela que les essieux moteurs pussent recevoir un certain jeu de convergence. De nombreuses tentatives ont été faites en vue de réaliser ce desideratum. Beaucoup ont échoué; mais il existe cependant quelques solutions assez satisfaisantes et nous les ferons connaître.

L'une d'elles est la *machine Fairlie*. Elle se compose d'un châssis porté par deux bogies, comme les voitures américaines; le châssis général reçoit la chaudière, et chaque bogie a un mécanisme moteur qui actionne ses roues, lesquelles sont reliées entre elles par des bielles d'accouplement. Pour plus de symétrie, M. Fairlie a même remplacé la chaudière unique par deux chaudières, avec deux foyers, placés au milieu et munis de portes latérales, et deux cheminées.

La difficulté est de faire passer la vapeur de la chaudière dans le mécanisme moteur de chaque bogie. Pour y arriver, on a employé des tuyaux articulés; ils sont soumis à des oscillations continuelles qui nuisent à leur étanchéité, et il en résulte des pertes de vapeur. La vapeur d'échappement est conduite également par des tuyaux articulés aux cheminés pour produire le tirage; mais ici le défaut d'étanchéité a peu d'inconvénient.

La machine Fairlie est donc, en somme, une machine double; elle est d'un prix coûteux; de plus, par son agencement, avec deux foyers au milieu, elle est d'un service peu commode.

Une autre solution, très satisfaisante en principe, est due à *M. Rarchaert* (*Annales des mines*, septième série, tome X, 1876. Mémoire de M. Massieu). Les essais en furent faits sur la ligne, alors d'intérêt local, aujourd'hui incorporée au réseau de l'Ouest, de Vitré à Fougères. Ils furent satisfaisants et montrèrent que la transmission de mouvement, qui en était la partie caractéristique, se comportait bien. Malheureusement, divers détails de construction, indépendants du principe, laissaient à désirer ; de plus, l'inventeur était étranger au monde des chemins de fer ; il en résulte que le type de cette machine n'a pas été adopté et que celle qui a servi aux essais, et qui avait été construite aux frais de l'inventeur, en a été l'unique exemplaire.

Comme la machine Fairlie, la machine Rarchaert se compose d'un châssis général porté par deux bogies ; mais, à l'inverse de la précédente, le mécanisme moteur se trouve, comme la chaudière, sur le châssis général. Les deux essieux intérieurs des bogies sont coudés et reçoivent le mouvement par une bielle intermédiaire triangulaire ou rectiligne, qui

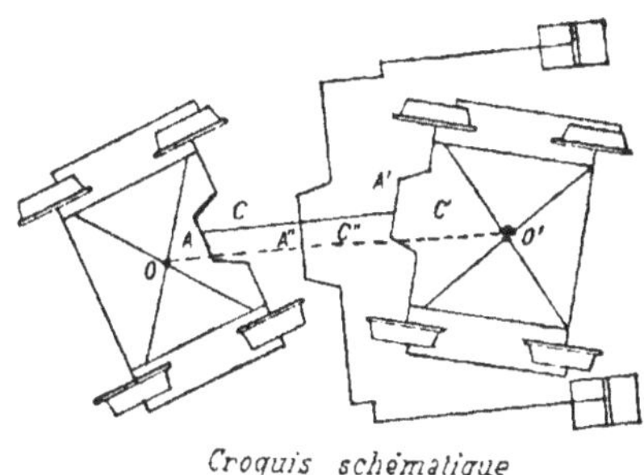

Croquis schématique

reçoit elle-même le mouvement d'un faux essieu muni de deux manivelles à angle droit.

Les deux pistons actionnent directement les deux manivelles du faux essieu. Les essieux d'un même truck sont accouplés au moyen de bielles placées sur les deux faces extérieures, les manivelles de droite et de gauche étant à angle droit. Les coudes des essieux et du faux essieu sont parallèles entre eux, et ils sont opposés à la bissectrice de l'angle des manivelles motrices. La grande bielle rigide, qui mériterait plutôt le nom de balancier, prend une position oblique par rapport aux coudes, Aussi les coussinets sont-ils cylindriques extérieurement. Le coude du faux essieu a une portée plus longue que les coussinets. Les cylindres du mécanisme moteur sont placés parallèlement au châssis, c'est-à-dire à la corde OO′ qui relie les centres des deux bogies.

Représentons les deux manivelles CA, C′A′ parallèles et supposons

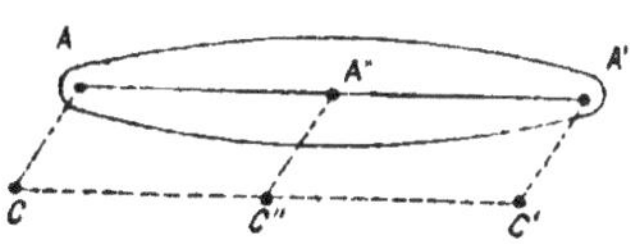

les deux points A et A′ reliés par une tige rigide, égale et parallèle à CC′. Les extrémités A et A′ étant assujettis à décrire des cercles, il en est de même de tout autre point du balancier. Si ce point est choisi sur la ligne AA′, le centre du cercle décrit par ce point sera sur la ligne des centres CC'. Pour déterminer le mouvement, il suffit que celui d'un point soit déterminé dans le temps. Or, tel est le cas ici ; la manivelle C″A″ du faux essieu est sollicitée par une force perpendiculaire à C″A″ qui ne devient jamais nulle. Il faut que le balancier soit suffisamment rigide pour que les efforts transversaux qu'il subit ne le déforment pas.

Dans la machine Rarchaert, en réalité, le centre C″ était à 0 m 25 au-dessus de ceux des essieux des bogies : il n'y avait pas pour cela incompatibilité entre les trois mouvements ; néanmoins, M. Massieu a montré que le balancier rectiligne était préférable. C'est peut-être en vue de résister

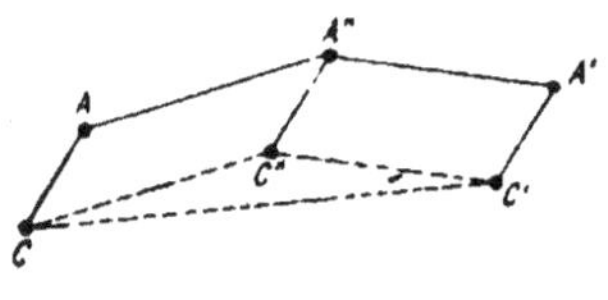

mieux aux efforts transversaux que subit le balancier que l'on avait placé en triangle les centres des deux essieux C et C' et celui du faux essieu C″. Mais on peut, avec le balancier droit, obtenir toute la rigidité que l'on désire en le renflant convenablement en son milieu.

On comprend que la machine Rarchaert doive fonctionner facilement dans les alignements droits. Mais n'y aura-t-il pas incompatibilité, en courbe, dans les mouvements des 3 essieux ?

Cette incompatibilité existe en effet ; les deux essieux, en entrant en

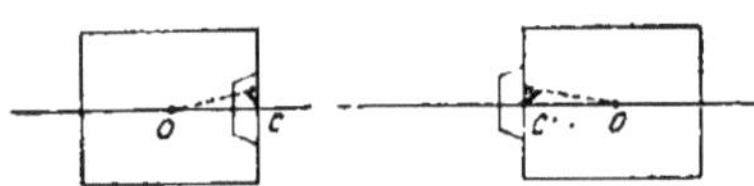

courbe, pivotent autour des chevilles ouvrières O′ et O′ des deux bogies d'un petit angle ; la distance des milieux des deux essieux ne reste donc plus la même, et comme la bielle doit être égale à cette distance et qu'elle est invariable par construction, il y a nécessairement incompatibilité. En fait, cette incompatibilité est très faible : M. Massieu a calculé que, dans une courbe de 50 mètres de rayon, le balancier devrait augmenter de 0 mm. 532, et de 0 mm. 132 seulement dans une courbe de 100 mètres de rayon. Le jeu des articulations suffit pour compenser ces différences.

Cette machine très ingénieuse, qui aurait pu donner des applications utiles à l'époque où elle a été imaginée, a perdu un peu de son intérêt actuellement depuis l'emploi de la double détente dans les chemins de fer. Du moment où l'on doit avoir un mécanisme double, il devenait naturel de séparer les deux mécanismes pour permettre une certaine convergence des essieux. Ces considérations ont conduit *M. Mallet* à adopter une disposition spéciale, qui a une mobilité parfaite dans les courbes, et donne une adhérence totale : le châssis général est porté à l'arrière par deux essieux fixes accouplés, et il repose, à l'avant, sur un Bissel à deux essieux accouplés également. Le châssis général porte la chaudière et les cylindres à haute pression qui actionnent les essieux fixes ; le Bissel porte les cylindres à basse pression, et ses roues sont mues par ces cylindres ; la vapeur sortant des premiers cylindres arrive à ceux du Bissel, à la pression de 4 à 5 k., par un tuyau passant dans une rotule placée près du point d'articulation de cet avant-train ; l'échappement se fait par un tuyau vertical à deux rotules.

Cette machine très simple a fait son apparition en 1889 sur le petit chemin de fer Decauville de l'Exposition. Elle a reçu depuis des applications importantes sur les chemins de fer de l'Hérault et en Allemagne, où l'on a construit des machines puissantes à marchandises de ce type ; au Saint-Gothard, elle est également employée.

La *machine Mallet* constitue, pour le moment, la solution la plus satisfaisante pour réaliser à la fois la convergence des essieux et l'adhérence totale.

§ 11. PARTICULARITÉS DE CONSTRUCTION DE DIVERS ORGANES DES LOCOMOTIVES

Après ces principes généraux sur la locomotive, nous passerons en revue les diverses parties de son organisme.

84. Roues des locomotives. — Les roues des locomotives supportent des charges plus fortes que les roues des wagons ; elles doivent être beaucoup plus résistantes, principalement les roues motrices qui ont à transmettre des efforts puissants. Ces dernières ont souvent des bras renforcés, soit pour servir de manivelle, soit pour porter les contrepoids. Pour ces motifs, les roues de locomotives sont toujours faites en fer forgé, et l'on exclut d'une façon absolue les roues à intérieur en fonte. Ce sont généralement des roues à rais. Les roues de locomotives ont toujours un bandage distinct de la roue elle-même.

Pendant longtemps on a admis qu'il ne fallait pas charger les rails de plus de 13 tonnes par essieu. Mais, depuis quelques années, on a augmenté cette limite en même temps que l'on a renforcé les voies.

En Angleterre, on a tenu à conserver l'indépendance des roues des machines de grande vitesse, et l'on a dû augmenter la charge de l'essieu moteur pour avoir une adhérence suffisante. Mais le résultat n'est pas à la hauteur des besoins, et l'on en vient successivement à adopter, comme ailleurs, le système des essieux accouplés même pour les machines à grande vitesse.

Actuellement, la charge admise par essieu ne dépasse pas en Europe 17 à 18 tonnes. Mais en Amérique, où l'on fait des trains de marchandises de 1.000 et même 1.500 tonnes, elle atteint jusqu'à 21 tonnes. Ces machines ne peuvent circuler que sur des lignes très solides.

Les mêmes motifs qui ont conduit à donner aux roues de locomotives plus de solidité qu'aux roues de wagons ont amené aussi à augmenter l'épaisseur des bandages, qui atteint 75 et même 90 mm.

La dimension qui diffère le plus est le diamètre. Pour les machines, on ne descend guère au-dessous de 1 m. 25 ; il existe cependant des machines à roues de 1 m. ou 1 m. 05 seulement; mais elles ne servent que pour les manœuvres de gare ; on ne les emploie pas pour le service des trains. Un diamètre trop réduit donnerait une surface trop courbe, s'appuyant sur le rail par une bande trop étroite, ce qui tend à l'écrasement du métal sous les fortes charges. D'autre part, les essieux moteurs sont munis de manivelles, et il ne faut pas que la grosse tête de bielle passe trop près de terre.

En revanche, dans les machines de vitesse, on augmente considérablement le diamètre des roues motrices. On a vu que les efforts dus à l'inertie des pièces mobiles croissent comme le carré de la vitesse angulaire. L'idéal, pour que ces efforts fussent toujours les mêmes, serait donc de faire croître le diamètre des roues motrices comme les vitesses moyennes de marche, afin d'avoir toujours la même vitesse angulaire. Il y aurait même une autre raison, pour adopter cette règle, et qui tient à ce que le moteur est un moteur à vapeur à connexion directe. Des machines de même puissance, qu'elles soient à grande ou à petite vitesse, ont des chaudières de dimensions peu différentes ; ces chaudières donnent sensiblement la même quantité de vapeur dans l'unité de temps ; il serait donc désirable que la machine fonctionnât avec le même nombre de coups de piston dans l'unité de temps. Cette conclusion conduit encore à la constance de la vitesse angulaire et, par suite, à la proportionnalité des diamètres des roues motrices aux vitesses. Cette proportionnalité n'est malheureusement pas possible : il y a des trains de marchandises dont la vitesse moyenne normale n'est que de 25 km. à l'heure ; les trains express ont des vitesses moyennes qui dépassent 75 km. Admettons le chiffre de 75 km. En donnant le plus petit diamètre aux machines de marchandises, il faudrait donc que les machines d'express eussent des roues de 3 m. 75. Une telle dimension est inadmissible. On aurait des roues monumentales, d'un poids considérable. Les plus grandes roues qui aient jamais été essayées paraissent être celles de 2 m. 75 de la ligne de Bristol à Exeter. Pendant longtemps, le Great Western Railway a eu des machines avec roues motrices de 2 m. 44 qui avaient été établies par Gooch en 1846. Aujourd'hui, ces grands diamètres ont disparu. En France, les machines Crampton avaient d'abord des roues de 2 m. 35 ou 2 m. 30. La Compagnie de l'Est, qui avait adopté un type de machines de grande vitesse à deux essieux accouplés à l'arrière, avait donné ce diamètre aux roues motrices ; depuis, elle l'a diminué. En France, actuellement, les dimensions courantes des roues motrices des machines de grande vitesse ne dépassent pas 2 m. 15 et sont fréquemment de 2 m. et 1 m. 90. Lorsque les machines sont bien équilibrées, il n'y a pas de raison pour ne pas réduire le diamètre à ces chiffres.

En Amérique, on a même construit des machines devant marcher à la vitesse normale de 100 km. et pouvant atteindre la vitesse maximum de 140 km., avec des roues motrices de 1 m. 70 seulement.

85. Essieux de locomotives. — Les essieux des locomotives présentent aussi des différences avec les essieux de wagons. Ils sont en fer forgé. Depuis quelque temps, cependant, on emploie également l'acier doux, même pour les essieux coudés.

On les calcule d'après des principes analogues à ceux que nous avons donnés pour le matériel de transport, mais en tenant compte de ce qu'ils ont à supporter des charges plus grandes et qu'ils ont, en outre, des efforts à transmettre. Ces efforts sont souvent transmis par une manivelle à l'extrémité ; mais ils peuvent avoir à le faire en un point intermédiaire. On emploie, dans ce cas, des *essieux coudés*. Ces essieux sont construits d'une seule pièce de forge : les deux coudes ou manivelles sont réunis par un manneton.

Les essieux coudés sont plus sujets à rupture, surtout à l'intersection du manneton sur les manivelles. Pour y remédier, on renforce les manivelles avec des frettes ; souvent, on perce dans le manneton, suivant sa longueur, un trou dans lequel on passe un boulon, la résistance totale n'est pas beaucoup accrue, puisque l'on remplace du métal par du métal.

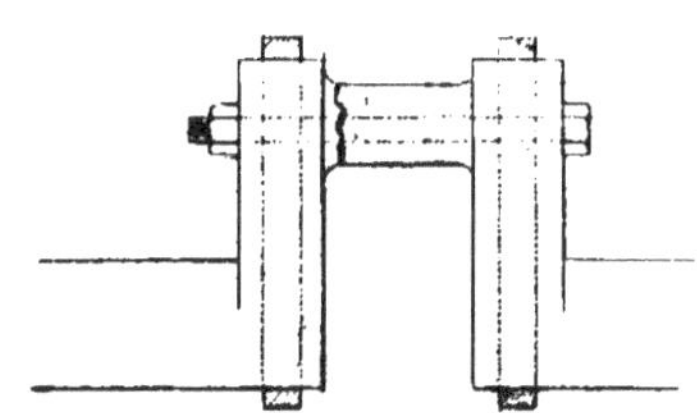

Cependant on peut dire que le métal du boulon, qui est plus travaillé, a plus de ténacité ; d'autre part, si une rupture vient à se produire dans le manneton, le boulon pourra résister et l'essieu continuer de fonctionner jusqu'à la prochaine station.

Au chemin de fer de l'Ouest, au lieu d'un essieu doublement coudé, on emploie aussi l'essieu *Martin* dans lequel on supprime une des manivelles, en réunissant directement le

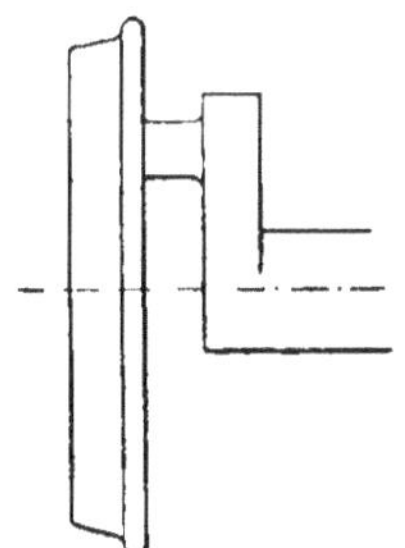

manneton à la roue, excentriquement. Dans ce cas, c'est la roue elle-même qui forme la deuxième partie du coude. Cet essieu fonctionne très convenablement lorsqu'il est bien construit et que le manneton est suffisamment solide ; il suppose que les cylindres sont placés intérieurement comme le double coude, mais qu'ils sont plus écartés l'un de l'autre. Une autre différence entre les essieux des véhicules de transport et les essieux des machines tient à la position des fusées. Tandis que les fusées des essieux de wagons sont toujours placés extérieurement, les fusées des essieux moteurs de la locomotive sont tantôt intérieures, tantôt extérieures ; de plus, alors même qu'elles sont extérieures, elles ne sont pas placées à l'extrémité de l'essieu ; il faut encore, au bout, une partie pour fixer la manivelle.

86. Ressorts. Boîtes de graissage. — Il n'y a aucune différence entre les ressorts des wagons et ceux des locomotives si ce n'est que ces derniers ont une moindre flexibilité. Il n'y a également pas de différence essentielle dans les boîtes de graissage. Mais le mode d'attache des ressorts n'est pas le même. On sait que les menottes des locomotives sont verticales. On leur donne généralement le nom de *tiges de suspension*.

Il y a deux manières de les fixer sur les ressorts. L'une d'elles consiste à faire venir au laminage, à l'extrémité de la maîtresse lame, un petit mamelon sur lequel on pose une cale ; on fait alors reposer la menotte sur la cale par l'intermédiaire d'un double écrou. La lame présente une échancrure dans laquelle peut passer la tige de la menotte. Comme cette échancrure affaiblit la maîtresse lame, celle-ci est généralement doublée.

Quoi qu'il en soit, cette échancrure n'en constitue pas moins un affaiblissement qu'il vaut mieux éviter. On y parvient en terminant la lame par un bourrelet, sur lequel la menotte repose par un crochet, muni de joues pour empêcher le déplacement latéral. Mais cette disposition a un autre inconvénient : il est arrivé qu'il s'est produit une disjonction entre le ressort et le crochet. Ce cas s'est produit assez récemment dans un déraillement de la Compagnie de l'Est, sans que l'on ait pu établir exactement la cause de décrochage de la menotte. Il est cependant très rare et ce mode d'attache est de plus en plus répandu.

87. Châssis. — Le châssis des locomotives présente des différences très grandes avec le châssis des wagons. Il est maintenant construit en métal, du moins pour les longerons et les traverses intermédiaires, car, pendant longtemps, on a construit les châssis des locomotives avec traverses d'about en bois.

Aujourd'hui, les châssis sont généralement en acier doux.

Les traverses d'avant portent des tampons de choc, généralement munis de ressorts à spirales logés dans le tampon ; il serait, en effet, difficile de loger sous la machine les appareils de choc.

Le châssis porte, à l'avant, des chasse-pierres, constitués par des tiges métalliques qui descendent à 2 ou 3 cm. du rail, et qui sont destinés à expulser les corps posés sur la voie ; quand les machines doivent circuler dans les deux sens, on dispose également des chasse-pierres à l'arrière.

Il est regrettable que les chasse-pierres ne puissent être descendus jusque sur le rail ; les 2 ou 3 centimètres d'intervalle qui existent entre le rail et les extrémités de ces appareils peuvent suffire à loger un obstacle dangereux, tel qu'une pièce métallique ; mais ce jeu est essentiel pour qu'ils ne viennent pas toucher le rail dans les oscillations du véhicule. En hiver, lorsque la neige est peu épaisse, on fixe des petits balais de bouleau aux extrémités des chasse-pierres pour nettoyer le rail.

Les longerons présentent une épaisseur d'environ 3o mm. ; les plaques de garde y sont venues au laminage ; il ne reste plus qu'à les profiler rigoureusement.

Les plaques de garde sont munies de larges glissières rapportées qui embrassent sans jeu les boîtes de graissage. Malgré leur largeur, ces glissières finissent toujours par prendre un peu de jeu. On les resserre, s'il s'agit d'essieux moteurs, à l'aide de coins, dits de *rattrapage de jeu*, que l'on fait mouvoir avec une vis de rappel.

Les longerons sont reliés par des traverses intermédiaires qui, tout en étant de champ, ont un profil curviligne, afin de suivre le contour de la chaudière. Pour augmenter la solidité, on emploie quelquefois un longeron médian, notamment avec l'essieu coudé, pour lequel ce longeron reçoit une boîte de graissage (Ouest et Etat belge, machines à grande vitesse ; machines-tender de l'Est). La chaudière repose sur le châssis à l'aide de supports rivés sur son enveloppe extérieure, mais dont les points d'appui sur le châssis sont disposés de manière à permettre le jeu des dilatations.

Tandis que pour le matériel de transport, le châssis est toujours extérieur, pour les machines, on dispose souvent le châssis intérieurement.

Le châssis extérieur a la même raison d'être que pour les wagons et même quelques avantages de plus ; mais il a pour les machines des inconvénients spéciaux, et ses avantages sont en partie atténués. Ainsi, on a vu que, pour le matériel de transport, un des avantages du châssis extérieur était de pouvoir donner aux fusées un moindre diamètre. Or les essieux moteurs sont nécessairement tenus de transmettre certains efforts par les extrémités, à moins que les roues ne soient indépendantes et que ces essieux ne soient coudés. Il faut donc que l'extrémité de la fusée soit très résistante ; l'avantage trouvé pour les véhicules est ici illusoire. Il y a même un inconvénient très grave lorsque les cylindres sont extérieurs. On vient de dire que l'essieu doit être prolongé au delà des fusées pour fixer les bielles d'accouplement. Mais si, en plus, la machine a ses cylindres extérieurs, le bouton d'accouplement doit avoir une longueur double, afin de recevoir également la manivelle motrice. On arrive ainsi à donner trop de largeur aux machines. Si, de plus, il s'agit de machines à grande vitesse, il faut encore trouver moyen de loger les roues qui ont un grand diamètre, sous le châssis. Néanmoins, le châssis extérieur a l'avantage, en cas de rupture de l'essieu au ras du moyeu, de maintenir la roue en place par la fusée ; de plus, il permet de donner aux chaudières un plus grand diamètre, ce qui peut être très avantageux pour les machines de faible vitesse auxquelles on veut demander une grande puissance. Il est donc encore en usage. On lui préfère cependant le châssis intérieur. Comme, pour les roues porteuses, les inconvénients signalés n'existent pas, on adopte quelquefois le châssis mixte extérieur pour les roues porteuses et intérieur pour les roues motrices. Pour cela on infléchit le longeron ; on peut aussi prolonger la partie intérieure et fixer la partie extérieure à la partie intérieure

par de fortes entretoises ; la partie extérieure repose seule sur les boîtes de graissage de l'essieu porteur (machines Crampton).

On a aussi employé le châssis double, reposant sur les essieux moteurs par une double fusée pour chaque roue, une intérieure l'autre extérieure. La charge, répartie sur deux coussinets, est moins forte par unité, ce qui diminue la tendance au chauffage (machine à grande vitesse du Nord); de plus, en cas de rupture d'essieu, les roues peuvent être maintenues en place par la fusée extérieure. Dans la nouvelle machine à grande vitesse du Nord, on a supprimé le châssis extérieur, le faible écartement des cylindres ayant permis de donner une grande longueur aux fusées intérieures. On a ainsi allégé les machines.

§ 12. COMPOSITION ET FONCTIONNEMENT GÉNÉRAL DE LA LOCOMOTIVE

Après avoir étudié le train de roulement et le châssis des locomotives, il nous reste à examiner les organes portés par le châssis, ce qui forme, en un mot, l'équivalent de la caisse des véhicules.

La *chaudière* des locomotives se compose dans son ensemble d'un corps cylindrique implanté sur un prisme vertical à base rectangulaire formant la boîte à feu. Sa longueur totale varie entre 5 et 7 m.; elle est posée sur le châssis de manière que la boîte à feu soit à l'arrière.

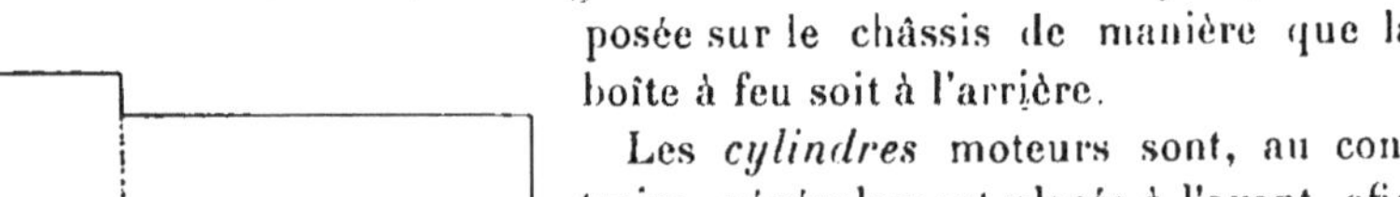

Les *cylindres* moteurs sont, au contraire, généralement placés à l'avant, afin de faire contrepoids à la boîte à feu.

Les dimensions des cylindres et leur position par rapport aux essieux dépendent essentiellement des conditions dans lesquelles les machines doivent fonctionner; nous devons donc entrer dans certaines considérations générales sur le fonctionnement des locomotives pour apprécier les relations qui existent entre les divers organes.

88. Influence de la vitesse sur l'effort de traction. Accouplement des essieux moteurs. — Nous avons vu précédemment que l'effort de traction des locomotives est limité par le poids adhérent, et que la charge de chaque essieu ne peut pas dépasser une certaine limite en rapport avec la résistance de la voie. Pour augmenter l'effort de traction, il faut donc pouvoir augmenter le poids adhérent et, pour cela, accoupler ensemble deux ou plusieurs essieux. Il est facile de voir, d'autre part, que l'effort de traction est en relation avec la vitesse de marche. On le saisit aisément lorsqu'il s'agit d'une même machine marchant plus ou moins vite. Nous supposons pour cela que la machine développe toute sa puissance dans tous les cas, qu'elle donne la même production de vapeur par unité de temps, et que cette vapeur soit également bien utilisée. La consommation de vapeur étant la même, le travail moteur est sensiblement le même dans les deux cas. Or, ce travail est égal au produit de l'effort moteur Θ par le chemin parcouru dans l'unité de temps qui est la vitesse v. Le produit Θv est donc constant sensiblement, et, par conséquent, Θ est en raison inverse de v.

Si nous considérons maintenant deux machines différentes comparables, c'est-à-dire deux machines prises parmi celles affectées aux trains de toute nature des grandes lignes, par exemple, il faut admettre que ces machines sont établies aussi puissantes que possible. On donne à leurs chaudières les plus grandes dimensions, eu égard à la largeur de la voie. On doit donc supposer *a priori* que les chaudières d'une machine de grande vitesse et d'une machine de petite vitesse sont sensiblement les mêmes, qu'elles produisent la même quantité de vapeur dans l'unité de temps, et l'on retombe, dès lors, dans le cas précédent. Si l'on suppose que la vapeur soit également bien utilisée pour les machines à grande et à petite vitesse, on voit que l'effort de traction développé est plus grand pour les secondes que pour les premières. Par suite, les *machines de petite vitesse devront avoir un poids adhérent plus grand que les autres*, et l'on est ainsi amené à accoupler deux ou un plus grand nombre de leurs essieux.

En fait, les machines de grande vitesse ont généralement aujourd'hui deux essieux accouplés. Il existe cependant encore en Angleterre, notamment sur le Middland Railway, des machines à un seul essieu moteur. Pour les machines de petite vitesse, on arrive à accoupler trois et même quatre essieux.

Il importe de ne pas accoupler plus d'essieux qu'il n'est nécessaire. Outre que cet accouplement nécessite une dépense d'établissement qui n'est pas négligeable, il introduit un supplément de résistance, et, de plus, augmente les frais d'entretien. Les roues motrices accouplées doivent avoir, en effet, identiquement le même diamètre. Or, cette identité des diamètres n'est jamais absolue; il en résulte que, pendant la marche, certaines des roues subissent un petit glissement, et ce glissement augmente la résistance au mouvement. D'autre part, si l'un des bandages vient à s'user et nécessite un rafraîchissage, la même opération doit être faite pour tous les essieux accouplés ; plus encore, si l'un des bandages doit être remplacé, il est nécessaire de remplacer ceux des autres roues accouplées.

Reportons-nous maintenant à l'équation donnant l'effort moteur :

$$\Theta = xp \frac{d^2l}{D},$$

dans laquelle nous négligeons les diverses résistances La pression de la vapeur doit être évidemment la même dans les machines de grande vitesse et dans les machines de petite vitesse, et il en est de même pour x, qui dépend du degré de détente. Les machines doivent, en effet, fonctionner avec le même degré de détente ; il n'y a pas de raison, *a priori*, pour que l'on n'utilise pas également bien la vapeur aux grandes et aux petites vitesses. Si, en réalité, les machines de petite vitesse ne marchent pas avec le même degré de détente que les machines de grande vitesse, cela tient à une raison d'ordre secondaire, c'est que l'on ne peut pas faire fonctionner les unes et les autres avec la même vitesse angulaire. Puisque Θ est en raison inverse de la vitesse, et que xp est supposé constant, il en résulte que le *module de traction* $\frac{d^2l}{D}$ doit varier et être d'autant plus grand que la vitesse habituelle de marche est plus petite. Or, si V désigne le volume du cylindre, on a :

$$V = \pi \frac{d^2l}{4},$$

d'où :

$$\frac{d^2l}{D} = \frac{4}{\pi} \cdot \frac{V}{D}.$$

Le diamètre D des roues motrices croît, comme nous l'avons vu, avec la vitesse de marche, mais pas assez vite pour maintenir la proportionnalité.

Si D croissait proportionnellement à v, il faudrait que le volume V fût constant pour que le module de traction variât en raison inverse de la vitesse ; D croissant moins vite que v, il en résulte que l'*on doit donner aux cylindres des machines de petite vitesse un plus grand volume qu'aux cylindres des machines de grande vitesse.*

Les machines de petite vitesse, ayant les roues de plus petit diamètre que les machines de grande vitesse, offrent moins de place que celles-ci sous le châssis, et ce sont précisément celles-là qui devraient en avoir le plus pour permettre d'augmenter le volume des cylindres. On y est gêné pour augmenter à la fois le diamètre et la course ; mais c'est la course que l'on peut le moins accroître, car il ne faut pas que la grosse tête de bielle passe trop près de terre. En fait, si l'on passe en revue les diverses machines existantes, on voit que la course des pistons varie peu ; elle est sensiblement la même pour les grandes roues et les petites roues et se tient entre 60 et 66 centimètres, exceptionnellement 70. C'est donc le diamètre que l'on fait varier. Ce diamètre est de 40 à 45 centimètres pour les machines de grande vitesse ; il atteint 50 et même 54 centimètres pour les machines de petite vitesse.

89. Variations de l'admission avec la vitesse. — L'accroissement donné au diamètre ne suffit pas à produire un effort de traction assez puissant pour les machines de petite vitesse. Il faut alors accroître le terme αp Comme il n'y a pas de raison pour ne pas donner à la pression dans la chaudière la même valeur dans les deux cas, on est conduit à agir sur α et à employer, *pour les petites vitesses, des admissions plus grandes que pour les grandes vitesses.*

Lorsqu'il s'agit de faire fonctionner une seule et même machine à des vitesses variables, les conditions sont limitées. Si l'on prend une machine de grande vitesse et que l'on réduise la vitesse de marche, on ne peut dépasser pour (-) la limite d'adhérence ; v diminuant encore, on diminue le travail développé. Pour une machine donnée, il y a donc une valeur de (-) maximum qui correspond à la limite d'adhérence et il y a par suite *une vitesse de marche au-dessous de laquelle la machine ne peut plus utiliser toute sa puissance.*

Supposons une machine marchant à une vitesse supérieure à la vitesse minimum limite. Chaque tour de roue correspondant à quatre cylindrées, la vapeur à débiter par cylindrée sera en raison inverse de la vitesse de marche. Or, la vapeur débitée par cylindrée est sensiblement proportionnelle à l'admission ; *l'admission varie donc en raison inverse de la vitesse.* Ainsi, c'est en faisant varier l'admission que l'on peut utiliser toute la vapeur que la machine peut produire ; il est donc essentiel que les machines aient une détente variable. Nous retombons ainsi sur les mêmes résultats que précédemment, mais pour d'autres raisons : quand il s'agit de deux machines différentes, nous avons vu qu'il n'y a pas de raison *a priori* pour les conduire avec des degrés d'admission différentes, et que, si l'on arrivait, en fait, à les faire marcher à des admissions différentes, c'était par suite de nécessités pratiques. Au contraire, si on envisage les diverses conditions de marche d'une même machine, c'est par une nécessité théorique que l'on est amené à employer de plus grandes admissions aux faibles vitesses afin d'enlever la même quantité de vapeur dans l'unité de temps. Cette nécessité tient à la connexion qui existe entre les roues et le piston ; le raisonnement ne serait plus exact si, par un mécanisme spécial, on pouvait faire varier le nombre de coups de piston par tour de roue.

Il résulte de là que la *vapeur est d'autant mieux utilisée que la vitesse de marche est plus grande,* puisque le travail de la vapeur a un rendement d'autant plus élevé que la détente est plus étendue. *Il ne faudrait pas en conclure qu'il y a alors économie à marcher de plus en plus vite.* Plus la vitesse croît, plus les résistances à vaincre sont grandes ; le travail nécessaire pour les vaincre est obtenu, il est vrai, à meilleur marché, mais cela ne suffit pas pour faire compensation.

Lorsque l'on arrive aux très faibles vitesses, pour les trains de marchandises, par exemple, l'intervalle relativement long qui s'écoule entre les coups de piston présente un inconvénient d'une nature spéciale. La *vapeur* est, en effet, *utilisée à l'échappement pour activer le tirage du foyer.* Pour une même quantité de vapeur débitée, l'entraînement de l'air sera d'autant plus vif que l'échappement de la vapeur sera plus régulier. L'idéal serait d'avoir un écoulement de vapeur continu ; mais on s'en rapprochera d'autant plus que les coups de piston se succéderont avec plus de rapidité *Le fonctionnement de l'échappement est donc meilleur aux grandes qu'aux petites vitesses,* et il faut même que la vitesse ne tombe pas au-dessous d'une certaine limite pour qu'il donne un tirage suffisant. Pratiquement, on s'arrange pour que *cette vitesse ne descende pas au-dessous d'un tour par seconde,* ce qui, pour des roues de 1 m. 20, donne de 13 à 14 km. à l'heure. Les livrets de marche des Compagnies sont généralement établis en admettant que la vitesse de marche des trains de marchandises ne doit jamais être inférieure à 12 km. sur les plus fortes rampes.

De même qu'elle est soumise à un minimum, la *vitesse comporte un maximum* qu'elle ne peut pas dépasser. Cette limite est imposée par l'appareil de distribution. Cet appareil pourrait être construit différemment, de manière à permettre de très grandes vitesses ; mais alors il fonctionnerait mal aux vitesses ordinaires de marche.

Cette vitesse maximum a beaucoup varié. Autrefois, on admettait qu'il ne fallait pas dépasser 3 tours à 3 tours 1/2 par seconde, ce qui, pour des roues de 2 m., donne une vitesse de 80 km. à l'heure. Bien construites et bien équilibrées, les machines peuvent marcher à 4 tours et 4 tours 1/2. La machine-fourgon de l'Etat aurait même atteint 5 tours 1/3, tout en conservant une bonne allure (roues de 1 m. 32). Les machines des Etats-Unis, à roues de 1 m. 70 et vitesse normale de 100 km., font 5 tours 2 par seconde et 7 tours 3 à la vitesse de 140 km. qu'elles peuvent atteindre ; ces mêmes vitesses, avec des roues de 2 m., représenteraient 4 t. 4 et 6 t. 2 ; celle de 120 km. correspondrait à 5 t. 3.

§ 13. AMÉNAGEMENT DE LA LOCOMOTIVE

Ces considérations préliminaires vont permettre d'aborder la question de l'aménagement de la locomotive, c'est-à-dire de l'agencement, du groupement de ses diverses parties.

Quand on laisse de côté, comme nous le faisons en ce moment, la constitution de l'appareil vaporisateur, ainsi que celle du moteur proprement dit, cylindres et organes de distribution, les points principaux à considérer dans la description comme dans l'étude d'une locomotive sont les suivants :

1º nombre et position des essieux, tant moteurs que porteurs, en particulier, position de l'essieu moteur principal ;

2º position des cylindres entre les roues (cylindres intérieurs) ou en dehors des roues (cylindres extérieurs) ; accessoirement, position du mécanisme de distribution ;

3º disposition du châssis : extérieur ou intérieur, mixte ou double.

Nous allons examiner ces différents points.

90. Nombre des essieux. — A l'origine, les machines reposaient seulement sur deux essieux comme les autres véhicules, mais on a été bien vite conduit à ajouter un troisième essieu. Il y a à cela plusieurs raisons. D'abord la charge par essieu ne peut dépasser une certaine limite, et, comme le poids des machines s'est très rapidement élevé, il a fallu un troisième essieu pour soulager les deux autres. Il y a, en outre, une raison de sécurité absolument dominante. Si l'un des essieux vient à se rompre, la machine peut tomber sur la voie, ce qui rend très graves les conséquences de cette rupture. Nous disons que la machine peut tomber, car si l'une des roues reste en place, il suffit que le centre de gravité soit bien dans l'axe de la voie et en arrière du centre du rectangle d'appui des 4 roues pour que la machine ne tombe pas sur la voie lorsqu'une des roues de devant vient à manquer. Quoi qu'il en soit, la présence de deux essieux seulement sous la locomotive, constitue un sérieux danger, et les machines à deux essieux à la suite de l'accident de Bellevue, survenu le 8 mai 1842, ont été interdites, au moins sur les chemins de fer des environs de Paris. Dans cet accident, l'essieu d'avant s'était rompu ; la machine était tombée sur la voie, et le foyer avait communiqué le feu aux véhicules qui étaient venus se briser sur elle.

Aujourd'hui, on emploie encore les machines à deux essieux sur des lignes secondaires ou sur des chemins de fer industriels ; mais elles sont proscrites sur les grandes lignes. Sur ces dernières, le nombre des essieux est au moins de 3, et il est porté à 4 et même à 5, soit pour augmenter le poids adhérent, soit pour mieux soutenir la chaudière et obtenir plus de stabilité aux grandes vitesses. Beaucoup de machines de grande vitesse comportent un essieu porteur à l'avant, deux essieux accouplés au milieu et un essieu porteur à l'arrière ; ou encore deux essieux accouplés à l'arrière et un bogie à l'avant (machines américaines) ; et aussi l'essieu porteur à l'arrière, un bogie à l'avant et deux essieux accouplés au milieu.

Il est important de bien fixer la *position de l'essieu d'arrière par rapport au foyer de la chaudière*. L'emplacement des essieux est déjà soumis à une sujétion par la nécessité de répartir le poids sur la voie d'une certaine façon ; mais la forme et la position du foyer des chaudières influent considérablement sur l'emplacement de l'essieu d'arrière. Cet essieu peut être, en avant (1), en arrière (2) ou au-dessous du foyer (3), en rapportant les premières expressions au sens de la marche normale.

Lorsque l'essieu est en avant, on dit que le foyer est en porte-à-faux.

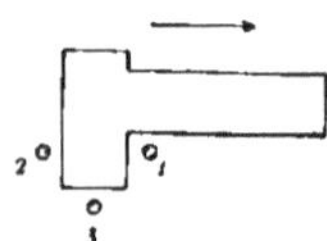

Cette disposition est assez fréquente dans les machines à petite vitesse, où la question de stabilité a moins d'importance. Mais elle n'est pas employée pour les machines de vitesse qui seraient peu stables et soumises à de grands mouvements de lacet.

Il importe de *bien préciser la cause de cette instabilité qui ne tient pas à la saillie du foyer* mais à ce que cette saillie coïncide ordinairement avec un *faible écartement des essieux*. Si, en effet, avec un écartement donné d'essieux, sans changer la position du centre de gravité, on transporte des masses en avant et même en arrière des essieux extrêmes, on ne peut rien changer aux phénomènes indépendants de la vitesse, puisqu'ils ne dépendent que de la position du centre de gravité. Mais en augmentant la distance du centre de gravité de ces masses au centre de gravité général, on augmente le moment d'inertie de la machine par rapport à un axe vertical passant par son centre de gravité, et par suite aussi de la durée des oscillations du lacet. Cette augmentation du moment d'inertie peut donner une pression plus forte sur le rail extérieur à l'entrée en courbe, mais elle est incontestablement favorable à la stabilité.

Lorsque l'essieu est placé *derrière le foyer*, il est un peu éloigné du centre de gravité de la machine, et il peut être alors difficile de lui donner une charge suffisante. Cette disposition a été adoptée cependant pour les machines de grande vitesse du type *Crampton*, dont l'essieu moteur était à l'arrière. Pour donner suffisamment d'adhérence à cet essieu, il fallait le lester avec une traverse de fonte. Il y avait là une véritable faute de construction ; les machines sont déjà suffisamment pesantes par elles-mêmes pour qu'il ne doive pas être nécessaire de les surcharger par des pièces inutiles ; c'est par une répartition convenable de leur poids que l'on doit arriver à charger convenablement les essieux. Outre ce défaut, l'essieu à l'arrière du foyer a l'inconvénient de passer près de la porte de la boîte à feu, et il est gênant pour l'agencement général à l'arrière de la locomotive.

Aujourd'hui, dans beaucoup de machines, on place l'essieu d'arrière *sous le foyer*. Cela n'offre aucune difficulté lorsqu'il s'agit simplement d'un essieu porteur ou d'un essieu moteur dans les machines de petite vitesse ; mais on réalise cette disposition même pour les essieux moteurs des machines de grande vitesse en donnant moins de profondeur au foyer (machines du Nord). Pour éviter l'échauffement de l'essieu, on le protège par des tôles qui empêchent l'échauffement par rayonnement, sans nuire à la circulation de l'air autour de l'essieu. L'échauffement sera d'autant moins à redouter que l'on craindra moins d'élever le centre de gravité de la machine.

91. Emplacement des cylindres ; cylindres intérieurs et extérieurs. — Les cylindres sont, comme nous l'avons dit, généralement fixés à l'avant, soit à l'intérieur des roues, soit à l'extérieur.

Les *cylindres intérieurs* sont placés côte à côte entre les deux longerons. Quelquefois les boîtes de tiroirs sont intercalées entre les deux cylindres ; on diminue ainsi les pertes de vapeur par condensation ; mais les tiroirs sont d'accès peu commode. D'autres fois, on les place extérieurement aux cylindres et même au châssis ; il est alors plus facile de les visiter et de les entretenir. On arrive, avec cette disposition, à rapprocher les deux cylindres jusqu'à ce qu'ils se touchent. Ainsi, à l'État Belge, il y a des machines-tenders à cylindres de o m. 45, dont l'écartement des axes n'est que de o m. 50 ; il n'y a donc que 5 centimètres entre les deux surfaces intérieures des cylindres. Habituellement, l'écartement d'axe en axe est de o m. 75 à o m. 80. Cependant, dans les machines à grande vitesse du Nord, il est réduit à o m. 632. Avec ces écartements, les essieux moteurs doivent être coudés.

Pour employer l'essieu Martin, il faut augmenter cet écartement : la machine de l'Ouest de grande vitesse, à essieu Martin, a o m. 95 d'écartement d'axe en axe des cylindres.

Avec les cylindres *extérieurs*, la distance d'écartement augmente de suite considérablement ; elle est au minimum de 1 m. 840 (machines Crampton de l'Est) ; mais on arrive à des écartements de 2 m. 10 (machine Compound du Nord à 3 essieux accouplés) et même, avec châssis extérieurs et cylindres extérieurs à la fois, à 2 m. 480 (machine de grande vitesse type 1885-1888 de la Sudbahn d'Autriche).

L'emplacement des cylindres a une influence sur la stabilité des locomotives. Les pièces à mouvement alternatif, comme on l'a vu, ne sont pas équilibrées par des contrepoids. Lorsque les cylindres sont très éloignés du plan médian, le jeu de ces pièces augmente la tendance au mouvement de lacet. On pourrait, à la rigueur, compenser par des contrepoids l'effet de ces pièces ; mais il resterait toujours les actions de la vapeur dont le moment augmenterait et que l'on ne peut équilibrer. Les cylindres intérieurs paraissent donc mieux convenir pour les machines de vitesse. Mais les essieux coudés qu'ils nécessitent sont plus pesants, plus coûteux et moins durables ; ils obligent à élever l'axe de la chaudière pour que l'essieu puisse tourner librement ; de plus, les cylindres sont moins faciles à visiter. Aussi beaucoup de compagnies préfèrent-elles les cylindres extérieurs, aux cylindres intérieurs. En Angleterre, on préfère les cylindres intérieurs, et il en est de même au Nord et à l'Ouest qui tiennent peut-être ce goût de leur contact avec l'Angleterre. Les autres

Compagnies françaises préfèrent les cylindres extérieurs. Cependant il y a en ce moment une certaine tendance à placer les cylindres intérieurement.

Dans les machines à quatre cylindres, on est amené, en général, à en placer une paire à l'intérieur, une à l'extérieur.

La position de l'essieu moteur principal et subsidiairement des essieux accouplés a une très grande importance.

Si l'essieu moteur est unique, il faut qu'il soit fortement chargé, et il convient alors de le placer au milieu. Dans les machines Crampton, nous avons dit, il est vrai, qu'il était à l'arrière ; mais nous avons vu qu'il en résultait un inconvénient.

L'*essieu moteur principal ne peut être à l'avant*, car les cylindres sont déjà placés à l'avant pour équilibrer la boîte à feu, comme on l'a vu. Cette considération est décisive pour cet essieu, de sorte que les autres sont surtout importantes pour les essieux accouplés. Cependant, on a quelquefois placé les cylindres autrement, mais c'est extrêmement rare.

D'autre part, l'essieu d'avant est déjà soumis à des dangers particuliers de rupture, car c'est lui qui reçoit le plus vivement les chocs à l'entrée des courbes ou dus au lacet. Il convient donc de ne pas aggraver ses chances de rupture en lui ajoutant la fatigue de l'effort moteur.

On a vu enfin qu'il était bon de donner à cet essieu un jeu de convergence et que ce jeu était incompatible avec la fonction motrice. Enfin, il faut ajouter que cet essieu est généralement peu chargé et il le serait surtout peu si l'on portait les cylindres à l'arrière.

On donne quelquefois, pour autre raison, le danger de déraillement qui résulterait de la position à l'avant d'une roue de grand diamètre ayant une plus grande tendance à monter sur le rail. On peut se rendre compte de la manière suivante de la grandeur de l'effort à vaincre pour

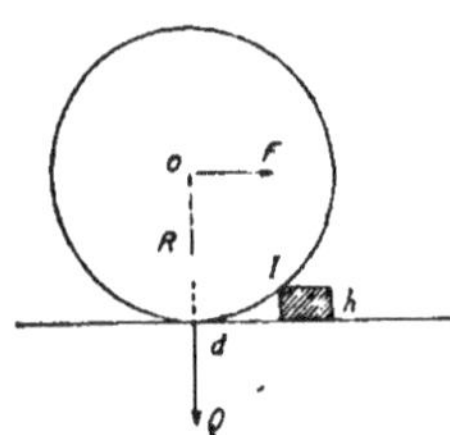

qu'une roue franchisse un obstacle. Soient h la hauteur de cet obstacle, d sa distance à la verticale du centre de gravité, F la poussée de l'essieu (résultant de la liaison avec la machine ou de l'inertie), Q la charge de la roue sur le rail. Il est évident que, pour que la roue franchisse l'obstacle, il faut qu'elle pivote autour de l'arête I. L'effort maximum pour obtenir ce résultat sera donc donné par l'égalité des moments pris par rapport à ce point :

$$Qd = F(R - h),$$

d'où l'on tire, en négligeant h, qui est évidemment très faible par rapport à R,

$$F = Q\frac{d}{R}.$$

Or, on a approximativement :

$$d^2 = 2\mathrm{R}h,$$

d'où :

$$F = Q \sqrt{\dfrac{2h}{\mathrm{R}}}.$$

L'effort horizontal nécessaire pour que la roue franchisse l'obstacle est en raison inverse de $\sqrt{\mathrm{R}}$; plus R sera grand, plus cet effort sera faible ; mais on voit que la proportion, réduite à une racine carrée, rend, en réalité, peu variables les valeurs de F par rapport au rayon, et on peut en conclure qu'il n'y a pas grand inconvénient à avoir, à l'avant, une roue de grand diamètre. Sur le chemin de fer de *Londres à Brighton*, les machines à grande vitesse ont deux essieux accouplés à l'avant, avec roues de 1 m. 98. Ces machines ne déraillent pas plus que d'autres, et elles ont donné des résultats très remarquables dans les essais de grande vitesse qui ont été faits en 1889 sur le P.-L.-M. On a même essayé en France, sur les chemins de fer de l'Etat, la machine *Estrade* à trois roues accouplées de 2 m. 50. Cette machine a fonctionné pendant longtemps et à de grandes vitesses sans accident.

S'il y a des motifs de ne pas placer l'essieu moteur à l'avant, il en existe *également de ne pas le mettre à l'arrière*, mais ils sont moins décisifs.

Il y a d'abord impossibilité absolue avec l'essieu coudé, à moins que le foyer ne soit en porte-à-faux, et encore, dans ce cas, le porte-à-faux deviendrait excessif, puisqu'il faudrait laisser le passage des coudes et des têtes de bielle entre le foyer et l'essieu.

Lorsque les cylindres sont extérieurs, on peut placer l'essieu à l'arrière. Les machines Crampton avaient leur essieu moteur à l'arrière ; de même, les machines à grande vitesse de l'Est et du Midi ont deux essieux moteurs accouplés, celui d'arrière, qui est l'essieu moteur principal, et celui du milieu. Ces machines ne sont autre chose que des Crampton avec l'essieu du milieu accouplé par une bielle de retour. Cette disposition offre un petit avantage, celui de ne pas mettre les cylindres tout à fait à l'avant ; ils sont placés entre l'essieu d'avant et celui du milieu.

L'accouplement de l'essieu d'avant exige, lorsque les cylindres sont extérieurs, que la bielle d'accouplement de cet essieu passe entre les roues et la bielle motrice. Pour éviter l'accroissement qui résulte de là dans l'écartement des cylindres, on a quelquefois fait l'inverse ; mais il faut

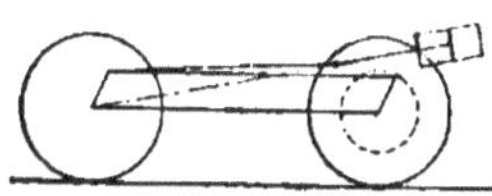

alors incliner les cylindres pour que la tige du piston ne rencontre pas la manivelle d'accouplement. C'est un inconvénient bien plus grave et tout à fait inacceptable.

Avec les cylindres intérieurs, une légère inclinaison de leur axe est inévitable, puisque l'essieu d'avant est alors à la même hauteur que l'essieu moteur et que la tige doit passer au-dessus ; mais elle est sans inconvénient notable.

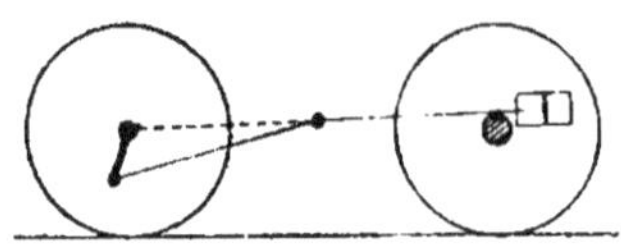

Dans quelques machines, on a fait passer la tige sous l'essieu.

Dans les machines de grande vitesse, on évite les essieux accouplés à l'avant par peur des grands diamètres ; avec les machines de petite vitesse, la crainte n'a plus de raison d'être, et de fait, pendant longtemps, on a construit des machines à moyenne vitesse ayant deux essieux accouplés dont un à l'avant. Ce type est un peu abandonné. *L'essieu accouplé à l'avant a pourtant des avantages.* Les véhicules sont en effet plus stables quand on les tire que quand on les pousse ; le lacet est moins à craindre. Or, l'effort de traction des machines provient des réactions tangentielles qui s'exercent entre la voie et les roues motrices. Lorsqu'il y a un essieu moteur à l'avant, cet essieu reçoit un effort moteur qui tire la machine. C'est sans doute pour cette raison que la machine du London-Brighton-Railway a donné de si remarquables résultats au point de vue de la stabilité.

Dans les machines à quatre essieux accouplés, c'est toujours le troisième à partir de l'avant qui est moteur.

§ 14. MACHINES-TENDERS

92. — La machine, telle que nous l'avons décrite jusqu'à présent, ne porte pas ses approvisionnements en eau et en combustible ; ceux-ci se trouvent sur un véhicule séparé qu'on appelle le tender. Mais il existe des machines qui portent elles-mêmes leurs approvisionnements : ce sont les *machines-tenders.* L'eau y est renfermée dans des caisses placées parallèlement à la chaudière, de chaque côté de celle-ci, et reliées par un tuyau ; l'une de ces caisses est quelquefois plus courte que l'autre, de manière à laisser un vide pour la place du charbon. Ces machines doivent, en outre, à l'arrière, avoir un emplacement libre formant plate-forme, où se tiennent le mécanicien et le chauffeur. Cette plateforme est généralement entourée de parois pleines, pour protéger les agents contre les chutes et les abriter du vent ; quelquefois même elle constitue une véritable cabine vitrée.

Les approvisionnements des machines-tenders sont généralement limités ; ils sont de 800 à 1.000 kg. de charbon environ et de 3 à 4 mètres cubes d'eau.

Les machines-tenders ont les avantages suivants sur les machines à tender séparé :

Elles peuvent marcher indifféremment dans les deux sens. Cet avan-

tage est même souvent la raison déterminante de leur emploi, car les machines à tender séparé ne peuvent circuler tender en avant qu'à des vitesses très réduites, le tender, lorsqu'il est dans cette position, ayant une tendance à dérailler facilement et, de plus, masquant trop la vue du mécanicien qui ne peut pas aisément surveiller la portion de la voie à l'avant de son train.

Dans la marche arrière, avec les machines-tenders, le mécanicien n'est pas aussi commodément placé que dans la marche avant pour surveiller la ligne, puisqu'il est obligé pour cela de se retourner ; mais, en revanche, il domine directement la voie ; il n'a devant lui aucun obstacle qui le gêne, tandis que, dans la marche avant, la machine constitue un obstacle inévitable à sa vue.

D'autre part, les *machines-tenders ont une plus faible longueur que les autres* ; leur écartement d'essieux extrêmes ne dépasse guère 4 m. à 4 m. 50. Elles peuvent donc tourner sur des plaques de cette dimension. Au contraire, les machines à tender séparé exigent des plaques ou des ponts tournants de 14, 15 m. et même 17 m. de diamètre. Cela tient à ce que l'on ne rompt pas l'attelage de la machine et du tender pour les tourner séparément ; on leur fait opérer leur rotation d'un seul bloc. Le dételage et l'attelage d'une machine ordinaire avec son tender est, en effet, une opération de 15 à 20 minutes, qui n'est même pas sans quelque danger pour les hommes, et que l'on évite de recommencer fréquemment. L'attelage est fait dans les dépôts, et on ne le défait plus que dans des cas tout à fait exceptionnels.

Un autre avantage des machines-tenders, c'est *l'économie du poids mort*, et, par suite, *du prix d'acquisition*. Les approvisionnements portant sur les essieux et sur le châssis de la machine, il faut nécessairement les renforcer ; mais le surcroît de poids mort qui en résulte est loin d'être comparable à celui qui résulte de l'emploi d'un tender séparé ; d'un autre côté, *le poids de l'eau et du charbon peut être utilisé pour l'adhérence*, et, à ce point de vue, ces machines conviennent bien pour les fortes rampes.

Les machines-tenders sont employées d'une manière presque exclusive dans les deux cas suivants : pour les *machines de gare*, ou pour les *trains de banlieue*.

Les machines de gare ou de manœuvres, appelées quelquefois « *coucous* » sont généralement à petites roues, toutes accouplées ; elles doivent pouvoir circuler avec facilité dans les deux sens et avoir un chasse-pierres à l'avant et à l'arrière.

Les machines-tenders *conviennent particulièrement pour les trains de banlieue*, à cause des avantages que nous avons énumérés. Ces trains sont peu chargés, en général, et, de plus, les centres de ravitaillement sont peu éloignés. Cependant, peu à peu, ces trains sont devenus plus lourds, par suite de l'accroissement continu de la circulation ; sur l'Ouest, par exemple, les machines à 2 essieux accouplés et 3 m. 44 d'écartement total des essieux, sont devenues insuffisantes; il a fallu, pour augmenter l'adhérence, accroître le nombre des essieux moteurs; la nouvelle machine de banlieue de la même Compagnie a 3 essieux accouplés, et l'écartement des essieux extrêmes est porté à 4 m. 15.

Les *machines-tenders ont par contre des inconvénients*.

D'abord *leurs approvisionnements sont très limités*, et il n'est pas possible de leur faire faire de longs parcours sans les ravitailler. D'autre part, si *les approvisionnements peuvent être utilisés pour l'adhérence, celle-ci n'est plus constante*. Cela n'a pas grand inconvénient pour le service des voyageurs, mais il n'en est souvent pas de même pour les marchandises, surtout si le profil est un peu accidenté vers la fin du parcours; c'est alors que la machine devrait avoir son adhérence maximum, tandis que, ses approvisionnements étant en partie consommés, elle a, au contraire, une adhérence très réduite. Enfin, les machines-tenders *ont moins de stabilité que les autres*; elles ont une *tendance plus accentuée au mouvement de lacet*. Dans les machines à tender séparé, l'attelage du tender combat les mouvements de lacet; cet avantage n'existe pas avec les machines-tenders; de plus, les fluctuations de l'eau dans les soutes sont une cause d'instabilité.

Pour restreindre les mouvements de ballottement de l'eau, on divise souvent les caisses par des cloisons transversales. Des cloisons longitudinales pourraient n'être pas inutiles. Malgré tout, les machines-tenders ont toujours une certaine instabilité, surtout lorsque les cylindres sont extérieurs, et *on ne peut les employer pour les grandes vitesses*.

Ces machines sont souvent utilisées pour le service *des marchandises sur les fortes rampes*, afin de mettre à profit l'avantage du faible poids mort et de la grande adhérence. Mais c'est pour ce service, comme on l'a vu, que la variabilité de l'adhérence peut avoir les plus grands inconvénients.

D'une manière générale, elles conviennent bien pour le service des trains de marchandises à arrêts fréquents et à stations de ravitaillement rapprochées. Le chemin de fer de Ceinture de Paris en fournit un exemple typique.

§ 15. TENDER

93. — Le tender est un véhicule spécial qui sert à porter l'eau et le combustible et qui doit offrir l'emplacement suffisant pour recevoir l'équipe chargée de la conduite de la machine. La plate-forme à ce destinée n'occupe alors que très peu de place sur la machine. Elle s'étend presque entièrement sur l'avant du tender. A cet effet, le joint entre la machine et le tender est recouvert par un volet en fer sur lequel les hommes arrivent rapidement à se tenir avec facilité.

Le tender est, en somme, un véhicule ordinaire ; cependant *il est suspendu comme les machines*, sans jeu entre les plaques de garde et les boîtes de graissage, avec menottes verticales. Les boîtes à graisse sont emprisonnées par de larges glissières rapportées au longeron découpé comme celui des machines. Cette disposition a été adoptée afin d'augmenter la solidarité entre la machine et le tender et à cause de l'importance des charges des essieux des tenders.

Les caisses à eau du tender ont généralement une forme en fer à cheval.

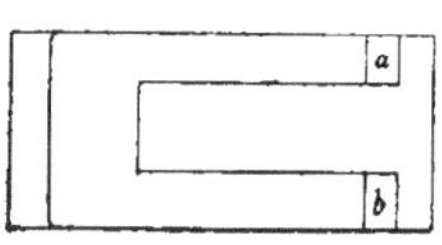

En avant des bras se trouvent des petits coffres *a* et *b* à l'usage des agents, et pouvant, à l'occasion, servir de siège à ces derniers. En arrière, se trouve un coffre qui s'étend sur toute la largeur du tender, et dans lequel se trouvent les outils nécessaires pour exécuter les réparations qui peuvent être nécessitées par des accidents ou incidents de route, dans le cas où les avaries ne sont pas trop

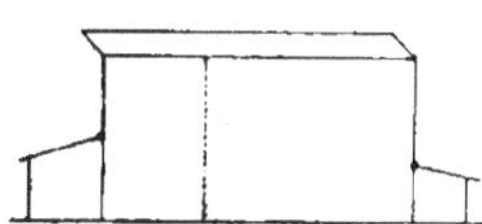

importantes. Ces coffres ne sont pas accessibles pendant la marche. Lorsque les réparations ne peuvent être exécutées avec les outils du coffre, on doit recourir au *wagon de secours* qui renferme un outillage plus complet, et tout un jeu de vérins permettant de soulever la machine et les véhicules.

Les caisses à eau sont terminées à la partie supérieure par des rebords évasés qui empêchent la chute des objets posés sur elles, et munies extérieurement de crochets pour porter des ringards et outils longs.

Nous avons dit que les petits coffres placés en bout des caisses à eau pouvaient servir de siège pour les agents. Ces sièges ne peuvent être utilisés que dans les moments de repos. Pendant le travail, ils ne sont pas à la portée des agents qui doivent être debout.

Certaines Compagnies, comme le Nord, vont même plus loin et ont mis à la disposition des mécaniciens des strapontins sur lesquels ils peuvent s'appuyer pendant le travail, ce qui soulage un peu la fatigue des jambes. *La question de commodité pour les agents* a fait pendant longtemps l'objet de controverses entre les ingénieurs. A l'origine, les mécaniciens et chauffeurs n'étaient même pas abrités sur leurs machines. On craignait que si on leur donnait trop de bien-être, ils ne s'endormissent, ou, tout au moins, qu'ils fussent moins attentifs. En fait, on a vu des agents s'endormir sur leurs machines, mais cela tenait surtout à ce qu'il leur avait été imposé un excès de fatigue. Depuis, on les a protégés contre le vent par une sorte d'écran, auquel on a ensuite ajouté un toit. Certaines compagnies ont fait des plates-formes une véritable cabine vitrée, et l'expérience a montré que la vigilance des agents n'était pas pour cela ralentie, bien au contraire ; plus l'agent est à son aise, mieux il peut consacrer son attention aux soins à donner à la machine ou à la surveillance de la voie.

Nous avons dit que les caisses à eau avaient généralement la forme d'un fer à cheval. Quelquefois elles sont constituées par un simple prisme à base rectangulaire, placé à l'arrière du tender ; l'avant est réservé pour recevoir le charbon et l'emplacement du mécanicien et du chauffeur.

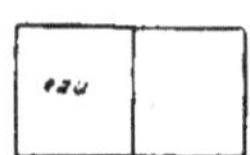

Les caisses à eau des tenders sont munies de une ou deux ouvertures fermées par des tampons en tôle. Ces ouvertures portent, à l'intérieur, un cône de cuivre perforé, susceptible de retenir les gros éléments qui pourraient être introduits dans le tender avec l'eau d'alimentation. Enfin il y a deux tuyaux pour conduire l'eau à l'appareil d'alimentation de la chaudière, ainsi que des robinets, pour les besoins des agents ou pour l'arrosage du charbon, ou encore pour s'assurer de la hauteur de l'eau dans les caisses.

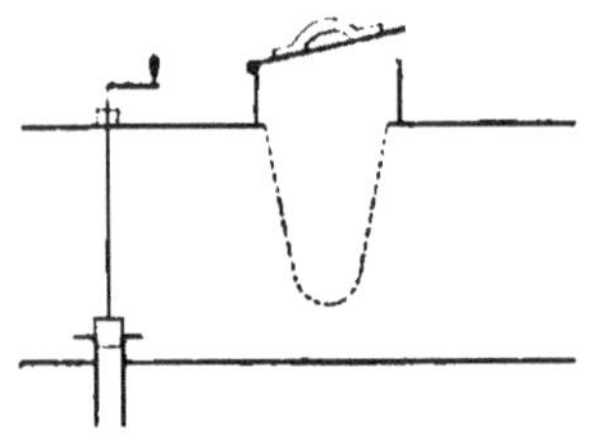

Les tuyaux qui doivent conduire l'eau à la chaudière ont à leurs extrémités des raccords qui s'adaptent sur les tuyaux correspondants de la machine ; souvent ils se terminent par une espèce d'entonnoir, pour faciliter la mise en place ; ils sont flexibles ou articulés pour se prêter aux mouvements relatifs de la machine et du tender.

Le tender doit avoir un poids en rapport avec ses approvisionnements, et ceux-ci dépendent de la longueur du parcours qui doit être effectué sans arrêt ou sans arrêt prolongé. Les deux cas sont à considérer. Un court arrêt de quatre ou cinq minutes peut suffire à alimenter le tender d'eau. La prise d'eau se fait par des appareils spéciaux, que l'on désigne sous le nom de *grues hydrauliques*, et qui sont disposés le long des voies dans les gares dites *de prise d'eau*. La grue hydraulique se compose d'une colonne en fonte, munie d'un bras articulé horizontal, terminé souvent par une manche en cuir ou en toile La machine amenée près de la grue, le bras horizontal est convenablement tourné et la manche est introduite dans l'une des ouvertures de la caisse à eau ; il suffit de tourner un robinet pour que l'eau s'écoule. Les dimensions doivent être établies pour que le remplissage s'effectue en deux ou trois minutes. Il suffit alors de quatre ou cinq minutes pour qu'une machine aille se réapprovisionner et revienne se remettre en tête de son train.

Pour le combustible, il n'en est pas de même ; le chargement est plus long ; il ne peut se faire au milieu de la gare ; de plus, en raison du prix du combustible, qui forme un élément important de la dépense des chemins de fer, le chargement est accompagné d'opérations de comptabilité. Pour toutes ces raisons, le réapprovisionnement des machines en combustible ne peut se faire que dans un petit nombre de gares et en des endroits spéciaux qu'on appelle les *dépôts*. Pour abréger cette opération, dans la mesure du possible, on a des installations plus ou moins perfectionnées ; mais, quoi qu'on fasse, elle ne laisse pas d'être assez longue.

Il en résulte qu'il n'y a généralement pas correspondance entre les approvisionnements en eau et en combustible. Comme 1 kilog. de combustible vaporise environ 8 à 9 kilog. d'eau, il faudrait, pour qu'il y eût concordance, que le poids de l'eau fût 9 fois celui du combustible à cause des pertes en route ; mais il est généralement beaucoup moindre : la machine renouvelle son approvisionnement d'eau dans les gares de prise d'eau ; cela est surtout facile pour les trains de faible vitesse qui ont assez souvent des arrêts un peu prolongés.

Généralement, la capacité des caisses des tenders est de 5 à 8 m³ d'eau, et le poids du combustible de 2000 kilog. à 3000 kilog. et même 4000 kilog.

Depuis quelques années, cependant, on s'attache à faire de longs parcours sans arrêts ; il a fallu, en conséquence, augmenter beaucoup le poids de l'eau approvisionnée. On a fait des tenders de 12 m³, et même 14, 16 et 20 m³, avec un chargement de 3 à 4 tonnes de combustible.

Les locomotives d'express du P.-L.-M. de 1878 transformées ont un approvisionnement de 16 m³, 100 d'eau et de 3 tonnes de charbon ; le tender pèse 15 t. 850 à vide et 32 t. 250 en charge. Le tender à 3 essieux du Nord reçoit 4 t. de combustible et 16 m³ d'eau ; vide, il pèse 13 t. 600 et en charge 32 t. 900. Sur le chemin de fer de l'Etat, on a des tenders sur bogies pouvant contenir 20 m³ d'eau.

La longueur du parcours sans arrêt a fait l'objet d'une véritable rivalité entre les Compagnies. Autrefois ce parcours était de 50 kilom. environ ; un parcours de 80 kilom. était considéré comme exceptionnel. Aujourd'hui, ces chiffres sont de beaucoup dépassés : le Nord va de Calais à Amiens, soit 164 kilom. en 2 heures, ce qui donne une vitesse commerciale de 82 kilom. ; de Paris à Amiens, 131 kilom., en 1 h. 25 m., ce qui représente 92 kilom. à l'heure. Cette vitesse est la vitesse commerciale maximum actuellement atteinte. Le P.-L.-M. va de Laroche à Dijon, 161 kilom., en 2 h. 05 m.; l'Etat (rapide de Royan) de Chartres à Thouars dont la distance est de 240 kilom. en 3 h. 04 m. Enfin, en Angleterre, le Great Western Ry. a mis en marche un express qui effectue sans arrêt le parcours de Londres à Exeter (312 kilom.) en 3 h. 37 (vitesse commerciale 86 kilom. 4).

Pour accomplir de si longs parcours, il faut, comme on l'a vu, des tenders très lourds. On accroît ainsi considérablement le poids mort et, par suite, la résistance du train, surtout dans les trains de vitesse ; cet accroissement du poids mort augmente la dépense de traction.

Il y aurait donc intérêt à chercher à obtenir le résultat sans augmentation du poids mort. Il faudrait pour cela pouvoir se réapprovisionner d'eau pendant la marche. L'ingénieur anglais *Ramsbottom* a imaginé, dans ce but, un procédé ingénieux. Il consiste à disposer sur la voie, entre les rails, une longue cuvette en fonte remplie d'eau, et à plonger dans cette eau, pendant la marche l'extrémité mobile d'un tuyau *(scoop,* écope) placé sous le tender et aboutissant à la caisse à eau. Sous l'influence de la

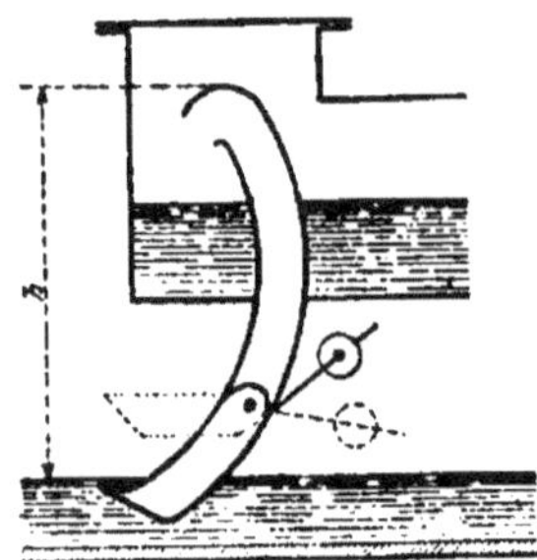

vitesse, l'eau s'élève dans le tube et s'écoule dans la caisse à eau.

L'inconvénient du procédé, est qu'il ne peut être appliqué que sur une partie de voie horizontale ; mais on peut, presque toujours, trouver des conditions favorables pour faire cette installation. Il permet d'utiliser sans pomper des sources situées peu au-dessous du niveau de la voie.

Si h est la hauteur de l'orifice du tuyau d'alimentation dans le tender, la vitesse nécessaire pour que l'eau y parvienne est représentée par $\sqrt{2gh}$, ce qui pour une hauteur h de 2 m. 40, donne 6 m. 70 par seconde ou 24 kilom. à l'heure. Cette vitesse est facilement obtenue, même avec les trains de marchandises qui pourraient donc s'alimenter également par ce procédé.

En réalité, la vitesse doit être un peu plus grande à cause de la perte de force vive que l'eau éprouve à l'entrée de l'appareil. Mais, dès que l'appareil commence à fonctionner, le débit devient tout de suite très grand et n'augmente plus ensuite que lentement avec la vitesse.

Ramsbottom donnait à la buse un orifice rectangulaire aplati de o m.,25 sur o m.,05, soit de 125 cmq. de superficie. Pour alimenter 5 mc. d'eau, il fallait donc, en supposant la vitesse d'entrée égale à celle même de la machine, que la cuvette eût $\dfrac{5}{0,0125}$ ou 400 mètres. C'est à peu près ce qui avait lieu.

L'installation du procédé d'alimentation en marche Ramsbottom mériterait d'être très sérieusement étudiée en France, parce qu'elle permettrait d'augmenter considérablement la durée du parcours sans arrêt sans pour cela accroître le poids mort. Dans le parcours de 312 kilom. entre Londres et Exeter, déjà cité, la machine est alimentée deux fois par le procédé Ramsbottom. En Amérique, on a fait un train spécial d'essai alimenté par le même procédé, sur un parcours de 703 kilom. sans arrêt.

91. Attelage du tender et de la machine — L'attelage de la machine et du tender doit être plus parfait que l'attelage des véhicules entre eux. Il doit, en effet, leur laisser la liberté qu'exige le tracé de la voie, tout en supprimant autant que possible les placements relatifs. En revanche, il se présente dans des conditions plus favorables que l'attelage des véhicules ordinaires parce qu'il sera toujours fait dans le même sens. Il n'a pas besoin d'être double ; un seul appareil élastique est nécessaire.

En général, l'attelage n'a qu'un ressort court, porté par le tender, et

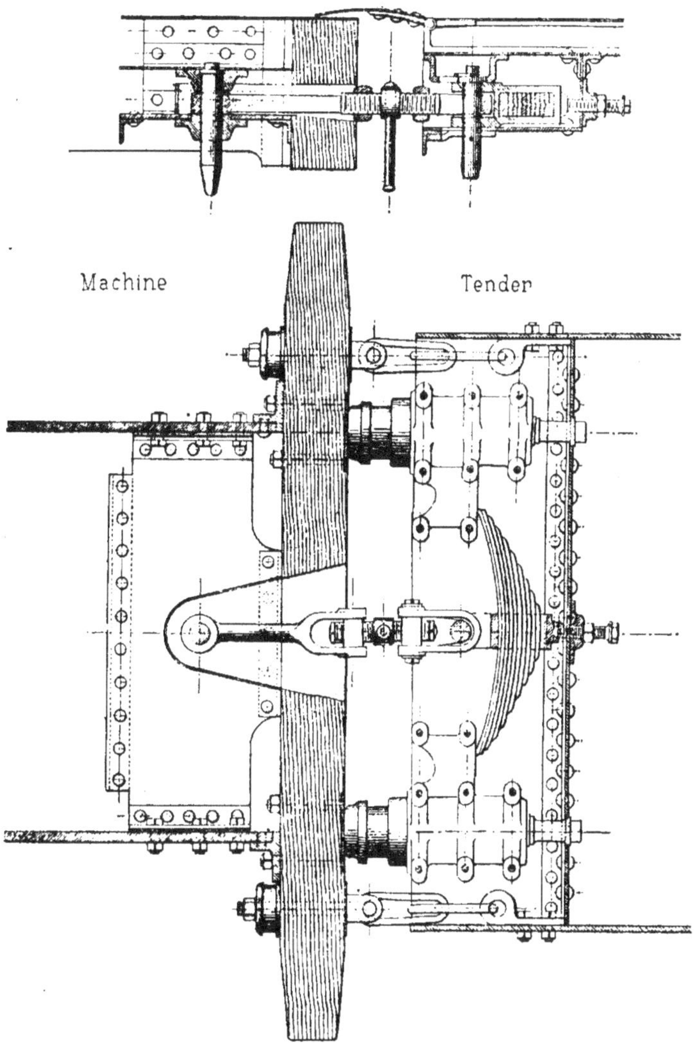

deux petits tampons élastiques moins écartés que les tampons des véhicules, à cause de la moindre largeur de la machine, et de l'angle plus
grand qu'elle fait avec le tender dans les courbes. Il n'est pas nécessaire
d'ailleurs qu'un homme puisse se placer entre les tampons comme il arrive
pour les véhicules ordinaires ; le tender et la machine sont presque toujours associés, et ce n'est que rarement que l'on a à faire ou à défaire
l'attelage. L'opération se fait dans un dépôt, par des agents spéciaux qui
prennent toutes les précautions voulues. On peut d'ailleurs en profiter
pour donner à l'attelage certains soins que l'on ne pourrait exiger pour

l'attelage courant des véhicules entre eux. L'opération de l'attelage ou du dételage demande de 15 à 20 minutes.

Le ressort de traction peut être aussi utilisé pour les tampons de choc.

La réunion du tender et de la machine se fait généralement avec un tendeur à vis, comme dans l'attelage ordinaire ; seulement la vis n'est plus portée par un maillon, mais par un étrier articulé.

A l'avant de la machine, et à l'arrière du tender, il existe des attelages ordinaires, pouvant s'adapter aux véhicules, et qui doivent, dès lors, satisfaire aux prescriptions de la convention de Berne. Il est évident que ces prescriptions ne s'appliquent pas à l'attelage du tender à la machine.

L'attelage du tender et de la machine ne diffère pas des autres, en principe, mais il doit présenter certaines conditions de bon fonctionnement qui sont plus impérieuses :

1° parce que le tablier de la machine et celui du tender, avec le couvre-joint qui les relie, doivent former une surface suffisamment continue et stable pour les hommes qui s'y placent, que les tuyaux d'alimentation passant de l'un à l'autre des véhicules exigent aussi que les déplacements relatifs soient limités ;

2° parce qu'il y a un intérêt spécial à affaiblir les mouvements parasites de la machine, en particulier les mouvements de lacet, en lui donnant la plus grande solidarité possible avec le tender ;

3° parce que le déraillement de la machine, placée en tête du train, est plus facile que celui d'un véhicule placé entre deux autres, qu'il est aussi plus dangereux par ses conséquences, qu'il y a donc un intérêt spécial à ce que les réactions du tender ne le favorisent pas, et, s'il se peut, s'y opposent.

Il y a aussi à se préoccuper du fonctionnement par refoulement dans lequel les déraillements, bien que n'ayant, en général, que des conséquences matérielles, sont encore fâcheux et sont assez fréquents. Quelquefois, d'ailleurs, les machines font des parcours d'une certaine longueur tender en avant, soit haut le pied, soit même en remorquant les trains.

Un bon attelage doit réaliser une solidarité aussi complète que possible entre les véhicules au point de vue des mouvements parasites, et, en même temps favoriser les déplacements relatifs normaux qui sont :

1° une dénivellation relative, à mesure que les approvisionnements se consomment ;

2° une différence d'inclinaison sur l'horizon aux points où la voie change de déclivité ;

3° un angle en projection horizontale dans les courbes ;

4° un mouvement de torsion ou de rotation relative autour des axes longitudinaux, dans les changements du devers de la voie.

Dans les courbes, si les essieux extrêmes de la machine et ceux du tender sont les uns et les autres dans leur position moyenne par rapport aux rails, les axes des véhicules se coupent en un point que l'on peut calculer par la formule du Bissel : c'est le point d'*intersection théorique*. En supposant que les véhicules se placent dans leurs positions diagonales les plus prononcées que permettent le jeu de la voie, on obtiendra les points extrêmes où l'intersection puisse se faire. Un attelage qui amènerait nécessairement l'intersection en dehors de l'intervalle de ces points extrêmes serait impossible : il rendrait le déraillement forcé.

Si les deux véhicules sont dans des courbes de rayon inégal, ce qui arrive notamment aux entrées et aux sorties des courbes, le point théorique n'est plus le même et n'est plus constant.

Il ne suffit pas que les mouvements relatifs normaux soient géométriquement possibles ; il faut encore que les réactions mutuelles entre les deux véhicules n'y fassent pas obstacle. Sous ce rapport, on doit surtout se préoccuper du mouvement de flexion horizontal dans les courbes. L'attelage ordinaire à tendeur permet tous les mouvements relatifs normaux ; mais il n'établit pas une solidarité suffisante au point de vue des mouvements parasites, notamment du lacet. En outre, les réactions des tampons tendent à presser l'avant de la machine contre le rail extérieur, et l'effort de traction, appliqué tout à l'arrière de la machine, agit dans le même sens.

S'il ne s'agissait que d'obtenir de la mobilité pour le passage dans les courbes, l'*attelage Engerth*, employé autrefois pour les machines de grande vitesse de la Staatsbahn, donnerait une solution très simple et très satisfaisante. C'est un attelage par articulation sur les axes de deux véhicules consécutifs, et nous avons montré les avantages de ce genre d'attelage au point de vue de la flexibilité dans les courbes et du mouvement de lacet. Mais il faut que le pivot de l'articulation puisse être placé au point théorique. Or ce point théorique n'est pas toujours accessible : avec les machines à petite vitesse, avec foyer en porte-à-faux, il tomberait généralement dans le foyer. De plus l'effort de traction est appliqué encore plus à l'arrière qu'avec l'attelage ordinaire à tendeur.

L'attelage Engerth est constitué par un timon fixé au tender et réuni à la machine par une cheville d'articulation. Cette cheville a une forme

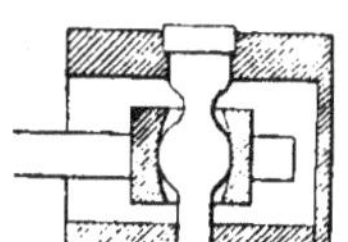

sphérique, afin de permettre aux véhicules d'avoir une inclinaison différente sur l'horizon ; de plus, une glissière permet les mouvements relatifs verticaux.

Pour éviter que l'effort de traction augmente la pression latérale de l'essieu d'avant dans les courbes, il y a avantage à en reporter le point d'application le plus près possible ou même en avant du centre de gravité. L'attelage Engerth présente, à ce point de vue, le maximum d'inconvénient A l'Orléans on a cherché à résoudre la question avec un attelage spécial dû à *Camille Polonceau*, qui consiste à faire la traction par une traverse fixée à deux points, sur les côtés de la machine et à hauteur du centre. En même temps, on donnait aux tampons une surface inclinée d'environ 19 ou 20°. Cette disposition des tampons inclinés a été conservée sur les machines de l'Orléans, mais on a supprimé les bielles de chaque côté et l'on est revenu au tendeur à

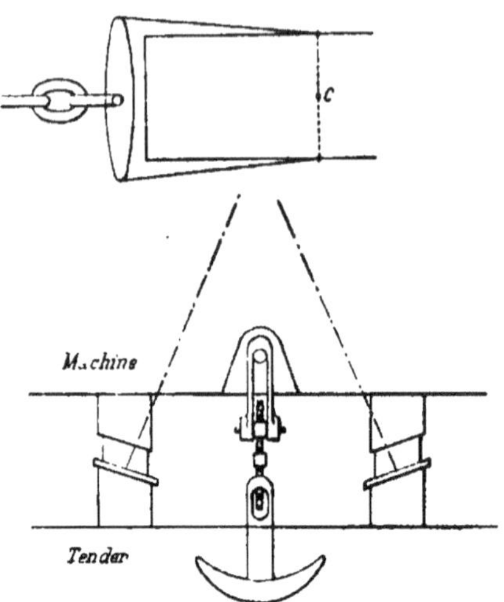

vis. On renonce ainsi à reporter la traction au centre. Mais, au point de vue de la position relative des véhicules dans les courbes, c'est toujours l'équivalent d'une articulation établie au point d'intersection des normales aux deux tampons.

C'est donc une articulation dont le pivot est très éloigné du point théorique.

Dans une courbe, les tampons restant en contact, le tender se déplace par rapport à la machine de manière que ses tampons décrivent un cercle ayant pour centre celui de la machine ; il prend donc une mauvaise position par rapport à la voie, et il y a tendance au déraillement. C'est l'élasticité de l'attelage qui permet de passer néanmoins, comme cela a lieu avec les tampons. Aussi ne faut-il pas que le tendeur soit trop serré.

Un autre système, qui a reçu des applications à l'Etat et à l'Ouest, est l'attelage de M. *Edmond Roy* Cet attelage comporte un ressort de traction et des tampons secs obliques, ceux de la machine faisant partie

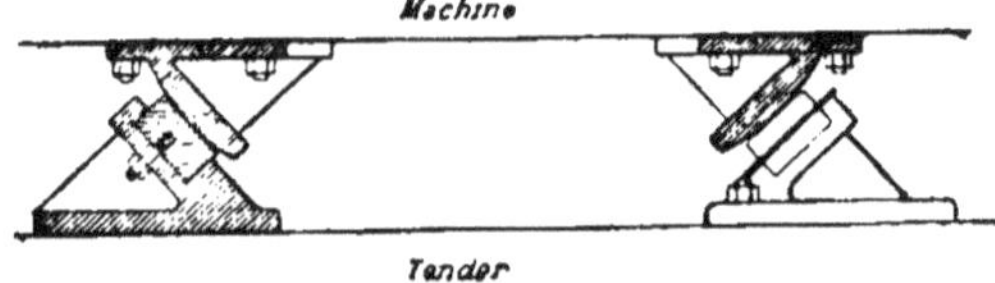

d'une surface cylindrique, qui a pour centre la broche de la barre d'attelage. Les tampons du tender sont tangents ; ils sont inclinés à 45° ou 50°.

Le système a donc toute liberté de tourner autour de la broche ; les choses se passent comme avec l'attelage Engerth ; le ressort de l'attelage permet les mouvements verticaux.

Cet attelage combat les mouvements de lacet de la même manière que l'attelage Engerth et, en général, l'attelage par articulation des axes.

Ce système d'attelage a été appliqué, sur les chemins de fer de l'Etat, à la machine de grande vitesse 2008 ayant trois essieux, dont celui d'avant muni de boîtes radiales d'un jeu de o m. o15 de chaque sens ; cette machine avait une tendance accentuée au lacet, et c'est pour la combattre que l'on avait employé l'attelage Roy.

La machine circula avec une grande facilité et une grande stabilité tant en alignement droit qu'en courbes de 400 m. de rayon. On l'appliqua ensuite à des machines à 6 et 8 roues accouplées, ce qui permit d'en augmenter la vitesse. Sur les premières, le bandage d'avant, qui s'usait de 4 mm. après un parcours de 25.000 kilom., ne s'usa que de 1 mm. en 24.000 kilom. A l'Ouest, avec des machines à deux essieux accouplés, on reconnut que l'*angle de cisaillement* était, avec cet attelage, à peu près de moitié moindre qu'avec l'attelage ordinaire.

On emploie, à la Compagnie d'Orléans, une autre disposition d'attelage 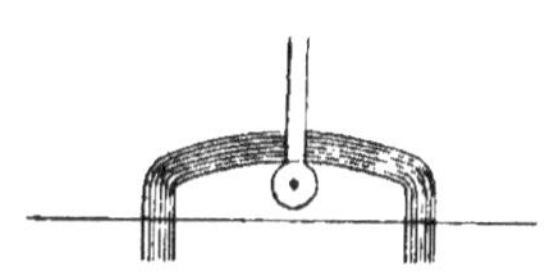 qui équivaut à peu près à l'attelage Polonceau ; elle consiste à remplacer la broche d'articulation du tendeur par un galet roulant sur un arc métallique ayant pour centre le centre même de la machine.

Jusqu'ici, les attelages que nous avons vus ne satisfont pas à toutes les conditions fondamentales théoriques qu'ils devraient remplir et que l'on peut résumer ainsi :

1º avoir la flexibilité nécessaire pour permettre les positions relatives de la machine et du tender dans les courbes, et, en même temps, la solidarité suffisante pour empêcher le mouvement de lacet ;

2º pouvoir faire passer l'effort de traction par deux points arbitrairement choisis sur la machine et sur le tender, de manière à éviter que l'essieu d'avant de la locomotive ne soit poussé contre le rail extérieur;

3º permettre les déplacements relatifs de la machine et du tender qui ont été énumérés plus haut.

Cette dernière condition est moins difficile à remplir que les deux autres. On y satisfait par des détails de construction faciles. Elle est donc d'ordre secondaire. Quant aux deux premières, elles ne se trouvent pas réalisées simultanément et sont souvent incompatibles dans les attelages jusqu'ici étudiés ; l'une est généralement sacrifiée à l'autre, suivant l'importance qu'on y a attachée, l'intérêt que l'on a trouvé à la réaliser.

Il est possible d'imaginer un attelage théorique conciliant une parfaite flexibilité dans les courbes avec une solidarité complète, au moins pour les mouvements de lacet, et avec application de l'effort de traction en des

points choisis à volonté sur l'axe de la machine et sur celui du tender.
Représentons les points M, N, P, Q, milieux des essieux extrêmes de la

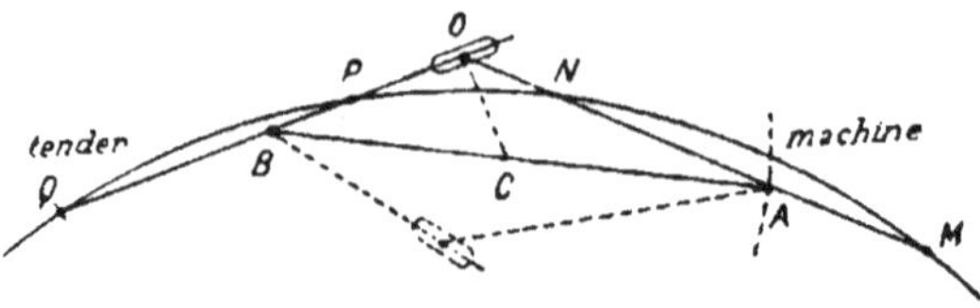

machine et du tender, dans leurs positions moyennes sur l'axe curviligne
de la voie. C'est la position normale que doivent pouvoir occuper les deux
véhicules et que l'attelage doit permettre. Supposons que l'on veuille faire
passer l'effort de traction par deux points arbitraires A et B des axes
des deux véhicules, le premier A étant, par exemple, le milieu de la
machine. Imaginons, pour cela, que les deux points A et B soient réunis
par une tige de longueur invariable, articulée à ses extrémités, et que le
point O soit aussi une articulation. Les trois côtés du triangle AOB étant
déterminés, ce triangle est indéformable, et l'attelage ne peut pas se prêter au passage des véhicules dans une courbe de rayon différent. Mais on
peut y remédier en supposant, par exemple, que l'axe de la machine porte
en O un coulisseau pouvant se mouvoir dans une coulisse fixée à l'axe du
tender. Dans ce cas, le triangle n'a plus que deux côtés de longueur
déterminée ; le troisième BO est variable. Si nous négligeons le frottement
qui s'exerce entre le coulisseau et la glissière, cette articulation n'imprime
aucun effort de traction aux véhicules, mais seulement des efforts de
direction normaux à l'axe de la coulisse ; la traction s'effectuerait donc
uniquement par la tige AB ; le coulisseau et la glissière auraient une
mobilité parfaite et donneraient une solidarité suffisante pour empêcher
les mouvements de lacet ; le système se prêterait naturellement à des
courbes de sens différents, le point O pouvant être aussi bien à droite qu'à
gauche de AB. Ainsi, avec cette combinaison, le tender et la machine
peuvent prendre les inclinaisons que l'on veut. Pour chaque inclinaison,
la position de la coulisse et du coulisseau sera distincte de la position
théorique correspondant au cas où les quatre essieux sont sur une courbe,
mais elle en sera peu éloignée dans les limites d'angle où l'on opère.

Dans la pratique, on ne peut pas faire passer une tige à travers tous les
organes pour réaliser la liaison AB articulée, et même la réalisation de
la coulisse ne serait pas sans difficulté. Mais toute combinaison cinématique qui réaliserait les mêmes mouvements relatifs des véhicules serait
équivalente ; si elle peut être pratiquement réalisée, elle constituera un
attelage parfait.

Or, imaginons deux plans horizontaux solidaires respectivement du
tender et de la machine et glissant l'un sur l'autre ; il suffit, pour étudier
les mouvements relatifs des deux véhicules, de supposer l'un des plans
immobile, celui du tender par exemple, et de faire mouvoir l'autre dont

la position sera déterminée par celle de deux quelconques de ses points. Si nous supposons la ligne BO fixe, le mouvement de la machine s'obtient en faisant osciller le point A autour de B sur un cercle, et en déplaçant le point O sur la coulisse de façon que la longueur AO reste constante. Ce mouvement est facile à étudier : il a évidemment pour centre instantané de rotation le point C, où la normale OC à BO rencontre AB, puisque c'est le point de concours des normales aux chemins infiniment petits décrits par les points A et O appartenant à l'axe de la machine. On peut résoudre tous les problèmes relatifs à ce mouvement, trouver le lieu des centres instantanés de rotation dans le plan fixe et dans le plan mobile, la trajectoire d'un point quelconque du plan de la machine sur le plan de la figure, qui est supposé celui du tender rendu immobile, et réciproquement, etc... Supposons connues les trajectoires que décriraient deux points du plan du tender sur le plan mobile de la machine ; elles permettent de déterminer à chaque instant la position de la machine. Dès lors, si l'on suppose que ces deux points sont deux galets fixés au tender et qu'ils glissent dans des coulisses fixées à la machine et représentant les trajectoires de ces points, on aura une liaison équivalente à l'attelage théorique.

Mais, au lieu de coulisses, il est préférable d'employer des articulations. Supposons que l'on fasse varier l'angle ABO des axes des véhicules de la grandeur maximum qu'il peut atteindre dans un sens et dans l'autre, et prenons la portion de trajectoire décrite par les deux points du tender sur le plan mobile de la machine. Nous pouvons remplacer ces deux arcs de trajectoire par deux arcs de cercles ayant leurs centres aux centres de courbure de ces deux trajectoires en leurs points milieux, cercles qui sont osculateurs aux trajectoires en ces points. Il suffit alors, pour obtenir une liaison cinématique équivalente à l'attelage théorique, de relier les deux points du tender considérés aux deux centres de courbure pris sur la machine par deux tiges rigides articulées, ayant pour longueurs les rayons de courbure. L'attelage ainsi combiné pourrait fonctionner par refoulement, mais il pourrait être insuffisant, et l'on peut le combiner avec des tampons ; il suffit pour cela que les surfaces des tampons en contact soient l'enveloppe l'une de l'autre lorsque, l'un des véhicules étant supposé fixe, on fait mouvoir l'autre. En adoptant une certaine surface pour les tampons d'un des véhicules, il suffit de le faire mouvoir sur le plan de l'autre, pour obtenir la surface enveloppe qui se déterminera par le même principe que les engrenages. On verrait ainsi que la surface choisie arbitrairement ne doit pas être absolument quelconque pour que le système fonctionne bien.

Dans un attelage théorique ainsi combiné, il est nécessaire de donner un certain jeu aux articulations. Cela est indispensable aussi bien pour satisfaire aux troisièmes conditions, que nous avons appelées secondaires, que pour pouvoir passer dans les parties de voie de rayons variables, comme à l'entrée et à la sortie des courbes. Ce jeu se combine d'ailleurs, pour obtenir ce résultat, avec celui de la voie.

CHAPITRE III

LOCOMOTIVE CONSIDÉRÉE COMME MACHINE A VAPEUR

Il nous reste maintenant à envisager le machine comme générateur et comme moteur. Ces deux questions sont traitées spécialement dans le Cours des Machines. Nous n'en dirons donc que quelques mots pour rappeler les conditions particulières auxquelles doivent être soumis la chaudière et le moteur des locomotives.

§ 1. CHAUDIÈRE

95.—Ce qui caractérise la chaudière des locomotives, c'est la nécessité, d'une part, d'obtenir une grande production de vapeur sous un petit volume et, d'autre part, d'obtenir une combustion très active sans pour cela avoir une cheminée élevée. C'est cette double nécessité qui a conduit à deux dispositions fondamentales pour les chaudières : la première consiste dans l'emploi de la *chaudière tubulaire*, inventée pour la locomotive elle-même par *Marc Séguin*. On emploie presque exclusivement la chaudière tubulaires à tubes de fumée. Les chaudières multitubulaires à tubes d'eau du système Belleville, Field, etc... n'y sont pas en usage. Cependant, pour quelques types spéciaux, on a quelquefois employé les chaudières Field, mais pas pour l'exploitation des chemins de fer proprement dits.

Les chaudières tubulaires ont permis d'avoir une grande surface de chauffe sous un petit volume et de satisfaire ainsi à la première condition. La seconde condition a été réalisée à l'aide du *tirage mécanique*, en profitant de ce qu'il y a solidarité entre la chaudière et le moteur, et de ce que ce dernier ne peut fonctionner avec condensation. On se sert alors de la *vapeur d'échappement* pour favoriser l'entraînement de l'air dans le foyer et produire un tirage actif.

Les chaudières des locomotives sont généralement à foyer intérieur. On a construit cependant quelques types dans lesquels le foyer n'est pas entouré de tous côtés de parois baignées par l'eau. Ces chaudières ne sont pas à foyer intérieur proprement dit ; elles sont d'ailleurs peu employées.

Les chaudières des locomotives fonctionnent à haute pression, en vue d'obtenir des machines puissantes sous un petit volume, et parce qu'ainsi la vapeur peut être mieux utilisée. Ces hautes pressions étaient, à l'origine, de 4 à 5 atmosphères ; la pression s'est bien vite élevée à 8 ou 9 kg. par cmq. Pendant très longtemps, les machines ont fonctionné à cette pression. Aujourd'hui, elles l'ont de beaucoup dépassée ; la pression atteint couramment 12 kg. (machines de grande vitesse de l'État), 13 kg. (machines compound de l'Orléans), 15 kg. (Nord et P.-L.-M.).

La difficulté, pour obtenir ces hautes pressions, provenait de l'emploi des *tôles de fer*. On admettait que l'épaisseur de ces tôles ne devait pas dépasser 15 mm., sans quoi elles risquaient d'être mal soudées. Comme l'épaisseur des tôles doit s'élever avec le diamètre des chaudières, on ne pouvait atteindre ces hautes pressions qu'en réduisant le diamètre. L'emploi des tôles de fer fondu, appelées généralement *tôles d'acier*, a donné la possibilité d'atteindre les pressions de 15 kg. sans restreindre le diamètre.

Si les hautes pressions permettent d'augmenter la puissance des machines sans augmenter les dimensions des cylindres, elles se prêtent mal à une bonne utilisation quand on emploie la détente simple, au moins avec les systèmes de distribution en usage dans les locomotives. Mais elles conviennent parfaitement pour les *machines compound* et donnent alors un meilleur rendement de la vapeur dépensée. Elles ont, de plus, un avantage, celui de constituer un *volant* de chaleur plus considérable. On appelle ainsi la réserve de chaleur emmagasinée par l'eau de la chaudière, avec laquelle on peut obtenir, à un moment donné, une production de vapeur supérieure à celle qui correspond à la quantité de combustible consommée. Plus la pression est élevée et plus est grande la chaleur que l'eau contient. Les hautes pressions permettront donc aux machines de fournir un coup de collier plus vigoureux pour franchir certaines rampes. Cet avantage a toujours été si apprécié que l'on a parfois réalisé

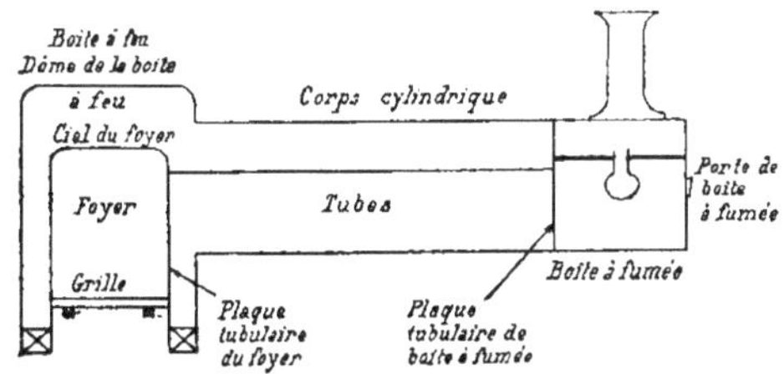

de hautes pressions, non pour les utiliser directement dans les cylindres, mais uniquement pour augmenter le volant de chaleur. On produit alors une détente de la vapeur entre la chaudière et le cylindre, soit à l'aide d'un détendeur, soit simplement en rétrécissant l'orifice d'admission. Mais il est évidemment préférable de profiter du double avantage qu'elles présentent.

La chaudière des locomotives se compose de deux parties : 1° *l'enveloppe extérieure*, formée elle même de trois parties :

a) *La boîte à feu* ;

b) *Le corps cylindrique* ;

c) *La boîte à fumée*.

2° Le *système intérieur* composé du *foyer* et des *tubes* qui relient la plaque tubulaire du foyer à la plaque tubulaire de la boîte à fumée.

96. Enveloppe extérieure. — L'enveloppe extérieure est en tôle de fer ou d'acier doux.

La boîte à feu se compose d'un berceau cylindrique surmontant des parois latérales verticales ; quelquefois les côtés longitudinaux sont infléchis de manière à se rapprocher vers le bas pour pouvoir se loger entre les longerons du châssis. Dans beaucoup de locomotives modernes, à grilles de grandes dimensions, le berceau cylindrique est remplacé par une surface plane horizontale, arrondie seulement sur les côtés.

Le corps cylindrique est planté sur la face verticale antérieure de la boîte à feu ; quelquefois sa génératrice supérieure est de niveau avec celle de la boîte à feu (chaudière Crampton) ; le plus souvent elle est un peu au-dessous. Il est formé de trois viroles, chacune d'une seule pièce ; ordinairement celle du milieu emboîte les deux autres ; assez souvent aujourd'hui, elle est emboîtée par celle d'avant.

La boîte à fumée est le prolongement du corps cylindrique ; elle en est séparée par une plaque tubulaire en tôle, dont les bords emboutis sont rivés sur les parois cylindriques. Elle est surmontée par la cheminée et fermée, en avant, par une porte à un ou deux battants ; cette porte peut s'ouvrir au large pour le nettoyage des tubes, mais doit être fermée hermétiquement pendant la marche, car toute rentrée d'air se ferait au détriment du tirage sur la grille. Un doublage en tôle mince protège les parois cylindriques de l'action des dépôts qu'y apportent les fumées.

97. Foyer. — Le foyer est une caisse rectangulaire, formée d'un ciel plat surmontant des parois verticales ou un peu évasées vers le bas : avec cet évasement la vapeur formée le long de la face externe s'élève en bulles à travers le liquide au lieu de ramper le longs des parois. Cela doit augmenter la surface de contact avec le liquide et, par conséquent, la chaleur transmise.

Le foyer est ordinairement en cuivre rouge, meilleur conducteur, moins altérable que le fer. Cependant, en Amérique, on y emploie généralement des tôles en fer ou en acier doux de premier choix.

Le foyer est entièrement ouvert à la partie inférieure ; les bords en sont reliés à ceux de la boîte à feu par un cadre en fer forgé. Dans cette ouverture du foyer vient se placer la grille qui doit être à 0 m. 05 au moins au-dessus du cadre, afin que ce dernier ne s'échauffe et ne se détériore pas.

Les dimensions horizontales du foyer et, par conséquent, de la grille ont une très grande importance, parce que ce sont elles qui déterminent la quantité d'air pouvant accéder dans le foyer et, par suite, la quantité de combustible qu'il est possible de brûler dans l'unité de temps.

Pendant longtemps, le combustible employé pour les locomotives était le coke ; celui-ci était même obligatoire. Depuis, on a utilisé la houille, sous toutes ses formes, anthracite compris, et elle est même, actuellement, d'un usage à peu près exclusif.

En dehors de la question de la fumée, l'emploi de la houille n'a, en effet, que des avantages : elle est d'un allumage plus facile ; elle permet de faire monter plus rapidement la pression ; enfin le foyer et les tubes se conservent mieux quand elle n'est pas trop sulfureuse.

La houille doit être brûlée en couche relativement mince, sans quoi l'air n'arrive pas à la traverser, et la partie supérieure du charbon de la grille distille sans brûler. Il en résulte une production intense de fumée et une perte de combustible. En employant des combustibles non carbonisés, on a donc été conduit à en réduire l'épaisseur sur la grille et à augmenter les dimensions de celle-ci. L'épaisseur doit être d'ailleurs d'autant plus réduite que le combustible est lui-même plus fin, plus menu. On s'est attaché, dans ces derniers temps, à employer des combustibles menus, mélangés en proportion plus ou moins grande avec le gros.

La tendance des Compagnies à cet égard dépend d'ailleurs de la situation de leurs réseaux par rapport aux bassins houillers. Si le réseau est près des centres houillers, les transports ne grèvent pas beaucoup le prix du combustible rendu sur la machine : il y a intérêt à réduire le prix d'achat plutôt que le poids du combustible et, par suite, à utiliser des menus. Si, au contraire, le réseau en est éloigné, on doit chercher à économiser sur le prix du transport et, par conséquent, à réduire le poids consommé en n'employant que des combustibles de bonne qualité.

Si nous passons en revue les diverses machines des réseaux français, on voit que c'est la Compagnie de l'Ouest qui a la tendance à avoir les foyers les moins étendus. Son réseau étant éloigné des bassins houillers et facilement approvisionné en charbon anglais, on y emploie plutôt des combustibles en morceaux. Ainsi, par exemple, les machines de banlieue ont un foyer dont la section horizontale mesure o mq. 97, soit 1 m. 024 de longueur et o m. 948 de largeur.

En général, les foyers des locomotives ont presque tous une dimension commune, la largeur, qui varie peu. Elle est, en effet, limitée comme toutes les dimensions transversales sur les chemins de fer. Cette largeur oscille entre o m. 95 et 1 m. 10 au plus ; la dimension que l'on fait varier, quand on veut des grilles d'une surface plus ou moins étendue, c'est la longueur. On est arrivé ainsi à des longueurs de 2 m., 2 m. 25 et même 3 m. On ne dépasse guère cette limite ; avec cette dimension, le service

16

est déjà difficile ; il faut se servir d'outils très longs et peu commodes, et, d'autre part, on est obligé pour charger le foyer de lancer le charbon à jet de pelle sur une trop grande étendue.

Voici, par exemple, quelques dimensions de foyers :

	Grille			Hauteur moyenne au-dessus de la grille
	long.	largeur	surface	
Ouest :			mq.	
Mach.-tender de banlieue à 3 essieux dont 2 acc., foyer en porte-à-faux..........	1.024	0.948	0.97	1.350
Mach.-tender de banlieue à 3 essieux acc., foyer entre les deux essieux d'arrière.	1.260	1.024	1.28	1.500
Mach. grande vitesse, foyer en p.-à-faux.	1.221	1.074	1.30	1.410
Mach. grande vitesse, foyer entre les deux essieux acc..........................	1.580	1.046	1.64	1.720
Mach. M^{ses} à 3 essieux, acc., foyer en porte-à-faux............................	1.470	1.014	1.48	1.535
Nord :				avant / arrière
Mach. grande vitesse compound (exp. 1889), n° 701, ess. accouplé passant sous le foyer............................	2.270	1.000	2.27	1.580 / 1.010
Orléans :				
Mach. n° 1825, à 4 essieux, dont 3 acc. à l'arrière, le dernier sous l'arrière du foyer, roues motrices de 1ᵐ500........	1.710	1.018	1.74	1.765 / 1.115
Midland :				
Mach. grande vitesse, essieux libres, roues de 2ᵐ286, roue porteuse de 1ᵐ320 sous le foyer	1.764	1.027	1.82	1.617
London-Brighton :				
Mach. à 2 ess. acc. à l'avant, roues de 1ᵐ982.................................	1.830	0.979	1.92	1.610
État-belge : Exposition de 1889 :				
Mach. grande vitesse à 3 ess. dont 2 acc., le dernier sous la grille, roues de 1ᵐ800.	2.900	1.100	3.40	1.181
Mach. grande vitesse, roues de 2ᵐ10, 4 ess. dont les 2 acc. au milieu, celui d'arr. roues de 1ᵐ20 sous le foyer..........	2.783	2.200 / 1.076	4.82	1.175
Mach. de petite vitesse, à 3 ess. tous acc., le dernier sous le foyer, roues de 1ᵐ30.	2.655	1.900	5.15	
Mach. moyenne vitesse à 4 essieux dont les 3 derniers acc., le dernier sous le foyer, roues de 1ᵐ70..................	2.230	2.565	5.72	

Les machines de l'État belge se distinguent par les dimensions exceptionnelles de leurs grilles. Elles ont été établies en vue de brûler des menus dont l'utilisation a permis de réaliser des économies importantes sur les dépenses de traction.

On arrive ainsi à consommer des charbons qui renferment jusqu'à

20 o/o de cendres. En 1880, sur 582.000 t. de charbons consommés par l'État belge, il y avait seulement 19.000 t. de charbons gailleteux ; tout le reste était du menu dont le prix d'achat était de 4 fr. 75 la tonne, plus 1 fr. 52 de transports. Ces menus ont donné une vaporisation de 5 k. 1/2 à 6 k. 1/2 par kilogramme de charbon, et l'on a obtenu une vaporisation de 75 k. à 85 k. par mètre carré de surface de chauffe et par heure.

Aujourd'hui, la question des menus a perdu un peu de son intérêt ; la plupart des industries ayant cherché à les utiliser à cause de leur faible prix d'achat, ils commencent à n'être plus aussi avantageux sous ce rapport.

Les foyers présentent certaines dispositions de détail, dont il faut parler.

Il est indispensable que les surfaces en contact avec le feu ou les gaz chauds soient toutes baignées par l'eau : sans cela elles pourraient rougir et ne plus offrir une résistance suffisante, ou bien, si l'on venait à alimenter, déterminer une production brusque de vapeur, susceptible de provoquer une explosion. Dans les locomotives, c'est surtout le ciel du foyer qui est exposé à être mis à nu. Ce ciel doit être recouvert d'une hauteur de 10 centimètres d'eau. Cependant, par suite des circonstances du profil, un mécanicien peut être entraîné à le laisser découvrir.

Lorsque, par exemple, la machine remorque un train lourd sur une rampe, la consommation de vapeur est très active ; on évite autant que possible d'alimenter sur la rampe, dans la crainte de refroidir l'eau et, par conséquent, d'abaisser la pression et de tomber en détresse. Dès lors, en arrivant au-dessus de la rampe, lorsque la machine reprend la position horizontale, le ciel du foyer peut émerger au-dessus du niveau de l'eau. Il est fort important d'éviter ces circonstances fâcheuses. Pour que le mécanicien soit averti, au cas où le ciel du foyer serait mis à nu et, en même temps, pour vérifier que cette circonstance ne s'est pas produite, on dispose dans un trou de cette paroi un bouchon de cuivre fileté renfermant à l'intérieur un noyau de plomb de 7 à 8 mm. de diamètre. C'est ce que l'on nomme le *bouchon fusible*. Si le ciel n'est plus baigné par l'eau, le plomb fond, et il se produit dans le foyer un jet de vapeur qui avertit le mécanicien et qui éteint le feu. Il importe, pour que ce dispositif soit efficace, que le bouchon ne soit pas entartré ; on doit y veiller avec soin dans les dépôts.

La partie inférieure du foyer est munie d'un cendrier. Ce cendrier doit être ouvert à l'avant ou à l'arrière, et souvent même dans les deux sens, pour permettre à l'air d'accéder sous la grille. Les ouvertures peuvent être fermées, à volonté, par les agents au moyen de portes mobiles manœuvrées de la plate-forme de la machine. Le fond du cendrier doit être assez éloigné de la grille pour ne pas être brûlé d'abord, et, en outre, pour pouvoir recevoir des cendres sans intercepter l'arrivée de l'air. Quelquefois, lorsque le foyer est très bas, on supprime le fond du cendrier ; la cendre tombe directement sur la voie ; mais il faut toujours conserver les parois latérales pour empêcher la projection d'escarbilles qui peuvent être une cause d'incendie pour les propriétés riveraines et même pour le train. Ces escarbilles, en effet, peuvent rebondir sur le sol ou être projetées par les roues et aller se loger dans le châssis des véhicules. Pour éviter que les planchers de ceux-ci puissent, en ce cas, prendre feu, il convient de les doubler d'une feuille de tôle ou de zinc. On doit veiller aussi à ce que les nettoyeurs n'oublient pas, sur quelque pièce du châssis, des chiffons gras, susceptibles de prendre facilement feu. Les parois du cendrier doivent descendre réglementairement jusqu'à o m. 12 au-dessus du niveau des rails, en vertu des prescriptions d'un arrêté ministériel du 1er août 1857.

Les parois planes du foyer et de la boîte à feu ne pourraient pas subir la pression de la vapeur sans éprouver des déformations énormes. Il est nécessaire de les consolider. On y arrive soit en reliant entre elles les parois opposées par des *tirants* qui neutralisent les pressions s'exerçant sur chacune d'elles, soit en les raidissant par des *armatures*.

Lorsque les parois à consolider sont rapprochées, on les réunit par des *entretoises*. C'est le cas pour les parois latérales de la boîte à feu. Si les parois sont éloignées, on peut employer des tirants boulonnés. C'est ce procédé qui était autrefois usité pour consolider la partie supérieure de la face arrière de la boîte à feu, que l'on réunissait par des tirants à la face d'avant du corps cylindrique. Mais les tirants ainsi employés sont trop longs et conviennent mal. On se contente aujourd'hui de raidir cette paroi en y appliquant des fers d'un profil convenable

Pour le ciel du foyer, on emploie les deux procédés de consolidation. Très souvent on se sert de sommiers ou de poutrelles en fer ou en fonte, disposés soit en long, soit en travers, réunis au ciel du foyer par de nombreux boulons et reposant, par leurs extrémités, sur les plaques avant et arrière du foyer, si elles sont en long, sur des corbeaux fixés aux côtés de la boîte à feu, si elles sont en travers.

Mais aujourd'hui on emploie beaucoup la solution proposée par M. *Belpaire*, ancien Directeur de l'Etat belge, qui consiste à réunir les parois du dôme et le ciel par des tirants de fer ; il faut en même temps

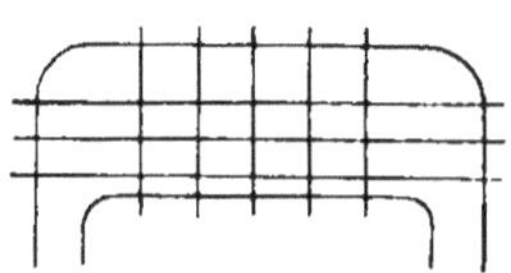

relier les parois latérales de la boîte à feu par des tirants horizontaux pour qu'elles ne s'écartent pas sous la charge.

La *boîte à fumée* renferme l'appareil d'échappement, qui est entouré de la *grille à flammèches*.

Le tirage des locomotives, sous l'action de l'échappement, étant très énergique et intermittent, il produit un entraînement de fragments de combustible. Or il est nécessaire que les fumées n'en renferment pas de gros, ces fragments incandescents pouvant provoquer des incendies dans les propriétés riveraines. Pour cela, on dispose, au niveau de l'échappement et un peu au-dessus des tubes, une grille dont les barreaux doivent avoir au moins 5 mm. d'épaisseur et au plus 10 mm. d'écartement entre eux. De plus, d'après l'arrêté du 1er août 1857, les barreaux doivent être disposés normalement à l'axe de la voie, de manière à briser le courant gazeux et à mieux arrêter les flammèches. Cette prescription est parfois enfreinte. Les grilles ont, en effet, assez fréquemment une forme légèrement cylindrique avec génératrices parallèles à l'axe de la voie, et, comme il est plus commode de disposer les barreaux suivant des génératrices, les constructeurs sont tentés de méconnaître la prescription réglementaire relative à l'orientation des barreaux.

Enfin, on doit encore signaler une disposition du foyer nécessaire pour les locomotives, c'est celle du *jette-feu*. Dans le fonc-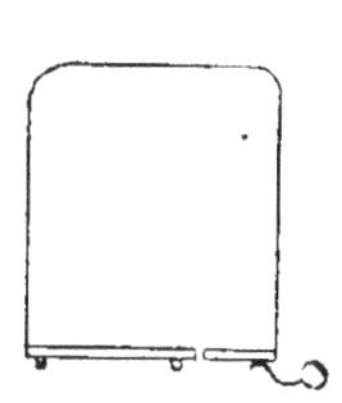tionnement des locomotives, il est parfois nécessaire de jeter le feu très vivement, en cas de déraillement, de rupture de tubes, de dérangement dans les appareils d'alimentation ou autres accidents, pour arrêter aussi rapidement que possible la production de vapeur. On place pour cela à l'avant de la grille, près de la plaque tubulaire, une petite grille mobile de 35 à 40 cm. de longueur et de la largeur du foyer, qu'on nomme le *jette-feu*, et que l'on peut faire basculer autour d'un axe équilibré par un contrepoids. Quelquefois, on fait basculer la grille entière lorsqu'elle est courte. Le jette-feu facilite le décrassage de la grille.

98. Fumivorité. — Une question importante dans les locomotives, quoique souvent discutée, est celle de la *combustion de la fumée* ou de la *fumivorité du foyer*. Outre l'intérêt qu'elle offre au point de vue de la plus ou moins grande abondance des fumées, elle n'est pas indifférente au point de vue économique.

Les inconvénients de la production de la fumée sont trop connus pour qu'il nous soit bien nécessaire d'insister. Dans les stationnements, la fumée est incommode pour les voyageurs ; elle noircit les bâtiments des gares et nécessite un supplément de frais d'entretien. Aussi pour l'éviter, au début de l'industrie des chemins de fer, on avait été amené à se servir de coke comme combustible. Mais même avec la houille, on peut, par une bonne conduite du feu, arriver à une très faible production de fumée. Il faut pour cela avoir un bon tirage et par conséquent l'activer avec un souffleur dans les stationnements, puis charger le combustible à l'arrière du foyer, et le pousser peu à peu vers l'avant à mesure qu'il se dépouille de ses éléments volatiles. On donne même à la grille une légère inclinaison en vue de faciliter ce mouvement de descente. Ainsi donc, par une conduite du feu bien dirigée, on peut éviter la fumée. Aussi a-t-on souvent énoncé cet aphorisme qu'un bon chauffeur est le meilleur fumivore.

Mais il y a d'abord lieu de remarquer qu'un bon chauffeur n'est pas toujours facile à trouver ; d'autre part, lorsqu'une machine a une consommation très active, avec les machines à grande vitesse, par exemple, le travail matériel du chauffeur est trop intense pour qu'on puisse lui demander de s'occuper continuellement de la conduite du feu, de le surveiller avec un soin très minutieux, comme cela peut se faire dans les machines fixes. Enfin, la fumivorité, dans les conditions que nous venons d'indiquer, a le défaut d'être obtenue aux dépens de l'économie.

Dans la fumée, il y a des particules charbonneuses visibles et beaucoup de gaz combustibles. Il semblerait donc qu'il y eût intérêt à brûler ces gaz. Il n'est pas douteux que l'on récupérerait ainsi de la chaleur perdue ; mais il faudrait, pour que l'avantage fût réel au point de vue économique, que l'économie ne fût pas détruite par le procédé employé Or on ne peut arriver, avec les foyers ordinaires des locomotives, à brûler tous les gaz qu'en employant un grand excès d'air ; cet air en excès, admis à la température ordinaire, sort à une température de 35o à 4oo⁰ au moins dans la cheminée. La chaleur qu'il emporte ainsi est fournie en pure perte par le combustible, et l'expérience montre qu'elle est supérieure à celle qu'ont dégagée les parties combustibles qui auraient échappé dans une combustion moins complète ; aussi, dans les concours de chauffeurs, a-t-on remarqué souvent que ceux qui réalisent la marche la plus économique ne craignent pas de produire de la fumée. Ainsi, à n'envisager que le côté économique, la règle posée par l'aphorisme précédemment cité devrait être inversée.

Il y a donc intérêt à obtenir un appareil permettant de brûler les gaz des fumées avec un faible excès d'air et sans exiger du chauffeur une habileté particulière et des soins minutieux. On obtient alors, en même temps que la fumivorité, une combustion économique, un service plus facile et une main-d'œuvre moins coûteuse.

Il faut, bien entendu, que cet appareil ne soit pas trop coûteux d'établissement et d'entretien, et qu'il n'exige pas des réparations trop fréquentes.

Il existe un grand nombre de dispositions permettant d'obtenir la fumivorité. Quelques-unes sont aujourd'hui d'un usage courant.

Le principe de ces appareils est de faire venir une certaine quantité d'air en excès dans le foyer et de le mélanger aux gaz combustibles en provoquant des remous. Il est évident que plus le mélange sera intime et moins l'excès d'air aura besoin d'être important. Il faut de plus que ce mélange soit opéré dans le foyer, et même dans les parties très chaudes, pour que la combustion puisse se faire, car, dans les tubes, il ne se produit ni combustion ni mélange ; les gaz se bornent à y cheminer et à s'y dépouiller simplement, par conductibilité, de la chaleur qu'ils possèdent.

Un des appareils les plus simples est ce que l'on nomme le *déflecteur*. Il consiste en une sorte d'auvent métallique à l'intérieur du foyer et au-dessus de la porte, auvent qui dirige l'air sur les charbons incandescents.

Le déflecteur, quoique refroidi par l'air qui se précipite dans le foyer, se brûle néanmoins assez facilement.

On emploie également l'admission de l'air par des *entretoises perforées*.

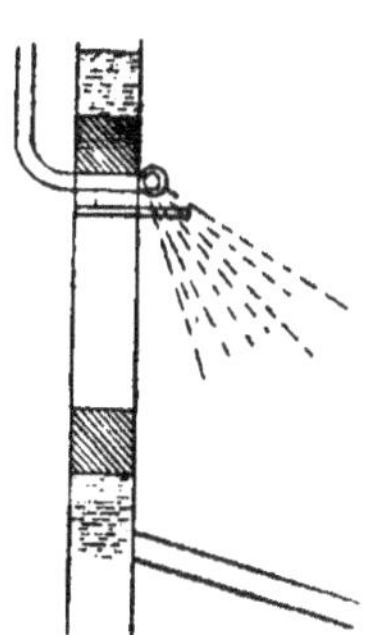

Un autre procédé est celui de *M. Thierry*, jadis en usage au chemin de fer de Lyon. Il consiste en un tube horizontal, placé à l'intérieur et sur le bord de la porte, et dans lequel on fait arriver de la vapeur qui s'échappe par de petits trous disposés à peu près en hélice. Cet appareil remplace l'auvent métallique par une sorte de déflecteur de vapeur.

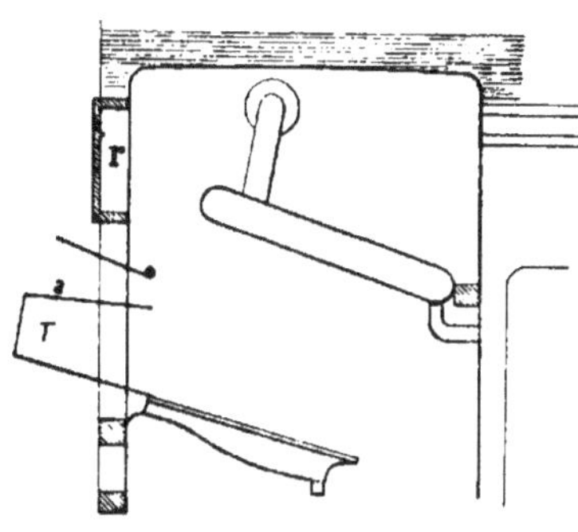

Ces dispositions sont encore incomplètes. En même temps que l'on facilite l'introduction de l'air dans le foyer, il est nécessaire de l'empêcher de se précipiter trop vivement dans les tubes ; il faut le forcer à revenir vers la porte, de manière à déterminer un brassage et à obliger les gaz à faire un séjour plus prolongé dans le foyer. Il faut pour cela interposer un écran entre la porte et les tubes.

Le déflecteur ou l'appareil Thierry détermine le brassage à l'arrière avec arrivée d'air. Un autre procédé très efficace, que l'on combine souvent avec le précédent, consiste à placer devant les tubes un écran ou une voûte qui ramènent vers l'arrière le mélange gazeux produit sur l'avant de la grille, et l'empêchent de passer directement dans les tubes.

Un mode d'écran très répandu sur le réseau d'Orléans est le bouilleur *Tenbrinck*. Il consiste en un bouilleur placé dans le foyer à peu près parallèlement à la grille et implanté primitivement sur les parois latérales du foyer. On a reconnu que ce mode de construction était défectueux : la dilatation du bouilleur se faisait mal et les clouures donnaient continuellement des fuites. Le bouilleur a été alors soutenu par des bras verticaux rivés sur les parois du foyer.

Bien que cette disposition ait donné de bons résultats, elle ne s'est pas généralisée sur les autres réseaux. T est la trémie de chargement, *a* le regard de prise d'air, *r* deux regards latéraux pour la visite des tubes et le décrassage des viroles.

Le bouilleur Tenbrinck a l'avantage d'accroître la surface de chauffe.

On emploie également des écrans en briques réfractaires qui n'augmentent pas la surface de chauffe, mais qui, en revanche, ont l'avantage d'être d'un entretien plus facile et moins dispendieux et peut-être même d'être, au point de vue de la fumivorité, plus actifs.

La brique réfractaire se prête à deux dispositions différentes, celle de la *voûte* proprement dite, appuyée sur la plaque tubulaire et soutenue par des cornières rivées sur les parois latérales, combinée d'ailleurs avec le déflecteur, et celle de l'*écran* posé sur des tubes d'eau allant de la pla-

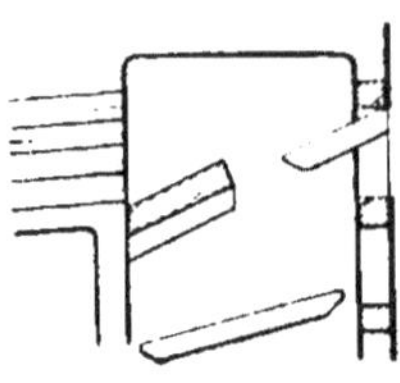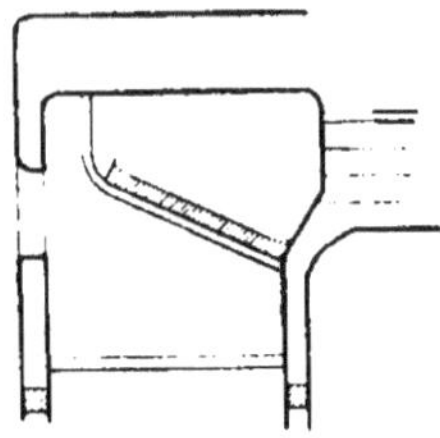

que tubulaire au ciel du foyer. La disposition en voûte est très employée en Angleterre ; celle de l'écran vient d'Amérique et a été appliquée sur le chemin de fer de l'Etat français.

L'écran a la forme d'un V très ouvert, de manière à renvoyer la flamme vers les parois latérales le long desquelles on ménage un espace libre d'environ 6 centimètres ; l'écran est très haut et cache complètement la plaque tubulaire. Les tubes sont facilement amovibles, et, devant l'extrémité inférieure de chacun d'eux, est un tampon de lavage (*Annales des Mines*, Mémoire de M. Ricour, 8ᵉ série, T. IX, 1886).

Les écrans réfractaires ont encore l'avantage de garantir la plaque tubulaire contre les coups de feu et d'empêcher les fuites autour des tubes. Sur le P.-L.-M Algérien, où les eaux sont très mauvaises, ce procédé a été tellement efficace que les tubulures, qu'il fallait démonter après 40.000 et 50.000 kilom. de parcours, font maintenant 150.000 et 200.000 kilom. sans qu'il se produise des fuites et des ruptures au ras de la plaque tubulaire, comme antérieurement.

L'écran supporté par des tubes donne un exemple d'emploi de tubes d'eau dans les chaudières locomotives. Il se produit dans ces tubes, une circulation d'eau très intense ; il est nécessaire qu'ils présentent une forte inclinaison et qu'ils ne soient pas entartrés pour qu'il ne s'y forme pas de chambres de vapeur.

99. Tubulure. - Les tubes à fumée sont en nombre très variable, de 150 à 350, avec un diamètre intérieur de 35 à 50 mm. Le nombre est moindre naturellement et descend à 60 et au-dessous pour les locomotives de chemins de fer secondaires ou industriels. Il est moindre également, même pour les grandes machines, lorsqu'on emploie des tubes Serve, à ailettes intérieures, dont le diamètre atteint 65 et 70 mm. Il est seulement de 107 dans les machines d'express des Compagnies du

Nord et du Midi et de 113 dans celles de la Compagnie P.-L.-M., à tubes de 65 mm.

La longueur varie de 3 m. à 5 m. et même 5 m. 35. En général, lorsqu'on est amené, par la disposition de la machine, à leur donner une grande longueur, on a recours aux plus grands diamètres. Au contraire, s'ils sont courts, on emploie des tubes nombreux et de petit diamètre, pour retrouver une surface de chauffe suffisante. Des tubes longs et étroits donneraient trop de résistance au tirage.

Le rapport de la surface de chauffe tubulaire à celle du foyer varie de 7 à 16 et même 17. Les valeurs les plus élevées de ce rapport se présentent surtout dans les machines à marchandises. Au contraire, pour les machines de grande vitesse, on emploie plutôt des tubes courts et l'on demande davantage à la surface du foyer.

Les tubes sont généralement disposés, non pas en quinconce, comme il semblerait naturel pour qu'ils se présentassent le mieux possible aux courants verticaux, mais par rangées verticales qui se prêtent mieux au nettoyage en permettant le passage d'une raclette.

Il doit rester au moins 15 mm. d'intervalle entre deux tubes voisins.

Autrefois les tubes étaient toujours en laiton. Aujourd'hui on les fait de préférence en fer soudé ou fondu, le tube étant lui-même obtenu par soudage ou par étirage. Le fer fondu, ou non, s'entartre plus vite que le laiton, et les dépôts y adhèrent davantage. Mais il s'use moins vite par l'action des fumées chargées de poussière, et il fatigue moins la chaudière, ayant le même coefficient de dilatation que le corps cylindrique.

L'épaisseur varie de 2 mm. à 2 mm. 1/2 ; elle est plutôt un peu moindre pour le laiton que pour le fer.

En général, on brase à l'extrémité des tubes soit en fer, soit en laiton, un bout de cuivre rouge, épais de 3 mm., et long de 170 à 180. Ce métal s'adapte mieux aux plaques tubulaires et les fatigue moins ; pour le laiton, il diminue en outre l'usure par les poussières, qui se produit surtout près de la plaque.

Souvent on consolide l'assemblage avec la plaque tubulaire du foyer en introduisant dans le tube une virole en acier que l'on chasse avec un outil spécial. Cette virole a l'inconvénient de rétrécir la section offerte aux fumées. On peut s'en passer quand le tube a un bout en cuivre de 3 mm. d'épaisseur et cela est préférable. La virole est alors réservée pour la réparation des tubes qui fuient.

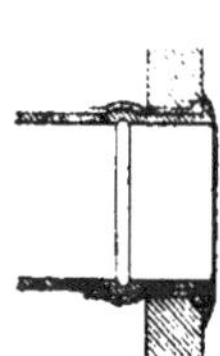

En Amérique, le tube en fer n'est pas rabouté en cuivre, mais on interpose, entre ce tube et la plaque tubulaire en acier, une douille en cuivre, qui forme une véritable garniture étanche. La plaque tubulaire étant prise entre le bord rabattu du tube et un petit renflement en arrière, l'assemblage résiste parfaitement dans les deux sens. Ce dispositif est très recommandable.

100. Organes divers de la chaudière. — Les *soupapes de sûreté* des locomotives ne sont généralement pas chargées avec des poids, dont les oscillations en altéreraient évidemment le fonctionnement. On préfère les charger à l'aide de ressorts ; les leviers ainsi aménagés prennent le nom de *balances*.

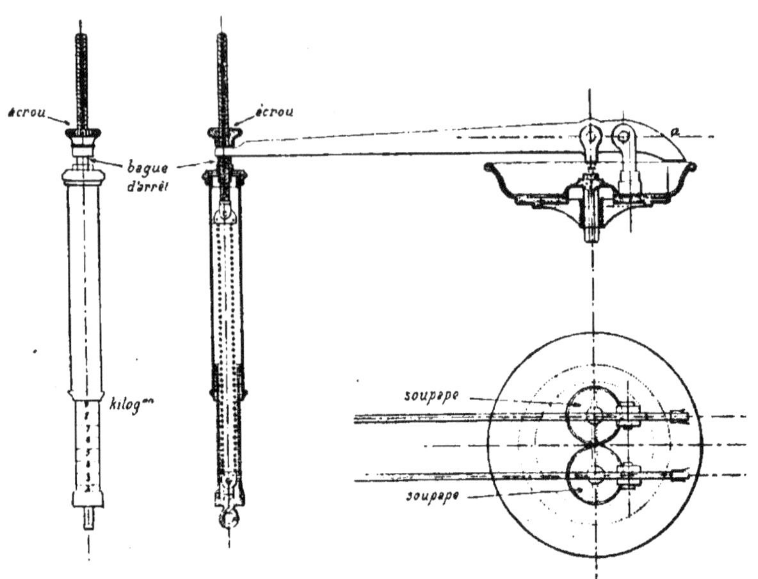

Les balances peuvent être facilement déchargées ; il suffit pour cela de desserrer un écrou. Dans ce but on place toujours au moins une des balances réglementaires à la portée du mécanicien pour qu'il puisse la desserrer suivant les besoins. Assez souvent, l'autre est placée en un point qu'il ne peut que difficilement atteindre, afin qu'il ne soit pas tenté de la surcharger.

La tige filetée de la soupape est munie d'une *bague d'arrêt*, afin que l'on ne puisse pas, avec l'écrou, dépasser la limite de tension voulue. Cette bague est prescrite par la décision ministérielle du 15 juin 1849. Il importe que le levier de la balance ne soit pas prolongé en sens inverse de la balance, par une queue *a*, que l'on pourrait caler pour empêcher le soulèvement.

Pour que la soupape se soulève librement, il faut que l'angle du levier et de la tige du ressort puisse varier. Si l'écrou est serré de manière à appuyer fortement le levier sur la bague d'arrêt, l'articulation en ce point prend une raideur qui empêche l'angle de se déformer facilement et qui équivaut à une certaine surcharge. On y a remédié à la Compagnie d'Orléans en faisant appuyer l'écrou et la bague sur le levier par des couteaux.

Les ressorts ont l'inconvénient de donner une charge croissante dès que la soupape commence à se lever. Comme la détente de la vapeur produit déjà une chute de la pression sous le disque de l'obturateur, la soupape tend à retomber aussitôt sur son siège, à moins que la pression ne continue à monter dans la chaudière. Si l'on n'emploie pas des dispositions spéciales, les soupapes ne suffisent donc pas pour empêcher automatiquement la pression de la chaudière de dépasser la pression pour laquelle la soupape a été réglée et commence à *cracher*. Il faut alors la décharger. Ainsi, la soupape est plutôt un appareil avertisseur, et c'est ce qu'admet le texte même du décret du 30 avril 1880, d'après lequel l'orifice de la soupape doit suffire à maintenir la tension de la vapeur, « la soupape étant convenablement déchargée ou soulevée », à une pression au plus égale à celle du timbre. Mais il existe des dispositions spéciales qui permettent de maintenir automatiquement la soupape soulevée.

Une des plus répandues consiste à entourer l'obturateur d'une sorte de gouttière renversée qui reçoit le choc du jet de vapeur produit par le soulèvement. La pression dynamique produite par ce choc ajoute à la pression statique sur l'obturateur et compense les effets rappelés plus haut.

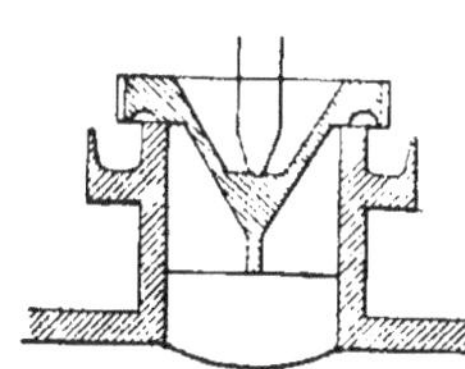

Il peut même arriver que la compensation soit plus que suffisante et que la soupape, une fois soulevée, ne retombe plus sur son siège que lorsque la pression dans la chaudière a notablement diminué. Mais, avec quelques tâtonnements, on arrive aisément à avoir des soupapes convenablement réglées. Dans la soupape *Adams*, qui présente cette disposition, le ressort charge, en outre, directement la soupape, sans interposition de leviers.

Un organe très important dans les locomotives est l'*appareil de prise de vapeur*, composé d'un tuyau sur lequel est placé un obturateur, qui permet de donner ou de couper la communication entre la chaudière et les cylindres. L'obturateur est ce que l'on nomme le *régulateur*. Ce mot, dans les locomotives, n'a donc nullement la même signification que dans les machines fixes. L'obturateur peut être placé immédiatement à l'origine du tuyau de prise de vapeur, ou bien être simplement interposé sur ce tuyau.

En France, le régulateur est généralement manœuvré par un levier se mouvant horizontalement et agissant par traction sur la tringle de commande ; en Angleterre, on emploie toujours une manette simple ou double oscillant autour d'un arbre horizontal qui traverse la chaudière dans sa longueur (1). Quant à l'obturateur, il a des dispositions très variables. Généralement, dans les machines puissantes, il se manœuvre en deux fois :

(1) Cette disposition commence à se répandre en France ; la garniture du joint de la tringle au travers de la chaudière ou de la boîte du régulateur est plus facile à entretenir que lorsque la tringle a un mouvement de va-et-vient.

le levier fait jouer d'abord un petit tiroir qui démasque une lumière par où s'échappe la vapeur ; puis, en continuant sa course, le levier entraîne le tiroir principal dont la manœuvre est ainsi moins dure. Même fonctionnement avec des soupapes au lieu de tiroirs.

Autrefois, la prise de vapeur se faisait dans des dômes qui, abandonnés quelque temps, ont repris faveur. Le dôme permet de marcher avec un niveau d'eau plus élevé. Il porte ordinairement les soupapes de sûreté ; le *trou d'homme* est constitué par le joint boulonné de la pièce qui porte les soupapes, ou par celui d'un socle en fonte qui porte le dôme.

On peut aussi, pour éviter le dôme, prendre la vapeur au moyen d'un tuyau placé au-dessus de l'eau, parallèlement à la génératrice supérieure de la chaudière, fendu dans le haut, et quelquefois ajouré. Dans ce cas, la boîte à vapeur peut-être placée sur le dos de la chaudière ou dans la boîte à feu. Mais le dôme est préférable pour avoir de la vapeur plus sèche.

Au chemin de fer de Lyon, on emploie, depuis une vingtaine d'années, une disposition qui donne de très bons résultats. Le dôme, qui contient la prise de vapeur, est séparé de la chaudière par une cloison percée d'une couronne de trous. La vapeur y arrive par deux gros tubes recourbés de manière à rabattre la vapeur sur la cloison. L'eau entraînée se dépose sur celle-ci, et rentre dans la chaudière par les trous de la cou-

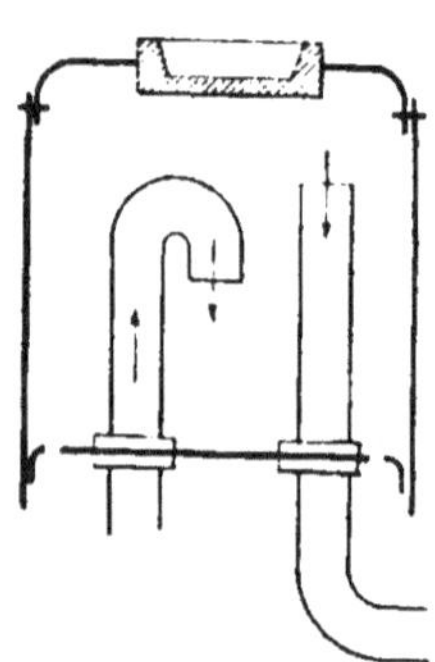

ronne. Quant à la prise de vapeur elle se fait par un tuyau, qui débouche en haut du dôme, et qui rentre dans la chaudière, pour sortir au jour le plus près possible des cylindres.

Les divers procédés employés pour prendre la vapeur ont tous pour but de la donner aussi sèche que possible. Il est non moins important de protéger l'obturateur contre les refroidissements, pour éviter les condensations partielles ; pour cela, on le place souvent à l'intérieur même de la chaudière, dans le dôme ou dans la boîte à fumée.

Mais, s'il faut éviter le refroidissement de cet obturateur, on doit, plus encore, chercher à protéger la chaudière elle-même contre les pertes de chaleur. Cette question s'impose pour deux raisons. D'abord une raison d'économie : il est évident que plus la perte de chaleur sera grande, moins le rendement du combustible brûlé sera élevé. D'autre part, il est nécessaire de pouvoir circuler autour de la chaudière sans courir le risque de se brûler ; cela est essentiel pour les agents qui sont appelés, à chaque instant, à surveiller le graissage, les joints, les garnitures des diverses parties du mécanisme. La protection de la chaudière se fait généralement par l'air même, en l'entourant d'une enveloppe métallique qui laisse entre elle et la chaudière, une lame d'air. Cette enveloppe est constituée par une tôle mince de fer vernie, ou de cuivre, soutenue par de petites cornières. Quelquefois on emploie le feutre ou le liège ; mais, dans nos pays, la lame d'air suffit. Quand on éprouve la chaudière, on doit nécessairement retirer l'enveloppe.

§ 2. FONCTIONNEMENT DE LA CHAUDIÈRE

101. Puissance de vaporisation. — Cette question a fait l'objet d'expériences au Chemin de fer du Nord, dirigées par M. Geoffroy, et d'autres plus récentes au Chemin de fer de Lyon. Ces dernières ont été publiées dans les *Annales des Mines* en 1894. Ces expériences ont montré que la vaporisation était plus grande sur les parois du foyer que dans les tubes.

D'après M. Geoffroy, la vaporisation atteint, dans le foyer, 170 kg. et même 179 kg. de vapeur par mètre carré et par heure ; elle tombe à 75 kg. pour les tubes, dans la partie la plus rapprochée du foyer, puis diminue au fur et à mesure que la partie considérée s'éloigne du foyer. Dans les dernières parties des tubes, près de la boîte à fumée, elle peut descendre à 8 ou 9 kg.

En se fondant sur ces différences, on a admis parfois, pour calculer la surface de chauffe des chaudières, un coefficient de réduction pour la partie qui correspond aux tubes. Ainsi, M. Laurent, autrefois Ingénieur en chef de la traction au Chemin de fer du Midi, a proposé la formule suivante : on néglige toute la partie des tubes qui dépasse 4 mètres, et on divise le reste par 3 pour l'ajouter à la surface du foyer. En réalité, il ne paraît pas rationnel de faire cette distinction : les tubes ne sont pas moins aptes à la production de la vapeur que les surfaces du foyer. S'ils en produisent moins, c'est que les gaz qui les traversent se sont déjà dépouillés d'une partie de leur chaleur dans le foyer. Ce qui caractérise la chaudière, c'est la surface totale de chauffe et la quantité de combustible consommée, laquelle dépend de la surface de la grille. Pour comparer des chaudières entre elles, ce sont donc ces éléments qu'il faut considérer. Il importe cependant de ne pas comparer entre elles des chaudières dont les dispositions sont totalement différentes, une chaudière ordinaire, par exemple, brûlant du charbon en morceaux, et une chaudière de l'Etat belge, de 5 à 6 mq. de surface de grille, construite en vue de la combustion des menus. Cette réserve faite, on peut dire que la production de la vapeur d'une chaudière dans l'unité de temps est une fonction de la surface totale de chauffe et de la surface de grille. Au chemin de fer de Lyon, on a admis que cette fonction était représentée par la formule :

$$A = V \sqrt{c.\,g},$$

dans laquelle V désigne la production de la vapeur en kilogrammes par heure (y compris l'eau entraînée), g la surface la grille en mètres carrés, et c la surface de chauffe, également en mètres carrés. A est un coefficient constant pour lequel on a trouvé la valeur 368.

La formule du Chemin de fer de Lyon pour la vaporisation est donc :

$$V = 368 \sqrt{c.\,g}.$$

Au Chemin de fer d'Orléans, on admet la même formule, mais avec un coefficient différent :

$$V = 560 \sqrt{c.\,g}.$$

La différence avec la formule du P.-L.-M. tient en partie à l'emploi du bouilleur Tenbrinck. Cependant, d'après les expériences du P.-L.-M., l'augmentation ne devrait être que de 5 o/o, c'est-à-dire d'environ 19 unités tandis qu'il y a 192 unités de différence. Il est probable que d'autres circonstances influent sur la production de vapeur, telles que la qualité du combustible, l'échappement, etc...

Si on rapporte la production au mètre carré de surface de chauffe, on voit qu'elle peut se représenter par la formule $368\sqrt{\dfrac{g}{c}}$. Cette production varie ordinairement entre 25 et 50 kg. par heure.

Une question qui se pose est celle de savoir si *la production de vapeur dépend de la vitesse*.

Autrefois, c'était l'opinion reçue. On admettait que la production était moindre dans les machines de petite vitesse que dans les machines de grande vitesse. Mais, depuis longtemps, M. Marié a appliqué le principe contraire au Chemin de fer de Lyon et a calculé le travail des machines à marchandises en demandant à leurs chaudières la même production qu'aux autres. Il y a lieu cependant de faire une distinction. D'abord, si l'on compare la marche d'une même machine dans des circonstances de vitesse différentes, on comprend qu'il y ait une variation dans la production suivant la vitesse. Il est évident que si la vitesse augmente, la charge restant la même, la dépense de vapeur augmente et, par suite, aussi la production, comme on le verra en traitant de l'échappement. En outre, il résulte d'expériences faites sur les locomotives des chemins de fer de l'Etat prussien que le travail maximum des locomotives augmente avec la vitesse. Cela peut tenir dans une certaine mesure à l'augmentation de la détente et, par conséquent, du travail par kilogramme de vapeur. Mais la différence paraît trop grande pour s'expliquer complètement de la sorte. Un accroissement de production de vapeur peut provenir de cette circonstance que l'échappement devient plus régulier, par suite de l'augmentation de la vitesse angulaire, et que la combustion se fait mieux sur la grille.

Si l'on compare deux machines différentes, on a vu que l'on ne pouvait conserver l'égalité des vitesses angulaires. Les vitesses angulaires des machines de petite vitesse sont relativement plus petites que celles des machines de grande vitesse ; il est donc assez naturel de penser que leur production de vapeur sera moindre.

102. Alimentation. — L'alimentation doit pouvoir se faire à tout instant, même pendant les stationnements, et pouvoir, à un moment donné, être très rapide.

Autrefois, elle était obtenue avec des *pompes alimentaires*. Ce système a l'inconvénient d'introduire de nouvelles complications de mécanismes et de transmissions de mouvement, et d'emprunter une certaine force à la machine. De plus, il ne permet pas d'alimenter au repos ; or il y a un intérêt très grand à pouvoir alimenter dans les stationnements : on ne se sert pas de vapeur à ce moment, et, si celle-ci a été refroidie par l'introduction d'eau, la pression aura pu être rétablie pour la mise en marche. Il faut alors faire mouvoir la pompe par un petit cheval spécial, ou bien faire promener la machine, ou encore la faire mouvoir sur des *galets d'alimentation*.

L'alimentation par *injecteurs* n'a pas ces inconvénients ; aussi ces appareils se sont-ils très rapidement répandus sur les locomotives.

Quelquefois, on emploie la pompe pour l'alimentation continue pendant la marche, et des injecteurs pour l'alimentation pendant les stationnements. Les pompes, sur les pentes, fonctionnent sans dépense de travail.

L'emploi des pompes peut être nécessité lorsqu'on veut alimenter en eau chaude. C'est ce qui arrive pour la machine du London Brighton Ry. dont nous avons déjà parlé. Elle possède deux pompes à grands clapets, la vapeur d'échappement pouvant être dirigée en partie dans le tender. Pour les stationnements on se sert d'une pompe supplémentaire, mue par la machine du frein Westinghouse. Mais c'est là un fait exceptionnel. Généralement, les machines ont deux injecteurs, quelquefois l'un plus grand que l'autre : le petit fonctionne d'une façon plus ou moins continue pendant la marche.

L'injecteur a, indépendamment de ses facilités de fonctionnement, l'avantage de ne faire pénétrer dans la chaudière que de l'eau tiède, tandis que les pompes refoulent l'eau telle qu'on la leur donne ; la vapeur condensée est réintroduite dans la chaudière, en sorte que l'injecteur qui, en principe, a un mauvais rendement au point de vue mécanique, se trouve, même à cet égard, être un excellent appareil.

Le tuyau de refoulement doit aboutir loin du foyer et de la prise de vapeur, près d'un orifice de nettoyage, pour éviter l'obstruction par les dépôts qui se forment dans son voisinage, à peu de distance au-dessous du niveau de l'eau.

103. Echappement. — L'échappement est utilisé, comme on l'a vu, pour activer le tirage. Il doit être nécessairement accompagné d'un appareil spécial pour le cas des stationnements. Cet appareil est le *souffleur* qui envoie de la vapeur dans la cheminée, vapeur qui est prise directement à la chaudière. Le souffleur ne peut donc fonctionner qu'en accroissant la dépense du combustible. Pour cette raison, certains mécaniciens ont tendance à ne pas l'utiliser suffisamment.

L'échappement, au contraire, n'occasionne aucune dépense spéciale de vapeur : la vapeur sortant des cylindres avec encore une certaine pression, il est naturel de s'en servir pour produire le tirage. A la vérité, l'échappement augmente un peu la contre-pression et diminue le rendement du travail de la vapeur dans les cylindres ; mais, en fait, l'accroissement de la contre-pression est très faible habituellement.

On peut se demander si l'on n'aurait pas intérêt à utiliser autrement la vapeur d'échappement, pour réchauffer l'eau du tender, par exemple. Ce système a été employé, comme on l'a vu, sur le London Brighton Ry. Mais, à ce point de vue, l'utilisation de la vapeur est forcément assez limitée ; l'eau du tender ne doit pas être portée au-dessus de 100°. Or, 1 kg. de vapeur à 100° contient 637 calories. Comme il en faut un peu moins de 100 pour élever 1 kg. d'eau, prise à la température ambiante, à une température un peu inférieure à 100°, on ne pourrait donc se servir que du 1/6 de la vapeur d'échappement, plus ce qui serait nécessaire pour compenser les pertes. Mais l'échauffement de l'eau a des inconvénients : les injecteurs ne peuvent plus fonctionner et même les pompes, dans une certaine mesure. De plus, il n'est pas sans inconvénient pour le personnel de porter les caisses du tender à une température voisine de 100°. Il faudrait encore mettre une enveloppe autour des caisses, ce qui serait une complication. Mais, comme en réalité il faut peu de vapeur pour produire le réchauffement de l'eau, il est possible d'en détourner une partie pour cet usage, sans nuire pour cela au tirage.

Sur le London Brighton Ry, il paraît que l'on obtient ainsi une certaine économie de charbon ; de plus, une partie des sels calcaires est précipitée.

L'étude des lois de l'échappement ne peut se faire sous sa forme exacte. Les questions de mouvement et de choc des fluides sont déjà très complexes lorsque l'on envisage le mouvement permanent ; la question serait insoluble, dans l'état actuel de nos connaissances, si on considérait le mouvement comme intermittent Mais, lorsque la vitesse de marche s'accroît, les bouffées de vapeur se rapprochent et l'échappement tend à devenir régulier et presque continu. Zeuner a étudié l'échappement en supposant le mouvement permanent. On a, d'ailleurs, cherché à réaliser la permanence de l'échappement. Un ingénieur allemand, M. Pohlmeyer, a imaginé, pour cela, d'intercaler un réservoir de vapeur sur le tuyau d'échappement. Le résultat a été, paraît-il, satisfaisant. Le procédé ne s'est pas répandu. Voici, quoi qu'il en soit, les résultats obtenus par Zeuner, en admettant cette hypothèse :

Soient : Q, le poids du mélange d'eau et de vapeur débité par la tuyère d'échappement par seconde,

Q_1, le poids de l'air ou des gaz brûlés, débités par les tubes à fumée,

m, le rapport de la section de la cheminée, par laquelle sort le mélange fourni par l'appareil, à la section de l'échappement,

n, le rapport à la même section de la section totale des tubes à fumée,

γ_1, la densité de l'air à la pression atmosphérique et à la température extérieure,

γ_2, la densité du mélange envoyé dans la cheminée,

χ, la résistance totale opposée au mouvement des gaz, dans la traversée de la chaudière, cendrier, grille, tubes à fumée jusqu'à l'appareil, cette résistance étant mesurée par une perte de force vive.

La formule de Zeuner est :

$$\frac{Q_1}{Q} = n \sqrt{\frac{2\,(m-1)}{\frac{\gamma_1}{\gamma_2}\,(1+\chi)\,m^2 + n^2}}$$

en posant :

$$2\alpha = \frac{\gamma_1}{\gamma_2}\,(1+\chi),$$

on a :

$$\frac{Q_1}{Q} = n \sqrt{\frac{m-1}{\alpha m^2 + n^2}} \cdot$$

A la rigueur on devrait considérer le coefficient α, à raison de ce que la densité γ_2 dépend de la composition du mélange émis par l'appareil, comme étant fonction du rapport $\frac{Q_1}{Q}$. La formule ci-dessus n'en constituerait pas moins une relation entre ce rapport et les quantités m et n, démontrant qu'il dépend uniquement de ces quantités. Mais pratiquement on peut négliger la variation de α et considérer l'équation comme résolue par rapport à $\frac{Q_1}{Q}$.

Cela étant, si les quantités m et n sont constantes, le rapport $\frac{Q_1}{Q}$ le sera également. Par conséquent, plus la dépense Q de vapeur sera grande, plus le débit du gaz sera élevé, et, par suite, plus le tirage sera actif, plus la production de vapeur sera grande : le tirage par l'échappement se règle sur la dépense, propriété remarquable.

Pour mettre en évidence l'influence de la section d'échappement, qui figure en dénominateur dans les expressions de m et de n, divisons haut et bas par n l'expression de $\frac{Q_1}{Q}$.

On a :

$$\frac{Q_1}{Q} = \sqrt{\frac{m-1}{\alpha \left(\frac{m}{n}\right)^2 + 1}} \, .$$

En général, la section des tubes à fumée et celle de la cheminée ne varient pas. On a cependant imaginé des dispositions pour pouvoir boucher des tubes à fumée. Mais il y a là une source de complications sans avantage réel, puisque l'on diminue la surface de chauffe. On peut donc supposer, pour une machine, le rapport $\frac{m}{n}$ constant. $\frac{Q_1}{Q}$ ne dépend donc plus que de m. Si on rétrécit l'échappement, m augmente ; il en est de même du rapport $\frac{Q_1}{Q}$, c'est-à-dire du poids d'air entraîné par chaque kilogramme de vapeur dépensé ; la combustion s'active donc. Mais on augmente un peu la contre-pression.

D'après Gerhardt (*Revue générale des chemins de fer*, t. I, p. 36) le coefficient α est égal à 4, pour de la bonne houille ordinaire, mais il peut varier sensiblement avec les différentes espèces de combustible. D'après M. G. Richard (*Revue générale*, t. III, p. 254), on peut prendre en moyenne $\frac{1+\alpha}{2} = 1,3$; le vide, dans la boîte à fumée, est égal à 0,07 de la pression effective de la vapeur d'échappement ; le rapport $\frac{Q_1}{Q}$ ne dépasse pas en moyenne 0,8, c'est-à-dire que le mélange de la cheminée contient en moyenne 65 à 70 o/o de vapeur, 55 o/o dans le cas extrême :

$$\frac{Q}{Q_1 + Q} = \frac{1}{1,8} = 55 \text{ o/o.}$$

En France, on emploie généralement l'*échappement variable*, dont le mécanicien peut augmenter ou restreindre à volonté la section d'ouverture. En serrant l'échappement, on active le feu et augmente la production de vapeur, mais on crée une contre-pression qui diminue le travail par kilogramme de vapeur. Comme les mécaniciens sont intéressés à faire des économies de combustible, ils sont incités à deux tendances inverses et ils utilisent l'échappement de manière à avoir une bonne marche dans les conditions les plus économiques.

En Angleterre, on emploie toujours l'échappement fixe, avec ouverture maximum. Cela est possible dans un pays où les combustibles sont de très bonne qualité, et où les profils sont peu accidentés. On ne peut plus faire varier la production de vapeur que par l'emploi, dans une proportion plus forte, de charbons en gros morceaux réservés à cet effet.

La tuyère d'échappement est un ajutage à section rectangulaire, placé à la base de la cheminée, et dans lequel vient se réunir la vapeur qui s'échappe des deux cylindres. Elle débouche un peu au-dessus de la grille à flammèches.

On a fait de nombreuses recherches en vue de perfectionner l'échappement. Cette question a un très grand intérêt. Si l'on pouvait obtenir un plus grand débit de gaz, c'est-à-dire un meilleur tirage avec une plus grande section de l'échappement, on accroîtrait la production de la vapeur et diminuerait la contre-pression. L'avantage serait donc double.

Dans l'échappement variable classique à section rectangulaire, deux des parois opposées peuvent se rapprocher en faisant mouvoir une tringle unique.

La commande de l'échappement peut se faire soit à l'aide de petites

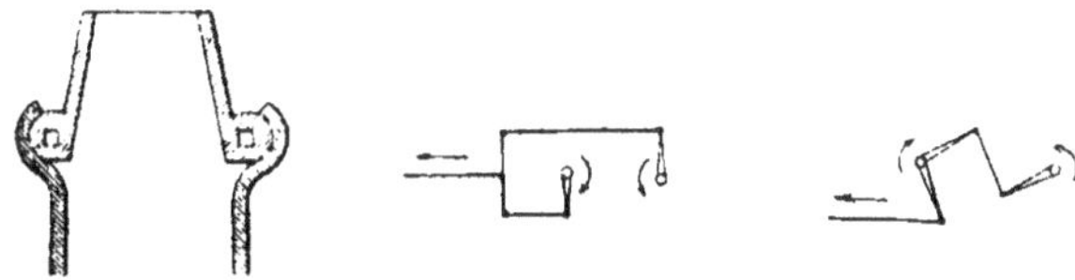

bielles calées sur les deux axes des valves et convenablement réunies à la tringle de l'échappement, soit à l'aide de deux secteurs engrenant entre eux, soit encore avec une tringle à filets de vis inversés.

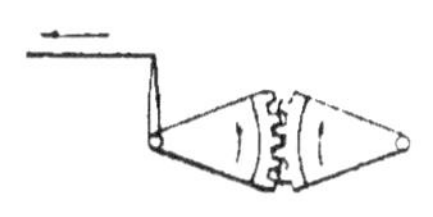

L'échappement ordinaire a l'inconvénient de ne mettre en contact la veine de vapeur et la masse de gaz entraînée que sur une surface peu étendue. Pour accroître le contact, on a été conduit à l'*échappement annulaire*.

Ce mode d'échappement est très facile à obtenir quand il est fixe. Il a été réalisé en Angleterre, sous le nom d'*échappement Vortex*, par M. Adams, ingénieur au London and South Western Ry.

La vapeur d'échappement des deux cylindres est séparée et ne se réunit que presque à l'orifice de l'échappement annulaire. Cet appareil semble donner de très bons résultats.

L'orifice de l'échappement se trouve à la base de la cheminée. Mais on

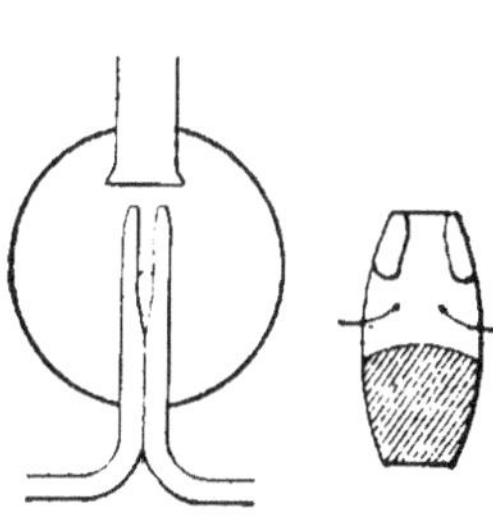

a adopté ici une disposition très rationnelle, qui consiste à faire pénétrer la cheminée à l'intérieur de la boîte à fumée. Trois sections interviennent dans l'échappement : celles des tubes, de la cheminée et de l'échappement lui-même. Il est clair que, si les dimensions de ces sections peuvent influer sur le tirage, il doit en être de même de leurs positions relatives.

La position de l'orifice de l'échappement par rapport aux tubes peut activer le débit des tubes qui en sont le plus rapprochés. Ordinairement, on place cet orifice au-dessus de la rangée supérieure des tubes, à o m. 12 environ, à cause de la nécessité d'arrêter les escarbilles avec la grille à flammèches ; mais alors les tubes des rangées inférieures se trouvent dans une position défavorable. Pour éviter cet inconvénient, on a préféré, au Nord, dans les machines à double expansion, mettre franchement l'orifice de l'échappement au-dessous du plan de la grille à flammèches, à o m. 15 environ au-dessous de la rangée supérieure des tubes. On a obtenu un chauffage plus régulier, moins d'entraînement d'escarbilles. Mais alors l'échappement est trop éloigné de la base de la cheminée. Le rapprochement de la base de la cheminée de l'orifice d'échappement, réalisé par M. Adams, ne peut qu'améliorer la régularité de l'échappement, et cette disposition est probablement pour quelque chose dans les bons résultats obtenus avec l'échappement Vortex.

Ces résultats sont difficiles à préciser par des chiffres. Il en est toujours ainsi lorsqu'on apporte une modification aux machines. Si l'on opère sur une seule machine, le service qu'elle fait ne pouvant être exactement le même que précédemment, les variations peuvent influer sur l'exactitude des résultats obtenus ; si on opère sur un grand nombre de machines, il faut attendre un temps assez long pour que les diverses influences qui pourraient modifier les résultats se compensent. En fait, l'échappement Vortex a été appliqué à la moitié des machines du London and South Western Ry. Au bout de six mois, on a constaté que la consommation kilométrique était abaissée de 8 kg. 43 à 7 kg. 41. Il est certain que diverses influences autres que la modification de l'échappement ont pu modifier la consommation kilométrique, mais pas dans une proportion aussi élevée. C'est donc en grande partie à l'échappement Vortex qu'est due la réduction de 1/8 qui a été obtenue. L'inconvénient de cet échappement est d'être fixe.

Il existe cependant des échappements annulaires variables : échappements de *Mallet*, de *Brown* (ce dernier employé au National Suisse). La variabilité est obtenue en descendant plus ou moins le tube intérieur, ou en le montant, ce qui fait varier la section annulaire de sortie de la vapeur. Mais alors les deux bords de cette section ne sont plus constamment au même niveau.

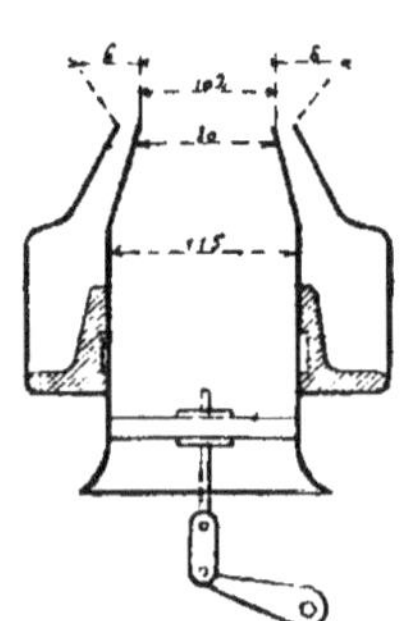

Au chemin de fer de Lyon, on a employé l'*échappement à noyau intérieur*. La vapeur qui s'échappe de l'orifice d'échappement s'évase autour d'un noyau qui se prolonge par une sorte d'entonnoir muni d'une couronne de trous *a a* (*voir fig. page suivante*). Cet entonnoir est en relation avec la chaudière. Les trous *a a* peuvent alors débiter de la vapeur et former souffleur.

En Amérique, on emploie pour l'échappement une disposition qui paraît très rationnelle. On le place à la partie inférieure de la boîte à fumée, mais

on le relie à la cheminée par un cône appelé *petticoat* (jupon), dont le dia-
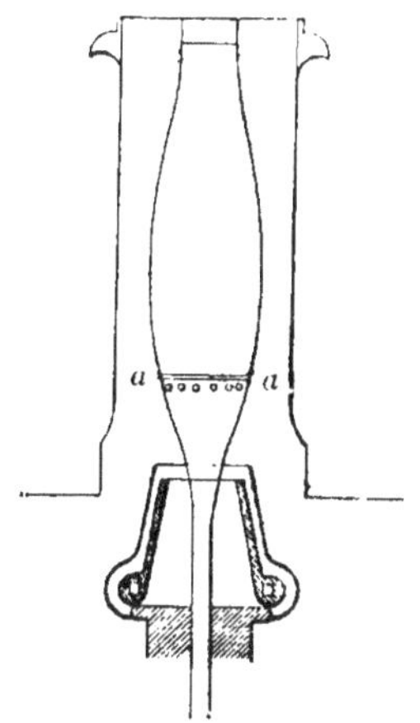
mètre au sommet est égal aux deux tiers de celui de la cheminée. Il y a ainsi double entraî-nement de l'air, et l'on sait que, dans les appareils à choc de fluides, il y a intérêt à répartir le choc en cascade sur plusieurs points, afin qu'il y ait une moindre différence entre les vitesses du fluide entraîneur et du fluide entraîné.

Cette disposition rentre, en somme, dans le système des cônes emboîtés des injecteurs de Friedmann et autres. Elle améliore l'effet de l'échappement et répartit mieux le tirage entre tous les tubes ; de plus, l'échappement étant le plus près possible des cylindres, la vapeur a moins de parcours à faire, et la con-tre-pression est diminuée.

Il est important de considérer le rapport qui existe entre les sections de l'échappement et celles des lumières d'échappement. Sur les machines du P.-L.-M., l'ouverture de l'échappement est au plus de 200 cmq. et au
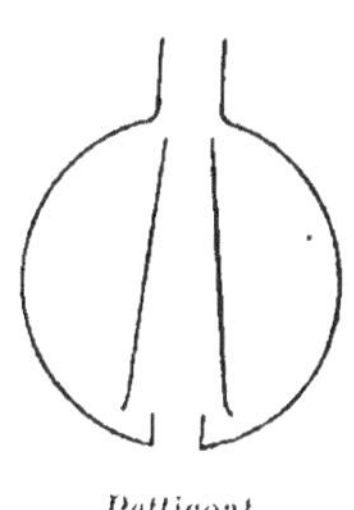
moins de 50 cmq. Mais on arrive à des dimensions moindres encore ; dans certaines machines de l'Or-léans, l'échappement minimum est de 27 cmq. ; il a été réduit à ce chiffre afin de mettre à la dispo-sition du mécanicien un puissant moyen de tirage ; il peut atteindre, ouvert en grand, 228 cmq., dans d'autres machines. Si nous prenons maintenant les lumières d'échappement, on voit que leur section est généralement supérieure à la section maximum de l'échappement. Quant aux lumières d'admission,

Petticoat

elles sont moindres que celles d'échappement parce que le tiroir, à l'ad-mission, ne démasque pas entièrement l'orifice.

Voici d'ailleurs, pour l'Orléans, un tableau qui donne ces dimensions comparatives.

		Année de fabrication	Échappement		Lumières	
			max.	min.	d'admission	d'échap.
			cmq.	cmq.	cmq.	cmq.
Mach. grande vitesse	391 à 400...	1883-1884	176	26,8	126	216
« moy. vitesse à 2 ess. acc.	448 à 575...	1879-1887	176	26,8	119	204
« 3 ess. acc.	1811 à 1825...	1886-1888	228	65	144	252
« 4 ess. acc.	1239 à 1258...	1886-1887	227	65	151	270

§ 3. DISTRIBUTION

104. — L'étude complète de la distribution des machines à vapeur est faite dans le Cours de machines. Nous n'avons donc pas à la traiter en ce qui concerne les locomotives. Mais nous devons cependant rappeler quelques particularités qui la caractérisent dans ce cas spécial.

Les locomotives fonctionnent généralement à des vitesses bien supérieures à celles des machines fixes ; elles sont, de plus, exposées aux intempéries, à l'action des poussières ; d'autre part, il importe qu'elles subissent le moins de dérangements possible. Il résulte de ces conditions la nécessité de n'employer que des dispositifs très simples. Aussi ne fait-on pas usage, dans les chemins de fer, des distributions perfectionnées de Corliss ou autres On a bien essayé, dans ces dernières années, d'améliorer le mode de distribution des locomotives.Mais,d'une manière générale, on emploie *la distribution par tiroirs à coquille avec recouvrements* qui, en définitive, donne des résultats assez satisfaisants. Pendant long - temps même, la locomotive a été la machine qui utilisait le mieux la vapeur, surtout aux grandes vitesses.

Un caractère essentiel de la distribution dans les locomotives, c'est d'être à *détente variable*. La détente variable est indispensable pour pouvoir utiliser toute la production de vapeur du générateur à toutes les vitesses de marche. Elle est imposée, en outre, par la nécessité de pouvoir démarrer à tout instant et dans toute position de la roue ; il faut pour cela que le degré d'admission au démarrage soit au moins de $1/2$. Si la détente était fixe, on ne pourrait marcher qu'avec une admission de cette importance, qui ne permettrait pas de dépasser une vitesse très réduite sans arriver à l'épuisement de la chaudière.

Une autre condition nécessaire à laquelle doit satisfaire la distribution dans les locomotives, c'est de pouvoir *changer le sens de la marche*. Généralement, la détente variable s'obtient en même temps que le changement de marche à l'aide de *coulisses*.

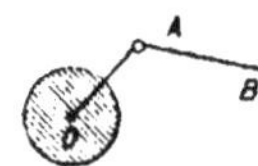

Les coulisses sont mues par des excentriques qui équivalent à des manivelles. Si nous considérons, en effet, un arbre O et une manivelle OA reliée à cet arbre et commandant une tige AB, la manivelle OA doit être reliée à la tige par un bouton de dimensions quelconques, faisant corps avec la manivelle

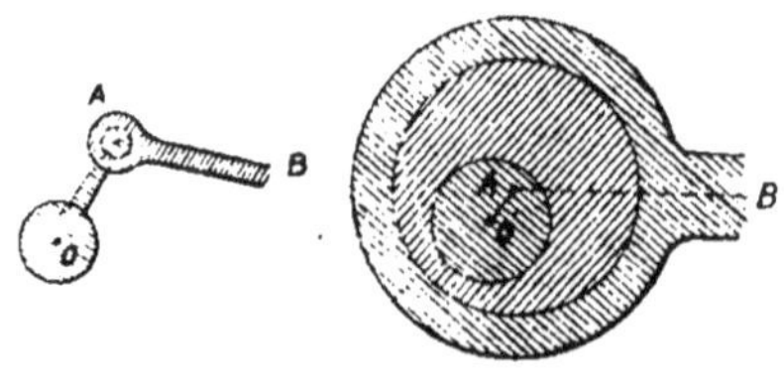

et l'arbre, et entouré d'un collier fixé à la tige AB. Si le rayon de la manivelle est trop court pour que le bouton soit en dehors de l'arbre, on peut supprimer la manivelle et donner au bouton un rayon suffisant pour qu'il embrasse l'arbre sur lequel il sera calé. On obtient ainsi un excentrique qui n'est, en réalité, que la réalisation de la manivelle OA. La tige AB est reliée à l'excentrique comme au bouton A de la manivelle, par un collier à frottement.

Les coulisses employées dans les locomotives se rattachent à trois types principaux :

1° *La coulisse de Stéphenson*, appelée aussi *coulisse mobile* ou *coulisse directe*. Dans cet appareil, la concavité de la coulisse est tournée vers les excentriques ; le coulisseau est fixe et c'est la coulisse que l'on élève ou que l'on abaisse pour faire varier la détente ou changer la marche.

La coulisse peut être établie en *barres droites ou ouvertes* ou en *barres croisées ou fermées.*

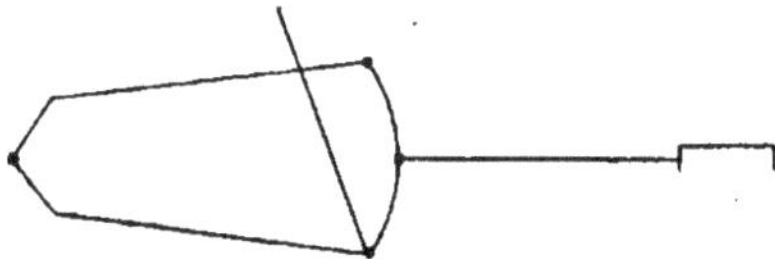

2° *La coulisse de Gooch* ou *coulisse fixe* ou *coulisse renversée*, qui tourne au contraire sa convexité vers l'arbre moteur. Cette coulisse est suspendue, généralement par son milieu, à une tige articulée, oscillant autour d'un point fixe ; le coulisseau peut être déplacé le long de la coulisse à l'aide d'une barre de relevage.

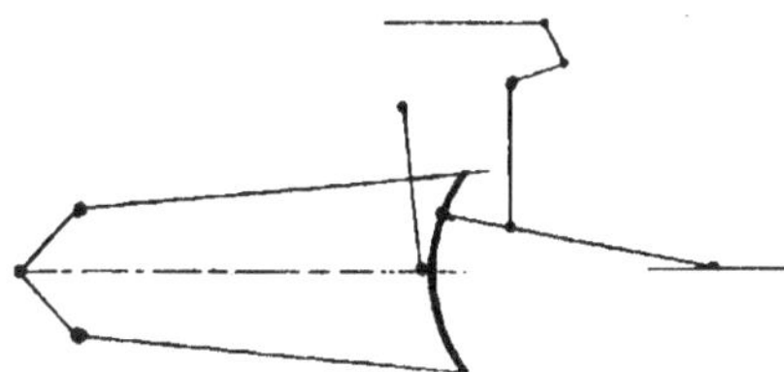

La coulisse de Gooch s'établit en barres droites ou barres croisées comme la précédente.

3° *La coulisse d'Allan ou coulisse rectiligne.* Cette coulisse est intermédiaire entre les précédentes. L'arbre de relevage fait mouvoir à la fois la coulisse et le coulisseau.

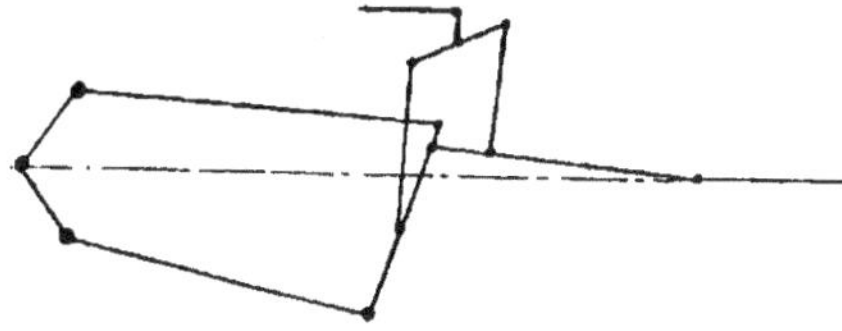

Ces deux dernières coulisses, aujourd'hui, sont préférées généralement à la première, parce qu'elles donnent des avances constantes à l'admission. Les masses à déplacer pour modifier la détente sont moins grandes, au moins avec la coulisse de Gooch ; de plus, quand on change la marche, il n'y a pas de déplacement du tiroir ou il y en a moins, ce qui rend la manœuvre plus facile. Mais, en revanche, elles exigent un plus grand espace entre le cylindre et l'arbre moteur. La coulisse de Stéphenson, au contraire, est plus ramassée.

On a tenté de perfectionner la distribution en vue de diminuer surtout la résistance à la manœuvre. Un des moyens les plus employés pour cela consiste dans la suppression d'un des excentriques. Dans cet ordre d'idées, un type très répandu aujourd'hui est la *coulisse de Walschaert*.

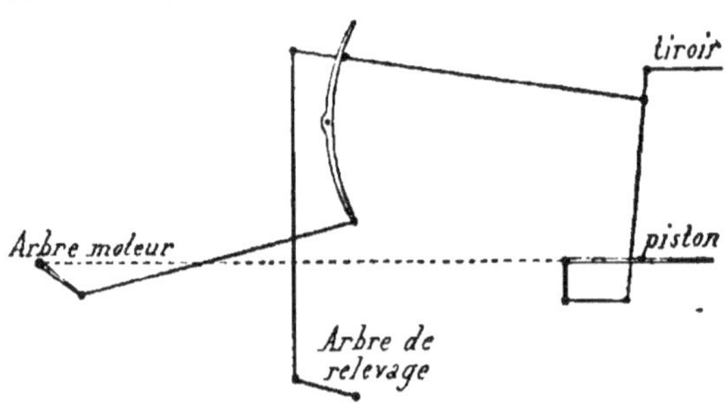

Cette coulisse oscille autour de son milieu sous l'action d'une barre d'excentrique unique qui l'attaque par une extrémité. Le changement de marche se fait en poussant le coulisseau dans l'une ou l'autre moitié de la coulisse. La bielle de la coulisse n'agit pas directement sur le tiroir, mais sur un levier qui oscille en même temps sous l'action du piston.

§ 4. GRAISSAGE DE LA MACHINE MOTRICE

105. — Tous les organes du mécanisme moteur doivent être graissés soigneusement comme les fusées ; le graissage se fait à l'huile. Exceptionnellement, on ajoute un peu de suif dans les godets pour épaissir l'huile quand il y a un commencement de chauffage.

En général, à l'inverse de ce qui a lieu pour les fusées, la pression en chaque point des surfaces frottantes varie beaucoup d'un instant à l'autre, suivant la position du piston. Cette circonstance facilite le graissage en permettant à l'huile de s'introduire entre les surfaces au moment où la pression est faible.

La disposition des appareils de graissage n'est pas la même pour tous les organes. Pour certaines pièces même, il suffit d'une simple goutte d'huile versée de temps à autre. C'est ce qui arrive par exemple pour les tiges de suspension, pour le boulon d'articulation des bielles d'accouplement lorsqu'elles sont brisées.

Pour les *tourillons des manivelles*, on emploie un godet à siphon central venu de forge avec la tête de bielle. Le siphon conduit l'huile dans le coussinet. L'huile peut être amenée dans le siphon par une mèche ; mais celle-ci a l'inconvénient de fonctionner même quand la machine est au repos. On peut aussi graisser au moyen de gouttelettes que le mouvement même projette contre le couvercle. Pour cela, on introduit une épinglette dans le trou du siphon. Le débit est alors réglé suivant le diamètre de l'épinglette.

Ce système de graissage est applicable aux petites têtes de bielles motrices, aux patins de crosse, aux colliers d'excentriques. Toutefois, ces

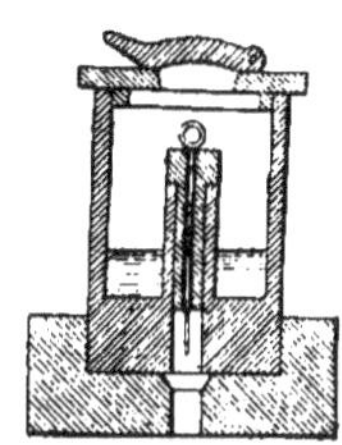

organes-sont généralement munis de réservoirs à mèches. Les pièces importantes de la distribution, telles que paliers de guides des tiges de tiroirs, coulisses, sont également munies de godets à mèches.

Il en est de même des organes munis de presse-étoupes, tiges de piston et de tiroirs, tringles de régulateur, plongeurs de pompes. Le réservoir fait ordinairement corps avec le presse-étoupes, et le siphon débouche sur la surface même de la tige mobile. Toutefois, si la garniture est métallique, on fait arriver l'huile sur une mèche de coton tressé, entourant la tige et maintenue par une gaîne métallique, de façon à lubrifier toute la circonférence.

Le mode de graissage le plus répandu pour les pièces se mouvant dans la vapeur (régulateurs, tiroirs, piston, etc...) est le godet à boule et à deux robinets placés, l'un en dessous, l'autre en dessus de la boule. En fermant le robinet du bas et ouvrant celui du haut, on peut remplir la boule ; en faisant l'inverse, on permet à l'huile de tomber goutte à goutte dans l'appareil. On graisse plus sûrement au repos, en ouvrant simultanément les deux robinets.

Pour le piston et le tiroir, on emploie plus souvent aujourd'hui un réservoir placé près du mécanicien et relié avec les boîtes à vapeur par un long tube de cuivre bifurqué. Ce réservoir communique, d'autre part, avec l'extérieur et avec la vapeur de la chaudière. Chacune des trois communications peut être interceptée par un robinet ou mieux par un obturateur à pointe. Pour graisser, on ouvre les communications avec la chaudière et avec la boîte à vapeur.

Si les obturateurs ne sont pas bien étanches, le graissage fonctionne

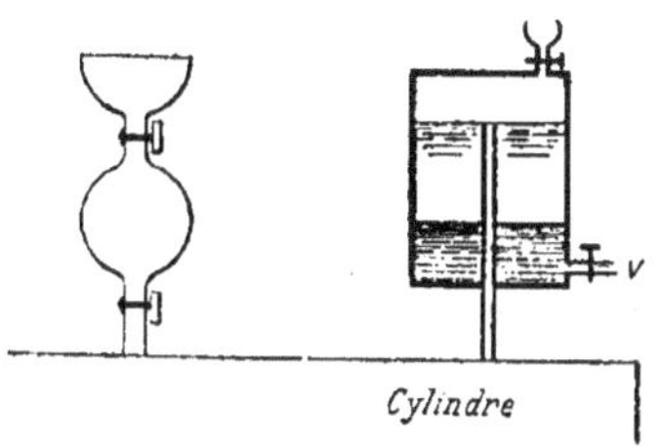

mal. Il faut fermer le régulateur pour graisser. Dans ce cas on peut supprimer la communication du graisseur avec la chaudière.

On emploie souvent aussi le *graisseur à condensation*, implanté sur le cylindre à graisser. La vapeur qui y pénètre librement se condense peu à peu et tombe sous l'huile qu'elle fait refluer dans le siphon. Le robinet *v* sert à purger l'eau de condensation.

Quelquefois l'huile est refoulée par un piston que pousse lentement une transmission à vis sans fin.

§ 5. MARCHE A RÉGULATEUR FERMÉ

106. — Le cas où une machine doit fonctionner sans admission de vapeur, à régulateur fermé selon l'expression employée, est fréquent dans l'exploitation des chemins de fer. Il se produira toutes les fois qu'il n'y aura pas de travail à demander à la vapeur. Dans ce cas, le tiroir se meut comme s'il y avait admission de vapeur, mais la boîte à vapeur n'est pas en communication avec la chaudière ; par contre, le tiroir sera en relation avec l'échappement et la boîte à fumée. Ces circonstances entraînent des conséquences importantes.

Au commencement de la course, pendant que les lumières d'admission sont ouvertes, comme il n'y a pas aspiration de la vapeur de la chaudière, le piston fait le vide derrière lui et dans la boîte à tiroir. Le tiroir se soulève légèrement dans son cadre et laisse pénétrer les gaz de la boîte à fumée que le piston attire derrière lui.

L'admission étant terminée, le piston continue à se mouvoir pendant la période de détente et la pression devient inférieure à celle de l'atmosphère. Au moment où l'échappement commence, il y a aspiration brusque des gaz de la boîte à fumée dans le cylindre, aspiration qui continue pendant toute la durée de l'échappement anticipé. Expulsés en partie pendant l'échappement, ces gaz se trouvent emprisonnés dans le cylindre pendant la période de compression, se compriment, s'échauffent et sont refoulés dans la boîte à vapeur, soit parce qu'ils soulèvent le tiroir, soit qu'ils y pénètrent au moment de l'admission anticipée.

Il est facile de comprendre que ces circonstances produisent des effets nuisibles. Par suite de la compression, la température s'élève jusqu'à 250 et 300° ; les garnitures et les huiles s'altèrent. Si on emploie des huiles minérales, elles deviennent très fluides et perdent leurs propriétés lubrifiantes. Or il y aurait intérêt à employer plutôt ces huiles que les huiles végétales. Ces dernières, en effet, outre qu'elles coûtent plus cher, donnent des dépôts très durs sur les fonds des cylindres, les faces des pistons, les conduites, lumières et tuyaux d'échappement ; de plus, pendant la marche à contre-vapeur, elles pénètrent dans la chaudière et deviennent une cause d'altération des tôles.

D'autre part, les poussières apportées par les gaz raient les surfaces polies, notamment les tiroirs, et paraissent être la cause de l'usure de ces pièces, beaucoup plus rapide que dans les machines fixes ou les machines marines ; elles contribuent aussi à augmenter sensiblement la résistance du mécanisme, la dureté du changement de marche.

Le soulèvement du tiroir est également une cause de chocs et d'avaries.
Pour l'éviter, il faut réduire la période de compression et, par suite, celle
de détente, nuisible elle-même. C'est pour cette raison que, dans la marche à régulateur fermé, on place le levier de changement de marche dans
la position de marche en avant, de manière à donner la plus grande
admission possible.

On a cherché à remédier à ces inconvénients. Au chemin de fer de l'Etat,
M. Ricour a appliqué aux tiroirs des *soupapes de rentrée d'air* (*Annales
des Mines*, 4ᵉ liv. de 1884 et 1ʳᵉ de 1886).

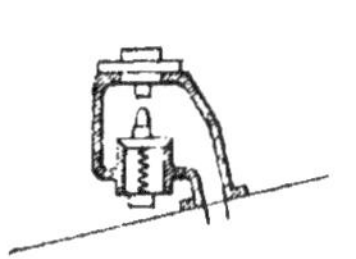

Cette soupape, placée dans une petite boîte implantée sur le dos de
celle du tiroir, est constituée par un clapet porté par
un ressort qui le soulève de 2 mm. environ lorsque
le régulateur est fermé, la machine étant en repos.

Quand on ouvre le régulateur, le clapet se ferme aussitôt. Si, au contraire, la machine est en marche, régulateur fermé, le clapet s'ouvre en plein dès qu'il y a
tendance à l'aspiration et laisse pénétrer de l'air frais dans la boîte à tiroir.

Il n'entre donc dans le cylindre, pendant la période d'admission, que
de l'air frais, et, si l'on a eu soin de pousser la distribution à fond de
course de manière à réduire au minimum les périodes de détente et
d'échappement anticipé, la quantité de gaz de la boîte à fumée aspirée
pendant cette dernière se réduira à peu de chose. Le cylindre, pendant
le retour du piston, sera rempli presque exclusivement d'air frais. La
température ne s'élèvera donc pas beaucoup pendant la période de compression

A chaque coup de piston, il y a donc de l'air frais aspiré pendant l'admission et expulsé dans l'échappement ; la machine fonctionne comme une
machine soufflante, et, comme on s'attache à supprimer autant que possible toute combustion sur la grille, l'atmosphère de la boîte à fumée est
relativement pure.

L'expulsion de l'air frais a même pour effet d'actionner l'échappement.
A ce point de vue, l'appareil présenterait plutôt un inconvénient, puisqu'il augmenterait la consommation du charbon ; aux grandes vitesses,
il faut même fermer le cendrier pour empêcher l'air de pénétrer sous
la grille. Mais, d'un autre côté, il permet d'entretenir le feu en très bon
état.

L'emploi de cette soupape ne faisant rentrer que de l'air frais dans les
cylindres, la température, même après la compression, est peu élevée
aussi bien dans les cylindres que dans les tiroirs. Cela a permis l'emploi
des huiles minérales pour le graissage de ces parties et, de plus, rendu
possible l'usage des *tiroirs cylindriques*.

Avec ces tiroirs, qui ne peuvent pas se soulever pendant la période
d'admission, le vide pendant cette période est beaucoup plus considérable
qu'avec les tiroirs ordinaires. Le piston tire au vide et la machine fait frein.

La rentrée des gaz de la boîte à fumée se fait en masse au début de l'échappement anticipé. De même, la compression s'effectue uniquement dans le cylindre jusqu'au moment où l'admission anticipée commence ; elle est alors très vive, et non seulement la température, mais la pression, s'élèvent beaucoup. La soupape de rentrée d'air a fait disparaître ces inconvénients.

§ 6. CHANGEMENT DE MARCHE ET MARCHE A CONTRE-VAPEUR

107. Changement de marche. — Le *changement de marche*, organe essentiel dans les locomotives, sert à la fois à renverser la marche et à faire varier la détente pendant la marche normale.

A l'origine, le changement de marche se faisait simplement avec *un levier*, comme dans les machines d'extraction des mines. Ce procédé donne une manœuvre rapide, mais il ne permet pas de graduer à volonté la détente ; de plus, avec les machines de grandes dimensions, à tiroirs à grandes courses, le levier ne donne pas une force suffisante ; il faudrait, pour pouvoir l'employer, ou bien exagérer ses dimensions ou bien couper la vapeur par le régulateur. Le premier moyen serait souvent impraticable ; quant au second, inapplicable pour un simple changement d'admission, il a l'inconvénient, pour un changement de marche, de faire perdre un temps souvent précieux, surtout lorsqu'il faut arrêter en présence d'un danger imminent.

Enfin le levier présente le grave inconvénient d'être sollicité par une force qui tend à le faire revenir à la position de marche en avant. Cette force provient de la réaction du coulisseau sur la coulisse placée obliquement, et elle s'exerce pendant presque toute la rotation de l'essieu. Pendant une petite fraction seulement de la rotation, la réaction est inverse. Dès lors, il y a beaucoup de chance pour que, quand le mécanicien veut manœuvrer le levier, celui-ci ait tendance à revenir sur lui et à le blesser. Il en résulte, de la part des agents, des hésitations, des retards, qui sont une source de gêne dans le service. Aussi, depuis longtemps, a-t-on employé le changement de marche à vis. Cependant le levier est encore en usage sur les machines de faible puissance des lignes secondaires.

Dans le *changement de marche à vis*, la barre de relevage est reliée soit à un écrou mobile sur une vis pouvant tourner autour de deux tourillons fixes, soit à la vis même qui peut alors avancer ou reculer dans son écrou. Cette vis est mue à l'aide d'un *volant de manœuvre*.

Le changement de marche à vis peut lui-même être encore d'une puissance insuffisante. Pour faciliter la manœuvre des coulisses, on emploie plusieurs procédés. L'un d'eux consiste à réduire la pression totale que la vapeur exerce sur le dos du tiroir et, par suite, la résistance résultant du frottement, par l'emploi de *tiroirs équilibrés*. Les tiroirs cylindriques dont nous avons parlé tout à l'heure en sont un exemple. On n'a plus à vaincre que les frottements qui s'exercent aux garnitures. Mais la disposition la plus répandue est celle des *tiroirs sans fond, à dos percé*. Ils sont constitués par une boîte sans fond, qui glisse entre la glace des lumières et le couvercle de la boîte à tiroir, et qui est embrassée par le cadre de la tige du tiroir. Le joint entre le tiroir et le couvercle de la

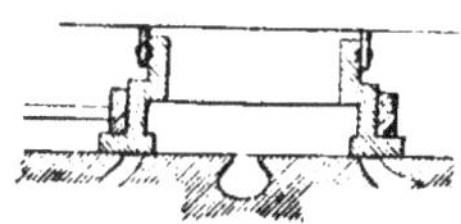

boîte doit être très bien fait pour éviter les pertes de vapeur ; il est réalisé à l'aide d'un anneau avec interposition d'une garniture. En réglant les dimensions de l'ouverture contre le couvercle, on fait varier à volonté la pression sur la glace. On pourrait n'avoir plus de pression du tout et avoir même une pression sur le couvercle. Dans ce dernier cas, on ne gagnerait rien, puisqu'il y aurait toujours une pression à vaincre par le frottement. En fait, on maintient toujours une petite pression sur la glace du tiroir. Les tiroirs à dos percé sont très employés en Amérique et sur le réseau de l'Est.

Sur le réseau de Lyon, on facilite la manœuvre du changement de marche avec le *contrepoids de vapeur*. Cet appareil consiste en un piston se mouvant dans un cylindre et derrière lequel on fait arriver de la vapeur. La pression exercée par ce piston est insuffisante pour faire mouvoir l'appareil, la vis étant de pas court ; mais, en admettant la vapeur sur une face ou sur l'autre, on réduit autant qu'on le veut la pression qui s'exerce entre l'écrou et la vis (*Annales des Mines*, 1881, M. Baudry).

108. Théorie de la contre-vapeur. — La contre-vapeur s'obtient en renversant le sens de la distribution sans changer le sens de la marche. Il revient évidemment au même de changer le sens de la marche sans modifier celui de la distribution ; ce sera une marche en contre-vapeur avec machine arrière.

Représentons la distribution sur le cercle décrit par le bouton de la manivelle. L'admission, si nous supposons la marche normale représen-

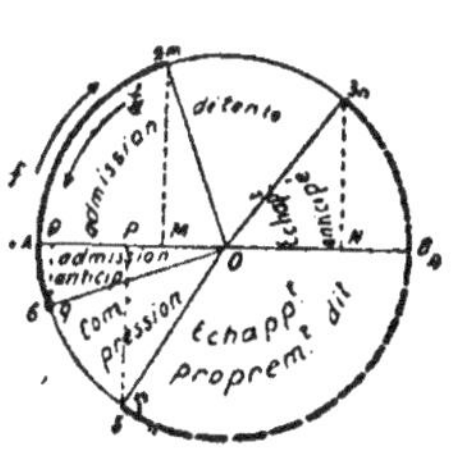

tée par la flèche *f*, va de A en *m*, la détente de *m* en *n*, l'échappement anticipé de *n* en B ; puis vient la course de retour du piston ; de B en *p* on a l'échappement proprement dit, de *p* en *q* la contre-pression, et enfin de *q* en A l'admission anticipée. Ces périodes peuvent être groupées d'une autre façon ; de *q* à *m*, la lumière d'admission est démasquée : il y a communication du cylindre avec la chaudière ; de *n* à *p*, la lumière l'échappement est démasquée, et il y a communication du même côté du cylindre avec la boîte à fumée. Enfin, pendant les deux périodes de *m* à *n* et de *p* à *q*, le même côté du cylindre est sans communication ni avec la chaudière, ni avec l'échappement.

Si nous supposons maintenant que l'on renverse la marche sans changer le sens de la distribution, le bouton de la manivelle décrira le cercle dans le sens de la flèche f_1 ; au lieu d'aller de A en m, n, etc..., il ira de A en q, p, etc... Partons donc du point A. Dans la marche en contre-vapeur, on aura de A à q une admission très courte, puis détente de q à p. Il n'y a eu admission à partir de A que parce qu'il y avait une période d'admission anticipée ; si cette période n'avait pas existé, la seule vapeur qu'il y aurait eue dans le cylindre eût été celle de l'espace nuisible. Finalement, on voit qu'à la fin de la période de détente pq, la vapeur a une très faible pression ; dès que l'échappement commence, en p, il y a aspiration par le cylindre des gaz de la boîte à fumée, et cette opération continue pendant toute la course du piston. Dans la course de retour, quand le piston est arrivé en n, le côté considéré du cylindre est rempli de gaz de la boîte à fumée à la pression atmosphérique. Ces gaz sont comprimés de n en m et refoulés dans la chaudière de m en A.

Si l'on considère la période mAq, il est facile de voir que le travail moteur ou le travail résistant du piston est à peu près le même dans le cas de la marche directe f ou de la contre-vapeur f_1. Il en est de même pour la période nBp. Mais les choses se passent différemment pour les périodes mn et pq.

Dans la période mn, en marche directe, la pression passe de celle de la chaudière à celle qui résulte de la détente et qui est toujours très notablement supérieure à la pression atmosphérique. Le volume occupé alors par la vapeur devient, dans la marche inverse, le volume initial, mais la pression correspondante est seulement la pression atmosphérique ; si l'on admet, ce qui est toujours à peu près exact, que les pressions varient en raison inverse des volumes, la pression finale, en contre-vapeur, sera donc très inférieure à celle de la chaudière ; la pression étant constamment moindre, pour une même position du piston, dans le second cas que dans le premier, le travail résistant, en contre-vapeur, est moindre que le travail moteur en marche directe. En prenant des exemples, on voit que le premier n'est généralement pas le quart du second.

Par un raisonnement analogue, on voit que dans le trajet pq, la relation inverse a lieu : le travail résistant en marche directe est moindre que le travail moteur en contre-vapeur toutes les fois que, dans la marche directe, la vapeur n'est pas amenée, par la compression, à surpasser la pression de la chaudière. Or, cela n'arrive que très exceptionnellement, pour des admissions très courtes. Ces travaux devant être pris négativement, ce résultat intervient dans le même sens que le précédent.

Ainsi, dans les deux périodes pendant lesquelles le cylindre ne communique pas avec l'extérieur, les phénomènes concourent pour faire qu'en somme le travail résistant, en contre-vapeur, soit moindre que le travail moteur en marche directe, pour une même position de la distribution.

Dans un cas traité en détail par Combes (*Etudes sur la machine à vapeur*, 1869), l'admission étant de 5o o/o, le travail résistant en contre-vapeur n'était que de 61,5 o/o du travail moteur en marche directe. La différence serait notablement moindre avec la marche habituelle des locomotives, qui comporte une admission beaucoup moins étendue. Mais il est vrai de dire que c'est surtout pour une forte admission, que la comparaison est intéressante, car elle a pour principal objet de savoir si une locomotive marchant en contre-vapeur est capable de retenir sur une pente la charge qu'elle est capable de remorquer en sens inverse sur la même déclivité ; il s'agit d'une charge maximum et, par conséquent, d'une forte admission. Le résultat n'est pas évident d'après ce qui précède.

Toutefois il importe de remarquer que la comparaison se présente très différemment si l'on considère, au lieu du travail indiqué sur le piston, le travail disponible à la jante. Les résistances passives s'ajoutent à l'action de la vapeur dans le cas de la retenue ; elles s'en retranchent pour la remorque. Dans l'exemple de Combes, il suffirait, pour faire compensation, qu'elles fussent égales à environ 19 o/o du travail moteur, ce qui peut n'être pas bien loin de la réalité.

Comme la résistance du train se comporte de la même manière, on peut admettre sans beaucoup de chance d'erreur, l'égalité des charges à la montée et à la descente.

Nous avons dit tout à l'heure que de n à m, pendant la contre-vapeur, il y avait compression des gaz de la boîte à fumée précédemment aspirés, puis refoulement de m en A dans la chaudière. La compression des gaz produit un échauffement très vif, d'autant plus marqué qu'elle s'exerce sur des gaz déjà très chauds. Cet échauffement a de très graves inconvénients, comme on l'a déjà vu, dans la marche directe à régulateur fermé. Le refoulement des gaz dans la chaudière élève la pression, et fait jouer les soupapes ; de plus il empêche le fonctionnement des injecteurs.

Ces inconvénients sont très gênants. Il est clair qu'ils ne sont pas à considérer s'il faut obtenir très rapidement un arrêt ; mais ils seraient un obstacle absolu à l'emploi prolongé de la contre-vapeur pour régler la vitesse sur les pentes. On a pu heureusement les éviter en faisant arriver dans l'échappement de l'eau ou de la vapeur prise à la chaudière ou un mélange des deux. Pour cela, il y a généralement deux robinets, l'un pour la prise de la vapeur, l'autre pour la prise de l'eau, qui sont fixés sur la chaudière et à la disposition du mécanicien. Cette vapeur répandue à l'orifice du tube d'échappement forme une sorte de matelas qui le sépare des gaz de la boîte à fumée, en sorte que la contre-vapeur ne fonctionne qu'avec la vapeur qui est refoulée dans la chaudière. Si l'on pouvait obtenir qu'il n'y eût pas écoulement de vapeur avec les gaz de l'échappement, la machine à vapeur fonctionnerait sur les pentes comme une machine thermique et ferait rentrer dans la chaudière une partie du travail de la pesanteur. En pratique, pour être sûr de n'avoir pas de rentrée de gaz, il faut un écoulement continu de vapeur. Il faut même qu'il s'échappe de la cheminée des gouttelettes d'eau. C'est d'ailleurs à la présence de la vapeur au-dessus de la cheminée que le mécanicien constate que la contre-vapeur fonctionne convenablement. En fait, la contre-vapeur est donc toujours accompagnée d'une dépense. Mais cette dépense peut être faible : elle dépend de l'habileté du mécanicien ; à partir d'un minimum nécessaire pour son bon fonctionnement, le mécanicien peut dépenser de la vapeur indéfiniment, sans qu'il en résulte aucun effet sur la marche du train.

Il n'en est pas de même au contraire pour la marche directe : la dépense de vapeur y est proportionnelle au travail à faire. Si le mécanicien dépense plus, cela se traduit par des effets immédiatement visibles pour lui : augmentation de vitesse, patinage, etc...

On peut injecter dans l'échappement de l'eau ou de la vapeur. Lorsque l'on injecte de la vapeur, celle-ci subissant une détente à la sortie de la chaudière est nécessairement humide ; en fait, il y a donc toujours de l'eau qui rentre dans le cylindre. Cette eau limite l'échauffement pendant la compression. Des expériences faites à la Compagnie d'Orléans ont même montré qu'il était indispensable, dans la pratique, d'introduire un peu d'eau dans l'échappement pour éviter l'échauffement en marche prolongée à contre-vapeur. Le mécanicien doit dès lors manœuvrer convenablement ses deux robinets pour avoir un mélange satisfaisant.

§ 7. EMPLOI DE LA DOUBLE EXPANSION DANS LES LOCOMOTIVES

109. Machines compound et machines de Woolf. — L'emploi de la double expansion ou double détente, qui consiste à ne faire détendre la vapeur que partiellement dans le cylindre qui la reçoit au sortir de la chaudière, pour compléter la détente dans un deuxième cylindre généralement plus grand, a pris beaucoup d'importance depuis plusieurs années dans les chemins de fer. Bien que la question soit traitée à un point de vue général dans le Cours de machines, nous croyons utile de l'exposer ici avec quelque développement au point de vue spécial de la locomotive.

On sait que ce procédé comporte deux formes différentes d'application.

Dans les machines dites plus spécialement *compound* (bien que ce terme soit appliqué souvent à toutes les machines à double expansion) la vapeur, au sortir du premier cylindre, est reçue dans un réservoir ou *receiver* qui fait en quelque sorte fonction de générateur de vapeur pour le deuxième cylindre. Il n'y a aucune concordance obligée entre les périodes de mouvement des deux pistons.

Dans les machines dites de *Woolf*, la vapeur sortant du cylindre de première admission passe directement dans l'autre, exerçant simultanément une contre-pression dans le premier et une pression motrice dans le second. Les deux pistons doivent se trouver simultanément aux extrémités de leurs courses.

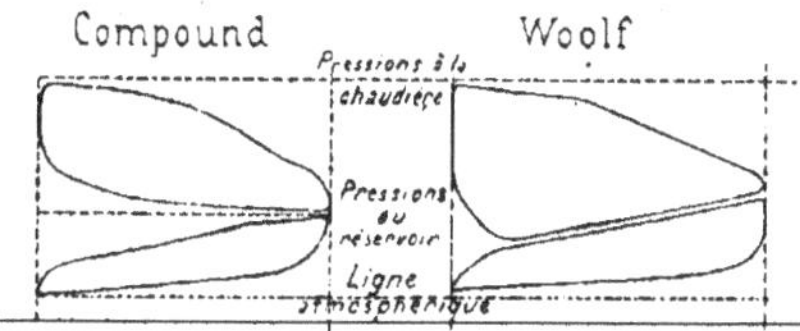

Les figures ci-contre indiquent la disposition des diagrammes d'indicateur obtenus dans ces deux sortes de machines, lorsque les cylindres de première et de seconde expansion ou de haute et de basse pression (HP et BP) ont des courses égales. Pour en déduire les travaux comparatifs effectués dans les deux cylindres, il faut multiplier les aires respectives par les surfaces des deux pistons.

Les locomotives à double expansion peuvent avoir deux, trois ou quatre cylindres.

110. Machines à deux cylindres. — La disposition de ces machines diffère très peu de celle des locomotives ordinaires. Comme dans celles-ci, les cylindres peuvent être intérieurs ou extérieurs ; les applications les plus nombreuses ont été faites avec des cylindres extérieurs. On donne toujours la même course aux deux pistons, bien que cela n'ait rien d'obligatoire.

Les deux modifications essentielles sont : 1° que les deux cylindres ont des diamètres inégaux et différents de ceux des machines ordinaires de même puissance ; 2° que le moins grand des deux reçoit seul la vapeur de la chaudière et, au lieu de la déverser à l'extérieur, au pied de la cheminée, l'envoie à l'autre cylindre par l'intermédiaire du réservoir ; le grand cylindre alimente seul la tuyère d'échappement, qui ne reçoit ainsi que deux bouffées de vapeur par tour de roue au lieu de quatre.

Le réservoir se réduit le plus souvent à un tuyau de section convenable qui traverse la boîte à fumée.

Les deux manivelles motrices étant calées à angle droit sur l'essieu pour éviter les points morts. Ces machines ne peuvent offrir la concordance des courses de pistons qu'exige l'application du principe de Woolf; ce sont donc des compound proprement dites.

Au démarrage, le cylindre HP reçoit seul de la vapeur ; il faut plusieurs coups de piston avant que le réservoir ait atteint sa pression de régime. Comme la distribution de ce cylindre pourrait n'être pas dans la position d'admission ou que le piston pourrait être trop près du point mort, il faut nécessairement un dispositif spécial de démarrage qui permette d'obtenir un effort sur le grand piston dès l'ouverture du régulateur.

Cet appareil, dont nous parlerons plus loin, est souvent disposé de manière à permettre à volonté de supprimer le fonctionnement compound pour marcher à simple expansion. On peut ainsi disposer pendant un certain temps d'un effort de traction plus considérable.

On peut avoir, comme dans les machines ordinaires, un seul mécanisme de relevage, et alors les distributions des deux cylindres donnent une admission égale ou tout au moins une relation déterminée entre les admissions. Mais on préfère souvent avoir deux appareils de relevage distincts, juxtaposés toutefois et combinés de façon qu'on puisse les renverser simultanément par une seule manœuvre du volant de changement de marche. Cela donne au mécanicien la faculté de faire varier les admissions aux deux cylindres, ce qui est utile pour tirer le meilleur parti possible de la machine dans toutes les circonstances. Cette disposition, adoptée dès le début par l'ingénieur français Mallet, le véritable promoteur de l'application de la double expansion aux locomotives, a été introduite successivement dans diverses machines allemandes et américaines où l'on avait primitivement cherché avant tout la simplicité de construction et de manœuvre.

On peut aussi, tout en ayant deux mécanismes de relevage, assujettir la distribution BP à certaines restrictions. Nous reviendrons plus loin sur cette question de la distribution qui se présente à peu près de la même manière quel que soit le nombre des cylindres.

111. Machines à trois cylindres.— Il y a deux cas à distinguer : on peut avoir deux cylindres d'admission et un cylindre de détente ou un d'admission et deux de détente. Les deux cylindres de même nature sont attelés sur un même essieu par des manivelles à angle droit ; le troisième peut être attelé sur le même essieu et alors généralement par un coude placé au milieu, dans un plan à 135° de chacune des manivelles. D'autres combinaisons angulaires entre les trois manivelles ou coudes ont été proposées ou essayées ; mais aucune d'elles ne semble avoir été adoptée définitivement.

On peut aussi faire agir le troisième piston sur un second essieu accouplé au premier ou même indépendant. Ce dernier cas se présente dans les machines de grande vitesse construites par Webb pour le London and North Western Ry, le seul type de machines à trois cylindres qui ait été reproduit à un grand nombre d'exemplaires ; mais c'est un tort. Il en résulte une difficulté marquée au démarrage, car l'un des essieux peut patiner tandis que l'autre manque de force ; en outre, par suite des patinages partiels, des glissements variables qui se produisent en cours de route, les deux mécanismes ne conservent pas toujours la même position relative, et il arrive forcément parfois que l'essieu à deux manivelles se trouve dans la position où le moment moteur est minimum en même temps que l'autre passe par son point mort. On comprend qu'alors le démarrage soit difficile. Au contraire, par l'accouplement, on maintient invariablement entre les deux essieux la combinaison de mouvements reconnue la plus favorable.

Les ingénieurs anglais ont fait de grands efforts pour éviter l'emploi d'essieux accouplés ; cela peut se justifier tant qu'on arrive à se tirer d'affaire avec un seul essieu au moteur. Mais, dès qu'on en a deux, les avantages de l'accouplement l'emportent de beaucoup sur ses inconvénients. L'avantage pour le démarrage a été reconnu très formellement au chemin de fer du Nord par des essais faits sur des machines à quatre cylindres ; lorsqu'on supprimait les bielles d'accouplement, ces machines démarraient beaucoup moins franchement.

Il est évident que, dans les machines à trois cylindres, les courses des pistons à haute et à basse pression ne peuvent pas concorder ; le principe de Woolf est donc inapplicable.

Quand il y a deux cylindres HP, le démarrage peut se faire avec ces deux cylindres sans disposition spéciale ; cependant, comme ils ont une section inférieure à celle des cylindres d'une machine ordinaire de même puissance, il est utile d'envoyer de la vapeur directe au réservoir.

Dans les machines à un seul cylindre admetteur, la question du démarrage se présente exactement comme dans les machines à deux cylindres.

A ce point de vue, le premier type présente un avantage évident ; il a l'inconvénient de nécessiter l'emploi d'un cylindre détendeur de grand diamètre (o m. 76 dans les machines de Webb) qui se place forcément sous l'axe même de la chaudière. Mais cet inconvénient paraît peu grave aujourd'hui qu'on ne redoute plus d'élever le centre de gravité.

Dans le second type les trois cylindres sont presque égaux ; c'est un avantage médiocre.

Au total, les machines à trois cylindres offrent presque autant de complications que les machines à quatre cylindres sans en avoir les avantages. Aussi se sont-elles peu multipliées, à l'exception de la machine de Webb qui, elle-même, n'a pas été adoptée par d'autres que par son créateur. En dernier lieu, Webb en est venu lui-même à la machine à quatre cylindres.

112. Machines à quatre cylindres. — Ces machines peuvent être à deux ou à quatre mécanismes.

Dans *le premier cas*, chaque piston HP forme, avec le piston BP correspondant, un tout solidaire agissant sur une seule bielle motrice. La machine ne diffère alors d'une machine à simple expansion que par le doublement des cylindres et des pistons. Ceux-ci peuvent être enfilés l'un à la suite de l'autre sur une même tige ; c'est la disposition dite *en tandem*, le cylindre HP pouvant être en avant de l'autre, ce qui a lieu dans plusieurs machines américaines, ou en arrière comme dans la machine à marchandises du Nord. Ils peuvent aussi être juxtaposés comme dans la machine américaine de Vauclain, où les deux tiges de piston sont attachées de part et d'autre d'une crosse guidée par quatre glissières, ayant leurs axes dans un même plan vertical ou presque vertical ; dans ce dernier cas, l'obliquité à laquelle on a dû se résigner, pour passer dans le gabarit, oblige à renforcer les glissières.

Cette construction à deux mécanismes paraît n'avoir été réalisée jusqu'à présent qu'avec des cylindres extérieurs ; elle n'est cependant pas incompatible avec les cylindres intérieurs, qui seraient sans doute un peu difficiles à loger, mais qui seraient particulièrement recommandables en vue des mouvements de lacet, par suite de l'importance des masses à mouvement alternatif.

Elle entraîne forcément la concomitance des oscillations des deux pistons et se prête à l'application du principe de Woolf. Celui-ci a été adopté dans les machines de Vauclain et dans la machine à marchandises du Nord. Mais, bien entendu, il n'est pas obligatoire. Dans la puissante machine tandem de la ligne d'Atchison, Topéka et Santa-Fé (Etats-Unis), non seulement on a des distributions distinctes pour les deux cylindres et un réservoir intermédiaire, mais on en est même venu, par des modifications successives, à employer des distributions complètement indépendantes.

La machine est *à quatre mécanismes* lorsque chacun des quatre pistons actionne une bielle motrice particulière. Les deux pistons de même espèce sont toujours attelés sur un même essieu par des manivelles rectangulaires et sont placés à la même distance du plan médian ; ce qui varie d'une machine à l'autre, c'est la combinaison des mécanismes HP et BP.

Il ne serait guère possible d'avoir les quatre mécanismes à la fois extérieurs ou intérieurs ; en fait, il y en a toujours un intérieur et un extérieur. Le plus souvent, ce sont les cylindres HP qui sont extérieurs. Les Compagnies du Nord et de Lyon, qui avaient d'abord essayé la disposition inverse dans leurs machines d'express, ont définitivement adopté celle-là qui comporte la canalisation de vapeur la plus directe et la plus courte. Elle est préférable aussi pour la stabilité, les pistons BP étant les plus lourds.

Les deux paires de pistons peuvent actionner un même essieu qui est coudé et muni de deux manivelles aux extrémités. Mais elles peuvent aussi agir sur deux essieux distincts, l'un coudé, toujours placé en avant de l'autre, celui-ci actionné à ses extrémités par des manivelles distinctes de celles qui servent à l'accoupler avec le premier.

Dans l'un et l'autre cas, il importe de combiner de la manière la plus favorable les positions relatives des mécanismes HP et BP et les règles à suivre sont les mêmes. Souvent chaque manivelle BP est à 180° de la manivelle HP correspondante. Les pièces à mouvement alternatif des deux systèmes ont alors, à chaque instant, des vitesses exactement opposées et leurs effets d'inertie se détruisant en grande partie ou même rigoureusement si l'on dispose de leurs masses à cet effet, ce qui est toujours possible. La compensation toutefois n'est pas complète au point de vue des mouvements de lacet, les masses opposées n'étant pas à la même distance du plan médian ; mais on a vu comment on peut la compléter au moyen des contre-poids tournants. On arrive donc à un équilibre parfait. Dans le cas d'un essieu unique, la compensation se produit sur l'essieu même, aussi bien pour les moments moteurs que pour les effets d'inertie ; dans l'autre, elle se produit par l'intermédiaire des bielles d'accouplement qui ont, par conséquent, plus de fatigue à subir ; mais, dans ce dernier cas, l'essieu coudé a moins de travail à transmettre et doit durer davantage.

Dans les machines express des Compagnies du Nord et de Lyon, qui rentrent dans ce second cas, on a préféré se contenter d'un équilibre un peu moins parfait, pour obtenir un démarrage plus facile, en ne faisant pas passer les mécanismes HP et BP simultanément par leurs points morts. Dans la machine du Nord, chaque manivelle BP est à 18° en arrière du prolongement de la manivelle HP correspondante, ou à 162° dans le sens de la marche en avant. Dans celle du P.-L.-M., ces angles sont de 45° et de 135°.

Les pistons HP et BP n'arrivant pas simultanément aux extrémités de leurs courses, cette disposition exclut, au moins en théorie, l'application du principe de Woolf. Les écarts ne sont peut-être pas tels, au moins avec la machine du Nord, que l'application ne fût encore possible ; elle le serait, en tout cas, dans la première disposition de manivelles. Mais, en fait, toutes les machines à quatre mécanismes sont des machines Compound proprement dites ; chacun des mécanismes comporte une distribution distincte.

De même que dans les machines à deux et à trois cylindres, ces distributions peuvent être diversement reliées ensemble.

Un seul mécanisme de relevage peut commander l'un des couples de cylindres, par exemple les cylindres BP, directement, et l'autre par l'intermédiaire de leviers ou d'autres appareils de renvoi de mouvement. On peut aussi avoir deux systèmes complets de relevage et de commande des tiroirs ; ils doivent être associés de telle façon qu'une seule manœuvre de volant permette de renverser la marche. Cela n'exclut pas une indépendance complète au point de vue des admissions simultanées aux cylindres HP et BP, et cette indépendance est même le cas qui semble prévaloir de plus en plus. Mais on peut aussi établir une relation déterminée entre les admissions, et deux cas principaux se rencontrent : ou bien cette relation est telle que les travaux développés sur les pistons HP et sur les pistons BP soient peu différents, ou bien on donne une admission constante aux cylindres BP, et le mécanisme de relevage BP ne peut conserver que deux positions correspondant aux deux sens de marche.

Dans quelques machines, on marche avec des admissions égales aux cylindres HP et BP, mais alors il est inutile d'avoir deux mécanismes de relevage. Lorsqu'on n'en a qu'un, cela n'entraîne pas réciproquement l'égalité des admissions. On peut se servir du renvoi de mouvement interposé entre les deux distributions pour établir une relation différente.

Ayant deux cylindres de première admission, on peut se passer d'un dispositif spécial de démarrage. Mais il est utile de pouvoir admettre directement la vapeur dans le réservoir ou, pour les machines du type Woolf, dans les cylindres BP, et souvent on emploie des appareils aussi complets que ceux des machines à deux cylindres.

113. Dispositifs de démarrage. — Ces dispositifs de démarrage sont indispensables, nous l'avons vu, dans les machines à un seul cylindre admetteur ; ils sont toujours employés, mais généralement sous une forme simplifiée, dans les autres.

Ils ont toujours pour effet principal d'amener de la vapeur de la chaudière dans le réservoir intermédiaire ou dans les cylindres BP. Mais ils peuvent, en même temps, détourner l'échappement du ou des cylindres HP pour le faire arriver, non plus dans le réservoir, mais dans la tuyère d'échappement.

Cette dernière disposition augmente l'effort disponible sur le piston HP, puisqu'elle réduit la contre-pression ; en même temps elle permet d'élever la pression sur le grand piston jusqu'au timbre de la chaudière, si on le veut. On peut donc obtenir soit pour démarrer, soit en route, pour franchir un obstacle, un effort moteur bien supérieur à celui d'une machine à simple expansion. Toutefois on limite ordinairement la pression sur le piston BP, soit parce qu'un aussi grand effort n'est pas nécessaire et pourrait amener le patinage, soit pour n'être pas obligé de donner à tous les organes BP, en vue de cette pression, des dimensions inutiles en marche courante.

Cette limitation de pression s'obtient soit en faisant arriver la vapeur dans le réservoir par un tuyau de faible diamètre, 20 ou 25 mm. pour une machine de puissance ordinaire, soit en interposant sur le tuyau un détendeur, soit en disposant sur le réservoir une soupape de sûreté, réglée, par exemple, à 6 kg. pour une pression de 15 kg. à la chaudière.

Le plus connu de ces dispositifs qu'on peut appeler *complets*, est le tiroir de démarrage de Mallet. Ce tiroir, dont la boîte est en communication avec la chaudière, repose sur une table à trois orifices conduisant respectivement : 1° à la boîte à vapeur BP ; 2° à l'échappement des cylindres HP ; 3° à la tuyère d'échappement En régime normal, le tiroir recouvre les deux premiers par sa coquille, qui les met en communication, et masque le troisième par son rebord. Déplacé, il met, au contraire, en communication le second et le troisième et démasque le premier, qui se trouve ainsi en communication avec la chaudière.

Les orifices devant être larges, la manœuvre de ce tiroir exige un assez grand effort. Aussi, dans la machine de grande vitesse du Nord, le fait-on manœuvrer par un servo-moteur à vapeur ou à air comprimé. On obtient ainsi la possibilité de réaliser à volonté quatre combinaisons : 1° marche normale en compound ; 2° marche à simple expansion à 4 cylindres ; 3° et 4° marche à simple expansion avec les cylindres HP seuls ou avec les cylindres BP seuls. Ces deux dernières combinaisons permettent de continuer la marche en cas d'avaries à l'un des groupes de mécanismes.

Lorsqu'on se contente d'assurer le démarrage sans supprimer la marche en compound, on peut employer des dispositifs plus simples et d'une manœuvre facile, puisqu'il suffit d'ouvrir quelques robinets amenant la vapeur de la chaudière dans le réservoir, dans la boîte à vapeur BP ou dans les cylindres eux mêmes. Aussi a-t-on pu les rendre automatiques, c'est-à-dire qu'ils fonctionnent d'eux-mêmes dès que le volant de changement de marche est dans une position déterminée.

Parmi les nombreux dispositifs de ce genre, mentionnons seulement l'appareil Lindner, très répandu en Allemagne, dont les robinets s'ouvrent dès que le changement de marche est poussé à fond de course et se ferment lorsque l'admission est à 10 o/o au-dessous du maximum. Il présente deux types, l'un pour machines de petite vitesse, l'autre pour machines d'express.

Sur les lignes accidentées, c'est un inconvénient de ne pouvoir marcher en régime normal au maximum d'admission. Certains dispositifs, qui présentent sur l'échappement HP un clapet destiné à empêcher les retours de vapeur du réservoir, ne permettent pas l'emploi de la contre-vapeur. C'est pourquoi la Compagnie du Midi, sur des machines à trois essieux accouplés transformées en compound à deux cylindres, a préféré employer un appareil non automatique. C'est un petit régulateur spécial qui permet d'amener de la vapeur directe à la fois dans le réservoir et au milieu du cylindre HP ; cette dernière a pour effet de transformer la période de détente dans ce cylindre en une période d'admission. Mais, de plus en plus, on emploie les appareils de démarrage complets, ainsi que les distributions indépendantes aux cylindres HP et BP. La combinaison de ces deux moyens permet seule de réaliser le maximum d'économie en marche normale aux diverses vitesses et de disposer au besoin du maximum d'effort.

114. Marche à contre-vapeur. — La double expansion ne met aucun obstacle à la marche en contre-vapeur, à moins que certains dispositifs de démarrage ne s'y opposent. En principe, il suffirait d'amener un mélange d'eau et de vapeur sous les tiroirs BP ; mais pour empêcher l'échauffement des organes, il est prudent d'amener de l'eau chaude dans le réservoir ou sous les tiroirs HP.

115. Fonctionnement des machines compound. — Nous parlerons d'abord des machines compound proprement dites et, pour en étudier les conditions principales de fonctionnement, nous nous contenterons d'une théorie approximative, dans laquelle on admet que la pression de la vapeur est constante pendant l'admission ou l'échappement et varie en raison inverse du volume quand la vapeur est en vase clos.

Les pressions que nous considérerons sont des pressions absolues, c'est-à-dire comptées à partir du vide.

Nous considérerons un groupe formé d'un cylindre HP et d'un cylindre BP. Pour une machine à trois cylindres, il faut supposer réunis en un seul les deux cylindres de même espèce.

Soit p la pression de la chaudière, supposée égale à celle d'admission.

Soient v le volume engendré par le piston dans sa course et α l'admission évaluée en fraction de celle-ci ; αv est le volume engendré par le piston pendant l'admission.

Si nous faisons abstraction de l'espace mort et de l'échappement anticipé, la pression à la fin de la course sera :

$$p_1 = p\alpha.$$

Désignons par les mêmes lettres accentuées tout ce qui a rapport au cylindre BP.

Si nous supposons le réservoir assez grand pour que la pression y soit sensiblement constante et qu'il fonctionne ainsi comme une chaudière pour le grand cylindre, nous devrons, avec la même approximation que ci-dessus, admettre que cette pression est à la fois la pression d'admission p' au grand cylindre et la contre-pression au petit.

Il est facile de voir ce que doit être cette pression.

Le nombre des coups de piston étant le même dans les deux cylindres, les quantités de vapeur admises dans l'un et dans l'autre doivent être égales dans un état de régime. Cela pourrait n'être pas rigoureusement exact si l'on tenait compte des phénomènes de condensation, car il pourrait y avoir accumulation progressive d'eau dans le réservoir ; mais, en fait, cette accumulation, si elle existe, a peu d'importance.

Les poids étant égaux, on a, d'après l'hypothèse admise :

$$p\alpha v = p'\alpha'v' \qquad\qquad p' = p\,\frac{\alpha v}{\alpha'v'}\cdot$$

La pression finale au grand cylindre est :

$$p'_1 = p'\alpha' = p\alpha\,\frac{v}{v'} = \frac{p\alpha}{r},$$

en désignant par r le rapport $\dfrac{v'}{v}$ des volumes des deux cylindres.

L'*expansion totale* de la vapeur est le rapport des pressions extrêmes, c'est-à-dire :

$$\frac{p}{p'_1} = \frac{v'}{\alpha v} = \frac{r}{\alpha}.$$

Elle est la même que si le volume αv avait été introduit directement dans le grand cylindre et détendu jusqu'au volume v' de ce cylindre. Mais elle a une valeur minimum égale à r, pour $\alpha = 1$.

Si l'on a $p' = p_1$, la vapeur passe du premier cylindre dans le second sans changer de volume ; elle se détend sans variation brusque de pression, sous les deux pistons successivement, et il est clair que le travail qu'elle développe dépend uniquement de la pression finale p'_1. Ce travail est exactement le même que si elle opérait la même détente dans un seul cylindre.

Pour avoir le travail recueilli sur les pistons, il faut en déduire le travail de la contre-pression. Il n'y a pas à tenir compte de la contre-pression sur le petit piston, laquelle est récupérée intégralement sur le grand, pendant l'admission au cylindre BP. Il ne reste donc que la contre-pression atmosphérique sur le grand piston, et, par conséquent, le travail recueilli est exactement le même que si l'admission et la détente s'étaient faites en entier dans le grand cylindre. Seulement il est réparti entre les deux pistons.

Le diagramme ci-joint représente ce qui vient d'être dit, en supposant que $OD = p' = p_1$, et en prenant pour abscisses, non pas les parcours des pistons, mais les volumes engendrés. Le rectangle ODCX représente à la fois le travail de la contre-pression sur le petit piston et celui de l'admission sur le grand.

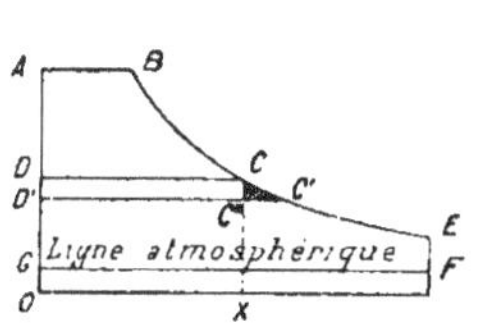

Les aires ABCD, DCEFG, représentent les travaux recueillis sur les deux pistons.

Si le volume admis au grand cylindre est plus grand que le volume total du petit, l'horizontale D'C' qui le représente dans le diagramme est plus grande que DC et correspond à une ordonnée $OD' = p'$, moindre que $OD = p_1$. La contre-pression au petit cylindre étant toujours p', le travail recueilli sur le piston dans ce cylindre est représenté par l'aire ABCC''D'. Le travail sur le grand piston est D'C'EFG. La perte de travail résultant de la chute de pression DD', que la vapeur éprouve en passant d'un cylindre à l'autre est donc représentée par le triangle mixtiligne CC''C'.

Cette perte, qu'on a appelée *triangulaire*, est très petite. Comme la détente correspondante s'effectue en passant dans l'enceinte invariable du réservoir, par conséquent sans travail extérieur, la perte doit même n'être pas réelle et se retrouver sous forme thermique dans la vapeur. Ceci explique pourquoi, ainsi que l'expérience le montre, le rendement de la machine n'est pas sensiblement modifié lorsqu'on détermine une chute de pression même importante en augmentant l'admission au cylindre BP, et on ne doit pas hésiter à abaisser par ce moyen la pression au réservoir, si l'on y trouve avantage par ailleurs. C'est ce qu'on fait presque toujours.

Nous venons de voir géométriquement que la marche sans chute de pression s'obtient en donnant au grand cylindre une admission égale au volume du petit cylindre, c'est-à-dire en faisant :

$$\alpha'\, v' = v \qquad\qquad \alpha' = \frac{v}{v'} = \frac{1}{r}\,.$$

Cette relation, il est bon de le remarquer, est indépendante de la loi admise pour la détente de la vapeur. On la retrouve, dans l'hypothèse précédemment admise, en égalant les valeurs obtenues plus haut pour p' et pour p_1.

Lorsque cette condition est remplie, on a :

$$\frac{p}{p'_1} = \frac{p}{p_1} \times \frac{p'}{p'_1}\,,$$

c'est-à-dire que l'*expansion totale de la vapeur est le produit des expansions aux deux cylindres*. Mais il n'en est ainsi que dans cette marche sans chute de pression qui, nous l'avons dit, n'est jamais, pour ainsi dire, réalisée.

On enseigne généralement que l'admission au grand cylindre ne doit jamais descendre au-dessous de cette valeur $\alpha' = \dfrac{1}{r}$ que, par ce motif, on a nommée le *point critique*. Comme r varie entre 2 et 3 et plus communément entre 2,25 et 2,50, le minimum de l'admission serait ainsi, suivant les cas, de 50 à 33 o/o et habituellement, entre 45 et 40 o/o.

On semble avoir exagéré un peu l'importance de ce point critique. Qu'arriverait-il, en effet, si l'on descendait au-dessous ? C'est qu'on aurait $p' > p_1$.

Si nous désignons par ε la fraction de la course qui correspond à l'échappement anticipé, la pression dans le cylindre HP, à la fin de la détente, n'est pas $p_1 = p\alpha$, mais bien $\dfrac{p\alpha}{1 - \varepsilon}$. Si cette valeur est supérieure à p', il y aura encore un échappement anticipé, mais la pression deviendra égale à p' avant la fin de la course et, à partir de ce moment, le piston HP aura des pressions égales sur ses deux faces, le réservoir lui fournissant d'un côté autant de vapeur qu'il refoule de l'autre dans le même réservoir.

Supposons même le cas extrême où p' surpasserait $\dfrac{p\alpha}{1-\varepsilon}$. En ce cas, pendant la fin de la détente, la contrepression l'emporterait sur la pression, et le piston HP recevrait un travail négatif. Puis, à l'ouverture de l'échappement anticipé, il y aurait rentrée de vapeur dans le cylindre et marche en équilibre. C'est le cas d'une machine à simple expansion dans laquelle on détendrait au-dessous de la pression atmosphérique, mais avec deux différences essentielles : l'une c'est que le travail de la contrepression sur le piston HP n'est pas perdu, mais transporté sur le grand piston ; l'autre, c'est qu'on n'a pas ici à redouter des rentrées d'air ou de gaz de la boîte à fumée ; c'est de la vapeur seulement qui peut rentrer.

Il ne semble donc pas qu'il y ait bien grand inconvénient à descendre au-dessous du point critique.

On a vu que l'expansion totale est toujours $\dfrac{r}{\alpha}$. Lorsque la distribution est disposée de manière à donner forcément des admissions égales aux deux cylindres, le minimum de α est aussi celui de α' et, si l'on s'impose d'observer le point critique, le maximum de l'expansion utilisable est r^2. C'est pourquoi on admet que ce mode de distribution ne peut donner de bons résultats que lorsque r a une valeur suffisamment élevée, au moins 2,2.

Il y a encore à cela une autre raison, peut-être plus importante. D'après l'expression de p' donnée plus haut, la condition $\alpha' = \alpha$ entraîne $p' = \dfrac{p}{r}$, c'est-à-dire que la pression dans le réservoir est absolument déterminée et indépendante de l'admission. Or l'expression montre qu'il importe, surtout dans les grandes vitesses, de n'avoir pas une pression trop forte au réservoir.

Une première raison de ce fait est que la pression au réservoir détermine la répartition du travail entre les deux pistons HP et BP. Il y a intérêt à le répartir à peu près par moitié, ce qui exige toujours une pression au réservoir inférieure à la moitié de celle de la chaudière. En outre, il y a avantage, au point de vue des résistances intérieures de la machine, à réduire la pression sur les tiroirs BP, plus grands que les autres.

Mais on est souvent amené à réduire la pression au réservoir notablement plus que ces considérations ne l'indiqueraient, à avoir notamment un travail sur les grands pistons très inférieur au travail recueilli sur les petits. Cela paraît dépendre surtout de la question de la compression.

Diverses expériences récentes semblent prouver que, pour obtenir le maximum de travail indiqué, on doit régler la compression dans toute machine de manière à obtenir une pression finale sensiblement inférieure à celle d'admission. En tout cas, il importe de ne pas dépasser celle-ci sous peine de produire des soulèvements de tiroirs dangereux pour le mécanisme.

Or, soit λ l'espace neutre ou mort et γ la longueur de la période de compression, exprimés l'un et l'autre en fraction de la course ou du volume. Au commencement de la compression, l'espace $(\lambda + \gamma)\,v$ est rempli de vapeur à la pression p' qui, à la fin, se trouve comprimée dans l'espace λv ; la pression finale est donc :

$$p_2 = p' \frac{\lambda + \gamma}{\lambda} = p' \left(1 + \frac{\gamma}{\lambda} \right).$$

Pour que p_2 reste au-dessous d'une limite donnée, telle que p, il faut que l'on ait :

$$p' \left(1 + \frac{\gamma}{\lambda} \right) < p,$$

$$\lambda > \frac{\gamma}{\dfrac{p}{p'} - 1}.$$

Cette relation montre la nécessité d'avoir, dans les cylindres de haute pression, des espaces morts proportionnellement plus élevés que dans les cylindres d'une machine à simple expansion, pour laquelle p' se réduit à la pression atmosphérique p_a, et d'autant plus que p' est plus grand.

Cette limite augmente avec γ, qui, dans les distributions par tiroirs, grandit rapidement pour les courtes admissions. C'est dans les grandes vitesses qu'on est obligé d'employer ces courtes admissions, et l'on peut être amené alors à réduire p' pour ne pas obtenir une compression exagérée.

Pour le cylindre de basse pression, la condition devient :

$$\lambda' > \frac{\gamma'}{\dfrac{p'}{p_a} - 1}.$$

Si les deux distributions sont pareilles et mises au même point, $\gamma' = \gamma$ et les deux limites seront égales quand on aura :

$$\frac{p}{p'} = \frac{p'}{p_a} \qquad\qquad p' = \sqrt{p p_a}.$$

Par exemple, avec une chaudière timbrée à 15 kg., ce qui donne $p = 16$, $p_a = 1$, cette condition donne $p' = 4$. Tant que la pression effective au réservoir surpasse 3 kg., la limite trouvée pour λ' est inférieure à celle de λ.

On sait que, dans les machines à simple expansion, λ a généralement une valeur voisine de 0,05. Dans la machine express du Nord, on a fait $\lambda = 0,126$ et $\lambda' = 0,055$. Si la première de ces valeurs semble bien justifiée par ce qui précède, il semble que la seconde devrait s'en rapprocher davantage, car la pression au réservoir ne dépasse pas en général 4 kg. et descend fréquemment au-dessous de 3 kg.

Quand les espaces morts sont un peu faibles, on est amené à augmenter les admissions, ce qui entraîne une diminution des périodes de compression γ ou γ'. Les formules ci-dessus justifient cette manière de procéder.

Si l'admission à laquelle on est ainsi conduit pour le petit cylindre entraîne une trop forte dépense de vapeur, on devra réduire l'ouverture du régulateur pour abaisser la pression d'admission p et, par contre, allonger encore l'admission au cylindre BP pour diminuer p'.

Nous avons négligé la période, toujours très courte, d'admission anticipée. Elle doit être considérée comme comprise dans λ ou λ'.

On voit quel rôle essentiel les espaces morts jouent dans cette question et comment ils influent sur la marche de la machine, surtout à grande vitesse.

Nous avons raisonné dans l'hypothèse d'une pression constante au réservoir ; en réalité, elle éprouve des oscillations à mesure que s'ouvre ou se ferme l'échappement HP ou l'admission BP. On admet généralement que, pour maintenir ces oscillations dans des limites convenables, il suffit que la capacité du réservoir soit égale à une fois et demie celle du petit cylindre. Dans la machine express du Nord, elle était d'abord égale à la somme des valeurs des deux cylindres HP multipliée par 1,25. Dans les constructions successives, on a élevé ce coefficient jusqu'à 1,95. Dans une machine à deux ou trois cylindres, il doit être plus élevé car le dédoublement de l'admission et de l'échappement est par lui-même une cause de régularité.

116. Cas de la machine de Woolf. — La vapeur admise au premier cylindre se trouve, à la fin, occuper toute la capacité du second. L'expression de la détente totale et celle de la détente minimum sont donc les mêmes que dans le type compound.

Mais la vapeur, déjà partiellement détendue dans le premier cylindre, étant introduite directement dans le second, et cela d'une manière progressive, à mesure que les deux pistons se déplacent il n'y a aucune chute de pression. Il n'y a ni contre-pression constante dans le cylindre HP, ni admission à pression constante dans l'autre ; la première, au lieu d'être égale au maximum de la pression sur le piston BP, est, à tout instant, égale à cette pression. La répartition de travail entre les deux pistons n'est donc pas la même que dans la machine compound ; le piston HP en recueille une plus forte proportion.

La surcompression est moins à redouter au cylindre HP puisque les espaces morts, à l'origine de la compression, sont remplis de vapeur, non pas à la pression d'admission au cylindre BP, mais à une pression voisine de la pression finale.

Pour le démarrage, on peut introduire de la vapeur directe au cylindre BP. Du reste, l'état de régime est obtenu beaucoup plus vite que dans la machine compound

117. Dimensions des machines à double expansion. — En théorie, nous l'avons vu, la vapeur travaille dans la machine à double expansion comme si elle était admise directement dans le grand cylindre. Celui-ci doit donc avoir les mêmes dimensions que celui d'une machine à simple expansion faisant le même travail, dépensant la même quantité de vapeur, avec le même nombre de coups de piston.

Cette relation se vérifie assez exactement dans la pratique.

Ainsi la machine compound à marchandises de la Compagnie de Lyon a deux cylindres BP de o m. 520 de diamètre pour o m. 650 de course, avec des roues de 1 m. 30 de diamètre ; elle remorque les mêmes charges à la vitesse de 15 km., et des charges plus fortes aux vitesses supérieures, que la machine ordinaire à marchandises à roues de 1 m. 26 et à deux cylindres de o m. 540 × o m. 660. L'appareil vaporisateur, il est vrai, est plus puissant, mais cela même montre que la machine compound, avec un volume engendré par les pistons réduit dans le rapport de $(0,54)^2 \times 0,66 \times 1,30$ à $(0,52)^2 \times 0,65 \times 1,26$, ou de 11,5 o/o, arrive à dépenser plus de vapeur que la machine ordinaire et cependant dans des conditions économiques.

La machine de petite vitesse de l'Etat prussien a un seul cylindre BP de o m. 750 × o,630 ; cela équivaut à deux cylindres de $\dfrac{\text{o m. 750}}{\sqrt{2}} = 0,530$ de diamètre. C'est le diamètre ordinaire des machines de ce genre.

Dans la machine de grande vitesse du même réseau, le cylindre unique BP a o m. 680 × o m. 60, équivalant à deux cylindres de o m. 424. C'est encore le diamètre usuel des machines à simple expansion.

En Amérique, sur le Northern Pacific Ry., on a comparé deux machines identiques sous tous les rapports, sauf les cylindres. L'une était une machine simple à cylindres de o m. 457 × o,610, l'autre une machine Vauclain à cylindres de o m. 292 et o m. 482 respectivement, sur o m. 610. Ici, on avait donc augmenté un peu le diamètre des cylindres BP ; l'augmentation de volume est de 11,3 o/o. La machine Vauclain a, du reste, remorqué des charges un peu plus fortes avec une économie de 22 o/o sur la consommation de combustible.

La règle énoncée suppose que la vapeur est détendue de même dans les deux types de machines ; en fait, la détente doit être plus grande dans la machine compound parce que la distribution fonctionne dans de meilleures conditions, et, par suite des autres circonstances qui améliorent le travail de la vapeur, le travail recueilli doit être, en somme, plus considérable. Néanmoins, si l'on veut profiter de la double expansion pour détendre davantage la vapeur, on sera amené à augmenter les dimensions des cylindres BP.

C'est ce qu'on a fait au Nord, où les machines d'express avaient précédemment o m. 432 × 0,610, puis o m. 480 × 0,600; on a donné aux cylindres BP de la machine compound o m. 530 × 0,640. Mais aussi on a obtenu une machine beaucoup plus puissante.

Dans la machine dite type Nord renforcé, construite par la Compagnie du Midi, on a même porté le diamètre à o m. 55 (avec 0,35 au lieu de o,34 pour les cylindres HP). Il est permis de se demander si cette modification a été heureuse, surtout pour les très grandes vitesses.

Une fois déterminé le diamètre du cylindre BP, celui du cylindre HP s'en déduit au moyen de la valeur jugée convenable pour r ; on a :

$$d = \frac{d'}{\sqrt{r}}.$$

Par comparaison avec une machine ordinaire où le diamètre serait d', l'admission au cylindre HP, pour une même quantité de vapeur à dépenser en un même nombre de coups de piston, sera multipliée par r.

C'est dans les machines de grande vitesse qu'on est arrivé à employer des admissions très petites. Il semble donc que c'est dans celles-là qu'on devrait donner à r la plus grande valeur.

La question du démarrage est aussi à considérer. Il est d'autant plus facile que les cylindres de première admission sont plus grands ou que r est moindre. Mais cette considération n'est importante que dans les machines qui n'ont pas un appareil de démarrage complet.

De l'ensemble des machines construites jusqu'ici, il ne paraît pas se dégager des règles bien précises, quant à la valeur à donner à r dans chaque cas.

118. Comparaison des machines à simple et à double expansion. — On peut grouper sous trois chefs principaux les avantages des machines à double expansion.

Avantages thermiques : moindres condensations par les parois parce qu'il y a moins d'écart de température dans chaque cylindre ; moindres fuites par les pistons ; ces fuites, ainsi que les *fuites* de chaleur résultant de l'évaporation sur les parois pendant l'échappement, ne sont pas définitives, en tant qu'elles se produisent dans le cylindre de haute pression et sont récupérées, au moins en partie, dans le cylindre BP.

Avantages mécaniques : moindres variations de l'effort moteur, les hautes pressions s'exerçant sur un piston de diamètre réduit ; d'où stabilité plus grande de la machine, moindre fatigue des pièces, moins d'usure et d'entretien. Dans les machines à quatre mécanismes, facilité de les équilibrer les uns par les autres au point de vue de l'inertie, d'où nouvel et plus grand avantage pour la stabilité.

Avantages pratiques : possibilité de réaliser une grande détente avec la distribution ordinaire par tiroir et coulisse et, par conséquent, d'utiliser les hautes pressions sans renoncer à ce mécanisme depuis longtemps éprouvé. Faculté d'augmenter beaucoup, au besoin, l'effort de traction au moyen des appareils de démarrage. Facilités pour construire des machines flexibles à adhérence totale (machine à quatre cylindres de Mallet).

Les avantages thermiques, il faut le reconnaître, sont moins grands absolument pour des machines à mouvements rapides, comme sont essentiellement les locomotives, que pour des machines lentes ; ils subsistent néanmoins et, par contre, ils ont, pour les locomotives, une importance toute spéciale.

En Amérique, où les mécaniciens ne sont pas intéressés par un système de primes à économiser le combustible, la double expansion a produit des résultats considérables par le seul fait qu'elle les oblige à user de la détente. On cite des cas où l'économie est allée jusqu'à 45 o/o. Ce sont des cas exceptionnels ; mais, d'après l'ensemble déjà très vaste des faits recueillis, on peut considérer comme normale une économie de 15 à 20 o/o.

Or, l'avantage obtenu par là dépasse beaucoup celui de la dépense économisée sur le combustible. Celui-ci, d'abord, n'est pas seulement une consommation à payer, c'est aussi un poids mort à loger et à transporter. Mais l'avantage provient surtout de ce qu'il s'agit d'une économie sur la vapeur ; celle-ci également, ou plutôt l'eau qui la fournit, est aussi un poids mort à transporter, sept ou huit fois plus grand que le charbon, et une matière encombrante à loger ; la surface de chauffe et, par conséquent, les dimensions de la chaudière sont en rapport avec la consommation ; donc, économie sur le poids et sur le prix du tender et de la machine, ou plutôt possibilité d'obtenir avec une machine et un tender donnés, une puissance accrue d'un cinquième ou d'un quart. Ce sont là, évidemment, des résultats de première importance.

Les avantages mécaniques et les avantages pratiques que nous avons énumérés montrent que la double expansion s'adapte particulièrement bien aux locomotives.

Au début, on redoutait généralement une augmentation de la dépense d'entretien, au moins pour les machines à plus de deux cylindres. L'expérience n'a pas confirmé ces craintes. Si les pièces sont plus nombreuses, elles s'usent moins vite parce qu'elles travaillent moins et plus également. La dépense de graissage est seule un peu augmentée, sans doute parce qu'il n'est guère possible de la régler exactement sur les besoins.

On a souvent dit que la machine compound n'a pas, au même degré que la machine à simple expansion, l'élasticité, la souplesse qu'exige le service des chemins de fer. On ne voit guère qu'un point qui puisse justifier ce reproche : c'est l'obligation où l'on se trouve de marcher avec une expansion au moins égale à r. Il est certain que la machine fonctionnant en compound ne peut pas donner un effort de traction aussi grand que celui d'une machine simple marchant au maximum d'admission. Mais cet inconvénient disparaît lorsqu'on emploie les appareils de démarrage que nous avons appelés complets et se changerait même en un avantage considérable, si l'on voulait construire la machine de manière à n'avoir pas besoin de modérer la pression au réservoir, puisque les cylindres BP à eux seuls donneraient alors autant de travail que ceux de la machine simple.

En fait, la faculté de pouvoir produire momentanément un effort exceptionnel est aujourd'hui un des avantages les moins contestés des machines compound. Elles se prêtent d'ailleurs très bien à un fonctionnement soutenu dans des conditions très diverses et arrivent généralement, par ce fait, à une utilisation meilleure, à des parcours annuels plus grands que les autres machines.

Dans tel ou tel cas particulier, on a pu observer des résultats différents. Ainsi, des essais comparatifs récents (hiver 1899-1900) faits sur le chemin de fer du Midi, entre les machines compound d'express de ce réseau et des machines à simple expansion du réseau de l'Etat, ont, paraît-il, donné l'avantage à ces dernières dans les très grandes vitesses, supérieures à 100 km. Elles auraient consommé sensiblement moins d'eau en faisant les mêmes trains.

Il serait peu judicieux de conclure d'un pareil résultat, encore isolé, à l'infériorité générique des machines compound pour les très grandes vitesses. Il peut tenir, il tient probablement à quelque détail de construction : grandeur des espaces morts, diamètre peut-être exagéré des cylindres, disposition des tiroirs ; peut-être aussi au mode d'emploi de la compound qui comporte plus d'indétermination que celui de la machine ordinaire.

Des expériences faites au chemin de fer de Lyon, il y a quelques années (Mémoire de M. Privat, *Revue générale des chemins de fer*, 1896) ont montré qu'il y avait avantage, dans tous les cas, à allonger l'admission au cylindre BP ; si le travail indiqué se trouvait par là légèrement diminué, par contre, le travail utile était beaucoup augmenté ; en d'autres termes, les résistances propres de la machine augmentaient beaucoup avec la pression au réservoir. Au Nord, au contraire, on a trouvé avantage à relever cette pression dans les vitesses modérées. Ces différences tiennent certainement à des détails de construction. Il semble notamment que, par l'étude de ces détails, on doit pouvoir faire en sorte que les résistances intérieures de la machine n'augmentent pas plus vite que le travail indiqué.

La construction et l'usage des machines à double expansion comportent plus d'éléments variables qu'il n'y en a dans les machines ordinaires. Il n'est pas étonnant que, dans les quelques années depuis lesquelles on les emploie, on ne soit pas encore arrivé à tout éclaircir et à tout combiner pour le mieux. La double expansion a déjà réussi dans des circonstances assez diverses pour qu'il soit permis de penser qu'elle doit s'appliquer avec succès à la traction des trains de toute nature. Elle semble particulièrement appropriée aux grandes vitesses ; si l'action des parois, que la double expansion a en partie pour but d'éviter, a moins d'importance à ces vitesses, celles-ci, par contre, obligent à recourir à des admissions très faibles, auxquelles la distribution par tiroir et coulisse devient défectueuse ; la double expansion conduit, comme nous l'avons vu, à multiplier l'admission par r, nombre compris entre 2 et 3. C'est à ces vitesses également que la régularité des efforts, l'équilibre des pièces, prennent toute leur importance.

Par cela seul qu'elle met plus d'éléments variables à la disposition du mécanicien, la machine compound exige de celui-ci plus d'habileté ; elle renferme aussi plus d'organes à surveiller et à entretenir. Le fait que, de plus en plus, on renonce aux simplifications d'abord adoptées, aux appareils de démarrage automatiques, aux distributions solidaires pour donner au mécanicien la libre disposition de ces organes, montre que la généralité de ces agents s'est montrée capable d'en tirer parti. Avec les progrès de la formation professionnelle, une difficulté de ce genre doit de moins en moins arrêter dans l'emploi de la double expansion.

119. Choix à faire entre les divers types à double expansion. — L'expérience n'est pas encore assez complète pour permettre de juger entièrement les divers types. On peut cependant formuler quelques indications.

Nous avons déjà dit que les machines à trois cylindres semblent peu recommandables en général.

Les machines à quatre cylindres et à quatre mécanismes constituent le type le plus complet : symétrie parfaite, équilibre naturel des pièces, facilité d'adopter les quatre combinaisons de marche indiquées à propos des machines du Nord ; aucune difficulté quant au gabarit lorsque les cylindres extérieurs sont les cylindres HP, moins larges que ceux des machines ordinaires. Mais elles sont coûteuses et comportent le nombre maximum d'organes, le maximum de complication pour le mécanicien.

Les machines à deux mécanismes ne sont pas naturellement équilibrées comme les précédentes au point de vue des effets de l'inertie. Mais il serait facile de faire disparaître cette infériorité en y introduisant des contrepoids à mouvements alternatifs, moins coûteux d'établissement et d'entretien que le double attirail moteur.

En l'absence d'une disposition de ce genre, le défaut d'équilibre est surtout prononcé dans les machines à quatre cylindres, soit juxtaposés, comme dans la machine Vauclain, soit en tandem. Ces dernières semblent donc devoir être réservées pour les petites ou moyennes vitesses. Lorsqu'elles sont du système Woolf, elles n'introduisent pour ainsi dire aucun changement dans le service du mécanicien.

Remarquons, ici, que le principe de Woolf réalise moins complètement que le principe compound les avantages thermiques de la double expansion, puisque les écarts de pression et de température au cylindre HP sont beaucoup plus grands. En outre, il ne permet pas la marche avec les deux paires de cylindres en simple expansion.

La machine à deux cylindres a l'inconvénient d'une dissymétrie dans les efforts exercés sur les deux côtés de la machine ; l'expérience ne semble pas montrer qu'il soit bien grave.

Au point de vue de l'équilibre d'inertie, il n'y a pas à se préoccuper de cette dissymétrie, car il est toujours facile de donner la même masse aux pièces à mouvement alternatif ; il n'y aurait même pas besoin de cela si l'on introduisait des contrepoids oscillants.

Le fait que, d'une part, quelques-unes des machines de 100 tonnes, construites récemment en Amérique pour remorquer des trains de 1.500 et même 2.000 tonnes, sont des machines compound à deux cylindres ; que, d'autre part, des centaines de machines de ce type sont employées en Allemagne pour le service de la grande vitesse, semble prouver que la machine à deux cylindres se prête à toutes les exigences du service des chemins de fer. Peut-être, en France, l'a-t-on trop facilement laissée de côté et considérée comme bonne seulement pour les lignes secondaires.

Il est vrai qu'en Allemagne les règlements ne permettent pas de dépasser la vitesse de 90 k., mais il n'y a nul doute que, tout au moins avec des contrepoids oscillants, la machine compound à deux cylindres ne pût marcher aux plus grandes vitesses, comme le font au surplus les machines ordinaires à deux cylindres.

Remarquons qu'au point de vue thermique la machine à deux cylindres doit être notablement supérieure à la machine à quatre cylindres, puisque, à égale surface de piston, elle présente une surface de parois et un périmètre de pistons réduits dans le rapport de $\sqrt{2}$ à 1 ou de 14 à 10. Il semble aussi que la réduction du nombre des organes et, en particulier, des tiroirs, ne peut que diminuer le rapport des résistances au travail indiqué.

On peut conclure de là que, selon toute vraisemblance, la machine compound à deux cylindres donnerait à moins de frais, avec moins de complications de toute nature, des résultats au moins égaux à ceux de la machine à quatre cylindres.

Ce type semble s'imposer notamment pour la transformation des machines à simple expansion. Si le diamètre à donner au grand cylindre, égal à celui des anciens cylindres multipliés par $\sqrt{2}$, créait une difficulté, on pourrait être conduit à employer quatre cylindres en tandem. Remarquons cependant qu'il y aurait une autre ressource : ce serait d'allonger la course du piston BP.

Pour ce qui est du choix de l'appareil de démarrage et de la combinaison des distributions, nous avons déjà dit le nécessaire.

DEUXIÈME PARTIE

TRACTION

CHAPITRE IV

RÉSISTANCE DES TRAINS

§ 1. GÉNÉRALITÉS

120. — Après avoir examiné en détail le matériel des chemins de fer, nous devons rechercher comment on peut le mettre en œuvre et déterminer, en particulier, la charge que peut remorquer une machine donnée à une vitesse donnée, dans des conditions de profil également données. C'est cette question qui constitue le *problème de la traction*. Il faut, avant tout, connaître l'effort nécessaire pour maintenir sur une voie un train à une vitesse constante.

Le problème de la traction comporte donc une étude préalable relative à la *résistance des trains*.

La résistance au mouvement d'un train comprend :

1° *l'action de la pesanteur* sur les pentes ou rampes. Elle est égale au poids du train multiplié par le sinus de l'angle d'inclinaison. Cet angle étant très petit, son sinus peut se confondre avec la tangente, et par suite avec ce que l'on nomme la *pente*. Généralement, en France, on évalue les déclivités en millimètres par mètre. *Chaque millimètre de pente équivaut donc à une résistance de 1 kilogramme par tonne.* Dans certains pays, comme en Allemagne et en Angleterre, on représente les déclivités par des fractions. Il n'y a aucun avantage à opérer ainsi, puisqu'il faut transformer les fractions en décimales pour évaluer la résistance ;

2° *la résistance dans les courbes*, dont nous reparlerons plus loin ;

3° *la résistance proprement dite*, c'est-à-dire l'effort nécessaire pour maintenir le train à une vitesse donnée sur une voie rectiligne et horizontale, ce qu'on appelle une voie en palier.

C'est de cette dernière résistance que nous allons d'abord nous occuper. On l'évalue, par analogie avec la résistance due à la pesanteur, en kilogrammes par tonne. Il en résulte que la pente et la résistance, bien qu'étant deux grandeurs complètement hétérogènes, peuvent s'ajouter ou se retrancher, par suite de cette convention

Si l'on considère un train remorqué par une machine donnée, la résistance par tonne ne sera pas la même quelle que soit la charge du train. Cela tient à ce que la résistance de la machine elle-même dépend de la grandeur des efforts qu'elle exerce. Dès lors, dans la résistance d'un train, on distingue d'abord la *résistance du train remorqué* et *celle de la machine*. Pour cette dernière, on distingue : 1° *la résistance du mécanisme*, c'est-à-dire des différents organes constituant la machine proprement dite ; 2° *la résistance du véhicule* qui n'est pas très supérieure à celle des autres véhicules excepté dans les machines à 3 et surtout à 4 essieux accouplés, à part aussi la résistance de l'air que la machine reçoit tout spécialement.

Dès lors la résistance totale du train ne comprend que deux parties : la résistance au roulement de tous les véhicules, y compris la machine et le tender, et la résistance de la machine due au mécanisme.

Cette décomposition n'est pourtant pas très rationnelle. D'abord la machine est un véhicule différent des autres ; elle a des fusées et des roues de dimensions plus grandes ; elle comprend un jeu de bielles qui raidissent son mouvement ; enfin, elle reçoit plus directement l'action de l'air.

Une décomposition plus rationnelle, et qui conduit à des résultats plus exacts, a été proposée par M. Desdouits (*Annales des Mines*, 8° série, tome VIII, 1885). Les phénomènes dus à l'action de l'air, qui se produisent à l'avant et à l'arrière du train, supposé formé de véhicules pareils,

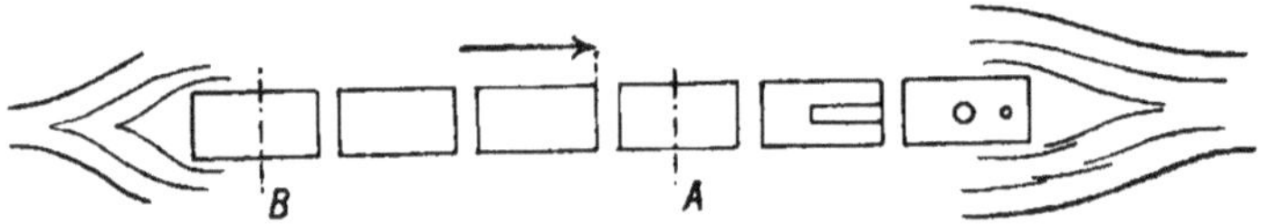

sont toujours les mêmes et distincts de ce qui se passe le long du train. Le fourgon de tête, qui dépasse généralement le tender, éprouve de la part de l'air des chocs que ne subiront pas les autres véhicules. Si, par la pensée, on suppose l'arrière du fourgon de queue B réuni à l'avant du fourgon de tête A, on a, à l'avant un *train élémentaire* formé de machine, tender et fourgon, dont il faut étudier la résistance séparément, et auquel on adjoindra $n - 1$ fois la résistance d'un véhicule déterminée séparément.

A l'aide de cette méthode, M. Desdouits a établi des formules pour le réseau de l'Etat. Malgré ses avantages, elle n'est pas entrée dans la pratique, bien qu'il n'y ait pour cela aucune raison valable.

Pour étudier la résistance proprement dite des trains, on peut procéder de deux façons : 1° ou bien étudier les éléments qui la composent : résistance à la jante, résistance à la fusée, résistance de l'air, c'est-à-dire les *résistances individuelles* ; 2° ou bien étudier les résistances en bloc.

Les deux méthodes ne peuvent se remplacer mutuellement ; elles n'ont pas le même objectif.

L'étude des résistances individuelles conduit à la recherche et à l'analyse des circonstances qui les font varier ; cette étude est utile pour arriver à la meilleure construction du matériel. Mais si l'on veut en appliquer les résultats à la détermination de la résistance totale, on voit qu'ils varient dans des limites si étendues selon les circonstances qu'il n'est pas possible, dans un cas donné, de bien préciser celui qu'il faudra prendre.

L'étude en bloc conduira mieux, au contraire, à la détermination de la résistance effective dans les cas ordinaires de la pratique. La résistance ainsi précisée est celle qu'il faudra faire intervenir dans le problème de la traction.

Peut-être un jour la détermination des résistances individuelles pourra-t-elle conduire également à la solution du problème de la traction, lorsqu'elles seront mieux connues ; cependant, lorsqu'il faudra passer à l'application, il y aura toujours des circonstances servant d'argument aux résistances individuelles qui seront mal connues. Ainsi, par exemple, la résistance à la fusée varie selon le graissage. Dans la pratique, le graissage des fusées des véhicules ne sera jamais identiquement le même ; il sera bien difficile, pour chacune d'elles, de savoir comment le graissage a été fait, pour connaître la valeur de la résistance à appliquer. L'étude en bloc dispense de ces appréciations ; elle donne une résistance moyenne, qui, dans la pratique, sera beaucoup plus exacte.

§ 2. ÉTUDE INDIVIDUELLE DES DIVERSES RÉSISTANCES

La détermination de ces résistances doit se faire par des méthodes analogues à celles qui sont employées dans la physique. Il faut faire des expériences de manière à isoler le phénomène à étudier, ou, du moins, à le rendre prépondérant, afin que les autres circonstances, qui peuvent influer sur le résultat à obtenir, exercent des actions assez faibles pour qu'on puisse, sans grande erreur, se contenter de les évaluer approximativement à titre de corrections. Mais, pour ce faire, il faut nécessairement se placer dans des conditions très différentes de celles de la pratique, et l'on n'est jamais bien sûr que la grandeur à mesurer n'en est pas altérée.

121. Résistance à la jante. — Wood a essayé d'obtenir la *résistance à la jante* en lâchant un essieu monté sur une pente et en déterminant le chemin parcouru l par cet essieu au bout du temps t, ou plutôt Wood mesurait le chemin parcouru par l'essieu pour s'arrêter sur le palier qui se trouvait au bas de la pente.

Le mouvement de l'essieu se compose d'un mouvement de translation et d'un mouvement de rotation. Si v est la vitesse au bout du temps t, P le poids de l'essieu, ω la vitesse angulaire et k le rayon de gyration, la force vive de translation au bout du temps t est $\frac{1}{2}\frac{P}{g}v^2$; la force vive de rotation $\frac{1}{2}\frac{P}{g}\omega^2 k^2$; et la force vive totale $\frac{1}{2}\frac{P}{g}(v^2+\omega^2 k^2)$.

En appelant i la pente et f_1 la résistance à la jante exprimées en fractions, l'effort qui agit sur l'essieu est $P(i-f_1)$ et le travail, au bout du temps t, $P(i-f_1)l$.

On a donc :

$$\frac{1}{2}\frac{P}{g}(v^2+\omega^2 k^2) = P(i-f_1)\,l,$$

et comme :

$$v = \omega R,$$

(R, rayon de la roue),

$$v^2 = 2.\frac{g(i-f_1)}{1+\dfrac{k^2}{R^2}}\,l.$$

Le mouvement de l'essieu est donc un mouvement uniformément accéléré — ce qui n'était pas évident *a priori* — dont l'accélération j est :

$$j = \frac{g(i-f_1)}{1+\dfrac{k^2}{R^2}}.$$

Au bout du temps t, le chemin parcouru l est $\frac{1}{2}jt^2$.

Donc :

$$l = \frac{t^2}{2}\frac{g(i-f_1)}{1+\dfrac{k^2}{R^2}}\,;$$

d'où :

$$i - f_1 = \frac{2l}{gt^2}\left(1+\frac{k^2}{R^2}\right).$$

Wood avait déterminé le rayon de gyration k en faisant osciller l'essieu autour d'un axe horizontal ; il avait trouvé $\dfrac{k^2}{R^2} = 0,54$, pour des roues à rais sans charge additionnelle.

La formule précédente permet, connaissant l et t, de calculer la résistance f_1. Cette résistance est à peu près la résistance à la jante car, dans le cas de l'expérience, la résistance de l'air intervient très faiblement et constitue bien, comme nous l'avons dit précédemment, une correction peu importante. Mais la résistance ainsi calculée est-elle bien la même que celle qui se produit dans les trains ? D'abord le calcul suppose la résistance indépendante de la vitesse.

Or la résistance à la jante est due en partie à des chocs, soit par suite des inégalités de la voie, soit au joint des rails, qui doivent la faire augmenter avec la vitesse. En outre, l'essieu est isolé ; il n'est pas guidé, tandis que, dans la pratique, les essieux d'une même voiture sont solidarisés par le châssis. Les chocs et les frottements qui se produisent sur les boudins ne sont donc pas identiques, dans le cas de l'expérience, à ce qu'ils doivent être dans la pratique. Mais, d'autre part, l'entretien de la voie est aujourd'hui meilleur, les rails sont plus longs et, par suite, les joints moins nombreux ; l'éclissage est plus soigné ; les pertes de force vive dues aux chocs de la voie doivent donc être moins fortes qu'au temps où les expériences ont été réalisées.

Pour étudier l'influence de la vitesse et de la charge, Wood a renouvelé l'expérience sur des pentes variables et en disposant autour de l'essieu, des saumons de plomb qui augmentaient le poids sans donner trop de prise à l'action de l'air. Mais ces moyens étaient encore bien insuffisants pour faire varier le champ des expériences.

Avec des roues de o m. 87, Wood a trouvé une résistance comprise entre 0,0016 et 0,001. Il donne la préférence à la valeur la plus faible, obtenue avec la plus forte charge, comme moins affectée par la résistance de l'air. Si l'on admet, avec Coulomb, que la résistance au roulement varie en raison inverse du rayon, la valeur 0,001 pour des roues de o m. 87, conduit, pour des roues de 1 m., à celle de 0,00087.

Dupuit a admis que la résistance à la jante varie suivant une loi un peu différente, en raison inverse de la racine carrée du rayon. Or M. Poirée a tenté de mesurer directement la résistance à la jante, en opérant sur des essieux montés isolés et tirés à petite vitesse, avec un dynamomètre. Il a obtenu 0,0009 pour des roues de o m. 90 ; en faisant varier le diamètre jusqu'à 1 m. 20, il a obtenu des résultats qui semblent confirmer la loi de Dupuit.

On admet ordinairement 0,001 pour la résistance à la jante.

122. Résistance à la fusée. — Pour la résistance à la fusée, nous ne pouvons que rappeler les expériences de Beauchamp Tower. Elles ont mis en lumière l'influence considérable du graissage sur le coefficient de frottement du coussinet.

Les divers observateurs ont trouvé pour ce coefficient des valeurs variant de 0,001 à 0,1 et même 0,13. En présence de tels écarts, quelle valeur faudra-t il prendre pour calculer la résistance d'un train ? On ne saurait la fixer puisqu'on ne connaîtra pas *a priori* les conditions du graissage. Cependant les limites peuvent se restreindre. Tower a montré qu'à moins d'avoir un graissage très défectueux, le coefficient de frottement ne doit pas être supérieur à 0,01. S'il a atteint 0,1 et même 0,13 c'est que : ou bien le graissage était absolument mauvais, ou bien l'on a fait entrer dans la résistance à la fusée des éléments qui lui étaient étrangers.

Paine et *Wellington*, dans des expériences faites par la Société des Ingénieurs civils américains, publiées en 1879, ont trouvé, pour le coefficient de frottement, les valeurs suivantes :

Wagons chargés et voitures à la vitesse de 8 km.   0,02
     Id.   à marchandises vides   id.   0,03
Trucks   id.   id.   0,12

Le frottement des fusées par tonne de charge est presque toujours moindre aux grandes vitesses qu'aux faibles vitesses.

Les chiffres ainsi donnés, pour le frottement du coussinet sur la fusée, se rapportent au *coefficient de frottement*. Pour avoir la résistance par tonne due à la fusée, il faut, comme on l'a vu, multiplier ce coefficient par le rapport $\dfrac{r}{R}$ du rayon de la fusée au rayon de la roue.

123. Résistance de l'air. — La résistance de l'air a fait l'objet d'études nombreuses depuis deux siècles. Au xviiie siècle, on l'a étudiée surtout à l'occasion des navires à voiles ou des moulins à vent, c'est-à-dire à des vitesses relativement faibles. Dans le courant du xixe siècle, la question a été reprise soit à propos des chemins de fer, soit à propos de l'étude du mouvement des projectiles. C'est dans des limites de vitesses très étendues que l'on a eu à considérer cette résistance, depuis 1 m., jusqu'à 600 m. et 700 m. Pour les chemins de fer, dont la vitesse ne dépasse guère 30 m. à la seconde, on peut admettre qu'elle varie sensiblement comme le carré de la vitesse. On admet, d'autre part, qu'elle est proportionnelle à l'aire de la projection de la surface sur laquelle elle s'exerce sur un plan perpendiculaire à la direction du vent, c'est-à-dire à ce que l'on nomme, dans la navigation, le *maître couple*.

Cette loi n'est applicable qu'au cas du vent de bout.

La proportionnalité de la résistance à la surface normale exposée n'est cependant pas exacte. La résistance de l'air tient, d'une part, à la viscosité du fluide, d'autre part et surtout, à la déviation que doivent subir les filets gazeux.

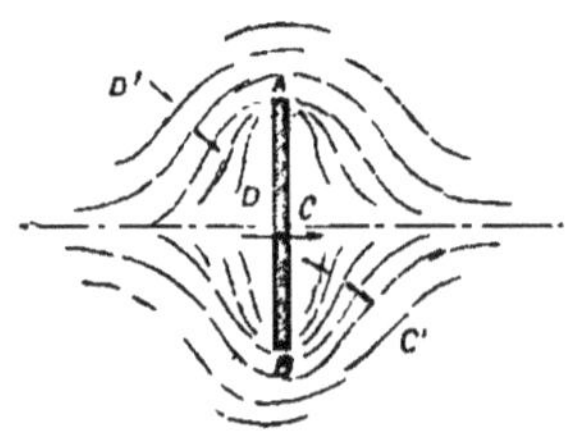

Supposons un plan soumis à un mouvement de translation : à l'avant les filets doivent s'écarter pour contourner les bords du plan, à l'arrière, ils doivent se recourber en sens inverse pour rentrer dans le sillage tracé par le plan. Le plan doit exercer, à l'avant, une pression sur les filets gazeux pour les recourber, pression qui va en croissant, à partir du centre C du plan, au fur et à mesure que l'on s'éloigne, jusqu'aux couches d'air qui ne subissent plus d'action ; de plus cette pression doit être plus grande au centre que sur les bords. De même, à l'arrière, il se produit une dépression en D pour que les filets gazeux se recourbent en sens inverse. C'est l'ensemble de cette surpression à l'avant et de cette dépression à l'arrière qui constitue la résistance au mouvement due à l'action du vent.

La résistance du vent ne serait pas proportionnelle à la section projetée, mais varierait plus rapidement que la proportionnalité; d'après Borda, elle serait proportionnelle à $S^{1,1}$. Cependant on admet généralement la loi de proportionnalité à S.

D'autre part, si le plan est mince, il est bien certain que la courbure des 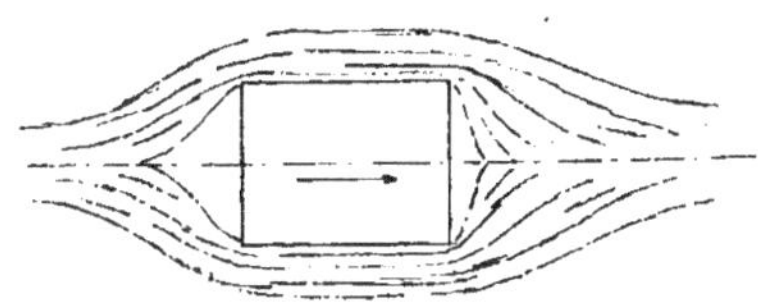 filets gazeux sur ses bords sera très brusque et que, par suite, la surpression, d'un côté, et la dépression de l'autre, nécessaires pour obtenir ce mouvement, seront plus considérables que si les filets peuvent dérables que si les filets peuvent reprendre, au contraire, dans l'intervalle, leur direction normale comme cela se produit lorsqu'on déplace un prisme.

La résistance sera donc plus grande s'il s'agit du déplacement d'un plan mince que de celui d'un prisme.

D'après M. de Pambour, la résistance totale p peut s'écrire :

$$p = 0{,}0625\,S\,v^2\,K.$$

v étant la vitesse en mètres à la seconde et K un coefficient dépendant de la forme de la surface soumise à l'action du vent.

S'il s'agit d'un plan mince, on prend $K = 1{,}43$. S'il s'agit d'un prisme, c'est-à-dire d'un corps ayant sensiblement la forme d'un wagon, on prend $K = 1{,}15$.

En appelant V la vitesse en kilomètres à l'heure, la formule devient, pour les chemins de fer ($K = 1{,}15$) :

$$p = 0{,}005\,SV^2;$$

pour des plans minces, la formule serait :

$$p = 0{,}0068\,SV^2.$$

La résistance d'un prisme en mouvement est donc moindre que celle d'un plan. Cette résistance serait encore diminuée si, à l'avant des prismes, 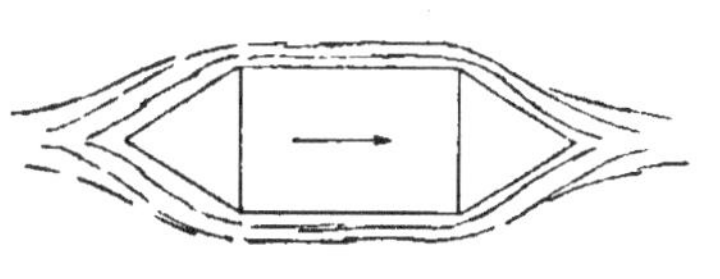 on plaçait une proue qui dévierait graduellement les filets gazeux et éviterait de les recourber brusquement; et si, de même, à l'arrière, on plaçait une queue analogue, qui servirait de proue dans le mouvement inverse et empêcherait également la déviation brusque des filets gazeux dans le sillage du prisme.

M. Desdouits a fait des expériences, au chemin de fer de l'État, sur la résistance due à l'action de l'air, en fixant des panneaux à un train et en mesurant l'effort nécessaire pour les maintenir dans la position verticale. Il est arrivé, pour des plans minces, à la formule :

$$p = 0,01 \ SV^2.$$

D'après ses expériences également, la pression semble augmenter un peu plus que proportionnellement à la surface, mais très peu dans les limites de la pratique.

Pour que les expériences réussissent, il faut que les panneaux soient éloignés des véhicules, à 1 m. 20 au moins, parce qu'il y a une masse d'air entraînée qui s'étend à 1 m. de distance environ. On voit facilement, en rapprochant le panneau, que la résistance arrive à n'être plus que les 0,3 de ce qu'elle est à 1 m. 20.

Avec des prismes carrés, ayant une longueur double du côté de la base, et celle-ci étant garnie de proues de diverses formes, la résistance a été réduite : à 0,55 avec une proue en forme d'angle dièdre isocèle droit, et à 0,50 avec un dièdre de 60°, une pyramide ou un cône.

On peut apprécier par un exemple l'importance de la résistance de l'air. Soit un train offrant une surface de 7 m², marchant à la vitesse de 72 km. à l'heure, c'est-à-dire 20 m. par seconde ; la formule $p = 0,01 \ SV^2$ donne une résistance de 364 kg., ce qui représente $364 \times 20 = 7.280$ kgm. à la seconde, soit environ 100 chevaux-vapeur. La résistance de l'air est donc un facteur très important et qui croît très rapidement avec la vitesse. On a essayé de la diminuer en plaçant à l'avant des machines des sortes de proues d'une forme convenable. Cette disposition a été tentée à l'Etat et sur le réseau de Lyon. A l'Etat, on a comparé une machine ainsi armée et dont les roues avaient été garnies de tôles entre les rais, pour éviter les remous de l'air, avec une machine identique faisant le même service. On alternait même les mécaniciens pour donner plus de garantie aux résultats. Au bout de six mois les résultats ont été les suivants :

	Consommation par	
	kilom. de train	tonne kilom.
	kil.	gr.
Machine armée.....................	5,4	57,2
Machine non armée.................	6,3	67,5

Cela représente une économie totale de 12 à 13 o/o. En fait, l'économie est beaucoup plus grande en pleine marche, les allumages, démarrages, rampes et le service des freins entraînant des dépenses indépendantes de la résistance de l'air et de la vitesse.

L'action de l'air se fait sentir non seulement sur la machine et le premier véhicule, mais aussi sur le reste du train. Cela tient à ce que la

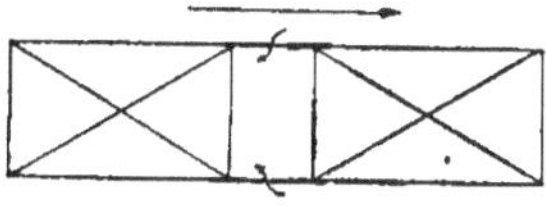

masse d'air, qui est comprise entre deux véhicules et qui devrait être entraînée avec eux, ne l'est pas entièrement; une partie de cet air reste en chemin. L'air qui rentre pour le remplacer choque la paroi d'avant des véhicules et produit une certaine perte de force vive, mais bien inférieure à celle qui se produit en tête du train. On peut diminuer cette résistance en plaçant des ailettes de chaque côté des véhicules, pour emprisonner la masse d'air; mais ces ailettes sont assez incommodes dans les manœuvres.

Ordinairement, d'après des expériences de M. de Pambour, on admet pour chaque véhicule qui n'est pas soumis à l'action directe du vent, une surface de o m². o93, que l'on ajoute à S. Ce chiffre est probablement trop fort.

Bien entendu, dans l'application des formules précédentes, si le vent a une vitesse propre, elle doit s'ajouter à celle du train, et la résistance peut alors devenir énorme.

L'influence du *vent latéral* est double. Il peut d'abord entraîner le renversement des wagons. Il y a quelques années, on a vu des wagons de fourrage renversés par le vent du haut du viaduc de la Sioule (Allier). Mais, outre cet inconvénient, qui ne peut se produire que dans des circonstances bien exceptionnelles, le vent latéral augmente normalement la résistance. On s'est longtemps demandé pourquoi. Cela peut tenir à ce que les boudins appuient plus fortement sur les rails, mais la conicité empêche le frottement d'être continu. L'accroissement de résistance paraît être dû, d'après MM. Ricour et Desdouits, au renouvellement constant de la masse d'air comprise entre les véhicules et à laquelle il faut transmettre la force vive du train.

Voici comment on peut évaluer cet effet. Soient h la hauteur des véhicules, e l'intervalle compris entre deux véhicules consécutifs, u la vitesse de l'air, v celle du train. Au bout de 1 seconde, la masse d'air qui se sera renouvelée entre les véhicules sera $h. e. u.$ Si π est le poids du mètre cube d'air, la force vive qui lui sera communiquée sera $\dfrac{1}{2} \dfrac{\pi}{g} h. e. u. v^2.$ Or, pendant ce temps, le chemin parcouru est v; la force p équivalente a donc produit le travail $p. v.$ et l'on a par suite :

$$p = \frac{1}{2} \frac{\pi}{g} h. e. u. v.$$

Faisons $h = 2$ m. 5o, $u = 8$ m. (forte brise), $v = 1$o m. soit 36 km. à l'heure, on aura :

$$p = 13 \text{ kg.}, 3 \; e ;$$

l'intervalle de deux véhicules consécutifs étant d'environ 1 m. cela donne 13 kg. environ par véhicule. Cette résistance représente :

o kg. 87 par tonne pour un wagon à marchandises à pleine charge, du
poids de 15 tonnes.

1 kg. 45   —   un wagon à marchandises de charge moyenne
4 t. (tare 5 t.).

2 kg. 6   —   un wagon vide (5 tonnes).

1 kg. 9   —   une voiture à voyageurs de 7 t.

Les ailettes dont nous avons parlé pour diminuer l'action du vent de
bout sur chaque véhicule auraient une influence très importante sur
l'action du vent latéral.

§ 3. ÉTUDE DES RÉSISTANCES EN BLOC

124. — Une première question à étudier, c'est la résistance d'un véhicule
isolé, à faible vitesse, dans l'air au repos. On l'obtient aisément en obser-
vant sur quelle pente un véhicule se met en marche spontanément. On
trouve ainsi qu'il faut une déclivité de 1 mm. 4 à 1 mm. 6, c'est-à-dire de
14 à 16 dix-millièmes, soit en moyenne 0,0015 ; cela représente donc une
résistance de 1 kg. 4 à 1 kg. 6 par tonne.

M. Desdouits a trouvé, à petite vitesse, des résistances analogues, 1 kg. 5
à 1 kg. 8, à condition d'opérer sur un nombre suffisant de véhicules qu'on
lance sur un palier et dont on observe l'arrêt.

En opérant de même sur un seul véhicule lancé, on trouve une résistance plus grande, 2 kg. 20 à 2 kg. 70, à cause des perturbations accidentelles.

On emploie plusieurs procédés pour mesurer la résistance des trains
en pleine marche. L'un d'eux consiste à interposer un dynamomètre entre
le tender et le reste du train. Le dynamomètre donne à chaque instant
l'effort exercé sur l'attelage. Pour faciliter l'observation, on se sert d'un
dynamomètre enregistreur. Ayant l'effort exercé, à un instant donné, on
aura la résistance du train en retranchant la résistance due à la pesanteur
et aux courbes : on a ainsi seulement la résistance du train remorqué.

Quant à la résistance du train total, elle peut s'évaluer à l'aide de la
consommation de combustible et d'eau sur un parcours donné aussi
homogène que possible. Il faut alors apprécier le travail donné par 1 kg.
d'eau consommé.

Pour opérer avec précision, il faut employer l'indicateur de Watt qui
donne le travail indiqué. Si même on veut savoir le travail absorbé par
le train et celui exigé par la machine, il suffit d'employer à la fois un
wagon dynamomètre et l'indicateur de Watt. La différence entre le travail
indiqué et le travail au crochet de traction donne le travail absorbé par
les résistances de tout genre qui s'appliquent à la machine. Comme la
machine doit être dans des conditions normales, il importe, dans ce calcul,
de tenir compte de l'accélération j du train. Si F désigne l'effort disponible, P le poids du train remorqué, on a :

$$\frac{P}{g}\,j = F - P\,(r + i),$$

d'où :

$$F = P\left(\frac{j}{g} + r + i\right).$$

F représente l'effort disponible à soustraire du travail indiqué par mètre de chemin parcouru.

Dans cet ordre d'idées, des expériences au démarrage sont très avantageuses pour avoir la résistance de la machine, parce que la résistance r, qui est l'élément le plus difficile à évaluer, devient faible en comparaison de $\frac{j}{g}$. Mais on a alors la résistance correspondant à une faible vitesse et à une admission étendue. Les rampes sont également très avantageuses pour faire ce calcul, l'élément r pouvant y devenir très faible, eu égard à i.

En partant du démarrage, M. Desdouits a trouvé, pour une machine à grande vitesse et à *tiroirs cylindriques*, que la résistance du mécanisme était environ de 5 o/o de l'effort théorique $\frac{pd^2l}{D}$. Cet effort était de 5.607 kg. et la résistance de 280 kg. L'effort effectif était 4.774 kg. ; la résistance du mécanisme en représente 6 o/o. Pour des machines à tiroirs plats, on a trouvé le double.

A l'*Est* (P. Lefèbvre, *Revue générale des chemins de fer*, décembre 1888) on admet, d'après les expériences de Vuillemin :

4 kg. 35 + 0,18 V pour les machines à roues libres,
5 kg. 35 + 0,24 V pour les machines à 3 essieux accouplés,
8 kg. 30 + 0,21 V pour les machines à 4 essieux accouplés.

Les formules obtenues pour établir la résistance des trains sont loin d'être uniformes. La confusion qui règne dans cette question paraît provenir en grande partie de ce que l'on n'a pas fait, pour les machines, la distinction entre les *résistances intérieures* et les *résistances extérieures*. Nous avons rencontré cette distinction dans l'étude du mouvement de la machine et des réactions développées entre elle et la voie ; notamment, on a vu que les résistances extérieures influent seules sur la répartition du poids entre les essieux.

Cette distinction n'a pas moins d'importance dans la question actuelle, à cause de la différence des lois que suivent ces résistances.

La *résistance extérieure* comprend la résistance à la jante et celle de l'air, celle-ci très prépondérante dans les grandes vitesses ; elle dépend, en tout cas, exclusivement de la vitesse et nullement du travail effectué par la machine.

La *résistance intérieure* se compose surtout de frottements. Elle doit dépendre essentiellement du travail effectué et, dans une certaine mesure aussi, de la vitesse. Comme ces résultats suivent des lois très différentes, on ne peut obtenir aucun résultat simple en les évaluant ensemble.

La première pourrait à la rigueur s'évaluer sur la machine froide, mais en la poussant au lieu de la tirer, de façon à ne la masquer par rien. Au contraire, la résistance intérieure ne peut se mesurer que sur la machine travaillant. C'est ce qui fait la difficulté de cette recherche, cette résistance n'étant qu'une fraction assez limitée du travail produit, et toutes les erreurs commises sur la mesure de ce travail et de la partie de celui-ci qu'absorbe le train, c'est-à-dire des résistances extérieures, se reportant sur la résistance intérieure mesurée par différence.

Ordinairement, pour évaluer la résistance totale d'un train, on applique à son poids total, machine et tender compris, la formule admise pour le train remorqué, et on y ajoute, sous le nom de *résistance du mécanisme*, un supplément évalué d'une manière, en général, assez arbitraire et qu'on suppose assez souvent constant pour chaque machine.

Au *chemin de fer P.-L.-M.*, on a souvent employé pour la résistance du train remorqué, une formule que sa simplicité rend facile à retenir, savoir :

$$r = 1{,}5 + 0{,}1\ V,$$

V étant la vitesse en kilomètres à l'heure. Puis on calcule la résistance due au mécanisme par la formule $0{,}015\ P'$, P' représentant le poids adhérent de la machine. Cette manière de calculer la résistance du mécanisme est fondée sur la supposition que cette résistance provient, au moins pour une part importante, de l'accouplement des essieux. Elle paraît être trop favorable aux machines à roues libres et, au contraire, donner une résistance excessive pour les machines à nombreux essieux accouplés. Ailleurs, on a pris quelquefois seulement $0{,}10\ P'$.

Au *chemin de fer de l'Est*, pour les trains de voyageurs de grande vitesse, on a obtenu la formule :

$$r = 1\ \text{kg.}\ 83 + 0{,}0843\ V.$$

D'autres fois, on fait intervenir le carré de la vitesse. A l'*État prussien*, par exemple, la formule adoptée est :

$$r = 2{,}4 + 0{,}001\ V^2;$$

mais elle comprend la résistance totale, même celle du mécanisme de la machine.

A la *Compagnie d'Orléans*, la formule adoptée est la suivante (train remorqué) :

$$r = 1{,}5 + \frac{V^2}{1100}.$$

La résistance du mécanisme est évaluée ainsi :

12 kil. par tonne pour les machines à roues libres,

15	—	—	2 essieux accouplés,
18	—	—	3 —
20	—	—	4 —

Enfin, il nous reste à dire quelques mots des formules de M. Desdouits.

Il distingue le *train élémentaire* (machine, tender et fourgon de tête) pour lequel la résistance par tonne est :

$$r = 2\ \text{kg}.\,5 + 0,0020\ V^2,$$

et le reste du train remorqué dont la résistance est donnée par l'équation :

$$r_1 = 1\ \text{kg}.\,6 + 0,0003\ V^2.$$

Dans les wagons de marchandises, il importe de grouper les véhicules de même nature, les wagons couverts ensemble et les wagons plats ensemble pour éviter, dans la mesure du possible, l'action de l'air sur la face avant des véhicules.

M. Desdouits introduit même dans la formule un terme en V^3, mais seulement pour certaines machines dont les tiroirs manquent de liberté ; le coefficient de ce terme ne dépasse pas 0,000012.

§ 4. RÉSISTANCE DUES AUX COURBES

125. — Les courbes accroissent notablement la résistance des trains. On conçoit tout naturellement leur influence, et l'on se rend bien compte qu'elles doivent augmenter la résistance au mouvement. On a fait d'ailleurs de nombreuses théories pour évaluer cette résistance ; mais les résultats dépendent de trop d'éléments pour avoir une portée pratique.

D'abord certaines dispositions sont prises pour adoucir le mouvement en courbe. Ces dispositions faussent les résultats théoriques dans l'application ou bien il faudrait analyser très exactement leur influence. D'un autre côté il faudrait connaître exactement toutes les circonstances du mouvement en courbe, tandis que l'on est, la plupart du temps, réduit à faire des hypothèses.

La résistance en courbe n'est d'ailleurs pas la même tout le long de la courbe. Il y a, à l'entrée et à la sortie, une résistance spéciale pendant que les essieux prennent leur jeu et que les suspensions s'adaptent à la courbe ou, au contraire, reprennent l'arrangement qui convient en alignement.

Nous étudierons la résistance en courbe pour le matériel rigide. Les conclusions s'appliqueront également aux trucks du matériel américain, mais non aux véhicules ayant un mécanisme spécial permettant aux essieux de prendre un mouvement de convergence. Ces derniers véhicules sont peu répandus Ils n'ont pas donné d'ailleurs de très bons résultats, comparés aux véhicules ordinaires. Pour ceux-ci, il existe un jeu qui permet la convergence, et cela paraît suffire. Dans les autres, le mécanisme spécial permettant la convergence semble créer un supplément de résistance qui peut compenser et au-delà les avantages du mouvement de convergence.

Une des causes de la résistance dans les courbes est la *solidarité des essieux et des roues.* Les deux roues ayant la même vitesse angulaire, les centres ont la même vitesse linéaire ; comme les deux files de rails n'ont pas la même longueur, il faut nécessairement qu'il se produise des glissements. Si les roues étaient cylindriques, on pourrait facilement évaluer le travail de glissement qui en résulterait en multipliant ce glissement par le coefficient de frottement et par la charge. Mais la conicité entre en jeu, et il faudrait, dès lors, pour avoir le glissement, étudier très complètement le mouvement du véhicule dans la courbe. Ce mouvement est très complexe. On sait que la roue extérieure d'avant se rapproche du rail extérieur, tandis que la roue d'arrière s'en éloigne. Si l'on supposait que les deux roues extérieures roulassent sur le même diamètre, on commettrait certainement une erreur.

Nous allons chercher quelle est la relation qui doit exister entre le jeu de la voie, le rayon moyen des roues, la conicité et le rayon d'une courbe pour qu'il n'y ait pas glissement, autrement dit, pour que la conicité compense la différence de longueur des deux files de rails.

Désignons par :

r le rayon moyen des roues,

j le demi-jeu de la voie, soit $\dfrac{AB - CD}{2}$

α la conicité,

ρ le rayon de l'axe curviligne d'une courbe,

e la largeur de la voie d'axe en axe.

Les deux files de rails sont entre elles comme les rayons $\rho + \dfrac{e}{2}$ et $\rho - \dfrac{e}{2}$.

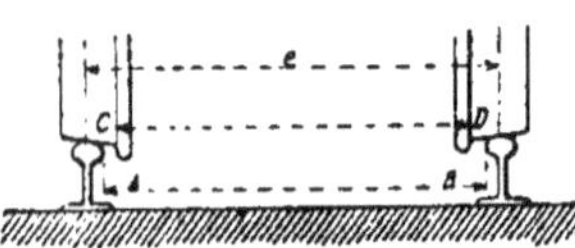

Les chemins parcourus sont également entre eux comme les rayons de roulement. Si nous supposons les roues extérieures appuyées contre le rail extérieur, les rayons de roulement seront $r + \alpha j$ et $r - \alpha j$. On devra donc avoir :

$$\frac{r + \alpha j}{r - \alpha j} = \frac{\rho + \dfrac{e}{2}}{\rho - \dfrac{e}{2}},$$

d'où l'on déduit aisément :

$$\frac{\alpha j}{r} = \frac{e}{2\rho},$$

et

$$\alpha j = \frac{re}{2\rho}.$$

Or on a $e = 1$ m. 5o ; faisons $r = 0$ m. 5o, qui est la valeur moyenne du rayon des roues, $\alpha = \dfrac{1}{20}$; on aura :

$$j = \frac{7,5}{\rho}.$$

Voyons maintenant quelle est l'importance du jeu, d'après les règles posées par la Conférence de Berne (1886).

L'écartement des bords intérieurs des rails doit être au plus de 1 m. 654 et au moins de 1 m. 435. En France, l'écartement normal est de 1 m. 450. Cependant plusieurs compagnies ont adopté récemment la cote de 1 m. 445 et même 1 m.440.

Quant à l'écartement des boudins, il doit être au moins de 1 m. 408 et au plus de 1 m. 422. Pendant longtemps, il y a eu tendance en France, à donner un léger surécartement dans les courbes, et c'est pour cela que l'on a fixé un écartement maximum pour la voie. Aujourd'hui, il y a, au contraire, tendance à donner dans les courbes exactement la même largeur qu'en alignement droit, c'est-à-dire à avoir une largeur constante de 1 m. 450 sur toute la ligne.

On en déduit que le jeu maximum $2j$ est

$$2j = 1 \text{ m. } 465 - 1{,}408 = 0 \text{ m. } 057.$$

Le jeu minimum, avec les dimensions françaises, est :

$$2j = 1{,}450 - 1{,}422 = 0 \text{ m. } 028.$$

Pour que la condition du roulement en courbe sans glissement soit remplie avec ces jeux, il faut que le rayon ρ de la courbe soit au moins de

260 m. pour le jeu de 0 m. 057
540 m.   —   0 m. 028

Avec le jeu minimum, on voit que la compensation ne peut avoir lieu que sur les grandes lignes. Mais, que la compensation soit possible, cela ne veut pas dire qu'elle aura lieu ; il faut encore que l'essieu profite de ce jeu, c'est-à-dire que les forces qui le sollicitent l'obligent à se déplacer de manière à établir la compensation. Le cas se produira pour l'essieu d'avant, qui tend à se porter sur le rail extérieur ; la compensation sera même parfois dépassée. Pour l'essieu d'arrière, on ne peut savoir ce qui

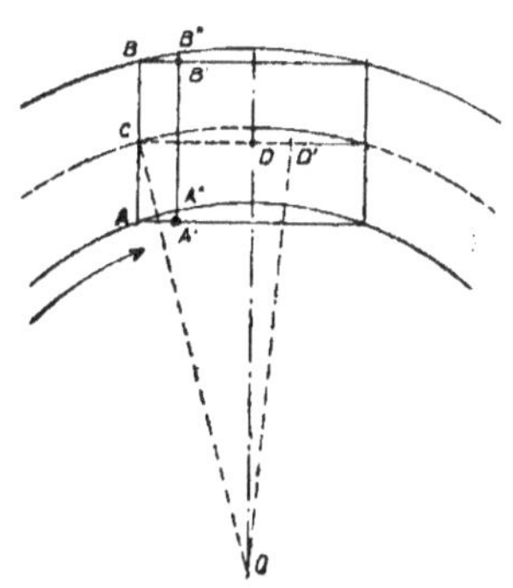

se passe ; il faudrait connaître exactement la position du véhicule pour savoir dans quelle mesure la conicité atténue la résistance.

Une autre cause de résistance dans les courbes provient du *parallélisme des essieux*.

Considérons un véhicule et supposons, pour faciliter le raisonnement, qu'il soit placé symétriquement sur la courbe, c'est-à-dire, perpendiculairement au rayon de la courbe passant par son centre de figure D.

L'essieu AB tend à se déplacer parallèlement à lui-même et à venir en A'B'. Il est obligé de se déplacer d'abord de manière à se disposer parallèlement au rayon OD′, D′ étant la nouvelle position du centre; c'est l'effet dont nous venons de tenir compte. Mais il faut, en outre, qu'il se déplace de A′B′ en A″B″ pour rester sur la courbe. L'essieu subit ainsi un déplacement latéral A′A″. Les deux triangles semblables AA′A″ et ODC sont semblables. On a donc :

$$\frac{A''A'}{AA''} = \frac{CD}{OC} = \frac{\dfrac{l}{2}}{(\rho)},$$

en désignant par l la longueur du véhicule.

Donc :

$$A''A' = AA'' \times \frac{l}{2\rho}.$$

En multipliant ce glissement par le coefficient de frottement et par la charge totale du véhicule (puisque le glissement se fait sentir sur les deux essieux), on aura le travail dû au glissement latéral. Quant à la force de résistance, elle est évidemment égale au travail lorsque la somme des chemins parcourus AA″ est égale à l'unité. Cette force, par unité de poids, est donc égale au produit de $\dfrac{l}{2\rho}$ par le coefficient de frottement.

Le premier effet, glissement longitudinal, résulte de ce que les roues sont calées sur les essieux; le second, glissement latéral, provient du parallélisme des essieux. Ce dernier peut être atténué considérablement par le jeu des boîtes de graissage dans les plaques de garde, ou par les dispositions spéciales qui permettent la convergence.

Une troisième cause de résistance provient du *frottement des boudins sur les rails*.

Le frottement du boudin a lieu, principalement sur la roue extérieure qui est pressée par une force parallèle à l'essieu contre le rail extérieur. Ici encore, il faudrait faire une théorie complète pour évaluer ce frottement. En alignement droit, le contact du boudin et du rail se fait sensi-

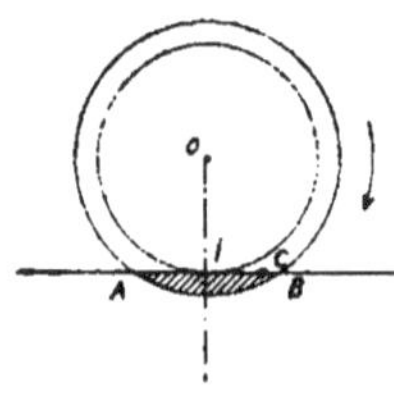

blement sur la verticale du centre de la roue, un peu au-dessous du rail, c'est-à-dire à une faible distance du centre instantané de rotation. Dans les courbes, la roue ayant une position oblique par rapport au rail, le point de contact du boudin et du rail se trouve à l'avant du segment AB déterminé par la surface du rail sur le cercle extérieur du boudin, en un point C éloigné de l'axe instantané de la rotation II′.

D'autre part, l'essieu étant sollicité par une force parallèle à son axe tend à monter sur le rail, et la roue à prendre la position représentée ci-contre. Les deux effets se combinent pour déterminer la position

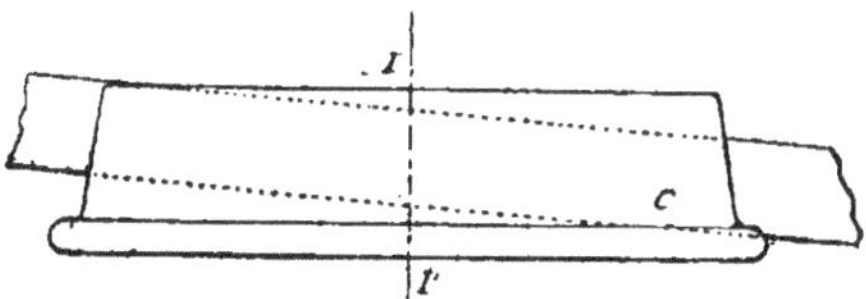

exacte du point de contact, qui dépend à la fois de l'obliquité de la roue, c'est-à-dire de l'*angle de cisaillement*, et de la tendance au soulèvement de la roue eu égard à la force qui sollicite l'essieu et à la nature des surfaces frottantes. Divers au·teurs ont essayé de soumettre cette question au calcul. Nous nous bornerons aux indications générales qui précèdent.

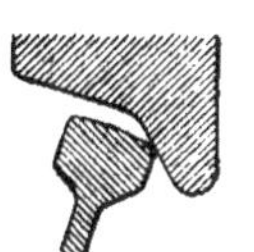

Un des moyens employés pour diminuer le frottement des boudins contre les rails, c'est l'emploi de dévers dans les courbes, les véhicules ayant tendance à revenir vers le rail intérieur. Mais, pour les machines, aux faibles vitesses, le dévers peut quelquefois jouer le rôle inverse comme nous l'avons expliqué à propos du jeu des essieux.

Le dévers crée au *démarrage*, une résistance spéciale due à la pression du boudin sur le rail intérieur; d'autre part, la conicité s'exerce à contresens sur l'essieu d'arrière. Il faut donc éviter autant que possible les arrêts dans les courbes, par conséquent éviter d'y placer des stations.

En somme, on ne sait pas très bien évaluer les résistances élémentaires dues à l'action des courbes. Voici comment M. Desdouits évalue la résistance totale. Il distingue la résistance en pleine courbe et la résistance due à l'entrée ou à la sortie des courbes. La résistance en pleine courbe est indépendante de la longueur du train ainsi que de la vitesse ; elle est insensible pour les courbes de rayon supérieur à 1.000 m., de 1/2 kg. par tonne pour les rayons de 800 m., de 1/2 à 1. kg. pour les rayons de 500 m. Pour les rayons inférieurs, ce qu'il y a de mieux, c'est la formule empirique de *Von Röckl*, établie à la suite d'expériences faites il y a quelques années en Bavière :

$$r = \frac{650 \text{ kg.}, 4}{\rho - 55},$$

r désignant la résistance par tonne, et ρ le rayon de la courbe.

Cette formule a reçu une confirmation par les résultats de la Commission française dite des petits rayons (1891-1892). La Commission a trouvé que r n'excède pas 4 kg. par tonne dans des courbes de 200 m. de rayon, et 6 kg. dans des courbes de 150 m. de rayon. Or la formule de Röckl, pour ces rayons, donnerait 4 kg. 5 et 6 kg. 8.

D'autres formules sont également en usage.

Au *P.-L.-M.*, la formule admise est :

$$r = \frac{1125 + 25\,n}{\rho},$$

n désignant le nombre des véhicules, ρ le rayon de la courbe.

A l'*Orléans*, la formule employée est :

$$r = \frac{1000\,n\,\mathrm{V}}{\rho^2},$$

V étant la vitesse en kilomètres à l'heure.

CHAPITRE V

TRACTION

§ 1. DÉTERMINATION DES CHARGES
PAR L'EXPÉRIENCE DIRECTE

126. — Nous sommes maintenant en mesure d'aborder le *problème de la traction*, qui consiste à rechercher la charge qu'une machine peut remorquer dans des conditions données. Il se lie intimement au problème inverse qui consiste à déterminer la machine capable de produire un service donné dans des conditions données, c'est-à-dire au *problème du matériel*. En réalité, les deux problèmes n'en font qu'un seul qui, comme tous ceux de la pratique, comporte plusieurs solutions, entre lesquelles on fera un choix de manière à avoir la meilleure utilisation des ressources dont on dispose. Il y a cependant une différence entre les deux problèmes. Lorsque le premier se pose, la machine est souvent existante et elle peut être expérimentée. Dans le second cas, au contraire, on ne peut se baser sur l'expérience directe, puisqu'il s'agit précisément de déterminer les éléments de la machine à construire.

Lorsqu'on se propose de déterminer les charges qu'une machine peut remorquer dans des conditions données, le moyen le plus simple consiste à la suivre dans son service, à observer les charges qu'elle remorque eu égard aux inclinaisons et à la vitesse, et à noter la consommation correspondante de combustible et d'eau. On fait varier la charge et la vitesse autant que le permet l'exploitation, afin d'éviter de créer trop de trains spéciaux. Il est avantageux, pour faire ce travail, d'opérer sur de longues rampes, pour faire prédominer le travail de la pesanteur, connu très exactement.

Voici les résultats obtenus, il y a 12 ou 15 ans, sur les chemins de fer de l'*État prussien*, à la la suite d'observations de ce genre, et qui ont été publiées en 1887 dans l'Organ. Les observations ont porté sur trois types de machines, dites machines normales.

Pour condenser les résultats, on a calculé, dans chaque cas, l'effort et le travail développé par les machines à l'aide de la formule déjà donnée pour déterminer la résistance en kilogrammes par tonne :

$$r = 2,4 + 0,001 \ V^2.$$

Il importe relativement peu d'ailleurs de savoir si cette formule est très exacte, car, dans l'application, on passera des efforts aux charges par une opération inverse en se servant de la même formule.

Les trois types de machines observées sont :

Les machines normales à voyageurs à deux essieux accouplés, à roues de 1 m. 73 ;

Les machines normales à marchandises, à trois essieux accouplés à roues de 1 m. 33 ;

Les machines-tenders à trois essieux accouplés à roues de 1 m. 08.

Vitesses		Mach. à voyageurs		Mach. à marchandises		Machines-tenders	
en m. par seconde	en km. à l'heure	Puissance en chevaux	Efforts	Puissance en chevaux	Efforts	Puissance en chevaux	Efforts
4.1	15 kil.	»	»	325	5945	217	3972
5.5	20	248	3381	375	5114	241	3287
8.3	30	303	2737	437	3953	259	2343
11.1	40	358	2419	500	3378	277	1874
13.9	50	404	2179				
16.6	60	441	1991				
19.4	70	477	1841				
22.2	80	505	1703				

On voit que, quand la vitesse augmente, l'effort diminue ; mais, en revanche, la puissance en chevaux croît. Cela tient à ce que le travail de la vapeur est mieux utilisé aux grandes vitesses et probablement aussi à ce que la vaporisation a augmenté.

En Allemagne, on prend pour coefficient d'adhérence normale $\frac{1}{6,5}$ au lieu de $\frac{1}{7}$ comme en France. Il en résulte que l'adhérence des machines à marchandises est de 5.900 kg., tandis que l'effort, eu égard à la vapeur, pourrait atteindre 5 945 kg., c'est-à-dire un chiffre plus élevé. C'est donc l'adhérence qui, aux faibles vitesses, limite la puissance des machines.

Ces divers résultats ont été concentrés dans une même formule par l'ingénieur allemand Franck.

En appelant N la puissance en chevaux, S la surface de chauffe, v la vitesse en mètres par seconde, α et β deux coefficients, on a :

$$\frac{N}{S} = \alpha + \beta \sqrt{v} .$$

Les coefficients α et β varient suivant le type de machines, d'après le tableau ci-dessous :

	α	β
Machines à voyageurs...........	0	1,17
Machines à marchandises.......	0,6	1,00
Machines-tenders......	2	0,8

On peut encore procéder expérimentalement avec l'indicateur de Watt. On détermine alors, pour chaque position du changement de marche, le travail indiqué sur le piston et, en même temps, la dépense d'eau. Pour cela, la machine est observée sur des portions de voie sensiblement homogènes.

Quant à la détermination des charges, elle s'obtient en procédant comme il va être dit pour le cas où il est nécessaire de déterminer par le calcul le travail disponible sur les pistons. Il faut pour cela évaluer les résistances propres de la machine. Si l'on peut mesurer directement au dynamomètre le travail disponible sur le crochet du tender, on aura beaucoup plus de certitude à cet égard.

§ 2. DÉTERMINATION DES CHARGES PAR LE CALCUL

127. — A défaut d'expériences, le problème de la traction peut se résoudre théoriquement à l'aide de la formule de Poncelet, qui distingue trois périodes seulement dans le travail d'une cylindrée : une période d'admission, une période de détente et une période de contre-pression.

Pendant l'admission, on admet que la pression de la vapeur est constante ; pendant la détente, on suppose que la vapeur humide suit la loi de Mariotte ; enfin, dans la contre-pression, on admet également que la pression de la vapeur est constante et on la suppose égale à la pression atmosphérique. La formule obtenue ne répond évidemment que très approximativement à la réalité des choses ; on a cherché à l'améliorer en supposant que la vapeur subit la détente adiabatique. Mais la formule ainsi obtenue est plus compliquée ; la formule de Poncelet donne encore les résultats les plus approchés à cause des phénomènes accessoires qui accompagnent le travail de la vapeur et qui viennent troubler les résultats de formules en apparence plus rigoureuses.

Toutefois, au lieu de la formule de Poncelet pure et simple, il est possible d'y introduire des termes expérimentaux qui en font une formule moitié théorique et moitié empirique. C'est ce qu'a fait M. Ledoux en comparant à la formule des diagrammes obtenus avec des machines de la Compagnie d'Orléans. Il a établi ainsi une formule qui, d'après plusieurs applications, représente le travail de la vapeur avec une approximation d'environ 5 o/o. On ne saurait demander plus dans un calcul de ce genre. La formule de M. Ledoux est, en désignant par $\mathfrak{T}$ le travail par coup de piston :

$$\mathfrak{T}=2.300\pi\,(d^2-d'^2)\,p_1 l\left[x+(x+\lambda)\,2{,}303\log\frac{1+\lambda}{x+\lambda}-\frac{1{,}033}{p_1}(1{,}60-0{,}75x)\right]$$

dans laquelle on désigne par :

x le degré d'admission (rapport de la longueur d'admission à la longueur du cylindre),

λ les espaces nuisibles exprimés en fraction de longueur des cylindres,

d le diamètre des cylindres,

d' le diamètre de la tige du piston,

l la course des pistons,

p_1 la pression *absolue* de la vapeur dans les cylindres (en kilogrammes par cmq).

On peut même, dans cette formule, supprimer le terme en d'^2 qui est négligeable.

Le dernier terme de la parenthèse est relatif à la contre-pression. C'est celui qui tient de l'empirisme. M. Ledoux y a fait intervenir l'admission de laquelle dépend, en effet, dans une certaine mesure, l'influence résistante de la contre-pression.

Pour faire intervenir le timbre p_0 de la chaudière, nous admettrons qu'en passant de la chaudière aux cylindres, la vapeur subit une chute de pression de $1/2$ kilogramme. La pression absolue de la vapeur dans la chaudière étant $p_0 + 1$, on a :

$$p_1 + 0,5 = p_0 + 1,$$

d'où :

$$p_1 = p_0 + 0,5.$$

En réalité, la chute de pression varie avec la dépense qui détermine la vitesse dans le tuyau de prise de vapeur, avec l'ouverture du régulateur et celle des lumières d'admission. La valeur de $1/2$ est une moyenne plutôt faible.

Si nous appelons maintenant F l'effort moyen à la jante, D le diamètre des roues motrices, on a évidemment, par tour de roue :

$$F \times \pi D = 4\varpi ;$$

d'où :

$$F = \frac{4\varpi}{\pi D},$$

c'est-à-dire :

$$F = 9.200 (p_0 + 0,5)\left(\frac{d^2 l}{D}\right)\left[x + (x+\lambda)\,2,303\,\log\frac{1+\lambda}{x+\lambda} - \frac{1,033}{p_1}(1,60 - 0,75x)\right];$$

$\dfrac{d^2 l}{D}$ est-ce que nous avons appelé le *module de traction*. Si nous rapprochons cette formule de celle qui a été établie précédemment :

$$F = \alpha p\,\frac{d^2 l}{D},$$

on voit que αp est représenté par l'ensemble des termes qui multiplient le module de traction.

En désignant par P le poids total du train, par R la résistance due au mécanisme que M. Ledoux, d'après des expériences de l'Est, a évaluée à

0,010 P′ (P′ étant le poids adhérent), par i l'inclinaison, par r la résistance par tonne en palier et en alignement droit, par c la résistance due aux courbes, on a évidemment :

$$F - R = P\,(i + r + c).$$

Lorsqu'on aura calculé la valeur de F, cette formule donnera le poids total du train, eu égard au travail de la vapeur. Mais il entre dans l'expression de F le degré d'admission x qu'il faut d'abord déterminer. Il dépend de la vitesse de marche. Soit ϖ' le poids de vapeur dépensé à chaque coup de piston pour un degré d'admission x. M. Ledoux admet que ϖ' peut être obtenu par la formule empirique suivante :

$$\varpi' = 0,3\pi\,(d^2 - d'^2)\,lx\,(1 + 0,53\lambda)\delta,$$

δ désignant la densité de la vapeur à la pression d'admission

$$p_1 = p_0 + 0,5.$$

La consommation ϖ par kilomètre est évidemment égale à :

$$\varpi' \times \frac{4.000}{\pi D}.$$

On a donc :

$$\varpi = 1.200\,\frac{d^2 - d'^2}{D}\,lx\,\delta\,(1 + 0,53\lambda)\,;$$

ce que l'on peut écrire, A désignant un coefficient constant,

$$\varpi = A.x.$$

En désignant par V la production de vapeur à l'heure, que l'on peut calculer à l'aide d'une des formules de vaporisation, par v, la vitesse en kilomètres à l'heure, on a évidemment :

$$v = \frac{V}{\varpi} = \frac{V}{Ax},$$

d'où l'on déduit :

$$x = \frac{V}{Av}.$$

On remplacera x par cette valeur dans l'expression de F, et l'on aura la valeur de l'effort en fonction de la vitesse, si l'on suppose que la machine développe sa puissance normale de vaporisation.

Nous avons donc ainsi tous les éléments nécessaires pour déterminer le poids du train à remorquer.

Mais la charge ainsi obtenue ne peut réellement être remorquée qu'à la condition que l'effort qui lui correspond ne dépasse pas l'adhérence. En appelant f le *coefficient d'adhérence* et P′ le poids adhérent de la machine, P'f est l'adhérence qui doit être supérieure à l'ensemble des *résistances extérieures* P $(i + r + c)$:

$$P\,(i + r + c) \leqq P'f.$$

Le terme R, qui représente les résistances intérieures, n'a évidemment pas à intervenir ici.

§ 3. PROBLÈMES DIVERS

Les formules précédentes permettent de résoudre divers problèmes relatifs à l'emploi des locomotives.

128. Détermination de la locomotive. — En premier lieu, le *problème du matériel* peut être ainsi résolu. Il s'agit de construire une machine remorquant, dans des conditions de vitesse fixées, une certaine charge sur un profil déterminé. Dès lors, r, i et c sont connus; on évalue approximativement R et on a la valeur de F. On se donne d'ailleurs, d'après des considérations de construction, le timbre p_0; on se donnera également l'admission x, qui doit rester dans les limites compatibles avec une distribution convenable tant que la machine donne son plein travail, passant du minimum de vitesse avec maximum de charge au maximum de vitesse avec minimum de charge.

La formule représentant l'effort de traction permettra alors de calculer le module de traction $\dfrac{d^2 l}{D}$. Mais le calcul ne va pas plus loin; les valeurs absolues de d, l et D se déterminent en ayant égard aux conditions particulières dans lesquelles la machine doit fonctionner, d'après les considérations pratiques développées dans la première partie.

Quant à la chaudière, elle se calcule à l'aide d'une des formules de vaporisation adoptées, par exemple :

$$V = C \sqrt{cg},$$

C, représentant une des constantes que l'expérience a déterminées.

On a d'ailleurs, pour calculer V, l'équation :

$$V = A\,xv.$$

Ces deux formules donnent le produit cg de la surface de chauffe par la surface de grille; la détermination précise des valeurs de c et de g se fera en se basant toujours sur des considérations pratiques.

Cette méthode donne une solution du problème, quelles que soient les données posées. Mais il est bien évident que, si les éléments calculés sortent des limites admises par la pratique, c'est que le problème posé était impossible *a priori*.

Ces limites se sont d'ailleurs reculées au fur et à mesure que l'industrie s'est perfectionnée, et l'on construit maintenant des machines beaucoup plus puissantes qu'autrefois.

129. Consommations d'eau et de combustible. — Les formules précédentes permettent encore de calculer la consommation d'eau et, par suite, de charbon, d'une machine remorquant un train dans des conditions déterminées sur un certain parcours, c'est-à-dire de résoudre le *problème des allocations de combustible* et celui de la détermination des *prises d'eau*.

On peut arriver à ce calcul de diverses manières.

Au chemin de fer de Lyon, on détermine le travail nécessaire pour remorquer le train dans les conditions données, et on le multiplie par un coefficient qui représente *la consommation de combustible nécessaire pour produire l'unité de travail*. On divise pour cela la longueur totale d'une section de voie L en éléments l, sur lesquels il faut dépenser de la vapeur pour remorquer le train, et en éléments en pente l', sur lesquels on ne consomme pas de vapeur et où il faut même faire appel à l'action des freins pour modérer la vitesse.

On a donc :

$$L = \Sigma\, l + \Sigma\, l'.$$

Soient i l'inclinaison de la section l (comprenant la résistance dans les courbes), r, la résistance en palier à la vitesse admise ; on a pour l'effort exercé sur la section l :

$$P\,(r + i)$$

et, pour le travail développé :

$$[P\,(r + i) + R]\, l.$$

Le travail total $\mathfrak{C}$ développé pour la section **L**, est donc :

$$\mathfrak{C} = \Sigma P\,(r + i)\, l + \Sigma R l,$$

soit, si on suppose qu'il s'agisse d'un train donné et invariable :

$$\mathfrak{C} = P\Sigma\,(r + i)\, l + R\Sigma l.$$

Les sections l', où il ne faut pas dépenser de vapeur, se déterminent ainsi :

Soit i' l'une des pentes satisfaisant à cette condition. L'effort moteur dû à la pesanteur est Pi' ; la résistance totale du train $P(r + c) + R$. Il faut alors que :

$$i'P \geqq P\,(r + c) + R.$$

Comme ces sections sont peu nombreuses, on a souvent intérêt à remplacer Σl par $L - \Sigma\, l'$. Ayant $\mathfrak{C}$, on obtient la consommation de combustible en multipliant ce nombre par la quantité de combustible correspondant à une unité de travail. Cette unité de travail adoptée, c'est 1.000 kilogrammètres, c'est-à-dire le *kilogramme-kilomètre*. En appelant ω la quantité de combustible correspondante, M. Marié, à la suite de nombreuses expériences, a trouvé que l'on pouvait la représenter de la façon suivante, en fonction de la vitesse :

$$\omega = 0 \text{ kg. } 0077 - 0 \text{ kg. } 00003 \, v.$$

Cette formule tient compte de ce que, plus les machines vont vite, meilleure est l'utilisation de la vapeur.

Pour $v = 10$ kilom., on aurait :

$$\omega = 0 \text{ kg. } 0077 - 0 \text{ kg. } 0003 = 0 \text{ kg. } 0074,$$

soit 7 gr. 4 pour 1.000 kilogrammètres.

Or, 1 cheval-vapeur représente 75×3.600 kilogrammètres dans une heure. Si, pour 1.000 kgm., la consommation est de 7 gr. 4, elle sera pour les 75×3.600 kgm., c'est-à-dire dans une heure, de :

$$7,4 \times \frac{75 \times 3.600}{1.000},$$

soit, en kilogrammes, de :

$$7,4 \times \frac{75 \times 3.600}{10^6} = 2 \text{ kg.}$$

En supposant $v = 80$ km. on aurait $\omega = 5$ gr. 3 ; la consommation par heure et par cheval tomberait à 1 kg. 40. Cette formule tient donc bien compte de la meilleure utilisation de la vapeur aux grandes vitesses, mais elle ne saurait être considérée comme rigoureuse, puisqu'elle suppose que le travail de la vapeur est le même pour toute machine à une vitesse donnée.

Quoi qu'il en soit, si l'on suppose les longueurs L, l, l' évaluées en kilomètres, la dépense de combustible sera $\omega\varpi$, et l'allocation par kilomètre $\dfrac{\omega\varpi}{\text{L}}$.

La consommation d'eau peut se déduire de la quantité de combustible consommée. Il suffit de se rappeler que 1 kg. de charbon vaporise 8 à 9 kg. d'eau, et d'adopter, par exemple, 9 kg. pour parer aux dépenses d'eau accessoires en cours de route. Mais on peut aussi déterminer directement cette quantité.

Revenons pour cela à l'expression de F qui est une fonction transcendante du degré d'admission. La résistance du mécanisme R est généralement supposée constante, mais il est évidemment plus exact d'admettre qu'elle dépend du travail de la vapeur et par conséquent de x.

Dans l'équation :

$$\text{F} - \text{R} = \text{P} \, (i + r + c),$$

le premier membre est donc une fonction de x.

On en conclut que x est une fonction de P, i et v, puisque r est lui-même fonction de v. Si on pouvait résoudre l'équation par rapport à x, on aurait la consommation kilométrique par la relation $\varpi = Ax$. Or F peut s'écrire :

$$F = M\,[\alpha x + \beta - 2,3o3\,(x + \lambda)\,\log\,(x + \lambda)].$$

Dans le second membre, il entre une fonction de la forme $z\log z$. On doit remarquer que l'admission x ne varie que dans des limites très restreintes, de o,15 à o,6o au plus. D'autre part, les espaces nuisibles sont environ les o,o5 du cylindre, en sorte que $x + \lambda$ varie de o,20 à o,65 au plus. Dans ces limites, on reconnaît facilement que l'on peut approximativement remplacer la fonction $z\log z$ par une droite dont l'ordonnée est :

$$- o,346oo + o,o3ooz.$$

Cette expression représente les valeurs de $z\log z$ à moins de 6 o/o près.

En remplaçant $(x + \lambda)\,\log\,(x + \lambda)$ par cette expression, on voit que finalement, toutes réductions faites, F est une expression binaire de la forme :

$$F = m + nx,$$

et comme :

$$x = \frac{\varpi}{A},$$

on a :

$$F = m_1 + n_1\varpi.$$

La vitesse du train est généralement constante sur les sections de même inclinaison ; elle ne varie que si l'inclinaison change.

Comme r est une fonction de v, on peut admettre qu'elle est fonction de i ; il en est de même pour $r + i + c$. Vu l'approximation, nous admettrons que cette fonction est linéaire. Admettons de même que la résistance du mécanisme croît linéairement avec x : c'est, répétons-le, un progrès sur l'hypothèse habituelle qui est de la supposer constante ; elle est donc fonction linéaire de ϖ.

L'équation $F - R = P\,(i + r + c)$, prend alors la forme :

$$m' + n'\varpi = P\,(a + bi).$$

D'où :

$$\varpi = \frac{Pa - m'}{n'} + \frac{Pb}{n'}\,i.$$

La consommation totale pour la section L est évidemment $\Sigma\varpi l$, soit :

$$\Sigma\varpi l = \frac{Pa - m'}{n'}\,\Sigma l + \frac{Pb}{n'}\,\Sigma li.$$

Or, li est la hauteur h dont le train s'est élevé sur la section l. Si h' désigne la quantité dont il s'est abaissé sur la section l' et H la dénivellation totale des deux extrémités de la section totale L, on a :

$$li = h,$$
$$H = \Sigma h - \Sigma h',$$

d'où :

$$\Sigma \varpi l = \frac{Pa - m'}{n'} \Sigma l + \frac{Pb}{n'} \Sigma h.$$

Nous avons admis que sur les sections en pente l', la consommation d'eau était nulle ; cela suppose que l'on marche à régulateur fermé, en faisant au besoin usage des freins. Mais elle n'est pas négligeable si l'on fait usage de la contre-vapeur.

Dans ce dernier cas, on doit admettre qu'elle est indépendante de la déclivité, car la vapeur admise dans les cylindres est refoulée dans la chaudière, à l'exception de ce qui est nécessaire pour entretenir un courant dans l'échappement. A la Compagnie d'Orléans, on admet 15 kg. d'eau par kilomètre pour toute machine.

En réalité, la dépense d'eau est souvent beaucoup plus forte, puisque le mécanicien peut consommer à volonté, au-dessus d'un certain minimum ; il exagère facilement, surtout avec l'injection d'eau.

Au total, quand les pentes sont parcourues en contre-vapeur, la consommation totale, sur la section L, peut s'écrire :

$$\Sigma \varpi l = \alpha \Sigma l + \beta \Sigma h + \gamma \Sigma l'.$$

Elle comprend trois termes : l'un, $\alpha \Sigma l$, relatif aux sections où la vapeur agit comme force motrice, supposées en palier ; l'autre $\beta \Sigma h$, relatif à la dénivellation sur ces sections, et le troisième $\gamma \Sigma l'$, se rapportant aux sections où la gravité seule agit sur le train pour le remorquer.

Le terme en Σh est proportionnel au poids P du train.

§ 4. STATIONS DE PRISE D'EAU

130. — Les prises d'eau sont généralement établies dans les stations ordinaires des trains, afin que l'on puisse profiter des arrêts pour le remplissage du tender ; on les place même de préférence dans les stations d'une certaine importance, où les besoins de l'exploitation conduisent déjà à avoir des arrêts de 4 à 5 minutes, c'est à-dire la durée qu'exigent approximativement le remplissage du tender et les manœuvres de mise en place. Cependant, dans les pays peu habités, comme certaines parties de l'Amérique, on a des stations établies uniquement pour l'alimentation, ou bien, pour éviter l'arrêt, on dispose sur la voie des cuvettes Ramsbottom.

L'emplacement et le nombre des stations sont déterminés par les besoins de l'exploitation commerciale. Pour les prises d'eau, on choisira, à défaut d'autres conditions, celles qui peuvent s'alimenter à peu de frais d'une eau abondante et de bonne qualité. Mais l'espacement et l'importance des prises d'eau sont soumis à des conditions limites qu'il faut déterminer.

131. Espacement des prises d'eau. — Il faut que cet espacement ne soit pas supérieur à ce qu'un train peut parcourir sans jamais épuiser son tender. Donc, en partant de la station tête de ligne, ou de toute autre station où des trains ont leur point de départ, on aura à déterminer de proche en proche la station la plus éloignée où l'on puisse placer la prise d'eau, eu égard à la capacité du tender.

La limite sera donnée par les trains de marchandises, puisque, avec une machine de même puissance qu'un train de voyageurs, ils dépensent la même quantité de travail dans le même temps et, par conséquent, dans un parcours moindre. On prendra la machine la plus puissante employée sur la ligne, travaillant à pleine charge dans le sens de marche le plus défavorable, et on calculera, au moyen des formules données, la consommation d'eau qui ne devra jamais excéder la capacité du tender.

En fait, l'espacement des prises d'eau varie de 15 à 40 et 45 km. peut-être plus ; le plus ordinairement, il est de 20 à 35 km. Il n'est pas nécessairement plus faible sur les lignes à fortes déclivités que sur les autres, car si les déclivités augmentent le travail kilométrique par tonne de charge, elles limitent la charge. Si la machine travaillait toujours de manière à utiliser toute sa puissance de vaporisation et marchait à la même vitesse, peu importerait la déclivité ; la consommation d'eau, dans un parcours donné, serait toujours la même. Si la déclivité est assez forte pour que la charge soit limitée par l'adhérence, la vaporisation n'est pas complètement utilisée, la consommation devient moindre.

Toutes ces conclusions peuvent se mettre en évidence avec les formules précédentes.

Soient P le poids du train remorqué, Π celui de la machine, i, c et r les éléments de la résistance extérieure par tonne, R la résistance intérieure, F l'effort à la jante.

On a :

$$F = (P + \Pi)(i + r + c) + R \qquad (1)$$

Le travail dépensé par kilomètre est F kilog.-kilom. et la consommation kilométrique de charbon ω F, F étant déterminé soit par le travail de la vapeur, soit par l'adhérence. La consommation d'eau lui est proportionnelle.

Or, on a trouvé, en fonction de l'admission x :

$$F = m + nx$$

et

$$V = A x v,$$

V désignant la puissance de vaporisation de la machine, et v la vitesse en kilomètres à l'heure. Donc :

$$F = m + \frac{nV}{Av} \; ;$$

la consommation kilométrique de charbon est alors proportionnelle à :

$$\omega \left(m + \frac{nV}{Av} \right).$$

A vitesse égale, si la machine utilise toute sa puissance de vaporisation, F a donc la même valeur ; il en est de même pour ω ; la consommation kilométrique de charbon est la même quelle que soit la rampe i ; mais la charge remorquée P diminue quand i croît et se détermine à chaque instant avec la relation (1). Si, pour une rampe donnée, l'adhérence est inférieure à la valeur donnée pour F par la formule précédente, F diminue, et, par suite, si l'on diminuait la vitesse pour éviter de trop réduire la charge, ω augmenterait et il pourrait y avoir compensation.

Si l'on compare deux rampes où F soit limité par l'adhérence, F aura la même valeur sur les deux ; en supposant que la vitesse y soit la même, la consommation sera également la même, ainsi d'ailleurs que la charge P. Mais si l'on réduit la vitesse sur la plus forte rampe, ω y deviendra plus grand et la consommation kilométrique augmentera.

C'est la continuité des rampes plus que leur grandeur qui détermine le rapprochement des prises d'eau. Avec une différence de niveau donnée entre les extrémités, la consommation sera moindre si la ligne est tracée avec de fortes déclivités, à vitesse égale, puisque la charge sera réduite en conséquence. Mais il est vrai que, sur les lignes à fortes déclivités, la vitesse est moindre et la dépense plus grande pour le même parcours. Enfin, il faut se prémunir contre les patinages, les ralentissements, qui augmentent énormément la consommation et sont fréquents sur les lignes à déclivité.

Les prises d'eau sont alimentées soit par des sources, soit par les rivières. On préfère les rivières parce qu'elles permettent une alimentation plus certaine en toutes saisons. L'eau est amenée dans les réservoirs à l'aide de pompes spéciales ou parfois de béliers hydrauliques. Le procédé Romsbottom permet d'utiliser les sources émergeant au niveau de la voie sans qu'il soit nécessaire d'élever l'eau dans des réservoirs.

132. Quantité d'eau à approvisionner. — La quantité d'eau à approvisionner dans chaque station se détermine en tenant compte des trains qui y naissent et de ceux qui y passent en prenant de l'eau. Pour ces derniers, on calcule la quantité d'eau à leur fournir soit en se basant sur la quantité consommée depuis la station précédente, soit en appréciant la quantité qui sera nécessaire pour aller à la station suivante. Dans le premier cas, le tender sera toujours rempli à chaque prise d'eau. C'est généralement par la première méthode que l'on procède, afin que la machine ait des approvisionnements suffisants pour parer aux incidents de route. Cependant on applique parfois la seconde dans le cas de stations d'une alimentation difficile, et situées sur des points culminants d'où les trains n'ont pour ainsi dire qu'à se laisser descendre jusqu'à la prise d'eau suivante.

En général, les réservoirs contiennent la consommation de deux jours, soit afin de n'avoir pas à pomper constamment, soit pour parer aux chômages pour réparations. Un mécanicien va successivement d'une alimentation à l'autre pomper quelques heures.

Sur beaucoup de lignes, le nombre des trains est limité par la quantité d'eau disponible.

Sur des lignes secondaires, où trois trains mixtes, dans chaque sens, suffisent pour le transport des marchandises, sans avoir généralement le maximum de composition compatible avec la puissance des machines, les prises d'eau peuvent être beaucoup plus espacées que sur les grandes lignes.

Sur d'autres lignes, au contraire, appelées à jouer un rôle important dans la mobilisation, le nombre des trains pourra, à un moment donné, être considérablement augmenté, et il importe d'y prévoir un nombre suffisant de prises d'eau et de donner à chacune d'elles un approvisionnement en rapport avec les besoins impérieux qui pourront se produire si l'éventualité d'une mobilisation vient à se réaliser.

§ 5. NOMBRE DE MACHINES NÉCESSAIRES
AU SERVICE D'UNE LIGNE

133. — Le nombre des machines nécessaires au service d'une ligne dépend essentiellement du nombre des trains qui doivent y circuler, et celui-ci est une fonction directe des besoins commerciaux de la région à desservir. Généralement, le nombre des trains est le même dans les deux sens. Cependant, aux abords des grandes villes ou des grands centres industriels, il peut en être autrement. A Paris, par exemple, les wagons de marchandises arrivent généralement chargés ; ils retournent vides à leurs points d'attache. De même, dans les centres houillers, il faut amener du matériel vide qui en part chargé. Le matériel vide exigeant moins de trains pour son transport, le courant de circulation sera plus intense dans un sens que dans l'autre. On appréciera toutes ces circonstances ; on prévoira un certain nombre de trains facultatifs pour parer aux variations du trafic, et on déterminera ainsi le parcours kilométrique total de machines à faire en un an. Le nombre de machines s'en déduira en admettant qu'une machine à marchandises fait un parcours annuel de 25.000 km. environ et une machine à voyageurs, un parcours de 40.000 km. Ces nombres n'ont rien d'absolu ; ce sont des moyennes qui tiennent compte du temps perdu pour le repos des agents, pour les réparations, les chômages, etc... Ils dépendent de l'organisation du travail.

Si l'on séparait la machine de l'équipe, comme on l'a fait en Amérique, on pourrait avoir un parcours moyen supérieur.

En France, où la machine est généralement attachée à l'équipe et se repose avec les agents, les moyennes de parcours se tiennent approximativement dans ces limites. Ces moyennes sont établies après de longues durées, afin de tenir compte des diverses circonstances qui peuvent restreindre le service des machines.

D'après la statistique de 1895, le parcours moyen des machines sur les chemins de fer d'intérêt général est en France de 36.600 km. En 1886 et 1887, ce parcours était seulement de 27.500 km. C'est là le minimum obtenu. Le parcours moyen a donc été augmenté de près de la moitié en neuf ans. Cela tient à l'augmentation du trafic en même temps qu'à l'organisation du travail.

En 1895, le parcours moyen kilométrique a été de 47.756 km. sur le Nord et de 29.879 km. seulement sur le Midi.

Sur une ligne en construction, on admettra un parcours plus ou moins élevé suivant les circonstances particulières. Mais il vaut mieux être large et avoir une ou deux machines de plus.

§ 6. IMPORTANCE DES DÉPOTS, REMISES ET ABRIS
POUR LES MACHINES

134. — Dans les dépôts, les machines sont généralement remisées sous des abris au-dessus de *fosses à piquer le feu*. Le nombre des fosses couvertes dépend du nombre des machines en service, mais il lui est généralement inférieur. C'est la nuit seulement qu'il faut abriter les machines, car elles peuvent, le jour, rester en stationnement sur les voies de service. Il faut donc faire un projet d'exploitation de la ligne et apprécier le nombre des machines en circulation la nuit. On tiendra compte également des machines destinées à la remorque des trains qui doivent mourir en des points intermédiaires, ou aux extrémités des petits embranchements.

On construira des abris secondaires pour ces machines dont le nombre sera déduit, avec celui des machines en service la nuit, du nombre total des machines. C'est la différence qui représentera le nombre des fosses à installer dans les dépôts.

La répartition de ce nombre de fosses en plusieurs dépôts variera selon les circonstances particulières et surtout selon l'appréciation et la tendance des ingénieurs.

Il y a, actuellement, deux tendances opposées, l'une qui consiste à réduire le nombre de dépôts et à donner plus d'importance à chacun d'eux ; ils contiennent alors jusqu'à 100 machines et plus ; l'autre, au contraire, qui consiste à répartir les machines en un grand nombre de petits dépôts. Les deux systèmes ont leurs avantages et leurs inconvénients.

Le premier système est incontestablement plus économique, il exige moins de frais généraux, moins de dépenses d'installations ; il permet l'emploi d'un outillage plus complet et plus perfectionné ; il donne plus de facilité pour avoir une bonne utilisation des locomotives.

Mais alors, chaque machine ayant un parcours plus étendu, on a des roulements plus longs, durant 15, 20, même 30 jours. Pendant tout ce temps, la machine fait chaque jour un service différent ; de là deux inconvénients graves, l'un touchant les agents, qui ne rentrent que rarement chez eux, et l'autre la sécurité, les agents passant trop peu souvent sur les mêmes points pour bien connaître leurs lignes. D'autre part, les chefs étant moins nombreux et ayant un plus grand nombre d'agents sous leurs ordres possèdent moins bien leur personnel.

Par la pratique, on sera amené souvent à adopter une solution intermédiaire qui conciliera les avantages des deux systèmes.

§ 7. ORGANISATION DU SERVICE DU MATÉRIEL ET DE LA TRACTION

135. — Ce service forme l'un des trois grands services techniques des Compagnies qui sont : 1° l'exploitation ; 2° le matériel et la traction ; 3° la voie. Il est dirigé par un *ingénieur en chef* et comprend deux branches : *le matériel*, et *la traction*.

Le *service du matériel* est chargé d'étudier les projets pour la construction et la réparation du matériel, de préparer les cahiers des charges pour les fournitures, de contrôler l'exécution et d'effectuer la réception. Souvent, il construit lui-même et toujours il effectue la totalité ou la plus grande partie des grosses réparations.

Il est chargé, en outre, de faire les essais chimiques et autres sur les eaux, les combustibles, les graisses, etc., de faire l'épuration des eaux. Cette dernière opération est faite non seulement en vue d'éviter les explosions de chaudières, mais aussi pour avoir une meilleure utilisation du combustible, lorsque les eaux sont très impures, pour réduire le nombre des incidents de chaudières, tels que les ruptures de tubes, et enfin pour éviter les lavages trop fréquents : au Nord, par exemple, les lavages, estimés à 3 francs chaque, avaient lieu tous les 600 km., avant la généralisation du système de l'épuration de l'eau. Avec ce système, ils n'ont plus lieu que tous les 1.000 ou 1.200 km.

Enfin, le service du matériel s'occupe des approvisionnements.

Le *service de la traction* est chargé d'assurer la bonne marche des trains, c'est-à-dire l'utilisation et l'entretien ordinaire courant du matériel ; il répartit le personnel et le matériel sur la ligne selon les besoins, surveille le petit entretien, envoie aux ateliers le matériel qui a besoin de grosses réparations. Pour arriver à ce résultat. le service de la traction comprend un *service central* et un *service local* des lignes. Le réseau est divisé en *sections* ou *arrondissements*, à la tête desquels se trouve un ingénieur, *chef de traction*, assisté d'*ingénieurs* ou d'*inspecteurs* et de *chefs de dépôt*. Le service de chaque arrondissement est chargé d'assurer la traction des trains, l'entretien du matériel courant, la bonne tenue des dépôts et magasins et l'entretien des appareils de tout genre qu'ils comportent. Généralement, chaque arrondissement comprend un atelier où se font les réparations d'une certaine importance pour lesquelles les dépôts n'auraient pas de moyens suffisants.

Les chefs de dépôt règlent le service journalier individuel des mécaniciens et chauffeurs et des ouvriers des dépôts ; ils assurent le service de secours, celui des trains facultatifs et extraordinaires, inspectent souvent les machines, s'assurent que les visiteurs et, lorsqu'il y en a, les graisseurs de route visitent avec soin le matériel. Ils ont sous leurs ordres des sous-chefs de dépôt. Chefs et sous-chefs doivent demeurer au dépôt même, afin de pouvoir assurer un service continu et exercer sur leur personnel une surveillance de tous les instants. On exige même qu'avant la sortie des machines du dépôt, les chefs parlent aux mécaniciens et aux chauffeurs pour s'assurer qu'ils sont pourvus des approvisionnements et agrès nécessaires, et qu'ils sont en état de remorquer avec toute sécurité les trains qui leur ont été désignés.

Outre les machines servant à la remorque journalière des trains, les dépôts doivent avoir également des *machines de réserve*, souvent conduites, dans les petits dépôts, par les chefs de dépôt eux-mêmes. Ces machines doivent être constamment en pression et être prêtes à partir dans un délai de *15 minutes*. environ à partir du moment où elles sont demandées. Les agents chargés de la conduite de ces machines peuvent se reposer alternativement pendant qu'elles sont à l'attente dans les dépôts. Quelquefois même, ces machines sont entretenues par un agent du dépôt, de façon que les deux agents de la machine puissent se reposer simultanément.

Aujourd'hui, on tend à réduire le nombre des machines de réserve qui ne servent que très rarement et coûtent fort cher d'entretien. Il n'y en a guère que dans les grands dépôts. Il n'est pas d'ailleurs toujours nécessaire d'avoir une machine prête pour porter secours à un train en détresse. On peut prendre la machine d'un train de marchandises que l'on gare en attendant qu'une machine ait été mise en feu, ou celle d'un train facultatif que l'on ajourne.

136. Service du mécanicien et du chauffeur. — Avant le départ, le *mécanicien* doit s'assurer que la machine et le tender sont pourvus de tout et qu'ils sont en bon état. Il doit, pour cela, arriver à la gare un temps suffisant avant le départ des trains et afin aussi de pouvoir opérer le mouvement des véhicules nécessaires au dernier moment, s'il n'y a pas de machines spéciales de manœuvre. Le mécanicien doit alors manœuvrer avec précaution, et sur l'ordre des agents de l'exploitation.

En marche, il doit regarder en avant, observer les signaux, faire charger le feu et alimenter la chaudière, observer la vitesse réglementaire déterminée par la feuille de marche du train, eu égard à l'accélération permise en cas de retard et à la limitation imposée par les déclivités, les courbes, le type de la machine. Il doit faire en sorte de ne jamais arriver en avance ; cela est une condition essentielle de la sécurité. Sans doute, lorsqu'une voie est occupée, elle doit toujours être couverte, mais il est sage de ne pas compter sur l'exécution de cette mesure au point de rendre un accident inévitable ou du moins très probable dans le cas où elle viendrait à être omise.

Les mécaniciens doivent veiller, en outre, à ce que la charge du train ne dépasse pas ce que la machine peut remorquer eu égard aux circonstances atmosphériques et autres.

Le *chauffeur* assiste le mécanicien en toute chose ; il est spécialement chargé de manœuvrer le frein du tender, d'alimenter le foyer en combustible et la chaudière en eau. Il doit être capable d'arrêter la machine et même de conduire le train jusqu'à une station voisine en cas d'accident au mécanicien.

En général, une machine ne doit jamais être mise en marche sans être montée par deux agents, qui forment l'*équipe de la machine*.

Pour engager les mécaniciens à régler la marche de leurs machines aussi économiquement que possible, on leur alloue des *primes d'économie de combustible*. Mais alors, ces primes les incitent à diminuer leur vitesse. Pour éviter que ces retards ne se produisent, on les punit pour les retards non justifiés et on leur donne des *primes de temps gagné*, lorsqu'ils rattrapent des retards qui ne leur sont pas imputables. Comme il est possible de concilier le jeu de ces deux primes, les mécaniciens sont poussés à ralentir le plus possible leur vitesse sur les rampes et à l'exagérer sur les pentes, au risque de dérailler et d'occasionner de graves accidents. Il est facile de voir qu'en agissant ainsi, il faut exagérer considérablement la vitesse sur les pentes pour arriver à regagner seulement quelques minutes perdues sur des rampes. Ces exagérations sont formellement interdites. On a souvent proposé par ce motif de supprimer la prime d'économie de combustible.

L'expérience a été tentée en Suisse, il y a quelques années. La consommation a aussitôt augmenté dans une très forte proportion. Le mieux est encore de la conserver et de surveiller très étroitement les agents et de les punir sévèrement lorsqu'on les prend en faute. Ils arrivent d'ailleurs à apprécier sans appareil, très exactement, la vitesse et à régler leur marche avec une précision remarquable. On a vu, par exemple, de bons agents conduire leurs trains avec assez d'exactitude pour pouvoir profiter de la tolérance de deux minutes de retard qui leur est accordée de façon à économiser le plus possible le combustible. Quoi qu'il en soit, il est nécessaire de contrôler leur marche ; on peut le faire avec divers appareils qui sont ou placés sur la voie ou fixés à la machine.

Les *appareils de contrôle de vitesse* placés sur la voie sont portatifs ou fixés à demeure. Ils ont des inconvénients. Les appareils à demeure sont bientôt connus des agents qui prendront leurs mesures pour ralentir la vitesse en passant devant eux. Néanmoins, s'ils sont installés en un point où les exagérations de vitesse sont particulièrement dangereuses, ils permettent d'éviter ces exagérations.

Les appareils portatifs ont un autre inconvénient. Ils surprennent les agents qui, à leur vue, ralentissent brusquement la vitesse, au risque de produire un déraillement, une rupture d'attelage ou autre accident.

Les meilleurs appareils de contrôle de vitesse sont les *appareils enregistreurs portés par les machines*. Ils consistent en un appareil d'horlogerie, mû par la machine elle-même, qui enregistre directement le mouvement. Il en existe plusieurs types. L'un d'eux est en usage sur le réseau de *Lyon* et s'y est développé. Le *Midi* a adopté l'indicateur *Haussaelter*. L'*Est* a fait des essais avec ce dernier appareil, mais il en a imaginé un autre, qui porte le nom d'indicateur *Flaman*, dont les relevés sont plus précis et, malheureusement, le fonctionnement plus délicat.

Le prix de ces appareils est d'environ 1.000 francs par machine, frais généraux compris ; cette dépense n'est pas très considérable. Il en existe d'ailleurs de moins coûteux, mais ils sont moins exacts.

Dans les dépôts, les mécaniciens et chauffeurs doivent entretenir leurs machines en bon état, signaler les réparations nécessaires, les faire eux-mêmes ou les faire faire suivant les cas ; ils doivent, en outre, s'occuper du nettoyage des tubes, du lavage des machines, de l'entretien des garnitures, etc. Quelquefois ce service est fait, en partie, par des agents spéciaux. Il est préférable que ce soient les agents eux-mêmes qui entretiennent leurs machines. Ils sont d'ailleurs plus intéressés à soigner cet entretien ; si, de plus, une avarie se produit en route, par suite d'une mal façon, ils ne peuvent s'en prendre qu'à eux-mêmes. D'autres fois, on fait faire par des agents spéciaux le travail de réparations, d'entretien et d'allumage des machines, les mécaniciens n'ayant plus qu'un service sur les lignes. Il y a là deux tendances opposées. Le second système est plus économique ; le premier donne plus de garantie que la machine sera en bon état ; il est moins fatigant pour les hommes. A la Compagnie d'Orléans, on a adopté un système mixte : les mécaniciens, il y a quelques années, avaient, par mois, 22 à 23 jours de service sur la ligne,

5 jours de travail au dépôt et 3 jours de congé. Les règles imposées pour la limitation des heures de travail ont obligé à modifier un peu cette organisation.

137. Roulements des mécaniciens. — Le travail des agents est déterminé par des tableaux de roulement qui sont définitivement arrêtés par le service central de la traction. Un même roulement s'applique en général à toutes les machines d'un même type d'un même dépôt ; il comprend autant de journées qu'il y a de machines en même temps sur la ligne.

Les roulements doivent être combinés de manière à utiliser le plus complètement possible les hommes et les machines, tout en donnant aux hommes des repos convenablement répartis, les ramenant le plus souvent possible au lieu de leur domicile et permettant le nettoyage et l'entretien courant des machines.

La durée du travail des agents a fait depuis quelques années l'objet des préoccupations constantes de l'administration supérieure Autrefois, le travail atteignait parfois jusqu'à 15 à 16 heures par jour, avec des repos intercalaires Mais si, pendant ces repos, les agents ne se fatiguaient pas, ils ne pouvaient non plus prendre un repos réparateur. Plusieurs circulaires ont réduit ces périodes de travail. La dernière, du 4 mai 1894, a été abrogée par l'arrêté ministériel du 4 novembre 1899, modifié par l'arrêté du 20 mai 1902. D'après ces arrêtés, la journée de travail doit contenir en moyenne 10 heures de travail effectif au plus et 10 heures de grand repos au moins, les moyennes étant établies sur dix jours consécutifs quelconques de roulement. De plus, la période comprise entre deux grands repos consécutifs doit être au plus de 17 heures et ne pas contenir plus de 12 heures de travail effectif ; les grands repos pris à la résidence ont une durée d'au moins 10 heures et ceux pris hors la résidence, de 7 heures. Enfin, tous les 10 jours, les agents ont des grands repos d'au moins 30 heures ; toutefois, ceux dont le service ne comporte pas de découcher hors la résidence peuvent n'avoir qu'un grand repos de 24 heures tous les 15 jours.

La durée journalière du travail des agents varie suivant la nature des trains. Elle est souvent, pour les trains express et rapides, de 4 à 5 heures et ne dépasse guère 6 à 7 heures au plus. Elle est plus élevée pour les trains de marchandises. Les roulements sont d'ailleurs améliorés en tenant compte des réclamations du personnel et des modifications qui peuvent être apportées dans les horaires sans nuire à l'intérêt du public.

En France, il est de règle que la même équipe accompagne toujours la même machine. On a voulu ainsi attacher l'équipe à la machine dans le but d'avoir un meilleur entretien.

Mais ce système a l'inconvénient d'immobiliser du matériel. Si l'équipe ne peut travailler d'une façon continue, c'est qu'il est nécessaire qu'elle se repose. Les machines n'ont, au contraire, pas besoin de repos aussi fréquents ; il suffit de quelques arrêts de temps à autre pour l'entretien.

On peut s'écarter de plusieurs manières de la règle précédente.

L'un des moyens consiste à rendre les *machines banales*. On établit à part le roulement des hommes et celui des machines. Celles-ci font alors plus de parcours chaque jour et s'usent plus vite. Si les machines étaient aussi bien entretenues, cela n'aurait pas d'inconvénient, bien au contraire ; on aurait du matériel rapidement renouvelé auquel on pourrait apporter tous les perfectionnements acquis. Malheureusement l'entretien est très défectueux, comme l'expérience l'a démontré.

On a alors imaginé un système intermédiaire, celui de la *double équipe* On attache deux équipes à une machine. Ce système a été appliqué en Amérique, et il a, depuis quelques années, reçu des applications en Belgique et en France. Il permet de mieux répartir le repos des hommes, mais souvent en le leur faisant prendre hors de chez eux. Tous les services de trains ne se prêtent pas à l'emploi de cette combinaison.

CHAPITRE VI

FREINS

§ 1. ROLE ET UTILITÉ DES FREINS

138. — Les freins, dans les chemins de fer, sont nécessités à la fois par les besoins ordinaires de l'exploitation et par des raisons de sécurité. Leur rôle est triple. Ils doivent servir :

1° à obtenir l'arrêt en cas de nécessité imprévue, en présence d'un signal ou d'un obstacle ;

2° à obtenir les arrêts normaux aux stations ;

3° enfin à modérer la vitesse sur les pentes, lorsque l'action de la pesanteur dépasse la résistance du train à la vitesse qu'il doit conserver.

L'utilité des freins peut paraître contestable pour obtenir l'arrêt normal aux stations. On conçoit qu'ils sont nécessaires lorsque la station se trouve au pied d'une pente ; mais, dans le cas normal de stations sur des sections sensiblement en palier, il peut sembler que les freins sont une superfétation. Même pour ce cas, ils sont indispensables. Pour obtenir l'arrêt rien qu'en coupant la vapeur, il serait nécessaire de commencer le ralentissement à de grandes distances avant la station : avec un train à 70 k. à l'heure, il faudrait près de 4 k. pour obtenir l'arrêt. Le mécanicien ne saurait pas au juste où il devrait cesser l'action de la vapeur, et il ne pourrait obtenir l'arrêt exactement aux quais, encore moins aux grues hydrauliques, par exemple, où les machines ont un emplacement déterminé à moins de o m. 5o près.

On peut calculer ainsi la distance d'arrêt X d'un train lancé.

Supposons la voie en palier. Soient v la vitesse en mètres à la seconde, $a + bv$ la résistance par kilogramme de charge, P la charge du train en kilogrammes.

La force qui agit sur le train est :

$$- \text{P} \, (a + bv).$$

On a donc :

$$\frac{\text{P}}{g} \frac{dv}{dt} = - \text{P} \, (a + bv).$$

Or :

$$v \, dt = dx \, ;$$

donc, en éliminant dt :

$$- g dx = \frac{v dv}{a + bv}.$$

ou :

$$- g dx = \frac{1}{b} \frac{(a + bv)\, dv - a dv}{a + bv} = \frac{1}{b}\, dv - \frac{a}{b^2}\, \frac{b dv}{a + bv}.$$

En intégrant, on a :

$$- g x + c^{\text{te}} = \frac{v}{b} - \frac{a}{b^2}\, \log_n (a + bv).$$

Soit V la vitesse initiale, pour $x = o$.
On a :

$$c^{\text{te}} = \frac{V}{b} - \frac{a}{b^2}\, \log_n (a + bV),$$

d'où l'on déduit :

$$x = \frac{1}{gb} \left[V - v - \frac{a}{b}\, \log_n \frac{a + bV}{a + bv} \right],$$

et pour $v = o$:

$$X = \frac{1}{gb} \left[V - \frac{a}{b}\, \log_n \left(1 + \frac{b}{a}\, V \right) \right].$$

En choisissant, pour évaluer la résistance, la relation employée au chemin de fer de l'Est, par exemple, a et b auront pour valeur 1,83 et 0,0843 lorsque la résistance est évaluée en kilogrammes par tonne ; pour l'évaluer par kilogramme, il faut évidemment diviser ces nombres par 1.000 et faire $a = \dfrac{1,83}{1000}$ et $b = \dfrac{0,0843}{1000}$.

On doit remarquer que, dans la formule précédente, V et X sont rapportés au mètre et à la seconde. Si on change les unités et si l'on prend pour nouvelles unités le kilomètre et l'heure, a et b ne changent pas, mais g doit varier. On a la relation :

$$e = \frac{1}{2}\, g t^2,$$

d'où :

$$g = \frac{2e}{t^2}.$$

En prenant pour unité de longueur le kilomètre et pour unité de temps l'heure (3.600 secondes) e sera divisé par 1.000 et t par 3.600 ; par suite g sera multiplié par $\dfrac{3600^2}{1000}$.

Dès lors la formule devient :

$$X^{\text{kilom.}} = \frac{1}{9,81\, \dfrac{3600^2}{1000}\, \dfrac{0,0843}{1000}} \left[V^{\text{kil.}} - \frac{1,83}{0,0843}\, \log_n \left(1 + \frac{0,0843\, V}{1,83} \right) \right],$$

ou :

$$X^{\text{kilom.}} = 0,0937 \left[V^{\text{kil.}} - 21,78 \log_n (1 + 0,0458\, V) \right].$$

On déduit de cette formule :

$$
\begin{aligned}
V = 25 \text{ km} &\ldots\ldots X = &0 \text{ km. } 785 \\
50 \text{ km} &\ldots\ldots\ldots &2 \text{ km. } 26 \\
70 \text{ km} &\ldots\ldots\ldots &3 \text{ km. } 64 \\
100 \text{ km} &\ldots\ldots\ldots &5 \text{ km. } 86
\end{aligned}
$$

En réalité la distance d'arrêt serait un peu moindre, à cause de la résistance du mécanisme de la machine.

Quoi qu'il en soit, on voit qu'il faudrait des espaces démesurément longs pour obtenir l'arrêt sans frein.

On peut d'ailleurs apprécier ainsi la *perte de temps produite par le ralentissement* du train au moment de son arrivée.

Désignons par v sa vitesse en mètres à la seconde, et par j l'accélération retardatrice du train, résultant soit de la résistance seule du train, soit de cette résistance et de l'action des freins.

La durée de l'arrêt t est évidemment $t = \dfrac{v}{j}$, si on suppose le mouvement uniformément varié, c'est-à-dire l'accélération j constante. Quant au parcours d'arrêt b, il est $e = \dfrac{v^2}{2j}$. Si nous supposions ce parcours d'arrêt franchi sans ralentissement, à la vitesse uniforme v, la durée du trajet aurait été égale au quotient du chemin parcouru $\dfrac{v^2}{2j}$ par la vitesse, soit à :

$$\frac{e}{v} = \frac{\left(\dfrac{v^2}{2j} \right)}{v} = \frac{v}{2j}.$$

C'est précisément la moitié du temps d'arrêt. La perte de temps occasionnée par le ralentissement est donc $\dfrac{v}{2j}$. Elle varie en raison inverse de j ; pour la réduire, il faut donner à j la plus grande valeur possible.

§ 2. DIVERS MOYENS DE FREINAGE

139. — Parmi les moyens que l'on peut employer pour obtenir l'arrêt des trains, il y a d'abord la *contre-vapeur,* dont nous avons déjà parlé. Les agents la désignent souvent, ou plutôt désignent le tuyau qui amène l'eau et la vapeur dans l'échappement, sous le nom de *frein à eau, frein à vapeur.*

Mais ce que nous voulons étudier maintenant, ce sont les *freins pro-*

prement dits, qui se divisent en deux catégories, le *frein à sabot* et le *frein à patin.*

Dans le frein à sabot, la résistance est obtenue à l'aide d'une pièce frottante que l'on applique sur la roue. Le principe du frein à patin consiste à faire reposer le véhicule sur des blocs de métal ou de bois que l'on nomme patins, et qui glissent sur le rail.

Les freins à patin ont, *a priori,* quelque chose de séduisant. Il semble qu'ils doivent être beaucoup plus énergiques que les freins ordinaires. Aussi il y a une cinquantaine d'années, ces freins étaient très en faveur auprès des inventeurs. En réalité, ils présentent, au point de vue pratique, des inconvénients contre lesquels toutes les recherches sont venues se briser.

Ils ont de plus un inconvénient capital, inhérent à leur nature, qui devrait les faire rejeter même si les inconvénients pratiques pouvaient être supprimés, inconvénient qui vient du néant de l'avantage théorique qui attirait les chercheurs. Cela tient à ce que, dans le frein à patin, la vitesse relative entre le patin et le rail sur lequel il frotte est très grande puisqu'elle est égale à la vitesse de translation du train. Or le coefficient de frottement diminue, comme on le sait, quand la vitesse relative des pièces frottantes augmente. Il peut descendre, pour de grandes vitesses, jusqu'au 1/5 et même au delà de la valeur qu'il a à vitesse nulle. Il en résulte que la résistance opposée au train pour amortir sa vitesse est d'autant plus faible que la vitesse de marche est plus élevée, alors que, au contraire, il serait à désirer qu'elle fût plus élevée. Outre ce défaut essentiel, le frein à patin présente, comme nous l'avons dit, des difficultés d'ordre pratique qui l'ont empêché de se répandre. Il détériore la voie, donne des secousses et ne peut fonctionner qu'avec de grands inconvénients sur les aiguilles et les croisements de voie. Ce frein doit être considéré comme condamné. On l'a employé sur de fortes rampes, par exemple sur la rampe de Giovi près de Gênes.

Les machines, qui avaient trois essieux accouplés, étaient munies de patins entre les roues d'avant. Ces roues se trouvaient ainsi déchargées, et cependant leurs bandages s'usaient plus vite. Ce résultat provenait de ce que, précisément parce qu'elles étaient déchargées, tous les glissements résultant de la solidarité des six roues se reportaient sur elles.

Pour compenser la diminution de l'effort retardateur dû au glissement du patin, il faudrait augmenter le poids agissant sur le patin ou encore saisir le rail. Mais cela revient à lui ajouter de nouvelles complications.

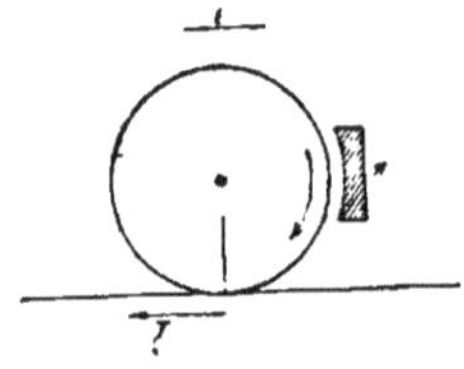

Le *frein à sabot* échappe à l'inconvénient théorique du frein à patin. En effet, considérons une roue roulant dans le sens de la flèche. Soit P le poids de la roue et de la charge qu'elle porte et supposons qu'un sabot de frein puisse appuyer sur cette roue avec une pression π.

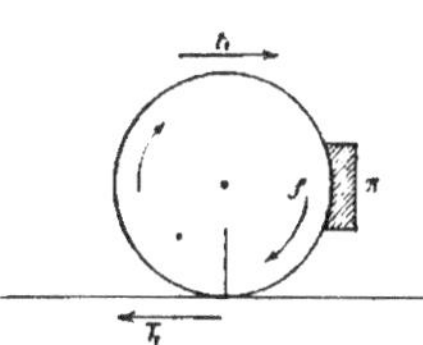

Considérons d'abord le cas où le sabot n'appuie pas, c'est-à-dire ou π est égal à o. La roue roule sur le rail ; le point d'appui est à chaque instant le centre instantané de rotation ; il n'y a aucun déplacement relatif en ce point entre la roue et le rail, c'est-à-dire pas de glissement, et le rail exerce sur la roue une réaction dont la composante tangentielle T, dirigée vers l'arrière, est à chaque instant égale à l'effort moteur t appliqué au véhicule reposant sur la roue. On a toujours, pour l'ensemble du véhicule et de la roue : $t = T$.

D'autre part, si l'on considère le mouvement de la roue, on a, en vertu de l'équation des moments T = (résistance à la fusée) + (résistance à la jante).

Appliquons maintenant le sabot sur la roue et supposons que la roue continue à tourner d'un mouvement uniforme Nous avons le droit de faire cette hypothèse ; cela revient à supposer que la machine exerce un effort en conséquence. Soit t_1 ce nouvel effort et T_1 la nouvelle valeur de la réaction tangentielle exercée par le rail sur la roue. L'ensemble du véhicule et de la roue étant en équilibre relatif, on aura encore :

$$t_1 = T_1.$$

Si on considère maintenant la roue, également en équilibre relatif, les forces qui agissent sur elle doivent satisfaire aux conditions d'équilibre. Désignons par $\mathfrak{M}$ le moment de la force de frottement, qui *s'oppose* au mouvement ; ce moment est de même signe que celui des résistances et de signe contraire à celui de T_1. On a donc en prenant l'équation des moments :

$$T_1 = \frac{\mathfrak{M}}{R} + (\text{résistance à la fusée}) + (\text{résistance à la jante})$$

c'est-à-dire :

$$T_1 = \frac{\mathfrak{M}}{R} + T,$$

et, par suite,

$$t_1 = T_1 = t + \frac{\mathfrak{M}}{R}.$$

L'effort de traction nécessaire pour maintenir le véhicule à la même vitesse s'est donc accru de $\frac{\mathfrak{M}}{R}$. Autrement dit, *l'application du sabot sur la roue équivaut à l'application au véhicule d'une force retardatrice égale à* $\frac{\mathfrak{M}}{R}$.

Si l'on désigne par f le *coefficient de frottement qui s'exerce entre le sabot et la jante* on a évidemment $\mathfrak{M} = \pi f R$, d'où $\frac{\mathfrak{M}}{R} = \pi f$ et, par suite :

$$T_1 = \pi f + \text{(résistances)}.$$

Mais, pour qu'il y ait roulement, il faut que la réaction tangentielle soit inférieure à l'adhérence. En désignant par φ le coefficient d'adhérence, on doit avoir :

$$T_1 \leqq P\varphi,$$

c'est-à-dire

$$\pi f + \text{(résistances)} \leqq P\varphi$$

ou, en négligeant les résistances, qui sont très petites par rapport à πf,

$$\pi f \leqq P\varphi.$$

Le produit $P\varphi$, que l'on nomme l'*adhérence*, représente donc la valeur limite que ne doit pas dépasser πf, c'est-à-dire *la valeur maximum de l'effort retardateur* $\dfrac{\mathfrak{M}}{R}$.

Si πf dépasse cette limite, il ne pourra plus y avoir roulement : il y aura glissement de la roue par rapport au rail ; le point d'appui A ne sera plus le centre instantané du mouvement de la roue. La roue, au lieu d'avoir un mouvement lié à celui du train par la relation $\omega R = v$, c'est-à-dire une rotation uniforme, puisque nous avons supposé v constant, sera animée d'un mouvement retardé ; l'équilibre sera rompu. A la place de la relation :

$$\pi f = T_1,$$

nous devons écrire l'équation d'équilibre entre les forces directement appliquées et les forces d'inertie. En appelant I le moment d'inertie de la roue par rapport à son centre, ω la vitesse angulaire comptée positivement dans le sens normal de la rotation, $-\,\mathrm{I}\,\dfrac{d\omega}{dt}$ représente la somme des moments des forces d'inertie, et l'on a :

$$\pi f = P\varphi - \frac{\mathrm{I}}{\mathrm{R}}\frac{d\omega}{dt},$$

$P\varphi$ représentant la valeur maximum de T. Cette relation donne l'équation du mouvement de la roue :

$$\frac{\mathrm{I}}{\mathrm{R}}\frac{d\omega}{dt} = -\,[\pi f - P\varphi],$$

c'est-à-dire la valeur de l'accélération angulaire retardatrice. Cette accélération est négative et arrivera très rapidement à annuler la vitesse angulaire de la roue que nous supposerons égale à $\omega_0 = \dfrac{v}{\mathrm{R}}$, d'autant plus rapidement que cette accélération n'est pas constante, qu'elle est, au contraire, croissante en valeur absolue, c'est-à-dire que le mouvement est plus qu'uniformément retardé. Cela tient à ce que, dès que la roue commence à ralentir sa vitesse de rotation, la vitesse relative par rapport au sabot diminue ; par conséquent f croît ainsi que πf. D'autre part, la vitesse relative du contact avec le rail, qui était nulle quand il y avait roulement pur, prend une valeur croissante dès que le glissement commence ; il en résulte que la réaction tangentielle, dont la valeur maximum $P\varphi$ figure dans le deuxième membre de l'expression de $\dfrac{I}{R}\dfrac{d\omega}{dt}$, diminue, et devrait être remplacée par Pf_1, f_1 *étant le coefficient de frottement entre le rail et la roue* à la vitesse relative produite par le glissement. Au fur et à mesure que la roue ralentit sa vitesse, le terme πf va donc en croissant, et le terme $P\varphi$, ou plus exactement Pf_1, en diminuant. Pour cette double raison l'accélération croît très vite et conduit très promptement au *calage de la roue.*

La durée du temps pour arriver au calage résulterait d'ailleurs de l'intégration de l'équation précédente, intégration qui est très simple lorsqu'on considère f et φ comme constants. On a :

$$\frac{I}{R}\,\omega + C = -(\pi f - P\,\varphi)\,t.$$

Pour $t = o$, on a $\omega = \omega_0$. Donc :

$$\frac{I}{R}\,\omega_0 + C = o,$$

et, par suite :

$$\frac{I}{R}\,\omega = \frac{I}{R}\,\omega_0 - (\pi f - P\,\varphi)\,t.$$

Le calage aura lieu lorsque la vitesse angulaire sera nulle, c'est-à-dire au bout du temps τ tel que :

$$(\pi f - P\,\varphi)\,\tau = \frac{I}{R}\,\omega_0.$$

Comme on l'a dit, τ a une valeur beaucoup plus faible que celle qui résulte de cette équation. D'après des expériences de Douglas Galton en Angleterre, cette durée serait de 3/4 de seconde pour une vitesse initiale de translation de 15 milles à l'heure, de 3 secondes pour une vitesse de 60 milles.

L'accélération retardatrice, très rapidement croissante, amène le calage de la roue, mais *elle ne peut lui imprimer une rotation de sens inverse,* c'est-à-dire donner à ω une valeur négative, puisque le frottement πf, qui atteint sa valeur maximum quand la roue est calée, est toujours dirigé de manière à s'opposer au mouvement du bandage par rapport au sabot. Si, quand la roue est parvenue à une vitesse angulaire nulle, il se produisait une tendance au mouvement inverse, πf changerait aussitôt de sens ; le terme $\pi f - P\varphi$, qui était essentiellement positif, deviendrait négatif ; l'accélération angulaire changerait donc de signe. En réalité, dès que la vitesse angulaire est réduite à zéro, le frottement du sabot, c'est-à-dire sa réaction tangentielle diminue brusquement et prend la valeur propre à faire équilibre aux autres forces qui sollicitent la roue. Celle-ci cesse de tourner; elle est *calée*.

Ainsi, dès que la valeur du frottement sur la roue πf (jointe aux résistances ordinaires) dépasse l'adhérence de la roue $P\varphi$, la roue cesse de rouler; elle prend un mouvement très rapidement retardé et arrive presque instantanément au calage. Il n'y a donc, pour la roue, que deux états durables de mouvement, le *roulement pur* et le *calage*, c'est-à-dire le glissement pur. La période intermédiaire pendant laquelle la roue roule moins vite est d'une durée extrêmement courte, celle nécessaire pour amortir les forces d'inertie de la roue. C'est une erreur profonde que de croire que l'on peut arriver à un serrage tel que la roue puisse continuer à rouler en ayant une vitesse moins grande que celle qui correspondrait au roulement pur. Dès que le glissement a commencé, c'est-à-dire que πf a dépassé $P\varphi$, la roue se ralentit brusquement et arrive bientôt au calage. S'il ne se produit pas de rotation inverse, cela tient, comme on l'a dit, à la nature de la force qui produit le ralentissement ; mais il ne serait pas impossible de l'obtenir, bien au contraire, si cette force était autre qu'une force de frottement ; c'est ce qui peut arriver, par exemple, avec la contre-vapeur.

La valeur de la *force retardatrice*, qui est représentée par $\dfrac{\partial\mathcal{IL}}{R}$ ou πf, a, comme nous l'avons dit, pour limite $P\varphi$. On peut donc s'approcher aussi près que l'on veut de ce maximum, c'est-à-dire donner à la force retardatrice des valeurs πf croissant depuis o jusqu'à $P\varphi$. Jusque-là la roue roule d'un mouvement pur sans glissement. Mais, dès que la pression sur le sabot qui correspond à cette valeur est dépassée si peu que ce soit, la roue arrive très rapidement au calage, et comme alors le coefficient d'adhérence φ se trouve remplacé par le coefficient de frottement f_1 à la vitesse relative des points de contact de la roue et du rail qui n'est autre que la vitesse du véhicule, la réaction tangentielle T_1, limitée au produit Pf_1, diminue instantanément et devient d'autant plus faible que la vitesse du train est plus grande. La roue calée fonctionne comme un frein à patin.

Il suit de là que quand la vitesse du véhicule diminue, il faut diminuer le serrage π du frein, pour que le produit πf ne dépasse pas la limite $P\varphi$ et que la roue ne se cale pas, puisque le coefficient de frottement f du sabot contre la roue augmente. Moyennant cette précaution, le frein à sabot permet d'avoir un effort retardateur constant et égal à l'adhérence.

Le *calage des roues* a donc un effet très fâcheux sur l'effort retardateur. Il a, en outre, des inconvénients graves, il détermine des *méplats* sur les roues qui finissent par devenir polygonales et ont alors un roulement plus dur. De plus, le frottement en un même point du bandage produit un *échauffement* très vif qui altère la nature intime du métal. Cet inconvénient peut être particulièrement grave avec les bandages en acier que cet échauffement peut prédisposer à la rupture. Enfin le calage est une cause de détérioration de la voie, et, à cet égard, le frein à sabot lorsque les roues sont calées offre le même inconvénient que le frein à patin.

L'influence du calage sur l'effort retardateur avait été observée, mais contestée faute d'explications. Wohler (Chemin de fer de la Basse Silésie et de la Marche) a évalué en 1867 la résistance après calage à la moitié de ce qu'elle est avant. *Gottschalk* déclare que, lorsqu'on emploie la contre-vapeur à grande vitesse, les roues ont une tendance à patiner et alors la machine est comme soulevée et n'oppose plus de résistance à la descente des trains (Couche, tome III, page 543). Mais l'influence du calage a été montrée d'une manière décisive par les expériences au dynamomètre de *Douglas Galton*.

Dès que le calage se produit, la tension de la barre d'attelage éprouve une diminution brusque ; dans certains cas, dit Galton, la résistance après calage n'est pas beaucoup plus de deux fois aussi grande que la résistance ordinaire du train, les freins non serrés. Cela devait se produire principalement aux grandes vitesses, où la résistance normale est grande et l'effet du calage plus prononcé, surtout si le rail est *mauvais*, c'est-à-dire l'adhérence faible.

Douglas Galton a trouvé que le coefficient de frottement des sabots (en métal) sur les roues, que nous avons appelé f, variait de 0,33 à vitesse nulle, à 0,07 pour une vitesse de 100 kil. ; que le coefficient de frottement f_1 de la roue sur le rail variait de 0,25 à vitesse nulle (coefficient d'adhérence φ) à 0,03 pour une vitesse de 100 km. On en déduit, d'après la formule :

$$\pi f = P\varphi,$$

que pour produire le calage à la vitesse de 100 km. il faut une pression égale à $P\,\dfrac{\varphi}{f} = P\,\dfrac{0,25}{0,07}$ ou 3,57 P. Si l'adhérence était moins forte et que le coefficient φ eût une valeur de 0,10 par exemple, on aurait pour π

$$P \times \frac{0,10}{0,07} = 1,43\,P.$$

Voici les résultats trouvés directement par Galton :

Vitesses	Rapport $\dfrac{\pi}{P}$ de la pression de calage à la charge sur rails	
	en valeur absolue	rapporté au chiffre correspondant à la vitesse de 24 km.
24 km............	1,42	1
48 km............	1,83	1,29
96 km............	4,14	2,9

La pression nécessaire pour produire le calage diminue quand l'adhérence est faible, elle augmente avec la charge sur rails P.

Sur le réseau de l'Etat belge, afin d'éviter sûrement le calage en toute circonstance, on calcule les freins pneumatiques (v. plus loin) de manière que la pression des sabots π, au maximum de serrage, soit de 60 à 65 o/o, au plus 80 o/o, de la charge sur rails à vide. Pour le matériel à marchandises, on ne dépasse pas 60 o/o, ce qui fait environ 20 o/o du poids à pleine charge.

§ 3. DÉTERMINATION DU PARCOURS D'ARRÈT EN FONCTION DU POIDS FREINÉ

140. — Cette question est très importante, et elle se pose fréquemment, soit qu'il s'agisse de déterminer la distance à laquelle les signaux doivent être placés des points à couvrir, soit que l'on veuille, à la suite d'un accident, rechercher la vitesse de marche d'un train, soit encore qu'il s'agisse de déterminer les conditions de freinage des trains sur les pentes.

Soient P le poids total du train, en kilogrammes, P' le poids freiné, v la vitesse du train en mètres à la seconde, r la résistance en fraction du poids, i l'inclinaison de la voie comprenant également la résistance en courbe, inclinaison qui sera positive ou négative suivant qu'il s'agit d'une rampe ou d'une pente.

Habituellement, le poids freiné se détermine par des règles approximatives très simples. Régulièrement, il doit comprendre le poids total, y compris les roues, des véhicules à frein gardé. Mais on se borne à compter les véhicules ayant des freins gardés et on regarde s'ils sont chargés ou vides, en ne considérant d'ailleurs comme chargés que ceux qui ont une charge suffisante.

On admet qu'un véhicule chargé freiné équivaut à deux véhicules vides également freinés. Cette règle est à peu près exacte, car la tare des wagons à marchandises est de 5 t. et leur chargement maximum de 10 t. En réalité, un véhicule chargé au maximun équivaut à trois véhicules vides ; mais les véhicules n'ont guère que la moitié de la charge offerte, ce qui nous ramène sensiblement à la règle précitée. Il importe encore de ne compter que les véhicules à freins *gardés* ou *servis* par un agent. En moyenne le tiers de l'effectif des wagons à marchandises est muni de freins, afin que, dans la composition d'un train de marchandises, il y ait toujours suffisamment de wagons à frein que l'on pourra faire garder ; mais il arrive fréquemment que, dans un train, il y ait plus de wagons à frein qu'il n'est besoin, et tous ne sont pas gardés.

La force retardatrice due à l'action des freins sera égale à P' multiplié par le coefficient f_1 qui se rapprochera autant que l'on voudra du coefficient d'adhérence, sans pouvoir le dépasser. Les autres forces qui agissent pour modifier la vitesse sont la pesanteur et les résistances.

Si on considère les résistances ordinaires, on voit que l'une d'elles, celle du vent, agit de même façon sur les véhicules freinés et sur ceux qui ne le sont pas ; mais il en est autrement des autres, résistance à la fusée et résistance à la jante. Quoi qu'il en soit, la différence n'est pas bien grande, eu égard à l'action du frein, et on applique les résistances blocales $r + i$ à tout le train. Comme r varie avec la vitesse, on l'évalue en supposant cette vitesse constante et égale à la vitesse moyenne de l'arrêt, c'est-à-dire à la moitié de la vitesse initiale. Quant à la résistance du mécanisme, il faut, *avant d'en tenir compte, distinguer si les roues motrices sont freinées ou non.* Lorsque les roues sont freinées, on ne doit pas la considérer comme s'ajoutant aux résistances pour accroître la force retardatrice : elle ne fait que venir en aide à l'action des sabots. Si, au contraire, les roues motrices ne sont pas freinées, la résistance du mécanisme s'ajoute aux autres. Nous l'écrirons (R) pour tenir compte de cette circonstance.

Si j désigne l'accélération retardatrice, on a évidemment :

$$P'f_1 + P\,(r + i) + (R) = \frac{P}{g}\,j. \qquad (a)$$

Le premier membre étant supposé constant, j est constant. Donc le mouvement est *uniformément retardé.*

On a :

$$j = \frac{P'f_1 + (R)}{P}\,g + (r + i)\,g$$

Le parcours d'arrêt e et la durée de ce parcours ont pour valeurs, respectivement :

$$e = \frac{v^2}{2j}$$

$$t = \frac{v}{j}.$$

Ces trois formules résolvent le problème.

Elles comportent cependant une certaine correction.

L'équation (a) ne détermine exactement l'accélération que si l'on peut considérer le train comme un corps en translation sollicité par la force que représente le premier membre. Or, il contient des parties tournantes, les essieux montés, qui, par suite de leur rotation, ont une force vive supplémentaire. Cette force vive supplémentaire est une fraction de la force vive de translation qui varie de $\frac{1}{7}$ à $\frac{1}{20}$, suivant les circonstances Admettons la fraction $\frac{1}{10}$ qui convient pour les trains de voyageurs. En appliquant le théorème du travail, on voit que, dans le second membre de l'équation (a), il faut remplacer $\frac{P}{g}$ par $\frac{P}{g}\left(1 + \frac{1}{10}\right)$. L'accélération j

se trouve diminuée dans le rapport de 11 à 10 ; par conséquent les valeurs de e et de t sont augmentées de $\dfrac{1}{10}$.

Une fois la voie établie et les signaux en place, on détermine les conditions de vitesse des trains sur les diverses sections eu égard au freinage, ou les conditions du freinage permettant certaines vitesses de marche.

Pour déterminer le nombre de freins gardés à placer dans un train, il faut envisager deux cas :

1° *Rupture d'attelage sur une rampe*. Les freins doivent empêcher la coupe d'arrière de partir en dérive, en supposant la coupure faite au point le plus défavorable, en égard à la répartition des freins. Prise à la rigueur, cette condition imposerait absolument un frein sur le dernier véhicule ; mais, comme les chances de rupture tout à fait à l'arrière sont faibles, on admet qu'il suffit d'avoir un frein sur *l'un des derniers véhicules*, pourvu que ceux qui sont derrière le frein ne contiennent pas de voyageurs. Pour ce cas de la rupture d'attelage, on supposera la vitesse nulle ou faible ;

2° *Arrêt en présence d'un signal ou d'un obstacle*. Dans ce cas on tiendra compte du frein du tender et, s'il y a lieu, de la machine ; mais on attribuera au train la vitesse maximum autorisée.

Ces questions ne se posent d'ailleurs que pour les trains de marchandises ou les trains mixtes, car les trains de voyageurs proprement dits, en France tout au moins, sont assujettis à avoir la totalité ou la presque totalité de leurs véhicules munis de freins commandés mécaniquement, dont nous parlerons plus loin sous le nom de freins *continus*. Il en résulte que, malgré leur vitesse supérieure, ces trains ont des parcours d'arrêt beaucoup plus courts que ceux des trains de marchandises.

Dans ces derniers, le nombre de freins qui suffit pour arrêter dans les conditions généralement exigées, c'est-à-dire dans un parcours ne dépassant pas 600 ou 700 mètres, est toujours suffisant pour empêcher la dérive sur les pentes pourvu qu'ils soient serrés avant que le coupon en dérive ait acquis une vitesse notable. La considération de la dérive n'intervient donc qu'au point de vue de la répartition des freins dans le train.

Un point essentiel, dans l'application des formules ci-dessus, est la valeur à donner au coefficient f_1, qui représente la résistance tangentielle des roues freinées. D'après ce que nous avons vu, ce coefficient peut s'élever à la valeur de l'adhérence ; celle-ci, dans des conditions favorables, peut s'élever à 0,25 et, moyennement, on lui attribue une valeur de $\dfrac{1}{7}$ soit 0,14. Pour tenir compte soit des cas où l'adhérence est inférieure à la moyenne, soit de ce que les freins peuvent être insuffisamment serrés, ou au contraire serrés jusqu'au calage, on prend généralement $f_1 = 0,10$. Si toutes les conditions défavorables se trouvaient réunies, la résistance pourrait encore tomber plus bas.

Pour donner une idée de la forme sous laquelle on peut présenter les règles déduites des considérations qui précèdent, nous reproduisons plus loin le tableau en vigueur à la Compagnie P.-L.-M. il y a quelques années ; depuis lors on a multiplié encore les subdivisions.

Pour les trains de marchandises, le frein de tête est en sus du nombre donné dans ce tableau.

Nature des trains	Vitesses normales supposées uniformes	Déclivités des pentes et rampes	Véhicules du train remorqué pour un frein
	55 k. et au-dessous	Jusqu'à 0.010	6
Voyageurs et Mixtes	54 à 41 k.	Jusqu'à 0.005 au-dessus de 0.005 jusqu'à 0.010 de 0.010 à 0.020	9 8 5
	40 k. et au-dessous	Jusqu'à 0.005 au-dessus de 0.005, jusqu'à 0.010 — 0 010 — 0.020 — 0.020 — 0.026 — 0.026 — 0.031	12 10 7 5 3
Marchandises transportant ou non des voyageurs	31 k. et au-dessous	Jusqu'à 0.005 au-dessus de 0.005 jusqu'à 0.010 — 0.010 — 0.020 — 0.020 — 0.026 — 0.026 — 0 031	30 20 8 5 3

§ 4. DÉTAILS COMMUNS A TOUS LES FREINS A SABOTS

141. — *Nature des sabots.* Les sabots étaient autrefois en *bois* ; on les fait aujourd'hui en métal, *fer*, *fonte* ou *acier*.

Lorsqu'on emploie le bois, il faut qu'il s'use également, qu'il ne produise pas d'éclats, comme les résineux. A cet égard le peuplier convient très bien.

Les sabots en bois ont un frottement plus énergique que les sabots de métal et il semble qu'ils doivent conduire plus rapidement au *calage*. Mais, si on ne cale pas, il y a un déplacement rapide de la roue par rapport au sabot qui s'use très vite. Cette usure, outre l'inconvénient qu'elle offre par elle-même, a encore celui de nécessiter un réglage fréquent du frein. Enfin, dans une action prolongée du frein, l'échauffement peut enflammer le sabot.

D'ailleurs les sabots de bois ont une action moins prompte que les sabots en métal à cause de la compressibilité du bois. D'après quelques observateurs même, malgré le frottement plus grand du bois, il faut autant de tours qu'avec le fer pour obtenir une pression voisine du calage et même plus par un temps humide.

Aujourd'hui, on préfère le métal, fer ou fonte, rarement l'acier. La fonte dure environ dix fois plus que le bois, mais moins que le fer. Les sabots en fer ou fonte ménagent plus les bandages que le bois, sans doute à cause de leur conductibilité pour la chaleur.

Montage des sabots. Les sabots des freins doivent être maintenus au repos très près des roues, à 8 ou 10 mm environ, de manière à pouvoir être amenés très rapidement au contact. Ils sont suspendus au châssis du véhicule et mis en mouvement par un système de transmissions dont la manœuvre se fait en un seul point. Ce système de transmissions de commande des sabots se nomme la *timonerie du frein.*

La timonerie doit comporter un moyen de réglage pour les sabots usés et être disposée de façon à produire la même pression sur tous les sabots. C'est du moins ce qui doit avoir lieu pour les véhicules ordinaires dont les roues sont uniformément chargées. Pour les machines, les essieux ayant des charges différentes, la pression exercée par les sabots sera proportionnelle aux charges des roues. Le frein est serré de manière à avoir une pression voisine du calage sans l'atteindre ni surtout la dépasser. Dès qu'une paire de roues est calée, et même avant, toute augmentation de la pression est nuisible.

Les roues d'un même essieu doivent toujours être munies de sabots simultanément. S'il n'en était pas ainsi, en effet, au moment du serrage, il se produirait un effort de torsion sur l'essieu et, de plus, une tendance au *décalage des roues et des bandages.* Il n'y a d'exception à cette règle que pour les *freins à main,* dont sont pourvus sur plusieurs réseaux tous les wagons à marchandises : par simplification et par économie, on ne les fait agir que sur un côté des véhicules. Mais ce frein ne sert que dans les manœuvres de gare, à faible vitesse, et, dans ce cas, l'inconvénient de la torsion et de la tendance au décalage des bandages sur les roues ne peut être que très faible.

Nous avons supposé jusqu'ici qu'il n'y avait qu'un seul sabot sur chaque roue ; il *est très avantageux d'en avoir deux par roue,* dispo-

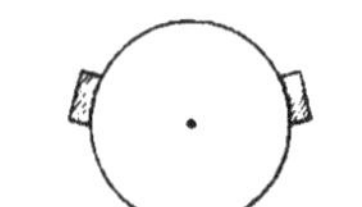

sés symétriquement par rapport à la verticale du centre malgré la complication qui en résulte dans la timonerie.

Quand il n'y a qu'un seul sabot, la pression exercée sur la roue l'appuie sur la plaque de garde opposée qui équilibre l'action du sabot. La roue se trouve alors solidarisée avec le châssis ; le parallélisme des essieux devient absolu et tout mouvement de convergence est rendu impossible.

Lorsque, au contraire, la roue est pressée par deux sabots symétriques les plaques de garde n'ont pas à intervenir pendant l'action des freins ; la mobilité des essieux ne dépend plus des relations entre les sabots et le châssis.

Généralement, dans le matériel à voyageurs, il y a deux sabots par roue et un seul dans le matériel à marchandises.

La *suspension des sabots* se fait de deux manières différentes : 1º On peut les suspendre directement au châssis. Dans ce cas, au moment du serrage, il s'établit une solidarité entre le châssis et l'essieu, ce qui annihile la suspension du véhicule. Le roulement devient alors très dur et c'est ce que l'on sent bien avec les véhicules à voyageurs dont les sabots sont suspendus de cette façon. En outre, la position du sabot varie avec la charge du véhicule.

2º Il est préférable de suspendre les freins non pas directement au châssis, mais à des pièces posées sur les boîtes de graissage et que l'on nomme *entretoises de freins*. Le serrage établit une solidarité plus étroite des essieux entre eux, mais il laisse la suspension du véhicule libre de jouer et, par suite, il ne rend pas le roulement plus dur. Ce procédé a l'inconvénient d'introduire de nouvelles pièces dans le train de roulement et d'augmenter le poids mort. L'inconvénient devient très sérieux avec les voitures à grand écartement d'essieux. Aussi les supprime-t-on dans les grandes voitures modernes ; on y supplée par un certain jeu que l'on donne dans les articulations des pièces de la suspension des sabots.

Dans le calcul que nous avons fait pour déterminer le parcours d'arrêt, nous avons distingué le cas où les machines sont munies de freins et celui où elles n'en possèdent pas. L'*application de freins aux machines* n'est pas, en effet, universellement adoptée. A l'Orléans, par exemple, si l'on excepte les machines-tenders, il n'y a guère qu'une dizaine de machines qui aient des freins. Le freinage des machines a l'inconvénient d'introduire de nouvelles pièces dans leur mécanisme déjà très compliqué. De plus, les freins peuvent produire des méplats sur les roues, ce qui a plus d'inconvénient pour les machines que pour les véhicules ordinaires.

Mais d'autres compagnies freinent les roues des locomotives. La question se pose alors de savoir s'il faut freiner les roues porteuses ou les roues motrices. La solution adoptée dépend du type de la machine. Dans les machines à essieux indépendants, il y aura intérêt à freiner les essieux porteurs qui supportent la majeure partie du poids, d'autant plus que, pour l'essieu moteur, on aura la ressource de la contre-vapeur. Si, au contraire, la machine a plusieurs roues accouplées, on se bornera à freiner les roues motrices; si on ne peut appliquer des sabots à toutes les roues motrices, on les mettra à la roue motrice principale, ou bien à l'une des roues accouplées; dans ce dernier cas, on calculera les bielles d'accouplement en remarquant qu'elles peuvent avoir à transmettre sous l'action des freins un effort plus grand que la part d'effort moteur qu'elles transmettent ordinairement.

L'application de freins aux machines a l'avantage de donner une résistance indépendante de la pression dans la chaudière ; dans le freinage par la contre-vapeur, on a, en outre, à redouter le danger, si le mécanicien pousse la distribution à fond de course, de déterminer un *patinage inverse*, qui rend la résistance très faible et inférieure à celle que produisent les freins à sabots même avec calage des roues, surtout quand la vitesse n'est pas très grande. Le fait paraît s'être présenté dans l'accident de Moirans (13 juillet 1889).

Mais si les machines n'ont pas toujours le frein, en revanche, *le tender* en est toujours muni. On admet généralement qu'il est imposé obligatoirement par l'article 36 de l'ordonnance du 15 novembre 1846, d'après lequel le mécanicien doit veiller « à ce que rien n'embarrasse la manœuvre du frein du tender. »

La conclusion serait peut-être contestable, car on peut dire que le mécanicien doit veiller à ce que rien n'embarrasse la manœuvre du frein, *si ce frein existe*. Mais à défaut de prescription réglementaire, le bon sens indique assez que le tender doit avoir un frein qui sera à la portée du mécanicien chargé de gouverner le train. En fait, il n'existe pas de tenders sans frein ; il en est de même des machines-tenders.

§ 5. DISPOSITION DE LA TIMONERIE DES FREINS

112. — La timonerie des freins est toujours une combinaison de machines simples : vis, levier, coin, presse à genou.

Ordinairement, les freins du tender sont de simples freins à vis, sans emploi de ressorts, de contrepoids ou autres organes destinés à accélérer le serrage, mais qui introduisent de nouvelles complications dans le mécanisme.

Dans les organes de commande du frein il faut distinguer ceux qui concernent la timonerie proprement dite, ou la transmission de l'effort, et ceux qui concernent la production de l'effort moteur. Celui-ci peut être demandé à un moteur spécial, frein à bras, freins pneumatiques, ou à des réactions intérieures du train produites soit entre les tampons (freins automoteurs), soit entre des organes spéciaux (freins à entraînement, à arc-boutement).

L'utilisation des réactions dues à l'énergie du train qu'il s'agit précisément de détruire est très rationnelle ; elle réduit au minimum le travail à produire pour serrer les freins, mais dans tous les cas, il n'y a aucune proportion entre ce travail et l'énergie à détruire. Le travail de serrage n'a pour office que de mettre en œuvre un frottement intérieur qui transforme cette énergie en chaleur ou en énergie vibratoire.

Les *freins à bras* se commandent généralement avec un volant à

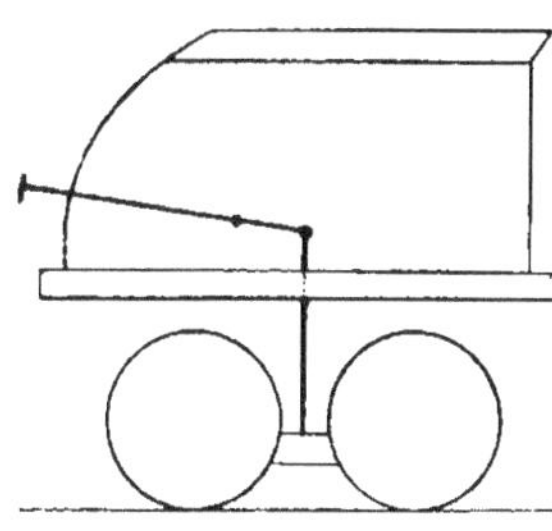

vis, qui donne un mouvement de translation à la vis ou à un écrou monté sur cette vis, mouvement que l'on fait agir par des machines simples sur les organes de la timonerie du frein. On peut faire déplacer longitudinalement la vis ou son écrou. On préfère généralement l'écrou, afin que le volant de manœuvre ne se déplace pas, et n'ait qu'à tourner sur lui-même.

La timonerie peut agir directement sur un sabot double, comme dans la figure précédente qui représente une ancienne disposition des tenders ; en général, on a deux sabots distincts pressés par des bielles, quelquefois

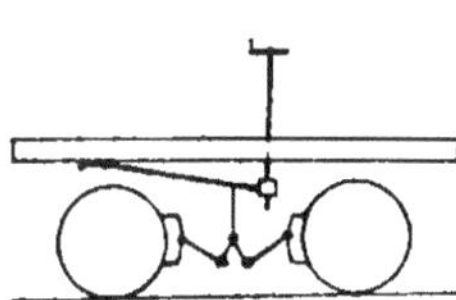

reliées de manière à former presse à genou, plus souvent articulées sur des manivelles portées par un arbre auquel on transmet un mouvement de rotation (Voir ci-après la figure des freins à entraînement).

Les freins à bras ne permettent d'exercer sur les sabots qu'une action limitée. On admet que le plus grand effort que l'homme peut exercer avec les bras est de 80 kg. Dans les conditions où il agit sur le volant d'un frein, il n'en donne peut-être pas la moitié ; on amplifie cet effort par la combinaison de la vis et du levier. Mais cette amplification n'est obtenue qu'au détriment de la rapidité du serrage et ne peut être exagérée ; malgré cet artifice, la puissance du frein est donc limitée. On a cherché divers moyens d'obtenir une action à la fois énergique et prompte.

L'un d'eux est la conséquence de cette remarque que, si le serrage doit être rapide, le desserrage peut être plus lent. Il est donc possible d'avoir des organes différents pour le serrage et le desserrage, de manière à obtenir avec le même effort moteur, celui de l'homme, le développement d'une puissance plus considérable pendant le desserrage, parce qu'on le fera plus lentement ; cette puissance pourra être utilisée soit à soulever un contrepoids, soit à bander un ressort, que l'on fera agir au prochain serrage et dont l'effort s'ajoutera à l'action directe exercée par l'homme.

Cette remarque conduit à ce que l'on nomme *les freins à travail emmagasiné*. Le travail de l'homme pendant le desserrage est emmagasiné de façon à pouvoir être utilisé pendant le serrage suivant.

On trouvera, dans l'ouvrage de Couche, la description de freins à travail emmagasiné, parmi lesquels nous citerons *le frein Bricogne*, à contrepoids, en usage sur le Nord, et le *frein Lapeyrie*, à ressort.

§ 6. FREINS UTILISANT LA FORCE VIVE DU TRAIN

143. — Un autre artifice consiste à utiliser l'énergie du train, dont l'emploi est très rationnel, comme on l'a dit.

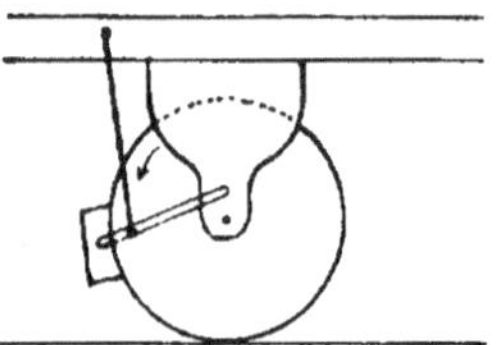

Un mécanisme de ce genre est le *frein à arc-boutement*. Il consiste à rattacher le sabot par une bielle articulée un peu au-dessus du centre de la roue Il suffit de laisser retomber le sabot sur la roue pour qu'il se produise un entraînement du sabot qui est fortement serré contre la roue. La pression du sabot arrive à être très considérable et conduit rapidement au calage. C'est là un inconvénient de ce frein qui a une action trop prompte, difficile à modérer. En outre le desserrage présente des difficultés.

Le plus grand inconvénient de ce frein est de ne pouvoir fonctionner dans les deux sens. On peut, dans une certaine mesure y suppléer par l'emploi d'un second sabot ; mais la manœuvre à faire est différente suivant le sens de la marche, et un frein qui présente cette circonstance est nécessairement condamné puisqu'il oblige l'agent à délibérer, à réfléchir pour savoir quel frein il doit serrer, alors que les secondes sont si précieuses et qu'on lui demande une action immédiate, sans hésitation, la moindre perte de temps pouvant avoir une influence décisive sur la sécurité. Ce mécanisme a été employé sous le nom de *frein Tourasse*.

On peut utiliser aussi la force d'entraînement par frottement des roues des véhicules, sans arc-boutement. Les freins basés sur ce principe se nomment les *freins à entraînement*. La timonerie du frein est commandée par une chaîne qui s'enroule sur un treuil dont l'axe, suspendu au châssis, porte deux galets que l'on peut approcher de la jante des roues.

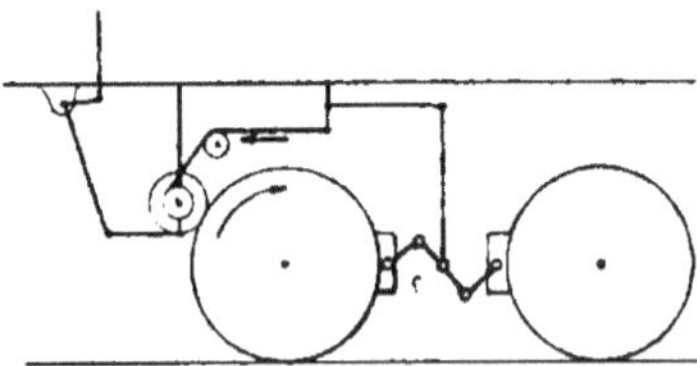

Dès que les galets sont en contact avec les roues, ils se mettent à tourner par entraînement ; la chaîne s'enroule sur le treuil et produit l'effort de traction qui agit sur la timonerie. L'homme agit sur une manivelle non pour presser les sabots, mais uniquement pour rapprocher ou éloigner les galets. Avec ce système de frein, on peut arriver au calage. A ce point de vue, il importe d'éviter que la traction de la chaîne n'influe sur la pression exercée par le galet sur la roue. Pour cela, on fait passer la chaîne sur une poulie de renvoi de manière qu'elle quitte le treuil sensiblement suivant une parallèle à la tangente commune au galet et à la roue. La traction de la chaîne tend bien encore à rapprocher le galet, mais faiblement. De cette façon, la force d'entraînement des galets et, par suite, la tension de la chaîne, dépendent presque uniquement de la pression exercée sur la manivelle par l'homme qui est ainsi rendu maître de son frein et peut exercer sur les sabots la pression qu'il veut.

Ce frein peut fonctionner dans les deux sens. Si l'on vient, en effet, à changer le sens de la rotation, la chaîne se déroulera d'abord sur le treuil, puis s'enroulera en sens inverse. Ce n'est donc, après le changement de sens de la marche, qu'au premier fonctionnement du frein qu'il se produira une certaine perte de temps dans le serrage.

Le frein à entraînement a été appliqué en France sous le nom de *Frein Noseda*, et en Allemagne sous le nom d'*Heberlein*.

Les freins à arc-boutement et à entraînement utilisent, pour le serrage du frein, l'énergie absolue de chaque véhicule. Il est un autre système de frein très ingénieux qui permet d'utiliser l'énergie relative des véhicules les uns par rapport aux autres. Ce système est le *frein automoteur*.

Lorsqu'on ralentit la tête d'un train, les véhicules viennent se presser les uns contre les autres ; il se développe, à ce moment, entre les tampons, des pressions qui n'existaient pas avant, et que l'on peut utiliser pour la mise en action du frein : tel est le principe du frein automoteur.

L'idée fondamentale du frein automoteur était connue depuis longtemps ; mais la mise en œuvre soulevait des difficultés pratiques qui n'ont été résolues pour la plupart que par un ingénieur français, M. Guérin. Aussi ce frein est-il généralement désigné sous le nom de *frein Guérin*. Si on considère un châssis de wagon, les ressorts de choc sont ordinairement adossés à la traverse du milieu. Pour réaliser le frein

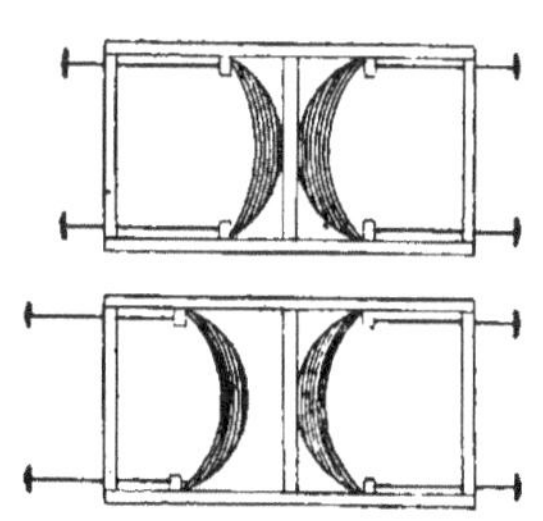

automoteur, l'un des grands ressorts est laissé libre de reculer, et il agit alors, par son milieu, sur le levier de commande des sabots.

L'intensité de l'action dépend de l'énergie du ralentissement en tête ; elle diminue vers la queue, et il faut que les deux ou trois derniers véhicules ne soient pas enrayés pour qu'ils viennent presser le frein devant eux.

Le frein automoteur est donc un frein échelonné tout le long du train et qui est à la disposition du mécanicien, sans interposition de transmissions et sans intervention d'un personnel spécial.

Le principe de ce frein est donc très séduisant, mais il est nécessaire qu'il y ait une disposition spéciale pour permettre les refoulements sans quoi il serait impossible de faire des manœuvres de gare, et c'est en cela que consiste l'invention de M. Guérin. Le ressort ne peut reculer pour serrer le frein qu'en entraînant la tige de traction attachée en son milieu. Si cette tige ne peut reculer, le frein est paralysé. C'est ce qu'on obtient à l'aide d'un doigt mobile qui vient s'arc-bouter contre l'embase du crochet de traction. Ce doigt est mis en relation par le système articulé *mabc* avec une came fixée à l'essieu de la roue.

Lorsque la vitesse de la roue atteint 7 à 8 km., la came lance la tige

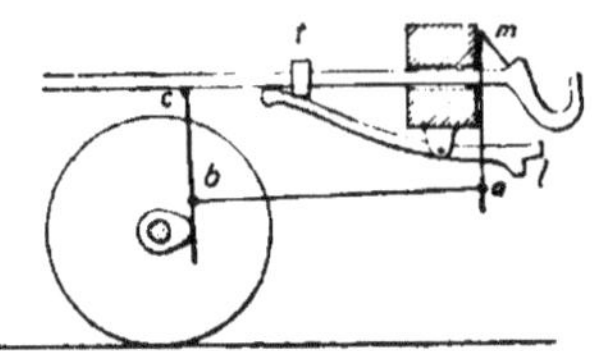

contre laquelle elle frotte ; le doigt sort de l'encoche du talon du crochet de traction qui se trouve ainsi déclenché. Le doigt est d'ailleurs retenu levé par le loquet *l*. Si un arrêt est nécessaire, le frein fonctionnera ; le crochet de traction reculera jusqu'à la traverse, et, dans ce mouvement, le taquet *t* fera basculer le loquet et retomber le doigt en avant du talon. Au premier mouvement de traction du mécanicien, le crochet sera tiré et le doigt se placera de lui-même en avant du talon dans la position initiale.

Le frein automoteur a des inconvénients : si le mécanicien rencontre une rampe au sortir de la station avant d'avoir atteint la vitesse de 7 à 8 km., le serrage des tampons empêche le déclenchement en sorte que le frein est paralysé. D'autre part, ce frein ne se prête pas à l'emploi du renfort des trains en queue. Aussi le frein automoteur, après avoir été

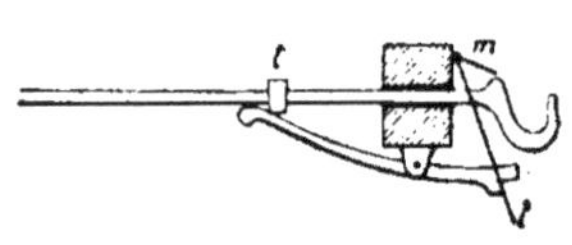

employé sur une forte échelle, a-t-il été ensuite abandonné. Repris, il y a un certain nombre d'années sur les chemins de fer de l'Etat, avec quelques perfectionnements, il y a été de nouveau abandonné. Ces efforts s'expliquent par les avantages qu'un pareil système offre pour les trains de marchandises, car il n'exige l'interposition d'aucune transmission d'un véhicule à l'autre ; un véhicule isolé qui en est muni, intercalé en un point quelconque d'un train, est en mesure de fonctionner ; il n'impose donc aucune sujétion dans la composition des trains de marchandises dans lesquels on peut intercaler à volonté les véhicules de toute nature. Sous ce rapport, il serait même supérieur au frein continu qui nécessite le groupement, près de la machine, de tous les véhicules qui le possèdent, et ne permet pas l'intercalation de véhicules ordinaires au milieu de ceux ayant le frein continu sans paralyser ces derniers.

Nous arrivons maintenant à l'étude des freins à transmissions que l'on nomme généralement les freins continus.

CHAPITRE VII

FREINS CONTINUS

Les freins continus sont caractérisés par cette particularité qu'ils peuvent être actionnés par une manœuvre unique, mise dans tous les cas à la disposition du mécanicien et, souvent aussi, à celle des autres agents du train ou même des voyageurs, afin que les uns et les autres puissent, le cas échéant, provoquer l'arrêt du train.

§ 1. AVANTAGES DU FREIN CONTINU

144. — 1° Le frein continu donne une proportion plus forte du poids freiné, qui peut atteindre la totalité du poids du train. Cependant, en général, on ne met pas de sabot de frein sur toutes les roues de la machine, à cause de la complication du mécanisme. L'augmentation du poids freiné diminue le parcours d'arrêt.

2° Le frein continu pouvant être mis en action par un seul agent, on évite les pertes de temps qui se produisent nécessairement quand il faut le concours de plusieurs personnes pour agir sur un appareil.

Lorsque le mécanicien provoque la manœuvre des freins par deux coups de sifflet brefs, il faut d'abord qu'il soit entendu de tous les agents. Avec de longs trains de marchandises, au passage de certaines tranchées, on a constaté que le bruit du train pouvait empêcher les agents d'arrière de percevoir le sifflet. De plus, il faut compter avec la nature humaine : les agents peuvent avoir des distractions, dormir, n'être pas à leurs postes ; on a vu des gardes-freins quitter leurs guérites pour aller se reposer dans des compartiments de voitures à voyageurs.

Ce sont là des causes de retard dans l'action des freins qui en ralentissent ou peuvent même en paralyser l'action.

Mais, à supposer même que les gardes-freins entendent l'appel aux freins et soient à leurs postes, il faut nécessairement un certain temps pour qu'ils le saisissent et lui obéissent, et, entre le moment où il est fait et celui où les freins sont serrés, il y a toujours un temps perdu inévitable que l'emploi du frein continu réduit à zéro.

3° Enfin, les agents autres que le mécanicien, et même les voyageurs, peuvent serrer les freins et parer à des accidents dont le mécanicien n'est pas averti, comme des ruptures de ressorts, de bandages, des commencements d'incendie, etc. Il arrive même que des agents de la voie remarquent, au passage d'un train, quelque chose d'anormal, nécessitant l'arrêt ; ils font alors des signaux que les agents d'arrière peuvent seuls parfois saisir, et il est avantageux que ces derniers puissent provoquer l'arrêt immédiat du convoi.

Ces avantages sont particulièrement précieux :

1° *Pour les trains de vitesse* express ou rapides, à cause de la vitesse qui rend les accidents beaucoup plus graves. La gravité de l'accident étant proportionnelle au carré de la vitesse, l'espérance mathématique dépend au moins du cube de la vitesse. Aussi, le frein continu a été rendu d'abord obligatoire pour tous les trains marchant à plus de 60 km.; puis il a été étendu à tous les trains de voyageurs.

2° *Pour les trains à arrêts nombreux*, parce que le frein continu permet d'économiser du temps sur chaque arrêt, comparativement au temps d'arrêt avec les freins ordinaires.

On sait en effet que si j est l'accélération retardatrice avec laquelle se produit l'arrêt, le temps perdu par l'arrêt est $\dfrac{v}{2j}$; il est donc en raison inverse de l'accélération j ; les freins continus, donnant la possibilité d'avoir une plus grande accélération retardatrice, ce temps perdu sera nécessairement moindre. L'emploi du frein continu sur la petite Ceinture de Paris a permis de gagner 1/4 d'heure sur le tour complet. Il a également ment permis d'organiser sur le métropolitain de Londres un service qu'il eût été impossible de réaliser avec les freins ordinaires.

§ 2. CONDITIONS DE FONCTIONNEMENT DES FREINS CONTINUS

115. — Les freins continus doivent remplir certaines *conditions essentielles* ; d'autres conditions peuvent être remplies à un degré variable : ce sont des qualités qui donnent en quelque sorte la mesure de la valeur relative des freins.

Les conditions essentielles sont les suivantes :

1° *Le frein continu doit pouvoir être actionné simultanément sur toute la longueur du train par une manœuvre unique*, mise à la disposition du mécanicien sans l'intervention d'aucun autre agent, ce qui n'empêche pas qu'un autre puisse l'effectuer également.

2° *Il doit pouvoir être appliqué à tous les véhicules d'un train*. En France, où les trains de voyageurs peuvent avoir 24 véhicules, il faut que le frein puisse être appliqué à ce nombre de véhicules.

La réalisation de cette condition présente des difficultés pratiques assez sérieuses ; elle exige une simultanéité au serrage et au démarrage d'autant plus grande que le train est plus long.

Le frein peut cependant être utilisé sans que tous les véhicules en soient munis. En France, les règlements autorisent à introduire dans les trains de voyageurs des véhicules non munis du frein continu dans une proportion qui peut aller jusqu'au tiers de la composition totale du train. Cette mesure a eu pour but principal de faciliter le service des marchandises en grande vitesse.

Lorsque ces véhicules, non munis du système de frein adopté, doivent être introduits dans les trains de voyageurs, on les place en queue ; mais cela n'est pas sans inconvénient : au moment de l'arrêt, ces véhicules viennent se presser sur la tête du train, puis, l'arrêt obtenu, il se produit une détente qui peut provoquer une rupture d'attelage.

Aussi, lorsque ces véhicules doivent entrer *normalement* dans certains trains de voyageurs, on leur adapte simplement la transmission du frein, mais non le frein lui-même, de façon à pouvoir les mettre en tête du train, entre la machine et les voitures à voyageurs.

3° *Enfin, le frein continu doit avoir un mécanisme assez commode pour pouvoir être employé dans les arrêts ordinaires aux stations.*

On a souvent proposé des freins dits de détresse, destinés à servir seulement en cas de péril. Ils doivent être rejetés en principe car, ne servant presque jamais, ils ne sont pas entretenus et sont généralement hors d'usage au moment où on en a besoin. Il faut qu'un appareil quelconque serve fréquemment pour qu'on puisse compter sur lui. Or un appareil de sécurité dont le fonctionnement n'est pas sûr devient en réalité une cause de danger par la fausse confiance qu'il inspire. Le jour où on en aura besoin, il ne fonctionnera pas. Aussi, a-t-on bien vite renoncé à cette idée.

Parmi les *qualités* qu'il faut considérer dans les freins continus, on doit placer, en première ligne, celle d'être robustes et durables, car, d'une part, ils sont exposés dans le service à être manœuvrés plus ou moins brutalement, d'autre part, les véhicules qui les portent sont sujets à rester des mois entiers sans servir, quelquefois garés en plein air pendant la mauvaise saison, et il importe que ces véhicules puissent être placés dans les trains à la première demande, avec leurs freins prêts à fonctionner. Ceci n'est pas en contradiction avec ce que nous venons de dire sur les freins de détresse. Le chômage prolongé de certaines voitures, par suite des variations du trafic, est un fait inévitable ; il ne peut pas causer un danger si le frein sert pour les arrêts ordinaires, car toute détérioration du frein est immédiatement découverte ; elle apporte un trouble dans l'exploitation, et il faut l'éviter, mais le cas n'est pas comparable à celui d'un frein de détresse dont le mauvais état n'est constaté qu'au moment même où l'on veut s'en servir en présence d'un danger.

Toutefois, les qualités que nous voulons surtout examiner en ce moment sont les propriétés d'un ordre plus mécanique, en relation intime avec les bases physiques du fonctionnement de l'appareil et avec les conditions géométriques de sa construction.

En voici les principales.

146. Energie du serrage. — L'énergie du serrage est mesurée par l'accélération négative imprimée au train. C'est une qualité qui doit être réalisée, mais qu'il ne faut pas prendre pour la mesure de la valeur relative des freins, car elle dépend moins du système que des conditions géométriques d'établissement, dimensions des pistons, rapports dans les transmissions.

147. Simultanéité du serrage. — La simultanéité du serrage est une des qualités les plus essentielles et les plus caractéristiques d'un frein. Il importe en effet que le frein agisse simultanément sur tous les véhicules. S'il n'en était pas ainsi, l'action se ferait sentir d'abord sur la queue ou sur la tête.

Dans le premier cas, il se produirait une tension dans les attelages qui pourrait en entraîner la rupture. Dans le deuxième cas, la situation serait plus grave encore ; les véhicules d'arrière se précipiteraient sur ceux de tête en produisant des chocs très désagréables pour les voyageurs ; puis la réaction des tampons provoquerait des ruptures d'attelage.

La simultanéité du serrage est l'écueil du frein continu quand on veut l'appliquer aux trains longs. Il y a un certain temps, on s'est préoccupé d'appliquer le frein continu aux trains de marchandises en Amérique. On a, en effet, dans ce vaste pays, à organiser des trains de marchandises de longs parcours que l'on fait très lourds, et dont la composition ne varie pas en route ; l'application du frein continu sur les véhicules à marchandises n'y rencontre donc pas le même inconvénient qu'en France et en Europe. Mais le fonctionnement des freins avec des trains aussi longs a été des plus défectueux.

En 1886, les Américains ont organisé un concours pour l'application du frein continu à des trains de 50 véhicules. Divers systèmes ont été appliqués ; les résultats obtenus ont tous été déplorables, à cause du défaut de simultanéité. Des améliorations ont été apportées depuis, mais il ne semble pas que le problème soit définitivement résolu.

La simultanéité du serrage doit être d'ailleurs fonction de la rapidité du serrage et être d'autant plus grande que celle-ci est elle-même plus grande.

148. Rapidité du serrage sur chaque véhicule. — Il n'y a que des avantages à avoir un serrage très rapide sur chaque véhicule quand on a une grande simultanéité, et c'est la combinaison des deux qualités qui détermine la qualité du serrage final, laquelle se mesure par la loi des accélérations négatives successives.

Les deux qualités de simultanéité et de rapidité du serrage doivent, comme nous venons de le dire, être dans un certain rapport pour que le frein fonctionne bien ; dans plus d'un frein, on a dû ralentir l'action sur chaque véhicule parce que la simultanéité n'était pas suffisante. Il peut y avoir aussi une solidarité physique entre ces propriétés.

Ainsi, avec les freins à air, on augmente la simultanéité du serrage en restreignant l'orifice de la conduite générale, ce qui diminue naturellement la rapidité du serrage.

Pour comparer les freins continus entre eux, il faut donc pouvoir observer les accélérations successives et en tracer la courbe.

A défaut d'appareils permettant cette observation complète, on peut, par la simple observation de la vitesse initiale, de la durée et de la longueur du parcours d'arrêt, obtenir un nombre qui peut être considéré comme mesurant l'effet combiné de la rapidité et de la simultanéité d'action du frein.

Soient v, t, e, ces trois nombres. Assimilons la marche du train à ce qu'elle serait si, au bout d'un temps θ, les freins se serraient instantanément en produisant une accélération négative constante. Pendant le temps $t - \theta$ de mouvement uniformément retardé, l'espace parcouru est $\frac{1}{2} v (t - \theta)$; pendant le temps θ, la vitesse étant uniforme, il est de $v\theta$.

On a donc :

$$e = \frac{1}{2} v (t - \theta) + v\theta = \frac{1}{2} v (t + \theta),$$

d'où :

$$\theta = \frac{2e}{v} - t.$$

C'est ce nombre θ que l'on pourrait prendre comme mesure de la rapidité d'action du frein.

D'autre part, l'accélération retardatrice pendant la période de serrage est :

$$j = \frac{v}{t - \theta} = \frac{v}{2\left(t - \dfrac{e}{v}\right)}.$$

Ces deux nombres, θ et j, semblent de nature à donner une assez bonne représentation du mérite d'un frein au point de vue du serrage, à résumer une observation de freinage sous la forme la plus parlante.

149. Rapidité du desserrage. — C'est là une qualité qui peut paraître moins importante que les précédentes, surtout après que nous avons dit, à propos des freins à travail emmagasiné, que l'on dispose, d'un certain temps pour le desserrage (nᵒ 142). Mais, ici, les conditions d'application sont très différentes : il s'agit de trains de vitesse ou de trains à nombreux arrêts, pour lesquels il est nécessaire de perdre le moins de temps possible. La rapidité de desserrage est surtout nécessaire pour que le frein soit bien dans la main du mécanicien et lui permette de ralentir ou d'accélérer sa marche à volonté. Un cas fréquent est celui où, après avoir manœuvré pour arrêter devant un signal, il voit celui-ci s'effacer ; il importe qu'il puisse reprendre sa vitesse sans avoir complété l'arrêt.

Il faut donc que le desserrage soit rapide. Il est nécessaire, comme pour le serrage, qu'il soit simultané ; sans quoi, au moment du desserrage, la tête s'accélère tandis que la queue reste encore freinée, ce qui conduit à des ruptures d'attelage, ou encore, quand le desserrage succède rapidement au serrage, il arrive que les freins de queue continuent encore à serrer pendant que ceux de tête se desserrent ; le résultat est le même au point de vue des attelages.

Le desserrage rapide et facile est encore nécessaire pour arrêter sans secousse, en desserrant, un peu avant l'arrêt final et aussi pour arrêter juste en un point désigné.

150. Modérabilité du frein. — C'est la faculté de limiter à volonté la pression sur les sabots, puis de l'augmenter ou de la diminuer sans épuiser la provision de force dont on dispose, et sans être obligé de desserrer tout à fait pour la renouveler. Cette dernière condition implique que la modérabilité doit pouvoir être obtenue au desserrage comme au serrage, et elle est particulièrement importante sur les pentes. Si, sur une forte inclinaison, il fallait desserrer complètement les freins pour les resserrer ensuite au degré voulu, on risquerait de voir le train prendre une vitesse excessive.

La modérabilité se rattache donc, dans une certaine mesure, à la facilité du desserrage. Il faut que le desserrage soit facile, mais il faut en outre qu'il puisse être gradué.

Une certaine lenteur au serrage et au desserrage favorise la modérabilité.

151. Automaticité des freins. — L'automaticité des freins ne saurait être prise dans son sens absolu. Rigoureusement, ce serait la faculté de fonctionner toutes les fois que besoin est. Ce serait demander aux freins plus que de l'intelligence. Mais on peut leur demander de fonctionner dans certaines conditions déterminées, par exemple à l'approche d'un disque à l'arrêt.

C'est ce qui a été réalisé, au chemin de fer du Nord, par MM. *Delebecque* et *Bandérali* à l'aide d'un contact électrique.

Pour cela, ils utilisent un dispositif employé pour donner un avertissement au mécanicien ; c'est un long frotteur en cuivre, placé dans l'axe de la voie et auquel les agents ont donné le nom de *crocodile*, que l'on met dans un circuit, avec un interrupteur manœuvré par le signal et une pile électrique.

D'autre part, les machines portent un balai ou brosse métallique, placé dans un autre circuit avec un sifflet et la terre (par l'intermédiaire des rails). Lorsque le signal est à l'arrêt, l'interrupteur laisse passer le courant qui va actionner le sifflet de la machine au moment où la brosse métallique frotte sur le crocodile.

MM. Delebecque et Bandérali ont imaginé d'utiliser ce courant pour actionner un organe qui détermine le serrage du frein.

Ce système a soulevé des objections, parce qu'on a prétendu qu'il endormait la vigilance des agents, lesquels pouvaient se trouver en défaut si, à un moment donné, en présence d'un signal à l'arrêt, il ne fonctionnait pas. On peut d'ailleurs reproduire la même objection pour tous les appareils automatiques.

Beaucoup d'ingénieurs la considèrent comme fondamentale.

Nous ne partageons pas cet avis ; pour nous, le principe des appareils automatiques ne doit pas être rejeté *a priori*. L'appréciation de leur valeur est une chose d'espèce. L'homme est un mécanisme soumis lui-même à de grandes défaillances. Pourquoi donc ne pas lui substituer un mécanisme qui ne se dérangerait qu'exceptionnellement ?

Il faut donc examiner chaque appareil en particulier et il n'y a pas de raison pour le repousser s'il ne se dérange que très rarement, et surtout si les dérangements dont il est susceptible ne peuvent avoir pour effet que d'interdire la circulation.

Ce que l'on entend par automaticité des freins n'est donc pas la faculté intelligente de s'arrêter quand il le faudra. On entend spécialement par ce mot, en matière de freins, la propriété de fonctionner toutes les fois que la transmission est *coupée*. Nous disons coupée et non interceptée.

Pour le frein à air comprimé, il ne suffit pas que la conduite soit interceptée pour que le frein fonctionne ; bien au contraire, il faut qu'il y ait solution de continuité dans la conduite. Si le frein se dérange, c'est alors pour se serrer.

L'automaticité des freins peut être obtenue de deux façons : ou bien en employant la force motrice pour les maintenir normalement desserrés et en faisant manœuvrer la timonerie par des ressorts ou des contrepoids qui agiront dès que la force motrice sera coupée ; ou bien en ayant sur chaque véhicule un réservoir de force qui sera mis en action par la suspension de la communication.

L'inconvénient de l'automaticité, c'est de donner des arrêts intempestifs. Avec de bons freins, ils doivent être rares. En 1895, sur un parcours total avec frein automatique de 123 millions de kilomètres, il y a eu 3.258 arrêts intempestifs en France, soit environ 9 par jour.

C'est encore beaucoup.

§ 3. DIVERS SYSTÈMES DE FREINS CONTINUS

152. — La difficulté des freins continus réside dans la transmission de la force d'un bout à l'autre du train. Cette transmission peut se faire :

1º Par des moyens mécaniques proprement dits, arbres ou chaînes ;

2º Par des fluides canalisés, liquides ou gaz ;

3º Par l'électricité.

Les transmissions par moyens mécaniques devaient tout naturellement se présenter à l'esprit. Elles ont été l'objet d'applications. Au chemin de fer du Nord où l'on a employé le *frein Newall*, perfectionné par M. Bricogne, la transmission se faisait par un arbre longitudinal, relié à celui du véhicule voisin par allonges et manchons, à peu près comme les cylindres des laminoirs, de manière à permettre un certain mouvement relatif dans tous les sens. On le mettait en action au moyen d'un contrepoids que le mécanicien pouvait déclencher en tirant sur une corde et que le conducteur remontait en desserrant. Ce système ne permettait pas d'actionner plus de trois véhicules consécutifs ; il complique les attelages ; aussi y a-t-on renoncé depuis longtemps.

Il a existé également des *freins à chaînes* (système *Clarke*, *Becker*, etc...). On rendait possible le mouvement relatif des véhicules sans changement sensible de longueur de la chaîne en faisant passer celle-ci

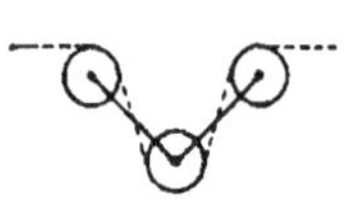

sur des poulies disposées en V, ou bien en les tendant au moyen de contrepoids qui permettaient un changement de longueur sans changement sensible de tension. Ces freins, qui ne sont généralement pas modérables, ne peuvent s'appliquer qu'à un très petit nombre de véhicules.

Ces systèmes ne peuvent être considérés comme résolvant la question des freins continus que d'une façon très imparfaite. Ils sont tous abandonnés, même en Angleterre où les freins à chaînes ont survécu pendant assez longtemps.

La *transmission par l'électricité* se présente dans des conditions beaucoup plus favorables. Au point de vue de la simultanéité, elle est incomparable, et, étant donnés les perfectionnements que reçoivent chaque jour les appareils électriques, il est permis de penser que la transmission électrique pour le frein constitue la transmission de l'avenir.

L'électricité paraît même être le premier moyen de transmission du frein continu qui ait été mis en expérience. Elle a été appliquée dès 1856 par *Achard*, qui imagina un frein continu. Après plusieurs perfectionnements, ce frein était arrivé à constituer une solution très satisfaisante du problème des freins continus ; il a fonctionné pendant longtemps sur un train du réseau de l'Etat. Il n'a pas été adopté définitivement toutefois, mais pour des raisons qui paraissent étrangères à sa valeur intrinsèque.

Le réseau de l'Etat étant entouré de chemins de fer sur lesquels on emploie le frein à air comprimé, a été conduit, pour faciliter les échanges, à adopter le même système que ses voisins.

Le *frein Achard* était un frein à entraînement ; l'effort moteur était fourni par la force vive du véhicule lui-même : l'électricité ne servait qu'à embrayer le frein. Sous sa forme dernière, le frein Achard se composait d'un électro-aimant rectiligne, dont le noyau formait un arbre horizontal, suspendu au châssis le long d'un essieu. Sur cet arbre s'enroulait une chaîne, pouvant agir sur la timonerie du frein. De plus, cet arbre portait des plateaux ou galets, formant les pôles de l'électro-aimant et susceptibles de recevoir le mouvement par adhérence, non pas sur la roue, mais sur un manchon calé sur l'essieu. Habituellement ces galets étaient maintenus par les ressorts à une faible distance de l'essieu ; venait-on à lancer dans le fil de l'électro-aimant le courant fourni par une génératrice placée sur la machine, les galets aimantés adhéraient à l'essieu et l'entraînement se produisait.

Outre l'*avantage de la simultanéité*, les transmissions électriques ont encore *celui de faciliter l'intercalation de véhicules non munis du même système de frein*. Cette intercalation est une nécessité inévitable de l'exploitation, et elle constitue une réelle difficulté, comme nous l'avons dit, pour les transmissions par fluides. Avec l'électricité, elle serait plus facile, et elle pourrait se faire en n'importe quel point du train. Il suffirait d'un conducteur portatif pour relier les véhicules comprenant le véhicule non muni du frein. Les fluides permettraient, à la rigueur, l'emploi d'un moyen analogue. Ce serait plus coûteux et plus compliqué, et il serait difficile d'éviter que les conduites portatives ne vinssent à se plier et à intercepter le passage du fluide.

Malgré cette double infériorité, les *transmissions par fluides* sont les seules employées maintenant.

Parmi les fluides, on peut employer l'eau ou l'air. On a essayé l'*eau* qui, étant incompressible, doit donner une transmission presque instantanée. Mais elle présente des inconvénients tels que l'on a dû y renoncer bien vite. En premier lieu, elle se congèle l'hiver. On y remédie en la mélangeant de glycérine ou d'alcool ; mais, lorsqu'il y a des pertes à remplacer, il est nécessaire d'avoir une réserve du mélange. En outre, les raccords de véhicule à véhicule sont difficiles. Il se produit nécessairement des pertes, et il faut perdre du temps pour les combler. En cours de route, la moindre fuite laisse un vide dans les conduites, en sorte que, au moment d'actionner le frein, l'eau doit d'abord être refoulée dans ces vides avant de pouvoir agir sur le mécanisme. Il en résulte un temps perdu dans la manœuvre qui enlève aux freins à eau tout le bénéfice de l'incompressibilité du liquide.

Le seul fluide employé en fait pour les transmissions de freins est l'*air*, qui leur a fait donner le nom de *transmissions pneumatiques*. Le frein est mis en action par un piston se mouvant dans un cylindre. Ce piston est poussé soit par de l'air comprimé que l'on envoie dans le cylindre, soit par l'air atmosphérique lorsqu'on fait le vide sur l'autre face. Il y a donc deux catégories de freins à transmissions pneumatiques, les *freins à air comprimé* et les *freins à vide*.

Les transmissions pneumatiques, quoique moins flexibles que les transmissions électriques, donnent toutes facilités pour les mouvements de contraction ou de dilatation du train. Elles sont d'un raccord facile. Le *frein à vide* a un inconvénient évident : on ne dispose que d'une pression motrice au plus égale à la pression atmosphérique. Il faut par suite donner aux cylindres à freins des dimensions plus grandes qu'avec l'air comprimé, dont la pression atteint jusqu'à 5 kg. par centimètre carré. Il en résulte que le volume d'air à enlever est grand, et que, pour agir rapidement, il est nécessaire de donner aux transmissions une plus forte section. Ces transmissions, qui ont un diamètre de 22 à 25 mm. pour les freins à air comprimé, atteignent 50 mm. pour les freins à vide.

Mais, par contre, le frein à vide a certains avantages sur le frein à air comprimé. D'abord, il est actionné par un appareil très simple, l'*éjecteur*, avec lequel le vide est fait par entraînement. Cet appareil ne comporte la mise en mouvement d'aucune pièce ; il est d'un fonctionnement facile et ne paraît pas susceptible de se déranger. Au contraire, le frein à air comprimé exige des installations compliquées pour produire la force motrice, et ces installations, qui demandent à être soigneusement entretenues, peuvent subir des avaries. L'expérience montre même que les dérangements de ces appareils sont assez fréquents. On peut reprocher, il est vrai, à l'éjecteur d'avoir un très faible rendement mécanique. L'inconvénient est peu sérieux dans l'espèce. La force motrice nécessaire pour actionner le frein est incomparablement moins forte que celle qu'il faut développer pour remorquer le train ; de plus, lorsque l'on doit se servir du frein, la communication de la chaudière avec les cylindres de la locomotive doit être coupée ; on dispose donc, à la rigueur, de toute la puissance de vaporisation de la chaudière, et l'on a beaucoup plus de vapeur qu'il n'est nécessaire pour l'action du frein.

Un autre avantage très important du frein à vide, c'est de présenter moins de chance d'avaries dans les transmissions. Les transmissions présentent toujours, en effet, des parties flexibles en caoutchouc, et, quelque précaution que l'on prenne, on ne peut éviter qu'elles ne se détériorent. Or, si la conduite est remplie d'air comprimé et qu'une petite fissure vienne à se produire, l'air comprimé tendra à l'accroître. Au contraire, si c'est une conduite de vide, la pression extérieure tendra à rapprocher les lèvres de la fissure et à la fermer. On peut donc dire qu'avec le frein à vide les conduites sont, en quelque sorte, à *fissures autoclaves*. Il en résulte que les chances de fonctionnement intempestif du frein doivent être beaucoup moins nombreuses avec le frein à vide qu'avec le frein à air comprimé.

En réalité, les deux systèmes ont été employés. Pendant longtemps le Nord a eu le frein à vide, mais non automatique. L'administration ayant exigé que les freins fussent automatiques, la compagnie du Nord a été amenée à changer son système de frein ; elle aurait pu adopter le frein à vide automatique, mais elle a suivi l'exemple des autres compagnies françaises et choisi le frein à air comprimé.

En France, ce sont donc les freins à air comprimé qui sont généralement employés. En Angleterre, il y a, au contraire, une tendance très marquée à abandonner les freins de cette nature pour le frein à vide automatique.

Les freins continus peuvent être *directs* ou *automatiques*.

Les *freins directs* sont ceux que le mécanicien met en action directement, soit en envoyant de la machine de l'air comprimé dans la conduite et de là dans le cylindre de chaque véhicule, soit en soutirant de même l'air de chaque cylindre. Dans le cas de l'air comprimé, l'air n'est pas envoyé directement de la machine de compression ; celle-ci n'est pas assez puissante pour produire instantanément la quantité d'air nécessaire. L'air est comprimé dans un réservoir, et c'est de ce réservoir que le mécanicien l'envoie dans la conduite.

Les *freins directs* sont essentiellement modérables puisque l'effort moteur sur chaque voiture dépend directement de la pression dans la conduite générale, laquelle est à la discrétion du mécanicien ; mais *ils ne sont pas automatiques* et *ils sont peu simultanés*, puisque l'air ne parvient aux derniers véhicules (ou n'en est soutiré) qu'après que les cylindres antérieurs ont produit leur effet plus ou moins complètement.

Un pareil frein peut être facilement *rendu automatique* ; il suffit pour cela, en quelque sorte, de le retourner, c'est-à-dire de tenir les freins serrés avec un contrepoids ou mieux un ressort, et d'employer l'air raréfié ou comprimé à tenir le frein desserré. Mais la défectuosité reste la même au point de vue de la promptitude et de la simultanéité.

Pour augmenter la simultanéité, on a employé une disposition possible avec les freins automatiques seulement : on intercale sur le branchement de chaque véhicule un *distributeur* qui détermine le fonctionnement du frein sans que l'air ait à entrer ou à sortir par la conduite générale. Le mouvement d'air à effectuer par celle-ci n'est plus alors que celui qu'exige le fonctionnement du distributeur qui est de petite dimension.

Le principe de cet appareil est facile à comprendre. Il consiste, pour les freins à air comprimé par exemple, dans le mouvement d'un petit piston, provoqué par l'abaissement de la pression dans la conduite, mouvement que l'on emploie à mettre en action le mécanisme du frein ; dans le cas du frein Wenger, le mouvement du piston démasque un orifice par lequel l'air du cylindre à frein s'écoule dans l'atmosphère ; dans le cas du frein Westinghouse, il entraîne un tiroir qui, suivant sa position, met le cylindre à frein en communication avec un réservoir local intermédiaire, rempli d'air comprimé, ou avec l'atmosphère.

Malgré l'emploi du distributeur, la simultanéité n'est pas encore suffisante avec l'air comprimé lorsque le frein est appliqué à des trains de 5o véhicules. On peut l'accroître par un artifice peu recommandable à un autre point de vue, mais qui peut être appliqué même aux freins directs. Il consiste à diminuer l'orifice d'écoulement à l'extrémité de la conduite. Lorsque l'orifice d'écoulement est grand, il se produit immédiatement derrière une dépression vive qui provoque le serrage des freins des véhicules de tête. Si l'orifice est petit, au contraire, le mouvement de l'air étant plus lent, l'équilibre a le temps de se produire dans la conduite avant que la dépression soit suffisante pour que les freins agissent. Mais s'il vient à se produire une rupture d'attelage, l'écoulement se fait sur toute la section de la conduite et l'on perd tout le bénéfice de l'artifice. Ce moyen est donc encore imparfait.

M. Westinghouse. l'ingénieur américain inventeur du frein de ce nom, a imaginé un procédé pour rendre le *frein à action rapide*. Il modifie le distributeur de façon que l'air évacué des distributeurs et de la conduite générale, au lieu de sortir en totalité dans l'atmosphère par l'orifice unique de cette conduite, trouve un débouché sur chaque véhicule et cela dans le cylindre à frein de ce véhicule où il contribue à activer le serrage. La dépression de l'air dans la conduite actionne le distributeur qui fait passer l'air du réservoir auxiliaire dans le cylindre à frein ; mais en outre, si elle est produite brusquement, elle fait jouer une soupape permettant à l'air de la conduite de s'évacuer directement, par un large orifice, dans le même cylindre à frein où son action s'ajoute à celle de l'air du réservoir auxiliaire, ou plutôt la devance grâce à la largeur plus grande des communications. Dès qu'une dépression se produit donc à l'extrémité de la conduite, près de la machine par exemple, le distributeur et la soupape du premier véhicule font évacuer l'air de cette conduite dont la dépression se transmet plus rapidement au véhicule suivant et ainsi de suite. On obtient de la sorte une rapidité d'action plus grande qu'avec le distributeur ordinaire et, en même temps, plus de simultanéité. Mais, la première de ces propriétés ayant augmenté plus vite que la seconde et le desserrage étant plutôt ralenti, les tampons des voitures se serrent fortement, et on ne pourrait desserrer les freins avant l'arrêt complet sans déterminer des réactions violentes et des ruptures d'attelages.

§ 4. DÉTAILS SUR QUELQUES FREINS

153. Frein Westinghouse ordinaire. — Il se compose d'un cylindre à frein, dans lequel se meuvent habituellement deux pistons reliés à la timonerie des freins.

Quelquefois cependant, le cylindre à frein ne renferme qu'un seul piston, dont la tige commande tous les sabots du véhicule sur lequel il est installé. Ce cylindre est relié à la conduite générale, qui va de bout en bout du train, par un branchement sur lequel est installé le distributeur auquel on donne le nom de *triple valve*. Ce nom, impropre dans l'espèce, vient d'une des formes primitives du distributeur et lui a été conservé.

A côté du cylindre à frein se trouve sous le véhicule un réservoir d'air comprimé, dit *réservoir auxiliaire* qui peut communiquer également avec la triple valve. Cette triple valve permet de mettre en communication

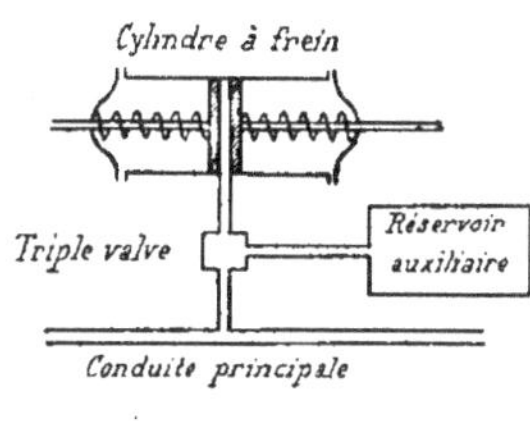

soit le réservoir auxiliaire avec la conduite générale, soit le réservoir auxiliaire et le cylindre à frein, soit enfin le cylindre à frein et l'atmosphère.

Les deux pistons, placés l'un en face de l'autre, peuvent se mouvoir dans deux directions opposées sous l'action de l'air comprimé introduit par la triple valve. Lorsqu'ils sont rapprochés, leur position est celle du desserrage ; lorsqu'ils sont éloignés, au contraire, leur position est celle du serrage.

Le cylindre à frein porte sur ses fonds deux renflements destinés à loger des ressorts qui servent à ramener les pistons dans la position du desserrage au moment où l'air comprimé qui les avait éloignés est évacué. Ces ressorts ne servent pas ici à retourner l'action d'un frein direct pour le rendre automatique : ce sont des ressorts de rappel.

La *triple valve* se compose d'une boîte en fonte renfermant deux cavités cylindriques alésées et garnies de manchons de bronze. Dans le cylindre inférieur, se trouve un piston L dont la tige se meut suivant l'axe du cylindre supérieur. Ce piston peut se déplacer sur toute la hauteur du grand cylindre. Sa tige porte une partie méplate sur laquelle s'applique un tiroir à deux joues N, lequel peut être entraîné par deux embases *c* et *d* de la tige du piston. Ce tiroir est guidé par un ergot R.

Le cylindre supérieur est percé de trois ouvertures ; l'une I communique avec le réservoir auxiliaire : cette ouverture est toujours ouverte ; la seconde J conduit au cylindre à frein ; la troisième K débouche dans l'atmosphère. Ces deux dernières ouvertures J et K peuvent être masquées par le tiroir N. Le grand cylindre communique par la partie inférieure, avec la conduite générale par l'ouverture H. Le manchon B de ce cylindre porte à la partie supérieure une rainure *f* très petite qui ne peut être fermée par le piston L, en sorte que, lorsque celui-ci est à la partie supérieure de sa course, l'air de la conduite générale passe par cette rainure, pénètre dans le cylindre supérieur et peut se rendre de là dans le réservoir auxiliaire. Dans cette position, le tiroir N met en communication les deux ouvertures J et K ; l'air du cylindre à frein est en équilibre avec l'atmosphère ; c'est donc la position du *desserrage*. Lorsque le piston L s'abaisse, il dépasse la rainure *f* ; l'air de la conduite générale ne peut plus pénétrer dans le petit cylindre supérieur ; lorsque ce piston est au bas de sa course, le tiroir découvre l'orifice J par lequel l'air du réservoir auxiliaire se rend dans le cylindre à frein. Cette position est celle du *serrage à bloc*.

Le serrage modéré peut être également obtenu.

Représentons schématiquement la triple valve dans les deux positions

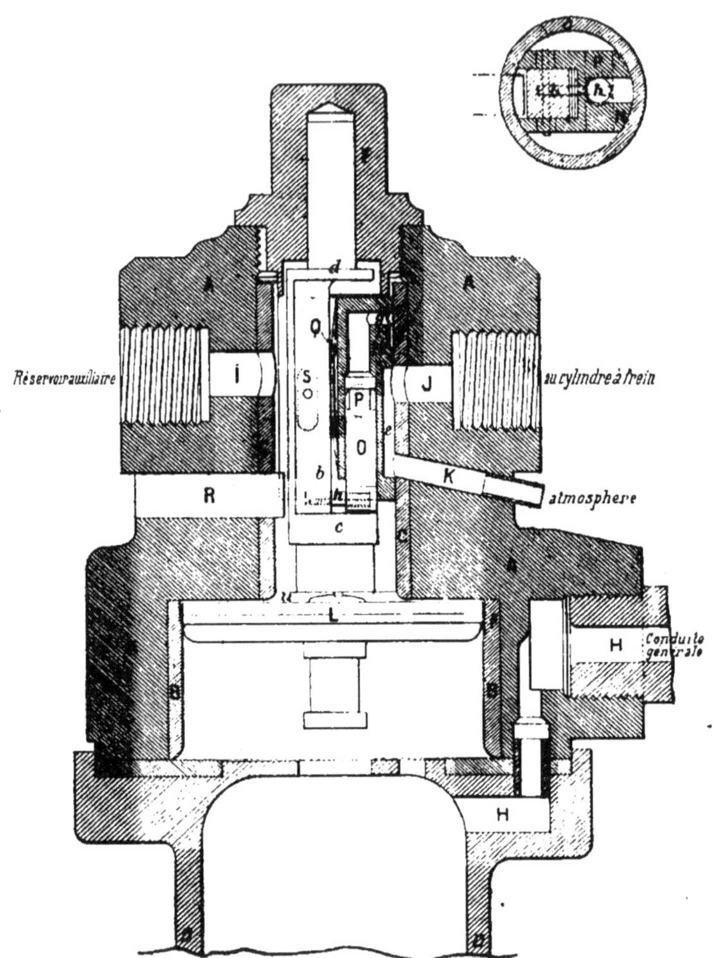

de serrage et de desserrage ; le tiroir se trouve, pour la première, en haut de sa course, pour la seconde, en bas. Imaginons que le piston étant en haut de sa course l'on produise dans la conduite H une dépression partielle : le piston L va s'abaisser ; aussitôt la communication entre les cylindres B et C par la rainure *f* cesse ; bientôt l'orifice J se démasque ; alors l'air du réservoir auxiliaire pénètre dans le cylindre à frein. Par ce fait, la pression baisse progressivement dans le cylindre C; si elle devient, à un moment, égale à celle de la conduite le piston L s'arrête. Mais l'air continuant à affluer dans le cylindre à frein et à se détendre, la pression

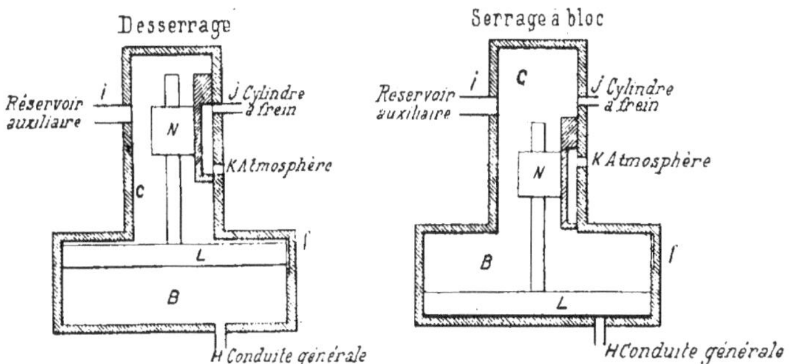

devient inférieure à celle de la conduite qui fait remonter le piston L et
par suite le tiroir N jusqu'à ce que la lumière J soit fermée ; la communication entre I et J est alors fermée ; il n'agit sur les pistons des freins
que l'air qui y a pénétré, à une pression au plus égale à celle qui règne
en C et, par conséquent, à celle de la conduite générale. Comme le mécanicien est maître d'établir dans la conduite la pression qu'il veut, on
conçoit qu'il puisse ainsi produire dans le cylindre à frein une pression
quelconque inférieure à celle qui résulte de l'équilibre entre le réservoir
et le cylindre, sans cependant remonter suffisamment le tiroir pour que
les deux ouvertures J et K soient mises en communication. Mais on conçoit aussi que, dans la pratique, ce résultat ne pourrait être obtenu qu'avec beaucoup d'habileté Si la remontée du tiroir était trop vive, non
seulement l'air ne passerait pas du réservoir auxiliaire dans le cylindre à
frein, mais les deux ouvertures J et K seraient mises en communication et
le desserrage se produirait.

Pour rendre la *modérabilité* plus maniable, le tiroir N est traversé par
un canal *g* qui aboutit à la paroi des orifices J et K. L'air peut accéder à
ce canal par un trou P qui traverse horizontalement le tiroir de part en
part. La communication entre le trou P et la rainure *g* est fermée par une
soupape O dont la tige peut être entraînée par un tourillon *h* fixé à la
tige du piston. Un jeu de 4 mm. est d'ailleurs ménagé entre les embases
c et *d* et le tiroir N.

Supposons maintenant que l'on produise une dépression partielle dans
la conduite H ; le piston L s'abaisse ; mais, par suite du jeu de 4 mm.
entre les embases et le tiroir, il arrive à dépasser l'extrémité inférieure de
la rainure *f*, c'est-à-dire à intercepter la communication entre les deux
cylindres de la triple valve, avant d'avoir fait mouvoir le tiroir ; de plus
le tourillon *h* a ouvert la soupape O, et l'air du réservoir auxiliaire a pu
pénétrer par le trou P dans la rainure *g*. Le piston L continuant à des-

cendre, l'orifice g se présente en face de J ; aussitôt l'air du réservoir auxiliaire pénètre dans le cylindre à frein en se détendant.

Dès que la pression s'est abaissée, par suite de cette détente, au-dessous de celle qui reste dans la conduite, le piston L reprend un mouvement ascensionnel et ferme la soupape O presque instantanément sans soulever pour cela le tiroir N, toujours à cause du jeu des embases. La communication entre le réservoir auxiliaire et le cylindre à frein étant coupée, la détente s'arrête et le piston de la triple valve reste en place, dans une position intermédiaire où il n'y a ni introduction d'air dans le cylindre, ni échappement de ce dernier. Si on produit une nouvelle dépression, le piston L s'abaissera encore, une nouvelle quantité d'air pénètrera dans le cylindre à frein et le piston s'arrêtera de nouveau un peu plus bas. On peut ainsi graduer la détente de l'air du réservoir auxiliaire dans le cylindre à frein jusqu'au serrage à bloc.

Malgré cet artifice, la modérabilité du frein Westinghouse automatique est relativement faible. Si l'on suppose, comme cela se produit habituellement, que le volume du cylindre à frein soit le 1/5 de celui du réservoir auxiliaire, et que la pression maintenue en cours de route dans la conduite générale et le réservoir auxiliaire soit de 4 kg., il suffit, comme on le verra plus loin, d'une dépression de o kg. 83 pour produire le serrage à bloc. Pour avoir un serrage modéré il faut produire une dépression moindre : on se meut donc dans des limites très étroites.

En outre, lorsque les freins sont serrés modérément, la communication est coupée entre le cylindre à frein et le réservoir auxiliaire, ainsi qu'entre celui-ci et la conduite générale ; les pistons du cylindre à frein présentent toujours des fuites qui obligent de temps en temps à y introduire à nouveau de l'air du réservoir auxiliaire. Il en résulte que, sur les longues pentes, il peut arriver à un moment que le réservoir auxiliaire soit épuisé et que le serrage soit devenu insuffisant. On n'aura pas d'autre ressource alors que de provoquer le desserrage total afin de remplir le réservoir auxiliaire pour recommencer ensuite le serrage. Mais ce desserrage qui doit nécessairement durer un certain temps pour le remplissage des réservoirs auxiliaires peut offrir les plus grands dangers.

Ces considérations ont amené la Compagnie P.-L.-M. à installer sur ses véhicules une deuxième conduite pouvant amener l'air comprimé du réservoir principal de la machine directement dans les cylindres à frein, et de faire fonctionner ceux-ci comme *frein direct*. C'est ce que l'on nomme, sur cette Compagnie, le *frein modérable*. Les véhicules de la Compagnie de Lyon ont donc deux conduites, et leur frein Westinghouse peut fonctionner comme *frein automatique* ou comme *frein modérable*. Le branchement, sur chaque véhicule, qui part de la conduite modérable, aboutit à la conduite qui réunit la triple valve au cylindre à frein ; à l'insertion. se trouve une *double valve* qui isole les deux freins l'un de l'autre. Si le frein modérable fonctionne, la conduite automatique est fermée et réciproquement. Si de plus, par suite d'une rupture de la conduite automatique, le frein automatique vient à fonctionner intempestivement, le mécanicien peut, en envoyant de l'air dans la conduite modérable,

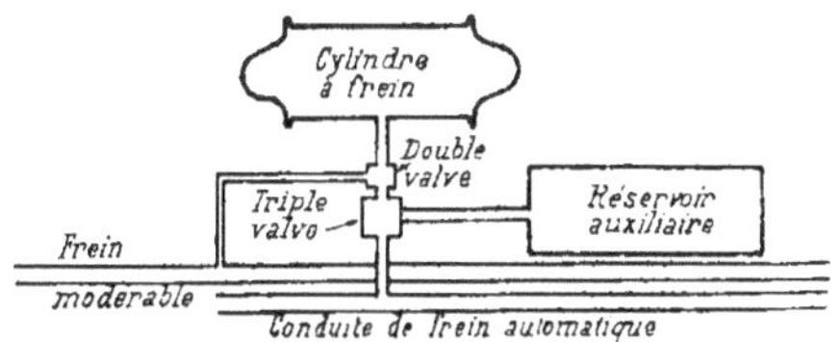

manœuvrer la double valve d'arrêt, vider les réservoirs auxiliaires et annuler ainsi le frein automatique; il n'a plus alors qu'à desserrer le frein modérable pour remettre immédiatement son train en mouvement.

La pression de l'air comprimé, dans la conduite générale et dans les réservoirs auxiliaires, est maintenue aux environs de 4 kg. (5 kg. sur les chemins de fer de l'État Belge) ; on ne dépasse pas cette limite de crainte de fatiguer les tuyaux de raccord en caoutchouc. Mais, dans le *réservoir principal* situé sur la locomotive, elle est généralement plus élevée de 2 à 3 kg., afin d'obtenir un desserrage rapide ; un détendeur interposé maintient cette différence. Avec les deux freins, modérable et automatique, installés simultanément, cet excès de pression est indispensable pour pouvoir annuler rapidement le frein automatique en cas de fonctionnement intempestif.

Il est à remarquer que le serrage des freins dépend de la pression finale dans les cylindres à frein, après détente de l'air comprimé contenu dans les réservoirs auxiliaires. Or cette pression dépend elle-même du déplacement des deux pistons commandant la timonerie. Ces pistons ne se déplacent pas de la même quantité pour tous les véhicules d'un train, à cause de l'usure des sabots. Pour éviter le calage, la pression sur les sabots ne doit pas dépasser une certaine limite, facile à déterminer comme on l'a vu. Or, si l'on veut que le calage ne se produise pas avec les sabots neufs, il en résultera que, lorsque les sabots seront usés, le serrage sera insuffisant. Il est donc nécessaire de régler les sabots au fur et à mesure de leur usure pour qu'il n'y ait pas diminution dans l'énergie du frein.

Dans le but d'éviter que le frein Westinghouse ne se serre par l'effet de fuites quand une tranche de véhicules est au repos, le tiroir N de la triple valve est muni d'une petite rainure i, dite *rainure de fuite*, qui va jusqu'à l'orifice g. Si une fuite se produit dans la conduite générale, le piston L s'abaisse ; la soupape O s'ouvre, l'air du réservoir arrive dans la rainure g ; le tiroir s'abaissant, dès que la petite rainure de fuite i arrive devant l'ouverture J, l'air du canal g passe par l'évidement e et va dans l'atmosphère par l'orifice K ; la pression dans la chambre C devient alors bientôt inférieure à celle de la conduite, et le piston remonte légèrement enfermant la soupape O. La fuite persistant, le piston s'abaisse de nouveau de manière à rouvrir la soupape O; de nouveau l'air s'échappe dans l'atmosphère, et le piston L se soulève et ainsi de suite. Le fonctionnement se répète par intermittence jusqu'à ce que le réservoir auxiliaire soit vidé.

151. Frein Wenger. — Ce frein, imaginé par un ingénieur français, M. Wenger, ancien élève de l'Ecole polytechnique, offre l'exemple d'un frein direct retourné. Mais ici, ce qui fait fonction de ressort pour effectuer le serrage des sabots, c'est de l'air comprimé enfermé dans un réservoir.

Le frein Wenger a été adopté par les Compagnies d'Orléans et du Midi et par le réseau de l'Etat.

Ce qui le caractérise, comme construction, c'est d'abord que le cylindre à frein et le réservoir auxiliaire sont en prolongement l'un de l'autre formant un seul corps; le montage se trouve ainsi facilité. C'est ensuite l'emploi, pour les garnitures de pistons, de cuirs emboutis qui permettent l'accès de l'air dans le sens seulement où ils sont recourbés et qui sont étanches du côté où la pression les applique sur la paroi du cylindre.

Le frein installé sur chaque véhicule se compose, en principe, d'une chambre-réservoir cylindrique, prolongée par un cylindre de moindre diamètre dans lequel se meut un piston avec garniture de cuir embouti tournée vers l'intérieur de la chambre-réservoir. La tige du piston, qui commande la timonerie du frein, porte elle-même un second piston de moindre diamètre, qui se meut dans un petit cylindre placé à l'intérieur du grand et qui est muni également d'une garniture de cuir embouti tournée vers l'intérieur de la chambre-réservoir. L'étanchéité du système est complétée par une rondelle de cuir, maintenue par un collet, qui vient buter contre le fond du couvercle, quand le frein est desserré, et forme joint.

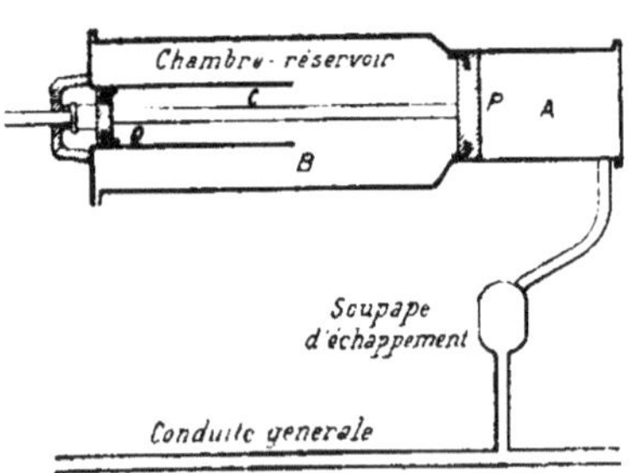

L'extrémité du cylindre où se meut le grand piston est réunie par un tuyau à la conduite générale d'air comprimé qui va d'un bout à l'autre du train.

Sur ce branchement est installé le distributeur, auquel on a donné le nom de *soupape d'échappement*.

En temps ordinaire, l'air comprimé de la conduite générale arrive derrière le piston P dans le cylindre A, passe entre le cuir embouti de ce piston et la paroi cylindrique et pénètre dans la chambre-réservoir B. Il en résulte que la pression est la même dans les deux cavités A et B, et que, par suite, le piston P est en équilibre; mais alors il est entraîné vers la gauche par le petit piston Q qui fait fonction de ressort de rappel. Toutefois, à la Compagnie d'Orléans, on a conservé un ressort de desserrage en vue des manœuvres qui se font lorsque le réservoir n'est pas chargé d'air. Si l'on met le fond du cylindre A en communication avec l'atmosphère, on supprime la pression sur la face postérieure du piston P ; l'air comprimé de la chambre B se détend et presse sur l'autre face de ce piston qui recule en tirant sur les barres de la timonerie et produit ainsi le serrage. Pour desserrer, il suffit d'introduire de nouveau de l'air derrière le piston P, de manière à équilibrer la pression qui s'exerce sur sa face d'avant ; le petit piston Q entraîne alors l'ensemble vers la gauche et remet les freins dans la position du desserrage. L'air contenu dans la chambre-réservoir B reste donc toujours le même, sauf les fuites inévitables. Il constitue le ressort de serrage dont nous avons parlé. L'air qui

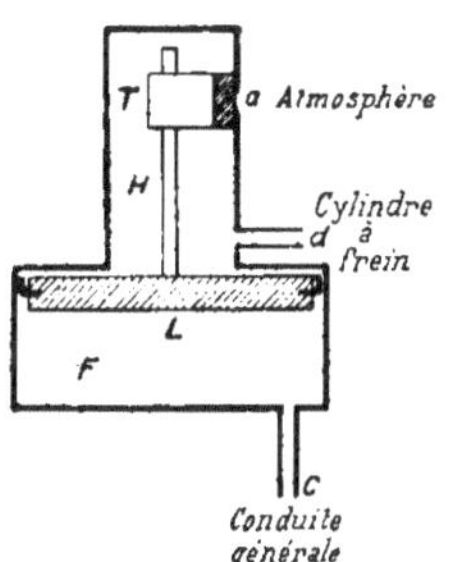

filtre entre la garniture du piston P et la paroi du cylindre compense d'ailleurs les fuites qui peuvent se produire.

Pour obtenir un serrage modéré, il suffit de maintenir dans la conduite, et par suite dans le fond des cylindres, une contre-pression suffisante pour diminuer l'effort de traction des pistons sur les barres de la timonerie. Ce résultat est obtenu aisément à l'aide de la *soupape d'échappement*.

Cette soupape, figurée sur la figure ci-dessous, peut se représenter par le schéma ci-contre. Elle se compose d'une boîte cylindrique, renfermant un piston à garniture de

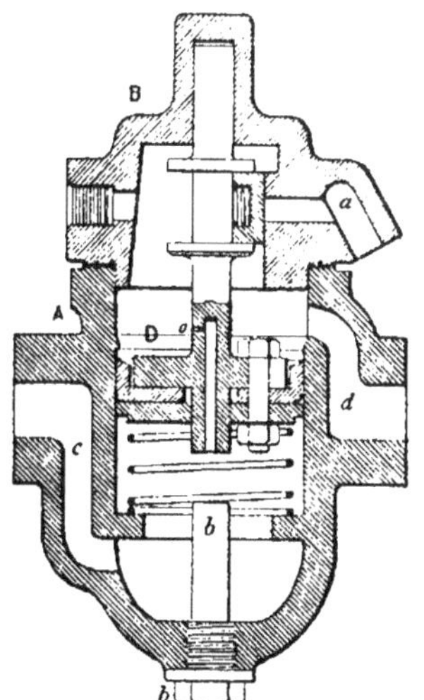

cuir embouti L et dont la tige manœuvre un obturateur T. Cet obturateur peut ouvrir ou fermer un orifice *a* débouchant dans l'atmosphère. Le fond du cylindre communique avec la conduite générale par le tuyau *c*, et la partie supérieure avec l'extrémité postérieure du cylindre à frein *d*.

La garniture du piston L est tournée vers la partie supérieure H de la cavité cylindrique.

Quand le frein est desserré, le piston L est au haut de sa course ; l'orifice *a* est fermé ; l'air de la conduite filtre autour du piston L, passe par le tuyau *d* dans le cylindre à frein A et, de là, dans la chambre-réservoir. L'équilibre de pression s'établit ; le piston L est maintenu levé grâce à un ressort placé en-dessous.

Si une dépression légère est produite dans la conduite C, le piston L s'abaisse; l'orifice *a* est démasqué; l'air de la capacité A du cylindre afflue dans le cylindre H par le tuyau *d* et de là se vide par l'orifice *a*; les freins se serrent. Lorsque la pression dans la cavité H devient égale à celle qui reste dans la conduite générale, le ressort soulève le piston L qui ferme l'orifice *a*. La soupape d'échappement maintient donc toujours en équilibre la pression de l'air dans les cavités A et H et celle qui existe dans la conduite générale. Comme le mécanicien est toujours maître de régler cette dernière avec le robinet de manœuvre, il peut modérer à volonté l'énergie du frein. Celui-ci est donc essentiellement modérable au serrage et au desserrage.

Le diamètre relativement grand du piston L assure la sensibilité nécessaire pour la rapidité et la simultanéité d'action des freins; mais cette sensibilité pouvait présenter un inconvénient pour la modérabilité, puisqu'il suffisait de fuites légères dans la conduite pour faire agir les soupapes et provoquer une augmentation du serrage. On y a remédié en perçant dans la tige du piston un petit trou *o*, qui laisse passer constamment un filet d'air comprimé suffisant pour maintenir l'équilibre de pression entre les deux faces du piston sans détruire la sensibilité. Après une application prolongée du frein, il peut arriver que des fuites d'une certaine importance finissent par provoquer le serrage à bloc des sabots; on a recours alors au robinet de manœuvre pour recharger la conduite et les cylindres et desserrer ainsi au degré voulu.

Le frein Wenger a l'inconvénient de donner encore plus d'inégalité de serrage sur les véhicules que le frein Westinghouse lorsque les sabots sont inégalement usés; cela tient à ce que le rapport entre le volume engendré par le piston à frein et la capacité du réservoir y est beaucoup plus grande. De plus, il exige, pour produire le serrage, une dépression plus grande que le frein Westinghouse, en sorte que, si des véhicules munis des deux systèmes de frein sont intercalés dans un train, les freins Westinghouse sont déjà serrés à bloc alors que le frein Wenger n'aura pas même amené les sabots au contact des roues.

Dans le frein Wenger nous avons supposé qu'il n'y avait qu'un seul piston pour commander la timonerie. Rien ne serait plus facile que d'en avoir deux; il suffirait pour cela de doubler le système symétriquement.

155. Frein Carpenter. — Ce frein diffère du frein Wenger, outre les détails de construction, par la suppression du distributeur. Le petit piston Q n'existe pas; un ressort de rappel est interposé entre le piston P et le fond du cylindre A.

156. Frein Schleifer. — Ce frein fonctionne comme le frein Carpenter, mais avec un piston double comme le frein Wenger, au lieu d'un seul piston avec ressort de rappel.

§ 5. THÉORIE DES FREINS A AIR COMPRIMÉ

157. — Pour les freins directs, la théorie n'offre rien de particulier ; la pression sur le piston des freins est égale à la pression dans la conduite générale. Ils sont donc modérables à volonté.

Dans les freins automatiques, il y a, sous chaque véhicule, une conduite générale en tension, ainsi qu'un réservoir auxiliaire qui peut n'être que le prolongement du cylindre à frein.

Deux cas peuvent se produire :

1^0 Le piston moteur reçoit, sur une face, la pression atmosphérique, sur l'autre celle de l'air envoyé par le réservoir auxiliaire (système Westinghouse) ;

2^0 Le piston reçoit, sur une face, la pression de l'air du réservoir auxiliaire, sur l'autre, celle de l'air envoyé de la conduite (systèmes Wenger, Carpenter, Schleifer).

Dans ce dernier cas, la communication avec la conduite peut se faire par l'intermédiaire d'un distributeur (système Wenger) ou directement (systèmes Carpenter, Schleifer). Si on fait abstraction des résistances du distributeur, la pression dans le cylindre à frein est, dans l'un et l'autre cas, égale à celle de la conduite générale. Le fonctionnement est donc le même en principe, seulement le distributeur permet d'évacuer l'air directement dans l'atmosphère et non par la conduite générale ; la propagation de l'action est beaucoup plus prompte.

Nous prendrons pour types de ces deux classes les freins Wenger et Westinghouse.

158. Théorie du frein Wenger. — Soient :

V le volume du réservoir,

v le volume engendré par le piston P ;

P la pression initiale dans le réservoir, commune au réservoir, au cylindre à frein et à la conduite générale ;

r la pression finale dans le réservoir.

Nous supposerons P et r évalués d'après les indications d'un manomètre, c'est-à-dire par leur excès sur la pression atmosphérique a.

On a évidemment :

$$(r + a)\,(V + v) = (P + a)\,V,$$

d'où :

$$r = \frac{PV - av}{V + v}.$$

Lorsque le piston est à fond de course, la pression r est immuable et ne dépend plus que des fuites qui peuvent se produire ; elle est indépendante de celle qui règne dans la conduite.

Supposons qu'à un moment donné la pression dans la conduite soit p. Cette pression sera celle qui s'exercera dans la capacité A sur la face postérieure du piston P.

Soient S la section de ce piston, et tS l'effort nécessaire pour mettre en action la timonerie des freins (y compris, s'il y a lieu, la tension du ressort de rappel).

L'effort disponible sur la tige du piston qui détermine la pression sur les sabots, est :

$$T = (r - p)\, S - tS = S\, (r - t - p).$$

Cet effort varie avec p : on peut lui donner la valeur que l'on veut en faisant varier p ; il aura une valeur constante si p est constant. S'il y a des fuites, r diminue ; mais, si l'on diminue p, T peut rester constant jusqu'à ce que p soit nul :

Ordinairement, on a :

$$\frac{V}{v} = 2{,}5 \qquad P = 4\ \text{kg.} \qquad a = 1\ \text{kg.} \qquad t = 0\ \text{kg.}, 3 \ ;$$

on en déduit :

$$r = \frac{P \times 2{,}5 - 1}{3{,}5} = 2\ \text{kg.}, 57,$$

d'où :

$$r - t = 2{,}3.$$

Il faut donc produire dans la conduite une dépression de :

$$P - p = 4 - 2{,}3 = 1\ \text{kg.}, 7,$$

pour amener le piston à fond de course ; mais alors l'effort T est nul, puisque la pression $p = P - 1{,}7$ est égale à $r - t$; les pistons ont rapproché les freins des roues sans produire encore d'effet utile. En remplaçant, dans l'expression de T, $r - t$ par 2,3 on aura pour chaque valeur de p l'effort produit $T = S\ (2\ \text{kg.}, 3 - p)$.

Le piston du frein devrait commencer à se déplacer dès que la dépression sur l'autre face a atteint 0 kg., 3, et le serrage commencer pour une dépression de 1 kg., 7. En réalité, la sensibilité du frein est moindre parce que, par suite des frottements de toute nature, la pression dans la conduite générale dépasse celle qui existe dans le cylindre à frein de 0 kg., 25 à 0 kg., 50 environ.

159. Théorie du frein Westinghouse. — Nous avons vu que, tant que la pression de l'air dans la conduite générale est supérieure à celle du réservoir auxiliaire, le piston de la triple valve se soulève, et que l'air passe par la rainure f dans le réservoir. Si l'on produit une dépression dans la conduite, comme il y a toujours dans le haut la pression du réservoir et dans le bas celle de la conduite, le piston s'abaisse ; l'air est admis dans le cylindre à frein.

Soit, à un moment donné, c la pression dans le cylindre à frein ; on a, en reprenant les notations précédentes :

$$T = S\,(c - t).$$

A ce moment, on a, dans le réservoir, une pression r telle que :

$$V\,(r + a) + v\,(c + a) = V\,(P + a),$$

d'où :

$$r = P - \frac{v}{V}\,(c + a).$$

Pour amener le piston à fond de course, sans exercer d'effort sur les roues, il faut que $c = t$.

Ordinairement, on a :

$$\frac{V}{v} = 5 \qquad t = \text{o kg., 3.}$$

On en déduit, puisque $c = t$,

$$r = P - \frac{1,3}{5} = P - \text{o kg., 26.}$$

Ainsi, une dépression de o kg., 26 dans la conduite suffira pour que les pistons des freins soient à fond de course. Si la dépression est plus forte, l'air continuera à affluer dans le cylindre et tendra à s'y mettre en équilibre avec celui du réservoir.

Cet équilibre sera obtenu lorsque c sera égal à r ; on aura ainsi :

$$r = \frac{V\,(P + a)}{V + v} - a = \frac{VP - va}{V + v}\,.$$

Il suffit, pour cela, que la pression p dans la conduite soit égale à cette valeur ; quand ce maximum d'effet est obtenu, un nouvel abaissement dans la conduite ne produit aucun effet sur les freins.

L'expression de r est la même avec le frein Westinghouse qu'avec le frein Wenger. Il en résulte que, si le rapport $\frac{V}{v}$ était le même, lorsque le serrage à fond serait obtenu avec le frein Westinghouse, les sabots, avec les freins Wenger, seraient rapprochés des roues, mais sans effet utile, puisque T serait nul.

Les deux freins ne peuvent donc fonctionner simultanément sans inconvénient ; ils ne le pourraient qu'à la condition que les freins Westinghouse, au maximum de pression, ne produisissent pas le calage des roues, puisque c'est alors seulement que commence le serrage du frein Wenger.

En réalité, le rapport des volumes $\frac{V}{v}$ est plus grand dans le frein Westinghouse que dans le frein Wenger ; il est généralement de 5 ; on trouve alors, pour une pression $P = 4$ kg. :

$$r = \frac{5P - 1}{6} = 3 \text{ kg., } 17,$$

d'où :

$$T = S (3,17 - t).$$

Le serrage à fond est obtenu pour une dépression :

$$P - p = 4 \text{ kg., } - 3 \text{ kg., } 17 = 0 \text{ kg., } 83.$$

Pour une dépression comprise entre 0 k. 26 et 0 k. 83, on aura une pression intermédiaire. On l'obtiendra en remarquant que, par le jeu de la triple valve, l'équilibre se produit toujours entre la pression r dans le réservoir intermédiaire et la pression dans la conduite. Si on désigne par p cette dernière, on aura : $r = p$.

La valeur de c se calculera alors en remplaçant r par p dans les équations précédentes :

$$c = (P - p) \frac{V}{v} - a$$
$$T = S (c - t).$$

On en déduit que toute variation de la dépression $P - p$ produit, eu égard à la valeur de $\dfrac{V}{v}$, une variation quintuple dans la pression sur le piston : d'où la difficulté de régler celle-ci.

Il en résulte, en outre, que, comparativement au frein Wenger, le frein Westinghouse est beaucoup plus prompt. Lorsque la dépression sera de 0 kg., 83, ce frein sera serré à fond, tandis que le piston du frein Wenger ne sera pas encore à fond de course, puisqu'il n'y arrive que pour une dépression de 1 kg., 7. En diminuant le rapport $\dfrac{V}{v}$, on diminuera la sensibilité du frein mais on augmentera la modérabilité.

Comme la triple valve n'est pas sans résistance, que t peut varier d'un véhicule à l'autre et que le rapport $\dfrac{V}{v}$ varie avec l'usure des sabots, on recommande aux mécaniciens de produire une dépression, non pas de 0 kg., 83, qui représente 21 o/o de la pression P, mais de 45 o/o, soit de 1 kg., 80. D'après M. Soulerin, la triple valve offre une résistance correspondant à une différence de pression entre les deux faces de 0 kg., 2 à 0 kg., 4, pour une pression intérieure de 4 kg.

La pression convenable étant supposée obtenue, on pourrait la maintenir indéfiniment si les pistons étaient parfaitement étanches ; mais il s'en faut de beaucoup que cela soit. En outre, s'il devient nécessaire de réduire momentanément le serrage, il faut augmenter la pression dans la conduite pour faire jouer la triple valve et faire sortir de l'air du cylindre. Vu la faible différence de pression entre la conduite et le réservoir, il ne rentre pas dans celui-ci une quantité d'air notable pendant le temps très court qu'exige cette opération. Donc, par des alternatives de serrage et de desserrage partiel, l'air du réservoir s'épuise. Pour le renouveler, il faut desserrer complètement pendant un temps notable à cause de la faible section de la rainure d'alimentation.

§ 6. FREINS A VIDE AUTOMATIQUES

160. — Il existe de nombreux systèmes de freins à vide automatiques, *Freins Souders, Clayton, Soulerin,* etc.... Nous nous bornerons à donner quelques indications sur le fonctionnement de l'un d'eux, très répandu, le frein *Clayton*.

Il se compose, sous chaque véhicule, d'un vase monté sur des tourillons qui lui permettent d'osciller de manière à maintenir, pendant le mouvement du piston, le parallélisme entre sa tige et les génératrices du cylindre. Ce vase renferme un cylindre dans lequel se meut le piston commandant la timonerie. Le piston forme, dans l'ensemble de l'appareil, une cloison qui le partage en deux compartiments. Ces deux compartiments communiquent entre eux et avec la conduite générale par l'intermédiaire d'une soupape dite *soupape à boulet.*

A l'origine de la conduite, sur la machine, est placé un éjecteur double dans lequel la vapeur est admise ou interceptée au moyen d'un robinet.

La manette de ce robinet a trois positions :

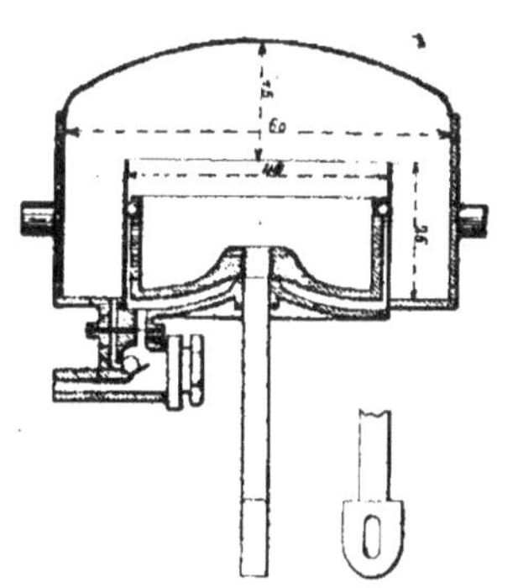

1° Frein desserré : la vapeur est admise dans le grand éjecteur ; le vide se fait rapidement, les freins se desserrent.

2° Position moyenne : la vapeur admise dans le petit éjecteur placé au centre de l'autre donne un vide suffisant pour compenser les rentrées d'air par les fuites.

3° Frein serré : l'air rentre dans la conduite.

Le fonctionnement du frein est facile à saisir. En faisant le vide dans la conduite générale, l'air du vase est aspiré en haut et en bas du piston. Si on laisse rentrer l'air dans la conduite, la pression de cet air applique le boulet de la soupape contre l'orifice du conduit qui aboutit au compartiment supérieur, et il se répand, au contraire, sous le piston qu'il fait monter. Si, de nouveau, on pratique le vide, l'air est aspiré et le piston retombe dans la position du desserrage, sollicité par son propre poids

Le petit éjecteur maintient un vide de 5o à 55 cm. de mercure. On doit s'assurer qu'il n'y a pas moins de 45 cm.

Soient V le volume de la chambre de vide ;

v le volume engendré par le piston ;

u le vide initial de la chambre ;

a la pression atmosphérique ;

u' le vide après le déplacement du piston.

La pression initiale de l'air dans la chambre de vide est $a - u$; la pression finale $a - u'$.

Donc :

$$(a - u)\, V = (a - u')\,(V - v).$$

D'où l'on tire :

$$u' = a - (a - u)\ \frac{V}{V - v} = \frac{uV - av}{V - v}.$$

D'autre part, S désignant la section du piston, St l'effort nécessaire pour soulever la timonerie, la pression T exercée par le frein sera :

$$S\,[a - (a - u') - t] = S\,(u' - t).$$

On a donc :

$$T = S\,(u' - t).$$

Le rapport $\dfrac{V}{v}$ est généralement égal à 5 ou à 3. L'expression précédente donne l'effort moteur pour le serrage à bloc, c'est-à-dire l'effort maximum. Mais, si on ne laissait rentrer dans la conduite qu'une fraction de la pression atmosphérique, le serrage serait différent. Soit $a - x$ la pression dans la conduite, c'est-à-dire sous le piston ; x représente le degré de vide restant dans la conduite. L'effort moteur est alors :

$$S\,[a - x - (a - u') - t] = S\,(u' - x - t).$$

Il faut donc que, dans la conduite générale, il y ait un degré de vide inférieur à $u' - t$ pour que le frein donne un effort moteur utile. En abaissant ce degré de vide de $u' - t$ à o, on fera varier l'effort moteur de o à S $(u' - t)$. Le frein est donc essentiellement modérable. Mais il laisse à désirer pour la rapidité et la simultanéité, puisque les rentrées d'air se font uniquement par l'extrémité de la conduite générale.

TROISIÈME PARTIE

VOIE

CHAPITRE VIII

VOIE PROPREMENT DITE

Suivant l'ordre adopté dans le cours, nous nous occuperons d'abord de la partie de la voie qui est en rapport direct avec le matériel que nous venons d'étudier, c'est-à-dire de la voie proprement dite.

La voie se compose de deux barres de fer qui doivent avoir la forme la plus convenable pour recevoir et guider les véhicules ; ces barres doivent être assujetties d'une manière invariable, dans la position également la plus convenable.

§ 1. LARGEUR DE LA VOIE

161. — La largeur de la voie est une cote fondamentale. On la mesurait autrefois d'axe en axe des rails, mais on reconnut bien vite que ce qu'il importait surtout de fixer c'était la cote dans œuvre, et c'est bientôt la distance des bords intérieurs des rails qui a été universellement déterminée par les cahiers des charges.

En *France*, la largeur de la voie, adoptée dès l'origine des chemins de fer, était de 1 m. 50 d'axe en axe ; la même largeur, sensiblement, a été adoptée en Angleterre et dans la plupart des pays européens. C'est approximativement la largeur des roues des voitures sur route, et il était naturel de la prendre également pour les véhicules guidés. Si on tient compte que les rails ont environ 6 centimètres de largeur, cela donne une largeur dans œuvre de 1 m. 44.

En France, les cahiers des charges actuels fixent la largeur entre les bords intérieurs des rails entre 1 m. 44 et 1 m. 45. En fait, la cote de

1 m. 45 a d'abord été adoptée et a même un moment prévalu sur tous les grands réseaux ; mais récemment la Compagnie de l'Ouest a adopté en principe la cote de 1 m. 44, et il y a une tendance générale à ramener les voies à cette cote ou au moins à 1 m. 445.

L'*Angleterre* a adopté pour cote, entre bords intérieurs des rails, 1 m. 435, soit 4 pieds 8 pouces 1/2.

Aux *États-Unis*, la voie a eu, au début, des largeurs variées : 5 pieds 6 pouces (1 m. 676), 6 pieds (1 m. 829), 5 pieds (1 m. 524), et enfin la largeur anglaise 4 pieds 8 pouces 1/2 ou 1 m. 435 Aujourd'hui toutes les grandes largeurs sont abandonnées ; les voies ont été ramenées à la largeur adoptée en France et en Angleterre, à quelques millimètres près. La transformation, commencée en 1885, a été très rapide. Pendant les années 1885 et 1886, elle a porté sur 18.500 km., principalement dans le Sud. On a adopté la cote de 4 pieds 9 pouces (1 m. 448), à l'exception de quelques lignes qui ont pris la cote anglaise 4 pieds 8 pouces 1/2 (1 m. 435). Finalement, aux États-Unis, les deux cotes 4 pieds 9 pouces et 4 pieds 8 pouces 1/2 existent concurremment, la première principalement au Sud, sur les anciennes lignes à grande largeur transformées ; mais la cote anglaise est la plus répandue.

En *Allemagne*, la cote adoptée est 1 m. 436.

L'uniformité de la largeur de la voie étant indispensable pour que la circulation internationale puisse avoir lieu, il était naturel que cette dimension fût précisée par la conférence internationale de Berne en 1886. Cette conférence a posé les conditions suivantes :

Largeur minimum, en alignement, pour les voies neuves ou en réfectionnement . . . .   1 m. 435

Largeur maximum, en courbe, surécartement compris. .   1 m. 465

Ce sont les conditions adoptées en conséquence pour le matériel roulant qui amenèrent les compagnies françaises à se rapprocher de la cote de 1 m. 435.

La largeur de la voie a une importance capitale. Plus elle est grande, plus on a de ressources pour l'aménagement des véhicules et voitures ou pour l'établissement des machines ; plus aussi la stabilité est grande. Aussi, après avoir, au début, pris une largeur se rapprochant de celle des voitures sur route, a-t-on tenté de l'augmenter. Nous venons de citer quelques exemples de voies larges aux États-Unis. En Angleterre, un ingénieur français, Brunel fils, avait construit le Great Western Railway avec la largeur de 2 m. 13. L'augmentation de stabilité qui en résultait permettait des vitesses plus grandes que sur les voies ordinaires. Cet avantage a beaucoup diminué aujourd'hui par suite des progrès réalisés dans la construction des machines que l'on sait mieux équilibrer. Il est vrai que les machines, sur ce réseau, n'ont pas subi les mêmes progrès. Si tous les perfectionnements de la voie ordinaire leur avaient été apportés, peut-être l'avantage de la grande largeur serait-il encore très grand au point de vue de la stabilité et, par suite, de la vitesse. Quoi qu'il en soit, cette largeur n'a pas prévalu, et l'on a dû y renoncer. La voie large du Great Western a reçu d'abord un troisième rail pour permettre la circulation des voitures du type ordinaire, puis peu à peu on l'a transformée. Depuis 1892, elle a disparu.

La supériorité de la voie large sur la voie ordinaire a donné lieu, autrefois, à des discussions très ardentes, surtout en Angleterre. Les pouvoirs publics s'en sont émus, et, en 1845, une *enquête parlementaire* fut ordonnée. Cette enquête constata que la voie de 1 m. 44 était suffisamment pratique, que cette largeur était plus en harmonie avec les conditions ordinaires du trafic, qu'elle conduisait à des capacités de wagons plus en rapport avec les besoins du commerce, plus favorables à la bonne utilisation du matériel. Ces conclusions, très judicieuses à l'époque où elles ont été formulées, seraient peut être moins fondées aujourd'hui. Les progrès de l'industrie nécessitent fréquemment le transport de pièces dont le poids et les dimensions dépassent les limites disponibles pour chaque véhicule. On y supplée en appuyant le chargement sur plusieurs véhicules ; on a construit aussi des wagons à chargement de 20 tonnes et plus. Il est hors de doute que la voie large donnerait sous ce rapport de très réelles et très appréciables facilités. Mais la discussion ne peut plus être utilement reprise maintenant ; la largeur ordinaire de 1 m. 44 ayant été adoptée presque universellement, il ne saurait plus être question de la modifier. C'est ce que l'on nomme aujourd'hui la *voie normale* ou même la *voie large* par opposition aux voies de moindres largeurs dont nous parlerons tout à l'heure, ou *voies étroites*.

Certains pays cependant ont été amenés, par des considérations souvent étrangères aux convenances de l'exploitation, à adopter une dimension différente. En *Russie*, pour des motifs politiques, on a pris la largeur de 5 pieds, soit un 1 m 523, à peine supérieure à la largeur normale, suffisamment cependant pour que le matériel ne puisse circuler d'une voie sur l'autre. En *Islande* et aux *Indes Anglaises*, la largeur est de 5 pieds 1/2, soit 1 m. 68 ; l'*Espagne* a pris une voie encore plus large, de 1 m. 736, sans en profiter d'ailleurs pour augmenter ni la puissance des machines, ni leur vitesse, ni le chargement des wagons ou le nombre des places dans les voitures.

Si l'augmentation de la largeur de la voie pouvait offrir de très réels avantages, la réduction de cette largeur pouvait être également avantageuse, mais à un autre point de vue, celui de l'économie. Les chemins de fer se sont établis d'abord dans les pays les plus riches et les plus faciles ; puis, au fur et à mesure que le réseau s'étendait, ils ont desservi des contrées de moins en moins riches. Il devenait donc intéressant de réduire la largeur de la voie pour faire pénétrer, à moins de frais, les voies ferrées jusque dans les pays les moins favorisés, ne devant pas donner un grand trafic. Aussi, depuis une vingtaine d'années, la question de la *voie étroite* s'est-elle posée d'une façon très pressante pour la construction des lignes secondaires. On pourrait déjà réaliser de sérieuses économies dans la construction des chemins de fer dans les pays accidentés en employant la voie normale avec de petits rayons ; mais cette réduction ne va pas sans entraîner une diminution de la vitesse et un fort accroissement de la résistance. Ces inconvénients peuvent être diminués par l'emploi d'un matériel flexible, comme le matériel américain. Ici encore, le passé engage l'avenir ; on ne peut pas faire la transformation immédiate du matériel, et d'ailleurs on ne doit pas oublier que le matériel anglais a de très réels avantages. Il est plus simple et plus avantageux encore de réduire la largeur de la voie. C'est surtout à cause des facilités qu'elle donne pour le tracé par la réduction du rayon des courbes que la voie étroite permet de réaliser des économies dans la construction. Si on considère deux lignes de même tracé, la réduction de largeur de la voie diminuera relativement peu la dépense, autrement dit, le tracé défini, la réduction de largeur de la voie n'entraîne pas une économie bien considérable, car l'économie est loin d'être en rapport avec la diminution dans la largeur : les ouvrages d'art et les terrassements

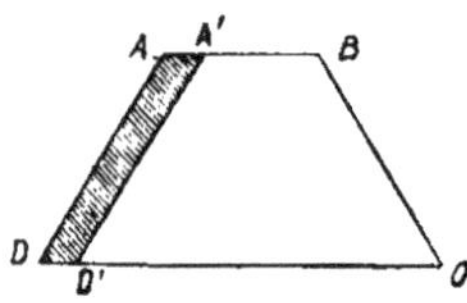

seront un peu plus étroits ; si, pour l'établissement de la voie, il fallait un remblai ABCD, en réduisant de 1/3 la largeur de la plate-forme, cela permettra de supprimer la bande AA' DD du profil dont la largeur AA' est le tiers de la voie supprimée, mais qui n'est elle même qu'une faible fraction de la surface du trapèze primitif. Au contraire, la réduction des rayons permet de suivre plus étroitement la surface du sol et de réduire dans une très large mesure l'importance des ouvrages de toute nature.

La question de l'emploi de la voie étroite ou de la voie normale dans une circonstance donnée sera déterminée par l'appréciation des conditions d'espèces que l'on aura à envisager. Dans certains cas, au lieu de la voie étroite on pourra employer la voie ordinaire avec de petits rayons. Dans d'autres, au contraire, il sera préférable de réduire la largeur. Il y a là affaire d'appréciation souvent fort délicate.

En France, deux types de voie étroite ont été adoptés : la voie de 1 m. et la voie de 0 m. 75. La première a été l'objet d'une très grande application ; la seconde est restée jusqu'ici à peu près à l'état théorique. D'ailleurs, une circulaire du 12 janvier 1888 n'autorise plus que la voie étroite de 1 m., sauf exceptions dûment justifiées. Cependant, depuis quelques années, la voie de 0 m. 60 a été également autorisée. Elle a reçu des applications assez importantes autour de certaines places fortes. Cette faible largeur est encore suffisante pour assurer un service de voyageurs et de marchandises à faible vitesse. Elle est pourtant un peu étroite pour donner une stabilité suffisante, surtout avec certaines catégories de chargements qui peuvent subir des déplacements, comme les bestiaux, par exemple. Ses partisans citent l'exemple du *Chemin de fer de Festiniog*, dans le pays de Galles, pour montrer les résultats pratiques qu'elle peut donner. Ce chemin de fer suffit à un trafic très important et fonctionne à une vitesse de 16 km. Mais, si cette expérience montre que la voie de o m. 6o peut faire face à une certaine intensité de trafic, elle ne prouve nullement que, étant donnés ce trafic et même les conditions d'espèces du chemin de fer de Festiniog, la voie de o m. 6o s'impose. Il est plus que probable que, si l'on avait à reconstruire ce chemin de fer, on n'emploierait pas une voie aussi étroite. La voie de o,6o est très admissible pour des sections qui ne dépassent pas 15 à 20 km. ; au delà, elle donne lieu à des voyages d'une longueur interminable. La voie de 1 m. est très répandue en France, comme nous l'avons dit ; *a fortiori* devait-elle être adoptée pour la Corse, où les questions de transbordement n'ont pas à intervenir.

On a souvent dit que la voie étroite était non seulement plus économique que la voie large au point de vue de la dépense d'établissement, mais aussi en ce qui concerne l'exploitation. Cela est exact si le trafic est insuffisant pour alimenter une voie large sur laquelle les wagons seraient mal utilisés et les machines n'utiliseraient pas toute leur puissance. Si le service s'y fait plus économiquement, c'est que le public se montre moins exigeant pour les chemins de fer d'un caractère local ; mais cet avantage ne tient que d'une façon très indirecte à la réduction de la largeur de la voie.

En fait, si on compare la voie large et la voie étroite dans des conditions normales pour l'une et l'autre, c'est-à-dire dans lesquelles l'une et l'autre soient convenablement utilisées, le prix du transport sera moindre sur la voie large ; cela ne veut pas dire qu'il aurait fallu la préférer à la voie étroite dans les conditions où celle-ci a été appliquée et qui n'auraient pas donné à l'autre un trafic suffisant.

Dans la suite du cours, comme précédemment, nous nous occuperons spécialement de la voie normale. Ce que nous aurons dit pourra souvent, d'ailleurs, par un simple changement dans les données, s'appliquer à la voie étroite. Chemin faisant, cependant, nous donnerons, lorsqu'il y aura lieu, les renseignements particuliers qui concernent cette dernière.

§ 2. DISPOSITION DE LA VOIE ; RAILS

162. — La voie se compose de deux barres de fer parallèles, convenablement appuyées et reliées au sol. Les supports qui forment l'intermédiaire entre les barres et le sol jouent un rôle important. A cet égard, on rencontre deux types de voie : 1° *la voie à supports discontinus* et 2° *la voie à supports continus* ou *voie sur longrines*. Il semblerait *a priori* que le second type fût préférable ; l'expérience, cependant, a démontré le contraire, et, en fait, le premier type est presque le seul en usage.

La voie sur supports discontinus présente également deux types, suivant que les deux barres parallèles ou rails reposent sur les mêmes supports ou que, au contraire, les deux files de rails reposent sur des supports indépendants. L'immense majorité des voies appartiennent au premier de ces deux cas. Le second s'est peu répandu : le système le plus ancien de ce genre est la voie sur *dés en pierre*. En 1883, il y avait encore en Bavière 5o1 km. de voies sur dés en granite ; les rails étaient fixés à l'aide de crampons ou de tirefonds sur des cylindres en bois chassés dans les trous des dés.

163. Rail. — Le rail a une double fonction ; il joue le rôle d'une poutre reposant sur des points d'appui discontinus ; il doit, en outre, guider les roues des véhicules et présenter pour cela, à la partie supérieure, un *bourrelet* ou *champignon* d'une forme convenable.

Si le rail devait être une simple poutre, la forme la plus convenable à lui donner serait celle du double T. Mais, l'aile supérieure devant résister à des chocs verticaux et horizontaux, on est amené à la renforcer. D'autre part, c'est par la base que le rail sera fixé à ses supports ; il faut donc que cette base se prête à la liaison aux supports en plusieurs points de la longueur.

Si nous désignons par I le moment d'inertie d'une section de rail par rapport à un axe passant par son centre de gravité, par F l'effort supporté par une fibre à la distance V du centre de gravité et enfin par M le moment des forces extérieures, nous avons, en considérant la flexion simple :

$$\frac{FI}{V} = M.$$

Si nous admettons, ce qui est à peu près exact, que le métal résiste de la même façon à la compression et à la traction, on voit que les fibres extrêmes de part et d'autre du centre de gravité ne travailleront également qu'à la condition que ce centre en soit également distant. Le profil doit donc offrir une telle symétrie dans la répartition des surfaces que le centre de gravité soit au moins à peu près au milieu de la hauteur.

A l'origine, on avait adopté une symétrie complète. On employait alors le *rail à double champignon*. Mais cette symétrie était recherchée surtout dans le but de pouvoir utiliser les deux bourrelets du rail, c'est-à-dire de *retourner le rail*. A cette époque, le fer était d'un prix élevé et l'on espérait ainsi réaliser des économies. Mais on a reconnu que le champignon s'usait et se déformait ; le fer mal soudé se désagrégeait ; le champignon s'exfoliait et ne pouvait plus pénétrer dans le support qui devait le soutenir ; de plus, les supports s'incrustaient dans le bourrelet inférieur et le rail retourné donnait ensuite un roulement dur. Pour tous ces motifs, le retournement, qui a été très répandu, a été souvent la source de mécomptes, et l'on a peu à peu renoncé au rail symétrique.

La ligne de Paris à Mulhouse fut construite avec un rail à deux champignons inégaux, l'inférieur plus petit que celui du haut. La valeur de $\frac{I}{V}$ n'était plus la même en haut qu'en bas, et de nombreuses ruptures de rails commençant par le bourrelet inférieur obligèrent à abandonner ce profil.

Aujourd'hui, on a remplacé le fer par l'acier qui ne s'exfolie pas. Mais il s'use uniformément, et la tête devient trop petite pour remplir la cavité du support au moment du retournement ; d'autre part le retournement n'offre plus le même intérêt. Si l'acier s'use, il s'use très lentement : le rail a une très longue durée, et il y a peu de chance pour que, le moment venu de le retourner, on ne soit pas amené à le changer pour le remplacer par un type plus convenable. En tout cas, la valeur actuelle du rail retourné se réduit à peu de chose, et, si on conserve le double champignon, ce n'est plus en vue du retournement mais à cause des avantages qu'il offre pour la fixation du rail sur ses supports. Dès lors, la symétrie rigoureuse, géométrique, n'est plus indispensable, et ce n'est guère que par habitude qu'on la conserve, la symétrie mécanique telle qu'elle résulte des considérations de résistance que nous avons données étant suffisante. Pour que cette dernière symétrie soit conservée après usure, il importe de donner au champignon supérieur une surépaisseur ; il y a alors dissymétrie au début, mais dissymétrie par excès de métal, ce qui n'offre évidemment pas d'inconvénient.

Pour que le rail ait la résistance voulue, il faut que l'expression $\frac{I}{V}$ ait une valeur suffisamment grande. Cependant, dans les cahiers des charges, on ne parle généralement pas de cette expression, mais simplement de poids par mètre. Cette manière de procéder est néanmoins rationnelle. Donner le poids par mètre, c'est donner la section du rail et, comme les rails ont des profils sensiblement les mêmes, il en résulte que $\frac{I}{V}$ se trouve déterminé dans une certaine mesure. On peut dire, en outre, qu'en imposant le poids on impose le prix, et que, du moment où les compagnies sont tenues de faire la dépense fixée, leur intérêt bien entendu les conduira à donner à $\frac{I}{V}$ la valeur la plus convenable pour que le rail ait le maximum de résistance.

Les anciens cahiers des charges fixaient autrefois pour les rails un poids minimum de 35 kilog. par mètre courant. Lorsqu'on appliqua l'acier aux rails, ce poids fut abaissé d'abord.

La Compagnie du Nord, qui réalisa la première cette application, fut autorisée à adopter un rail de 3o kilog. par mètre. L'Est suivit son exemple. Aujourd'hui, ce poids est jugé insuffisant : le poids des véhicules et des machines a augmenté ; les voitures sont plus grandes ; la voie subit donc des réactions plus fortes. D'autre part, le prix de l'acier a beaucoup diminué. Ces motifs devaient conduire à un renforcement du poids des rails.

Les compagnies qui avaient le rail à double champignon ont employé de suite un rail d'acier d'un poids supérieur à 30 kilog., mais pour des motifs indépendants de la résistance. A moins de changer à la fois les supports et les rails, il fallut, en effet, conserver au rail d'acier un profil identique à l'ancien rail et, comme la densité de l'acier est un peu supérieure à celle du fer, le poids du rail a plutôt été augmenté.

Le *rail à patin* a été fortement renforcé. La Compagnie du Nord a maintenant un rail de 43 kilog.; celle de l'Est, de 42 kg. 500. La Compagnie de Lyon avait adopté le rail de 39 kilog. pour ses grandes lignes et 33 kilog. pour ses lignes secondaires ; mais, dès 1885, elle posait des rails renforcés par une addition de 10 mm. sur le champignon, du poids de 43 kg., 5, sur les pentes et dans les gares, et un rail de 46 kg., 2 dans les souterrains humides, renforcé de 7 mm. sur le champignon et de 3 mm. sur le patin. Sur certains réseaux, on est allé encore plus loin. En Belgique, par exemple, on a adopté sur certaines lignes le rail *Goliath* du poids de 53 kilog. par mètre.

Le *rail à double champignon* a été également renforcé. En Angleterre, le poids a été porté entre 39 et 43 kilog. dès le début de l'emploi de l'acier. En France, le poids était resté stationnaire jusque dans ces derniers temps ; mais il a subi depuis une augmentation : la Compagnie d'Orléans a adopté un type de 42 kg., 500 ; celle de l'Ouest, de 43 kilog. ; l'Etat, de 40 kilog. ; quant au Midi, il a conservé son rail de 37 kg., 600.

En *Amérique*, le poids du rail est encore de 30 kilog., comme l'ancien rail du Nord et de l'Est, exceptionnellement de 35 kilog. ; mais les traverses sont espacées de 0 m. 60 seulement d'axe en axe ; en revanche, il est vrai, les machines et les véhicules y sont généralement plus lourds qu'en France. Quelques chemins de fer ont depuis une dizaine d'années adopté un rail renforcé du poids de 40 kilog. et même de 50 kilog.

164. Profil du rail. — Les règles auxquelles est soumis le profil du rail n'ont rien d'absolu. Généralement, la *tête* ou *champignon de roulement* se compose de deux lignes parallèles raccordées à la partie supérieure par deux congés ; la distance entre les deux lignes parallèles est d'environ 60 mm., exceptionnellement de 72 mm. dans le rail Goliath.

En Amérique, on rencontre un profil à lignes convergentes. Ce profil est défectueux au point de vue de la résistance ; il ne paraît présenter d'avantage ni au point de vue du roulement, ni pour le laminage et ne semble pas recommandable

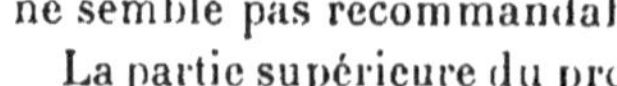

La partie supérieure du profil, ou surface de roulement, est toujours légèrement bombée. Si elle était entièrement plate, il arriverait souvent, soit parce que l'inclinaison de cette surface ne serait

pas exactement égale à la conicité du bandage, soit parce que celui-ci serait creusé en gorge, que le contact se ferait tout à fait sur le bord du champignon Le rail, chargé en porte-à-faux, tendrait à se déverser. Avec le bombement, le contact a toujours lieu près du milieu. Mais un bombement trop prononcé amènerait l'écrasement rapide de la surface et la déformation des bandages.

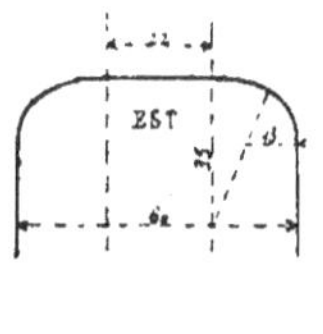

Ce bombement n'exclut pas la présence, au milieu, d'une bande plane offrant une largeur de 20 à 3o mm. au plus ; cependant, souvent la courbure est continue.

Au chemin de fer de l'*Est*, il y a une partie plate de 22 mm., raccordée aux faces verticales par deux congés à rayons décroissants de 35 mm. et 13 mm.

Le *Midi* a adopté un rail à courbure continue. Le profil comprend donc, à la partie supérieure, un arc de cercle de 200 mm. de rayon, raccordé aux faces verticales par des congés de rayons de 29 mm. et 13 mm. ; l'épaisseur du champignon est de 61 mm. Le rail *Goliath* a une surface de rayon de 178 mm., raccordée par deux rayons de 15 mm. aux faces verticales distantes, comme on l'a dit, de 72 mm.

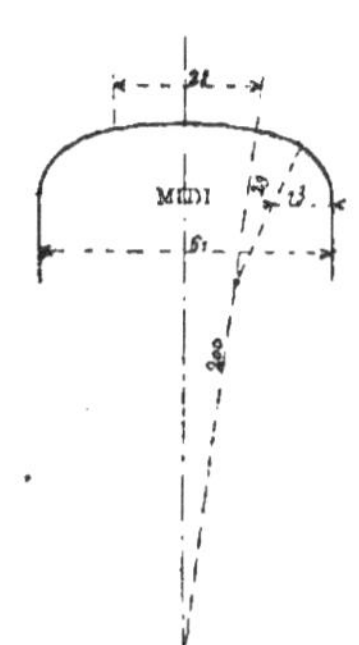

Nous rappelons ici l'importance des congés de raccordement entre les faces verticales de la tête du champignon et la surface de roulement. Nous avons montré, à propos des bandages, qu'il était essentiel que les rayons de ces congés fussent plus petits que ceux du bandage compris entre la surface de roulement et le boudin ; dans le cas contraire, il y a deux points de contact entre les profils du rail et du bandage, ce qui est mauvais sous plusieurs rapports.

La tête du champignon se raccorde à l'âme par deux *plans inclinés de raccordement* qui ont une fonction très importante, celle de soutenir cette tête, d'une part, et de servir d'appui aux éclisses, d'autre part. Il importe, sous le premier rapport, que ces plans soient assez inclinés pour donner un appui solide. D'un autre côté, il ne faut pas qu'ils le soient trop, parce que cela reporte de la matière près de la ligne neutre et rend l'éclissage moins solide, comme nous le verrons. Généralement, on admet une inclinaison de 1/2 sur l'horizontale, ce qui donne. pour l'angle compris entre les deux plans, 127º. Autrefois, il y avait tendance à donner une pente beaucoup

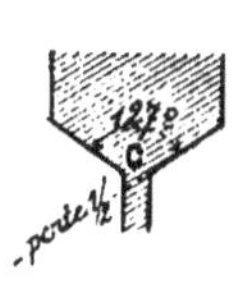

plus forte aux plans inclinés, dont l'angle d'ouverture tombait à 95°
(Ouest), 90° (Est français), 83° (Orléans et P.-L.-M.), 73° (Etat prussien). Ces rails n'étaient pas éclissables : on cherchait seulement à bien
soutenir la tête du rail. L'emploi du métal fondu a permis de réduire
considérablement l'inclinaison des plans de raccordement. L'ingénieur
suédois Sundberg a même proposé, en Amérique, l'emploi du rail Goliath
avec une pente de 1/5 seulement pour les plans de raccordement.

Les plans de raccordement sont réunis aux faces verticales de la tête
du champignon et à l'âme par de petits congés de 3 à 4 mm. de rayon.

L'*âme* du rail doit avoir juste l'épaisseur suffisante pour bien relier
les deux champignons. Autrefois, cette épaisseur était de 18, 20 et même
22 mm. L'emploi de l'acier a permis de la réduire ; on l'a abaissée jusqu'à 11 mm ; il convient d'ailleurs de ne pas affaiblir trop l'âme pour
qu'elle puisse résister à la pression des éclisses qui, faisant coin, peuvent
faire fendre les rails en bout. Cette épaisseur est généralement comprise
entre 11 et 16 mm. ; elle est de 13 mm. 5 pour le rail de 44 k. 2 de l'Est ;
exceptionnellement elle atteint 17 mm. pour le rail Goliath.

Ayant déterminé le champignon de roulement, les plans de raccordement et l'âme du rail, il suffit de tracer un profil symétrique pour avoir
le rail à double champignon. Avec le rail à patin ou rail Vignole, il faut
encore déterminer la base.

Le rail devant reposer par sa base sur ses supports, on donne à cette
base ou *patin* la forme plate, et on la raccorde à l'âme par des plans inclinés. Il y a d'abord une partie symétrique de la surface de raccordement

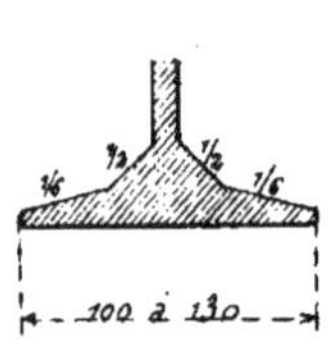

du champignon, pour recevoir comme elle l'éclisse,
puis on complète le profil par un plan incliné de
1/6 environ. Mais on a pensé que cette différence
de pente donnait, pendant le laminage et le refroidissement ultérieur, un changement brusque de température qui peut altérer la qualité du métal. Aussi
a-t-on adopté, pour le rail Goliath et pour le rail américain, une inclinaison unique fixée à 1/5.

Ces plans inclinés sont réunis à l'ame et à la base par de petits congés.
La largeur du patin varie entre 100 et 130 mm. ; elle atteint 135 mm.

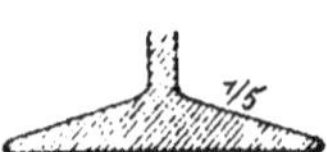

pour le rail Goliath. Avec les rails en fer, elle était limitée, non seulement par le poids, mais par les difficultés de laminage et de soudage et par le refroidissement
du métal dans les cannelures. Les difficultés de laminage sont beaucoup moindres avec l'acier, puisque le soudage n'intervient plus et que ce métal se lamine plus aisément à basse température.

Il reste encore à déterminer la hauteur de la tête du champignon de
roulement et celle de l'âme. Ce sont les éléments dont on disposera pour

donner à $\dfrac{1}{V}$ et à la section une valeur convenable ; la hauteur du champignon influe davantage sur la section ; celle de l'âme sur $\frac{I}{V}$. La hauteur totale du rail varie de 130 à 135 mm.; elle atteint 145 mm. pour le rail Goliath.

Il s'agit maintenant de voir quelle est cette valeur convenable qu'il faut donner au quotient $\frac{I}{V}$, c'est-à-dire de calculer la fatigue du métal. On peut y arriver par des considérations empruntées à la résistance des matériaux.

On peut assimiler chaque travée du rail comprise entre deux traverses à une poutre reposant sur deux points d'appui. La poutre fléchit, et, par raison de symétrie, la tangente au point milieu C est horizontale. La section C est évidemment la plus fatiguée. Si on appelle P la charge, a la distance des appuis, on a, pour la section C :

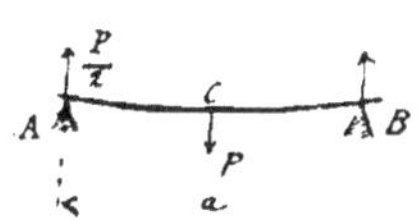

$$\frac{FI}{V} = \frac{P}{2} \cdot \frac{a}{2} = 0,250\,Pa.$$

Si, au contraire, on devait considérer le rail comme encastré horizontalement sur ses deux points d'appui, le moment fléchissant serait le même au milieu et sur ses appuis ; la poutre se diviserait en quatre segments égaux, séparés par deux points d'inflexion D et E et par le sommet C, et il suffit de raisonner sur un de ces segments ; si on décompose la force P en deux forces égales appliquées en D et E, on aura, pour la section A de la travée élémentaire AD :

$$\frac{FI}{V} = \frac{P}{2} \cdot \frac{a}{4} = \frac{1}{8}\,Pa = 0,125\,Pa.$$

En réalité, on n'est jamais dans le premier cas : le moment fléchissant n'est pas nul au droit des appuis ; on n'est pas non plus dans le second, car, à cause du rapprochement des traverses et de l'écartement ordinaire des roues, il y a généralement une travée non chargée à côté d'une travée en chargé, et la tangente, sur le point d'appui intermédiaire, n'est pas horizontale. Pour avoir deux travées consécutives chargées et la tangente horizontale ou à peu près sur le support intermédiaire, il faudrait des machines à essieux très rapprochés, ce qui conduit à cette conséquence qu'une machine lourde à marchandises, à petites roues rapprochées, peut fatiguer moins les rails qu'une machine plus légère à essieux écartés. Le premier cas, qui ne se produit pas, étant le plus défavorable, et le dernier trop favorable, on est conduit à prendre pour moment fléchissant la valeur moyenne, et l'on écrit :

$$\frac{FI}{V} = \frac{1}{2}\left(\frac{1}{4} + \frac{1}{8}\right) Pa = 0,187 \, Pa.$$

Mais on doit remarquer que, dans le cas de la poutre encastrée à ses extrémités, la fatigue maximum a lieu non pas quand la charge est au milieu mais lorsqu'elle est au $1/3$ de l'intervalle ; le moment fléchissant est alors de $\dfrac{4}{27}\, Pa$, et il serait donc mieux de prendre pour valeur moyenne $\dfrac{1}{2}\left(\dfrac{4}{27} + \dfrac{1}{4}\right) Pa = 0,199 \, Pa$, c'est-à-dire à peu près $0,2 \, Pa$. Cette valeur, au moins aussi justifiée que la première, aurait le mérite de la simplicité numérique.

Pour traiter la question d'une manière complète, il faudrait, pour chaque type de voie, considérer le rail avec l'espacement réel des traverses et chercher le moment fléchissant aux différents points, pour les diverses combinaisons de charge qui peuvent se présenter. C'est le problème de la poutre posée sur des appuis donnés. Mais la valeur du résultat obtenu ne serait pas en rapport avec la longueur du calcul, soit parce que les combinaisons de charges pourront varier dans la suite des temps, soit surtout parce que le déplacement des points d'appui sous la charge, par le tassement du ballast et la compression des traverses, peut altérer considérablement les résultats.

La détermination exacte du coefficient de Pa n'aurait d'intérêt que si l'on voulait tirer la valeur de F d'observations indépendantes faites sur la résistance du métal du rail, par exemple, des essais de rupture ou de détermination de la limite d'élasticité. Il resterait, en outre, à fixer le coefficient de sécurité que l'on doit appliquer. On peut éviter cette double recherche en tirant la valeur de F, ou une quantité pratiquement équivalente, d'observations faites sur les chemins de fer.

Il suffit d'admettre que, sur tous les chemins de fer, la disposition la plus défavorable des charges par rapport aux traverses est ou peut être la même, en sorte qu'il convient d'attribuer la même valeur au coefficient de Pa. Supposons, en outre, que nous comparions des rails de même métal.

Cela posé, dans l'équation :

$$\frac{FI}{V} = k.Pa,$$

F et k doivent être supposés les mêmes pour tous les chemins de fer.

Posons :

$$\frac{I}{V} = J,$$

on a :

$$FJ = kPa,$$

et

$$\frac{Pa}{J} = \frac{F}{k}.$$

Le second membre doit donc être constant pour tous les chemins de fer.

On calculera dès lors $\dfrac{Pa}{J}$ pour les chemins de fer en exploitation et on verra dans quelles limites varie cette expression. Dans le cas d'une ligne à établir, on choisira, parmi ces valeurs, celles qui ont été obtenues sur des lignes qui se rapprochent, tant au point de vue de la qualité du métal que des conditions d'exploitation, des données de la ligne à établir. Ayant la valeur de $\dfrac{Pa}{J}$, cela nous permettra de calculer J quand on se donnera Pa ou inversement.

Mais il est possible encore d'aller plus loin. Sur tous les chemins de fer à voie normale, on peut admettre que la valeur de P est la même et se borner à calculer $\dfrac{a}{J}$ dont la valeur sera :

$$\frac{a}{J} = \frac{F}{kP}.$$

Voici les éléments de la résistance, établis d'après ce principe, pour divers réseaux français. Nous remarquerons que $J = \dfrac{I}{V}$ est une grandeur du troisième degré par rapport aux longueurs :

$$\frac{\text{Surface} \times \text{carré d'une longueur}}{\text{longueur}},$$

et que, par suite, $\dfrac{a}{J}$ est du degré — 2. Le mètre est pris pour unité.

		Poids par mètre	Valeur de $J = \dfrac{I}{V}$	a	Valeur de $\dfrac{a}{J}$
Rail à patin	Est......................	30 kg.	0 m³ 000 1240	0.850	6855
	Nord, rail de 8 m. avec 10 traverses..................	30 kg., 3	0 000 1252	0.890	7108
	P.-L.-M. rail PM.............	38 kg , 4	0 000 1571	0.800	5092
Rail à double champignon	Orléans	38 (acier)	0 000 1410	0.980	6950

On se rappellera d'ailleurs la signification de $\dfrac{a}{J}$ qui est donnée par $\dfrac{F}{kP}$; on adoptera les moindres valeurs lorsque P sera plus grand ou, au contraire, on augmentera la valeur si la nature du métal permet d'augmenter F.

Voici les renseignements pour le nouveau rail du Nord, de 43 kg., 215.

$$\text{Section droite} \dots \dots \dots \quad 0 \text{ m}^2.005522$$

$$\text{Centre de gravité à} \dots \dots \left\{ \begin{array}{l} 0 \text{ m. } 0744 \text{ du sommet} \\ 0 \text{ m. } 0676 \text{ de la base} \end{array} \right.$$

$$\text{Valeur de I} \dots \dots \dots \dots \quad 0 , \quad 0001466.$$

Ce rail a 12 mètres de longueur ; il est posé avec 12 traverses aux points où la vitesse de marche ne dépasse pas 80 km., avec 13 traverses, aux points où elle varie entre 80 et 95 km., avec 14 traverses pour les vitesses supérieures.

La valeur de $\dfrac{a}{J} = \dfrac{F}{kP}$ est ainsi déterminée :

Rail Nord de 43 kg., 215 de 12 m. de longueur	Valeur de $J = \dfrac{I}{V}$	12 traverses, valeur de		13 traverses, valeur de		14 traverses, valeur de	
		a	$\dfrac{a}{J}$	a	$\dfrac{a}{J}$	a	$\dfrac{a}{J}$
Sommet............	0 m³ 000 1971	1.027	5211	0.942	4779	0.869	4409
Base..............	0 000 2169	1.027	4735	0.942	4343	0.869	4096

La fatigue est plus grande au sommet qu'à la base. Pour l'établissement de ce type, par comparaison avec l'ancien rail, on s'est préoccupé surtout des trains de vitesse. Autrefois, les machines Crampton portaient 12 600 kg. sur l'essieu moteur; leur poids était de 47.900 kg. pour une longueur de 13 m. 66, ce qui donnait 3.507 kg. par mètre courant de voie ; de plus, les voitures à écartement maximum de 4 mètres portaient de 4.300 à 4.700 kg. par essieu. En 1888, les machines express à deux essieux moteurs pesaient 77.600 kg. pour une longueur de 16 m. 086, ce qui donne 4.824 kg. par mètre, et portaient une charge de 14.300 kg. par essieu. D'autre part, la Compagnie avait des voitures à 5 m. 30 et à 5 m. 50 d'écartement d'essieux, portant 6.600 kg. par essieu. La comparaison entre l'état ancien et l'état nouveau fait ressortir un accroissement de charge de 13,5 o/o environ à l'état statique. Si l'on distingue par un accent les grandeurs qui se rapportent à la nouvelle voie, on a :

$$P' = P \times 1,135.$$

En prenant le rail de 12 mètres avec 12 traverses pour le comparer au rail ancien, on obtient :

$$\frac{F'}{F} = \frac{P' \dfrac{a'}{J'}}{P \dfrac{a}{J}} = 1,135 \times \frac{5211}{7108} = 0,83.$$

La nouvelle voie présente donc une diminution de fatigue de 17 o/o, même avec 12 traverses seulement. Cette différence doit parer à l'augmentation des vitesses.

165. Longueur des rails. — La longueur des rails a une très grande influence sur la solidité des voies et la douceur du roulement. Le passage sur les joints est, en effet, une des causes principales des secousses que l'on éprouve en chemin de fer, au point que l'on peut s'en servir pour compter le nombre de rails. Ce n'est guère que dans les grandes vitesses qu'il vient s'ajouter à ces secousses les mouvements de la machine. D'autre part, le rail long est solidaire d'un plus grand nombre de traverses, et il rend les déplacements de la voie plus difficiles. Enfin il permet de réaliser une économie sur les pièces d'éclissage, et même sur les traverses, par suite de la diminution du nombre des travées réduites que nécessitent les joints.

Il y a donc intérêt à donner aux rails la plus grande longueur possible.

A l'origine, on était limité surtout par des difficultés de fabrication. Tout au début, la longueur des rails n'était que de 4 mètres ; elle fut bientôt portée à 5 et 6 mètres. Pendant longtemps, elle s'est maintenue entre 5 et 8 mètres. Deux réseaux importants, l'Orléans et le Midi, avaient des rails de 5 m. 5o.

Aujourd'hui ces difficultés n'existent plus ; on fabrique couramment des rails de 35 et 4o mètres de longueur, que l'on scie en plusieurs tronçons à cause des difficultés de tous genres qu'une telle longueur susciterait dans la pratique. La question de fabrication n'intervient donc plus dans la limitation de la longueur des rails.

Un inconvénient des rails longs tient aux difficultés que l'on éprouve soit pour leur transport, soit pour leur manutention. Une longueur de 6 mètres se charge facilement sur un wagon ; on ne pourrait guère dépasser la longueur de 2 wagons. Lorsque la longueur dépasse celle d'un wagon, le chargement et le déchargement ainsi que la mise en place deviennent beaucoup plus difficiles. Mais on est arrivé à vaincre ces difficultés en concentrant les équipes et en leur donnant un personnel plus nombreux, et, en fait, presque toutes les Compagnies ont notablement augmenté la longueur de leurs rails. Pour permettre de faire aisément la substitution, on a généralement adopté, pour longueur, un multiple de la longueur ancienne ou un nombre admettant avec cette longueur un multiple commun. Ainsi l'Orléans et le Midi ont adopté le rail de 11 mètres (2 fois 5 m. 5o), le Nord, le rail de 12 mètres (2 fois 6 mètres). D'autres Compagnies, qui avaient le rail de 8 mètres, ont pris également le rail de 12 mètres. La Prusse a des rails de 9 mètres ; l'Autriche, de 15 mètres ; c'est la longueur maximum qui ait été admise. Le rail de 43 kg. 215 de 12 mètres du Nord pèse 516 kg. par barre : c'est à peu près la limite qu'il ne faut pas dépasser pour que la manutention puisse encore se faire dans des conditions pratiques.

Au point de vue économique, l'emploi du rail long a un inconvénient, en ce sens que si une détérioration locale vient à se produire, le remplacement du rail occasionne une plus grande perte.

166. Nature du métal. — Autrefois, les rails étaient faits en fer ; mais depuis la découverte du métal fondu, on l'emploie exclusivement pour la confection des rails. Nous ne parlerons donc pas des rails en fer ; il en existe encore sur d'anciennes lignes d'une faible intensité de trafic, mais on n'en fabrique plus.

Les rails sont donc maintenant tous faits avec de l'acier. La qualité à donner à ce métal a été l'objet d'une grande divergence d'opinions. A l'origine, on se servait d'un métal doux, se rapprochant du fer. Mais l'emploi du métal dur devait bientôt s'imposer, parce qu'il est plus facile à obtenir sans soufflures et parce qu'il devait assurer aux rails une plus longue durée. Il doit y avoir, comme nous l'avons déjà dit au début du cours, un certain rapport entre la nature du métal du rail et celle du bandage. Si le rail est plus dur que le bandage, il s'use moins vite. C'est ce que l'on doit rechercher car il est plus facile de remplacer un bandage de roue qu'un rail ; il en résulte moins d'inconvénients dans le service des trains. En revanche, lorsque le rail est dur, il est plus cassant, et il faut, pour combattre l'aigreur, une pureté exceptionnelle. L'emploi du métal dur entraîne donc une élévation du prix. C'est en envisageant toutes ces considérations et en tenant compte des ressources de la métallurgie que l'on fixera la qualité du métal des rails à fabriquer.

Les rails durs s'usent moins vite que les autres : c'est ce qui résulte d'observations très concluantes faites en France. Cependant, l'opinion inverse a été soutenue à la suite d'observations faites en Amérique ; mais la comparaison avait eu lieu entre un métal dur et très impur et un métal doux et pur, et ces observations, dans ces conditions, n'infirment en rien l'opinion précédente.

L'appréciation de la qualité du métal se définit généralement par la résistance à la rupture obtenue par des essais à la flexion sur un rail ou à la traction sur des éprouvettes taillées dans le métal. Le Midi, pendant un certain temps, exigeait en outre que le métal se rompît sous un certain choc ; ce mode était défectueux et donnait plutôt la mesure de l'aigreur du métal que celle de la dureté.

En *France*, on emploie généralement de l'acier à 70 ou 75 kg. ; l'*Est* cependant a un métal moins dur ; en revanche, le *Midi* en a un beaucoup plus dur, se rompant sous des charges de 80 à 85 kg. ; il ne semble pas d'ailleurs que les ruptures y soient plus fréquentes. L'*Angleterre* emploie des aciers moins durs ayant une résistance de 60 à 65 kg., et l'*Allemagne*, de moins durs encore, résistant au plus à 50 kg. Un ingénieur

belge, M. André, admet que, d'après les travaux de M. Couard, l'acier
dur doit être incontestablement préféré à l'acier doux, et il fixe une résistance minimum de 70 kg. (*Revue universelle des Mines*, 1894). Il propose, pour calculer la charge d'essai à la flexion, la formule :

$$P = \frac{160}{a}\frac{I}{V}.$$

Si on compare cette formule à celle que nous avons établie pour un
solide non encastré :

$$\frac{FI}{V} = \frac{1}{4}Pa,$$

on voit que cette charge correspond à un travail, dans la fibre extrême,
de 40 kg.

167. Durée des rails. — D'après des observations faites au réseau
de Lyon, il y a quelques années, sur des rails plutôt doux, l'usure des
rails dépendrait moins du tonnage brut de la ligne que du nombre des
trains, ce qui tendrait à prouver qu'elle provient plutôt de la machine
que du train lui-même. En voie courante, palier et alignement droit, elle
serait de 1 mm. pour 110.000 trains. Mais sur les pentes, où l'on fait
usage des freins, les résultats seraient différents : sur les rampes de
27 mm., l'usure augmenterait de 1 à 7 ; sur une pente de 27 mm., elle
augmenterait de 1 à 13. D'autre part, les courbes ne paraîtraient pas
exercer une influence bien sensible quand elles sont combinées avec de
fortes pentes parce que leur action retardrice permet de réduire d'autant
l'action des freins. Mais aux abords des gares, notamment si la voie est
en pente, l'usure est beaucoup plus forte. Ainsi, à la descente de Terre-
noire (supprimée depuis) en pente de 14 mm., les rails d'acier devaient
être remplacés au bout de 4 ans 9 mois, pour cause d'usure complète du
champignon, tandis que, en voie courante, sur la même pente, ils paraissent devoir durer 25 ans.

En admettant une usure de 1 mm. pour 110.000 trains, on voit que,
sur le chemin de fer de ceinture, où il y a 22.000 trains par an, l'usure
serait de 1 mm. en 5 ans. Au total, en France, sur les grands réseaux,
le nombre moyen de trains par kilomètre, obtenu en divisant le nombre
total de parcours kilométriques par le nombre total de kilomètres de
voie — les voies doubles étant doublées, — varie de 5.000 à 9.000, suivant les réseaux : la durée moyenne d'usure de 1 mm. varie donc entre
12 et 22 ans. On voit quelle longue durée moyenne sera nécessaire pour
enlever une épaisseur de 10 à 12 mm. et quel intérêt il y a à renforcer le
rail dans les points particulièrement fatigués.

§ 3. MODE D'ATTACHE DES RAILS

Le mode d'attache du rail est naturellement subordonné à sa forme ; il n'est pas le même pour le rail Vignole, ou rail à patin, et pour le rail à double champignon, ou rail à coussinet.

168. Rail Vignole. — Le rail Vignole est caractérisé par cette circonstance qu'il repose directement sur les traverses, dans une entaille pratiquée sur celle-ci. L'entaille doit être disposée de manière à lui donner une inclinaison, sur la verticale, appelée le *dévers du rail*, égale à la *conicité des bandages*, soit, en France, de 1/20. Les bords de l'entaille empêchent le déplacement du rail ; mais leur résistance est limitée, et il faut fixer le rail par des attaches pour le maintenir latéralement et empêcher qu'il se soulève. Les attaches sont généralement au nombre de deux

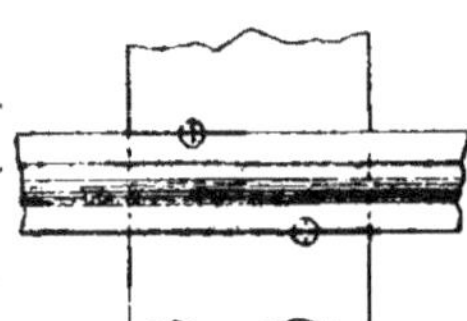

par traverse, et l'on a soin de ne pas les placer en face l'une de l'autre, afin de ne pas couper, avec l'attache, la même fibre du bois, et de produire un certain encastrement du rail, l'obligeant, au moment de la flexion, à prendre une courbure symétrique de part et d'autre de la traverse.

On emploie deux sortes d'attache : le *crampon* et le *tirefond*.

Le *crampon* est un véritable clou à tête en forme de bec, et à pointe biseautée perpendiculairement aux fibres, ou tronconique pour éviter de fendre le bois. La tête est munie de deux ailes pour en faciliter l'arrachement. La section est carrée, avec angles abattus. Le clou se pose dans un

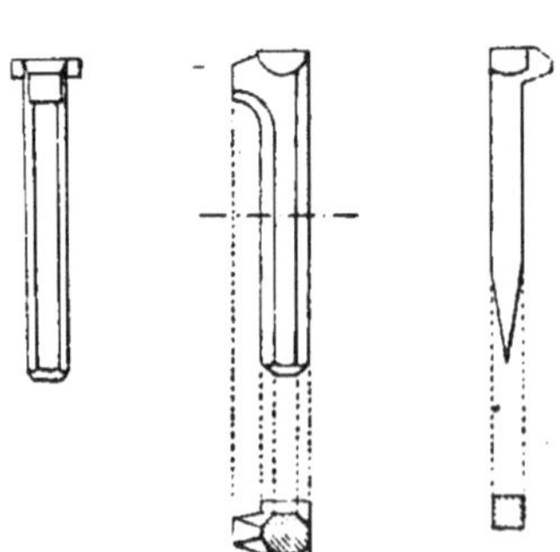

trou d'un diamètre moindre percé à l'avance. Il s'enfonce au marteau.

Le clou a l'avantage de pouvoir se poser très rapidement ; en revanche il est susceptible de s'arracher sous l'influence des trépidations. De plus, pendant la pose, si l'ouvrier frappe trop fort sur la tête, il peut produire un commencement de fissure dans l'angle rentrant, fissure qui ira en s'augmentant par l'usage et qui finira par provoquer l'arrachement de la tête.

Le *tirefond* n'est autre chose qu'une vis à bois que l'on enfonce dans la traverse sur le bord du patin qui se trouve serré entre la tête de la vis et la traverse. Généralement, la tête de la vis est ronde, et elle est surmontée d'une partie carrée permettant de la visser avec une clef. D'autres

fois elle est formée d'une simple partie carrée ou hexagonale. La largeur
et l'épaisseur des filets de la vis sont déterminées par
la condition que la résistance des filets de la vis
soit égale à celle des fibres du bois comprises entre
eux.

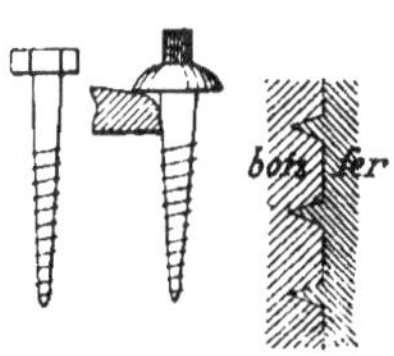

Pour éviter que l'ouvrier ne soit tenté d'enfoncer
le tirefond au marteau, au lieu de le visser, on dispose sur la tête une marque constituée généralement
par les initiales de la Compagnie. Si l'ouvrier frap-
pait sur le tirefond les initiales seraient écrasées, et l'on ne manquerait pas
de s'en apercevoir.

Habituellement, on appuie directement le rail sur la traverse. Cependant, on interpose parfois une semelle de feutre ou une plaque métallique. Le but recherché n'est pas le même dans les deux cas.

La *semelle de feutre* sert de garniture entre le métal et le bois de sorte
qu'il ne puisse pas s'y introduire de poussière ou d'humidité ; sous l'action des vibrations, la poussière use le métal et le bois. D'après Conta-
min (*Revue Générale*, 1888), l'emploi du feutre prolonge la durée des
entailles. Il faut avoir soin, au début surtout, de resserrer fréquemment
les attaches pour compenser le tassement du feutre.

La plaque métallique, appelée aussi *selle* ou *platine*, a un autre but.
En premier lieu, elle sert à diminuer la pression par centimètre carré qui
s'exerce entre le rail et la traverse et à parer aux inégalités de pression
qui peuvent se produire au moment du passage des trains et amener
l'écrasement du bois. Considérons, en effet, le rail appuyé sur l'entaille *ab*.

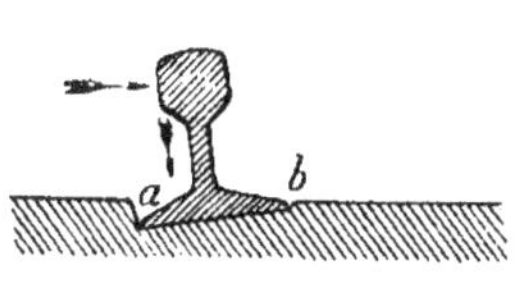

Si le rail subit un effort horizontal, la pression exercée par le bord *b* du patin sera plus
grande que celle exercée par le bord interne *a*.
Au contraire, si les roues, au lieu d'exercer
un effort suivant l'axe du rail, le pressent verticalement, c'est dans l'angle *a* que la pres-
sion sera plus élevée. Le premier cas se produit surtout dans les courbes,
le second en alignement droit. En plaçant
sous le patin une plaque résistante et plus
large que le patin, on diminuera la pression
moyenne par cm², et l'on atténuera les
effets de ces inégalités de pression.

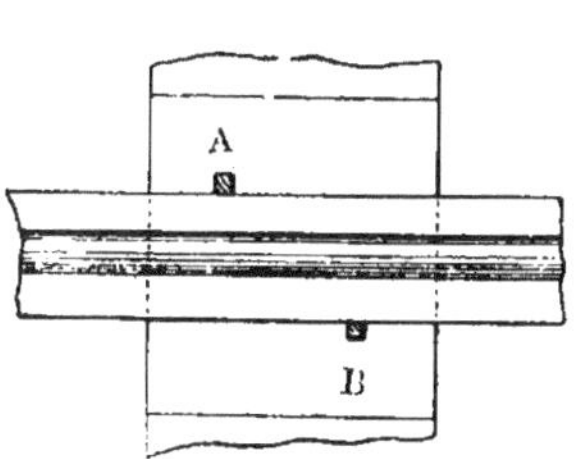

Un autre avantage de la plaque métallique est, grâce à son mode d'attache, d'augmenter la résistance au déplacement latéral du rail. Les crampons ou les tirefonds
traversent la selle ; il en résulte que, si le rail tend à se déplacer vers l'attache A, cette tendance sera combattue non seulement par l'attache A,
mais aussi par l'autre, parce que les deux attaches traversent la selle : en un

mot, les deux attaches résistent au déplacement dans un sens ou dans l'autre. Il n'en est évidemment pas ainsi lorsque la voie est posée directement sur la traverse : il n'y a jamais qu'une seule attache, qui s'oppose au déplacement latéral du rail.

C'est surtout dans les courbes, ou avec des traverses en bois tendre, que les selles sont utiles. Elles sont également très utiles pour les traverses voisines du joint, car le rail, n'étant pas soutenu par la traverse voisine, presse la traverse de contre-joint beaucoup plus que les autres.

Les selles sont en acier doux, de 12 à 13 mm. d'épaisseur ; quelquefois, elles portent des nervures qui embrassent le patin.

Si elles entraînent une dépense supplémentaire, leur utilité semble évidente. Cependant certains ingénieurs l'ont contestée. On conçoit que les selles aient plus d'inconvénients que d'avantages lorsqu'elles sont mal établies et que la voie est mal entretenue. La même opinion s'était d'ailleurs déjà produite pour les coussinets. On trouvait qu'ils donnaient une attache peu fixe, que le rail ballottait dans le coussinet et c'est moins par économie que pour éviter cet inconvénient que le rail Vignole avait été imaginé.

Aujourd'hui l'opinion opposée prévaut en ce qui concerne les selles et les coussinets. Si, au début, les coussinets ont donné des mécomptes, cela tient à ce que les coins n'étaient pas resserrés assez soigneusement.

169. Rail à double champignon ou voie à coussinets. — Le coussinet a été employé dans le principe non pas à cause des avantages qu'il présente comme mode d'attache, mais surtout pour permettre le retournement. On a vu que ce retournement présentait des difficultés qui étaient d'autant plus grandes que l'attache était moins soignée. Le claquement produit au passage des roues imprimait fortement sur le champignon inférieur la forme du coussinet. Cette circonstance a contribué beaucoup au succès du rail Vignole lors de son apparition.

Aujourd'hui, au contraire, on revient à la voie à coussinets uniquement à cause de la solidité qu'elle présente. En France, l'emploi du rail à double champignon et du rail Vignole se partage sensiblement entre les Compagnies. Quant à l'Angleterre, elle n'a jamais abandonné la voie à coussinets qui y est presque exclusivement en usage.

Le *coussinet* est une pièce de fonte présentant deux mâchoires entre lesquelles on place le champignon inférieur du rail. Il est maintenu sur la traverse par deux tirefonds en diagonale, quelquefois trois et même quatre.

La forme du coussinet est déterminée de façon que le *rail ait le dévers voulu* sans qu'il soit nécessaire d'entailler les traverses. Le rail est maintenu entre les mâchoires du coussinet par un coin. Ce coin, en France, est placé du côté extérieur ; il peut être ainsi placé plus haut que s'il était du côté intérieur et il est moins exposé à être dérangé ; enfin il est noyé dans le ballast et protégé contre les alternances d'humidité et de soleil.

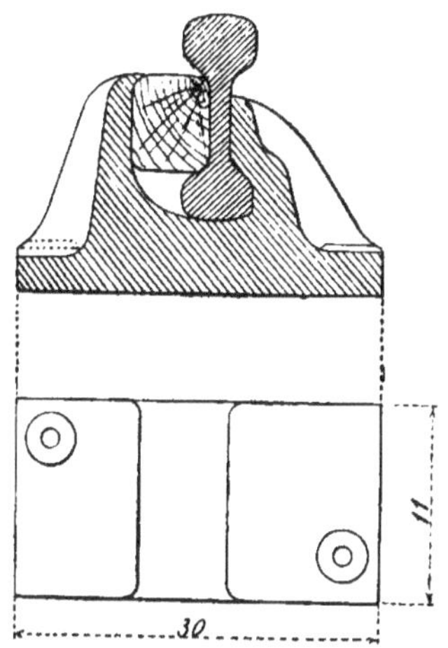

En Angleterre, on le place quelquefois à l'intérieur de la voie. Cette disposition offre des avantages au point de vue de la surveillance et de l'entretien; un homme se promenant le long de la voie resserre les coins des deux files en frappant alternativement à droite et à gauche

Ce coin est le point faible de la voie à coussinet. Jusqu'à ces dernières années, il se faisait en bois. Les coins en bois coûtent très bon marché; ils sont généralement tirés des déchets de vieilles traverses, et ne coûtent que la façon. Mais le bois est hygrométrique et s'altère facilement; de plus, sous l'influence des vibrations, des variations de température et d'humidité, les coins se desserrent. Mais, dans ces derniers temps, on a réalisé un très grand progrès avec le *coin David*, formé par une lame d'acier trempé, repliée sur elle-même, dont le seul inconvénient est de coûter un

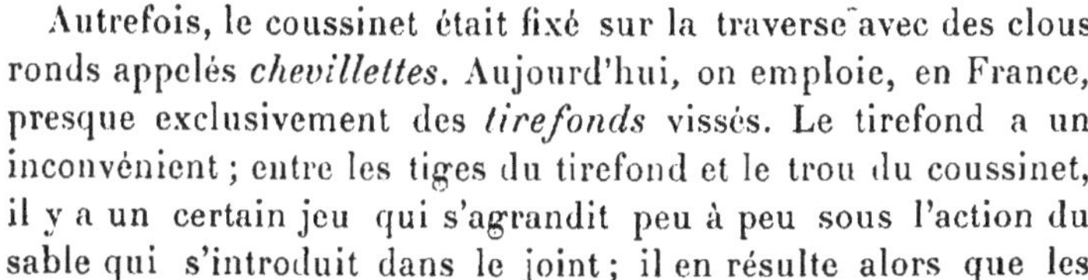

peu cher : o fr. 36 pièce. Avec des traverses espacées de o m. 8o, cela représente 45o fr. par kilomètre.

Le coussinet permet de mieux répartir la pression du rail sur la traverse. A ce point de vue, on est maître de la réduire autant que l'on veut; il suffit pour cela d'allonger le coussinet; on s'arrange, en général, pour ne pas dépasser 20 kg. par cm², pour une pression de 6.5oo kg.

Anciennement, les coussinets pesaient de 9 à 10 kg. Aujourd'hui, sur les grandes lignes, et surtout dans les courbes, le poids atteint 15 kg. ; (Ouest 15 kg 1 et 15 kg. 7 ; Midi 14 kg. 5). En Angleterre, il s'élève à 20 kg. Le Board of Trade exige des coussinets de 11 kg. 8 sur les embranchements et lignes secondaires, et d'au moins 15 kg. 8 sur les lignes principales.

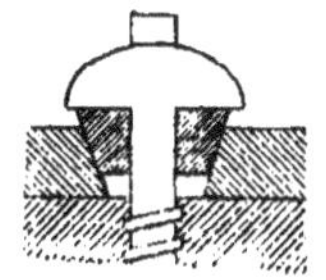

Autrefois, le coussinet était fixé sur la traverse avec des clous ronds appelés *chevillettes*. Aujourd'hui, on emploie, en France, presque exclusivement des *tirefonds* vissés. Le tirefond a un inconvénient ; entre les tiges du tirefond et le trou du coussinet, il y a un certain jeu qui s'agrandit peu à peu sous l'action du sable qui s'introduit dans le joint; il en résulte alors que les attaches n'ont plus la rigidité voulue. En Angleterre, on remédie à cet inconvénient en interposant, entre le tirefonds et le trou du coussinet, une bague en bois conique introduite à force par le serrage. Cette bague a été adoptée dans le nouveau type de voie de l'Etat français. Sur d'autres lignes anglaises, on remplace l'un des tirefonds par une chevillette en bois appelée *treenail*, avec ou sans âme de métal Ces chevillettes doivent probablement leur emploi à ce que les traverses sont en bois tendre ; l'étui de bois dur qui enveloppe le métal répartit la pression du fer sur une plus grande surface.

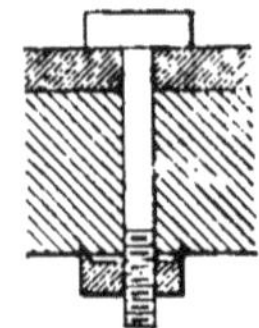

Le Métropolitain et le Great Western emploient un autre mode d'attache, par boulons dont l'écrou, placé sous la traverse, présente des saillies qui, en s'enfonçant dans le bois, l'empêchent de tourner. Ces boulons sont appelés *fang-bolts*. On les serre à la manière d'un tirefond.

§ 4. JOINTS DES RAILS

170. — Les joints des rails ne peuvent être complètement fermés à cause des variations de longueur produites par la dilatation sous l'influence des changements de température. Si l'on observe que la température peut varier de — 25° en hiver à + 45° et 50° en été, au plein soleil, cela fait un écart de 75° entre la température minima et la température maxima, écart qui donne une variation de longueur de 1 mm. environ par mètre. Pour des rails de 12 m., cela représente une variation de longueur de 12 mm. C'est la plus grande lacune qu'il pourra y avoir entre les rails. On aura soin, au moment de la pose, de ménager une lacune susceptible, pour un refroidissement à — 25°, de donner cet intervalle. Il en résulte que si les rails sont posés en hiver, il faudra laisser entre eux un intervalle plus grand qu'en été. Les lacunes sont réglées à l'aide de coins en fer que l'on enlève lorsque les rails sont définitivement fixés en place.

Un écart de 12 mm. entre les rails consécutifs n'a pour ainsi dire, par lui-même, aucune influence sur le roulement. Ce qui produit les secousses au joint, ce n'est pas la lacune mais la flexion des rails qui modifie le niveau des surfaces de roulement et donne un choc au joint.

Autrefois, les rails étaient simplement juxtaposés bout à bout, sans être réunis entre eux. Aujourd'hui, on les solidarise à l'aide de plaques métalliques que l'on appelle des *éclisses*.

L'éclissage a été une des plus grandes améliorations apportées à la construction des voies ferrées. Grâce à lui, on a pu à volonté placer le joint des rails soit sur les traverses, ce qui constitue ce que l'on nomme le *joint appuyé* ou *soutenu*, soit entre les traverses, ce qui donne le *joint suspendu* ou en *porte-à-faux*.

Eu égard à leurs positions relatives sur les deux files de rails, les joints peuvent être encore *concordants*, s'ils sont placés en face l'un de l'autre, sur une perpendiculaire à l'axe de la voie, ou *chevauchés*, s'ils ne se trouvent pas sur la même travée comprise entre deux traverses consécutives.

A l'origine, les voies n'étant pas éclissées, le joint était toujours appuyé; il était naturel, en effet, de profiter des traverses pour bien maintenir les rails dans le prolongement l'un de l'autre. Avec les voies éclissées, il était plus difficile de placer le joint sur une traverse, surtout si elles étaient munies de coussinets. On y parvenait cependant avec des coussinets d'une forme spéciale que l'on nommait *coussinets-éclisses*. En fait, ces difficultés de pose sont d'un ordre tout à fait secondaire lorsqu'il s'agit de choisir le mode de joint à adopter; ce qu'il faut considérer ce sont surtout les effets de ce joint.

Il est difficile, sinon impossible, de faire en sorte que les rails soient rigoureusement en prolongement; il se produit toujours de légers déplacements soit dans le sens vertical, soit dans le sens horizontal, déplacements qui s'accentuent encore au moment du passage des véhicules, puisque le rail d'amont et le rail d'aval ne se trouvent pas dans des conditions mécaniques identiques. Ces déplacements produisent des chocs sur les roues, et l'effet de ces chocs est rendu plus intense par le support du rail qui participe lui-même aux dénivellations du rail et tend encore à les accentuer. Au point de vue du roulement, le joint suspendu paraît donc préférable au joint appuyé. Il exige peut-être un éclissage plus fort, ce qui n'est pas d'ailleurs bien démontré. Dans l'hypothèse où l'on considère le rail comme encastré à ses points d'appui sur les traverses, c'est même à ces points d'appui qu'a lieu le maximum de fatigue.

Aujourd'hui le joint suspendu est presque exclusivement employé : c'est en France d'abord que l'on a renoncé au joint appuyé; l'exemple a été bientôt suivi partout.

La question du joint *chevauché* ou du joint *concordant* a été plus controversée.

Avec le joint concordant, les deux roues d'un essieu éprouvent simultanément une chute en passant d'un rail à l'autre.

Avec le joint chevauché, au contraire, la secousse ne se produit que sur une seule roue à la fois; de plus, comme au passage du joint l'autre roue est supportée par le rail opposé, le poids qui appuie sur l'extrémité du rail est moins grand que précédemment et par suite la chute moins forte. On est donc amené à penser que le joint chevauché doit rendre le roulement plus doux. En revanche, il provoque des secousses alternatives d'un côté et de l'autre, ce qui provoque des effets de roulis et de tangage. Ces mouvements sont d'autant plus marqués que la voie est en moins bon état. Au début, quand la voie est neuve, le joint chevauché donne encore de bons résultats; mais dès que le bourrage diminue, que les attaches sont moins rigides, les inconvénients l'emportent sur les avantages. Il a de plus l'inconvénient d'augmenter le nombre des travées réduites; dès lors, à moins d'augmenter le nombre des traverses par longueur de rail, les autres traverses sont plus éloignées, et la voie est, par suite, moins résistante ; cet accroissement dans l'écartement des traverses est loin d'être négligeable ; il peut atteindre 7,8 et même 10 o/o. L'inconvénient est surtout grand avec le joint appuyé, parce qu'il faut une traverse sous chaque joint de rail, et que l'on conserve néanmoins une travée réduite de chaque côté ; cette disposition donne donc la plus mauvaise répartition des traverses.

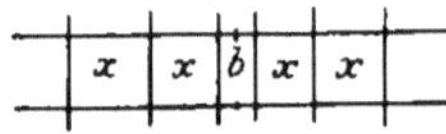

Joint chevauché suspendu

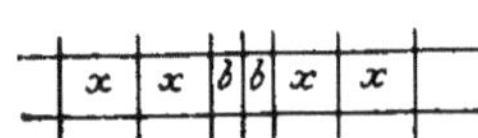

Joint chevauché appuyé

On peut d'ailleurs facilement calculer l'intervalle moyen des traverses consécutives, en dehors des travées réduites, suivant la nature du système de joint adopté. Désignons par l la longueur du rail, par b la largeur minimum des travées, c'est-à-dire la largeur des travées réduites, par n le nombre des traverses par longueur de rail et par x la largeur moyenne des travées courantes.

On a évidemment les résultats suivants :

1° Joint concordant suspendu :

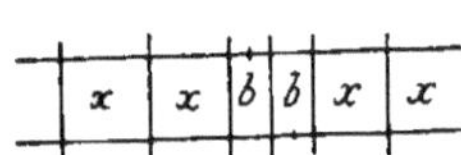

$$x = \frac{l - b}{n - 1} ;$$

2° Joint concordant appuyé :

$$x = \frac{l - 2b}{n - 2} ;$$

3° Joint chevauché suspendu :

$$x = \frac{l - 2b}{n - 2} ;$$

4° Joint chevauché appuyé :

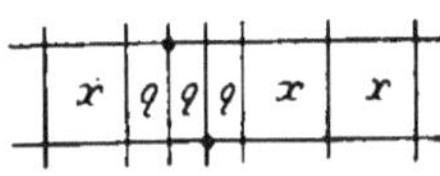

$$x = \frac{l - 3b}{n - 3} .$$

Lorsqu'on emploie le joint chevauché, on peut adopter le chevauchement sur travées réduites consécutives ou le chevauchement à mi-rail,

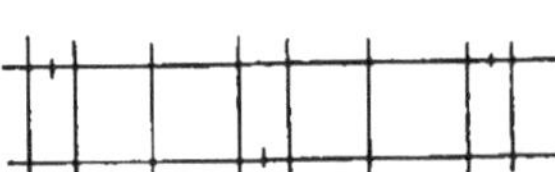

tel qu'il est représenté ci-contre. Cette disposition paraît préférable à la précédente qui donne des secousses alternées plus rapprochées et plus vives.

Les joints chevauchés étaient nécessaires lorsque les voies n'étaient pas éclissées ; autrement, les rails consécutifs n'auraient été maintenus bout à bout que par la traverse ou le coussinet de joint, et par la résistance que le ballast oppose au ripage ; autrement dit, chaque groupe de deux rails eût formé avec ses traverses un système indépendant et la voie aurait été formée de pareils systèmes posés bout à bout sur le ballast. Le joint chevauché solidarisait au contraire les rails entre eux.

Aujourd'hui que toutes les voies sont éclissées, le joint chevauché n'a plus cette utilité, et ses inconvénients l'ont fait abandonner d'une façon presque absolue.

La discontinuité des rails a l'inconvénient, comme nous l'avons dit, de produire des chocs au passage des roues. Ces chocs, en dehors des 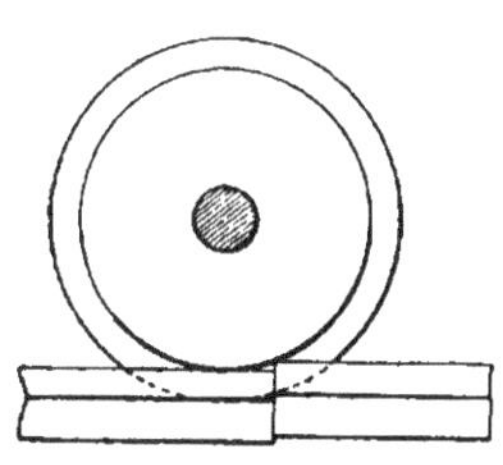 secousses qu'ils impriment aux véhicules, ont des effets nuisibles. Ils sont une cause de *détérioration et d'usure* pour la voie et pour le matériel roulant ; *ils augmentent la résistance à la traction*. En même temps, ils tendent à produire un entraînement de la voie comme si, à chaque joint, les roues chassaient le rail d'aval devant elles, et *un mouvement d'affaissement* ; ce mouvement d'affaissement a pour conséquence d'écraser peu à peu le ballast, d'imprimer au rail une flexion qui finit par devenir permanente. Par suite de l'écrasement du ballast, les traverses s'inclinent et ballottent ; la voie est ébranlée ; il faut y remédier par un entretien très soigné.

On atténue ces inconvénients au moyen de l'*éclissage*.

Les éclisses sont des pièces de fer qui réunissent les bouts des rails comme des moises. Ces pièces s'appuient sur les plans de raccordement de la tête du champignon de roulement et du patin ou du champignon inférieur. Elles font une légère saillie sur la tête du champignon, ce qui n'offre pas d'inconvénient, même du côté intérieur à cause de l'inclinai- 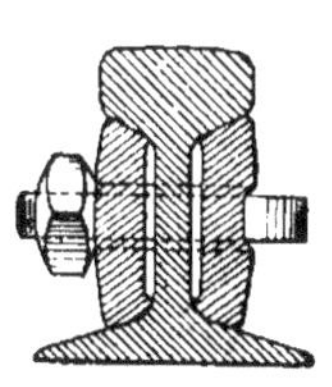 son du boudin du bandage. La hauteur des éclisses est généralement imposée par la forme du rail ; ordinairement elle est de 75 mm. ; leur longueur est de 0 m. 45 ; elle a été portée au Nord, pour le rail, de 43 kg., à 0 m. 65 ; leur épaisseur est de 22 à 23 mm.

On ne dispose que de l'épaisseur pour accroître leur résistance qui n'est pas équivalente à celle du rail.

Non seulement elles ont une section totale moindre que celle du rail, mais, de plus, la matière est plus rapprochée du centre de gravité.

Les éclisses sont généralement bombées et laissent entre elles et l'âme un jeu de 2 à 3 mm. Cette disposition est adoptée afin d'assurer toujours un contact exact avec les plans d'appui et, par là, d'empêcher les mouvements verticaux des rails.

Les éclisses sont maintenues par des boulons qui ont généralement

22 mm. de diamètre. Les trous dans lesquels ils passent doivent avoir un certain jeu. Ce jeu a un double but : il permet aux éclisses, pendant le serrage, de s'appliquer exactement sur le rail et de produire un serrage très puissant. A ce point de vue, il est essentiel qu'il y ait aussi du jeu dans le trou du rail, et même, comme il importe d'affaiblir les éclisses le moins possible, on est conduit à donner plus de jeu au trou du rail qu'à ceux des éclisses. Enfin ce jeu est nécessaire pour permettre le fonctionnement de la dilatation et ne jamais faire travailler les boulons par cisaillement.

Le nombre des boulons est au moins de 4 par éclisse, à raison de deux par rail. Les éclisses se trouvent ainsi encastrées sur les extrémités des deux rails.

A une certaine époque, on a essayé de n'employer que trois boulons, dont un sur le joint.

Pour obtenir néanmoins un encastrement analogue à celui que don-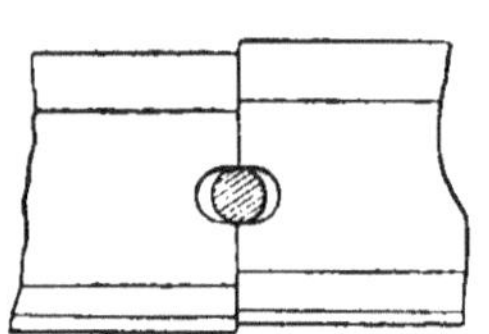nent deux boulons on donnait au trou sur le joint une forme ovale avec un diamètre vertical égal à celui du boulon. Mais alors le moindre défaut de construction produit une dénivellation au joint.

Les boulons d'éclisses doivent être faciles à serrer, et ils ne doivent pas se desserrer sous l'influence des vibrations.

Plusieurs dispositions sont employées pour *faciliter le serrage*. On peut ménager au laminage une rainure dans laquelle se loge la tête du 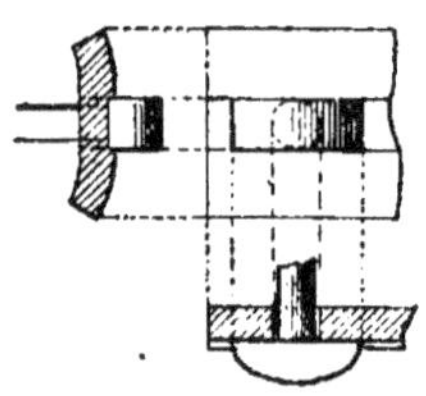boulon qui est aplatie. Comme, en réalité, la rainure n'est pas indispensable et comme l'une de ses parois suffit pour empêcher la rotation de la tête du boulon, on se borne parfois à faire venir au laminoir non une rainure, mais un simple rebord.

D'autres fois encore, on agrandit le trou de l'éclisse en le prolongeant par deux petites encoches en diagonale, et l'on munit le corps du boulon, dans la partie supérieure, d'une saillie correspondante qui empêche la rotation.

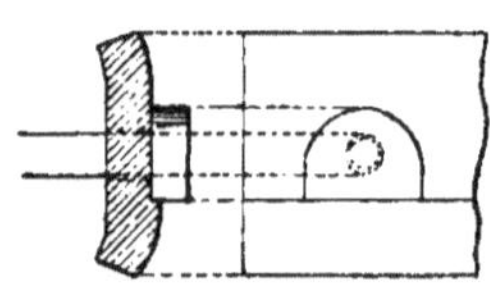*Pour éviter le desserrage*, on pourrait employer le double écrou comme pour les pièces des machines ; mais il faut allonger les boulons et avoir deux écrous. Cette solution serait coûteuse et gênante. On y parvient par l'emploi de la *rondelle de Grover*, formée par un anneau plat d'acier trempé, fendu suivant un rayon, et dont les deux bords sont déplacés. Cette rondelle se loge soit directement entre l'éclisse et l'écrou, soit entre l'éclisse et une

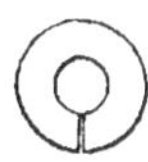

plaque carrée que l'on interpose devant l'écrou. Elle fait ressort, s'incruste dans les surfaces métalliques et empêche le boulon de se desserrer sous l'influence des vibrations.

Les éclisses ayant une résistance inférieure aux rails, on a été amené à les renforcer. Les dispositions adoptées ne sont pas les mêmes pour la voie à double champignon et pour le rail Vignole.

Avec le rail à double champignon, on a prolongé les éclisses sous le rail par des saillies, et l'on a profité de ces saillies pour les faire buter contre les traverses de contre-joint afin d'éviter l'*entraînement des voies*. Ces saillies sont ou recourbées ou verticales. Sur le réseau de l'Ouest, on n'a même prolongé qu'une des deux éclisses, principalement pour éviter l'entraînement.

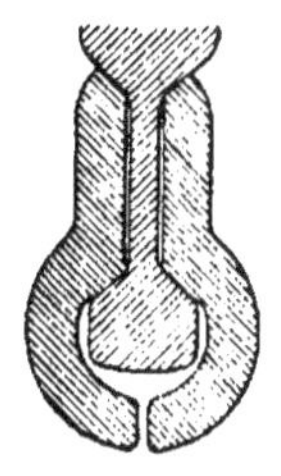

Cette disposition a l'inconvénient de manquer de symétrie, ce qui est toujours fâcheux, parce qu'il en résulte nécessairement une tendance au renversement dans un sens ou dans l'autre. Aussi, en dernier lieu, a-t-on prolongé les sections des deux éclisses.

Cette disposition ne pouvait convenir pour le rail à patin. On a alors imaginé de prolonger les éclisses par des ailes formant cornières, et, comme celle du côté intérieur gênait le boudin, on l'a retournée de manière à avoir une disposition en diagonale.

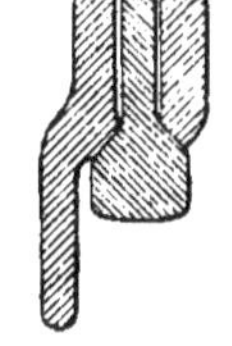

Cette solution avait encore l'inconvénient de la dissymétrie. Au chemin de fer de l'Est, pour la voie renforcée de 44 kg. 2, on a employé des *éclisses-cornières* symétriquement placées, dont les ailes longent celles du patin, ce qui est plus rationnel. Ces éclisses ont o m. 75 de longueur, et, comme l'écartement des traverses de contre-joint n'est que de o m. 65 d'axe en axe, les éclisses appuient sur

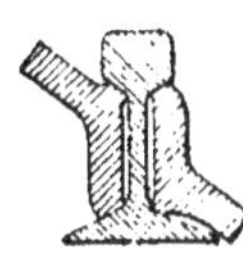

ces traverses, et on les fixe, à l'aide de deux tirefonds à chaque extrémité, espacés de 6o mm. d'axe en axe.

Le corps du boulon a 27 mm. de diamètre ; le trou du rail 32. L'éclisse a une épaisseur de 24 mm. L'écrou est maintenu par une rondelle Grover reposant sur une plaque carrée.

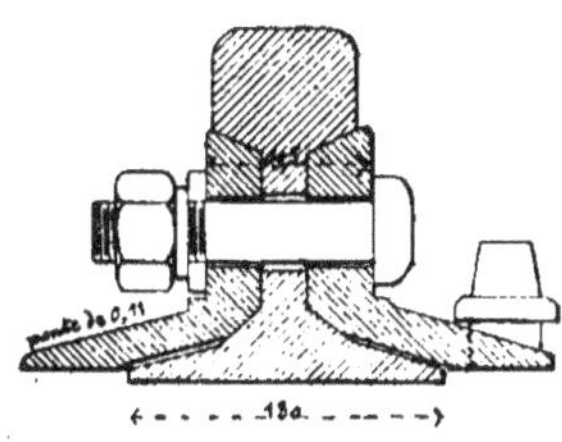

Au chemin de fer du Nord, les éclisses de o m. 65 de longueur employées pour la voie de 43 kg. 2 viennent buter contre des tirefonds vissés dans les traverses de contre-joint.

§ 5. TRAVERSES

171. — La traverse a pour but de servir d'intermédiaire entre les rails et le sol et de maintenir le rail dans sa position convenable. Il importe donc que la traverse ait d'abord une *surface d'appui* suffisante pour que la pression par centimètre carré ne soit pas trop élevée ; cette pression doit être de 2 kg. en moyenne au plus ; il faut encore, pour remplir ce but, qu'elle ait de la *rigidité* et, pour cela, qu'elle ait une certaine épaisseur.

Les deux dimensions de la surface d'appui ont également leur importance.

Non seulement la largeur doit être assez grande, mais il faut que la longueur le soit également, afin de résister au renversement des véhicules et de répartir la pression totale sur une large base d'appui.

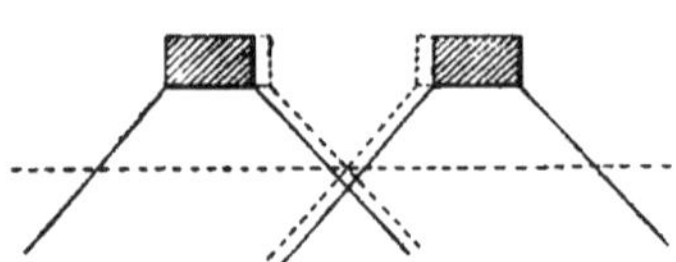

Les traverses transmettent leur pression sur une masse de terrain qui va en s'élargissant.

L'ensemble de la masse qui participe à ces efforts dépend de la dimension transversale des traverses, ce que l'on voit aisément en supposant qu'on les élargisse ; mais il est facile de voir également qu'elle en dépend dans une faible mesure. Pour augmenter cette masse, il est préférable d'allonger les traverses.

172. Traverses en bois. — Les trois dimensions des traverses sont donc à considérer. Ordinairement, ces dimensions sont les suivantes pour les traverses en bois :

Epaisseur : o m. 14 (avec 2 cm. de tolérance en plus).

Largeur : o m. 22 (avec 2 cm. de tolérance en plus ou en moins).

Longueur : 2 m. 65 à 2 m. 75.

Il semblerait qu'il n'y eût aucun inconvénient à augmenter l'épaisseur des traverses, puisque l'on augmenterait ainsi la rigidité. Mais, en revanche, on diminuerait l'épaisseur du ballast, et c'est pour ce motif qu'on lui impose une limite.

Ces dimensions sont celles du cahier des charges des lignes construites par l'Etat. Quelquefois, sur certaines lignes secondaires que l'on veut construire économiquement, on réduit la longueur des traverses à 2 m. 55, lorsque les lignes doivent être parcourues par de faibles charges ; mais cette réduction est peu recommandable.

Le poids des traverses en bois varie entre 65 et 75 kg. suivant qu'elles sont en bois tendre ou en bois dur.

Les traverses ne sont pas en général découpées à arêtes vives en France. En Angleterre, au contraire, on s'attache à avoir des dimensions très régulières. On le peut d'autant mieux que l'on se sert la plupart du temps de sapins de la Baltique qui sont très droits. Elles ont o m. 25 de largeur, o m. 130 d'épaisseur et de 2 m. 70 à 2 m. 75 de longueur.

On emploie pour les traverses de bois le chêne, le hêtre ou les résineux, pins ou sapins. La nature du bois utilisé dépend d'ailleurs des ressources locales, car on cherche, autant qu'on le peut, à s'approvisionner sur place. C'est ainsi que, dans les Landes, les traverses sont faites avec du bois de pin. En France, on emploie généralement le chêne ou le hêtre.

La section des traverses varie selon les compagnies. On rencontre même des formes rondes, mais c'est à tort qu'on les tolère.

Lorsque les traverses sont faites avec du chêne, il faut le débarrasser complètement de l'aubier. Ces traverses sont employées sans préparation. Avec le hêtre ou les résineux, au contraire, on exclut le cœur ; cela tient à ce que ces traverses ne s'emploient pas sans préparation et que le cœur s'imprègne très difficilement. Quand on emploie des traverses de chêne avec aubier, on exige que, comme les précédentes, elles soient injectées.

La préparation des traverses consiste à les injecter avec un liquide antiseptique pour éviter qu'elles ne pourrissent trop rapidement. L'injection des traverses se faisait autrefois avec du sulfate de cuivre. On se sert aujourd'hui plutôt de créosote, qui coûte plus cher que le sulfate de cuivre, mais qui est plus efficace. On emploie aussi un mélange de créosote et de chlorure de zinc sur l'Etat français.

La créosote est une huile lourde de goudron, qui se dégage aux environs de 200°. Elle doit probablement son efficacité à l'acide phénique.

On fait varier le poids de créosote absorbé par traverse suivant la nature du bois. En France, ces poids sont :

Pour le pin, 12 à 14 kg. ;
   » sapin, 15 à 30 kg. ;
   » hêtre, 11 à 24 kg. ;
   » chêne avec aubier, 3 à 11 kg. suivant la proportion d'aubier.

D'après M. Enverte (*Revue générale des chemins de fer*, mars 1895), avec de la créosote revenant à 70 fr. la tonne au chantier, les frais de créosotage sont les suivants :

	Chêne 5 à 6 kg.	Hêtre ou Pin 16 kg. (P.-L.-M.)	Hêtre ou Pin 24 kg. (Est)
Créosote	0f40	1f12	1f68
Autres frais	0.20	0.20	0.20
Transports	0.30	0.30	0.30
Totaux	0f90	1f62	2f18

Le prix de créosotage varie donc entre o fr. 90 et 2 fr. 18 suivant la nature du bois et l'importance de l'injection. Il dépasse de 30 o/o environ le prix de revient du sulfatage ; mais l'augmentation de durée des traverses, comparée à celle des traverses sulfatées, paraît être de 5o à 75 o/o.

. Le prix des traverses de chêne est d'environ 5 fr. Les traverses de hêtre coûtent un peu moins cher, mais, avec la préparation, elles reviennent sensiblement au même prix. Quant à leur durée, elle est également à peu près la même, lorsqu'elles sont injectées, et peut-être même un peu plus grande.

Autrefois, on admettait pour la durée des traverses de 9 à 10 ans. Après préparation, cette durée s'est élevée à 13 ou 14 ans ; mais rien n'est difficile comme de faire cette évaluation. On peut aisément connaître la durée d'une traverse individuelle ; il n'en est pas de même quand il faut donner une moyenne, à cause de la multiplicité des circonstances qui influent sur l'existence des traverses (nature et disposition du ballast, nature du sol, de la plateforme, climat, etc.).

Dans certains cas, la durée des traverses peut dépasser beaucoup les limites précédentes. Ainsi, la Compagnie de l'Ouest a fait figurer à l'Exposition de 1889 des traverses en hêtre créosoté qui avaient servi pendant 20 ans sur la ligne du Havre et qui étaient encore en très bon état.

Les traverses doivent être percées de trous, munies d'entailles pour recevoir les patins des rails. Généralement ce travail est fait dans des ateliers spéciaux. Pour les voies à coussinets, les traverses arrivent même munies de leurs coussinets sur le chantier.

Le travail des traverses à l'atelier se fait presque toujours à la machine ; il est ainsi plus précis. Il est avantageux de percer les trous des traverses de part en part, afin d'éviter que l'eau ne puisse y séjourner. Les trous sont goudronnés, quelquefois même flambés avec un fer chaud, après avoir été enduits de goudron.

173. Traverses en fer. — Depuis longtemps, on s'est préoccupé de remplacer les traverses en bois par des traverses en fer. La question offre un double intérêt. Elle s'est posée d'abord dans les pays chauds, où les traverses en bois, soumises à des alternatives d'humidité et de grande sécheresse, résistent très mal. La solution était d'ailleurs facilitée par cette circonstance que, dans ces pays, les chemins de fer ne sont pas soumis à une grande intensité de circulation. Mais en Europe, où les traverses en bois ont déjà une durée assez considérable, il s'agissait de savoir si, étant donné le prix élevé des traverses en fer, il y aurait intérêt économique, en fin de compte, à les substituer aux traverses en bois ; la question ne se pose donc pas exactement au même point de vue, mais elle offre, en outre, un intérêt d'un autre ordre, celui de donner de nouveaux et importants débouchés à la métallurgie.

Autrefois, le prix élevé du métal était un obstacle très grave à l'emploi des traverses métalliques. Cet obstacle a aujourd'hui beaucoup perdu de sa valeur.

Le premier chemin de fer pour lequel on a employé une superstructure métallique est le chemin de fer de Suez, construit en 1851 par Robert Stéphenson. Pour économiser le métal, alors très coûteux, la voie était 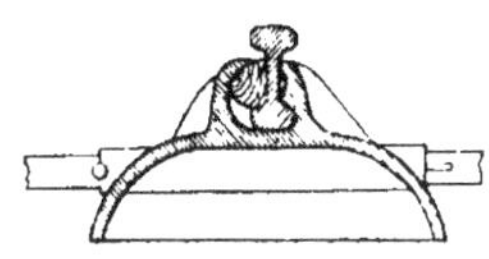 établie sur des coussinets en fonte dont la base était évasée en forme de cloche, percée de trous pour le bourrage du ballast (système de *Greave*). Les cloches sont traversées par un fourreau et reliées entre elles de part et d'autre par des fers sur champ qui glissent dans ce fourreau et sont clavetés à l'écartement voulu.

Le système des cloches a été également appliqué dans l'Inde, au Brésil, dans la République Argentine, à la Réunion. Il existe encore actuellement plus de 1.000 kil. de voies sur cloches. Malheureusement, les tringles peuvent fléchir, en sorte que l'écartement des voies peut laisser à désirer au point de vue de la régularité.

Ce système convient bien pour une voie à faible trafic, à la condition d'avoir un ballast très fin. Au lieu de fonte, on peut employer des cloches ou plateaux en fer étampé : c'est le système *Livesey* et *Seyrig*, appliqué aux Indes.

C'est surtout la traverse métallique proprement dite que l'on a cherché à développer. Elle a reçu une grande application en Allemagne et, en France, sur le réseau algérien et celui de l'Etat.

Les traverses métalliques doivent présenter une surface d'appui suffisante, être rigides, en même temps que assez légères, à cause du prix, et avoir des projections verticales capables d'éviter l'entraînement ; enfin, elles doivent offrir une assiette convenable pour le rail et permettre de l'attacher facilement et sûrement avec les petites variations d'écartement utiles dans les courbes.

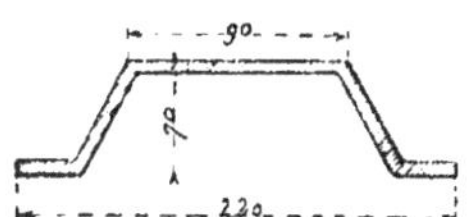 Les premières traverses étaient obtenues au laminoir, et, par suite, étaient droites et de profil uniforme. Telle est la traverse *Vautherin* qui est encore très répandue, surtout en Allemagne.

Cette traverse présente la forme ci-contre ; elle n'est pas fermée à ses extrémités ; sa longueur est de 2 m. 30 : on l'a réduite le plus possible pour éviter le poids. Ses dimensions transversales se rapprochent de celles de la traverse de bois.

La difficulté, avec ces traverses, est d'avoir une rigidité suffisante. Il en existe deux types de poids différents : l'une de 47 kg., coûtant 7 fr. 30, est employée sur le chemin de fer Berg ; l'autre de 35 kg., coûtant 6 fr. (vers l'année 1885), est en usage sur le chemin de fer Rhénan ; ce dernier chemin de fer, à la suite de l'essai, a cessé d'acheter des traverses de bois.

Ces traverses ne conviennent pas très bien avec du ballast gros, à cause de la difficulté du bourrage. Il y a intérêt à ce que la traverse puisse 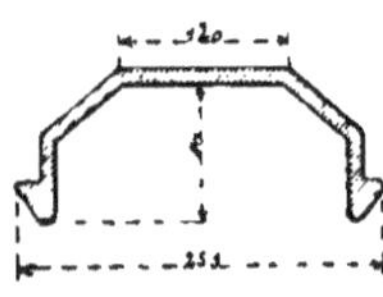 pénétrer aisément dans le ballast; les ailes, à ce point de vue, sont plutôt un obstacle. Aussi, sur l'État français, on a employé la traverse Vautherin transformée ; les deux rebords, au lieu d'être munis d'ailes, portent un talon qui pénètre plus aisément dans le sol et qui, en même temps, les renforce. La longueur de cette traverse est de 2 m. 5o.

Aujourd'hui on obtient par l'étampage des formes qui satisfont mieux à toutes les conditions requises.

Par le travail de forge, on peut alors renfoncer la traverse aux points où elle est le plus fatiguée sous les rails. On peut lui donner sur la  surface d'appui des rails, une inclinaison de 1/20, de façon à pouvoir poser directement les rails avec le dévers voulu.

De plus, les traverses sont fermées à leurs extrémités. Cette disposition a l'avantage d'augmenter la résistance de la voie au déplacement latéral, c'est-à-dire au ripage.

Pour mieux assurer le contact avec le ballast, on a proposé de retourner la traverse sens dessus dessous, le creux en dessus, par conséquent. Il en résulte une plus grande difficulté pour l'attache du rail qui repose sur les bords. Cette difficulté a pu être éludée ; néanmoins la disposition inverse est préférée.

D'une manière générale, une des grosses difficultés des traverses métalliques, c'est l'*attache du rail*. On est arrivé à cet égard à avoir des solutions pratiques très satisfaisantes ; il faut, en général, surveiller ces attaches avec soin pendant les deux premières années, après quoi elles ne bougent plus.

§ 6. ESPACEMENT DES TRAVERSES

171.— Les traverses doivent être réparties sous les rails d'une façon aussi uniforme que possible. Toutefois, pour soutenir les joints, on est amené à rapprocher les traverses qui le comprennent et que l'on nomme *traverses de contre-joint*. Les autres traverses sont placées à des distances égales. Cependant on emploie quelquefois une travée de grandeur intermédiaire pour former transition entre la travée normale et la travée de joint.

L'écartement des traverses de contre-joint ne peut pas être réduit au delà d'un certain minimum. On est arrêté par la difficulté de faire le bourrage lorsque les traverses sont trop rapprochées. Le bourrage s'effectue, en effet, avec une sorte de pioche à tête élargie, et il faut nécessairement qu'il y ait un certain intervalle entre les traverses pour que l'on puisse engager la pioche.

L'expérience montre qu'avec des traverses de o m. 22 de largeur, on ne peut pas descendre au dessous de o m. 60 d'axe en axe des traverses.

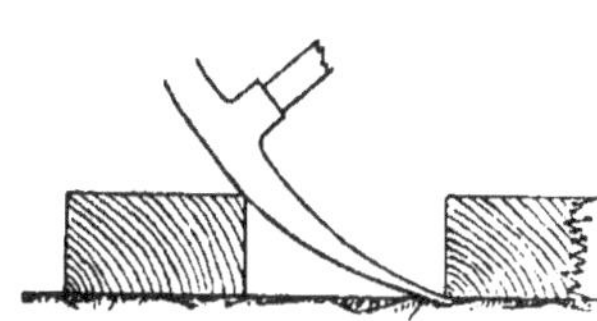

Il y aurait intérêt cependant à pouvoir réduire encore cet espacement, car l'expérience montre que le bourrage tient moins bien au droit du joint. Dans ce but, la Compagnie de l'Est a abattu les angles des traverses de contre-joint, de manière à pratiquer un chanfrein ; on a pu ainsi réduire l'intervalle à o m. 40 et o m. 45. Mais le procédé ne s'est pas répandu et l'on a cherché à obtenir la solidité du joint par le renforcement des éclisses. La Compagnie de l'Est elle-même est revenue à l'écartement de o m. 65 au contre-joint pour ses nouvelles voies renforcées. Les traverses métalliques, qui sont moins épaisses et qui ont généralement un chanfrein, peuvent être plus aisément rapprochées.

La longueur minimum du contre-joint étant déterminée, si le nombre des traverses par rails est fixé, il est facile d'obtenir l'écartement normal, comme on l'a vu.

La Compagnie de l'Est emploie des rails de 8 m. et de 12 m., avec 11 traverses pour les premiers et 16 pour les seconds ; l'espacement normal est de o m. 750 dans le premier cas et de o m. 770 dans le second.

Sur le réseau de Lyon, les rails de 8 m. ont 10 traverses ; il y a une travée réduite de o m. 70, à côté du contre-joint, et l'espacement normal est de o m. 850, sauf au milieu où il est de o m. 900. Les rails de 10 m. ont 12 traverses, et la dimension des travées est la même. Au Nord, le nombre des traverses est de 12, 13 et 14 par rail de 12 m. Sur le réseau d'Orléans, les rails de 5 m. 50 sont supportés par 6 traverses en général, et 7 dans les parties fatiguées ; avec les rails doublés de 11 m., le nombre des traverses est de 14.

Il se fait une certaine compensation entre le nombre des traverses et le poids du rail par mètre. Ainsi, en Amérique, on emploie généralement des rails de poids faible ; mais toutes les travées sont réduites au minimum de o m. 60.

§ 7. VOIES SUR LONGRINES

175. — Les voies sur longrines ont été appliquées sur une échelle considérable ; mais ces applications ont toujours eu un peu le caractère d'essais et, en tout cas, n'ont jamais donné des résultats qui permissent d'adopter ce système de voie à titre définitif.

Les voies peuvent être établies sur *longrines en bois* ou sur *longrines en fer*. Les premières ont été essayées dans les premiers temps du développement des chemins de fer. Plus récemment, en même temps que l'on reprenait la question des traverses métalliques, on a espéré que l'emploi du fer donnerait une certaine supériorité à la voie sur longrines. Il n'en pouvait être ainsi, car cette voie a des causes d'infériorité inhérentes à sa nature et qui devaient fatalement la faire rejeter.

L'une de ces causes tient à ce qu'elle ne permet pas d'augmenter la masse du terrain qui participe à la résistance de la voie, c'est-à-dire à la stabilité. Avec la voie sur traverses, on peut augmenter la largeur de cette masse pour ainsi dire à volonté en allongeant les traverses. Avec les longrines, au contraire, cette largeur est limitée à celle de la voie ou à peu près, et on ne peut l'augmenter qu'en faisant porter les longrines sur des traverses, c'est-à-dire en renonçant au système.

D'autre part, si on ne peut pas augmenter la largeur de la masse du terrain solidaire des mouvements de la voie, on ne peut également pas augmenter la base d'appui sur le sol. Avec les traverses, on dispose, pour augmenter cette surface, non seulement de la largeur des traverses, mais de leur nombre, tandis que l'on ne peut qu'élargir les longrines. Or, c'est là une difficulté très grande. Comme les longrines doivent être des pièces très droites et bien équarries, l'augmentation de la largeur se traduit par une augmentation considérable du prix. Cet inconvénient est surtout sensible avec le bois ; mais il existe aussi pour les longrines en fer.

Les longrines ont encore d'autres inconvénients : elles constituent, de chaque côté de la voie, une sorte de barrage qui emprisonne l'eau entre les rails et gêne l'assèchement. De plus, les attaches entre le rail et le bois manquent de solidité ; le jeu des dilatations les disloque.

Le premier essai de voie sur longrines qui ait été tenté a été réalisé sur le *Great Western Railway*, par *Brunel*, pour un écartement de 2 m. 135. Il était naturel d'associer la voie large à la pose sur longrines, puisque l'on diminuait ainsi ses inconvénients. M. Brunel avait imaginé d'ailleurs un profil de rail en ⌐⌐ très rationnel, qui avait l'avantage de supprimer le porte-à-faux du champignon et de présenter une plus grande stabilité. Comme ce rail a tendance à s'ouvrir, il ne peut être posé sur des supports discontinus et l'emploi des longrines s'imposait.

La voie sur longrines a reçu également quelques applications en France, sur la ligne de *Bordeaux* à *Bayonne*. Mais les résultats obtenus ont été mauvais. L'entretien était très coûteux à cause de la rapide détérioration des rails et des longrines qui se fendaient longitudinalement. Aujourd'hui, ce mode de voie est complètement abandonné, même sur le Great Western.

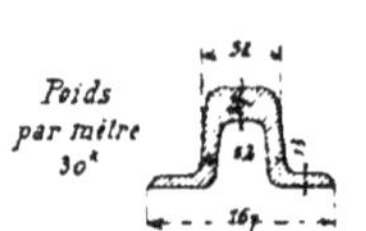

Le rail en ⌐⌐ a d'ailleurs de graves inconvénients : la répartition du métal y est moins bonne que dans le rail Vignole ; de plus, il ne se prête pas à l'éclissage ou à quelque chose d'équivalent, tout en conservant le jeu de la dilatation.

Les longrines en fer ont moins d'inconvénient que les longrines en bois. Le fer permet d'obtenir des longrines très régulières et très résistantes, qui dispensent, en quelque sorte, de compter sur la rigidité du rail, et il devient possible de diminuer le poids de celui-ci qui pourrait se réduire au champignon de roulement. Ainsi, il y a vingt-cinq ans environ, la voie sur longrines a été très en faveur en Belgique et en Allemagne. On construisait alors le système de voie dite voie *Hilf*, formée de rails de 9 m. reposant sur des longrines de 8 m. 96, renforcées par une côte au milieu de la section. Ces longrines reposaient, à chacune de

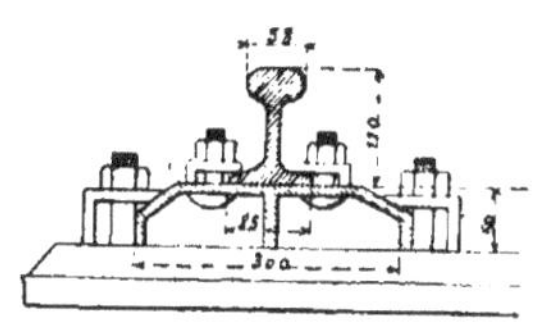

leurs extrémités, sur une traverse de même section ; de plus, au milieu de sa longueur, le rail était entretoisé. La voie ainsi construite ne pesait que 125 kg. 48 par mètre courant.

En 1878, il existait en Allemagne plus de 1.000 km. de voie Hilf, et il y en avait 125 km. sur le réseau de l'*État belge*. Mais on a dû reconnaître que cette voie était inférieure à la voie sur traverses pour les lignes à grande circulation ; la difficulté est de maintenir

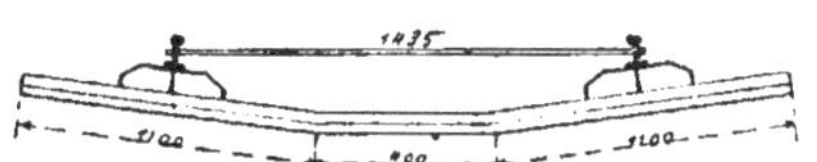

l'aplomb de la voie ; de plus, l'éclissage ne permettait pas le jeu de la dilatation, et enfin l'entretien était coûteux ; le changement d'un rail ou d'une longrine était une gêne considérable pour l'exploitation. Aussi, bien qu'il en existe encore en service, cette voie est-elle abandonnée aujourd'hui complètement en principe.

On doit ranger parmi les voies sur longrines divers systèmes de voies sans supports distincts, dans lesquels, par conséquent, le rail et la longrine ne font qu'un.

De ce nombre est la voie *Barlow*. Dans ce système, le rail a une section analogue à celle du rail Brunel, mais avec des ailes évasées donnant une largeur de 300 mm.

Ces rails sont posés sur le ballast, dans lequel ils sont noyés ; il n'y est pas prévu de jeu pour la dilatation.

Le rail Barlow a été appliqué, en 1853, sur une partie de la ligne de *Bordeaux* à *Cette*. Au bout de peu de temps, la voie, douce au début,

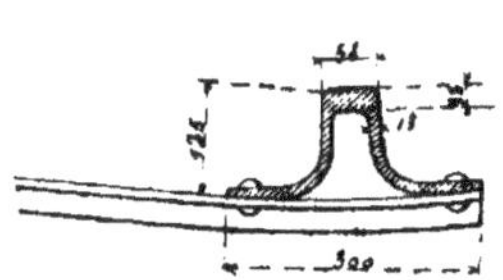

devint très dure : la dilatation amenait une déformation de la voie ; la pose dans les courbes ne pouvait se faire qu'avec des rails de petite longueur par suite de l'impossibilité de cintrer les rails à froid, dans les chantiers de pose. Le nivellement exact de la voie n'était maintenu qu'avec difficulté et les entretoises, réunies aux rails par des rivets qui pouvaient se cisailler, n'assuraient pas d'une manière invariable la conservation de l'écartement normal entre les deux rails.

Un système très original est celui d'*Hartwig*. Il consiste dans l'emploi d'un rail ordinaire dont l'âme a été allongée de manière à porter la hauteur totale du rail à 288 mm. Cette augmentation de hauteur a pour conséquence d'élever le poids du rail dans la proportion de 1 à 1,56. Pour éviter une aussi grande augmentation, on a, en second lieu, réduit la hauteur à o m. 235.

La voie Hartwig a été installée, de 1868 à 1870, sur 150 km. de longueur sur le réseau *Rhénan*, puis progressivement supprimée au bout d'une dizaine d'années.

Cette voie est un peu dure ; elle donne au début de bons résultats, mais l'entretien le plus soigné ne suffit pas à empêcher des déplacements de la voie dangereux pour la sécurité. Les rails s'usent vite et s'écrasent aux extrémités par suite de l'instabilité de la voie.

Ce qui fait l'originalité de ce système et le rend particulièrement intéressant malgré son insuccès final, c'est l'idée de réaliser, par une augmentation de rigidité, l'effet d'une augmentation de la surface d'appui.

Les deux choses, en effet, sont solidaires, ainsi qu'on l'a déjà remarqué à propos des traverses. Si un support tel qu'un rail était doué d'une rigidité absolue, sa charge, appliquée en un seul point de sa surface supérieure, se répartirait d'une manière parfaitement uniforme sur le sol placé sous sa base, quelle que fût l'étendue de celle-ci. Si, au contraire, il est parfaitement flexible, comme une bande de papier, la charge se transmet immédiatement au sol ; le support est comme n'existant pas, et peu importe qu'il ait une surface d'appui quelconque. Un support réel se place entre ces deux cas extrêmes. Plus il est flexible, plus la charge produit une forte pression locale sur le sol ; plus il est rigide, plus elle se répartit au loin ; et, comme un rail, grâce à l'éclissage, forme un solide indéfini, on comprend qu'avec une rigidité suffisante on puisse théoriquement réduire autant qu'on le voudra la pression sur le sol sans avoir besoin d'élargir la base.

La voie Hartwig a montré qu'on arrive à un résultat déjà remarquable sans augmenter énormément la hauteur.

CHAPITRE IX

DISPOSITIONS PARTICULIÈRES
A CERTAINS POINTS DE LA VOIE

§ 1. POSE DANS LES COURBES

176. — Les deux files de rails, dans une courbe, ayant des longueurs différentes, on ne peut conserver la position relative des joints, la concordance par exemple s'il s'agit de joints concordants, qu'en donnant aux barres des longueurs différentes. Si l'on conserve aux rails de la file extérieure la même longueur que dans les parties droites, il faut alors que ceux de la file intérieure soient moins longs, et de plus leur longeur doit être fonction du rayon de la courbe. On serait alors conduit à avoir autant de longueurs de rails qu'il y a de rayons de courbes différents, ce qui, dans la pratique, serait une grave difficulté. En fait, on se borne à avoir deux longueurs de rails : les *rails normaux,* que l'on pose dans les alignements et sur les files extérieures, et des *rails courts,* et on alterne, sur la file intérieure, les rails courts et les rails longs de façon que la concordance des joints, ne soit pas modifiée au-delà d'une certaine quantité. Le rail court doit avoir au plus la longueur qui conviendrait au plus petit rayon de courbes de la ligne à poser.

En calculant, par exemple, le rail court pour un rayon de 250 m. qui est généralement le rayon minimum admis en pleine voie, on aura la longueur maximum du raccourcissement. Pour un rail de 6 m. sur la file extérieure, le rail court aurait 5 m. 9641. Généralement, on admet une différence de 4 à 6 centimètres entre les rails longs et les rails courts, pour des rails de 6 à 8 mètres, et l'on fait en sorte que le joint, sur la file intérieure, ne s'écarte de la position théorique que de 2 centimètres au plus en avant ou en arrière. On obtient ce résultat en combinant, sur cette file, les rails longs et les rails courts

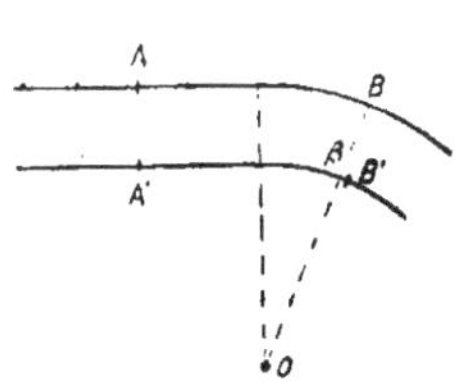

Généralement, l'entrée en courbe ne commence pas par un joint; le dernier rail de l'alignement doit être en partie courbé; on posera deux rails longs sur les deux files; suivant la position exacte du joint A′ par rapport au joint A, le joint B′ tombera en avant ou

en arrière de la position théorique β ; on posera, à la suite du rail A'B', un rail long ou un rail court suivant la position de ce joint B', et l'on continuera ainsi tout le long de la courbe.

Voici comment on peut calculer le *rapport entre le nombre de rails longs et celui de rails courts* dans une courbe donnée.

Soient l la longueur du rail normal, e la longueur de la voie d'axe en axe des rails, R le rayon de la courbe, x le raccourcissement théorique nécessaire pour que tous les rails de la file intérieure eussent la même longueur.

On a évidemment :

$$\frac{l - x}{l} = \frac{R - e}{R} \; ;$$

d'où :

$$x = \frac{el}{R} \cdot$$

En réalité, on emploie un raccourcissement plus fort. Désignons par n le nombre de rails de la file extérieure que l'on emploie pour un rail court de la file intérieure. Pour n rails longs sur la file extérieure, il y a, sur la file intérieure, $n - 1$ rails longs plus un rail court.

Soit a le raccourcissement effectif des rails. Après la pose de n rails sur la file extérieure, le raccourcissement correspondant de la file intérieure serait nx ; si l'on pose $n - 1$ rails longs et un rail court sur cette dernière file, il sera de a ; on a donc :

$$a = nx = \frac{nel}{R} ,$$

ce que l'on écrit, en mettant d'un même côté les éléments invariables et de l'autre ceux qui varient suivant la courbe :

$$\frac{a}{el} = \frac{n}{R} \cdot$$

Le premier membre étant constant, il faut que n soit proportionnel à R. On choisit a de manière que le rapport $\frac{a}{el}$ soit le plus simple possible. Au Nord, pour des rails de 12 m. on a adopté pour ce rapport $\frac{1}{200}$.

On a :

$$\frac{n}{R} = \frac{1}{200} = \frac{a}{el} \cdot$$

Si on fait $e = 1$ m. 50, cette relation donne :

$$a = \frac{1,5}{200} l = \frac{3}{4} \frac{l}{100} \cdot$$

Cela signifie que le raccourcissement exprimé en centimètres est égal aux 3/4 de la longueur du rail exprimé en mètres.

La relation théorique étant :

$$n = \frac{R}{200} \,,$$

on voit que pour un rayon de 200 m., $n = 1$ et que, par suite, $a = x$. Avec ce rayon, il n'y a donc que des rails courts sur la file intérieure ; c'est celui pour lequel le raccourcissement adopté est égal au raccourcissement théorique. Si le rayon était plus petit, il faudrait avoir un raccourcissement plus grand. Ce cas se produit assez fréquemment dans les gares. On emploie alors quelques rails plus courts qu'on obtient généralement dans les ateliers de la Compagnie en coupant des rails.

Les rails courts ordinaires sont fournis par les usines métallurgiques, et les cahiers des charges en fixent la proportion qui, généralement, ne doit pas dépasser un dixième du total.

Pour établir la voie en courbe, on emploie donc des rails normaux et des rails courts d'un type donné. En général, tant que le rayon ne descend pas au-dessous de 300 m., ces rails sont posés droits, et lorsque la voie est garnie de ballast, on obtient la courbure avec la pince à riper. Quelquefois, ils se redressent ensuite ; il suffit alors de repasser avec la pince pour avoir la courbure voulue. Ce procédé réussit bien surtout avec les rails en acier de grande longueur, aujourd'hui en usage.

§ 2. SURÉCARTEMENT DE LA VOIE

177. — Nous avons vu précédemment que la conicité des bandages n'est efficace qu'à la condition qu'il y ait un certain jeu entre la largeur de la voie entre les rails et la largeur des roues entre les bords extérieurs des boudins des bandages. Pour que, dans les courbes, il y ait concordance entre les chemins parcourus par chacune des roues et les longueurs respectives des deux files de rails, les essieux doivent se déplacer vers l'extérieur de la courbe d'une quantité bien déterminée, fonction du rayon. Comme le jeu ordinaire de la voie peut être insuffisant pour permettre ce déplacement, on a été conduit à donner un surécartement à la voie dans les courbes

Mais on a vu également que si, par le jeu de la conicité, on peut obtenir une compensation entre les chemins parcourus par les roues et la différence entre les longueurs des deux files, la compensation ne se fait guère que pour l'essieu d'avant des véhicules, et qu'elle fonctionne à rebours, au contraire, pour l'essieu d'arrière. Le surécartement ne favorise donc la compensation que pour l'essieu d'avant ; il n'a que des inconvénients pour l'essieu d'arrière, et, de plus, pour l'essieu d'avant, comme il augmente l'obliquité, il favorise le frottement du boudin contre le rail extérieur. Aussi les opinions sur le surécartement sont-elles maintenant très divergentes ; il y a même une tendance à le supprimer. Le surécartement ne dépasse pas 10 mm. pour des rayons supérieurs à 200 m. et il atteignait autrefois 20 et même 25 mm. pour des rayons inférieurs. En général, on ne donne pas de surécartement dans les courbes de rayons supérieurs à 400 m.

D'après la conférence de Berne de 1886, le maximum de largeur de la voie étant de 1 m. 465, si la largeur normale est de 1 m. 450, le surécartement est limité à 15 mm. tolérances comprises.

Lorsque la voie doit avoir un surécartement dans les courbes, la surlargeur est donnée avant l'entrée en courbe à raison de 4 à 5 mm. par longueur de rail, et entièrement sur le rail intérieur.

En Angleterre, on emploie souvent des contre-rails le long de la file intérieure dans les courbes ; ils sont même exigés par le *Board of Trade* dans toutes les courbes de rayon inférieur à 200 m. Mais ces contre-rails ont l'inconvénient de nécessiter des coussinets compliqués avec le rail à double champignon.

§ 3. DÉVERS DE LA VOIE

178. — Le *dévers de la voie*, qu'il ne faut pas confondre avec le *dévers du rail*, consiste dans le surhaussement du rail extérieur en vue d'incliner le plan général de la voie vers le centre de la courbe pour combattre l'effet de la force centrifuge.

Soient G le centre de gravité d'un véhicule circulant dans une courbe, v la vitesse de marche en mètres par seconde, m la masse du véhicule, R le rayon de la courbe.

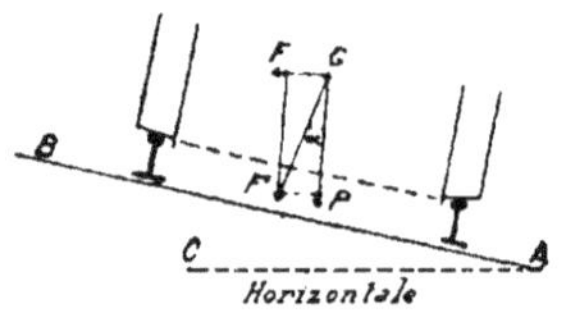

Le véhicule est soumis à l'action de la force centrifuge horizontale GF, qui est égale à $\dfrac{mv^2}{R}$. et à l'action de la pesanteur, GP $= mg$. Tout se passe donc comme s'il était sollicité par leur résultante GF' qui fait, avec la verticale, un angle α dont la tangente est :

$$\text{tg } \alpha = \frac{\dfrac{mv^2}{R}}{mg} = \frac{v^2}{gR} \; .$$

De même que, dans les parties droites, on pose la voie horizontalement, normalement à l'action de la pesanteur qui sollicite les véhicules, dans les parties courbes. on devra la poser normalement à la résultante GF', pour que cette résultante se répartisse également sur les deux files de rails.

Si on désigne alors par h le surhaussement du rail intérieur, par e la largeur de la voie, on a :

$$\sin \alpha = \frac{h}{e} \, ;$$

α étant très petit, on peut remplacer le sinus par la tangente et écrire :

$$\frac{h}{e} = \frac{v^2}{Rg},$$

d'où :

$$h = \frac{v^2 e}{gR}.$$

Or $v = \dfrac{V}{3.6}$, V désignant la vitesse en kilomètres à l'heure, $e = 1$ m. 50, $g = 9,8$; on en déduit la formule $h = 1,18 \dfrac{V^2}{R}$, dans laquelle h est évalué en centimètres, v en kilomètres et R en mètres.

Dans le raisonnement qui précède, nous n'avons pas fait intervenir le frottement du rail sur les bandages. On aurait pu considérer la voie comme un plan incliné et tenir compte du coefficient de frottement f.

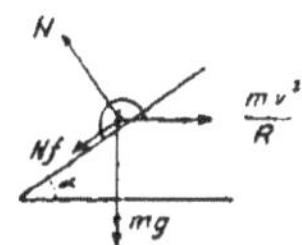

Mais on serait conduit à des dévers énormes ; de plus, on serait amené en alignement droit, à donner à la voie le dévers que l'on obtiendrait en faisant $R = \infty$ dans la formule trouvée, et qui se réduirait évidemment à tg $\alpha = f$, et ce dévers pourrait être arbitrairement à droite, à gauche, suivant le sens que l'on aurait supposé pour le déplacement du véhicule au moment de la rupture de l'équilibre (1).

Si nous revenons à la formule précédemment établie :

$$h = 1,18 \frac{V^2}{R} \, ,$$

on voit que le surhausssement du rail extérieur varie avec la vitesse de marche. Il faut donc se fixer une certaine vitesse pour le calculer, et le résultat désiré ne sera obtenu que pour cette vitesse.

Généralement, on admet que cela doit avoir lieu pour les trains les plus rapides, puisque le surhaussement est établi pour éviter que, pendant la marche, les véhicules n'exercent une pression trop forte sur le rail extérieur, pression qui pourrait conduire à des déraillements et surtout à des

(1) Ceci suppose qu'on calculerait les dévers de façon que le wagon fût prêt à descendre le plan incliné ; si l'on voulait seulement qu'il l'empêchât de le remonter, le dévers serait moindre que celui donné par la formule théorique précédente, mais on arriverait au même résultat pour le cas de l'alignement droit : l'angle α, pour $R = \infty$, serait négatif et égal à $-f$.

ripages de la voie. S'il n'y avait pas de dévers, le rail extérieur supporterait une pression égale à la force centrifuge (en négligeant le frottement des roues sur le rail) qui s'ajouterait aux autres pressions qui s'exercent pendant le passage en courbe.

Le dévers, s'il est bien calculé, peut annuler l'action de la force centrifuge. Mais alors, que se passera-t-il lorsque l'on fera circuler des trains à moindre vitesse dans la courbe ? Il est facile de voir que, dans ce cas, le véhicule exercera une pression sur le rail intérieur, et cette pression donnera une tendance au déraillement et au ripage sur le côté intérieur de la courbe.

Aussi, pour éviter cet inconvénient, on ne prend généralement pas la vitesse maximum pour calculer le dévers ; on prend de préférence la vitesse moyenne de marche des trains les plus rapides, de manière à n'avoir pas un dévers excessif. Et même, on arrive, par un certain compromis, à se passer de formule théorique. En effet la question est beaucoup plus complexe que nous ne l'avons exposé.

Nous avons vu que, dans les courbes, les véhicules exercent une pression sur le rail extérieur ; la force centrifuge en ajoutant une nouvelle, il y a intérêt à exhausser ce rail pour combattre ces deux effets ; mais, d'autre part, lorsque la vitesse est inférieure à celle qui correspond au surhaussement, nous avons vu également que, pour les machines, la réaction tangentielle des roues intérieures est plus grande que celle des roues extérieures et qu'il en résulte pour elles une tendance au pivotement de façon à exagérer la pression exercée sur le rail extérieur par leur bandage d'avant.

Dès lors, si, d'un côté, le surhaussement tend à diminuer la pression exercée sur le rail extérieur, il peut avoir pour effet, de l'autre, de l'accroître d'une façon d'autant plus grande qu'il est lui-même plus considérable. Nous avons déjà mentionné les constatations faites à cet égard par la Commission des petits rayons.

La question est donc très complexe, et l'on n'a même pas de critérium bien certain pour juger du dévers par l'examen même de la voie. Si l'on constate que, dans les courbes, le bord interne du rail extérieur est fortement usé, on peut être tenté d'en conclure que le surhaussement est insuffisant ; cependant cette usure peut provenir au contraire de ce qu'il est excessif à cause du mouvement de pivotement des machines remorquant les trains lents, et du reste cette usure existe toujours plus ou moins.

Si, d'autre part, on remarque que les traverses s'enfoncent dans le ballast sous la file intérieure des rails, on pourrait en déduire que le surhaussement du rail extérieur est excessif. Cette conclusion n'est nullement certaine car la surcharge du rail intérieur provient de la circulation des trains lents, mais elle ne prouve nullement que le dévers soit excessif pour la circulation des trains rapides.

Cette absence de critérium sûr pour apprécier l'influence du dévers explique la divergence des opinions des ingénieurs à cet égard.

Beaucoup n'étaient pas loin de penser que les dévers sont inutiles. Les expériences de la Commission des petits rayons ont démontré qu'à part l'exception précédemment citée les dévers, d'une manière générale, diminuent la résistance des véhicules au passage dans les courbes.

La plupart des compagnies de chemin de fer calculent leurs dévers avec une formule empirique. Les plus employées ont la forme $h = \dfrac{k}{R}$, k étant une constante. Mais il en existe d'autres que l'on trouvera dans la *Revue générale des chemins de fer* (Décembre 1893, Art. de M. J. Michel). La constante k varie d'une ligne à l'autre suivant la nature des trains qui doivent la parcourir.

Quelques ingénieurs, tout en admettant cette formule, fixent un maximum pour les dévers, qui ne doit jamais être dépassé ; ce maximum est généralement de o m. 16 en Angleterre, ailleurs de o m. 15 et même de o m. 12.

Sur le réseau P.-L.-M., qui présente des lignes très variées, on a partagé les lignes du réseau en quatre groupes, pour chacune desquelles on a donné au coefficient k une valeur spéciale :

1° lignes à très grands rayons et très grandes vitesses $k = 70$,
2° lignes à très grands rayons et grandes vitesses $k = 60$,
3° lignes à rayons moyens et vitesses moyennes $k = 50$,
4° lignes à petits rayons et faibles vitesses $k = 40$.

En comparant avec la formule théorique $1,18 \dfrac{V^2}{R}$, ou en mètres $0,0118 \dfrac{V^2}{R}$, ces valeurs de k correspondent à des valeurs respectives de la vitesse de 77, 71, 65 et 58 kilomètres à l'heure.

Si l'on remarque que les valeurs de k correspondent sensiblement aux vitesses moyennes des trains les plus rapides qui parcourent les lignes de ces diverses catégories (du moins, il y a quelques années), on voit que ces résultats peuvent se traduire par la formule $h = \dfrac{V}{R}$, h étant évalué en mètres et V représentant la vitesse moyenne des trains en kilomètres à l'heure. D'après les observations de M. Couard, cette formule donnerait des surhaussements un peu excessifs ; mais on a vu que l'on n'avait pas de critérium bien sûr pour les apprécier.

A la rigueur, on peut donner des dévers différents à la voie montante et à la voie descendante. Mais ce n'est que dans des cas spéciaux que l'on fait une distinction entre les deux voies.

§ 4. RACCORDEMENT DES COURBES AVEC LES ALIGNEMENTS

179. — Le dévers étant ainsi calculé, il devrait y avoir une dénivellation brusque à l'origine de la courbe. Il ne peut en être évidemment ainsi et il faut nécessairement une transition entre la courbe et la partie droite de la voie.

Si l'on ne modifie pas le tracé de la voie aux abords du point où la courbe commence, comme la courbure change brusquement, il ne peut, quoi que l'on fasse, y avoir concordance parfaite entre le surhaussement et le rayon. C'est ce qui existe sur un grand nombre de lignes. On gagne le dévers en donnant au rail extérieur, sur une certaine longueur, une inclinaison uniforme par rapport au rail intérieur, de manière à former un plan incliné, et l'on calcule la pente de ce plan de façon à gagner le surhaussement admis pour la courbe.

Généralement, on fait varier entre 1 et 5 mm. la pente de ce plan ; on la choisit d'autant plus faible que la ligne doit être parcourue par des trains de vitesses plus grandes. Il est naturel d'ailleurs d'admettre, pour que la situation reste la même au point de vue des chocs du matériel, que le dévers doit être gagné dans le même temps par tous les trains, ce qui impliquerait que les pentes du plan incliné doivent être en raison inverse des vitesses.

Quoi qu'il en soit, si h désigne le surhaussement, l la longueur du plan incliné et i la pente, on a évidemment la relation :

$$i = \frac{h}{l}\,.$$

Le plan incliné de raccordement étant déterminé, comment le disposera-t-on ?

On le place parfois entièrement sur la partie droite en AB, immédiatement avant la courbe ; d'autres fois, au contraire, entièrement sur la courbe en A′B′ ; d'autres fois encore, moitié sur l'alignement et moitié sur la courbe en A″B″. Il n'y a aucune raison théorique bien bonne pour adopter l'une ou l'autre de ces solutions. Lorsque la ligne est à double voie, on place quelquefois le plan incliné sur l'alignement à l'entrée de la courbe et sur le cercle, au contraire, à la sortie.

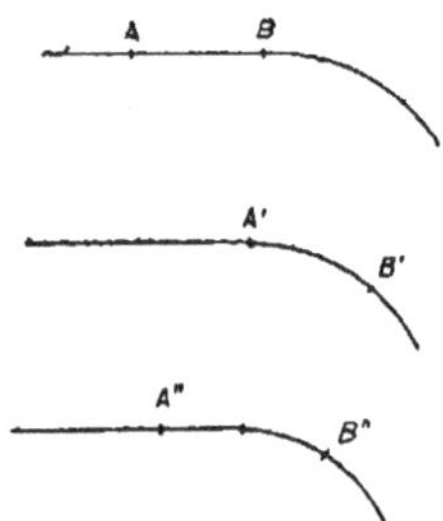

Une question reste encore à déterminer. Il s'agit de savoir si le surhaussement sera gagné tout entier par le surhaussement du rail extérieur ou bien par un surhaussement du rail extérieur combiné avec un abaissement du rail de la file intérieure.

Lorsque le surhaussement est gagné tout entier par le rail extérieur, l'axe de la voie se trouve lui-même surélevé. Lorsque l'on fait le partage du surhaussement par moitié entre le rail extérieur et le rail intérieur, l'axe de la voie n'est pas modifié ; mais en revanche, si les terrassements n'ont pas été établis en conséquence, l'épaisseur du ballast diminue sous la file intérieure des rails, ce qui est un grave inconvénient. Généralement, on préfère la première méthode.

Le raccordement ainsi établi a l'inconvénient soit de donner du dévers à des parties de voie rectilignes qui n'en devraient pas avoir, soit de donner un dévers insuffisant à des parties courbes. Mais on peut y remédier en ménageant, entre la partie droite et la courbe, une partie intermédiaire sur laquelle on place le plan incliné de raccordement, et à laquelle on donne une courbure croissante de manière à passer d'une façon progressive du rayon infini de l'alignement au rayon fini du cercle. Cette partie a une longueur égale à celle du plan incliné, et on en détermine le tracé par la condition *qu'en chaque point le surhaussement soit égal à la valeur théorique qu'il aurait, eu égard au rayon de courbure en ce point*.

Le raccordement ainsi déterminé se nomme le *raccordement parabolique*.

Soit o l'origine du raccordement oR. Rapportons la courbe oR à des axes de coordonnées rectangulaires horizontaux ox et oy dont le premier est en prolongement du rail.

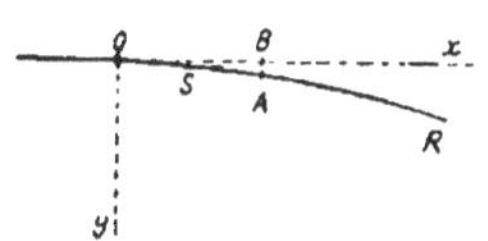

Prenons un point quelconque A du raccordement, et soient x et y ses coordonnées, s l'arc parcouru oA, ρ le rayon de courbure, $i = \dfrac{h}{l}$ la pente du plan incliné.

Le surhaussement du rail au point A est évidemment égal à si. Or le dévers en fonction du rayon se calcule par une formule de la forme $\dfrac{k}{R}$; au point A, il devrait donc être $\dfrac{k}{\rho}$, et l'on doit avoir par suite :

$$si = \frac{k}{\rho}.$$

Ceci est l'équation de la courbe au moyen de l'arc et du rayon de courbure pris pour coordonnées.

On peut approximativement remplacer l'arc s par l'abscisse $oB = x$ et prendre, pour valeur de $\dfrac{1}{\rho}$, $\dfrac{d^2y}{dx^2}$, à cause de la petitesse de $\dfrac{dy}{dx}$.

Cela donne :

$$xi = k\,\frac{d^2y}{dx^2},$$
$$\frac{d^2y}{dx^2} = \frac{i}{k}\,x,$$

dont l'intégrale est :

$$y = \frac{i}{6k}\, x^3,$$

les constantes arbitraires étant nulles comme il est facile de le voir.

Cette équation est celle d'une parabole cubique, d'où le nom donné au raccordement.

Les coefficients k et i sont constants pour chaque ligne, mais peuvent varier d'une ligne à l'autre. Nordling conseille de prendre pour $\frac{k}{i}$ 40 fois le rayon minimum de la courbe.

L'équation du raccordement parabolique peut s'écrire :

$$y = \frac{x^3}{6c},$$

c, désignant une constante.

En Autriche, le raccordement parabolique est imposé par les cahiers des charges, et l'on admet pour c des nombres différents suivant les rayons des courbes à raccorder, ces nombres étant d'autant plus grands que les rayons sont eux-mêmes plus grands.

Pratiquement, on prend pour c six valeurs auxquelles correspondent autant de valeurs de l'alignement droit entre deux courbes de sens inverses :

Valeurs de c........................ 24000, 12000, 6000, 3000, 1500, 750.
Alignements entre deux courbes de
sens inverse.................... 28 m., 20 m., 14 m., 10 m., 7 m., 5 m.

Les dernières valeurs correspondent à des courbes de 150 mètres de rayon avec des vitesses ne dépassant pas 25 à 30 kil.

On commence toujours par tracer le chemin de fer par des alignements raccordés au moyen d'arcs de cercles. L'arc de cercle est, en effet, la courbe qui permet de réunir les alignements par la plus petite longueur possible, et avec les plus grands rayons. Avec une courbure graduée, il faudrait ou un arc plus long ou un rayon minimum moindre.

Le tracé étant supposé fait par droites et arcs de cercle, il s'agit de remplacer, à chaque raccordement, une partie de la tangente et de l'arc de cercle par un arc parabolique calculé comme il vient d'être dit. On remarque d'abord que le surhaussement est déterminé par le rayon de l'arc de cercle ; d'autre part, la pente du plan incliné de raccordement étant donnée *a priori*, la longueur l de l'arc parabolique est déterminée aussi en fonction de cette pente et du coefficient k du surhaussement.

On a évidemment :

$$h = \frac{k}{R}, \quad l = \frac{h}{i} = \frac{k}{Ri}.$$

Les ordonnées sont alors définies par la relation $y = \dfrac{i}{6k}\, x^3$.

Si l'on suppose maintenant le raccordement matérialisé, il s'agit de le substituer au tracé théorique aux abords du raccordement de la courbe et de l'alignement.

Pour que le raccordement fût parfait, il faudrait qu'*à chaque extrémité* l'arc de parabole eût le *même rayon* et la *même tangente* que la ligne raccordée. Pour les rayons, cette condition est toujours remplie par le tracé même de la parabole et la longueur admise pour l'arc. On admet généralement aussi que le raccordement est tangent à l'alignement, autrement

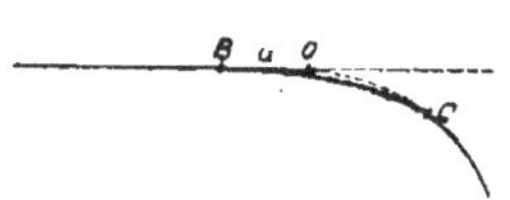

dit, on le fait glisser tangentiellement le long de cet alignement. Mais il reste à réaliser, du côté de l'arc de cercle, la coïncidence des extrémités et des tangentes.

Cela fait deux conditions à remplir, et l'on ne dispose pour cela que d'*une seule* quantité variable, la longueur Bo = u prise entre l'extrémité du raccordement Bc tangente à l'alignement et l'origine o de l'arc de cercle du tracé de la ligne.

Le raccordement parabolique *parfait* n'est donc *pas possible* en général, et il faut se contenter de solutions approchées.

Plusieurs ont été données : l'une porte le nom de *raccordement extérieur* ; elle est due à MM. de *Nordling* et *Dupuy*.

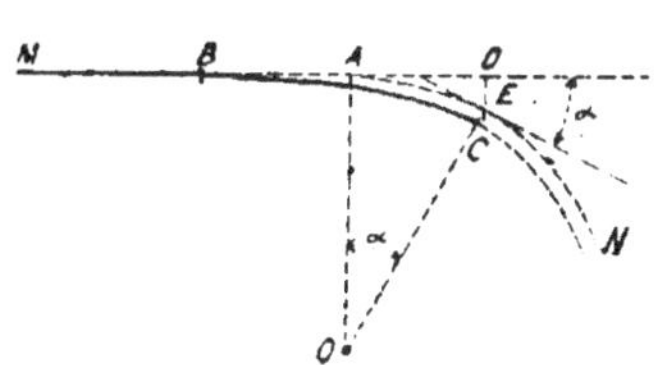

Soient MAN le tracé primitif de la voie et A l'origine de l'arc de cercle de la courbe. On dispose le raccordement Bc tangentiellement à l'alignement et de manière qu'à l'extrémité c du raccordement et au point E du cercle situé sur la même ordonnée, la parabole et le cercle aient des tangentes parallèles, puis on substitue à l'arc de cercle primitif du tracé un nouvel arc de cercle de même centre et passant par le point c.

Posons BD = x, AB = u et, désignons par m le coefficient $\dfrac{i}{6k}$.

L'équation du raccordement est $y = mx^3$.

Le coefficient angulaire de la tangente, $\dfrac{dy}{dx}$, est égal à $3mx^2$.

D'autre part le rayon de courbure ρ en c est tel que :

$$\frac{1}{\rho} = \frac{d^2y}{dx^2} = 6mx.$$

Or la tangente en E au cercle fait avec MD un angle égal à l'angle α des rayons oA et oE.

On a donc :

$$AD = \rho \sin \alpha,$$

ou :

$$\frac{x - u}{\rho} \sin \alpha.$$

En remplaçant $\sin \alpha$ par $\operatorname{tg} \alpha$, on a évidemment :

$$\frac{x-u}{\rho} = \sin \alpha = \frac{dy}{dx} = 3mx^2,$$

et, d'autre part,

$$\frac{1}{\rho} = 6mx \,;$$

donc :

$$x - u = \frac{x}{2},$$

et par suite :

$$u = \frac{x}{2}.$$

Le point A est donc exactement au milieu du raccordement.
D'autre part :

$$CD = mx^3,$$

$$DE = \frac{AD^2}{2\rho} = \frac{\left(\dfrac{x}{2}\right)}{2\rho} = \frac{x^2}{4}\,3mx = \frac{3}{4}\,mx^3 \,;$$

donc :

$$DE = \frac{3}{4}\,CD.$$

La distance CE des deux arcs de cercle est donc le quart de l'ordonnée CD, quantité toujours très petite par rapport au rayon.

On tracera le nouvel arc de cercle en déplaçant tous les piquets de l'ancien de la petite quantité CE. Le nouveau cercle aura même centre o que l'ancien, mais un rayon très peu différent de ρ.

Cette solution convient très bien pour des lignes en construction, mais elle ne saurait être appliquée à des lignes anciennes dont on voudrait modifier les raccordements.

Une autre solution a été proposée en 1865 par M. *Chanès* ; elle ne déplace pas l'arc de cercle et n'a pas l'inconvénient de la précédente.

Elle consiste à faire glisser l'arc parabolique le long de l'alignement jusqu'à ce que son extrémité C soit appliquée sur l'arc de cercle. Il y a un jarret en C, bien que les rayons de courbure soient les mêmes pour l'arc et pour le cercle, parce que les tangentes ne coïncident pas ; pour le corriger, il suffit de déplacer de 2 à 3 centimètres au plus les deux derniers rails de l'arc parabolique, car l'angle du jarret est du même ordre que l'angle compris entre les côtés d'un polygone formé par les rails inscrits dans une courbe de même rayon.

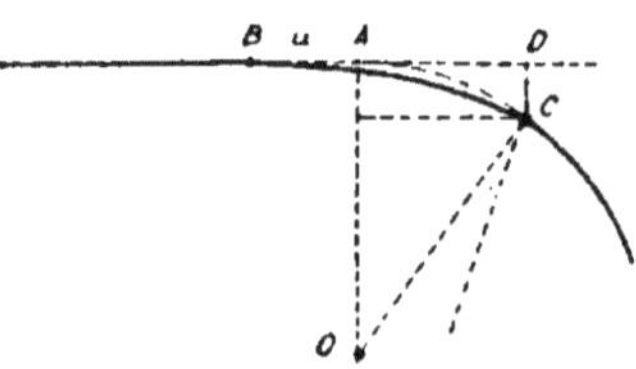

On a :

$$y = CD = mx^3 \qquad AD^2 = (2\rho - y)\,y = 2\rho y - y^2.$$

ou, en négligeant y^2, ce qui est suffisamment exact :

$$AD = \sqrt{2\rho y}.$$

Posons, comme précédemment, $BA = u$.

On a :

$$AD = x - u = \sqrt{2\rho y} = \sqrt{2\rho m x^3},$$

d'où :

$$\frac{x - u}{x} = \sqrt{2\rho m x} ;$$

or,

$$\frac{1}{\rho} = 6mx,$$

donc :

$$2\rho m x = \frac{1}{3},$$

et, par suite :

$$\frac{x - u}{x} = \sqrt{\frac{1}{3}}$$

$$\frac{u}{x} = 1 - \sqrt{\frac{1}{3}} = 0,423.$$

Dans une troisième solution dite du *raccordement intérieur de*

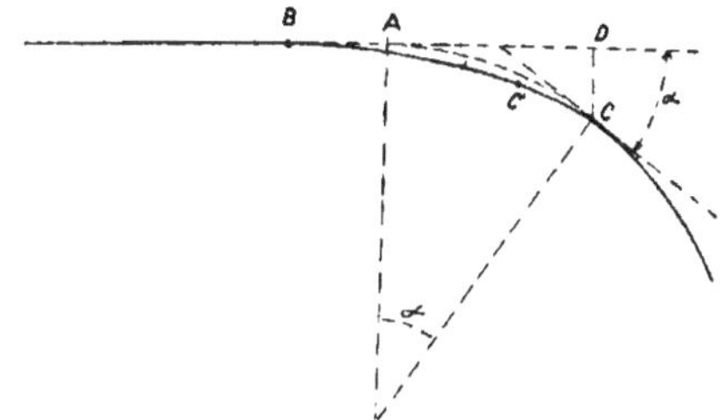

M. *de Nordling*, on renonce à l'égalité des rayons des deux arcs. Sans fixer d'avance la longueur de l'arc de parabole, on le fait glisser le long de l'alignement jusqu'à ce que, à son point de rencontre avec l'arc de cercle, l'arc et le cercle soient tangents. La différence avec le cas précédent c'est que x n'est pas connu et n'a pas de rapport déterminé d'avance avec le rayon ρ du cercle.

Nous déterminons x par la condition que l'ordonnée correspondante de la parabole $y = mx^3$ et le coefficient angulaire de la tangente $\frac{dy}{dx} = 3mx^2$, aient les mêmes valeurs respectivement que l'ordonnée du cercle et le coefficient angulaire de sa tangente, pour l'abscisse $x - u$. Avec l'approximation précédemment admise pour ces deux dernières quantités, cela donne les équations :

$$x - u = \sqrt{2\rho m x^3}, \quad 3mx^2 = \frac{x - u}{\rho},$$

ou :

$$(x - u)^2 = 2\rho m.x^3$$
$$x - u = 3\rho m.x^2.$$

Divisées l'une par l'autre, ces deux équations donnent :

$$x - u = \frac{2}{3}\, x \qquad u = \frac{1}{3}\, x$$

et, par l'élimination de $x - u$:

$$x = \frac{2}{9m\rho}.$$

Pour cette valeur de x, le rayon de la parabole est $\dfrac{1}{6m.x} = \dfrac{3}{4}\,\rho$. Il est donc déjà trop faible. C'est à l'abscisse $\dfrac{3}{4}\,x$ que le rayon du cercle est atteint et à partir de ce point où, par construction, le dévers du cercle est atteint on devra le conserver. Il y aura donc discordance entre le dévers et la courbure sur le dernier quart de la parabole de raccordement.

Cette solution est moins usitée que les deux autres.

Avec l'une ou l'autre de ces trois solutions, on voit que le plan incliné de raccordement se trouve reporté au moins pour moitié sur la courbe. Avec le raccordement extérieur, on a :

$$\frac{x - u}{x} = \frac{1}{2}\, ;$$

avec le tracé Chanès, on a :

$$\frac{x - u}{x} = 0,577 ;$$

enfin, avec le raccordement intérieur, on a :

$$\frac{x - u}{x} = \frac{2}{3}.$$

C'est là un avantage du raccordement *parabolique* qui, en même temps qu'il donne en chaque point un dévers correct, en rapport avec la courbure, permet de réduire l'intervalle d'alignement que l'on doit ménager entre des courbes de sens inverse.

Lorsque, en effet, la voie présente deux courbes consécutives de sens inverse, il faut qu'il y ait entre elles un alignement droit AB d'une certaine longueur, sans quoi les véhicules passeraient brusquement d'un dévers à un dévers inverse. Lorsqu'on trace la voie, on la définit toujours, comme nous l'avons vu, par alignements et arcs de cercle, le raccordement étant considéré comme quelque chose de surajouté.

Si A et B désignent les origines de deux arcs de cercle de courbures inverses, les cahiers des charges exigent, pour l'alignement AB, une lon-

gueur minimum de 100 mètres. C'est là une sujétion souvent très oné-
reuse dans la pratique. Aussi, de nombreuses dérogations à cette règle
ont été admises.

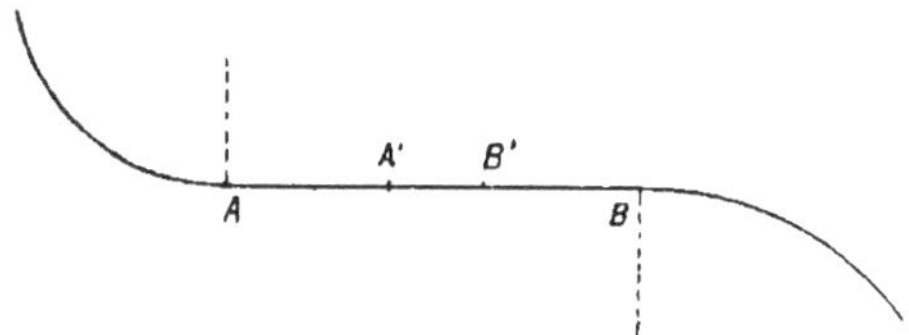

Il importe qu'il y ait toujours entre les points A′ et B′, où commencent
les plans inclinés de raccordement de chacune des courbes, une partie de
voie sans dévers de la longueur d'un véhicule au moins, pour que les
véhicules à leur passage ne subissent pas de mouvement de torsion. On
admet généralement, pour cette longueur A′B′, l'écartement maximum des
essieux, soit environ 5 mètres ; mais on va jusqu'à 10 mètres et l'on
adopte souvent, pour cette longueur, celle d'un rail normal. Cette longueur déterminée, la longueur AB de l'alignement comprise entre les
origines des courbes dépend essentiellement du mode de raccordement
employé ; elle sera d'autant plus courte que la pente admise pour le plan
incliné de raccordement sera plus forte et que ce plan incliné empiétera
plus sur la courbe. Il est de toute évidence qu'à ce point de vue le raccordement parabolique permet d'avoir la longueur d'alignement minimum.

Enfin, un autre avantage du raccordement parabolique est d'imprimer
aux véhicules qui s'inscrivent dans la courbe un mouvement de rotation
progressif.

En alignement, ce véhicule ne subit pas de rotation ; dans la courbe de
rayon R, il est animé d'un mouvement de rotation d'une vitesse angulaire
égale à $\dfrac{v}{R}$, v désignant la vitesse de marche en mètres par seconde.

Le véhicule, s'il n'y a pas de raccordement, passera donc de la vitesse
angulaire o à la vitesse $\dfrac{v}{R}$, pendant le temps nécessaire pour l'entrée en
courbe de ses essieux extrêmes. S'il y a, au contraire, un raccordement, la
vitesse angulaire du véhicule, en un point quelconque de ce raccorde-
ment de rayon de courbure ρ, est $\dfrac{v}{\rho}$ et, comme on a $si = \dfrac{k}{\rho}$, s désignant la distance du point considéré à l'origine du raccordement, cela
donne pour cette vitesse angulaire $\dfrac{v\,i\,s}{k}$ ou $\dfrac{v^2 i}{k}$ t, puisque $s = vt$, t désignant le temps parcouru depuis l'origine du raccordement.

La vitesse angulaire varie donc proportionnellement au temps ou au chemin parcouru depuis o jusqu'à $\dfrac{v}{R}$. L'expression du coefficient de t montre, dans cette considération, un nouveau motif de prendre k, ou au moins $\dfrac{k}{i}$, proportionnel au carré de la vitesse.

Le raccordement parabolique n'a donc que des avantages, et il est regrettable qu'il ne soit pas employé sur toutes les lignes. Il permettrait certainement d'avoir des rayons moindres sans inconvénient.

§ 5. TRAVERSÉES DE VOIES

Lorsque des voies doivent se croiser, le point où elles se rencontrent se nomme une *traversée de voie*. Les traversées sont de deux sortes, suivant que les voies sont exactement ou très sensiblement perpendiculaires, ou qu'elles sont très obliques l'une sur l'autre.

Le premier cas constitue celui des *traversées rectangulaires* ; le second celui des *traversées obliques*. Le cas intermédiaire ne se rencontre que très rarement.

180. Traversées rectangulaires. — Les traversées rectangulaires se rencontrent très fréquemment dans les gares, mais rarement en pleine voie.

Les voies qui se croisent ainsi n'ont jamais la même importance. Généralement, l'une est importante, souvent une voie principale ; l'autre, d'ordre tout à fait secondaire. Sur la première, les trains seront appelés à circuler ; sur l'autre, il ne passera guère que des manœuvres, et même

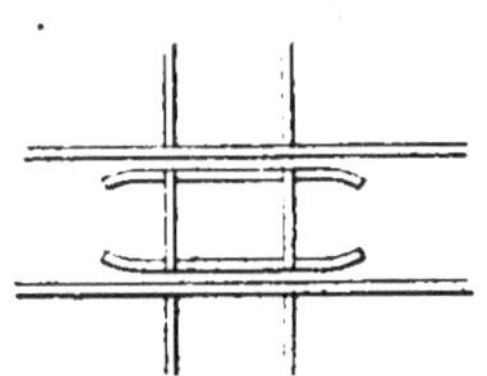

des manœuvres à bras. On est alors amené, pour assurer le croisement, à conserver la continuité des rails à la voie la plus importante, sauf à sacrifier quelque chose pour l'autre, que l'on nomme la *voie transversale*.

Les rails de cette dernière sont interrompus pour le passage des boudins des roues sur la voie principale. La lacune ainsi ménagée est de 45 à 55 mm. Cette lacune est suffisante ; mais s'il arrivait que les véhicules fussent portés contre les rails d'un côté jusqu'au contact du rail, il pourrait se faire, surtout si les boudins sont usés, que les boudins des roues opposées vinssent buter contre l'extrémité des rails de la voie transversale. Pour éviter cela, on place des contre-rails à l'intérieur de la voie, évasés à leurs extrémités. Ces contre-rails obligent les roues à se maintenir exactement dans les deux lacunes.

On comprend dès lors que la circulation sur la voie principale se fera sans difficulté ; mais, sur la voie transversale, les roues ont à franchir

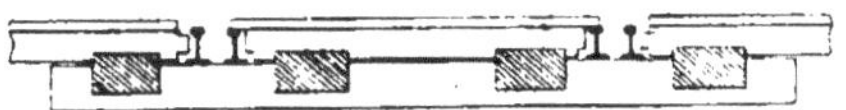

les rails de la première. Pour éviter que les boudins ne rencontrent le champignon de ces rails, on exhausse légèrement, de 40 mm., les rails

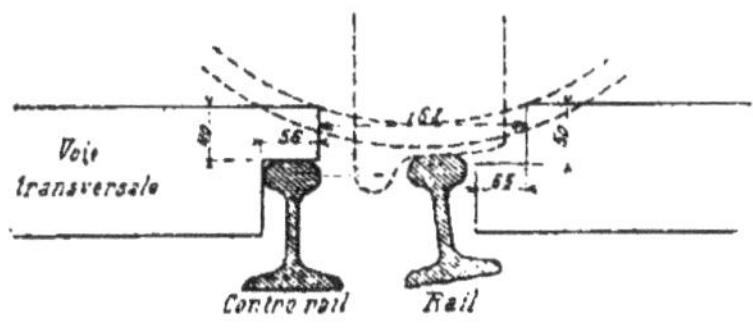

transversaux et l'on entame un peu le rail à l'extérieur pour que la roue circulant sur la voie principale ne le rencontre sûrement pas. Finalement, la lacune qui existe entre les rails transversaux est d'environ 168 mm. A leur passage sur cette lacune, les véhicules continuent d'être guidés par les angles supérieurs des rails transversaux.

181. Traversées obliques. — La différence essentielle entre les traversées rectangulaires et les traversées obliques, c'est que celles-ci se rapportent généralement à deux voies accessibles également aux trains, souvent à des voies principales. Il n'est donc plus possible de sacrifier l'une au profit de l'autre.

On interrompt alors les rails intérieurs des deux voies dans la traversée de manière à laisser une lacune de 45 à 55 mm. pour le passage des boudins. Supposons un véhicule suivant la flèche indiquée f. Arrivé à l'angle A du losange, il pourrait heurter la pointe du rail de l'autre voie.

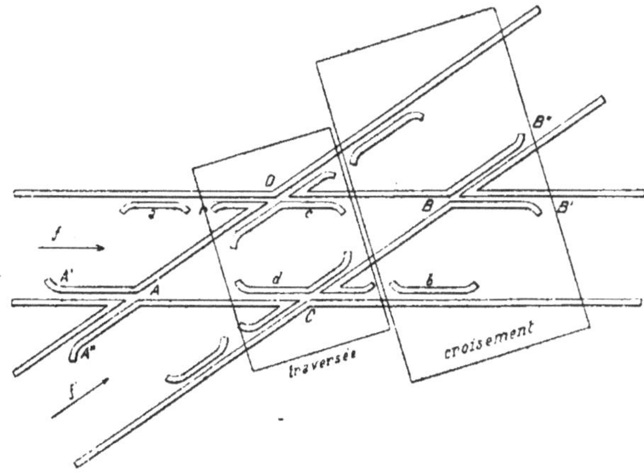

Pour l'éviter, on dispose le long du rail un contre-rail AA', et l'on en met

un symétriquement AA″ pour le cas des trains circulant suivant la
flèche *f′*. Au passage de la lacune A, le véhicule se dirigeant vers C
subira une petite chute. Pour en atténuer les effets, on surhausse légèrement le contre-rail AA″ de manière que le bord externe du bandage de la
roue puisse appuyer sur lui au passage, et l'on fait de même pour le
contre-rail AA′. L'ensemble des rails et des contre-rails de l'angle A constitue ce que l'on nomme une *patte de lièvre*. Si nous suivons le véhicule, au moment où il va quitter la traversée, il trouvera, à l'autre angle
aigu du losange, un appareil évidemment identique à celui de l'angle A,
pour le cas des circulations de sens inverse; mais cet appareil sera-t-il
suffisant pour permettre au véhicule de circuler sans danger? Arrivée
en B, la roue rencontrera une lacune; les contre-rails seront surhaussés
pour que la roue continue à appuyer le plus longtemps possible; mais
un mouvement de lacet peut la lancer dans la direction BB″ sans que rien
s'y oppose. On y remédie en plaçant, près de l'autre rail, un contre-rail *b*
qui retient la roue droite. Par raison de symétrie, on en placera un en
face de l'angle A, et l'on fera de même sur l'autre voie.

L'ensemble des rails et contre-rails qui constituent l'angle aigu de la
traversée doit être formé de pièces solidement maintenues dans des positions immuables; aussi pose-t-on ces pièces sur de longues traverses qui
les solidarisent, et cet ensemble forme un appareil de voie que l'on
nomme un *croisement*.

Envisageons maintenant ce qui se passe aux angles obtus C et D.
Lorsque le véhicule arrive à l'angle D, il pourrait rencontrer le bout du
rail, intérieur à la traversée, de l'autre voie; l'inconvénient ne serait pas
très grand, car la troncature du rail présenterait à la roue un angle
obtus. Quelquefois, cependant, pour mieux guider la roue de gauche, on
munit le rail intérieur d'un petit contre-rail évasé *r*. La roue pénètre
ensuite dans la lacune et un mouvement de lacet pourrait la lancer vers
la gauche, de même qu'à l'angle B; on l'évite en retenant la roue de
droite à l'aide d'un contre-rail *d*, placé le long de l'autre rail; mais ce
contre-rail a une longueur nécessairement limitée et il faut qu'il s'arrête
à la partie diagonale sous peine de combler la lacune C. Il arrive alors,
dans les traversées très obliques, que l'angle C peut se projeter dans l'in-

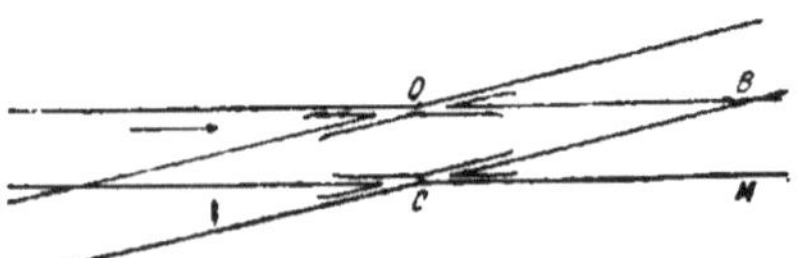

térieur de la lacune de D, et, dès lors, la roue de droite n'est déjà plus
maintenue par le contre-rail *d* quand la roue de gauche n'a pas encore
achevé de franchir la lacune D. Il peut donc en résulter un certain danger; on y remédie en surhaussant assez fortement le contre-rail *d*. Consi-

dérons, en effet, la roue de droite roulant dans la direction ACM ; derrière la roue se trouve le contre-rail d qui s'arrête en C à la diagonale. Nous avons représenté ce contre-rail sans tenir compte du rail sur lequel roule la roue ni de la lacune qu'il renferme ; ACM représente seulement le plan de roulement de la roue.

Tant que la roue n'a pas dépassé le point C, elle est retenue par le contre-rail qui la maintient à droite par une surface d'appui constituée

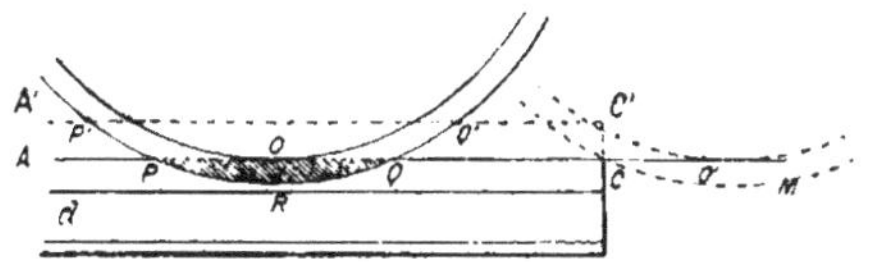

par le segment POQ ; le contre-rail continue par suite à la guider tant que le point de contact O n'a pas dépassé son extrémité C d'une quantité CO' égale à la moitié de la corde PQ. Si l'on imagine que le contre-rail, au lieu d'être au niveau du plan de roulement, est surhaussé et se trouve en A'C', sa surface d'appui contre la roue sera le segment P'RQ' et la roue continuera d'être guidée, après avoir dépassé l'extrémité C, tant que son point de contact ne sera pas éloigné de C d'une distance supérieure à la moitié de la corde P'Q'. Elever le contre-rail d, cela équivaut donc à prolonger le guidage de la roue. On peut ainsi l'élever suffisamment pour permettre à la roue de gauche de franchir la lacune D.

La roue, ayant franchi l'angle D, arrive à l'angle C. Mais il n'y a là aucun danger de déraillement ; pour que la roue de droite pût bifurquer vers la gauche, il faudrait que la roue de gauche pût également s'écarter vers la gauche, et elle est retenue par le rail de gauche.

Si on imagine maintenant une circulation en sens inverse, on sera amené à placer un contre-rail c en face de l'angle C, et il en faudra nécessairement deux autres symétriques par rapport à la petite diagonale pour la circulation sur l'autre voie.

Les pièces constituant les angles obtus doivent être également dans des positions rigoureusement déterminées. On les établit aussi sur de longues traverses, et leur ensemble forme un appareil que l'on nomme plus spécialement une *traversée*.

Lorsqu'une roue franchit une patte de lièvre, il faut que le bandage

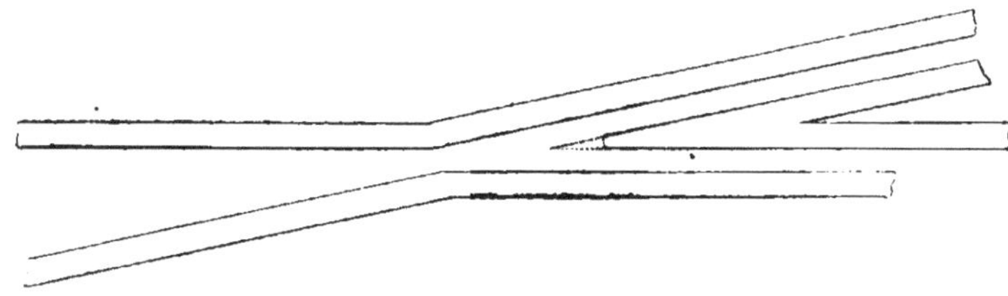

soit suffisamment large pour avoir toujours un appui. Or, c'est à la *pointe de cœur de croisement* que se trouve le maximum de largeur de la lacune. En ce point, cette largeur est deux fois la lacune, soit 100 mm., plus l'épaisseur de la pointe de croisement qui est de 15 mm. environ, ce qui donne un total de 115 mm.

Avec des bandages de 130 mm., il y a donc toujours un appui; mais la surface d'appui est réduite à 15 mm. seulement de largeur au moment d'atteindre la pointe de cœur de croisement. Comme nous l'avons déjà dit, à cause de la conicité du bandage, le contre-rail est surélevé pour que

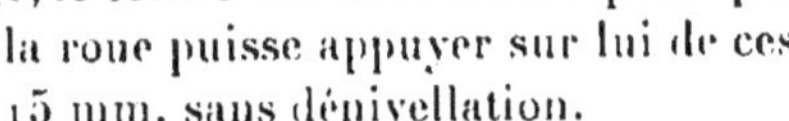

la roue puisse appuyer sur lui de ces 15 mm. sans dénivellation.

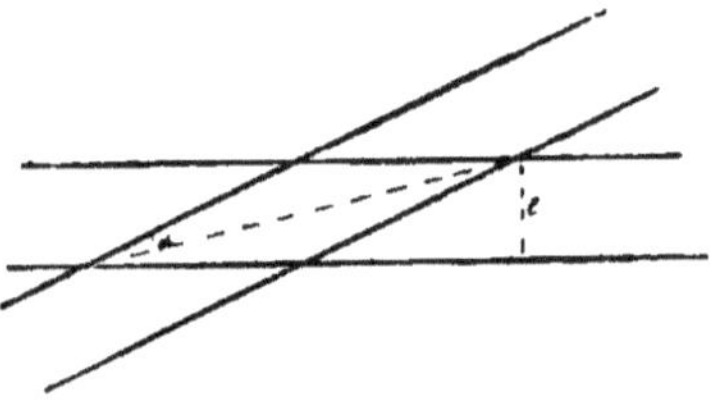

Généralement, dans les compagnies, on a deux à trois types seulement d'appareils que l'on définit par la tangente de l'angle des deux voies. Cette tangente varie de 0,09 à 0,13 et même 0,20. Si on désigne par α cet angle, et par e la largeur de la voie, la longueur du croisement, c'est-à-dire la distance des pointes est évidemment $\dfrac{e}{\sin \dfrac{\alpha}{2}}$; la

largeur de la lacune est représentée par

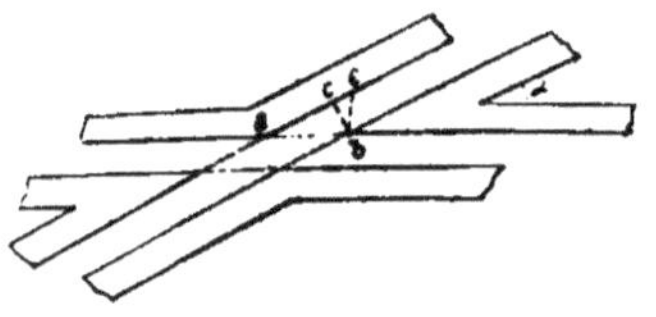

be, qui est égal à $\dfrac{bc}{\cos \alpha}$, bc étant la largeur normale de cette lacune, soit environ 50 mm. La largeur be diffère peu de la largeur normale. Quant à la

longueur ab de la lacune, elle est égale à $\dfrac{bc}{\sin \alpha}$ ou sensiblement $\dfrac{bc}{\operatorname{tg} \alpha}$.

Pour $\operatorname{tg} \alpha = 0,09$, par exemple, on trouve $\dfrac{0,05}{0,09} = 0,55$.

Cette longueur est la longueur théorique; il faut y ajouter encore l'espace nécessaire pour que l'épaisseur de la pointe ne soit pas moindre

que 15 mm., ce qui représente $\dfrac{0,015}{0,09}$, soit 0 m. 17 environ. Au total, la

lacune a donc 0 m. 72 pour une traversée de 0,09.

La pointe de cœur de croisement est une partie délicate des traversées; on lui donne généralement un peu moins de hauteur qu'aux deux pattes de lièvre qui sont surélevées légèrement pour empêcher la roue de descendre; on dispose alors les pattes de lièvre de manière qu'elles forment un plan incliné au 1/20.

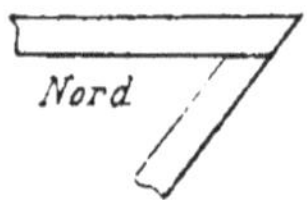

La pointe de cœur de croisement doit être très solidement établie. On la fait en fer forgé, à l'étampe, quelquefois en rails assemblés (Nord) en déviant l'âme pour former la pointe. On emploie aussi des pointes en fonte spéciale ou en acier fondu.

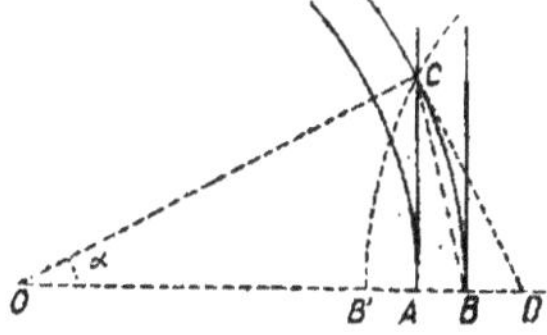

A l'Orléans, on ne fait à part que l'extrémité de la pointe et on la réunit aux deux rails latéraux.

§ 6. CHANGEMENTS DE VOIE

182. Dispositions générales. — Lorsqu'une voie doit se dédoubler à partir d'un certain point, l'appareil de voie qui sert à la bifurcation se nomme un *changement de voie*. Le changement de voie est donc un appareil qui sert à raccorder en un tronc commun deux voies séparées. D'une manière générale, les deux voies raccordées peuvent avoir des

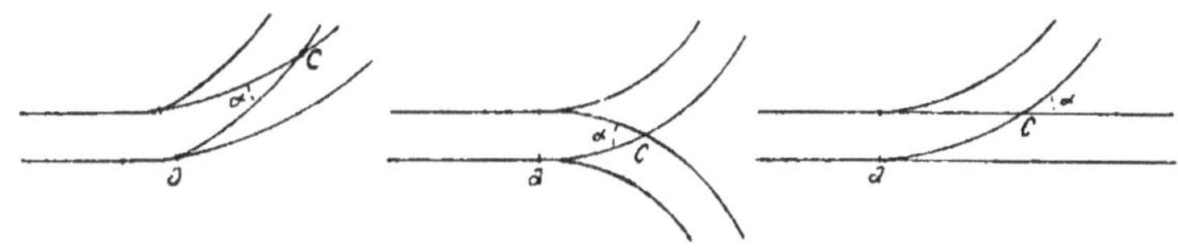

courbures de même sens ou des courbures de sens inverses (changement de voie symétrique), ou bien l'une des voies peut être rectiligne (changement à déviation d'un seul côté); ce dernier cas est le plus fréquent.

Dans un changement, on doit considérer la pointe du changement a et le croisement C, qui ne diffère pas du croisement d'une traversée.

L'angle du croisement α et la longueur du croisement, c'est-à-dire la distance de la pointe a au croisement, dépendent essentiellement des rayons des deux voies raccordées et forment les éléments constitutifs du changement. On peut facilement calculer ces deux éléments en fonction des deux rayons ρ et ρ' des deux voies et de la largeur e de la voie, si l'on suppose le tracé géométrique exactement conservé.

Nous ne nous arrêterons pas à établir pour le cas général ces formules qui ne servent pas dans la pratique.

Dans le cas d'une déviation d'un seul côté, la longueur l du croisement pour laquelle on peut prendre à volonté l'une des longueurs pratiquement égales AC et BC, se tire de la relation :

$$BC^2 = AB \times 2\rho.$$

On a donc :

$$l = \sqrt{2\rho e}.$$

L'angle du croisement $ACD = O$ est le double de BCD et, par conséquent, de ACB. Donc :

$$\operatorname{tg} \frac{\alpha}{2} = \frac{AB}{CA} = \frac{e}{l} = \frac{e}{\sqrt{2\rho e}} = \sqrt{\frac{e}{2\rho}}.$$

Pour un changement symétrique établi avec le même rayon ρ et une largeur de voie double BB', il est visible que la longueur serait la même et que l'angle de croisement serait double. On tire de là, pour le changement symétrique, les formules :

$$l = \sqrt{2\rho \times \frac{e}{2}} = \sqrt{\rho e}$$

$$\operatorname{tg} \frac{\alpha}{4} = \sqrt{\frac{e}{4\rho}} = \frac{1}{2} \sqrt{\frac{e}{\rho}},$$

et, comme, pour les angles dont il s'agit et avec le degré d'approximation utile, on peut admettre la proportionnalité des tangentes aux angles :

$$\operatorname{tg} \frac{\alpha}{2} = \sqrt{\frac{e}{\rho}}.$$

Il est facile de voir qu'avec le même degré d'approximation la formule $\operatorname{tg} \dfrac{\alpha}{2} = \dfrac{e}{l}$ subsiste pour toutes les combinaisons de rayons.

La longueur et l'angle du croisement variant avec le rayon, on serait amené à avoir une variété infinie de croisements; il faudrait donc avoir en magasin un nombre considérable d'appareils différents, ce qui serait une sujétion à la fois très gênante et très coûteuse. On se borne, comme pour les traversées, à avoir deux ou trois types d'appareils de croisement. et l'on modifie convenablement le tracé, aux abords du changement de voie, de manière à l'adapter à l'angle de l'appareil.

On désigne les croisements, comme on l'a vu, par la tangente de leur angle. La tangente 0,09 donne un angle d'environ 5°9′ ; celle de 0,13, un angle de 7°30′. Avec un angle inférieur à ce dernier, le cœur du croisement est peu solide ; avec une tangente supérieure à 0,13, le raccordement est trop difficile. On emploie quelquefois un type intermédiaire à tangente égale à 0,11 ; on a, en outre, des types de croisement symétriques qui servent aussi dans les changements doubles.

Dans un raccordement, les deux voies ne peuvent être toujours maintenues au contact ; afin de laisser un intervalle pour le passage des boudins, il faut que les rails voisins de la pointe soient, en partie au moins, mobiles sur une certaine longueur. Le rail doit devenir mobile à partir du point où la lacune qui le sépare du rail voisin est égale à l'intervalle de 50 mm. précédemment fixée. Si a et a' désignent les points voisins sur les axes des deux files de rails, leur distance est égale à 50 mm. augmentée de l'épais-

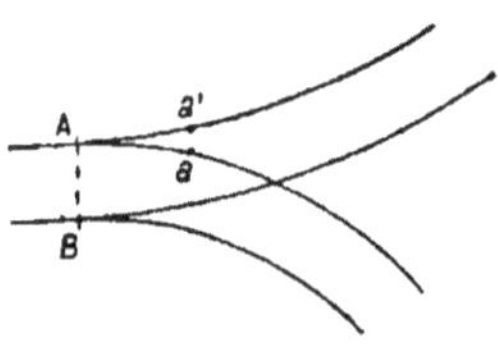

seur du champignon, qui est de 60 mm. environ ; la distance aa' est donc de 0 m. 11. La distance Aa se calcule dès lors par la même formule que la longueur du croisement, en remplaçant e par 0,11.

Dans le cas d'une déviation d'un seul côté, on aurait $Aa = \sqrt{0,22\rho}$, ce qui, pour $\rho = 300$ m., par exemple, donnerait $Aa = 8$ m. 10. Cette lon-

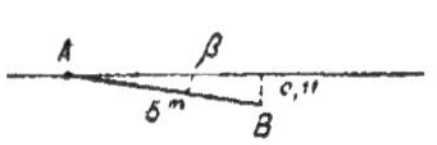

geur serait trop considérable. On la limite généralement à 5 m., et la partie du rail qui est sur la courbe, au lieu de s'infléchir suivant celle-ci, reste rectiligne. Elle fait alors, avec le rail de la voie non déviée sur lequel elle s'applique, un angle β qui a pour tangente :

$$tg\ \beta = \frac{0,11}{5}\ ,$$

ce qui donne :

$$\beta = 1°15.$$

La pointe mobile du raccordement ne suivant pas le tracé géométrique de la courbe et l'angle du croisement ne répondant pas à cette courbe, il est clair que le tracé intermédiaire doit s'en écarter aussi, et il reste à le déterminer.

Le problème général du raccordement est le suivant : étant données les dispositions générales des voies, comment faut-il modifier le tracé pour avoir le croisement sous un angle donné et une pointe mobile de longueur donnée faisant avec le rail fixe un angle déterminé ?

Cette question a fait l'objet de nombreuses études, notamment d'une série d'articles de M. Daveluy, ingénieur à la Compagnie P.-L.-M., dans la *Revue générale des chemins de fer*.

Nous traiterons le cas le plus simple du changement à déviation d'un seul côté.

Soient α l'angle de croisement, r la portion de rail droit qui le compose, portion que l'on peut réduire à zéro, quand la construction du croisement le permet, en lui donnant, avec la pince, la courbure de l'arc

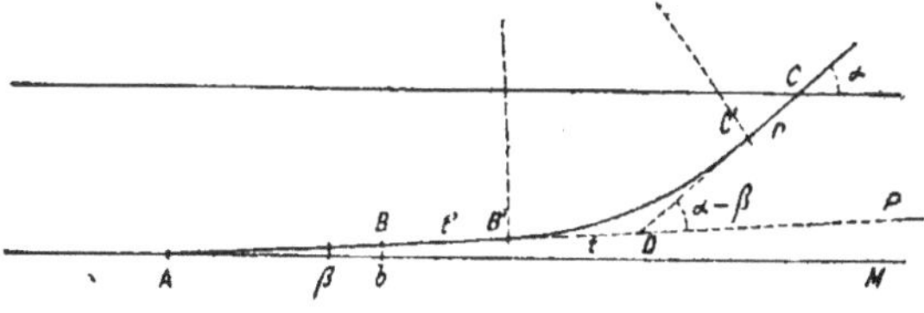

de raccordement. Soit aussi AB la partie mobile, de 5 m. de longueur, et dont l'extrémité B est distante du rail droit de 0 m. 11.

Nous supposerons que le raccordement de la partie mobile avec le croisement se fasse par une portion de droite BB′ de longueur t' et un arc de cercle, de rayon R, se raccordant en B′ et C′ avec la droite BB′ et le croisement. Appelons t la longueur commune des deux tangentes DB′ et DC′. L'angle CDP est évidemment égal à $\alpha - \beta$ et l'on a :

$$R = \frac{t}{\operatorname{tg} \dfrac{1}{2}(\alpha - \beta)} . \qquad (1)$$

En projetant la ligne brisée ADC successivement sur le rail AM et sur sa perpendiculaire (pour une voie de 1 m. 45 entre rails de 0 m. 06 de largeur au champignon), on a :

$$1 \text{ m. } 51 = 0,11 + (t + t')\sin\beta + (t + r)\sin\alpha \qquad (2)$$

$$l = 5 \text{ m. } + t + t' + (t + r)\cos\alpha, \qquad (3)$$

l désignant la longueur du changement de voie et cos β étant, sans erreur appréciable, pris égal à 1.

On en déduit :

$$t + r = \frac{1,40 - (l - 5)\sin\beta}{\sin\alpha - \cos\alpha\sin\beta} \qquad (4)$$

$$t + t' = \frac{(l - 5)\sin\alpha - 1,40\cos\alpha}{\sin\alpha - \cos\alpha\sin\beta} . \qquad (5)$$

L'équation (2) donne d'ailleurs :

$$t = \frac{1,40 - r\sin\alpha - t'\sin\beta}{\sin\alpha + \sin\beta} .$$

La plus grande valeur de t s'obtiendra donc en faisant $t' = 0$. Or, d'après l'équation (1), R est proportionnel à t. On aura donc, pour le raccordement, le plus grand rayon en réunissant directement par un arc de cercle les extrémités C′ du croisement et B du rail mobile La longueur du changement ne peut être alors fixée *a priori* ; elle est égale d'après l'équation (3), où l'on fait $t' = 0$, à :

$$l = 5 + t + (t + r)\cos\alpha,$$

dans laquelle

$$t = \frac{1,40 - r\sin\alpha}{\sin\alpha + \sin\beta},$$

ce qui donne :

$$l = 5 \text{ m. } + \frac{1 \text{ m. } 40 (1 + \cos\alpha) - r(\sin\alpha - \cos\alpha\sin\beta)}{\sin\alpha + \sin\beta} .$$

Si on se donne la longueur l du changement, *a priori,* ce qui est généralement préféré pour avoir des joints de rails commodément placés, il faut résoudre les équations (2) et (3) ou (4) et (5) par rapport à t et à t'.

On a :

$$t = \frac{1,40 - (l - 5)\sin\beta}{\sin\alpha - \cos\alpha\sin\beta} - r$$

$$t' = \frac{(l - 5)(\sin\alpha + \sin\beta) - 1,40(1 + \cos\alpha)}{\sin\alpha - \cos\alpha\sin\beta} + r.$$

On voit alors que pour augmenter t et par conséquent R, il faut réduire r autant que possible en pinçant la branche C C′.

Nous avons maintenant à dire quelques mots sur le mode de réalisation pratique du changement de voie.

À l'origine des chemins de fer, on employait l'appareil dit *changement à rail mobile.*

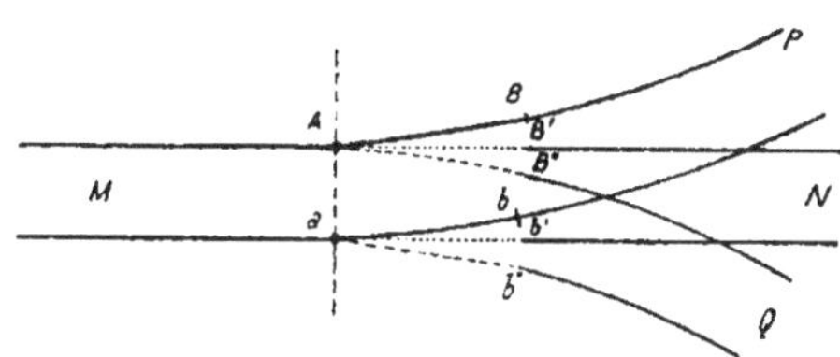

Si nous considérons une voie MN qui se dévie vers la gauche, par exemple, les deux voies sont interrompues, à partir de la pointe du changement sur une longueur telle qu'entre les extrémités B et B′ des rails coupés il y ait un intervalle de 0 m. 11 ; puis on articule en A et a un rail mobile que l'on peut amener en prolongement de l'une ou l'autre des voies. Ce système peut convenir même très aisément pour un changement de voie multiple.

Cet appareil très simple, que l'on désigne quelquefois sous le nom de *sauterelle*, est encore employé sur quelques voies de garage ou surtout sur des voies de travaux ou des voies industrielles ; mais il est complètement abandonné pour les lignes de chemins de fer proprement dites en Europe, et même en Amérique où il a survécu pendant longtemps. S'il a le mérite en effet d'être peu coûteux et de pouvoir être très rapidement installé, il a en revanche des inconvénients capitaux. Il faut que le déplacement du rail mobile soit très exactement limité pour qu'il se place rigoureusement dans le prolongement du rail interrompu, sans quoi il peut se produire des chocs dangereux. On emploie pour cela des tasseaux, mais ceux-ci peuvent se déplacer légèrement, et la course du rail mobile peut être limitée par l'interposition de poussières ou de corps étrangers. Enfin l'une des voies est toujours interrompue, en sorte que si une erreur d'aiguillage vient à être commise, un train allant des voies dédoublées sur le tronc commun déraillera nécessairement.

On emploie universellement maintenant le *changement à aiguille.* Dans cet appareil, les rails extérieurs sont continus ; les deux rails intérieurs sont articulés en deux points a et b, distants des rails extérieurs de 0 m.11, et prolongés par deux lames d'aiguilles entretoisées, qui peuvent être appliquées contre l'un ou l'autre des rails extérieurs A et B. On obtient ainsi la voie directe ou la voie déviée.

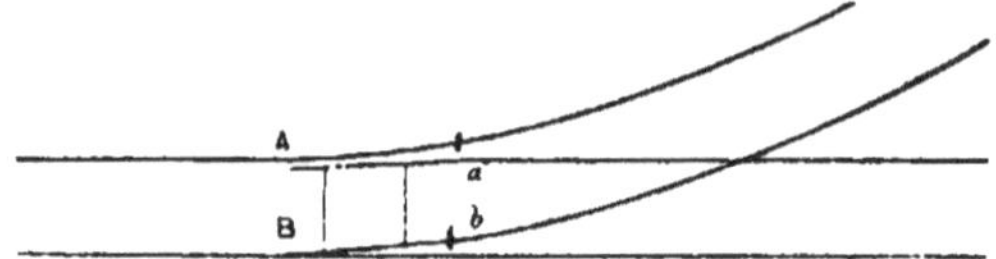

Un train venant d'une direction quelconque trouve toujours devant lui une voie continue. S'il vient du tronc commun, il aborde *l'aiguille par la pointe* : il faut que l'aiguille soit convenablement faite pour que le train ne suive pas une fausse direction. S'il vient d'une des voies de dédoublement, on dit qu'il aborde *l'aiguille par le talon* ; dans ce cas, même si l'aiguille n'est pas convenablement faite, le train peut passer sans dérailler ; le boudin des roues force l'aiguille à se déplacer et à s'appliquer contre le rail extérieur.

Les deux rails extérieurs d'un changement de voie, contre lesquel l'aiguille vient alternativement s'appliquer, se nomment *rails contre-aiguilles* ou rails d'*applique*.

Les aiguilles ne sont pas en général infléchies en arc de cercle. On utilise pour les faire, soit des pièces forgées spéciales, soit simplement des rails ordinaires. La pointe de l'aiguille est rabotée de manière à venir se placer sous le champignon du rail contre-aiguille. On emploie aussi des aiguilles à encoches, très usitées en Angleterre, en vue d'éviter un trop grand

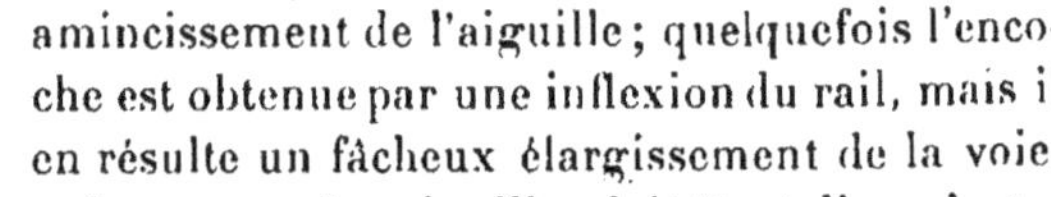

amincissement de l'aiguille ; quelquefois l'encoche est obtenue par une inflexion du rail, mais il en résulte un fâcheux élargissement de la voie.

La course des aiguilles doit être telle qu'entre le rail contre-aiguille et l'aiguille il y ait au moins un intervalle de o m. o5. A la pointe de l'aiguille, l'intervalle ab doit alors être au moins de $0,05 + 0,06 = $ om. 11 diminué de l'épaisseur de la pointe, environ 1 cm. 5. C'est là le minimum de la course. Pour être sûr que le boudin usé ne rencontrera pas la pointe de l'aiguille, on donne à cette course au moins 12 cm. Les deux lames d'aiguille ne sont donc pas tout à fait parallèles. Ces lames sont réunies aux rails correspondants par des éclisses ordinaires dont les boulons ne sont pas serrés à fond.

Les deux lames d'aiguille étant entretoisées, il suffit de déplacer l'une pour entraîner l'autre. On les manœuvre à l'aide d'une tringle reliée à l'une des aiguilles après avoir été recourbée en *col de cygne*. Cette tringle est fixée elle-même à l'extrémité d'un levier.

183. Leviers à contrepoids. — Dans le changement à aiguille, il n'est pas nécessaire de limiter la course des lames à l'aide de buttoirs comme avec le changement à rail mobile ; ce sont les rails contre-aiguilles qui limitent eux-mêmes cette course, et il suffit que les lames soient bien appliquées contre ces rails. On obtient ce résultat en disposant, sur le levier de manœuvre de la tringle, une douille à laquelle est fixée latéralement la tige d'un fort contrepoids qui maintient continuellement l'aiguille appliquée, et que l'on peut faire tourner à droite ou à gauche, selon que l'on veut appliquer l'aiguille dans un sens ou dans l'autre.

Lorsque l'aiguille est prise en talon par un train et qu'elle n'est pas convenablement disposée, le boudin des roues la déplace en soulevant le contrepoids, mais celui-ci retombe dès que le véhicule est passé en remettant brusquement l'aiguille dans sa position. Cette chute peut amener quelquefois des détériorations, surtout lorsque le véhicule passe avec une

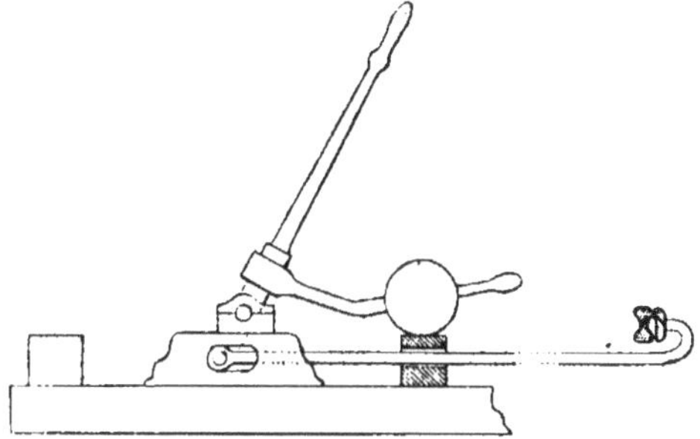

certaine vitesse. On a tenté d'y remédier, au chemin de fer du Nord, par l'emploi de *tringles élastiques de connexion* pour relier le levier de manœuvre au col de cygne. Ces tringles élastiques ont été appliquées aux aiguilles de dédoublement des gares de croisement, sur les lignes à voie unique, lorsque ces aiguilles sont éloignées du point de stationnement des trains, les trains qui les prennent par le talon ayant alors une certaine vitesse.

184. Contrepoids chevillé. — Lorsque l'on veut avoir la certitude que l'aiguille, manœuvrée en talon par un train, reprenne sa position primitive, il faut être sûr que, au moment où le contrepoids sera brusquement soulevé, il ne fera pas un demi-tour autour du levier. Dans ce cas, on l'immobilise en passant une cheville au travers de la douille du contrepoids et du levier, dans un trou ménagé à cet effet. Pour manœuvrer l'aiguille en sens inverse, il faut alors retirer la cheville.

Les aiguilles chevillées sont fréquemment employées sur les voies principales, lorsqu'on veut assurer normalement la continuité de la circulation sur ces voies.

Quand on veut que la position normale de l'aiguille ne puisse pas être modifiée, on rive cette cheville ou, tout au moins, on la maintient en place par un cadenas dont la clef reste entre les mains du chef de gare. L'emploi de la cheville cadenassée présente l'avantage de permettre de changer momentanément la direction donnée par l'aiguille sans être obligé de la maintenir ; avec l'aiguille rivée, au contraire, lorsqu'on veut diriger une manœuvre sur la voie que l'aiguille ne donne pas normalement, il faut qu'un homme tienne le contrepoids soulevé jusqu'à ce que la manœuvre ait entièrement dégagé l'aiguille. Si la manœuvre est longue, s'il s'agit, par exemple, d'un train de marchandises qu'on dirige sur une voie latérale, il peut arriver que cet homme faiblisse un instant et laisse retomber l'aiguille, ce qui détermine un déraillement comme nous le verrons plus loin. C'est pour éviter cet inconvénient tout en réalisant une simplification de personnel, que les circulaires ministérielles ont autorisé et que certaines Compagnies emploient la cheville cadenassée comme équivalant à la cheville rivée.

Mais ces avantages sont loin de compenser l'inconvénient grave que cette disposition présente au point de vue de la sécurité. Il arrive, en effet, qu'après avoir retiré la cheville cadenassée pour une manœuvre, on oublie de la remettre en place ; alors disparaît la garantie qu'elle devait donner au sujet de la position de l'aiguille. Il est même arrivé que la cheville a été remise de manière à fixer le contrepoids dans la position opposée à celle qu'il devait occuper, de sorte que l'aiguille donnait normalement une mauvaise direction. Cet inconvénient est incomparablement plus grave que le danger du déraillement signalé tout à l'heure avec l'aiguille rivée.

En effet, les contrepoids chevillés sont toujours placés à la jonction d'une voie principale et d'une voie secondaire, de manière à assurer la continuité de la première. Lors donc qu'il faut tenir le contrepoids soulevé pour le passage d'une manœuvre, celle-ci se trouve dirigée sur la voie latérale ; il s'agit donc toujours d'une manœuvre proprement dite, effectuée à petite vitesse et ne portant jamais de voyageurs. Le déraillement, tout regrettable qu'il soit, ne peut du moins avoir que des conséquences matérielles, généralement même assez limitées. Dans l'autre cas, au contraire, l'aiguille qui devrait assurer la continuité de la voie principale se trouve donner la voie latérale. On comprend qu'il puisse en résulter les dangers les plus graves pour les trains qui franchissent l'aiguille quelquefois à toute vitesse. En particulier, dans le cas assez fréquent où l'aiguille est abordée par la pointe, le train se trouve dirigé indûment sur une voie latérale, peut-être occupée par des véhicules ou aboutissant à un heurtoir. C'est donc une catastrophe qui peut se produire.

Néanmoins l'obligation de soutenir le contrepoids rivé pendant le passage d'une manœuvre est un inconvénient réel ; on a réussi à l'atténuer presque complètement au moyen de la pédale Barbier, employée au chemin de fer d'Orléans ; c'est une pédale placée transversalement au-dessus de la tringle de manœuvre de l'aiguille. Lorsqu'elle est tenue, avec le pied, rabattue sur la tringle, elle arrête un talon venu sur cette tringle, dont elle empêche le déplacement. L'homme chargé de la manœuvre n'a donc, après avoir déplacé l'aiguille, qu'à rabattre la pédale pour maintenir l'aiguille dans sa position. Dès qu'il retire son pied, un contrepoids fait relever la pédale et l'aiguille devient libre de reprendre sa position normale.

185. Danger des aiguilles abordées par la pointe. — Nous avons vu tout à l'heure, dans un cas spécial, un inconvénient des aiguilles abordées par la pointe : c'est le danger d'une fausse direction ; elles peuvent quelquefois aussi occasionner des déraillements. Le cas se présente, en premier lieu, lorsque la lame de l'aiguille n'est pas exactement appliquée contre le rail ; il arrive alors que la roue correspondante d'un essieu peut, surtout si elle a le boudin un peu aminci, s'insinuer entre le rail et l'aiguille au lieu de passer sur celle-ci ; l'autre roue suivant le rail opposé, on voit que l'une des roues se dirige comme pour suivre la voie de droite et l'autre comme pour suivre la voie de gauche. À mesure que ces voies divergent, l'une au moins des deux roues quitte nécessairement le rail ; c'est ce qu'on exprime quelquefois en disant que l'essieu ou le véhicule fait *bivoie*.

L'entrebaillement de l'aiguille peut être causé par un objet quelconque interposé entre la lame et le rail, un caillou, un fragment tombé d'un véhicule ou simplement de la terre ou de la neige ; quelquefois par une résistance qui s'oppose au mouvement de l'aiguille ou de son appareil de manœuvre. Il faut donc que cet appareil, ainsi que les platines sur lesquelles reposent les lames de l'aiguille, soient soigneusement nettoyés et graissés ; en outre, les règlements obligent l'aiguilleur à visiter l'aiguille dans les quelques minutes qui précèdent le passage d'un train.

Alors même que l'aiguille est exactement appliquée au moment où elle est abordée, un entrebaillement peut se produire sous la pression même des roues, qui fait fléchir la lame, ou par un choc qui la met en mouvement. Cet effet est surtout à craindre lorsque l'aiguille doit faire dévier le véhicule de la direction du tronc commun par lequel il arrive. Pour l'éviter, on emploie divers moyens.

Sur la plupart des chemins de fer, les règlements exigent qu'une aiguille abordée par la pointe soit maintenue par un agent toutes les fois que le train est animé d'une certaine vitesse. Cette pratique, très rationnelle, n'est cependant pas sans inconvénient car, plus d'une fois, on a vu cet agent, par une aberration instinctive, manœuvrer, à l'approche du train, l'aiguille qu'il n'avait qu'à tenir en place et déterminer ainsi un accident. Le résultat cherché est obtenu d'une façon beaucoup plus sûre et avec économie de personne, au moyen des procédés mécaniques de verrouillage et de calage sur lesquels nous reviendrons plus loin.

En outre, les règlements imposent l'obligation de faire ralentir les trains à l'approche des aiguilles en pointe ; toutefois, pour éviter la perte de temps qui en résulte, on admet aujourd'hui le passage en vitesse aux bifurcations lorsque le train suit la voie non déviée et que l'aiguille est verrouillée.

Le déraillement se produirait exactement de la même manière si un essieu se présentait devant la pointe de l'aiguille au moment où elle se déplace pour changer de direction. Mais il se produit plus souvent d'une manière un peu différente par le fait de la manœuvre de l'aiguille, lorsque cette manœuvre est opérée dans l'intervalle du passage de deux essieux d'un même véhicule ou de deux véhicules attelés ensemble ; dans ce cas, l'un des essieux est dirigé d'un côté et le second, sur l'autre voie ; par suite de la solidarité de ces deux essieux, le déraillement est inévitable.

Le même effet se produit quelquefois dans des manœuvres de gare sans que l'aiguille soit déplacée ; c'est lorsqu'une manœuvre abordant par le talon une aiguille qui ne donne pas la voie sur laquelle cette manœuvre circule, s'arrête avant de l'avoir entièrement dégagée et rebrousse chemin. La partie de cette manœuvre qui n'a pas franchi l'aiguille rebrousse sur la même voie tandis que le reste prend l'autre direction.

Tous les règlements prévoient ces différents cas. En particulier, il est absolument interdit de manœuvrer une aiguille lorsqu'elle est engagée, alors même que l'agent qui en est chargé s'aperçoit qu'elle donne une mauvaise direction. Tous ces accidents se produisent exclusivement lorsque les aiguilles sont abordées par la pointe ; aussi évite-t-on le plus possible de placer sur les voies principales, c'est-à-dire sur le parcours des trains, des aiguilles qui se présentent par la pointe. Cela est surtout important dans les gares secondaires où beaucoup de trains passent sans s'arrêter.

Lorsque les aiguilles sont abordées par le talon, il n'y a pas de déraillement à redouter, mais il pourrait y avoir collision entre deux trains ou manœuvres qui arriveraient simultanément trop près du croisement.

Dans beaucoup de gares, il y a des aiguilles qui n'ont que rarement à être déplacées et dont le déplacement intempestif aurait plus ou moins d'inconvénient pour la sécurité. On les fixe dans leur position normale au moyen d'un cadenas dont la clef reste entre les mains du chef de gare. Ce cadenassage de l'aiguille ne doit pas être confondu avec celui du contrepoids, dont il a été question plus haut. Ce dernier n'empêche pas de déplacer l'aiguille, il a seulement pour but de la ramener automatiquement dans sa position normale.

Le cadenassage de l'aiguille peut se faire de plusieurs façons ; on peut l'opérer directement au moyen d'un goujon qui traverse la lame de l'aiguille et le rail et qui les tient serrés l'un contre l'autre par la pression d'une clavette cadenassée. Ce dispositif, qui est le plus simple et le plus précis, offre l'inconvénient de n'être pas visible de loin et ainsi, de ne pas permettre aux agents chargés de la surveillance de s'assurer rapidement et à distance que le cadenassage existe. Pour ce motif, on préfère souvent fixer le levier de manœuvre soit au moyen d'une chaîne, soit au moyen d'une plaque qui le relie à son support.

186. Manœuvre des aiguilles à distance. — Il est souvent utile de pouvoir manœuvrer une aiguille à une certaine distance. Le cas de ce genre le plus ancien et encore le plus fréquent se présente pour les

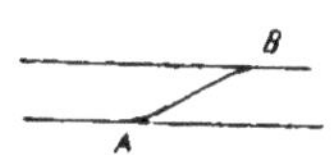

deux aiguilles A et B, placées aux extrémités d'une *liaison de voies* ou *diagonale* qui réunit deux voies parallèles. Les leviers de manœuvre de ces deux aiguilles sont reliés par une tringle rigide qui permet de déplacer les deux aiguilles simultanément au moyen de l'un quelconque des deux.

Mais la manœuvre à distance a reçu aujourd'hui des applications beaucoup plus étendues. Dans les gares un peu importantes, il existe un grand nombre d'aiguilles, et il n'y a guère de manœuvre qui n'en emprunte plusieurs. Avec la manœuvre sur place, il faut qu'un agent circule à travers les voies pour les mettre toutes successivement dans la position requise. Cette circulation à travers des voies, sur lesquelles divers mouvements peuvent s'exécuter à la fois, n'est jamais sans un certain danger ; elle est fatigante et entraîne des temps perdus. On évite ces inconvénients grâce à la manœuvre à distance, en réunissant les leviers sur un même point, qui devient un poste de manœuvre d'où un agent, sans se déplacer, peut donner aux aiguilles les positions demandées. En même temps, on réunit dans ces postes les leviers de manœuvre des signaux qui servent à commander ou à protéger les divers mouvements, et cette juxtaposition des leviers permet d'établir entre les positions de tous ces appareils, par le procédé des enclenchements, dont il sera question plus loin, les corrélations nécessaires pour la sécurité.

Pour relier à distance le levier de manœuvre avec l'aiguille, on emploie le plus souvent des tringles en fer creux, guidées par des galets. Par ce moyen on peut commander une aiguille jusqu'à la distance de 3oo mètres et même au-delà ; mais, à cette distance, la résistance de la transmission commence à devenir excessive.

Sur une pareille distance, les changements de température produisent des variations de longueur qu'il est indispensable de corriger par des appareils compensateurs. Le principe de ces appareils, généralement placés au milieu de chaque transmission, est toujours le même.

Ce sont des appareils inverseurs du mouvement, c'est-à-dire que les deux points de l'un d'eux qui sont reliés aux deux moitiés de la transmission, exécutent des mouvements égaux et de sens contraires. Il en est de même, par conséquent, des deux parties de la transmission. Cela est indifférent pour la manœuvre de l'aiguille, puisque cela ne fait que changer le sens dans lequel il faut pousser le levier, mais il en résulte que le levier et l'aiguille restant immobiles, les deux moitiés de la transmission peuvent cependant éprouver des variations de longueur égales sans qu'il en résulte autre chose qu'un jeu correspondant de l'appareil inverseur.

Deux dispositifs sont généralement employés : l'un se réduit à un balancier à bras égaux ; l'autre se compose de deux renvois de sonnette

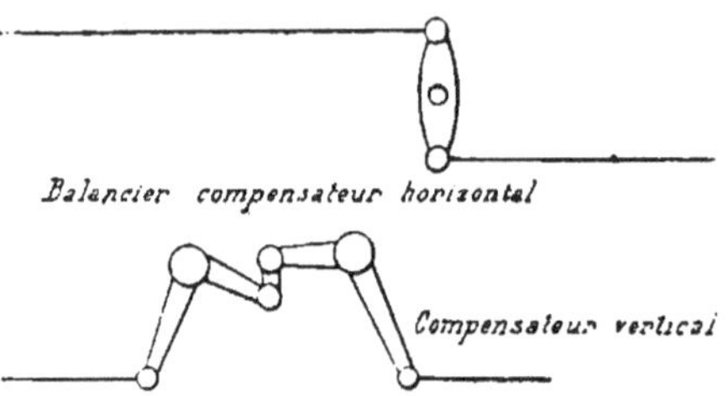

dont les branches non rattachées à la transmission sont reliées ensemble par une petite bielle.

Il est évident que, s'il y avait quelque difficulté à placer l'appareil compensateur au milieu de la transmission, on pourrait tout aussi bien le placer en un autre point, en donnant aux deux extrémités de l'appareil inverseur des mouvements non plus égaux, mais proportionnels aux longueurs des deux parties de la transmission.

Les transmissions rigides sont coûteuses; elles reviennent, avec leurs supports et appareils accessoires, à 10 francs par mètre courant et même davantage lorsqu'il faut les protéger par des canivaux en bois ou en briques à la traversée des voies des gares. En même temps, elles sont lourdes et entraînent des résistances importantes comme nous l'avons dit. Aussi, à mesure que l'usage des transmissions à distance s'est répandu, s'est-on préoccupé de plus en plus d'y substituer des transmissions par fils.

Le fil n'étant pas rigide ne peut agir que par traction. Il faut, par conséquent, une double transmission pour effectuer les mouvements de sens inverses. Malgré cela, une transmission par fils reste beaucoup moins coûteuse qu'une transmission rigide. Elle donne moins de résistance et moins d'encombrement dans les gares, car les supports peuvent être beaucoup plus espacés, jusqu'à 50 mètres d'intervalle, et on peut facilement les élever pour passer au-dessus des voies. Les effets de la dilatation se traduisent d'une autre manière que dans les transmissions simples ; les deux brins étant soumis aux mêmes variations de température, celles-ci ne produisent pas un déplacement des appareils, mais seulement des changements égaux dans les tensions des deux brins.

Quand la longueur de la transmission n'excède pas 50 mètres, il n'y a aucune précaution particulière à prendre ; quand la distance est plus grande, il faut employer des fils d'acier d'une qualité spéciale dont la limite d'élasticité dépasse 50 kilogrammes, et que d'ailleurs on se procure aujourd'hui sans difficulté. Avec ces fils, on peut compter sur un allongement élastique d'au moins 25 centimètres par 100 mètres, ce qui suffit pour parer aux effets de la dilatation. Avec un fil de 4 mm. de diamètre, on peut exercer une traction de 500 kilogrammes en sus de l'effort produit par les changements de température, sans que la limite d'élasticité soit atteinte. Bien entendu, au moment de la pose, la tension des fils doit être réglée suivant la température qui règne à ce moment. On doit, en outre, employer des dispositifs de nature à empêcher un mouvement de se produire en cas de rupture de l'un des fils, ce qui arrive rarement, ou en cas de rupture dans l'une des attaches ou dans les organes de transmission.

On peut encore assurer le fonctionnement régulier de la transmission en donnant à celle-ci une tension invariable au moyen d'un poids tendeur. La transmission est alors mise en relation avec le levier de manœuvre et avec l'aiguille au moyen de poulies sur lesquelles elle passe librement.

Les transmissions par fils sont non seulement peu coûteuses d'établissement et d'entretien, mais elles ont l'avantage de fonctionner à de très grandes distances. On en cite qui dépassent 700 mètres.

Enfin il existe des transmissions qui fonctionnent au moyen de l'eau sous pression. C'est le principe de l'appareil Bianchi et Servettaz qui a reçu en France quelques applications importantes, notamment sur le réseau d'Orléans. Un petit accumulateur placé dans le poste de manœuvre maintient une pression constante dans les conduites. Cet appareil, qui n'est admissible que pour des installations d'une certaine importance, permet une manœuvre facile, quelle que soit la distance. Il n'y a pas à se préoccuper des variations de température, si ce n'est pour prévenir la congélation de l'eau en hiver, ce que l'on obtient par un mélange de glycérine.

L'emploi de l'électricité a été essayé, mais ne paraît pas être entré encore en pratique courante.

§ 7. ACCESSOIRES DES CHANGEMENTS DE VOIE

187. Verrouillage des aiguilles. — Nous avons déjà indiqué l'utilité du verrouillage pour les aiguilles prises en pointe, surtout lorsqu'elles sont abordées par les trains avec une certaine vitesse.

Beaucoup de dispositifs sont employés pour le réaliser. Le plus répandu est le verrou *Saxby et Farmer* qui a reçu différentes formes. C'est toujours un verrou qui entre exactement dans une gâche ménagée dans l'une des tringles de connexion des deux lames de l'aiguille. La gâche ne se présente devant le verrou que lorsque l'aiguille est exactement appliquée et il y en a une deuxième qui correspond à la seconde position de l'aiguille. De cette manière, lorsque le verrou est logé dans l'une des gâches, l'aiguille ne peut plus être déplacée. D'ailleurs, le fait même que le verrou a pu pénétrer dans la gâche est la preuve que l'aiguille était exactement appliquée. Si quelque obstacle l'empêchait d'arriver à fond de course, on s'en apercevrait par l'impossibilité de manœuvrer le verrou.

Le verrou peut être commandé par une transmission distincte et un

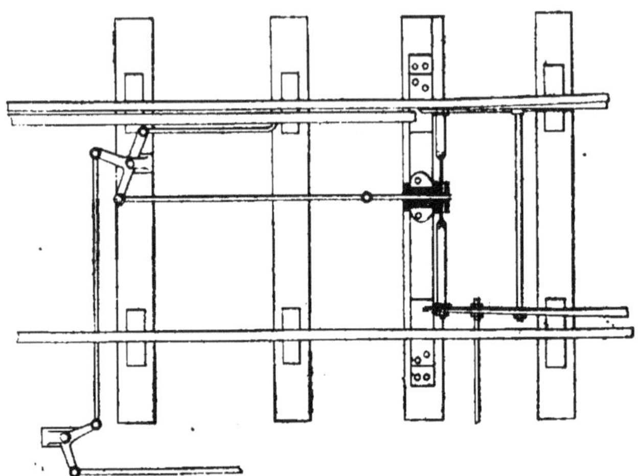

levier spécial, mais, si l'aiguille est un peu éloignée de son levier de manœuvre, la double transmission devient très coûteuse. Dans ce cas on emploie de préférence des dispositifs qui permettent de manœuvrer successivement le verrou et l'aiguille à l'aide de la même transmission. C'est ce qu'on appelle plus spécialement un *verrou-aiguille*.

Pour faire concevoir la possibilité de ce résultat, nous indiquerons seulement un principe très simple qui a été appliqué dans plusieurs des appareils en usage. Imaginons qu'à l'extrémité de la tige de transmission, on fixe une plaque portant une rainure, composée de deux lignes parallèles dont la distance soit égale à la course de l'aiguille et reliées par une

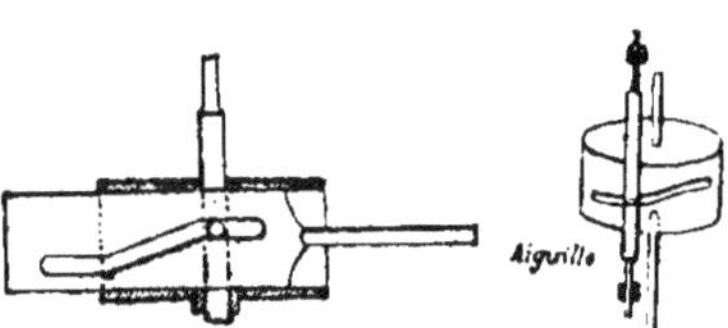

oblique, et que, dans cette rainure, pénètre un bouton attaché à la tringle de manœuvre de l'aiguille. Suivant que le bouton est dans l'une des deux branches perpendiculaires à cette tringle ou dans l'oblique qui les réunit, l'aiguille est dans l'une ou l'autre de ses positions extrêmes ou dans une position intermédiaire. Dans le premier cas, la plaque portant la rainure peut se déplacer perpendiculairement à la tringle sans que l'aiguille en soit affectée : celle-ci est verrouillée dans la position correspondante ; mais, si le déplacement est suffisant pour que le bouton atteigne la partie oblique de la rainure, ce bouton est obligé de glisser suivant cette oblique en entraînant l'aiguille qui est amenée à son autre position. Ainsi, un déplacement suffisant de la plaque et, par conséquent, de la tige à laquelle elle est fixée, détermine la manœuvre de l'aiguille, tandis que, lorsque celle-ci est dans une de ses positions extrêmes, un nouveau déplacement ne produit aucun effet. On comprend aussi que, si le bouton est convenablement placé sur l'une des branches parallèles de la rainure, les changements de température de la transmission ne produiront aucun effet.

Cette rainure n'est pas nécessairement dans un plan ; on peut l'enrouler sur un cylindre ayant son axe parallèle à la tringle de l'aiguille ; cette disposition se prête facilement à la commande par fils.

Au chemin de fer de *Lyon*, la manœuvre des aiguilles et leur verrouillage sont obtenus également du même coup de levier, à l'aide d'un dispositif imaginé par *M. Dujour*. Pour cela, la tringle de manœuvre L agit sur un balancier AV qui commande, à l'une de ses extrémités, un verrou VV', et, à l'autre, la tringle de connexion des aiguilles B, à l'aide

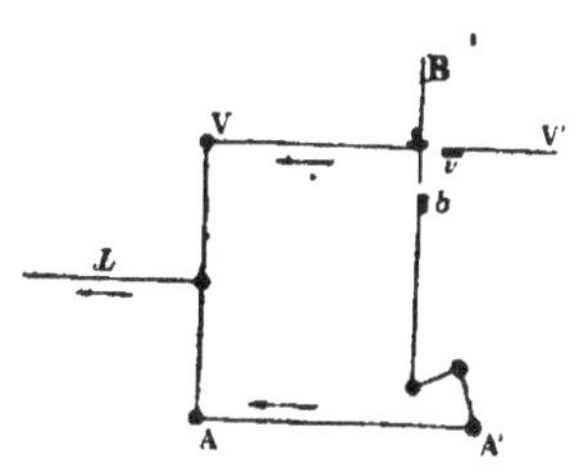

d'un renvoi d'équerre permettant de donner à cette tringle un mouvement normal à celui du verrou.

Le verrou VV' et la tringle de connexion B s'enclenchent à la façon du système Vignier. En tirant sur L, la tige B étant immobilisée, le verrou VV' ira vers la gauche et dégagera la tige B qui alors, sollicitée par le renvoi d'équerre, glissera dans l'encoche du verrou jusqu'à ce qu'elle soit arrêtée par le buttoir *b*. L'action du levier L se poursuivant, le verrou VV' continuera vers la gauche le mouvement qui avait été arrêté par le buttoir *v* et s'engagera dans l'encoche de la tige de connexion pour la verrouiller. Il y a donc verrouillage dans les deux positions du levier.

Le verrouillage, opéré par l'un des procédés que nous venons d'examiner, présente cet inconvénient que si l'aiguille verrouillée est abordée en talon par la voie pour laquelle elle n'est pas faite, il faut nécessairement que quelque pièce se brise. On a imaginé différentes dispositions destinées à donner un *verrouillage talonnable*. On peut notamment introduire un organe élastique dans la transmission. Au chemin de fer du *Midi*, on interpose un ressort qui a une bande initiale de 200 kg. : pour tout effort moindre, la transmission se comporte comme si elle était complètement rigide.

188. Contrôleurs d'aiguilles. — Si l'on ne juge pas nécessaire de maintenir l'aiguille et si l'on se contente d'avoir la certitude qu'elle est exactement appliquée, on peut employer un procédé qui est plus économique, surtout aux grandes distances : c'est le contrôle électrique des aiguilles. Un interrupteur, en relation avec les lames de l'aiguille, est interposé sur le circuit d'une sonnerie placée dans le poste de manœuvre. En général, il est disposé de manière à interrompre le courant quand l'aiguille est exactement appliquée et à le rétablir, de manière à actionner la sonnerie, dès que les lames s'éloignent du rail d'applique d'environ quatre millimètres.

189. Pédales ou lattes de calage. — Le verrouillage ou le calage dispensent de se transporter près des aiguilles pour les visiter ou les maintenir. Mais, pour prévenir tout déraillement, il faut encore éviter qu'on les manœuvre pendant qu'elles sont engagées. Or, non seulement il n'est pas facile de voir à distance si l'aiguille est engagée ou non, mais quelquefois l'aiguille n'est même pas visible du poste : un procédé mécanique est nécessaire pour y suppléer.

A cet effet, on dispose le long de l'un des rails, à l'intérieur de la voie, quelquefois à l'extérieur, une longue barre à section en T reliée par de petites bielles à des points fixes en ligne droite, situés un peu au-dessous de la base du rail (Voir la figure du verrou, page 446 ci-dessus). Cette barre peut ainsi se mouvoir parallèlement à elle-même dans son plan vertical, chacun de ses points décrivant un arc de cercle autour d'un point de la ligne des centres. Dans ce mouvement, la barre s'élève au-dessus du rail, et, par conséquent, le mouvement ne peut pas s'effectuer si une roue passant sur le rail, au droit de la barre, empêche celle-ci de s'élever. Or la barre est reliée à l'aiguille de telle manière qu'elle passe de l'une à l'autre de ses positions extrêmes en même temps qu'elle, ou bien elle est liée de la même manière au verrou. Le déplacement de l'aiguille est donc impossible tant qu'il y a une seule roue au-dessus de la pédale. Comme on place celle-ci le plus près possible de la pointe de l'aiguille et qu'on lui donne une longueur supérieure au plus grand intervalle qui puisse exister entre deux essieux consécutifs, il est clair que toute manœuvre est impossible avant que le dernier essieu, ayant quitté la pédale, ait en même temps abordé la pointe de l'aiguille.

On peut aussi employer, dans le même but, l'électricité. On remplace la latte de tout à l'heure par une pédale électrique qui établit un courant lorsqu'elle est touchée par une roue. Le contre-rail isolé de M. *de Baillehache* convient très bien pour cette application. C'est une lame de fer posée à plat le long du rail, fixée sur des supports isolants et reliée au circuit de la pile. Quand une roue passe sur le rail au droit de cette lame, elle touche en même temps celle-ci et, par le rail, met le courant à la terre. On peut utiliser ce courant soit pour immobiliser l'aiguille au moyen d'un appareil approprié, soit, plus simplement, pour avertir le poste au moyen d'une sonnerie.

§ 8. DISPOSITIONS DIVERSES DE CHANGEMENTS

190. Aiguilles doubles. —Lorsqu'un tronc commun doit se diviser, non plus en deux, mais en trois branches différentes, on peut employer
deux changements successifs dont le second a sa pointe immédiatement
au delà du croisement du premier. Il faut, pour cela, un certain développement, car il y a toujours au moins 3o mètres de la pointe au croisement. En pleine voie, cela ne fait pas de difficulté, et cette disposition est
toujours employée. Mais dans les gares, on a recours à un appareil spécial dans lequel les deux changements se trouvent réunis avec leurs
pointes juxtaposées. C'est le *changement double*, appelé quelquefois
improprement *triple*. La figure ci-après en fait comprendre la disposition.

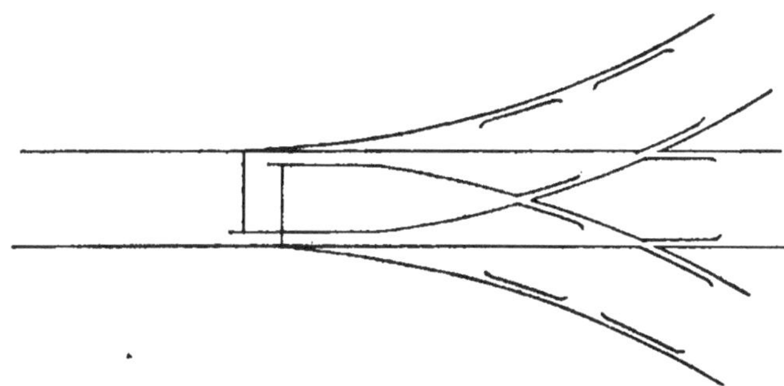

Lorsque le changement donne une des voies latérales, les deux lames
d'un même côté sont superposées ; il faut donc que l'une d'elles soit plus
courte que l'autre, car les deux pointes donneraient trop d'épaisseur si
elles étaient exactement superposées. Deux dispositions peuvent être
adoptées : la lame la plus courte peut être celle qui appartient à la voie
du milieu ; elle est cachée par l'autre dans la position supposée ; ou bien
elle appartient à la voie latérale, et elle repose sur l'autre. Dans ce dernier
cas, un véhicule suivant la voie latérale doit franchir successivement deux
pointes, ce qui est un inconvénient ; mais le premier entraîne un certain
élargissement de la voie du milieu au droit de l'aiguille courte. On devra
donc préférer l'une ou l'autre des dispositions suivant l'importance relative des deux voies. Dans la figure, nous avons représenté l'une d'elles
d'un côté, l'autre de l'autre ; mais on peut aussi les employer symétriquement.

Généralement, les lames longues ont la dimension ordinaire de 5 mètres;
les autres n'ont que 3 m. 6o.

Nous avons signalé les inconvénients de la flexion des lames sous la
pression des roues. Dans les changements simples, on s'y oppose au

moyen de tasseaux interposés entre le rail et la lame, qu'ils soutiennent quand elle est appliquée. Dans les changements doubles, on peut employer le même moyen pour les lames de la voie du milieu ; mais il n'est pas applicable pour celles des deux voies latérales qui ont derrière elles, non plus un rail fixe, mais des lames mobiles, et cependant ce sont justement celles qui ont à subir la plus forte pression : c'est un nouvel inconvénient des changements doubles et une raison de ne les employer que lorsqu'il y a un très réel avantage, principalement sur les points qui ne sont pas franchis en grande vitesse par les trains.

Il y a naturellement deux leviers de manœuvre, un pour chaque paire de lames ; il n'y en a jamais qu'un à manœuvrer pour passer de la voie du milieu à l'une des voies latérales, et rien ne s'oppose à ce que leurs contrepoids soient chevillés de manière à donner automatiquement cette voie. Il n'en est pas de même pour donner les voies latérales, car si on les fixe tous deux dans la direction demandée, il faut les soulever à la fois pour diriger une manœuvre sur la voie opposée, et si on n'en fixe qu'un, il faut qu'il soit assez lourd pour déplacer à la fois les deux aiguilles et le contrepoids de la deuxième.

191. Changement Wharton. — Le changement à aiguilles tel que nous l'avons décrit, introduit une partie mobile sur l'un des rails de chacune des deux branches. Dans le cas très fréquent où l'une des branches a beaucoup plus d'importance que l'autre, où l'une, par exemple, est une voie principale et l'autre une voie secondaire qui n'est jamais parcourue que par des manœuvres, il y a un sérieux intérêt à laisser la première complètement intacte, dût-il en résulter un peu plus de difficulté pour le passage sur l'autre branche. C'est dans ce but qu'a été imaginé le changement Wharton, très répandu en Amérique.

Dans cet appareil, les rails de la voie principale restent complètement intacts, de sorte que, lorsque la voie est faite pour cette direction, les trains peuvent passer comme s'il n'y avait pas de changement. Les rails de la voie latérale se terminent l'un et l'autre par des parties mobiles qui viennent, pour donner cette voie, s'appliquer contre les rails de la voie principale, l'une en dedans, l'autre en dehors. La première S′ affecte la forme d'une gouttière dont l'extrémité vient se cacher sous le bord intérieur du rail ; le boudin de la roue correspondante vient reposer sur le fond de cette gouttière et s'élève progressivement sur son plan incliné. La branche extérieure S est un rail ordinaire, infléchi à son extrémité de manière à venir se plaquer contre le rail sur une longueur d'un peu plus de 1 m. 50 ; un contre-rail, placé de l'autre côté de celui-ci, oblige la roue à venir s'appliquer exactement contre lui, de façon que le bord extérieur du bandage porte sur le rail-aiguille et s'élève aussi sur son plan incliné. Il faut pour cela que le bandage ait au moins 0 m. 14 de largeur. Les deux roues s'élèvent ainsi assez rapidement jusqu'à une hauteur de

42 mm. au-dessus du plan des rails de la voie principale, suffisante pour leur permettre de les franchir.

Les figures suivantes montrent les deux positions du changement :

1° Changement fait pour la direction principale.

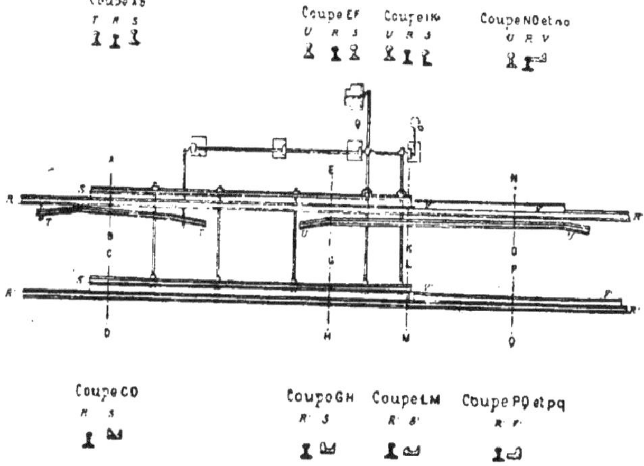

2° Changement fait pour la voie déviée.

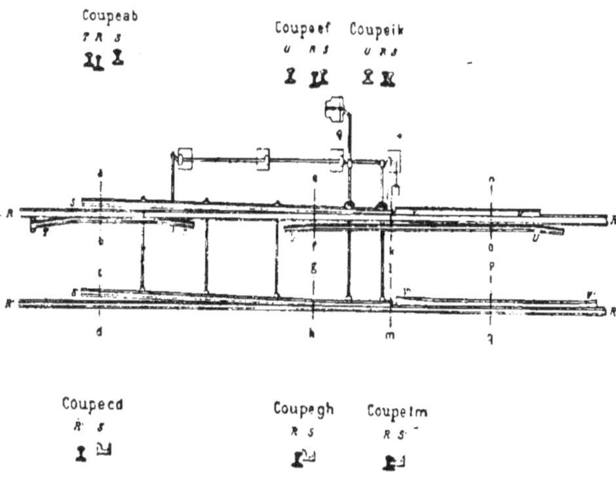

Lorsque l'appareil est pris en talon par un train de la voie principale et qu'il est fait pour la voie latérale, il pourrait se produire un choc de nature à détériorer le mécanisme de commande ; on y a pourvu au moyen d'un contre-rail T, placé vers le talon, mobile autour de l'une de ses extrémités et relié au dit mécanisme ; dans la position supposée de l'appareil, cet organe vient s'appuyer contre le rail ; le train survenant l'écarte par le boudin de sa première roue et, par ce moyen, déplace l'appareil.

L'inventeur a enfin complété son appareil en vue d'un train qui, arrivant par la voie latérale, le trouve fait pour l'autre. Il place, à cet effet, devant la pointe de chacune des branches une pièce qui recueille la roue au sortir de cette branche et la ramène sur les rails.

192. Traversées-jonctions. — On désigne sous ce nom, quelquefois aussi sous ceux de *traversée à aiguilles* ou *d'appareil anglais*, un appareil qui, placé à l'intersection de deux voies, comme une traversée oblique, permet de passer de l'une des branches, non seulement sur la voie directement opposée, mais aussi sur la voie oblique.

Cette faculté peut n'exister que pour deux des quatre branches, une à chaque bout de la traversée, tandis que, pour les deux autres, l'appareil se comporte comme une traversée ordinaire. C'est le cas de la *traversée-jonction simple* représentée par le croquis ci-dessous. Elle se compose, comme on le voit, d'une traversée, avec tous ses organes habituels, à laquelle on a ajouté deux courbes formant raccordement de voies dans les deux angles obtus, extérieur et intérieur, et une aiguille à chaque extrémité de ce raccordement. Cela fait deux changements de voies pour lesquels on utilise les croisements de la traversée.

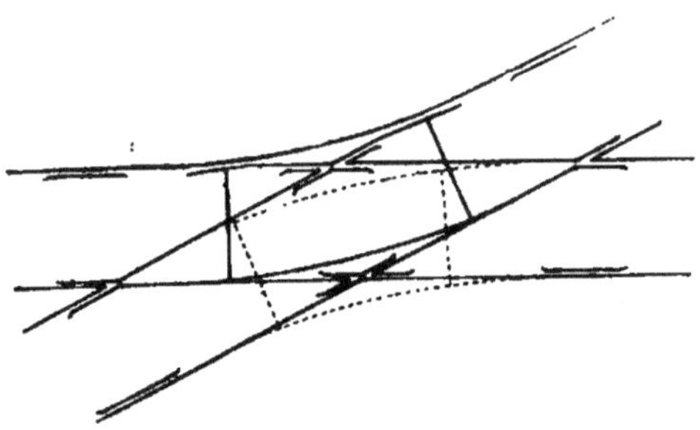

On a ajouté sur la figure, en traits ponctués, les deux voies de raccordement et les deux aiguilles qui compléteraient une *traversée-jonction double*. Celle-ci offre naturellement plus de ressources que l'appareil simple ; mais, en même temps qu'elle est plus chère, elle a l'inconvénient de présenter une aiguille en pointe de quelque côté qu'on l'aborde. Cette considération doit la faire exclure en général pour le raccordement des voies accessoires avec les voies principales, dans les gares secondaires où tous les trains ne s'arrêtent pas.

Au contraire, on y emploie souvent avec avantage la traversée-jonction simple. Les deux croquis ci-dessous montrent comment la substitution d'un de ces appareils à une traversée ordinaire (fig. *a*) permet d'utiliser une voie de garage en même temps comme liaison entre les deux voies principales et ainsi de supprimer la liaison LL (fig. *b*).

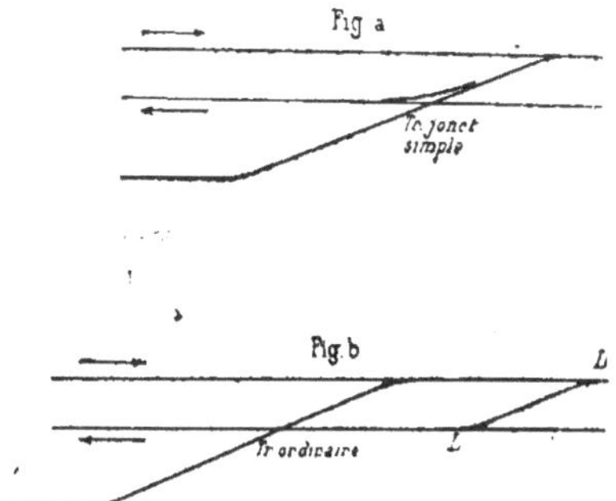

Mais c'est surtout dans les grandes gares qu'on fait aujourd'hui un usage très étendu des traversées-jonctions. Ainsi, lorsqu'on a un nombre quelconque de voies parallèles, deux voies en écharpe munies de traversées-jonctions doubles à leurs intersections avec les voies parallèles permettent de diriger un train de l'une quelconque de celles-ci sur une autre quelconque, et cela dans les deux sens. Le croquis ci-dessous représente cette disposition pour le cas de quatre voies.

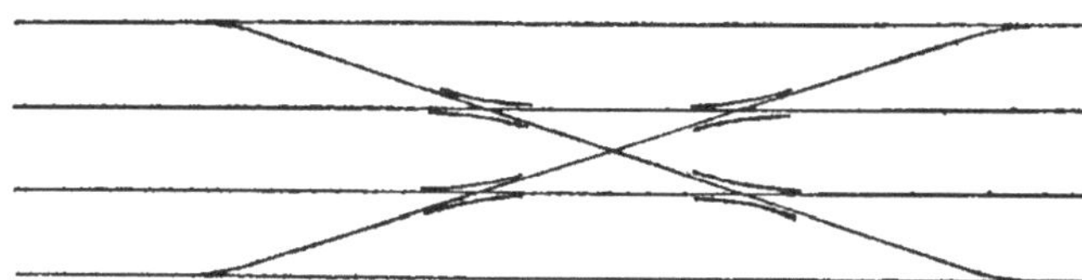

Si l'on voulait avoir les mêmes communications au moyen d'aiguilles et de liaisons de voies, il faudrait un développement beaucoup plus grand en longueur ; on aurait, en outre, sur les transversales, des sinuosités qui y rendraient la circulation difficile.

On peut relier les tringles de manœuvre de manière à renverser les quatre aiguilles à la fois d'un seul mouvement de levier. Mais cela n'est nullement obligatoire ; l'indépendance des manœuvres est souvent préférable, car la direction donnée à un train dépend uniquement de la position de l'aiguille par laquelle il aborde l'appareil.

§ 9. PLAQUES TOURNANTES ET CHARIOTS

193. Plaques tournantes. — On a souvent besoin, dans les chemins de fer, de retourner les véhicules ou les machines de bout en bout. On pourrait employer pour cela soit la boucle des tramways, soit les triangles à trois rebroussements.

Ces dispositions ne seraient pas pratiques dans les gares. On leur préfère des appareils spéciaux appelés *plaques tournantes* qui, en même temps qu'ils permettent de retourner les véhicules de bout en bout, offrent l'avantage de pouvoir les faire passer d'une voie sur l'autre.

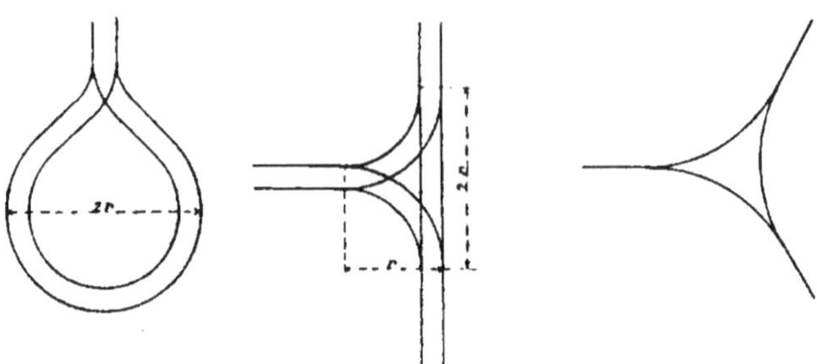

Les plaques tournantes sont constituées par un plateau en fonte reposant sur un pivot d'acier et roulant sur des galets coniques dont la distance au pivot est maintenue par des tiges métalliques. Le plateau porte une traversée de voie rectangulaire, souvent formée de rails Brunel pleins.

Les plaques tournantes ont des dimensions variables. Leur diamètre est généralement compris entre 3 m. 40 et 6 m. 50. Pour qu'elles puissent servir à tourner un véhicule, il faut que la voie qu'elles portent ait une longueur dépassant de 0 m. 60 la distance des essieux extrêmes, afin qu'entre le point de contact des roues extrêmes et le bord de la plaque, il y ait un espace de 0 m. 30 au minimum pour loger le boudin et éviter qu'il ne dépasse la plaque.

Les plaques destinées à la rotation des wagons et des voitures à voyageurs ont ordinairement de 4 m. 40 à 4 m. 50 ; ces dimensions suffisent avec les anciens types. Au chemin de fer du Nord, les plaques avaient autrefois 4 m. 20 de diamètre ; on tend à leur substituer des plaques de 4 m. 80.

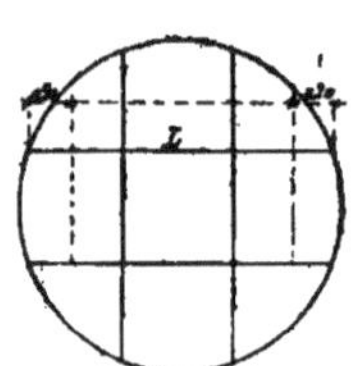

Les plaques servant à tourner les machines-tenders ont au minimum 5 m. 25 de diamètre ; pour les machines à tender séparé, on se sert de plaques de dimensions beaucoup plus grandes, atteignant 12 m. 50, 14 m. et même 14 m. 50 de diamètre. Mais ces plaques entraînent des frottements considérables, parce qu'il est difficile de bien équilibrer les machines, et on leur préfère souvent les *ponts tournants*. On donne à ces ponts une longueur assez notablement supérieure à l'empattement des machines, afin qu'elles puissent toujours se placer en équilibre sur le pivot, quel que soit l'état du chargement du tender, la position du centre de gravité de l'ensemble de la machine et du tender pouvant varier assez sensiblement suivant l'importance des approvisionnements.

Lorsque le pont est bien entretenu et la machine bien équilibrée, deux hommes suffisent pour le faire mouvoir.

Quelquefois on désaccouple la machine du tender et on tourne séparément les deux véhicules sur des plaques de dimensions ordinaires. Mais c'est là une opération pénible, même jusqu'à un certain point dangereuse, qui exige de 15 à 20 minutes. Ce n'est donc que tout à fait exceptionnellement que l'on doit recourir à cette méthode.

Les plaques tournantes des voitures et wagons sont en général disposées dans les gares par batteries, au croisement d'une voie transversale ; lorsque l'entre-voie est trop réduite, eu égard à la dimension des plaques, pour que celles-ci puissent être placées en ligne, on les dispose en quinconce avec des bouts de voie intermédiaires à 45°. Il faut alors avoir soin, lorsque la manœuvre est terminée, de remettre les plaques dans une

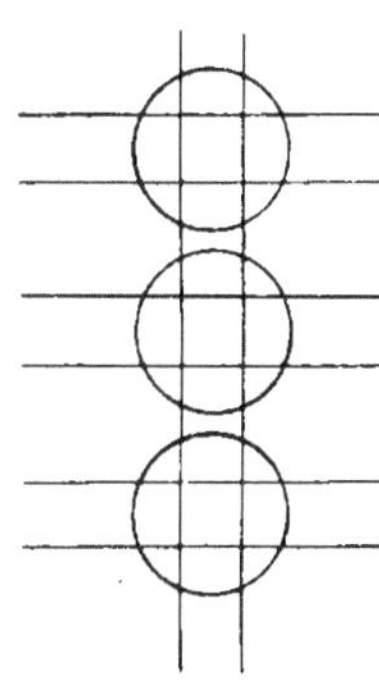

de leur position normale, pour que les voies ne soient pas interrompues. En supposant que les bouts de voie intermédiaires aient la même longueur, on voit que la disposition en quinconce, par rapport à la précédente, permet de réduire l'entre-voie dans la proportion de 1 à $\dfrac{\sqrt{2}}{2}$. Il est commode, pour ce cas, d'employer des plaques avec trois voies à 120°, de façon à éviter la manœuvre préalable d'une plaque toutes les fois que l'on veut passer un véhicule d'une voie sur l'autre, mais alors la réduction de l'entre-voie ne se fait plus que dans la proportion de 1 à $\dfrac{\sqrt{3}}{2}$.

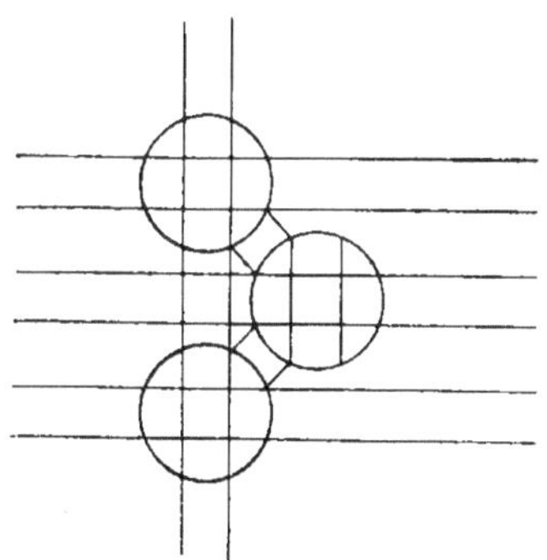

Les plaques tournantes sont des appareils d'un prix élevé. Une plaque de 5 m. 25 revient, pose comprise, à environ 5.000 fr. Un pont tournant de 17 m. de longueur coûte de 30.000 à 35.000 fr.

Les plaques tournantes des wagons sont généralement manœuvrées à la main. Les plaques des machines sont actionnées par un moteur spécial toutes les fois qu'elles doivent être utilisées fréquemment. C'est

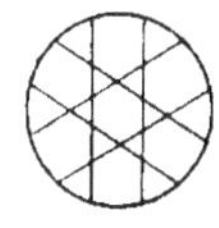

ce qui se produit, par exemple, dans les dépôts pour la sortie des machines des rotondes. On utilise également l'eau sous pression. A la gare St-Lazare, on a employé une disposition de ce genre : pour chaque groupe de deux voies terminus, il y a une plaque servant à tourner les machines ; cette plaque peut être amenée devant l'une ou l'autre des voies ; puis, lorsque la machine y a été placée, on ramène la plaque au milieu de l'entre-voie, à égale distance des deux quais, de façon à pouvoir effectuer le mouvement de rotation sans que la machine déborde sur les quais.

194. Chariots roulants. — Les chariots roulants sont employés de préférence aux plaques toutes les fois que l'on n'a pas à tourner les véhicules mais seulement à les faire passer d'une voie sur une autre. Ces chariots peuvent être placés dans des fosses ou avoir leur chemin de roulement sur la plate-forme de la voie. La fosse donne plus de facilités pour la construction de l'appareil ; mais, en revanche, elle a l'inconvénient de nécessiter une interruption des voies parallèles. Aussi les chariots avec fosse doivent-ils être prohibés sur les voies principales. On s'en sert, au contraire, couramment, dans les remises de machines et les ateliers.

Les chariots roulants à niveau ne nécessitent une solution de continuité dans les rails que juste pour le passage des roues du chariot, ce qui n'offre pas un grand inconvénient. D'autre part, la voie sur laquelle ils roulent doit être également interrompue au passage de chaque rail, et il en résulte que le déplacement du chariot offre plus de résistance. Avec cet appareil, la voie supportée se trouve nécessairement au-dessus

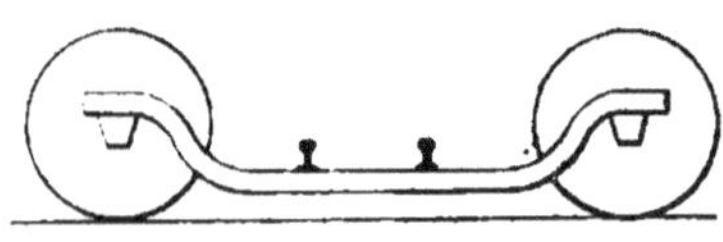

des rails. On rachète la différence de niveau par des lames à ressort, formant plans inclinés, à l'aide desquels les véhicules sont amenés de la voie sur le chariot. Mais il importe, pour que la manœuvre ne soit pas trop pénible, que les rails du chariot ne soient pas trop élevés au-dessus de ceux de la voie ; on a donc relativement peu de place pour établir un solide bâti, et c'est un inconvénient de cet appareil.

§ 10. DISPOSITIONS EMPLOYÉES POUR RETENIR LES VÉHICULES SUR LES VOIES

195. Taquets d'arrêt. — Pour retenir les véhicules isolés sur les voies où ils doivent stationner et éviter que, sous l'action des vents ou des chocs, ils ne puissent atteindre les voies principales, on se sert de *taquets d'arrêt* appelés aussi *blocs d'arrêt* ou *arrêts mobiles*. Ces appareils sont de types divers. L'un des plus anciens et des plus simples consiste dans une traverse de bois mobile autour d'un axe transversal à la voie, qui se rabat entre les rails. Cette traverse a une longueur juste égale à la distance comprise entre les bords intérieurs des rails ; il en résulte que, lorsqu'elle est relevée, elle intercepte le boudin des roues. Malheureusement les extrémités s'usent assez rapidement, et le taquet peut devenir inefficace. On lui préfère aujourd'hui le *taquet à oreilles*, constitué par une lame épaisse de tôle, mobile autour d'une charnière fixée au rail. Cette lame a un profil courbe de manière à faire coin sous la roue.

196. Heurtoirs. — Les voies en impasse sont terminées par des heurtoirs qui constituent un obstacle plus important que les arrêts mobiles. Le heurtoir est généralement formé de traverses assemblées contre

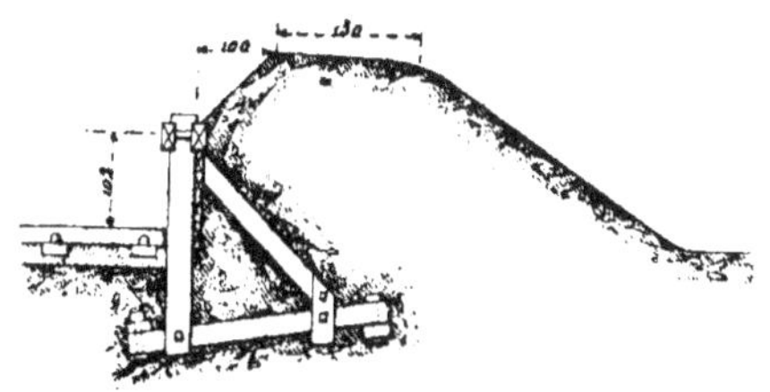

lesquelles vient appuyer un massif de terre. Lorsque la place manque, on se borne à supporter la traverse de choc, contre laquelle doivent appuyer les tampons des wagons, par un solide cadre formé de rails assemblés.

Enfin d'autres fois, comme aux extrémités des voies à quai des gares terminus, on emploie de grosses traverses de bois de fort équarrissage, et la traverse de choc est munie de tampons.

§ 11. PASSAGES A NIVEAU

197. Dispositions des passages à niveau. — On appelle passages à niveau les traversées à niveau des voies par les routes.

Ces traversées peuvent se faire normalement ou obliquement. Les cahiers des charges fixent généralement à 45° le minimum de l'obliquité que peut avoir le passage à niveau sur l'axe de la voie, afin d'éviter que les animaux ne puissent trop facilement s'engager sur la ligne.

Si la route fait un angle moindre avec le chemin de fer, on devra la dévier pour se maintenir dans la limite. Lorsque le chemin de fer est à un niveau supérieur à la route, la différence est rachetée par des rampes d'accès. Ces rampes ne doivent pas avoir une déclivité supérieure à 3 cm. par mètre pour les routes nationales et départementales et 5 cm. par mètre pour les chemins vicinaux, et il est bon qu'elles se terminent par un palier d'une certaine étendue avant d'arriver au passage à niveau, pour faciliter l'arrêt des voitures.

Les cahiers des charges exigent, en outre, que les rails ne fassent ni saillie ni dépression sur la surface du chemin. On satisfait à cette obligation en doublant le rail d'un contre-rail placé parallèlement et à une dis-

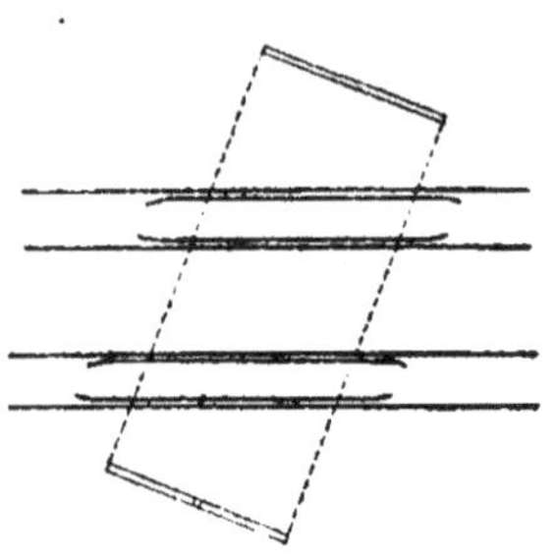

tance de 5 à 7 centimètres. Les deux extrémités des contre-rails sont recourbés de manière à faciliter l'entrée des boudins.

La chaussée sur le passage à niveau peut être pavée ou simplement empierrée. Autrefois, on employait fréquemment le pavage. On évitait ainsi plus aisément que des cailloux ne pussent pénétrer dans l'ornière du contre-rail. Mais la chaussée tassait inégalement, à cause des traverses, et le pavage était une difficulté lorsqu'il fallait rebourrer la voie. On préfère aujourd'hui un bon empierrement.

198. Modes de fermeture. — Les passages à niveau ont de 4 à 8 m. de largeur ; on adopte généralement deux types, l'un de 4 ou de 5 m., et l'autre de 8 m. Les passages du premier type ont une porte à un seul vantail, ceux du second à deux vantaux. De la sorte, on n'a qu'un seul type de vantaux. Les portes sont établies normalement au passage ou parallèlement à la voie. La première disposition est adoptée pour les *portes pivotantes*, la seconde pour les *portes* ou *barrières roulantes*.

La distance à laquelle ces portes doivent être placées du rail dépend de leur nature S'il s'agit de portes pivotantes, s'ouvrant de l'extérieur à l'intérieur, elles doivent être établies à une distance suffisante pour qu'on puisse les développer sans approcher du rail de moins que la distance minima fixée pour les obstacles fixes, qui est de 1 m. 35. Si les portes s'ouvrent de l'intérieur à l'extérieur, ou si les barrières sont roulantes, elles pourraient théoriquement s'approcher jusqu'à cette distance de 1 m. 35. En fait, un si faible espace ne serait pas sans danger. Le minimum normal est de 1 m. 50, et encore faut-il toujours se tenir au desssus si on le peut. Une distance convenable est celle de 3 m. 50 à 4 m. ; elle permet aux agents de pouvoir circuler sans danger sur un certain espace entre la barrière et un convoi passant sur la voie contiguë.

Les portes pivotantes peuvent être faites en bois ; elles sont donc moins coûteuses que les barrières roulantes qui doivent être en fer.

On emploie aussi, pour fermer les passages à niveau, des barrières à bascule qui ont l'avantage de pouvoir se manœuvrer à distance. Elles sont constituées par une traverse supportant une sorte de panneau articulé et pouvant tourner autour d'un axe horizontal. Cette traverse est maintenue relevée verticalement par un fort contrepoids. Il suffit donc de soulever ce contrepoids pour fermer les barrières ; on se sert pour cela d'une transmission à fil.

Lorsque les barrières à bascule sont normalement fermées, on en demande l'ouverture au garde chargé de les manœuvrer à l'aide d'une sonnette. Dans le cas contraire, on annonce la fermeture également au moyen d'une sonnette.

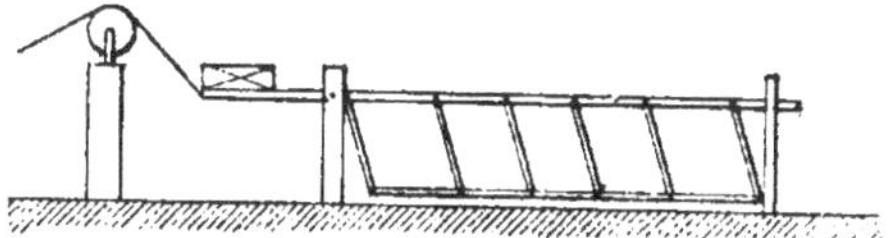

Les portes des passages à niveau ne sont ouvertes que pour la circulation des voitures ou des troupeaux. Pour le service des piétons, on dispose, à côté des barrières, un *portillon battant* que les passants ouvrent à leurs risques et périls. Pour éviter que les animaux ne s'introduisent sur la voie par ces portillons, on les entoure parfois d'une barrière qui forme tourniquet. Cette disposition n'offre pas de sérieux avantages, et elle est fort incommode surtout pour les personnes qui portent des fardeaux ou conduisent une bicyclette.

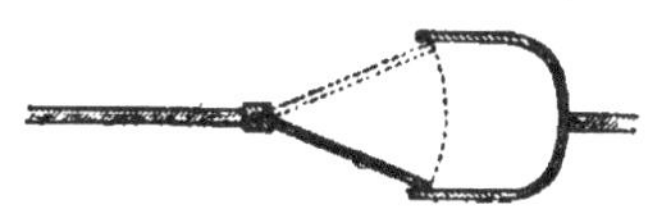

199. Protection des passages à niveau. — Les passages à niveau étant généralement tous munis de barrières qui doivent être fermées au moment du passage des trains, la sécurité est théoriquement assurée aussi bien pour la circulation routière que pour le passage des trains. En fait, les gardes-barrières se laissent parfois surprendre par l'arrivée des trains et omettent de fermer les barrières au moment du passage de l'un d'eux : une collision peut alors se produire à la traversée des voies. Les accidents de ce genre ne sont malheureusement que trop fréquents. On peut y remédier en couvrant le passage à niveau par des disques à distance comme s'il s'agissait d'une véritable gare. Mais, outre que ce procédé est extrêmement coûteux, il a l'inconvénient de conduire à une multiplicité de signaux qui entraverait la circulation des trains et pourrait même être dangereuse, en ce sens qu'elle affaiblirait la portée de ce signal que les mécaniciens seraient habitués à rencontrer fréquemment à l'arrêt sans utilité apparente pour eux. On peut aussi faire annoncer les trains aux passages à niveau, soit automatiquement au moyen de pédales ou d'avertisseurs électriques, soit par les gares ou par un poste quelconque placé à distance suffisante. Sur les lignes à voie unique, l'annonce des trains peut être obtenue à l'aide des *cloches électriques*, dont elles doivent être réglementairement munies quand elles ne rentrent pas dans des cas spécifiés par une circulaire ministérielle du 27 juillet 1898. Sur les lignes à double voie, la question est plus complexe ; elle a été mise à l'étude sur tous les réseaux français par l'Administration supérieure en 1899. Au chemin de fer du Nord, on tend à généraliser l'emploi des *avertisseurs à crocodile*.

§ 12. PLATEFORME DE LA VOIE

200. Ballast. — La voie, composée de rails et de traverses, ne repose pas directement sur le sol ordinaire ou sur les terrassements faits avec les matériaux qui se présentent : la plateforme présenterait ainsi une résistance essentiellement variable d'un point à l'autre, et il ne tarderait pas à se produire des affaissements. On interpose entre le sol et les traverses une couche de *ballast*, qui a pour but de répartir uniformément la pression sur le terrain sous-jacent.

Un bon ballast doit être d'abord perméable à l'eau. Cette condition est nécessaire pour assurer la conservation des traverses ; s'il renfermait de l'argile, il se gonflerait sous l'influence de l'humidité ; le bourrage ne se maintiendrait pas ; la voie serait irrégulière. Le ballast doit, en outre, être suffisamment meuble pour se tasser uniformément sous les traverses et être partout en contact avec elles ; mais il ne doit pas être plastique, se comprimer et se déplacer sous la pression qu'imprime le passage des convois. Les éléments ne doivent pas être trop ténus, renfermer de la poussière : celle-ci constitue une gêne pour les voyageurs et a, de plus, l'inconvénient de s'insinuer dans les articulations du mécanisme des machines. Pour obtenir ces conditions, il est nécessaire que les matériaux qui composent le ballast résistent à l'action de l'eau et de la gelée, ainsi qu'à l'écrasement.

On peut faire du bon ballast avec du gravier à grains inégaux, pourvu qu'il ne renferme pas trop de sable et pas d'argile. On peut également employer la pierre cassée dure, non gélive, passée à l'anneau de o m. o6 : elle donne un ballast très résistant, mais qui roule sous les traverses et est d'un bourrage peu commode ; le premier de ces inconvénients se corrige en mélangeant à la pierre cassée un peu de sable et de gravier ; la voie se déplace alors moins facilement.

On utilise aussi pour faire du ballast, l'argile cuite et les laitiers de haut-fourneau, surtout lorsqu'ils ont été granulés dans l'eau.

Il importe que la plateforme sur laquelle repose le ballast soit soigneusement assainie lorsque le terrain est un peu argileux. S'il n'en était pas ainsi, des tassements se produiraient au moment des pluies ; le sol s'écraserait sous la pression du ballast auquel il finirait par se mélanger, le bourrage tiendrait mal, et les traverses deviendraient *danseuses*.

Le ballast demande à être entretenu comme le reste de la voie, pour le purger de la terre que le vent, les pluies, la végétation finissent à la longue par y apporter. Lorsque la plateforme est bien assainie, un bon ballast peut durer de 15 à 3o ans.

201. Profil transversal de la voie. — Le ballast forme, sur la plateforme, une couche de o m. 5o d'épaisseur environ, dans laquelle les traverses sont enfouies et qui affleure au niveau du champignon du rail. Généralement, on donne à cette couche une largeur suffisante pour former une banquette de 1 mètre de chaque côté des rails.

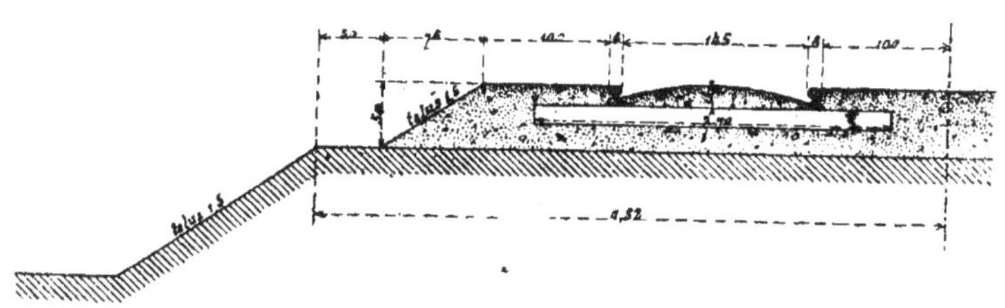

Cette largeur est plus que suffisante pour bien asseoir la voie, mais elle a l'avantage de constituer une réserve pour parer à l'enfoncement des éléments du ballast dans les plateformes un peu meubles, comme cela se produit, par exemple, dans les parties de voie en remblai.

La couche de ballast se termine par un talus en pente de 1,5 et laisse une banquette de o m. 5o environ entre le pied de ce talus et le bord de la plateforme de la voie. Sur les remblais un peu élevés, on donne à cette banquette une largeur souvent plus grande.

Ces dimensions sont celles du profil normal de la voie. Elles correspondent donc à une largeur totale de la plateforme de 6 m. 07 pour une voie unique, et de 2 fois 4 m. 82, soit 9 m. 64 pour une double voie, en supposant une entre-voie de 2 mètres.

Lorsque la voie est en *remblai*, le talus du remblai doit offrir également une pente de 1,5 de base pour 1 de hauteur ; la clôture du chemin de fer est posée à 1 mètre du pied de ce talus ; entre les deux, on plante généralement une haie vive à o m. 5o en avant de la clôture. Si le remblai est établi sur un terrain présentant une pente, il sera précédé, en amont, d'un fossé pour recueillir les eaux du sol naturel, et ces eaux seront amenées de l'autre côté du remblai par une buse.

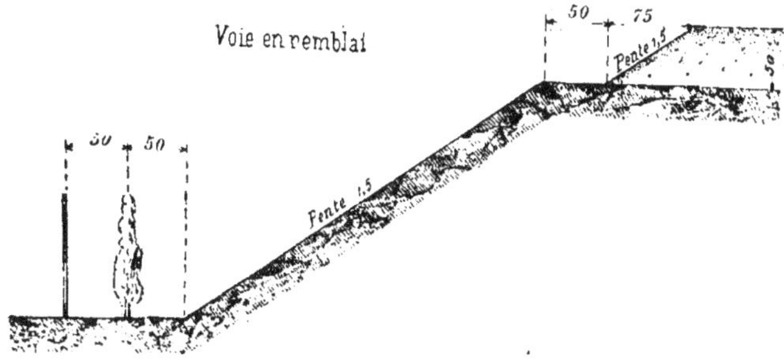

Lorsque la voie est en *déblai*, on donne au talus de la tranchée une pente variable selon la nature du terrain. Ordinairement la pente est de 1.

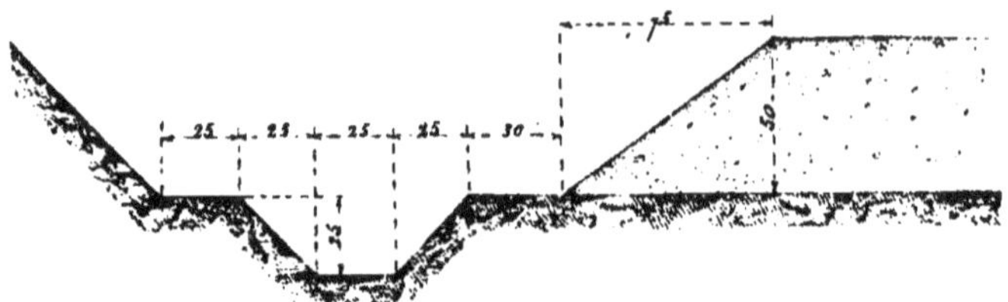

Dans les tranchées en rocher, elle est réduite à 1/3 et même moins. On laisse une banquette au pied du talus de la tranchée comme au pied du ballast, et l'on établit, entre les deux, un fossé dont l'importance varie selon la profondeur de la tranchée et la nature du sol. Lorsque le terrain est très perméable et la tranchée peu profonde, on peut même supprimer le fossé.

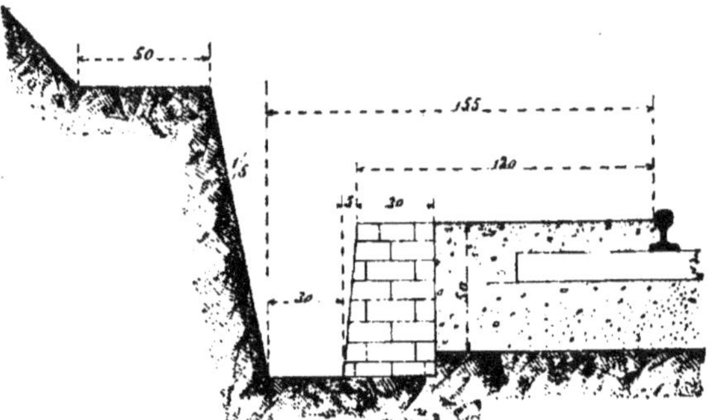

Dans les tranchées profondes, surtout dans celles qui sont creusées dans le rocher, on soutient le ballast par un mur en pierres sèches, afin de réduire le cube du déblai.

§ 13. NOTIONS GÉNÉRALES SUR L'ÉTABLISSEMENT D'UN CHEMIN DE FER

Nous ne donnerons que quelques détails sur cette question qui est plutôt du ressort des Ingénieurs des Ponts et Chaussées.

202. Considérations générales sur le tracé des lignes de chemin de fer. — Le tracé d'un chemin de fer est généralement défini dans ses grandes lignes par des considérations d'ordre commercial, politique ou militaire, qui en déterminent les points extrêmes et même un certain nombre de points intermédiaires. Le problème technique à résoudre est alors le suivant : dans les limites du programme fixé par ces considérations, faire un tracé qui concilie le mieux possible l'économie de l'établissement avec des conditions favorables d'exploitation.

On commence d'abord par se donner les conditions générales de la ligne, en profil et en plan, conditions qui varient suivant l'importance de la voie à construire, son but, les développements et extensions qu'elle pourra recevoir ultérieurement, enfin et surtout sa largeur.

A l'origine, pour le chemin de fer de Saint-Germain, on n'avait pas admis de déclivité supérieure à 1 mm. ; les courbes devaient être établies en palier et avoir au moins 2.000 m. de rayon. Mais, pour les grandes artères construites ensuite, on s'est montré plus tolérant : on a accepté des déclivités de 5 mm. et même, en certains points, de 6 et 8 mm. ; les rayons minima ont été abaissés à 1.000 mètres et même 800 mètres. Pour les lignes secondaires, les déclivités purent atteindre 10 à 12 millimètres et les rayons descendre jusqu'à 500 mètres, puis jusqu'à 300 mètres. Enfin, sur les lignes du troisième réseau, les pentes se sont élevées jusqu'à 25 mm. et même, exceptionnellement il est vrai, à 30 mm. et au-delà ; les rayons sont normalement de 300 mètres et peuvent être abaissés à 250 mètres. Pour les lignes stratégiques, les courbes doivent avoir au minimum 300 mètres de rayon sur les faibles pentes et 500 mètres sur les déclivités supérieures à 8 mm.

Dans certains cas, on admet une limite différente pour les déclivités, suivant le sens, lorsque le trafic est notablement plus important dans un sens que dans l'autre. Enfin, on se fixe un palier minimum entre deux déclivités opposées et un alignement également minimum entre deux courbes de sens inverses. La longueur de ce palier ou de cet alignement est ordinairement de 100 mètres.

203. Étude du tracé à l'aide de la carte et sur le terrain.
— Quand on a ainsi déterminé les principales données d'établissement de la ligne, on procède par approximations successives en se servant de la carte d'état-major au $\dfrac{1}{80000}$, ou mieux des cartes au $\dfrac{1}{40000}$ dont le dépôt des cartes et plans du Ministère de la Guerre peut délivrer des calques. A l'aide de ces cartes, sur lesquelles sont tracées des courbes de niveau de 10 en 10 mètres, on peut définir approximativement plusieurs tracés respectant les conditions d'établissement imposées.

Mais ce n'est là qu'une étude préliminaire ; il faut alors étudier sur place chacun des tracés ainsi obtenus. On les jalonne sur le terrain par une ligne polygonale que l'on relève en plan et en profil à l'aide d'une triangulation et du niveau à bulle d'air. On reporte cette ligne sur un dessin à l'échelle de $\dfrac{1}{2000}$; on dresse des profils transversaux espacés de 100 mètres et longs de 200 à 300 mètres de chaque côté de la ligne, plus rapprochés et plus courts en terrains accidentés, plus espacés et plus longs en terrain plat. Enfin on relève les courbes de niveau de 2 mètres en 2 mètres, et on dresse ainsi une carte à l'échelle du $\dfrac{1}{2000}$ d'une bande de terrain de 400 à 600 mètres de largeur, dont le tracé primitif forme la zone moyenne, et qui permet d'étudier, par tâtonnement, la meilleure répartition des pentes et des rampes. On étudie alors le nouveau profil sur le terrain, et l'on s'assure qu'il donne le tracé le plus avantageux. Cette étude amène souvent à faire encore de nouvelles modifications que l'on reporte sur le plan avec de nouveaux profils en travers.

Quelquefois, après la première étude préliminaire avec la carte au $\dfrac{1}{80000}$ ou au $\dfrac{1}{40000}$, on commence par faire un plan au $\dfrac{1}{10000}$ qui permet de dresser un avant-projet plus exact, et c'est après avoir fait cet avant-projet que l'on passe aux relevés au $\dfrac{1}{2000}$.

204. Points particuliers du tracé : traversée des faîtes, des vallées. — Plusieurs points particuliers doivent être l'objet d'une attention très soutenue dans une étude de ce genre.

En premier lieu, la *traversée des faîtes* constitue une première difficulté. En général, on doit faire en sorte, comme pour les routes, de les franchir aux cols. Mais on ne peut pas toujours y parvenir sans être conduit à allonger démesurément le parcours, et il faut alors pratiquer soit une tranchée, soit un souterrain. Dans le second cas surtout, le profil devra être étudié en vue de donner au souterrain la plus petite longueur possible. Le souterrain pourra recevoir une certaine inclinaison ; mais pour tenir compte des difficultés d'adhérence qu'y créent l'humidité et la vapeur, le maximum des déclivités sera limité au $\dfrac{1}{5}$ et même au $\dfrac{1}{6}$ de celui qui est admis sur la ligne.

Un second point important est la *traversée des vallées*. Pour les routes, qui se trouvent généralement à une faible hauteur au-dessus du terrain, on recherche les parties larges de la vallée. Avec les chemins de fer, la même méthode est adoptée lorsqu'elle ne conduit pas à des déclivités qui dépassent les limites que l'on s'est imposées. S'il en est autrement, on recherchera, au contraire, les parties étranglées afin de réduire le plus possible l'importance des ouvrages d'art.

205. Emplacement des stations. — Enfin une attention toute spéciale doit être apportée dans la détermination de l'*emplacement des stations*. Le choix de cet emplacement est déterminé par des considérations techniques et économiques. On doit autant que possible les établir en palier. La longueur du palier nécessaire est d'au moins 400 à 500 mètres pour les moindres stations, 800 mètres pour les moyennes, 1.000 mètres et plus pour les grandes. A moins de circonstances exceptionnelles, on les place dans des alignements droits, pour que toutes les parties soient bien vues, et en un point où la ligne se découvre au loin dans les deux directions.

Au point de vue économique, on doit rechercher un emplacement qui concilie les intérêts du Trésor, ou de la Compagnie concessionnaire substituée à l'Etat, avec ceux des localités et du trafic direct.

CHAPITRE X

GARES

§ 1. DISPOSITIONS GÉNÉRALES DES GARES DE FAIBLE IMPORTANCE

La disposition à adopter pour les gares dépend de leur importance. On distingue les gares de faible et de moyenne importance et les grandes gares. Les gares de faible importance peuvent se diviser en *haltes, stations à voyageurs* et *stations complètes avec service de marchandises*.

206. Haltes. — Les haltes ne prennent, en général, que les voyageurs sans bagages. A la rigueur, un simple trottoir à bordure en pierre ou même simplement gazonnée, près d'un passage à niveau, peut suffire. Le service est fait par les conducteurs de trains qui recueillent et délivrent les billets. S'il y a une maison de garde, on peut y annexer une salle d'attente pour les voyageurs ; le garde-barrières fait alors le service des billets.

207. Stations à voyageurs avec bagages. — Ces stations se rencontrent notamment sur les lignes de banlieue. Elles comportent un bâtiment pour le service des voyageurs et des bagages, deux quais de 15o m. et même 18o m. de longueur, bordant les voies, ou un seul quai s'il s'agit d'une voie unique Sur le quai contigu au bâtiment principal, on établit des water-closets ; sur le quai opposé, on dispose un abri. Enfin, on ménage une cour d'accès en avant du bâtiment de la station.

208. Stations complètes avec service des marchandises. — Les stations complètes font à la fois le service des voyageurs et des

marchandises. Sur les lignes à double voie, les deux voies restent parallèles et sont bordées de quais de o m. 25 de hauteur. Elles sont, en outre, réunies par une jonction AB, disposée de façon que les aiguilles soient prises en talon par les convois. Cette jonction est nécessaire pour le service des marchandises, et permet, en même temps, d'organiser un service temporaire de voie unique sur l'une des voies, en cas d'accident.

Sur les lignes à voie unique, on dédouble la voie, afin de permettre les croisements. On adopte alors l'une des dispositions ci-dessous. La première donne des courbures moins accentuées, mais chaque train

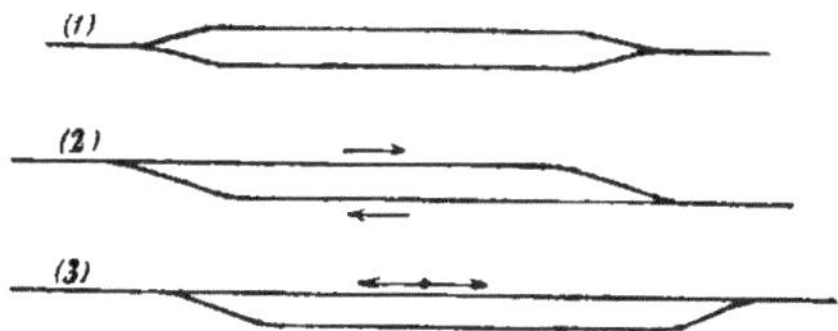

a deux courbes à franchir ; elle est peu employée. Avec la seconde, les trains, prenant leur gauche, n'ont pas de courbe à l'entrée de la station, mais seulement à la sortie ; les aiguilles sont alors chevillées pour la direction rectiligne et sont talonnées par les trains à leur sortie La troisième disposition convient surtout pour les lignes parcourues par des trains directs ; la voie rectiligne est placée du côté du bâtiment principal et sert indifféremment pour les trains de chaque sens et pour le passage des express ; la voie de dédoublement ne sert qu'exceptionnellement, en cas de croisement.

Lorsqu'une station doit faire le service des marchandises, il faut qu'elle possède au moins une voie accessoire, reliée par aiguille avec l'une des deux voies principales, celles-ci étant elles-mêmes réunies par une jonction.

Le long de la voie accessoire, on établira un quai de 1 m. de hauteur,

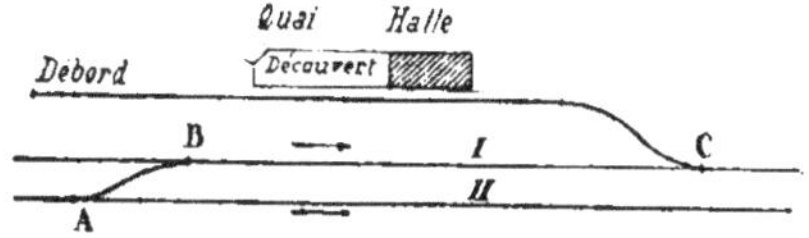

en partie couvert, et sur lequel les voitures devront pouvoir accéder à l'aide d'un plan incliné ; de plus la voie devra être, sur une partie, accessible aux voitures pour les chargements en *débord*, c'est-à-dire de voiture à wagon ou inversement. La diagonale AB permet aux machines des trains de la voie II de prendre ou de laisser des wagons à l'aiguille C ; mais il faut terminer la manœuvre à bras.

Dès qu'il y a plus de 200 à 300 wagons à recevoir ou à expédier par an, il faut une deuxième voie de marchandises, soudée à la première par aiguille ; en outre, ces voies accessoires doivent être reliées entre elles par une transversale et des plaques tournantes ; s'il y a un *débord* important, il faudra même établir une voie de ceinture c, reliée aux autres par une aiguille et par une plaque.

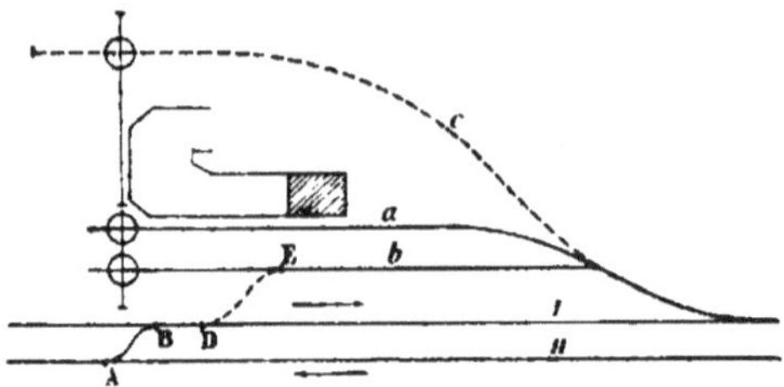

La seconde voie *b* est utile, quel que soit le trafic, si la ligne est importante, pour éviter l'encombrement des voies principales pendant les manœuvres et aussi pour garer les trains de marche moins rapide.

Si la ligne a un mouvement caractérisé de marchandises dans un sens, on placera le quai aux marchandises de ce côté.

Avec la disposition ci-dessus représentée, on peut aisément faire une expédition sur la voie I, mais il n'en est pas de même sur la voie II. On faciliterait considérablement les manœuvres en établissant une jonction DE entre la voie *b* et la voie I; mais l'aiguille D serait prise en pointe

par les trains de la voie I. On adopte de préférence la disposition ci-jointe qui met en relation directement la voie II avec le service local des marchandises par une jonction GH ; on peut même substituer une traversée-jonction simple au croisement simple de la voie I et de la jonction GH et supprimer la jonction AB, devenue inutile.

On emploie également la disposition ci-contre, qui a l'avantage de permettre de prendre et de laisser les wagons le plus rapidement possible ; les mouvements à bras sur la transversale se font à loisir dans l'intervalle du passage des trains.

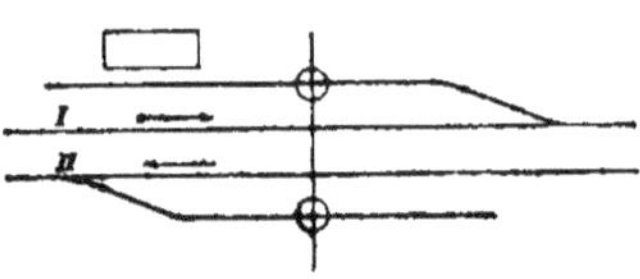

Cette méthode est coûteuse puisqu'elle exige une voie de plus et des plaques.

§ 2. GARES DE MOYENNE IMPORTANCE

209. — D'une manière générale, on place la halle aux marchandises du même côté que le bâtiment des voyageurs, de façon à n'avoir qu'une seule cour ; la surveillance est alors plus facile. Cette disposition est sans intérêt pour les stations d'une certaine importance ou véritables gares. Les voies des marchandises y reçoivent un développement en rapport avec l'importance du trafic, et elles sont, au contraire, installées plutôt du côté opposé au bâtiment des voyageurs, puisqu'elles ne peuvent passer ni devant ni

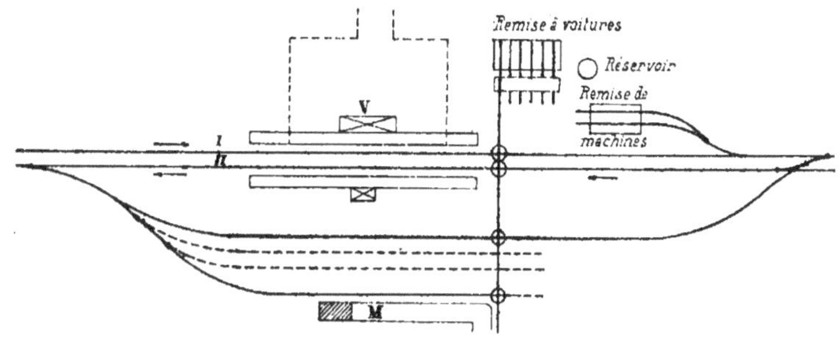

derrière lui, et qu'on aura rarement la place de les mettre au bout du service des voyageurs sans rencontrer un passage à niveau, un pont qu'il faudrait élargir, ou quelque obstacle analogue. Ces gares pourront avoir une remise pour les voitures à voyageurs, un réservoir à eau et une remise de machines.

§ 3. GRANDES GARES

Les grandes gares sont celles qui desservent des villes importantes, les chefs-lieux des départements par exemple. Souvent elles coïncident avec la bifurcation des embranchements ou avec des têtes de lignes.

210. Gares de bifurcation. — Les dispositions adoptées pour les gares de bifurcation sont très variables. Généralement, on fait arriver les trains sur des voies parallèles, par groupes de deux séparés par des quais. Le nombre des voies à quai n'est pas égal à celui des directions ; il

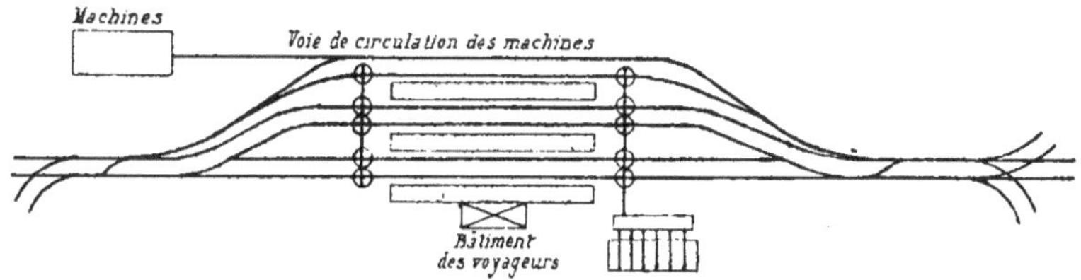

dépend de celui des trains qui doivent se trouver simultanément dans la gare pour les correspondances. On place de préférence le long d'un même quai les trains qui ont les correspondances les plus importantes, surtout au point de vue des colis à transborder. Les deux lignes de plaques placées de chaque côté des quais permettent d'introduire des voitures, d'en retirer, ou d'en faire passer d'un train dans l'autre.

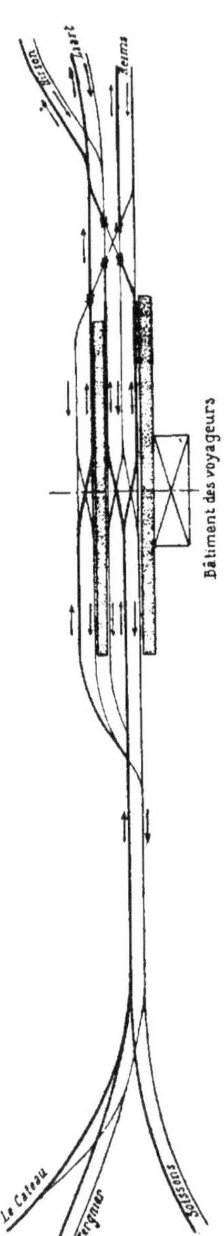

Cette organisation réduit au minimum la longueur des quais, le chemin que les voyageurs ont à faire pour gagner les trains, le nombre des aiguilles en pointe; mais elle oblige à faire traverser les voies aux voyageurs et à couper les trains en stationnement.

Lorsqu'on dispose d'un emplacement suffisant, on peut éviter ce dernier inconvénient en allongeant suffisamment les voies à quai pour permettre à un train de se placer en entier à quai tout en dégageant la traversée de voies médiane de la gare; quant à la traversée elle-même des voies, il est difficile de l'empêcher, à moins d'avoir des passerelles ou des passages souterrains; mais on peut réduire le nombre de ces traversées avec la disposition dite des *bretelles*, fréquemment en usage à l'étranger et qui commence à être employée en France, au Nord notamment. Elle consiste à faire croiser les voies au milieu de la gare, de manière à pouvoir amener simultanément contre chaque quai deux trains de sens inverses. Avec la disposition de la gare de Laon, qui est représentée par la figure ci-contre, où l'on a marqué en traits forts les voies affectées à la circulation de gauche à droite et en traits fins celles parcourues par les trains de sens inverse, on voit que l'on peut avoir simultanément six trains à quai, à l'aide d'un seul quai en plus de celui du bâtiment principal. Les voyageurs ont donc au maximum trois voies à traverser. La gare précédente, au contraire, ne permettait de recevoir à quai que cinq trains seulement, et, pour aller prendre le dernier, les voyageurs avaient quatre voies et un quai à traverser. L'emploi de bretelles semble donc très avantageux, au moins pour celles des voies sur lesquelles il ne passe pas des trains express ou rapides sans arrêt.

Lorsque les trains de l'une des branches qui aboutit à la gare meurent et naissent dans cette gare, on peut supprimer les traversées en faisant arriver ces branches en impasse sur le côté du bâtiment des voyageurs.

211. Gares terminus. — Dans les gares terminus, les quais sont généralement établis aux extrémités des voies, afin de se rapprocher le plus possible de la ville. Mais on a alors une difficulté toute spéciale pour dégager les machines. On y remédie dans une certaine mesure à l'aide de voies de remisage ou de circulation des machines. Pour cela on dispose les voies par groupes de deux entre lesquelles on établit une voie de remisage, à laquelle on accède à la fois par des plaques et par des changements de voies. On emploie les plaques pour dégager les machines courtes, comme les machines tenders, qui peuvent tourner sur ces plaques ; mais les machines ordinaires à tender séparé doivent passer sur les jonctions. Cela nécessite préalablement une manœuvre de refoulement sur une cinquantaine de mètres pour dégager les aiguilles.

Lorsque la largeur manque, on peut supprimer la voie de circulation des machines. Les voies sont encore accouplées deux à deux, et on les réunit à leurs extrémités soit par des bretelles, soit à l'aide de plaques tournantes que l'on peut même, comme à la gare Saint-Lazare, rendre mobiles pour accélérer les manœuvres. Le dégagement des machines se fait alors par celle des voies qui est libre la première.

212. Longueur utile des voies ; largeur de l'entre-voie. — Un point important dans l'établissement d'un projet de gare est la fixation de la longueur utile à donner aux voies. Cette longueur dépendra de celle qui sera habituellement donnée aux trains devant desservir cette gare.

Les longueurs maxima peuvent s'établir ainsi :

Pour les trains de voyageurs, dont le nombre des voitures ne peut pas dépasser 24, on doit compter une moyenne de 7 m. par voiture et 16 m. par machine et tender. En admettant que le train soit remorqué en double traction, cela donne une longueur de 200 mètres.

Les trains de marchandises ont un nombre de wagons beaucoup plus considérable, ne dépassant pas en général 45. Cependant, avec le matériel vide, on va jusqu'à 60 et même 80 véhicules. En comptant une moyenne de 6 m. 50 par wagon et supposant la double traction, on arrive à une longueur de :

325 m. pour 45 wagons
422 » 60 »
552 » 80 »

En pleine ligne, on donne une largeur de deux mètres à l'entre-voie. La distance entre les axes de deux voies contiguës est alors de $2 + 1,45 + 2 \times 0,06$, soit de 3 m. 57. Cette distance ne serait pas suffisante pour que l'on pût poser des batteries de plaques sur des voies transversales.

Au chemin de fer du Nord, les plaques, ainsi que nous l'avons dit, ont

4 m. 80 de diamètre, pour les voitures à voyageurs, et 4 m. 20 pour les wagons à marchandises. Avec o m. 10 en plus pour la cuve en fonte et o m. 10 d'intervalle entre les plaques, on arrive à un écartement de 5 m. 10 d'axe en axe des voies, pour les voies à voyageurs, et de 4 m. 50 pour les voies à marchandises. Si donc on doit établir des plaques à la traversée des voies principales, il faut avoir soin d'élargir progressivement l'entre-voie dans l'étendue de la gare.

Entre les voies principales et les voies accessoires, on pourrait se borner, à la rigueur, à l'écartement normal de 3 m. 57 d'axe en axe. Pour faciliter la surveillance, on augmente cette largeur jusqu'à 4 m. et même 4 m. 50. Si une voie transversale avec plaque aboutit sur cette voie accessoire, il faut, autant que possible, donner à l'entre-voie une largeur suffisante pour pouvoir tourner un wagon sans engager le gabarit de la voie principale.

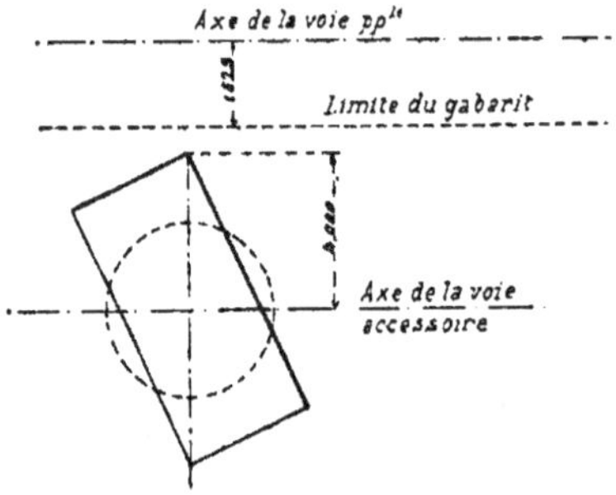

La largeur du gabarit étant de 3 m. 250 et les wagons pouvant aisément avoir une diagonale de 8 m. de longueur, on voit que l'écartement d'axe en axe des deux voies contiguës doit être d'environ 6 m. Si cet écartement est plus réduit, les mouvements sur la plaque ne devront pas pouvoir être exécutés avant qu'on ait pris la précaution d'interdire la circulation sur la voie principale.

213. Trottoirs. — En France, on n'emploie généralement que les trottoirs bas de 0,25 à 0,30 de hauteur, dont le bord est à une distance variant de o m. 75 à o m. 85 du rail. Ces trottoirs ont une largeur de 4 m. environ, dans les stations ordinaires, et de 6 m. dans les grandes gares. Cependant l'usage des trottoirs élevés, couramment employés en Angleterre, commence à se répandre chez nous. Ces trottoirs ont de o m. 80 à 1 m. de hauteur, de façon à arriver à peu près au niveau du plancher des voitures.

Ils offrent de grandes facilités pour les voyageurs, mais ils sont incommodes pour le service des bagages.

La longueur des trottoirs varie suivant l'importance des trains qui desservent habituellement la gare. Cette longueur ne descend pas au-dessous de 100 m.; mais elle atteint aisément 130 et même 180 m. dans les gares desservies par des trains ayant habituellement presque le nombre maximum de voitures.

214. Gares de triage. — Aux abords de Paris et de certaines grandes gares, il est nécessaire d'établir des gares de triage pour former et déformer les trains de marchandises, et répartir les wagons par spécialités.

On dispose pour cela les voies en épanouissement à l'extrémité d'une voie inclinée en dos d'âne, présentant, du côté de l'épanouissement, une pente de 10 mm. environ, et que l'on nomme *voie de tiroir*. C'est le système des grils. La décomposition des trains se fait sous l'action de la pesanteur ; on désaccouple les véhicules, et il suffit de les pousser successivement jusque sur le dos-d'âne pour que, entraînés par leur poids, ils se mettent en mouvement vers le gril. Les wagons sont alors convenablement aiguillés ; on les arrête, soit en manœuvrant le frein à main, soit

en plaçant sur le rail un sabot qui les retient, soit encore à l'aide du bâton. En 25 à 30 minutes on peut arriver ainsi à décomposer un train de marchandises.

A Edge Hill, près Liverpool, on emploie deux grils successifs. Le premier sert à classer les wagons par spécialités, le second à les placer dans l'ordre voulu.

Les grils successifs peuvent être disposés soit comme dans la figure précédente soit encore comme ci-dessous.

Les manœuvres de triage à la gravité sont commodes et rapides ; mais il n'est pas toujours facile d'arrêter les véhicules au point voulu. Il en résulte donc souvent des tamponnements et des déraillements. De plus, ces manœuvres ne laissent pas d'être dangereuses pour les hommes d'équipe chargés d'arrêter les véhicules.

Le nombre de voies d'un gril et le nombre minimum de wagons qu'elles peuvent contenir sont représentés par la racine carrée du nombre des véhicules du train le plus long que l'on ait à trier. Ainsi, avec 7 voies contenant au moins 7 véhicules chacune on peut trier un train de 49 wagons.

QUATRIÈME PARTIE

EXPLOITATION

CHAPITRE XI

SIGNAUX

§ 1. GÉNÉRALITÉS

215. Définition et classification des signaux. — Pour assurer la sécurité des convois et permettre en même temps d'exécuter toutes les manœuvres que peut nécessiter l'exploitation d'un chemin de fer, il est nécessaire d'établir une communication entre les agents des trains et les agents sédentaires. Cette communication s'obtient à l'aide de *signaux*. On voit que cette définition comporte deux catégories de signaux, suivant qu'ils sont faits par les agents sédentaires pour être observés par les agents des trains, ou bien par les agents des trains pour être observés soit par les agents sédentaires, soit par d'autres agents des trains.

Les premiers se nomment les *signaux de la voie;* les seconds, les *signaux des trains.*

Les procédés qui établissent une communication entre les agents de la voie et les moyens d'intercommunication dont nous avons parlé, à propos du matériel roulant, sont plutôt des systèmes télégraphiques plus ou moins simplifiés que des signaux.

La communication entre agents de la voie, lorsqu'elle ne se fait pas sur une assez grande distance, est ordinairement établie avec des disques ou autres signaux proprement dits, que l'on ouvre ou ferme un nombre déterminé de fois, soit au moyen de *disques de correspondance* portant des inscriptions qui en précisent le sens, soit encore par des *sonneries* ou par le *téléphone*. A une plus grande distance, on emploie des appareils électriques spéciaux, comme l'appareil *Walker* ou l'appareil *Jousselin*, etc..., qui sont de véritables télégraphes à cadran portant, au lieu de lettres, des cadres d'inscriptions, ou encore les *cloches électriques* avec courant d'induction (système *Siemens*) ou avec courants de piles permanents (système *Léopolder*).

Les signaux se groupent donc en deux catégories selon que le point d'où ils sont faits est fixe ou mobile. On les classe encore différemment suivant la manière dont ils sont perçus. On conçoit aisément qu'ils ne peuvent s'adresser qu'à l'un de nos deux sens : la vue ou l'ouïe. A cet égard, les signaux peuvent donc se diviser en *signaux optiques* ou *visuels* et en *signaux acoustiques*.

Ceux-ci ont l'avantage de comporter généralement une installation plus simple et de n'être pas interceptés par le brouillard ou la neige, encore que cette dernière circonstance climatérique puisse en affaiblir considérablement la portée. Mais ils n'ont qu'une courte durée ; ils surprennent les agents et peuvent, par suite, échapper à leur attention. Ces signaux conviennent bien dans les cas où l'effet doit être immédiat.

Les signaux optiques sont préférables toutes les fois que l'on doit leur obéir pendant un certain temps ; leur durée peut être aussi prolongée qu'on le veut ; en temps ordinaire, ils sont perçus de beaucoup plus loin que les signaux acoustiques ; enfin, ils ont l'avantage de moins surprendre les agents qui finissent très rapidement par connaître leur emplacement et sont dans l'obligation de les regarder quelles que soient les indications qu'ils donnent.

216. Prescriptions réglementaires : code des signaux de 1885. — L'usage de signaux, dans les chemins de fer, est une nécessité de fait, qui résulte de la nature même des choses. Néanmoins leur emploi a fait l'objet de dispositions réglementaires dans l'Ordonnance du 15 novembre 1846, sur la police, la sûreté et l'exploitation des chemins de fer [1].

La nature des signaux à employer varie presque à l'infini ; il est toujours facile, si l'on veut, d'imaginer une solution nouvelle. Chaque compagnie pourrait donc, à la rigueur, avoir son système particulier de signaux, différant complètement du système des compagnies voisines. Mais alors, les trains d'un réseau ne pourraient s'engager sur un autre, puisque le personnel ignorerait la signification des signaux qui lui seraient faits ; le recrutement du personnel serait fort difficile ; la variété des solutions pourrait jeter le trouble dans l'esprit des agents ; les signaux n'auraient plus la valeur impérative qu'ils doivent posséder.

Pour éviter ces inconvénients, il était donc nécessaire d'uniformiser sinon tous les dispositifs des signaux, du moins le sens des indications qu'ils donnent, leur *langage*, comme on dit, c'est-à-dire de faire en sorte que les signaux définis par leur apparence ou leur son donnent partout

---

1. Cette ordonnance a été modifiée récemment par un décret en date du 1er mars 1901.

le même commandement, et que réciproquement les mêmes idées, les
mêmes commandements soient exprimés par les mêmes signaux. Cette
unité dans le *langage des signaux* a été réalisée par un arrêté du
15 novembre 1885, appelé le *Code des signaux*. Les compagnies ne
doivent se servir que des signaux définis par ce code ; elles ont la
faculté, si elles le veulent, de ne pas les utiliser tous, mais elles ne
doivent pas en employer d'autres, même à titre d'essai, sans autorisation
préalable. Elles peuvent d'ailleurs, sous réserve de l'approbation de
leurs règlements par l'Administration supérieure, à laquelle elles sont
tenues de les soumettre en vertu de l'Ordonnance du 15 novembre 1846,
faire usage, comme elles l'entendent, de ces signaux, le code leur laissant,
au point de vue du mode de construction et de manœuvre des appareils,
la liberté indispensable au progrès.

Le code des signaux exclut de la réglementation : 1º les cloches électriques ; 2º les signaux d'annonce des circulations extraordinaire ; 3º les
signaux de manœuvres à la machine.

217. Obéissance passive aux signaux. — Pour que les signaux
puissent remplir leur but, il importe que leurs indications ne soient pas
discutées par ceux auxquels ils s'adressent et que les commandements
qu'ils font soient exécutés scrupuleusement. C'est là une condition
essentielle pour la sécurité, et que l'on exprime par le principe suivant
qui est fondamental dans l'exploitation des chemins de fer : « *Tout
employé, quel que soit son grade, doit obéissance passive aux
signaux* ». Cette prescription figure en tête de tous les règlements de
signaux.

Nous passerons en revue successivement les divers signaux indiqués
dans le code de 1885. Ce code les divise dans les deux grandes catégories
que nous avons données au début, à savoir les *signaux de la voie* et *les
signaux de trains*. Nous commencerons par la dernière.

§ 2. LES SIGNAUX DU CODE DE 1885

A. Signaux de trains

218. Signaux du mécanicien. — On distingue d'abord les
signaux du mécanicien.

Les signaux du mécanicien se font à l'aide du *sifflet de la machine*.
Un coup de sifflet prolongé appelle l'attention et annonce la mise en
mouvement ; deux coups de sifflet brefs et saccadés ordonnent de serrer
les freins ; un coup bref, de les desserrer.

D'après l'article 38 de l'ordonnance du 15 novembre 1846, le mécanicien doit siffler à l'approche des stations, des passages à niveau, des

courbes, des tranchées et des souterrains et, d'une manière générale, toutes les fois que la voie ne paraît pas complètement libre. Le Code des signaux prescrit également de siffler aux bifurcations, à l'approche des aiguilles qui doivent être abordées par la pointe, en demandant la voie par un nombre de coups de sifflet correspondant au rang qu'occupe la voie à suivre, en comptant à partir de la gauche. Enfin les règlements homologués d'exploitation commandent encore aux mécaniciens de siffler quand ils aperçoivent un train ou une machine venant à leur rencontre sur la voie opposée et, dans les manœuvres de gare, pour accuser réception des signaux qui leur ont été faits par les agents. Le règlement du chemin de fer du Nord indique, en outre, que deux coups longs et répétés servent à demander une machine de relai ou de renfort. Au chemin de fer de Lyon, cinq coups de sifflet longs et répétés au voisinage d'un poste de bifurcation indiquent que le mécanicien va s'y arrêter et y manœuvrer sous la protection des signaux de ce poste.

219. Signaux des conducteurs de trains.— Un second groupe, dans cette catégorie, comprend les signaux des conducteurs de trains. En réalité, ces signaux ne rentrent pas tout à fait dans la définition que nous avons adoptée, en tant qu'ils s'adressent au mécanicien ou aux autres conducteurs ; mais, d'un autre côté, ils s'adressent également aux agents de la voie et doivent être considérés, à ce point de vue, comme de véritables signaux.

Ils se font soit à l'aide d'une cloche ou d'un timbre, monté sur le tender, soit avec un drapeau ou une lanterne rouge.

La *cloche* ou le *timbre* du tender doit être relié avec le fourgon de tête dans lequel se tient le conducteur chef de train ; un coup de cloche ou un coup de timbre commande l'arrêt. Les conducteurs intermédiaires signalent l'arrêt au conducteur de tête et au mécanicien, comme aux agents de la voie, en agitant, à l'extérieur du fourgon ou de la vigie, un *drapeau rouge* déployé ou un *feu rouge* tourné vers l'avant ; le conducteur de tête, apercevant ce signal, le répète au mécanicien en sonnant la cloche ou le timbre du tender. Tout agent de la voie qui aperçoit un pareil signal doit faire immédiatement le signal d'arrêt au mécanicien, et, si celui-ci ne l'a pas aperçu, il emploie tous moyens à sa disposition pour faire présenter utilement au train le signal d'arrêt par l'agent de la voie ou le poste en avant le plus rapproché dans le sens de la marche du train.

Ces divers signaux satisfont, dans une certaine mesure, aux dispositions de l'article 23 de l'ordonnance de 1846, d'après lequel les conducteurs de trains doivent être mis en communication avec le mécanicien pour donner, en cas d'accident, le signal d'alarme par tel moyen qui sera autorisé par le Ministre des Travaux publics sur la proposition des compagnies. Mais l'intercommunication seule permet de se conformer strictement à ces dispositions.

La cloche du tender avait été déjà prescrite par la circulaire du 18 août 1857 ; elle avait été remplacée, sur quelques lignes, par un sifflet à vapeur commandé par une corde aboutissant dans le fourgon de tête.

220. Signaux ordinaires portés par les trains. — Ces signaux, qui forment la troisième catégorie des signaux de trains, sont permanents ; ils ont pour but de signaler la présence des trains et de donner certaines indications les concernant.

Tout train circulant *de jour* doit porter, à l'arrière du dernier véhicule, un *signal de queue* consistant soit en une *plaque rouge*, soit dans la *lanterne d'arrière*, dont le train doit être muni la nuit.

Tout train circulant *de nuit* doit avoir à l'avant au moins un *feu blanc* et, à l'arrière, un *feu rouge* sur la face arrière du dernier véhicule ; de plus, *deux lanternes*, donnant un feu blanc vers l'avant et un feu rouge vers l'arrière. doivent être placées de chaque côté et dans la partie supérieure du dernier ou, en cas d'impossibilité, d'un des derniers véhicules.

Ces feux latéraux permettent aux agents du train de s'assurer si des véhicules restent en route ; ils ne sont pas obligatoires pour des trains de manœuvre ayant un parcours de moins de 5 kilom.

Tout train ou machine isolée circulant à *contre-voie* sur une ligne à double voie doit porter, le jour, un drapeau rouge déployé à l'avant, la nuit un feu rouge en plus ou des feux blancs.

Les *machines isolées*, hors le cas de contre-voie, n'ont obligatoirement de signaux que la nuit : lorsqu'elles circulent pour le service dans les gares, elles doivent porter un feu blanc à l'avant et un feu blanc à l'arrière ; lorsqu'elles circulent sur la ligne en dehors des signaux de protection des gares, elles doivent avoir, à l'avant, au moins un feu blanc et, à l'arrière, au moins un feu rouge.

Enfin, on peut distinguer les trains de marchandises par l'adjonction d'un *feu vert* à l'avant ; on peut également annoncer la direction suivie par les trains par la disposition de leurs feux d'avant ou l'addition de feux d'autre couleur que le rouge.

Le code des signaux n'a pas réglementé les signaux de dédoublement des trains. Ils consistent généralement en un drapeau vert ou un feu vert porté par le dernier véhicule du train suivi par un train dédoublé.

Certaines compagnies, comme le chemin de fer de Lyon, annoncent, en outre, par des signaux de trains, les trains facultatifs ou spéciaux.

221. Signal de départ et d'arrêt des trains. — Le mécanicien d'un train ne doit jamais mettre son train en mouvement sans en avoir reçu l'ordre. L'ordre de départ est donné au conducteur chef par le chef de gare ou son représentant, au moyen d'un coup de *sifflet de poche* ; le conducteur chef commande, à son tour, au mécanicien, la mise en marche du train au moyen d'un *coup de cornet.* Si le train mis en marche doit être arrêté, le chef de gare en donne le signal par des coups de sifflet saccadés, et le conducteur de tête sonne la cloche ou le timbre du tender ; mais le mécanicien doit obéir aux coups de sifflet, alors même que le conducteur de tête ne les aurait pas confirmés comme il vient d'être dit.

B. Signaux de la voie

222. Généralités. — Les signaux de la voie sont destinés soit à indiquer la *voie libre*, soit à commander l'*arrêt* ou le *ralentissement*, soit à donner la *direction*.

Ces signaux peuvent se diviser en *signaux mobiles* ou plutôt amovibles, c'est-à-dire susceptibles d'être transportés et employés en un point quelconque, et en *signaux fixes*, c'est-à-dire établis à demeure en un point déterminé.

Le signal de *ralentissement* fait à des trains en pleine marche indique que la vitesse effective doit être réduite de façon à ne pas dépasser un maximum de 30 km. à l'heure, pour les trains de voyageurs, et de 15 km. pour les trains de marchandises.

L'adaptation de signaux à la voie comporte plusieurs principes fondamentaux qui sont les suivants :

1° L'absence de tout signal indique que la voie est libre ;

2° On doit toujours agir comme si un train était attendu. Par conséquent, lorsqu'une voie n'est pas complètement libre, elle doit être couverte par un signal.

223. Position normale des signaux. — Les signaux de la voie doivent être normalement placés soit dans la position de voie libre, soit dans la position de voie fermée.

Les signaux qui sont solidarisés avec des aiguilles ou autres appareils de voie sont ordinairement placés dans la position indiquant l'arrêt. C'est le cas des signaux enclenchés des bifurcations et des gares. Sur certains réseaux cependant, comme l'Ouest et le Midi, on laisse normalement ouverts les signaux qui s'adressent aux trains de la branche principale.

Les signaux avancés et les signaux de cantonnement ou de block-system sont placés normalement soit à voie libre, soit à voie fermée, suivant que l'on adopte le *régime de la voie libre* ou le *régime de la voie fermée*.

En Angleterre et en Allemagne, on applique sur les lignes cantonnées le régime de la voie fermée ; les signaux ne sont ouverts qu'à la demande. Ce système paraît offrir plus de sécurité, puisqu'une négligence ne peut avoir d'autre effet que d'arrêter les trains ; mais il faut que l'agent décide sans hésitation, lorsqu'on le lui demande, s'il doit ou non ouvrir la voie ; en outre, on peut craindre qu'un signal mis en permanence dans la position d'arrêt, sans que cet arrêt soit en général commandé par une nécessité, ne perde un peu de son prestige auprès des mécaniciens.

Jusqu'en 1889, les Compagnies françaises avaient toutes adopté le régime de la voie libre sur les lignes à double voie. Sur les voies uniques, les signaux de cantonnement sont normalement à l'arrêt, mais le régime adopté pour les disques à distance n'est pas uniforme : à l'*Etat* et au *Midi*, ces signaux sont normalement à l'arrêt ; ils sont, au contraire, normalement effacés sur les lignes à voie unique des autres réseaux français.

En 1889, la Compagnie de Lyon a adopté, comme les Compagnies anglaises, le block-system à voie fermée. Ce mode d'exploitation paraît avoir, sur des lignes à circulation intensive, l'inconvénient de nécessiter de fréquents arrêts inutiles, et de causer ainsi de nombreux retards. Il ne semble pas, d'ailleurs, au point de vue de la sécurité, offrir une supé-riorité bien marquée sur les blocks perfectionnés avec régime de voie libre, comme celui du Nord, par exemple, où l'inadvertance d'agents ne peut avoir d'autres résultats que de mettre les appareils à l'arrêt, et, par suite, de conduire au même résultat que si les appareils étaient normalement à l'arrêt.

Signaux mobiles.

224. Définition et usage des signaux mobiles. — D'après le code des signaux, les signaux mobiles ordinaires sont faits, le jour, avec des *drapeaux*, des *guidons*, un objet quelconque ou le *bras* ; la nuit, ou le jour par temps de brouillard épais, avec des *lanternes* à feux blancs ou de couleur ; la nuit comme le jour, avec des *pétards*.

La *voie libre* est indiquée, le jour, par le *drapeau roulé* ou le *bras étendu* dans la direction suivie par le train ; la nuit, par un *feu blanc*.

L'*arrêt* est commandé, le jour, soit par un *drapeau rouge déployé*, tenu à la main, soit en agitant vivement un objet quelconque, soit encore en élevant les bras de toute leur hauteur ; la nuit, par un *feu rouge* ou, à défaut, en agitant vivement une lumière quelconque.

Le *ralentissement* est commandé soit par un *drapeau vert déployé* ou un *guidon vert*, soit par un *feu vert*. En cas de ralentissement pour travaux, un drapeau roulé, un guidon blanc ou un feu blanc indiquent le point à partir duquel le ralentissement peut cesser.

Les *pétards* commandent l'arrêt ; ils sont employés pour doubler les signaux optiques mobiles toutes les fois que, soit de jour, soit de nuit, à raison des troubles atmosphériques ou pour toute autre cause, ces signaux ne seraient pas suffisamment vus ; ils sont obligatoires pour doubler les signaux mobiles quand ceux-ci ne peuvent pas être perçus distinctement à 100 mètres de distance.

Les pétards se posent par deux au moins, trois en temps humide, alter-nativement sur chaque rail, à 25 ou 30 m. d'intervalle et à pareille distance du signal qu'ils appuient. En cas de force majeure, on peut employer isolément les pétards

Tout mécanicien qui écrase un pétard doit se rendre maître aussitôt de sa vitesse et ralentir par tous les moyens possibles ; il ne doit ensuite s'avancer qu'à vitesse réduite. Après un parcours déterminé par les règlements d'exploitation, qui doit être au moins de 1.000 mètres, il a la faculté, si rien ne se présente, de reprendre sa vitesse.

On emploie également les pétards pour doubler les signaux fixes d'arrêt absolu sur les doubles voies. Le pétard est généralement solidaire de la manœuvre du levier, de façon à ne se trouver sur le rail que lorsque le signal est à l'arrêt. On les utilise également au chemin de fer du Nord, pour doubler, dans certains cas d'espèce, les grandes ailes des sémaphores ; le pétard est alors placé sur le rail par une manœuvre électrique.

L'emploi des pétards est encore imposé par les règlements des compagnies pour assurer la protection des trains, lorsque leur marche est ralentie à la vitesse de l'homme au pas.

225. Distances auxquelles doivent être faits les signaux mobiles. — Le *signal de ralentissement* doit être présenté toutes les fois qu'une réfection de la voie ou des ouvrages d'art exige qu'on passe avec une précaution spéciale. Il doit être fait au moins à 500 m. du point à couvrir et renouvelé tous les 500 m.

Le *signal d'arrêt* en avant d'un obstacle quelconque empêchant de passer (éboulement, arbres tombés, lorry sur la voie, rail enlevé, train en détresse, manœuvre passant d'une voie à l'autre, etc...), doit être fait à une distance suffisante pour qu'un train quelconque puisse s'arrêter avec certitude avant d'arriver au point à couvrir. Cette distance est au moins de 800 m. A l'Orléans, elle est effectivement et invariablement fixée à 800 m. ; au Nord, à 1.000 m. ; à l'Ouest, à 800 m. en temps ordinaire et à 1.200 m. en temps de brouillard ; au chemin de fer de Lyon, à 800 m. sur les rampes supérieures à 5 mm. par mètre, à 1.200 m. sur des pentes de 5 à 8 mm., et enfin à 1.500 m. sur les pentes supérieures à 8 mm.

Signaux fixes.

226. — Les signaux fixes des voies comprennent :

les disques ou signaux ronds ;

les signaux d'arrêt absolu ;

les sémaphores ;

les signaux de ralentissement ;

les indicateurs de bifurcation et signaux d'avertissement ;

les signaux indicateurs de direction des aiguilles.

227. Disque rond. — Le disque rond est formé par une plaque ronde, de 1 m. de diamètre environ, peinte en rouge sur une de ses faces et pouvant, en tournant autour d'un axe vertical, occuper une position normale à l'axe de la voie ou une position parallèle. La nuit, ce disque donne un feu rouge ou un feu blanc suivant qu'il est à l'arrêt ou effacé. La face rouge du disque ou le feu rouge de la lanterne doivent être tournés du côté d'où viennent les trains auxquels le signal s'adresse.

Le disque rond fermé commande l'arrêt ; mais il est franchissable. Il indique que les mécaniciens doivent se rendre immédiatement maîtres de leur vitesse et n'avancer qu'à une vitesse suffisamment réduite pour pouvoir arrêter dans la partie de voie en vue, s'il se présente un obstacle, ou, en tout cas, avant la première aiguille ou la première tra-

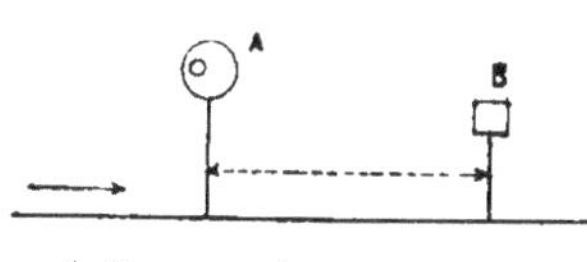
A disque rond,
B poteau limite de protection.

versée de voie protégée par le signal ; ils ne peuvent ensuite franchir cette aiguille ou traversée qu'après y avoir été autorisés par la gare ou le poste protégé. Le disque doit être suivi d'un *poteau limite de protection* indiquant le point à partir duquel le disque assure une protection efficace. Ce poteau, qui est placé naturellement en aval du disque, est à une distance de ce dernier, variable selon les réseaux, mais généralement supérieure à 800 mètres.

Le disque rond ne commande donc qu'un arrêt différé. Pour ce motif, certains le considèrent comme inefficace, dangereux même. De ce nombre est le chemin de fer d'Orléans qui n'admet que le signal d'arrêt absolu. Sur ce réseau, le disque rond, en double voie, est toujours muni de pétards, et tout mécanicien qui le franchit est puni. Tout train arrêté par ce signal doit alors se faire couvrir à l'arrière par un agent qu'il laisse en route quand celui-ci ne peut pas se faire remplacer. Cependant, aux bifurcations et autres points où les trains peuvent être arrêtés fréquemment, on a disposé un second disque, dit *mât des conducteurs*, dont le levier est placé à côté du mât du premier et à l'aide duquel le conducteur peut se couvrir.

228. Signal d'arrêt absolu. — Il est constitué par une plaque carrée présentant aux trains, le jour, un damier rouge et blanc, la nuit, un double feu rouge obtenu avec une seule lanterne à réflecteur. Ce signal commande l'*arrêt absolu*. Lorsqu'il est fermé, c'est-à-dire placé transversalement à la voie, aucun train ne peut le franchir sous aucun prétexte.

Sur les voies accessoires, c'est-à-dire non suivies par les trains en circulation, le signal d'arrêt absolu peut être fait, avec l'autorisation du ministre, par un signal carré ou rond à *face jaune* présentant la nuit un *feu jaune*.

Afin de renseigner, la nuit, les agents qui manœuvrent ces divers disques, on dispose souvent leur lanterne de façon à donner, vers le point à protéger, c'est-à-dire dans la direction opposée à celle d'où viennent les trains auxquels ils s'adressent, un *feu blanc si le disque est à l'arrêt*, et un *feu bleu s'il est effacé.* On emploie également, dans ce but, des sonneries ou autres appareils électriques de contrôle.

L'emploi combiné du disque rond et du signal carré offre le très sérieux avantage de pouvoir utiliser le premier pour couvrir un train arrêté au pied du second, et la couverture peut être obtenue aussitôt que le train a franchi le disque. Avec la disposition de l'Orléans, il faut attendre que le train soit arrêté pour mettre à l'arrêt le mât des conducteurs, et il peut arriver qu'un train suivant le premier l'ait déjà franchi et que, par suite, la protection du train arrêté ne soit pas assurée.

229. Sémaphore. — Le sémaphore est un appareil destiné à maintenir entre les trains les intervalles nécessaires. Il ne sert pas à couvrir un point déterminé de la voie, mais un poste qui ne doit être franchi, quand le signal marque l'arrêt, qu'avec l'autorisation formelle de l'agent du poste (du chef de station ou de son remplaçant si le poste est dans une station) et sous la garantie de conditions particulières indiquées au mécanicien.

Le sémaphore est constitué par un mât portant des bras ou grandes ailes qui peuvent occuper trois positions : horizontale, inclinée à 45° et verticale.

Les indications données par ces bras ne s'adressent qu'aux trains qui les voient à gauche du mât lorsqu'ils se dirigent vers lui.

La nuit, le bras horizontal correspond à un feu rouge et vert ; incliné à 45°, il donne un feu vert, et enfin, vertical, il présente un feu blanc.

Le bras *horizontal* ou le *feu rouge et vert* commandent l'*arrêt* ; le bras *incliné à 45°* ou le *feu vert*, le *ralentissement* ; le bras *rabattu verticalement* ou le *feu blanc* indiquent que la *voie est libre.*

Le sémaphore à l'arrêt, comme le signal carré d'arrêt absolu, commandent donc l'un et l'autre l'arrêt immédiat : les trains doivent marquer l'arrêt au pied de leur mât ; la différence qui les caractérise c'est que, pour le signal carré, le train doit s'arrêter *avant* le mât et ne doit, sous aucun prétexte, le franchir, tant que le signal est à l'arrêt, tandis que, pour le sémaphore, le train peut n'être tenu de s'arrêter que près du mât et, en tout cas, le mécanicien est autorisé à le franchir sous certaines conditions. Ces deux signaux ne peuvent donc remplir leur but que s'ils sont placés de manière à être vus de loin, ou s'ils sont précédés d'un *signal avertisseur* de façon à n'être abordés qu'à faible vitesse. On emploie souvent, comme signal avertisseur, le disque rond ou encore l'*indicateur à damier vert et blanc* dont il sera parlé plus loin.

230. Disque de ralentissement. — Le signal de ralentissement fixe se fait avec un disque *vert* présentant sa face verte normalement à la voie, ou donnant un *feu vert* la nuit.

Des limitations de vitesse peuvent même être indiquées, dans des cas déterminés par le ministre, par des tableaux blancs, éclairés en transparent la nuit et donnant le chiffre maximum de la vitesse ; on se sert également de tableaux semblables portant le mot « attention » pour indiquer au personnel, dans certains cas, qu'il doit redoubler de vigilance.

231. Indicateur de bifurcation et signal d'avertissement. — L'indicateur de bifurcation est formé soit par une plaque carrée, *peinte en damier vert et blanc*, éclairée la nuit par réflexion ou par transparence, soit par une plaque portant le mot « *bifur* », éclairée la nuit de la même manière. Ce signal est disposé, sauf autorisation contraire du ministre, de manière à donner constamment la même indication ; le damier vert et blanc peut être employé aussi comme *signal d'avertissement* pour annoncer d'autres signaux carrés d'arrêt absolu que ceux de bifurcation.

Au chemin de fer du Nord, les bifurcations dites enclenchées, c'est-à-dire dont les manœuvres des aiguilles et des signaux sont conjuguées, sont toutes précédées d'un poteau fixe portant l'indication « bifur », éclairée la nuit par transparence, et d'un indicateur à damier qui sert de signal d'avertissement au signal d'arrêt protégeant la bifurcation. Si les trains rencontrent l'indicateur à damier dans la position d'arrêt, c'est-à-dire normal à la voie, c'est que le signal carré peut être lui-même à l'arrêt ; ils doivent alors marquer l'arrêt si ce signal est effectivement à l'arrêt ; s'il est effacé, ils ne doivent passer la bifurcation qu'en ralentissant à 40 km. à l'heure pour les trains de voyageurs et à 20 km. pour les trains de marchandises. Lorsque l'indicateur à damier est effacé, ils peuvent franchir la bifurcation, même lorsqu'elle est abordée par la pointe, à la vitesse de marche des trains, sans ralentissement, sous la seule condition que cette vitesse ne pourra pas être accélérée en cas de retard. Aux bifurcations non enclenchées, c'est-à-dire dont les manœuvres des signaux et des aiguilles sont indépendantes, on retrouve les mêmes signaux ; mais l'indicateur à damier vert et blanc est fixe et prescrit toujours un ralentissement, à la bifurcation, à 30 km. pour les trains de voyageurs et à 15 km. pour les trains de marchandises. Le chemin de fer du Nord emploie également l'indicateur à damier pour annoncer les signaux carrés autres que ceux de bifurcation.

232. Signaux indicateurs de direction des aiguilles. — On distingue deux catégories de signaux indicateurs de direction d'aiguilles :

1° Les *signaux de direction*, placés aux aiguilles en pointe où le mécanicien doit siffler pour demander la voie ;

2° Les *signaux de position*, destinés à renseigner les agents sédentaires sur la direction donnée par les aiguilles, direction que le mécanicien n'a pas à demander par le sifflet de la machine.

Les signaux de direction ne s'adressent qu'aux trains abordant les aiguilles par la pointe ; ils sont faits par des bras sémaphoriques peints en *violet*, terminés à leur extrémité *en flamme* par une *double pointe* Ces bras peuvent être ou bien manœuvrés par d'autres leviers que les aiguilles, mais enclenchés avec les leviers de ces dernières, ou bien du même coup de levier que les aiguilles.

Dans le premier cas on obtient ce que l'on nomme les *sémaphores de bifurcation*, en usage sur les réseaux de Lyon et de l'Est. Les bras sont placés sur un même mât, à des hauteurs différentes, en nombre égal aux directions à donner. Le bras le plus élevé correspond à la direction le plus à gauche ; le bras le moins élevé à la direction le plus à droite, chacun étant placé, de haut en bas, dans l'ordre où se trouvent les directions en allant de gauche à droite. Les bras peuvent prendre deux positions : la position horizontale, présentant la nuit un feu violet, indique que la direction correspondante n'est pas donnée ; la position inclinée à angle aigu, donnant la nuit un feu vert ou un feu blanc, indique la direction qui est donnée ; le feu est vert si on doit ralentir, blanc si l'on doit passer en vitesse.

Dans le second cas, le mât juxtaposé à l'aiguille ne présente jamais qu'un bras apparent. Le bras apparent donne la nuit un feu violet et indique que la direction du côté où il apparaît est fermée ; le bras effacé, donnant la nuit un feu blanc, indique le côté dont la direction est ouverte. Lorsque plusieurs bifurcations se suivent au même poste, les appareils sont placés dans l'ordre des directions à prendre, et leurs indications doivent être observées dans le même ordre.

§ 3. MANŒUVRE DES SIGNAUX

La manœuvre des signaux se fait à l'aide de leviers qui communiquent leur mouvement au mât des signaux par une *transmission par fils de fer ou d'acier*.

A. Transmissions à deux fils

233. — On employait autrefois — et le chemin de fer d'Orléans emploie encore — les *transmissions à deux fils*. Le mât est alors mû par des bras de levier de o m. 15 de longueur environ, dont les extrémités sont réunies par des fils à deux points d'attache situés de part et d'autre et à la même distance de l'axe d'oscillation du levier. En fait, pour éviter d'altérer le métal, les fils, aux points d'attache, sont contournés sur de petites poulies à gorge de o m. o3 de diamètre, montées sur des axes rivés sur les leviers. Cet appareil fonctionne sans contrepoids de rappel ; mais on peut en placer un de manière à ce que, en cas de

rupture de fil, le signal soit ramené dans sa position d'arrêt. Les fils des transmissions sont fortement tendus tous les 200 mètres environ à l'aide de tendeurs à vis et sont supportés par des petites poulies tous les 15 ou 20 mètres.

La tension des fils doit être réglée selon la température. Lorsque les fils sont bien tendus, à basse température, l'allongement des fils n'est pas très grand et le réglage peut être aisément obtenu.

Les points d'attache A et B, sur le levier de commande, ont une course qui varie de o m. 25 à o m. 40 ; elle se transmet par les fils aux points d'attache a et b du balancier. Mais la course de ce dernier est limitée par des buttoirs correspondant aux positions d'arrêt et de voie libre, et le reste de la course s'exécute grâce à l'extensibilité du fil tiré.

Ce système de commande convient bien pour des distances de 1.000 à 1.200 mètres. Pour des distances supérieures, le réglage deviendrait délicat, et on emploie de préférence le système suivant, imaginé par M. Lestrade, chef du bureau des études à la Compagnie d'Orléans.

Les deux fils de la transmission sont fixés à une chaîne qui s'enroule sur une poulie solidaire du levier de manœuvre, lequel peut se rabattre complètement, jusqu'au sol, de part et d'autre de son centre. Cette disposition permet de donner une course toujours plus longue qu'il n'est

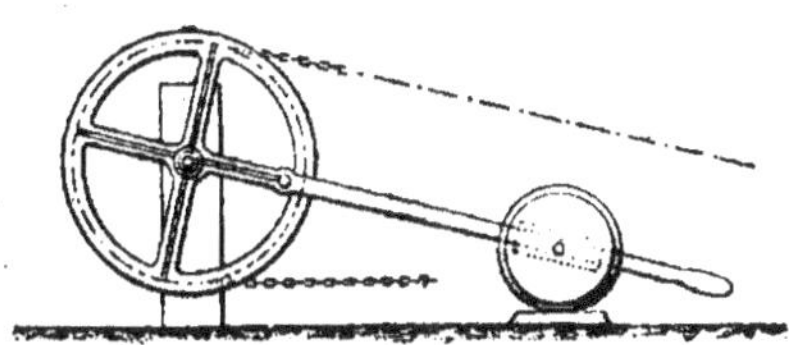

nécessaire pour produire le mouvement du levier, quel que soit l'allongement du fil. La commande du mât se fait également par une chaîne passant sur une poulie à gorge calée sur la tige du mât. Quand le signal est à fond de course, la chaîne glisse sur la poulie.

Avec ce mode de transmission, la manœuvre des signaux est très douce et peut se faire aussi lentement que possible. Les fils, au moment de la pose, doivent être d'autant plus tendus que la température est plus basse. Si la tension est suffisante, les variations de température sont à peu près indifférentes.

La manœuvre à deux fils ne convient pas pour les signaux qui doivent être commandés par plusieurs leviers ; de plus, elle nécessite un entretien et un graissage très soignés des fils et des supports.

B. Transmissions à un seul fil

234. Principe ; effet des changements de température. — Les transmissions à un seul fil sont plus généralement employées. Le fil ne pouvant agir que par tirage ne peut amener le signal que dans une seule position. Il faut alors nécessairement un *contrepoids de rappel* pour ramener le signal dans sa seconde position lorsqu'on détend le fil. En tirant sur le fil, on manœuvre le signal et on soulève le contrepoids, emmagasinant ainsi l'énergie nécessaire pour obtenir le mouvement inverse du signal. L'appareil doit d'ailleurs être conçu, autant que possible, de façon que le contrepoids ait tendance à ramener le signal dans la position d'arrêt, afin de parer aux inconvénients des ruptures de fil qui peuvent se produire. Cette condition sera remplie, si l'on doit *tirer* sur le fil pour *effacer* le voyant.

Avec les transmissions à deux fils, les variations dans la longueur des fils sont en grande partie compensées par la tension des fils. On peut obtenir le même résultat avec les transmissions à un seul fil ; mais le réglage avec un tendeur à vis serait beaucoup plus délicat. On préfère employer des transmissions à dilatation libre, avec appareils spéciaux permettant de compenser les effets de cette dilatation.

Il est à peine besoin d'insister sur les inconvénients que peuvent présenter les variations dans la longueur du fil. Pour un écart de 60° (de — 20° à 40°) que l'on rencontre en France, la variation de longueur d'un fil d'acier atteint o m. 6o par kilomètre et elle correspond, pour 3 mm. de diamètre, à une variation dans la tension de 120 kilogrammes. Si le signal était réglé pour être dans sa position d'arrêt pendant les chaleurs, la contraction qu'il subirait en hiver serait alors suffisante pour le faire mouvoir et, sinon l'ouvrir complètement, du moins l'entr'ouvrir. Les signaux à une seule transmission étant disposés pour être ouverts quand on tire sur le fil et, au contraire, fermés quand on le détend, les contractions et les dilatations ont un effet différent suivant la position du signal. Si le signal est à l'arrêt, une contraction peut l'entr'ouvrir comme on vient de le voir ; s'il est effacé, elle le maintiendra dans la position de voie libre, mais une dilatation détendant le fil placera le signal dans une position oblique.

Les appareils destinés à compenser l'effet de la dilatation sur les transmissions se nomment des *compensateurs*. On les distingue en deux catégories : les *compensateurs d'origine*, adaptés au levier de manœuvre, et les *compensateurs établis en un point intermédiaire de la transmission*.

235. Compensateurs d'origine. — Si l'on donne à la course du levier qui détend le fil pour la mise à l'arrêt une longueur surpassant celle qui est nécessaire de l'accroissement que peut subir le fil pendant la dilatation, ce fil pourra se contracter librement sans agir sur le signal. D'autre part, si, ayant mis le signal à voie libre, on exerce encore sur le fil une traction suffisante pour l'allonger de la quantité dont il peut se dilater, le levier exercera encore sur le fil, lorsque la dilatation se produira, une tension au moins égale à l'effort du contrepoids de rappel et suffisante pour le soulever ; l'allongement n'aura donc pas pour effet de mettre le voyant à l'arrêt.

On peut établir des compensateurs d'origine en s'appuyant sur ces considérations. Mais on doit remarquer que, dans la mise à voie libre, l'effort à exercer peut être considérable, et il est préférable de se servir de contrepoids.

236. Manœuvre de l'Ouest. — Au chemin de fer de l'*Ouest*, le fil de manœuvre se termine par une chaîne qui s'enroule sur un secteur fixé

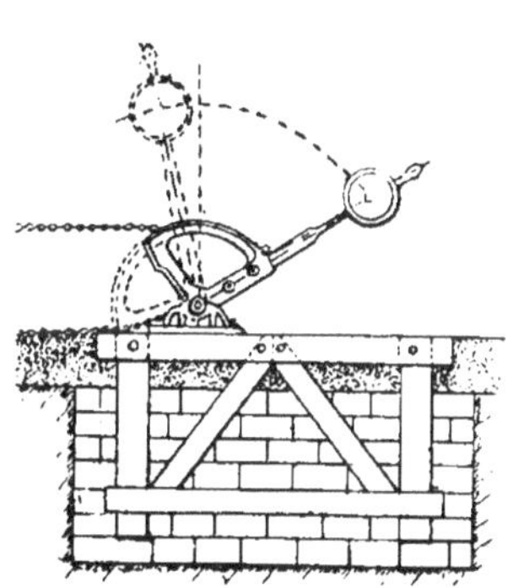

au levier, lequel est muni d'une lentille pesante qui forme contrepoids. Lorsque le levier est dans la position pointillée, le signal est à l'arrêt ; la longueur du fil est suffisante non seulement pour ramener le signal à fond de course sur son buttoir, mais en outre pour parer à la contraction du fil que l'abaissement de la température peut produire. Dans la position inverse ouvrant le signal, la course du levier n'est pas limitée. Si le fil s'allonge, la lentille, qui maintenait le signal ouvert, ne peut que s'abaisser ; s'il se contracte, la lentille se relève légèrement, mais, comme l'effort qu'elle exerce est suffisant pour vaincre le contrepoids du signal, ce dernier reste toujours ouvert.

237. Appareil Guillaume. — Au chemin de fer de l'Est, on emploie un appareil basé sur le même principe : c'est le système *Guillaume*. Le levier de manœuvre est coudé et porte une poulie à gorge à l'extrémité du petit bras et une lentille contrepoids à l'extrémité du grand bras. Le fil de transmission se termine par un bout de chaîne qui passe sur la poulie de renvoi et supporte un contrepoids placé dans un puits en fonte. L'orifice de ce puits est fermé par une plaque de fonte

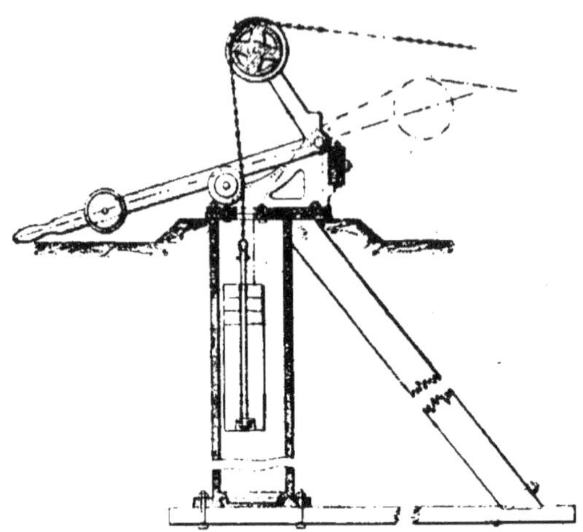

percée d'un trou à gorge qui forme pince-maille. Dans la position représentée sur la figure, le contrepoids tombe librement dans le puits en exerçant une tension sur le fil qui met le signal à voie libre. Si l'on amène le levier en avant, la chaîne s'engage dans le pince-maille qui détruit l'action du contrepoids ; le mouvement du levier se poursuivant, le fil se détend et le contrepoids de rappel du signal ramène ce signal à l'arrêt en l'appuyant contre son taquet de retenue.

238. Compensateurs établis en un point intermédiaire de la transmission. — Le principe commun à ces compensateurs est de partager le fil en deux ou plusieurs parties, reliées par un appareil qui renverse le mouvement que la dilatation ou la contraction produit sur chacune d'elles ; les diverses subdivisions du fil doivent alors être munies d'un contrepoids de rappel, afin de pouvoir obtenir un mouvement alternatif à l'aide d'un organe qui ne permet d'exercer qu'un effort par traction.

Il existe plusieurs types de ces appareils qui tous sont basés sur ce principe.

Au chemin de fer du Nord, au Midi et à l'Ouest, on emploie le compensateur Robert.

239. Compensateur Robert. — Cet appareil se dispose au milieu du fil de la transmission. Sous l'influence du jeu de la dilatation, le contrepoids P s'élève ou s'abaisse en exerçant toujours une tension sur chacun des fils A et B qui vont, le premier au levier de manœuvre et, le second, au balancier du signal, lequel est muni d'un contrepoids de rappel. En tirant sur le fil A, le contrepoids P est soulevé ; le contrepoids

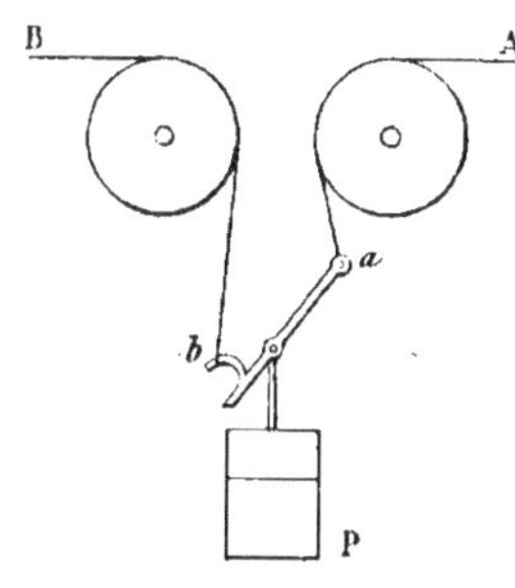

du signal entraîne le fil B et met ce signal à l'arrêt. Si on détend ce fil, c'est le contrepoids P qui entraîne celui du signal. Le levier *ab* et son poids P se soulèvent ou s'abaissent parallèlement suivant que les fils A et B se contractent ou s'allongent, que ce soit sous l'action du levier de manœuvre ou de la température.

Le levier *ab* est terminé par une fourche du côté du signal de façon que, en cas de rupture du fil A de la transmission, il laisse échapper le fil B et agir le contrepoids du signal qui mettra celui-ci à l'arrêt.

240. Compensateur Dujour. — Cet appareil est employé au chemin de fer P.-L.-M. et sur d'autres réseaux ; il peut se placer en un point quelconque de la transmission.

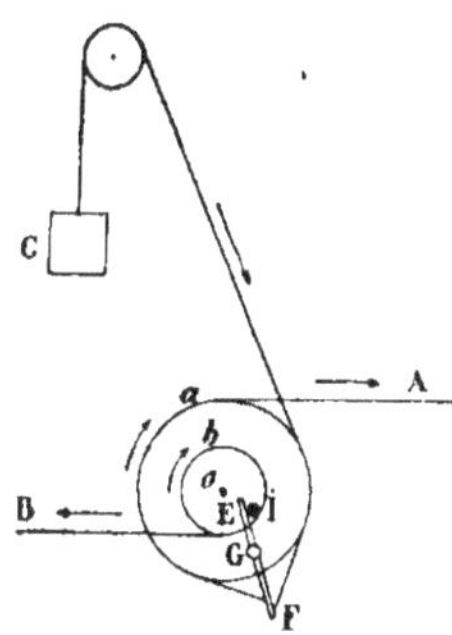

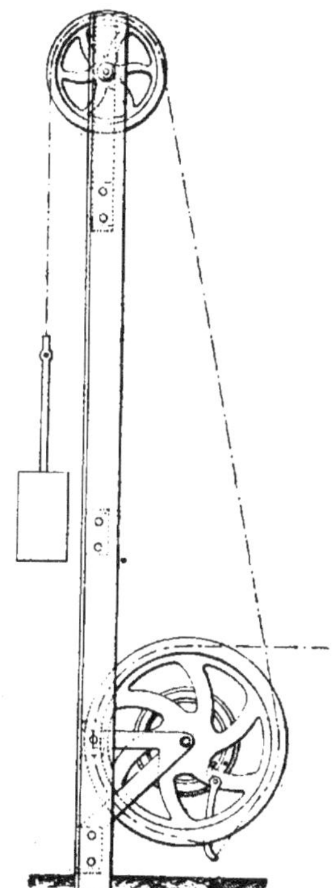

Les deux parties A et B du fil s'enroulent sur des poulies *a* et *b* dont les diamètres sont proportionnels aux longueurs de ces fils. Ordinairement l'appareil se place au tiers de la transmission. La grande poulie est donc celle sur laquelle passe le fil qui aboutit au levier. La petite poulie, sur laquelle passe le fil du signal, est folle sur son axe ; elle est entraînée par un petit balancier EF, dont le pivot G est fixé sur la grande poulie, et dont l'extrémité F est reliée, d'une part, au fil qui va au levier de manœuvre et, de l'autre, au fil d'un contrepoids C ; l'autre extrémité appuie contre un goujon I fixé à la petite poulie.

Si l'on tire sur le fil A, on entraîne le contrepoids C et le balancier EF ; le fil B se déroule et met le signal à l'arrêt. Si l'on détend le fil A, le contrepoids C s'abaisse et fait mouvoir en sens inverse la poulie *a* ainsi que le balancier EF qui entraîne le goujon I et, par suite, la poulie *b* ; le contrepoids du signal est alors soulevé. Les deux poulies tournent toujours dans le même sens, de façon à imprimer aux fils A et B des mouvements en sens inverses. Les allongements ou la contraction des fils sont donc compensés par une légère rotation des deux poulies qui laisse intacte la tension du fil B, à cause de la proportion adoptée pour les diamètres de ces poulies.

Dans le cas où le fil A vient à se rompre, le contrepoids C fait basculer le balancier EF qui fait échapper le goujon I de la petite poulie; le contrepoids du signal entraîne le fil B et met ce signal à l'arrêt.

241. Compensateur Saxby et Farmer. — Le compensateur Saxby et Farmer se compose d'un balancier articulé AB dont les deux bras sont reliés, à leurs extrémités, aux fils de manœuvre du disque et du signal. Les deux bras du levier sont proportionnels à la longueur des fils de transmission, et le levier supporte un contrepoids P qui tend à le faire

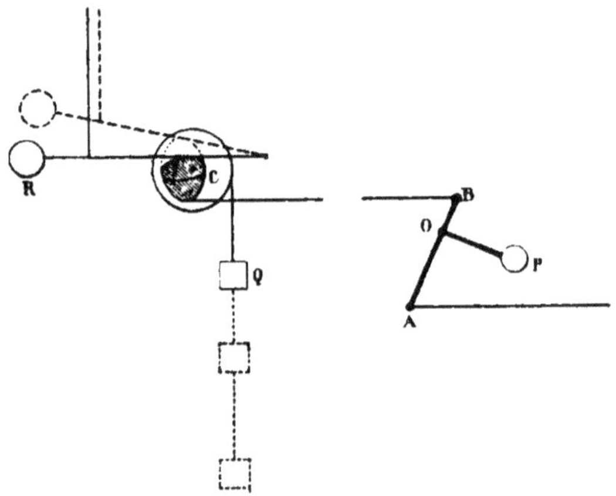

tourner en tirant sur chacun des fils. Il en résulte que, quelle que soit la température, les deux fils sont toujours tendus. En exerçant une traction sur le fil qui aboutit au levier de manœuvre, le fil du signal se détend, le contrepoids Q du signal soulève un poids de contre-rappel R à l'aide d'une came C et met le signal à voie libre; si, au contraire, on lâche le fil de manœuvre, le contrepoids P relève le contrepoids Q du signal; la came se place de manière à permettre au poids de contre-rappel R de retomber, et le signal est mis à l'arrêt. La came est d'ailleurs disposée de façon que, en cas de rupture du fil, le contrepoids Q continue sa chute et fasse faire à la came une révolution complète qui la ramène dans la position d'arrêt.

C. Signaux à transmissions multiples et désengageurs

Dans certains cas, on peut avoir intérêt à manœuvrer un même signal de plusieurs points ; d'autres fois, tout en ayant la possibilité de le manœuvrer d'un point déterminé, il peut être utile de pouvoir le maintenir dans une position fixe. Dans le premier cas, le signal est commandé par un *appareil à transmissions multiples* ; dans le second, on installe, sur la transmission du signal, des *appareils désengageurs* permettant de la couper.

242. Désengageur Saxby. — Parmi les appareils désengageurs, l'un des plus employés est le désengageur Saxby.

Il se compose de deux tiges A et B, portant chacune un talon leur

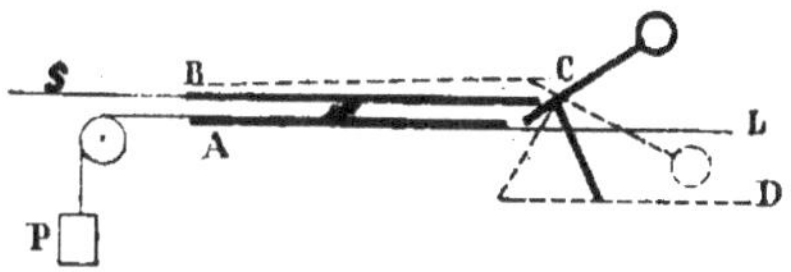

permettant de s'entraîner mutuellement. La tige B est reliée au signal, muni d'un contrepoids ; la tige A est reliée, d'un côté, au levier de manœuvre L et, de l'autre, à un contrepoids P qui tend à la ramener vers la gauche, lorsque le fil L du levier de manœuvre est détendu. Enfin un levier articulé à contrepoids C peut, en oscillant, soulever la tige B de façon que les deux talons ne soient plus en contact ; l'extrémité de ce levier est fixée à un fil D qui aboutit au levier au moyen duquel on veut avoir la possibilité de maintenir le signal à l'arrêt. Quand on tire sur D, les deux talons sont en contact ; il suffit alors d'agir sur le fil L pour ouvrir le

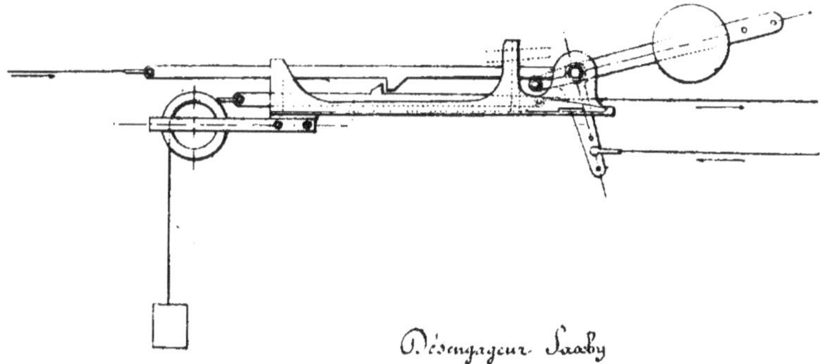

signal S ; mais, si on lâche le fil D, le balancier C à contrepoids soulève B ; les deux talons ne sont plus en prise, et le contrepoids du signal le ramène à l'arrêt : les mouvements de A, c'est-à-dire du levier de manœuvre L n'auront plus d'effet sur le signal. Le contrepoids P servirait à ramener la tige A dans sa position extrême dans le cas où l'on détendrait le fil L. Le levier D ne peut donc que fermer le signal ; le levier L peut l'ouvrir seulement si D est tendu.

243. Transmissions multiples. Appareil du chemin de fer P.-L.-M. — Au chemin de fer de Lyon, on obtient la commande mul-

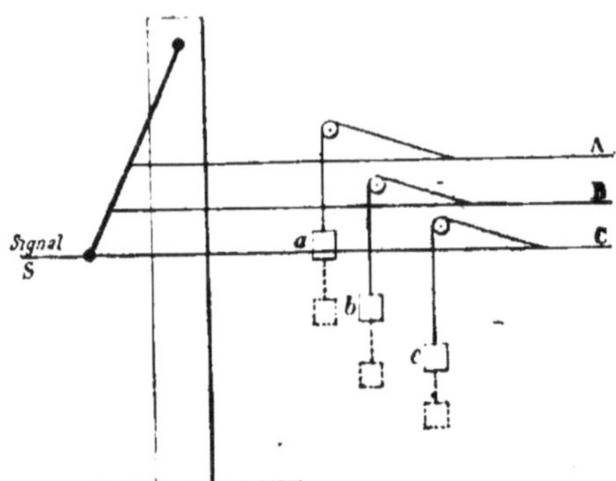

tiple d'un signal en le reliant à un balancier auquel sont attachés les fils des diverses transmissions A, B, C.... Si le fil S aboutit à un appareil Dujour, c'est, comme on l'a vu, lorsque l'on exercera une traction sur ce fil, que le signal se mettra à l'arrêt ; quand on détend ce fil, au contraire, le signal se place à voie libre.

On voit, dès lors, qu'il suffira de tirer sur l'un quelconque des fils A, B, C,... pour que le signal soit à l'arrêt ; mais il faudra que toutes les transmissions A, B, C,.... soient détendues simultanément pour que le fil S le soit lui-même, c'est-à-dire que le signal soit ouvert. Sur chacune des transmissions, on place un contrepoids *a*, *b*, *c*... permettant, lorsque l'on tire sur l'une d'elles seulement, de maintenir les autres tendues.

244. Appareil à vilebrequin du système Robert. — Avec cet appareil, couramment employé au chemin de fer du Nord, le mouvement du signal est commandé par un vilebrequin qui peut tirer sur le fil du signal, auquel est attaché un contrepoids de rappel ; ce contrepoids tend à mettre le signal à *voie libre*. Le vilebrequin peut osciller autour d'un axe sur lequel sont montées autant de poulies folles qu'il doit y avoir de transmissions. Chacune de ces poulies porte un doigt *a*, *b*, *c*.... pouvant entraîner, lorsque les poulies tournent dans le sens des flèches, le vilebrequin V qui tire alors sur le fil S et met le signal à l'arrêt. Il suffit, dès lors, que l'un quelconque de ces doigts *a*, *b*, *c*.... se meuve dans ce sens pour que le signal soit à l'arrêt, et il faut, au contraire, que tous les doigts soient effacés pour que le vilebrequin puisse être entraîné par le contrepoids du fil S, et que, par suite le signal soit ouvert. Sur chacune des poulies s'enroule, d'une part, le fil d'une transmission de manœuvre A, B, C.... et, d'autre part, un fil tendu par un contrepoids P, Q, R.... En tirant sur les fils de manœuvre, on entraîne les poulies dans le sens contraire aux flèches, tandis que les contrepoids tendent à les mouvoir dans le sens de ces flèches. On voit qu'il faut que les trois fils soient tendus simultanément pour que le signal soit ouvert, et qu'il suffit qu'un seul des fils soit détendu pour que le contrepoids correspondant entraîne le vilebrequin et mette

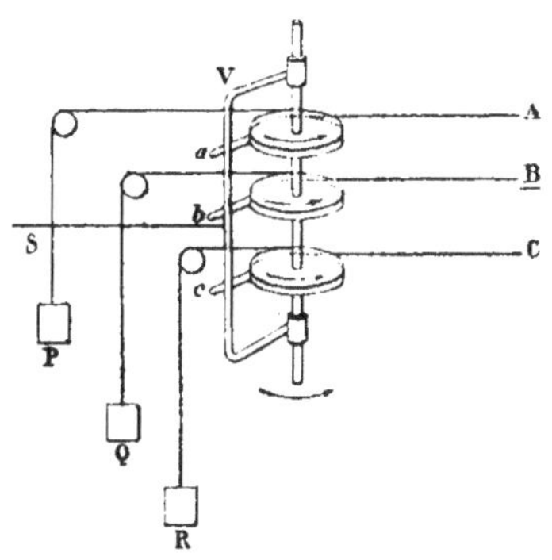

le signal à l'arrêt.

215. Appareil de rappel à manœuvres combinées du Nord. — L'appareil à vilebrequin se place au pied même du signal. On peut l'employer simultanément avec des désengageurs. Il se prête à des applications variées permettant d'obtenir des combinaisons multiples pour la mise à voie libre ou la mise à l'arrêt des signaux. On obtient ainsi l'*appareil de rappel à manœuvres combinées* dont le chemin de fer du Nord fait un fréquent usage. Nous en donnerons un exemple pour un signal placé sous la dépendance de cinq leviers.

Le fil du signal est commandé par un vilebrequin V qui, en tournant dans le sens de la flèche, peut tirer sur le fil S et mettre le signal à voie libre. Le contrepoids du fil S tend cette fois à mettre le signal à l'arrêt, et non à voie libre comme dans l'appareil précédemment décrit. Le vilebrequin V peut être entraîné soit par le doigt d'une poulie R reliée à un levier B et munie d'un contrepoids *r*, lorsqu'on tire sur le fil de la transmission, soit par le doigt d'un second vilebrequin V' monté sur le même axe et qui appuie lui-même sur les doigts de deux poulies P et Q. Sur chacune de ces poulies s'enroule un fil de transmission et un fil de contrepoids ; le fil de la poulie Q se divise en deux branches, l'une aboutissant au levier C et l'autre au levier D par l'intermédiaire d'un appareil désengageur T, commandé par un levier E. Enfin le vilebrequin V' peut être entraîné par un contrepoids dans le sens de la mise à voie libre. Pour que ce vilebrequin puisse se déplacer sous l'effort de son contrepoids et entraîner le vilebrequin V qui mettra le signal à voie libre, il faut que les deux doigts des poulies P et Q soient abaissées dans le sens de la flèche, vers la gauche, c'est-à-dire que les fils de transmission de ces deux poulies soient tendus. Si l'on suppose que les points d'attache sur les leviers de manœuvre des fils de transmission soient disposés comme dans la figure par rapport aux centres d'oscillation, on voit que, les leviers se trouvant dans la position représentée en traits pleins, le

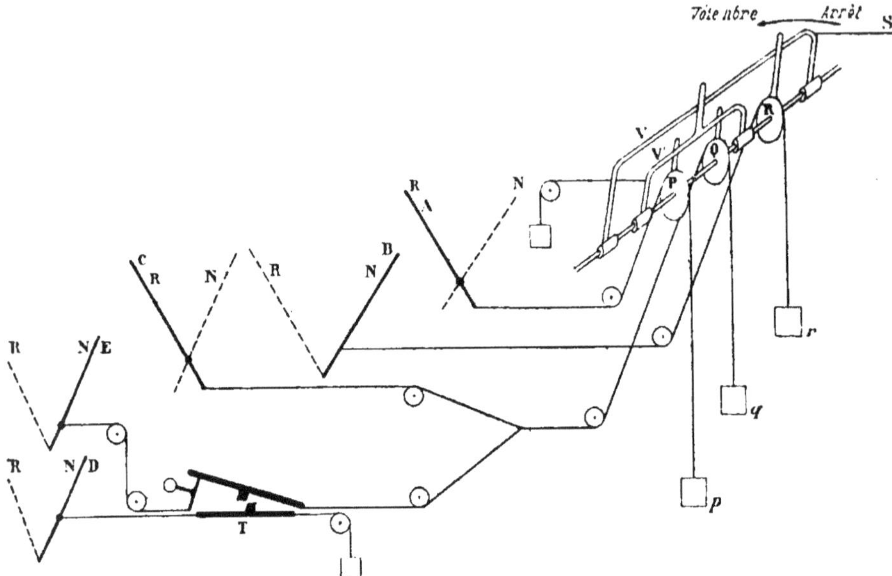

signal S sera à l'arrêt. D'autre part, en admettant que la position normale N des leviers A, B, C, D, E soit celle de droite et la position renversée R celle de gauche, il est aisé d'en conclure que le signal ne peut être mis à voie libre que par une des conditions suivantes :

1° Levier B renversé ;

2° Levier A normal et levier C normal ;

3° Levier A normal, levier E renversé et levier D renversé.

§ 4. ENCLENCHEMENTS

216. — Les divers appareils de la voie, signaux, aiguilles, verrous, blocs d'arrêt, etc.... n'occupent pas sur la voie une position fixe. Ils sont mobiles, au contraire, et disposés pour occuper généralement deux positions : un signal peut être ouvert ou fermé ; une aiguille de bifurcation, disposée pour assurer la continuité sur une branche ou sur l'autre ; un bloc d'arrêt, relevé ou abaissé, etc... Lorsqu'un mouvement doit se faire, il importe donc de placer convenablement les appareils pour assurer la liberté de passage à ce mouvement et pour éviter qu'il puisse être rencontré par une circulation convergente. On est alors conduit, pour éviter les erreurs des agents, à établir entre ces appareils une solidarité telle que, lorsque certains d'entre eux se trouvent dans une position déterminée, les autres soient nécessairement dans une position également déterminée.

C'est cette solidarité que réalisent les *enclenchements*.

Elle peut être obtenue par des moyens *mécaniques* ou *électriques*; d'autre part, on peut réaliser l'enclenchement sur place, soit entre les appareils eux-mêmes, soit entre leurs leviers de manœuvre, ou bien, au contraire, obtenir cet enclenchement par une manœuvre à distance. Nous aurons donc à distinguer plusieurs catégories d'enclenchements qui correspondent à ces distinctions.

A. Enclenchements mécaniques sur place des leviers

217. Principes généraux. — Nous étudierons d'abord l'enclenchement mécanique sur place des leviers, qui, dans les chemins de fer, joue le rôle le plus important au point de vue de la sécurité.

Les appareils à manœuvrer sont commandés par des leviers qui peuvent être placés à une distance plus ou moins grande de ces appareils.

Lorsque ces leviers sont voisins des appareils, ils se trouvent nécessairement dispersés dans les gares ; les agents, pour aller de l'un à l'autre, sont donc dans la nécessité de faire de longues courses qui, outre qu'elles sont une cause de fatigue, offrent un grand danger pour eux ; de plus, l'enclenchement des leviers dispersés entre eux présente des difficultés qui, jusqu'à ces derniers temps, n'avaient pu être pratiquement résolues. Si, récemment, l'application des serrures Bouré a donné une solution élégante de la question, l'inconvénient du déplacement des agents subsiste toujours ; les manœuvres se font nécessairement avec une certaine lenteur qui serait inacceptable dans les gares un peu importantes.

Pour éviter ces inconvénients, on a donc été conduit à grouper les leviers de manœuvre dans des *postes* ou *cabines* d'où des aiguilleurs spécialisés peuvent actionner tous les appareils compris dans un certain périmètre qui constitue la *zone d'action du poste* ou *de la cabine*. L'enclenchement des leviers entre eux y devient plus facile mais en même temps plus indispensable, les aiguilleurs ne pouvant généralement pas voir de leur poste la position des aiguilles et souvent même celle des signaux qu'ils manœuvrent.

C'est en 1855 que les enclenchements ont fait leur apparition dans les chemins de fer; ils ont été inventés par M. Vignier, Ingénieur de la voie à la Compagnie de l'Ouest.

Pour que l'enclenchement entre les leviers établisse une solidarité entre les deux positions que peuvent occuper les appareils qu'ils commandent, il faut que la position du levier entraîne une position bien déterminée de l'appareil. Lorsqu'il s'agit d'un signal, il n'est pas indispensable que cette position soit fixée avec une précision mathématique : le signal peut être très légèrement déplacé autour de sa position ouverte ou fermée sans que, pour cela, ses indications soient moins précises ; aussi bien peut-on admettre que les transmissions à fils et contrepoids suffisent pour remplir la condition. Mais, pour les aiguilles, ce mode de transmission n'offre plus assez de précision ; lorsqu'elles sont prises en pointe, elles doivent être rigoureusement appliquées contre les rails contre-aiguilles, sous peine d'exposer à un déraillement ; aussi, les aiguilles qui interviennent dans les combinaisons d'enclenchement doivent-elles être munies de transmissions rigides. On ne fait guère d'exception que pour des aiguilles situées sur des voies accessoires et n'intéressant pas la circulation sur les voies principales.

De même que les appareils qu'ils commandent, les leviers sont supposés ne pouvoir occuper que deux positions : l'une *normale* ou *droite*, donnant la position habituelle de l'appareil qui correspond à la circulation normale ou à l'absence de toute circulation, l'autre *renversée* donnant la seconde position de l'appareil. La position normale des leviers est d'ailleurs choisie de façon que, dans une cabine, ils puissent tous l'occuper simultanément et être placés les uns à côté des autres, parallèlement entre eux. Il en résulte que si l'on entre dans une cabine d'enclenchements, pendant un moment de repos complet, les leviers se trouvent tous sur une même ligne correspondant à la position normale des appareils.

La solidarité mécanique peut être établie entre deux ou plusieurs leviers. Lorsqu'elle est réalisée entre deux leviers, on dit que l'enclenchement est *binaire* ; lorsqu'elle comprend plusieurs leviers à la fois, l'enclenchement est *multiple* ; *ternaire* avec trois leviers, *quaternaire* avec quatre leviers, etc... D'autre part, on dit que l'enclenchement entre les leviers est *direct* lorsqu'il est réalisé matériellement et directement dans le poste entre ces leviers ; il est *indirect* lorsqu'il résulte de l'enclenchement direct d'autres leviers.

248. Enclenchements binaires simples. — Considérons deux leviers, α et β, et désignons par N ou R la position normale ou renversée qu'ils peuvent occuper. L'enclenchement a pour but, l'un des leviers étant dans une position, d'obliger l'autre à se trouver immobilisé dans une position déterminée. Si l'on veut que, α étant normal, β soit immobilisé dans la position normale, on dira que αN enclenche βN et l'on écrit cette condition, d'après la méthode de M. Cosmann, Ingénieur au Chemin de fer du Nord, sous la forme d'une fraction $\dfrac{\alpha N}{\beta N}$, en plaçant au numérateur le levier *enclencheur* α et au dénominateur le levier *enclenché* β. De même, si l'on veut que, α étant renversé, β soit normal, on dira que αR enclenche βN, ce que l'on écrit $\dfrac{\alpha R}{\beta N}$. On peut encore faire en sorte que, si l'on renverse les deux leviers α et β, le levier αR enclenche βR, c'est-à-dire que l'on ait $\dfrac{\alpha R}{\beta R}$.

L'enclenchement $\dfrac{\alpha N}{\beta N}$ indique que, tant que l'on n'aura pas renversé α, β sera immobilisé dans la position normale ; si l'on renverse α, le levier β devient libre, autrement dit αR dégage β, ce que M. Massieu, Inspecteur général des Mines, écrit sous la forme : $\dfrac{\alpha R}{\beta D}$ qui équivaut à $\dfrac{\alpha N}{\beta N}$.

L'enclenchement $\dfrac{\alpha R}{\beta N}$ indique que, si α est renversé, β ne pourra pas l'être.

Enfin $\dfrac{\alpha R}{\beta R}$ signifie que, pour renverser α, il faut d'abord renverser β, qui, une fois renversé, est immobilisé par le levier α renversé ; si, en effet, on pouvait renverser α d'abord, avant β, on aurait, après avoir renversé d'abord α, αR en même temps que βN, ce qui n'est pas possible puisque αR doit immobiliser βR et empêcher que ce levier soit normal. On exprime cela parfois en disant que α *oblige* β.

L'enclenchement binaire direct ainsi défini est dit *simple*, parce que le levier enclenché n'est immobilisé que dans une des deux positions qu'il peut occuper. Cet enclenchement doit être *réciproque*, c'est-à-dire que, si un levier α dans une certaine position enclenche β, ce dernier, dans la position inverse, enclenche le premier dans la position renversée. Si, en effet on a, par exemple, $\dfrac{\alpha R}{\beta N}$, cela veut dire que, lorsque α est renversé, β doit être nécessairement normal. Si β étant renversé n'enclenchait pas α normal, on pourrait renverser ce dernier, et l'on aurait simultanément αR et βR, ce qui n'est pas possible puisque $\dfrac{\alpha R}{\beta N}$. Il faut donc que $\dfrac{\beta R}{\alpha N}$: les deux enclenchements $\dfrac{\alpha R}{\beta N}$ et $\dfrac{\beta R}{\alpha N}$ sont *équivalents*.

On peut, au lieu de considérer les enclenchements binaires comme une obligation de position entre deux positions données des appareils, les envisager comme excluant au contraire deux positions données dangereuses ; avec deux leviers α et β, il serait possible d'obtenir les quatre combinaisons suivantes :

$$\alpha N \ldots \ldots \beta N$$
$$\alpha N \ldots \ldots \beta R$$
$$\alpha R \ldots \ldots \beta N$$
$$\alpha R \ldots \ldots \beta R,$$

et l'on peut se proposer d'exclure la possibilité d'une de ces combinaisons. Cela ne doit pas être la première par hypothèse, puisque tous les leviers sont supposés pouvoir occuper la position normale. Prenons, par exemple, la seconde, αN et βR. On ne peut y arriver qu'en passant par αN et βN ou par αR et βR. Il faut donc, lorsqu'on aura réalisé αN et βN, que l'on ne puisse plus renverser β, c'est-à-dire que $\dfrac{\alpha N}{\beta N}$, ou bien que, lorsqu'on aura réalisé αR et βR, l'on ne puisse plus remettre α dans sa position normale, c'est-à-dire que $\dfrac{\beta R}{\alpha R}$. Mais les enclenchements $\dfrac{\alpha N}{\beta N}$ et $\dfrac{\beta R}{\alpha R}$ sont équivalents d'après le principe de réciprocité ; l'exclusion de la combinaison αN avec βR équivaut donc aux enclenchements $\dfrac{\alpha N}{\beta N}$ et $\dfrac{\beta R}{\alpha R}$.

On verrait de même que l'incompatibilité de αR avec βN équivaut à $\dfrac{\beta N}{\alpha N}$ et $\dfrac{\alpha R}{\beta R}$; que celle de αR avec βR équivaut à $\dfrac{\beta R}{\alpha N}$ et $\dfrac{\alpha R}{\beta N}$.

M. Bricka a, d'après cela, proposé de remplacer la notation de M. Cossmann par la suivante : on écrit dans une parenthèse, en les séparant par une virgule, les deux leviers dont la position est incompatible. Ainsi :

$$(\alpha N,\ \beta R) \text{ peut remplacer } \frac{\alpha N}{\beta N} \text{ et } \frac{\beta R}{\alpha R},$$

$$(\alpha R,\ \beta N) \text{ peut remplacer } \frac{\alpha R}{\beta R} \text{ et } \frac{\beta N}{\alpha N},$$

$$(\alpha R,\ \beta R) \text{ peut remplacer } \frac{\alpha R}{\beta N} \text{ et } \frac{\beta R}{\alpha N} .$$

La combinaison αN et βN étant toujours possible, on ne doit pas rencontrer les enclenchements $\dfrac{\alpha N}{\beta R}$ ou $\dfrac{\beta N}{\alpha R}$; on ne peut donc avoir, avec deux leviers, que les trois enclenchements binaires simples ci-dessus ou leurs réciproques.

Les *enclenchements directs peuvent se combiner* de manière à donner des *enclenchements résultants* ou *indirects*. Supposons que l'on ait $\dfrac{\alpha R}{\beta R}$ et $\dfrac{\beta R}{\gamma N}$; il en résulte que l'on a l'enclenchement $\dfrac{\alpha R}{\gamma N}$. En effet $\dfrac{\alpha R}{\beta R}$ indique que αR immobilise β dans la position renversée ; mais βR exige lui-même que γ soit normal ; donc, lorsque α sera renversé, γ sera normal, c'est-à-dire que l'on a $\dfrac{\alpha R}{\gamma N}$. On voit dès lors que les enclenchements indirects s'obtiennent par une multiplication des fractions qui les définissent :

$$\frac{\alpha R}{\beta R} \times \frac{\beta R}{\gamma N} = \frac{\alpha R}{\gamma N} .$$

Si l'on a une série d'enclenchements binaires directs $\dfrac{\alpha R}{\beta R}$, $\dfrac{\beta R}{\gamma N}$, $\dfrac{\gamma N}{\delta N}$, $\dfrac{\delta N}{\varepsilon N}$, l'enclenchement résultant s'obtient de la même façon :

$$\frac{\alpha R}{\beta R} \times \frac{\beta R}{\gamma N} \times \frac{\gamma N}{\delta N} \times \frac{\delta N}{\varepsilon N} = \frac{\alpha R}{\varepsilon N} \; .$$

D'ailleurs cette expression peut s'écrire :

$$\frac{\alpha R}{\gamma N} \times \frac{\gamma N}{\varepsilon N} = \frac{\alpha R}{\varepsilon N} \; ,$$

ce qui montre que la règle de composition des enclenchements directs s'applique également aux enclenchements indirects.

249. Enclenchements binaires doubles. — L'enclenchement binaire simple assujettit le levier enclenché à avoir une position bien déterminée pour une certaine position du levier enclencheur. Mais on peut avoir besoin, non pas d'assurer une position déterminée d'un appareil, mais la fixité de cet appareil dans l'une ou l'autre de ses positions. C'est le cas, par exemple, qui peut se produire pour les aiguilles munies d'un verrou. Il est nécessaire, aux bifurcations surtout, de verrouiller l'aiguille dans l'une ou l'autre de ses positions pour éviter les déraillements. Si α désigne le verrou et β l'aiguille, cet enclenchement s'obtient en faisant en sorte que le levier α, dans une position donnée, αR par exemple, enclenche β dans l'une ou l'autre de ses positions. Cette relation peut se symboliser par l'expression :

$$\frac{\alpha R}{\beta N \text{ et } \beta R} \; .$$

Cet enclenchement que l'on nomme *binaire double* n'assujettit pas β à être normal ou renversé ; mais qu'il soit normal ou renversé, le levier β sera enclenché par αR. L'enclenchement binaire double ne doit donc pas intervenir au point de vue des collisions. En revanche, il implique un ordre déterminé dans le renversement des leviers α et β ; avec l'enclenchement ci-dessus, le levier β doit être renversé avant le levier α, puisque si l'on renversait d'abord α, β serait immobilisé dans l'une ou l'autre position. L'enclenchement $\dfrac{\alpha N}{\beta N \text{ et } \beta R}$ obligerait au contraire à renverser α le premier.

Il est aisé de trouver la réciproque d'un enclenchement binaire double. Soit par exemple :

$$\frac{\alpha R}{\beta N \text{ et } \beta R}$$

Lorsque le levier β est en mouvement, c'est-à-dire dans une position intermédiaire entre les positions extrêmes, normale ou renversée, le levier α doit être immobilisé normalement, car, si l'on pouvait le renverser, la course de β n'étant pas déterminée, il arriverait que, α étant renversé, β ne serait pas enclenché comme on l'avait supposé dans l'une ou l'autre de ses positions extrêmes. On doit donc avoir :

$$\frac{\beta \text{ pendant sa course}}{\alpha N}.$$

L'enclenchement $\dfrac{\alpha R}{\beta N \text{ et } \beta R}$ correspond au cas du verrou normalement retiré ; l'enclenchement $\dfrac{\alpha N}{\beta N \text{ et } \beta R}$ correspond au verrou normalement engagé.

Les enclenchements binaires que l'on vient de définir sont ceux que l'on rencontre ordinairement dans la pratique ; mais on peut en imaginer d'autres plus complexes. Si, par exemple, on a l'enclenchement $\dfrac{\alpha N}{\beta N}$, cela veut dire que, α étant renversé, β est libre et peut être renversé et remis en position normale autant de fois que l'on veut. Supposons que l'on veuille que cette manœuvre d'ouverture et de fermeture de β ne puisse se faire deux fois de suite sans que α ait été remis lui-même dans sa position normale ; on réalisera, outre la condition primitive $\dfrac{\alpha N}{\beta N}$, l'enclenchement exprimé symbolitiquement par $\dfrac{\alpha R}{\beta N \text{ après avoir été } R}$.

Les enclenchements de cette nature sont dits *enclenchements spéciaux*.

250. Enclenchements multiples. — Dans les enclenchements de plusieurs leviers entre eux, il faut distinguer deux cas. Si la position déterminée d'un levier entraîne celle d'un nombre quelconque des autres leviers, l'enclenchement multiple équivaut à une juxtaposition d'enclenchements binaires simples. Ainsi, si l'on considère trois leviers α, β, γ, l'enclenchement $\dfrac{\alpha R}{\beta N \text{ et } \gamma N}$, équivaut évidemment aux deux enclenchements binaires $\dfrac{\alpha R}{\beta N}$ et $\dfrac{\alpha R}{\gamma N}$, dont les réciproques sont $\dfrac{\beta R}{\alpha N}$ et $\dfrac{\gamma R}{\alpha N}$. Il signifie que αR enclenche les deux leviers β et γ dans leur position normale. Si donc on a renversé l'un des deux leviers β ou γ, on ne pourra plus renverser α sans quoi αR n'enclencherait pas à la fois βN et γN. L'enclenchement précité a dès lors pour réciproque $\dfrac{\beta R \text{ ou } \gamma R}{\alpha N}$.

Les enclenchements de ce genre ne sont donc pas, à proprement parler, différents des enclenchements binaires simples. Dans l'enclenchement multiple proprement dit, la position d'un levier dépend d'une combinaison entre les autres. Pour ce motif, on les désigne aussi sous le nom d'*enclenchements conditionnels*.

Prenons le cas d'un enclenchement *ternaire*. On peut, par exemple, assujettir les trois leviers α, β, γ à cette condition : lorsque les leviers β et γ seront dans une certaine position, le levier α sera enclenché soit dans sa position normale, soit dans sa position renversée. Un enclenchement répondant à cette condition peut s'écrire $\dfrac{\beta N \text{ et } \gamma N}{\alpha N}$ ou encore $\dfrac{(\beta + \gamma)\, N}{\alpha N}$. Il faut donc renverser l'un quelconque des leviers β ou γ pour pouvoir renverser α. Supposons que l'on ait renversé β, puis α ; il faut alors qu'on ait $\dfrac{\alpha R}{\beta R}$; si l'on pouvait, en effet, remettre β normal, on aurait simultanément β et γ normaux et α renversé, ce qui serait contraire à l'enclenchement $\dfrac{(\beta + \gamma)\, N}{\alpha N}$. Le même raisonnement se ferait en supposant que l'on ait renversé γ. Le levier α renversé enclenche donc celui des deux leviers β et γ que l'on aura renversé, ce que l'on exprime par la relation $\dfrac{\alpha R}{\beta R \text{ ou } \gamma R}$ qui forme la réciproque de l'enclenchement considéré.

L'enclenchement $\dfrac{(\beta + \gamma)\, N}{\alpha N}$ peut encore s'écrire :

Si βN, $\dfrac{\gamma N}{\alpha N}$ et réciproquement $\dfrac{\alpha R}{\gamma R}$,

Si γN, $\dfrac{\beta N}{\alpha R}$ et réciproquement $\dfrac{\alpha R}{\beta R}$.

Mais, quand la condition βN ou γN vient à disparaître, cela n'implique pas que les deux autres leviers sont nécessairement libres ; du moins cette condition ne résulte pas obligatoirement de l'enclenchement primitif d'où l'on est parti $\dfrac{(\beta + \gamma)\, N}{\alpha N}$.

Si, β étant renversé, γ et α ne sont pas entièrement libres, l'enclenchement :

$$\text{Si } \beta N, \; \dfrac{\gamma N}{\alpha N}$$

est dit *conditionnel incomplet*; si, au contraire, β étant renversé, γ et α sont libres, — ce que l'on écrit $\gamma = \alpha$, — l'enclenchement Si βN, $\dfrac{\gamma N}{\alpha N}$ constitue l'enclenchement *conditionnel proprement dit ou complet*.

Ainsi l'enclenchement conditionnel proprement dit entre trois leviers α, β, γ est celui qui s'exprime sous la forme suivante, par exemple :

$$\left\{ \begin{array}{l} \text{Si } \beta N, \; \dfrac{\gamma N}{\alpha N} \text{ et réciproquement } \dfrac{\alpha R}{\gamma R} \\ \text{Si } \beta R, \; \gamma = \alpha \end{array} \right.$$

ce qui veut dire que l'enclenchement entre les leviers γ et α n'existe qu'à la condition que le levier β soit normal.

D'ailleurs, l'enclenchement entre les leviers γ et α, lorsque β est normal, peut être un *enclenchement spécial* différent des enclenchements ordinaires. C'est ainsi par exemple que l'on a réalisé l'enclenchement conditionnel.

$$\begin{cases} \text{Si } \beta N, \ \dfrac{\gamma N}{\alpha N} \ \text{et} \ \dfrac{\alpha R}{\gamma R} \ , \ \text{avec} \ \dfrac{\gamma R}{\alpha N \text{ après avoir été } R} \\ \text{Si } \beta R, \ \gamma = \alpha. \end{cases}$$

Cet enclenchement comprend l'enclenchement binaire spécial que nous avons déjà cité.

Cela posé, considérons deux leviers α et β, qui peuvent occuper la position N ou R. Ils donnent les quatre combinaisons suivantes, comme nous l'avons vu :

$$NN, \ NR, \ RN, \ RR.$$

En leur adjoignant un troisième levier γ, il sera possible de combiner chacune des positions N et R de ce troisième levier avec les groupements précédents, et l'on aura ainsi huit combinaisons possibles pour les trois leviers supposés entièrement libres.

Numéros d'ordre	α	β	γ
1	N	N	N
2	N	N	R
3	N	R	N
4	N	R	R
5	R	N	N
6	R	N	R
7	R	R	N
8	R	R	R

Les trois leviers ne pouvant occuper simultanément que l'une de ces huit positions, les enclenchements ternaires doivent avoir pour but d'exclure une ou plusieurs de ces combinaisons, ou encore d'imposer une succession déterminée dans l'ordre où l'on pourra mouvoir les leviers.

La première combinaison sera toujours réalisable, puisque les leviers doivent pouvoir être simultanément dans la position normale.

A n'envisager les enclenchements ternaires qu'au point de vue de la combinaison à exclure — ce qui n'est pas toujours suffisant pour indiquer la solidarité qui les réalise — le nombre des combinaisons à exclure serait de sept qui se réduisent évidemment aux trois suivantes, à raison de la symétrie de la fonction de chaque levier :

1º un levier normal, deux renversés ;

2º deux leviers renversés, un normal ;

3º trois leviers renversés.

Considérons un enclenchement interdisant une de ces combinaisons, αN, βR, γR par exemple.

La solidarité qui unit les trois leviers doit nécessairement réaliser un enclenchement binaire entre deux leviers, le troisième ayant la position indiquée dans cette combinaison. Si, de plus, cette solidarité est telle que, lorsque le troisième levier a la position inverse de celle qu'il doit occuper, l'enclenchement binaire disparaisse, les deux leviers étant entièrement libres, elle réalisera les conditions de l'enclenchement conditionnel proprement dit.

Avec trois leviers α, β, γ, on peut donc former trois enclenchements conditionnels complets que l'on écrira, d'après la méthode de M. Bricka :

$$(\alpha N, \beta R, \gamma R)$$
$$(\alpha R, \beta N, \gamma N)$$
$$(\alpha R, \beta R, \gamma R).$$

Le premier $(\alpha N, \beta R, \gamma R)$, équivaudra aux enclenchements suivants qu'il supposera implicitement :

$$\frac{(\beta + \gamma)R}{\alpha R} \text{ et réciproquement } \frac{\alpha N}{\beta N \text{ ou } \gamma N},$$

$$\text{Si } \gamma R \ \frac{\alpha N}{\beta N} \text{ et réciproquement } \frac{\beta R}{\alpha R} \text{ ; si } \gamma N, \alpha = \beta,$$

$$\text{Si } \beta R \ \frac{\alpha N}{\gamma N} \text{ et réciproquement } \frac{\gamma R}{\alpha R} \text{ ; si } \beta N, \alpha = \gamma,$$

$$\text{Si } \alpha N \ \frac{\beta R}{\gamma N} \text{ et réciproquement } \frac{\gamma R}{\beta N} \text{ ; si } \alpha R, \beta = \gamma.$$

Le second $(\alpha R, \beta N, \gamma N)$ équivaudra à

$$\frac{(\beta + \gamma)N}{\alpha N} \text{ et réciproquement } \frac{\alpha R}{\beta R \text{ ou } \gamma R},$$

$$\text{Si } \gamma N \ \frac{\beta N}{\alpha N} \text{ et réciproquement } \frac{\alpha R}{\beta R} \text{ ; si } \gamma R, \beta = \alpha,$$

$$\text{Si } \beta N \ \frac{\gamma N}{\alpha N} \text{ et réciproquement } \frac{\alpha R}{\gamma R} \text{ ; si } \beta R, \gamma = \alpha.$$

La combinaison obtenue en supposant αR ne peut donner un enclenchement conditionnel complet ; on ne peut, en effet, subordonner un enclenchement entre β et γ à cette condition puisque, partant de la combinaison toujours possible $\alpha N, \beta N, \gamma N$, si on renversait d'abord α on tomberait sur la combinaison à exclure. L'enclenchement $(\alpha R, \beta N, \gamma N)$ ne donne donc que deux enclenchements conditionnels proprement dits.

Enfin le troisième enclenchement $(\alpha R, \beta R, \gamma R)$ équivaut aux enclenchements conditionnels suivants :

$$\frac{(\beta + \gamma)R}{\alpha N} \text{ et réciproquement } \frac{\alpha R}{\beta N \text{ ou } \gamma N},$$

$$\text{Si } \gamma R \ \frac{\alpha R}{\beta N} \text{ et réciproquement } \frac{\beta R}{\alpha N} \text{ ; si } \gamma N, \alpha = \beta,$$

$$\text{Si } \beta R \ \frac{\alpha R}{\gamma N} \text{ et réciproquement } \frac{\gamma R}{\alpha N} \text{ ; si } \beta N, \alpha = \gamma,$$

$$\text{Si } \alpha R \ \frac{\beta R}{\gamma N} \text{ et réciproquement } \frac{\gamma R}{\beta N} \text{ ; si } \alpha N, \beta = \gamma.$$

Toutes les fois que l'on écrira un enclenchement conditionnel, on supposera, à moins que le contraire n'ait été spécifié, qu'il s'agit d'un des trois enclenchements conditionnels proprement dits. On pourra donc l'écrire sous une des formes quelconques qui lui sont équivalentes, et que l'on retrouvera très aisément en passant d'abord à la notation de M. Bricka ; tous les enclenchements que l'on obtiendra ainsi seront supposés exister par le fait même de la réalisation du premier. Mais on pourra toujours obtenir, entre les leviers, une solidarité plus complexe, que l'on définira alors par les conditions qu'elle réalise.

251. Composition des enclenchements. — Nous avons vu que les enclenchements binaires sont réciproques et qu'ils peuvent se combiner par une multiplication symbolique de façon à donner des enclenchements résultants. Ainsi, si l'on a les enclenchements binaires *directs* :

$$\frac{\alpha R}{\beta N} \quad \text{et} \quad \frac{\beta N}{\gamma N},$$

on en déduit l'enclenchement *indirect* :

$$\frac{\alpha R}{\beta N} \times \frac{\beta N}{\gamma N} = \frac{\alpha R}{\gamma N}.$$

Si, entre plusieurs leviers, il existe des enclenchements binaires et multiples, ces enclenchements peuvent également se combiner pour donner des enclenchements résultants.

Supposons que l'on ait, entre quatre leviers α, β, γ, δ, les relations :

$$\text{Si } \alpha N, \frac{\gamma R}{\beta N} \quad \text{et} \quad \frac{\beta N}{\delta N},$$

il est évident qu'elles entraîneront l'enclenchement : Si $\alpha N, \dfrac{\gamma R}{\delta N}$.

Lorsqu'il s'agit de combiner entre eux des enclenchements multiples, la question est beaucoup plus complexe avec la notation de M. Cossmann. On y arrive plus aisément et plus rapidement par la méthode très élégante de M. Bricka.

Prenons, pour simplifier, deux enclenchements conditionnels entre trois leviers et supposons qu'ils aient un levier commun figurant avec des positions différentes dans chacun des enclenchements écrits suivant la notation de M. Bricka.

Soient, par exemple, les enclenchements :

$$(\alpha N, \beta R, \gamma N) \tag{1}$$

$$(\delta N, \varepsilon N, \gamma R) \tag{2}$$

qui, ramenés à la notation de M. Cossmann, pourraient s'écrire ainsi :

$$\text{Si } \gamma N, \frac{\alpha N}{\beta N}$$

$$\text{Si } \gamma R, \frac{\delta N}{\varepsilon R}.$$

Il résulte de l'enclenchement représenté par (2) que la combinaison $(\delta N, \varepsilon N)$ ne peut être réalisée que si γ est N ; mais alors, à cause du premier enclenchement, si γ est N, la combinaison $(\alpha N, \beta R)$ est impossible. Donc $(\delta N, \varepsilon N)$ et $(\alpha N, \beta R)$ sont incompatibles, ce que l'on peut écrire :

$$(\alpha N, \beta R, \delta N, \varepsilon N). \tag{3}$$

Les deux enclenchements (1) et (2) ont donc pour enclenchement résultant la relation (3), *formée de tous les leviers autres que le levier commun, pris avec la position même qu'ils occupent dans chacun des enclenchements.*

Si, au contraire, le levier commun γ figurait dans les deux enclenchements avec la même position, il n'y aurait pas d'enclenchement résultant. Ainsi soient :

$$(\alpha N, \beta R, \gamma N)$$
$$(\delta N, \varepsilon N, \gamma N).$$

Si γ est N, la combinaison $(\alpha N, \beta R)$ est impossible, de même que la combinaison $(\delta N, \varepsilon N)$: cette condition n'entraîne aucun lien entre elles.

Revenons aux deux enclenchements (1) et (2) dans lesquels le levier γ a une position différente, et supposons, en outre, qu'ils aient un second levier commun. Ce second levier peut figurer avec la même position dans chacun des enclenchements primitifs ou avec une position inverse. Prenons le premier cas :

$$(\alpha N, \beta R, \gamma N)$$
$$(\delta N, \beta R, \gamma R).$$

On ne peut avoir δN et βR que si γ est N ; mais si γN, il ne sera pas possible d'avoir simultanément βR et αN ; c'est donc que δN, βR et αN sont incompatibles entre eux. L'enclenchement résultant est :

$$(\alpha N, \beta R, \delta N).$$

On voit que *le levier qui figure avec la même position dans les deux enclenchements n'entre qu'une fois, avec cette position, dans l'enclenchement résultant.*

Dans le second cas, on aurait, par exemple :

$$(\alpha N, \beta R, \gamma N) \tag{1}$$
$$(\delta N, \beta N, \gamma R). \tag{2}$$

M. Descubes (*Revue générale des Chemins de fer*, numéro de novembre 1898) a montré qu'il y avait encore un enclenchement résultant. En réalité, il y en a deux :

Supposons que l'on ait αN et δN. Si γN, d'après l'enclenchement (1) β sera nécessairement N ; si γR, d'après l'enclenchement (2), β sera renversé. Le levier β est donc nécessairement immobilisé, dans la position N si γN, ou dans la position R si γR. Il en est de même d'ailleurs pour γ, ce qui s'explique par symétrie et ce que l'on peut voir aisément en répétant le même raisonnement, mais en inversant les lettres β et γ.

Ainsi les deux leviers β et γ sont enclenchés N et R par αN et δN. Les enclenchements résultants peuvent s'écrire :

$$(\alpha N, \delta N, \beta N \text{ et } R)$$
$$(\alpha N, \delta N, \gamma N \text{ et } R).$$

Il y a donc *deux enclenchements résultants, formés des leviers différents figurant dans les deux enclenchements et comprenant successivement chacun des leviers communs dans la position normale et renversée.*

Nous venons de voir que la composition des enclenchements pouvait conduire à des enclenchements multiples renfermant un levier normal et renversé, c'est-à-dire de la forme des enclenchements binaires doubles.

Des enclenchements de cette nature peuvent également se composer de la même façon. Supposons que l'on ait les deux enclenchements :

$$(\alpha R, \beta R, \gamma N) \tag{1}$$
$$(\alpha N \text{ et } R, \delta R, \gamma R). \tag{2}$$

En raisonnant comme précédemment, on trouvera pour enclenchement résultant :

$$(\alpha N \text{ et } R, \beta R, \delta R).$$

En effet, imaginons que l'on ait βR et δR. Si γN, α est nécessairement N à cause de l'enclenchement (1) ; si γR, α est immobilisé N ou R, d'après la relation (2). Comme γ ne peut être que N ou R, le levier α est bien immobilisé dans ses deux positions par βR et δR.

Ces règles peuvent se résumer ainsi : *lorsque deux enclenchements ont un levier commun figurant dans chacun d'eux avec la même lettre, ils n'ont pas d'enclenchement résultant ; lorsque, au contraire, le levier commun n'a pas la même position dans les deux enclenchements, ceux-ci ont un enclenchement résultant qui est formé de tous les leviers autres que ce levier commun considéré, pris avec leur lettre, sous cette réserve que si, parmi ces leviers il y a un second levier commun, ce levier n'entrera qu'une fois dans l'enclenchement résultant, avec sa lettre s'il a la même dans les deux enclenchements primitifs, ou bien avec les lettres N et R s'il a une fonction différente dans ces deux enclenchements.*

Les règles ainsi établies pour des enclenchements à trois leviers s'appliquent quel que soit le nombre de leviers, ce que l'on verrait en substituant, dans les raisonnements qui précèdent, un groupement quelconque aux leviers différents qu'ils renferment.

En en faisant l'application, on peut être conduit à quelques cas particuliers qu'il faudra interpréter.

Supposons que l'on ait les enclenchements :

$$(\alpha N, \beta N)$$
$$(\alpha N, \beta R).$$

L'enclenchement résultant serait $(\alpha N, \alpha N)$ c'est-à-dire que αN serait incompatible avec lui-même. Cela tient à ce que les enclenchements primitifs étaient impossibles simultanément. Le premier s'écrit $\dfrac{\beta N}{\alpha R}$; le second $\dfrac{\beta R}{\alpha R}$; β, placé dans l'une ou l'autre position, enclencherait α dans la position renversée, et ce levier serait totalement immobilisé ; l'un des deux enclenchements composant était donc de trop.

On peut avoir aussi :

$$(\alpha N, \beta R)$$
$$(\alpha R, \beta N).$$

La règle donnerait pour enclenchement résultant $(\alpha N$ et $R)$ et $(\beta N$ et $R)$. Le premier des enclenchements donne $\dfrac{\alpha N}{\beta N}$; le second $\dfrac{\alpha R}{\beta R}$; α est donc simultanément N ou R en même temps que β. Les deux leviers doivent être manœuvrés simultanément, c'est-à-dire qu'ils doivent être remplacés par un seul levier qui manœuvrera à la fois les deux appareils.

Enfin on rencontre encore les deux combinaisons :

$$(\alpha N, \beta R)$$
$$(\alpha R, \beta N \text{ et } R).$$

L'enclenchement résultant serait $(\beta N$ et $R)$. Il y avait encore ici incompatibilité entre les enclenchements primitifs que l'on peut écrire :

$$\frac{\alpha N}{\beta N} \text{ et } \frac{\alpha R}{\beta N \text{ et } R},$$

puisque α, dans l'une ou l'autre position, immobilise β.

Toutes les fois que l'enclenchement résultant n'aura qu'un seul levier, il y aura donc à faire une interprétation qui sera toujours facile.

Il reste à examiner le cas de la composition de deux enclenchements binaires doubles entre les mêmes leviers. Soient, par exemple :

$$(\alpha N, \beta N \text{ et } R)$$
$$(\alpha N \text{ et } R, \beta R).$$

Les règles ne peuvent plus ici s'appliquer.
Si on revient à la notation habituelle, on a :

$$\frac{\alpha N}{\beta N \text{ et } R} \text{ et } \frac{\beta R}{\alpha N \text{ et } R},$$

le premier enclenchement montre qu'il faudra renverser α avant β, mais quand on aura renversé α, puis β, le levier α sera enclenché par βR à cause de la seconde relation. Les deux enclenchements équivalent donc à l'enclenchement binaire $\dfrac{\beta R}{\alpha R}$ ou $\dfrac{\alpha N}{\beta N}$, c'est-à-dire à $(\alpha R, \beta R)$.

Si, de même, on avait eu les deux enclenchements :

$$(\alpha R,\ \beta N \text{ et } R)$$
$$(\alpha N \text{ et } R,\ \beta R),$$

l'enclenchement résultant eût été :

$$(\alpha R,\ \beta R).$$

Ces règles de composition ont une très grande importance dans l'étude d'un projet d'enclenchements ; elles permettent de tirer toutes les conséquences des enclenchements binaires ou conditionnels, que l'on s'est proposé d'établir entre les leviers, et de voir si les enclenchements directs et les enclenchements résultants qui s'en déduisent assurent bien la sécurité de tous les mouvements.

Nous avons examiné successivement les cas où les enclenchements primitifs avaient un, puis deux appareils communs. Dans le cas où ils auraient plus de deux leviers communs, on les composerait de la même façon.

En combinant entre eux les enclenchements pour en rechercher les conséquences, on s'attachera aux points particuliers que nous avons signalés qui indiquent des erreurs dans le projet.

On remarquera également que, si les leviers qui entrent dans un enclenchement figurent avec les mêmes rôles dans un enclenchement d'un plus grand nombre de leviers, ce dernier est inutile. Si l'on a :

$$(\alpha N, \beta R)$$
$$(\alpha N, \beta R, \gamma N, \delta R),$$

il est évident que le premier entraîne le second qui est inutile. Cette observation pourra conduire à des simplifications au cours de la composition des enclenchements. Si, dans les deux enclenchements simultanés ci-dessus, il y avait un levier ayant une position différente, l'enclenchement qui comprend le plus grand nombre de leviers ne serait pas inutile mais pourrait se simplifier par la suppression de ce levier. Soient :

$$(\alpha N, \beta R, \gamma R)$$
$$(\alpha N, \beta R, \gamma N, \delta R).$$

L'enclenchement résultant est :

$$(\alpha N, \beta R, \delta R),$$

qui, d'après la remarque qui précède, peut être substitué à l'enclenchement multiple :

$$(\alpha N, \beta R, \gamma N, \delta R).$$

M. Bricka a montré, dans son cours, comment on pouvait utiliser ces principes, qu'il a le premier exposés, pour réduire un groupe d'enclenchements multiples à un seul enclenchement multiple et à une série d'enclenchements binaires.

Nous n'entrerons pas dans de plus longs détails sur la théorie des enclenchements. On pourra approfondir la question en consultant des ouvrages spéciaux, en particulier, le cours de M. Bricka *(Encyclopédie des Travaux publics)*, le mémoire de M. Massieu, publié dans les *Annales des Mines*, (10e et 11e livraisons de 1897) et l'étude de M. Descubes dans la *Revue générale des Chemins de fer* (n° de novembre 1898).

252. Appareils d'enclenchements. — Nous arrivons maintenant aux procédés pratiques de réalisation des enclenchements.

Divers systèmes ont été imaginés. Les plus répandus sont les appareils *Vignier* et les appareils *Saxby et Farmer*.

253. Appareil d'enclenchement Vignier. — L'enclenchement des leviers est obtenu de la façon suivante : chaque levier fait mouvoir, dans le sens de leur longueur, deux tiges normales entre elles. L'une de ces tiges, manœuvrée directement par le levier, est muni de trous ; l'autre, mise en mouvement par un renvoi d'équerre, porte des verrous qui peuvent s'engager dans les trous de la première tige que l'on appelle la *barre d'enclenchement*.

C'est ce que l'on peut représenter schématiquement par la figure ci-contre.

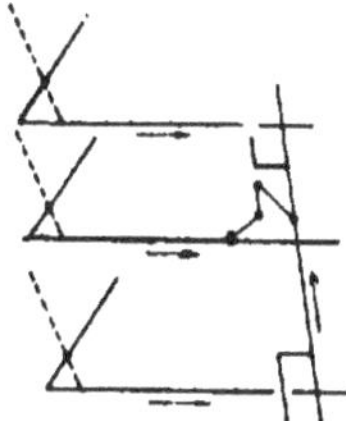

Les verrous, en pénétrant dans les trous des barres d'enclenchement, permettent d'immobiliser les leviers correspondants ; d'autre part, lorsque les verrous ne sont pas juste en face des trous des barres d'enclenchement, on ne peut pas mouvoir les leviers qui les commandent. On conçoit qu'en combinant convenablement les trous et les verrous on puisse obtenir une solidarité mécanique de position avec les leviers.

Au chemin de fer du Nord, on a remplacé la barre à trous et les verrous par des barres à encoches qui sont mieux guidées.

Représentons schématiquement les barres d'enclenchement et les verrous, en supposant, par exemple, qu'il faille déplacer les premières de gauche à droite et les seconds de haut en bas pour passer de la position normale à la position renversée, et désignons par α et β la barre et le verrou qui correspondent respectivement à un levier α et à un levier β. La barre et le verrou étant normalement dans la position ci-contre, on voit que $\dfrac{\alpha N}{\beta N}$, et que, si α a été renversé, puis β, on aura $\dfrac{\beta R}{\beta N}$.

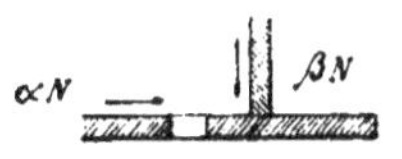

C'est le premier enclenchement binaire simple.

Si, la barre α étant dans la position renversée, le trou était à droite du verrou, on aurait l'enclenchement $\dfrac{\alpha R}{\beta N}$; d'ailleurs, ramenant α à sa position normale et abaissant β, on aurait $\dfrac{\beta R}{\alpha N}$: c'est le second enclenchement binaire simple.

Enfin imaginons que, la barre α étant normale, le trou se trouve en face du verrou β et que ce verrou soit normalement engagé dans le trou. On aura l'enclenchement $\dfrac{\beta N}{\alpha N}$; pour renverser α, il faudra d'abord

abaisser β pour dégager le trou : l'enclenchement obtenu sera $\dfrac{\alpha R}{\beta R}$

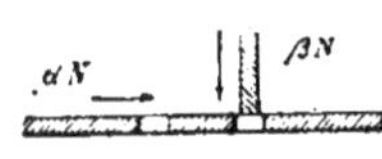

On obtient les enclenchements binaires doubles en munissant la barre d'enclenchement de deux trous correspondant aux deux positions normales et renversées.

Si, normalement, le verrou β est dégagé des trous, l'enclenchement obtenu est $\dfrac{\beta R}{\alpha N \text{ et } \alpha R}$. Si, au contraire, le verrou β

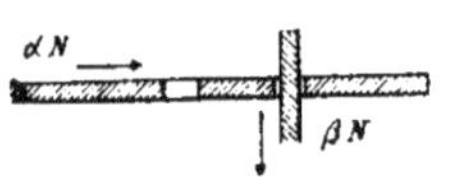

est normalement engagé dans la barre, et s'il faut l'abaisser pour les dégager, l'enclenchement est $\dfrac{\beta N}{\alpha N \text{ et } \alpha R}$:

Pour obtenir les enclenchements multiples avec l'appareil Vignier, M. Dujour réunit les barres d'enclenchement de deux leviers par un balancier articulé qui commande lui même une barre d'enclenchement articulée en son milieu. Soient β et γ les leviers articulés au balancier. La barre d'enclenchement qu'il commande ne se déplacera que de la moitié de la course de chacun des leviers β et γ.

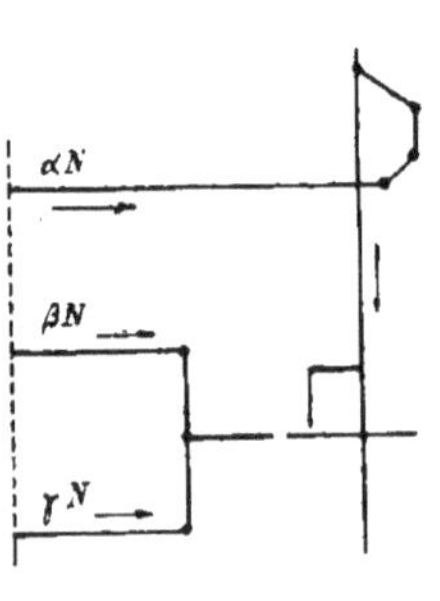

Si le trou de la barre est placé à gauche du verrou, à une distance égale à la moitié de cette course, on aura l'enclenchement conditionnel $\dfrac{(\beta + \gamma) N}{\alpha N}$ et la réciproque $\dfrac{\alpha R}{\beta R \text{ ou } \gamma R}$. Si β et γ étaient renversés tous les deux, le trou passerait à droite du verrou, et l'on aurait également $\dfrac{(\beta + \gamma) R}{\alpha N}$ et sa réciproque $\dfrac{\alpha R}{\beta N \text{ ou } \gamma N}$.

Enfin l'on voit aisément que l'on obtient encore les conditions :

$$\text{Si } \alpha R, \quad \frac{\beta R}{\gamma N} \text{ ou } \frac{\gamma R}{\beta N},$$

$$\text{Si } \alpha N, \quad \beta = \gamma,$$

ainsi que les enclenchements:

$$\text{Si } \beta R, \ \frac{\gamma R}{\alpha N} \text{ ou } \frac{\alpha R}{\gamma N}, \quad \text{Si } \beta N, \ \frac{\alpha R}{\gamma R} \text{ ou } \frac{\gamma N}{\alpha N};$$

$$\text{Si } \gamma R, \ \frac{\beta R}{\alpha N} \text{ ou } \frac{\alpha R}{\beta N}, \quad \text{Si } \gamma N, \ \frac{\alpha R}{\beta R} \text{ ou } \frac{\beta N}{\alpha N}.$$

Ces derniers enclenchements sont des enclenchements conditionnels incomplets, et il en est de même pour le premier:

$$\left\{ \begin{array}{l} \text{Si } \alpha R, \ \dfrac{\beta R}{\gamma N} \text{ ou } \dfrac{\gamma R}{\beta N}, \\[2ex] \text{Si } \alpha N, \ \beta = \gamma, \end{array} \right.$$

bien que cependant il ait la forme que nous avons donnée pour les enclenchements conditionnels proprement dits. C'est qu'en effet, lorsque α est renversé, on ne peut pas passer indifféremment de l'enclenchement $\dfrac{\beta R}{\gamma N}$ à $\dfrac{\gamma R}{\beta N}$ ou inversement: il faut, entre ces deux combinaisons, replacer α dans la position normale.

En plaçant le trou de la barre d'enclenchement soit en face du verrou, soit d'un côté ou de l'autre de ce verrou, à la distance d'une demi-course ou d'une course entière des barres d'enclenchement, ou encore en faisant des trous allongés d'une demi-course ou d'une course, on pourra avoir toutes les combinaisons d'enclenchements entre les deux leviers β et α qui pourront enclencher le levier α dans sa position normale et renversée.

Voici, par exemple, comment l'on pourra réaliser les enclenchements conditionnels proprement dits.

Le premier (αN, βR, γR) s'obtiendra avec un verrou normalement engagé dans une ouverture allongée d'une demi-course pratiquée dans la barre d'enclenchement, de telle façon que l'un des leviers articulé au balancier puisse être renversé sans qu'il soit nécessaire de retirer le verrou.

Pour obtenir le second enclenchement conditionnel (αR, βN, γN), on aura un verrou normalement dégagé, et on pratiquera, dans la barre d'enclenchement, une ouverture allongée d'une demi-course, allant du point de cette barre situé en face du verrou, quand un des deux leviers du balancier est renversé, au point situé également en face du verrou quand les deux leviers du balancier sont renversés.

Enfin on réalisera le troisième enclenchement (αR, βR, γR) avec un verrou normalement dégagé et une ouverture allongée d'une demi-course dans la barre d'enclenchement identique à celle du premier enclenchement conditionnel (αN, βR, γR).

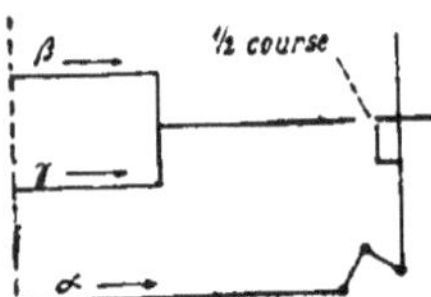

Il est aisé de voir qu'avec chacune de ces dispositions on réalise tous les enclenchements conditionnels équivalant à l'enclenchement considéré.

Cette méthode du balancier articulé peut s'appliquer à plus de trois leviers et permet de réaliser des enclenchements multiples.

Dans l'appareil Vignier primitif, les barres d'enclenchement et les verrous étaient disposés dans des plans horizontaux. Il nécessitait un

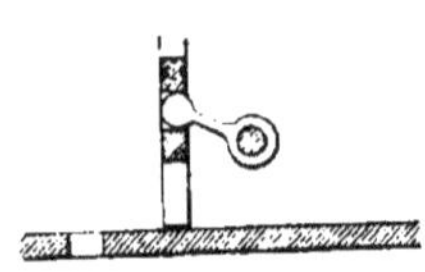

emplacement assez considérable et ne se prêtait pas aisément à l'organisation d'un poste à nombreux leviers. En 1872, M. Bouissou lui a apporté une modification très heureuse, appliquée à l'Ouest et au P.-L.-M. : les verrous sont verticaux et ils sont mus par des arbres horizontaux, qui portent de petites manivelles dont les boutons passent dans un cadre de chaque verrou.

L'arbre est d'ailleurs réuni aux barres d'enclenchement par une manivelle analogue.

254. Appareil Stevens. — L'appareil Stevens réalise, comme le système Vignier, l'enclenchement des leviers par l'intermédiaire de

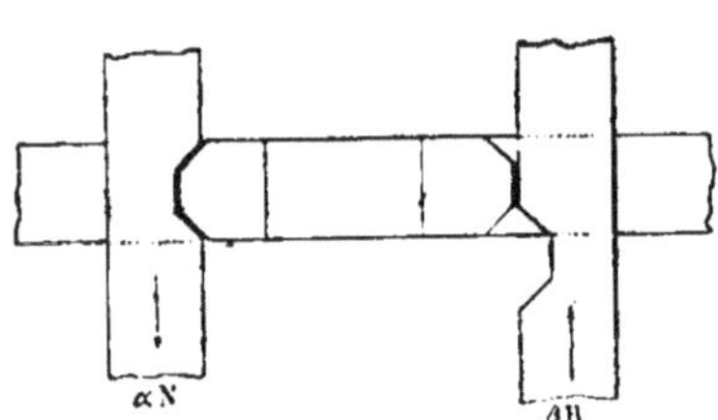

barres d'enclenchement. Mais les verrous sont remplacés par des taquets montés sur des barres transversales. Ces taquets se terminent latéralement par des plans de glissement inclinés à 45°, et ils peuvent se loger dans des encoches de même profil portées par les barres d'enclenchement. Lorsqu'un taquet est emprisonné dans l'encoche d'une barre, celle-ci ne peut être déplacée longitudinalement que si les autres barres d'enclenchement présentent leurs encoches devant les taquets de la même barre transversale. Dans le cas de la figure, si l'on suppose que les barres α et β de deux leviers sont dans la position indiquée, l'enclenchement obtenu est $\dfrac{\beta R}{\alpha N}$.

L'appareil Stevens, répandu en Angleterre, est également employé par la Compagnie d'Orléans. Il permet de réaliser facilement des enclenchements multiples entre un nombre quelconque de leviers. Considérons, par exemple, cinq leviers α, β, γ, δ, ε manœuvrant cinq tiges d'enclenchement. Les deux tiges extrêmes α et ε sont emprisonnées entre des glissières qui ne leur permettent pas de se déplacer latéralement ; les trois

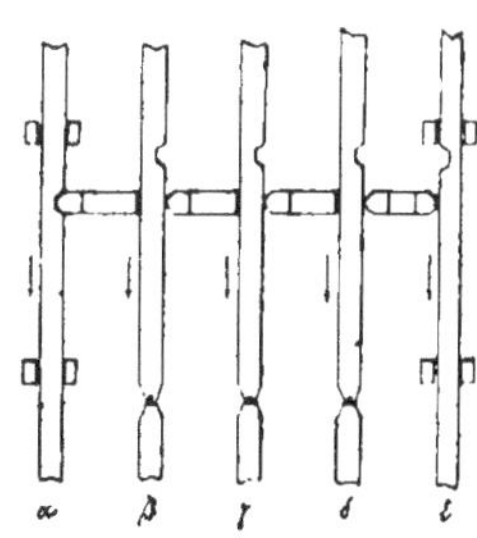

autres sont articulées et peuvent en même temps se mouvoir longitudinalement et latéralement. Enfin, la barre transversale qui porte les taquets est formée de quatre tronçons qui se logent dans les intervalles compris entre les barres. Si, dans le cas de la figure, on suppose que tous les leviers sont dans la position normale et qu'il faille, pour les renverser, déplacer les barres dans le sens des flèches, l'enclenchement obtenu est évidemment :

$$\text{Si } \varepsilon N, \quad \frac{(\beta + \gamma + \delta)\,N}{\alpha N} \quad \text{et} \quad \frac{\alpha R}{\beta R \text{ ou } \gamma R \text{ ou } \delta R} \,.$$

Si εR, le renversement de α déplacera légèrement vers la droite les trois barres β, γ, δ, qui seront, ainsi que α, entièrement libres.

255. Appareil d'enclenchement Saxby et Farmer. — L'enclenchement des leviers entre eux, que l'on peut aisément obtenir, comme nous venons de le voir, ne laisse pas d'offrir des inconvénients sérieux. La manœuvre des divers appareils de la voie présente souvent de fortes résistances, et les agents ont l'habitude d'exercer sur les leviers des efforts vigoureux. Il en résulte que, s'ils cherchent à renverser un levier enclenché qu'ils croient ne pas l'être, ils peuvent détériorer l'appareil s'il n'est pas extrêmement robuste. De plus, l'appareil exige un certain jeu dans les articulations et dans les trous pour pouvoir fonctionner librement, quelque soin que l'on ait mis à l'établir. Les leviers, même enclenchés, peuvent donc subir de très légers mouvements, et, si ces faibles déplacements sont sans inconvénients pour les signaux, ils peuvent amener l'entrebaillement des aiguilles et occasionner des déraillements. Aussi a-t-on cherché à enclencher directement, non pas le levier lui-même, mais une manette mobile qui lui est reliée. Pour renverser un levier, il faudra d'abord déplacer la manette ; si celle-ci est immobilisée, l'agent sera ainsi prévenu de l'enclenchement du levier, et il n'aura pas la tentation de faire effort pour le mouvoir. De plus, la manette se mouvant simplement sous la pression des doigts, il ne sera pas possible d'exercer sur elle un effort trop important susceptible de la détériorer.

L'appareil *Saxby et Farmer*, si universellement répandu, résout la question d'une façon fort ingénieuse.

Cet appareil a été imaginé en 1856. Au début, l'enclenchement n'était pas réalisé entre des manettes adjointes aux leviers, mais entre les leviers eux-mêmes. C'était ce que l'on nommait l'enclenchement à *lock*. Le lock était une petite plaque de tôle, posée à plat, pouvant tourner autour d'un axe vertical sous l'action d'un levier et portant, sur son bord, un talon qui venait se placer devant la flasque d'un autre levier pour l'enclencher.

C'est en 1867 que MM. Saxby et Farmer eurent l'idée d'enclencher les locks par des manettes à ressort ; leur appareil a subi depuis plusieurs modifications ; la dernière, imaginée par eux en 1874, constitue l'appareil actuel appliqué, sauf quelques menus détails de construction, sur le *Nord*, l'*Orléans* et l'*Est*. C'est l'appareil Saxby, *type anglais*.

Le chemin de fer *P.-L.-M.* l'a adopté également, mais en lui apportant des modifications de disposition et de construction importantes.

Le principe de l'appareil Saxby et Farmer est le suivant : le long des leviers glisse un petit levier muni d'un coulisseau à ressort, emprisonné dans une coulisse ; ce levier peut être déplacé longitudinalement à l'aide

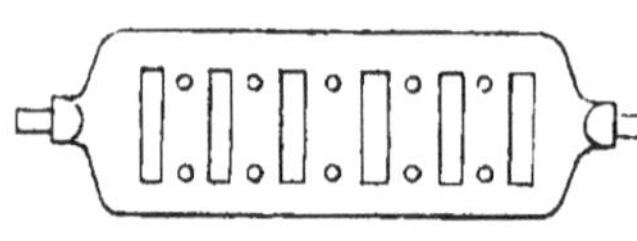

d'une manette. Le mouvement du coulisseau entraîne celui de la coulisse qui fait tourner de 45° environ une pièce de fonte munie de rainures transversales et que l'on désigne, à cause de sa forme, sous le nom de *gril*.

Dans l'appareil anglais, les grils sont disposés horizontalement, tandis qu'ils sont placés verticalement dans l'appareil P.-L.-M. Devant ces grils se

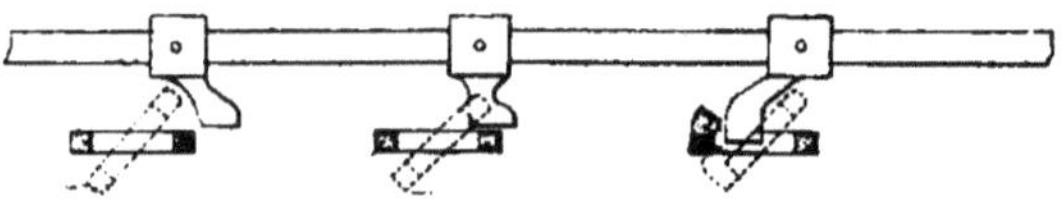

meuvent, longitudinalement, des barres de fer munies de taquets, appelées

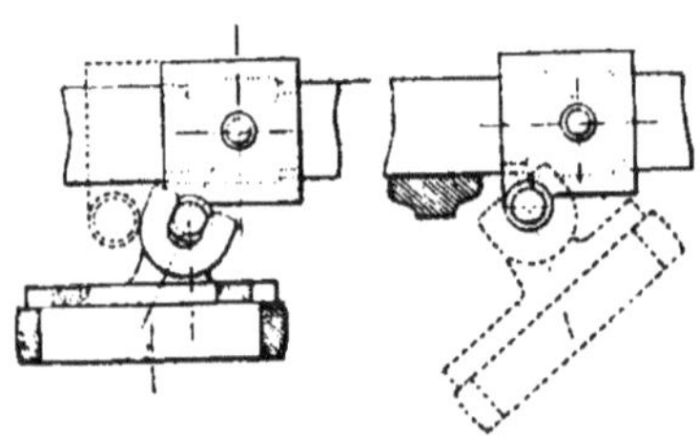

barres d'enclenchement, et dont les taquets peuvent se placer soit contre le rebord des grils, ce qui les empêche de tourner, soit en face des rainures ou en dehors complètement des grils. Le mouvement longitudinal des barres est d'ailleurs obtenu par la rotation des grils à l'aide d'une pièce de fonte en forme de fourche, que l'on rive sur

le gril et qui guide un tenon fixé à la barre. L'enclenchement entre deux leviers s'obtient en enclenchant le taquet de la barre d'enclenchement mue par l'un de ces leviers et le gril de l'autre levier,

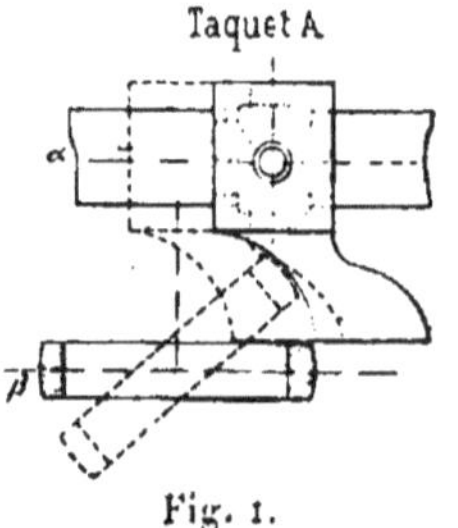

Fig. 1.

Désignons par α et β deux leviers ou plutôt le taquet de la barre que manœuvre l'un d'eux, α par exemple, et le gril de l'autre ; puis représentons en traits pleins la position normale et en pointillé la position inverse du taquet ou de la coulisse.

Au chemin de fer de Lyon, on emploie cinq

taquets pour réaliser les enclenchements binaires simples et doubles. Ils sont représentés sur les cinq figures ci-contre.

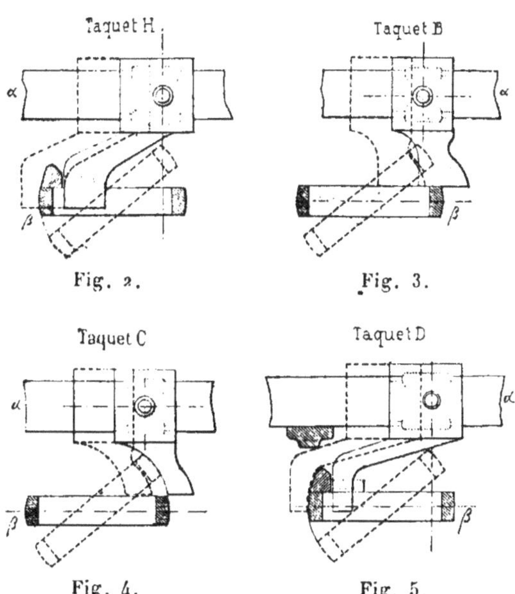

On voit aisément que la figure 1 correspond à l'enclenchement $\dfrac{\alpha R}{\beta N}$ et sa réciproque $\dfrac{\beta R}{\alpha N}$;

La figure 2 à l'enclenchement $\dfrac{\alpha R}{\beta R}$ et sa réciproque $\dfrac{\beta N}{\alpha N}$;

La figure 3 à l'enclenchement $\dfrac{\alpha N}{\beta N}$ et sa réciproque $\dfrac{\beta R}{\alpha R}$;

La figure 4 à l'enclenchement $\dfrac{\beta R}{\alpha N \text{ et } \alpha R}$;

La figure 5 à l'enclenchement $\dfrac{\beta N}{\alpha N \text{ et } \alpha R}$.

La forme de ces cinq taquets a été étudiée de telle sorte qu'ils sont tous fixés, sur les barres d'enclenchement α, à une distance uniforme de o m. 4o en arrière de l'axe des grils. On peut donc très aisément apporter les modifications que l'on veut dans les combinaisons d'enclenchement.

Les dispositions adoptées pour le mouvement des grils sont les suivantes :

Les leviers, placés parallèlement, à dix ou douze centimètres d'intervalle environ, se meuvent le long de coulisses oscillantes. Ces coulisses sont tracées suivant un arc de cercle dont le rayon a pour longueur la distance entre le centre R de rotation des leviers et la position relevée du coulisseau ; d'autre part, elles sont mobiles autour d'un axe O, parallèle à celui des leviers et qui se trouve au milieu de la coulisse, c'est-à-dire sur la verticale de l'axe des leviers dans l'appareil P.-L.-M. et, au contraire, excentrée dans l'appareil type anglais ; enfin, elles sont disposées de façon que, lorsque leur corde est horizontale, le centre de la coulisse soit précisément l'axe de rotation des leviers.

Nous avons représenté, sur les deux figures ci-après, l'appareil anglais et l'appareil P.-L.-M., d'après le remarquable ouvrage de MM. *Brame* et *Aguillon* sur les signaux, auquel nous avons fait plusieurs emprunts.

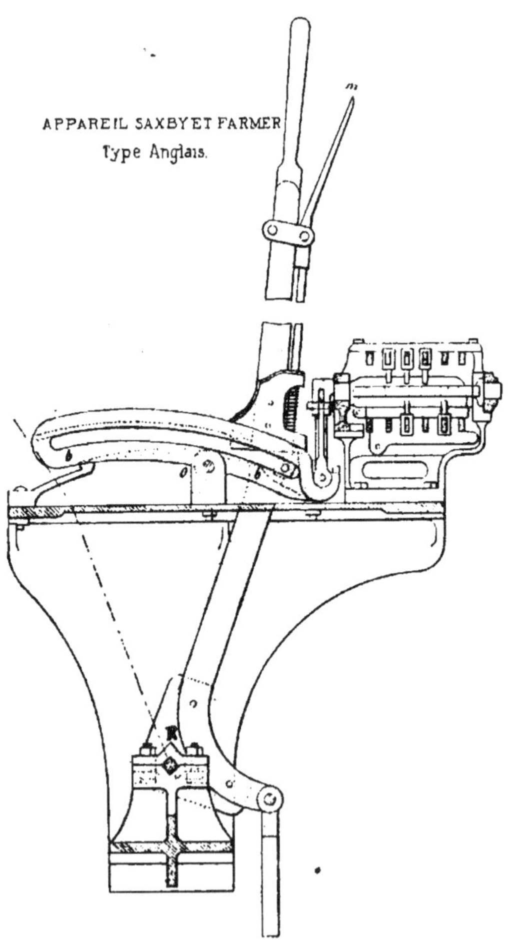

Dans l'*appareil anglais*, l'extrémité antérieure de la coulisse est réunie par un joint universel à une bielle verticale, articulée sur le bouton d'une manivelle montée sur l'axe du gril correspondant. Chaque coulisse conduit ainsi au gril horizontal. Les grils sont disposés parallèlement, dans un même plan horizontal. Les barres d'enclenchement sont placées dans deux plans parallèles, au-dessus et au-dessous des grils; leur mouvement est assuré par le levier qui doit les actionner, à l'aide du gril correspondant à ce levier, par l'intermédiaire d'une pièce à fourche, comme nous l'avons dit.

APPAREIL SAXBY ET FARMER. — Type P.-L.-M.

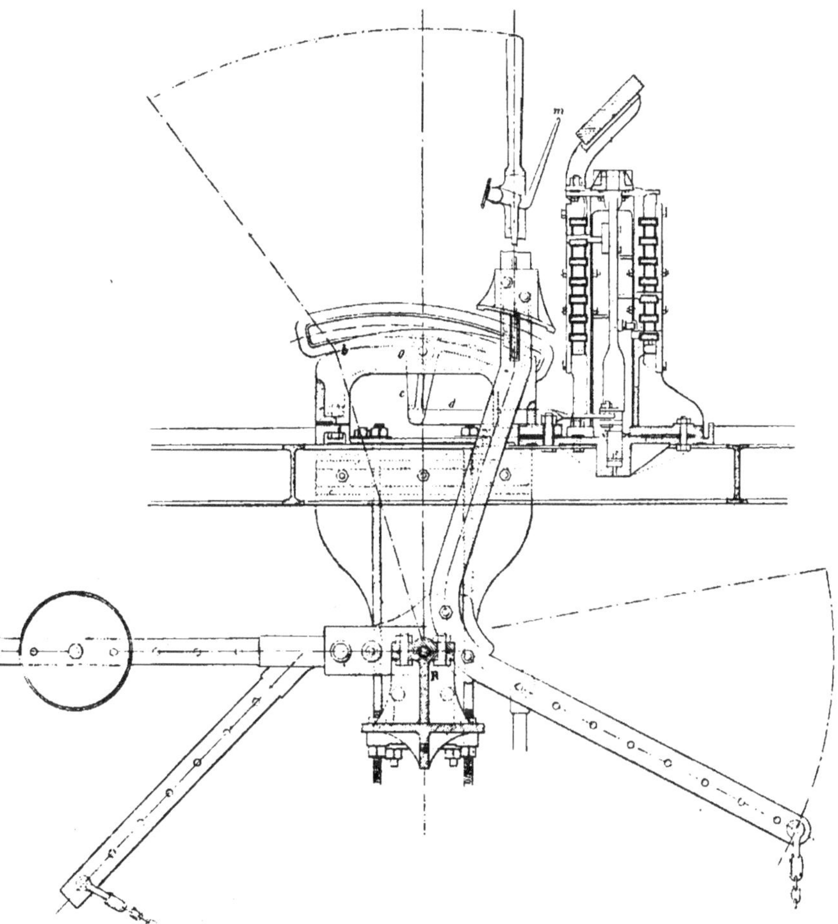

Dans l'*appareil P.-L.-M.*, les grils sont placés dans un plan vertical ; leur mouvement est obtenu par une bielle *d* qui est conduite par une queue *c* de la coulisse, faisant corps avec elle. Les barres d'enclenchement sont placées de part et d'autre des grils dans deux plans verticaux. Cette disposition offre de grands avantages, parce qu'elle rend l'accès des barres d'enclenchement et des grils plus facile.

Le levier à coulisseau, qui peut être relevé par une manette *m*, articulée autour d'un axe monté sur le levier de l'appareil à enclencher, se trouve placé en avant de ce levier dans l'appareil anglais, sur le côté dans l'appareil P.-L.-M. Il se termine par un loquet qui est maintenu par un ressort dans des crans d'arrêt *bb*, placés de chaque côté sur les supports entre lesquels se meuvent les leviers ; il porte, en outre, un coulisseau *d* qui peut glisser dans la rainure de la coulisse.

En saisissant le levier par sa poignée, on appuie sur la manette *m* et on soulève le loquet qui se dégage de son cran d'arrêt ; le coulisseau relève la coulisse et la place horizontalement. Dans cette position, la coulisse ayant pour centre l'axe de rotation du levier, on peut faire mouvoir ce dernier et l'amener dans la position inverse. Si on lâche alors la manette, le ressort du loquet le pousse dans le cran d'arrêt opposé, en abaissant la coulisse de ce côté.

La coulisse peut donc occuper trois positions qui entraînent trois positions correspondantes du gril :

1° Le loquet est dans le cran de droite, c'est-à-dire du côté du gril ; la coulisse est penchée de ce côté ; le gril est horizontal ou parallèle aux barres d'enclenchement, suivant qu'il s'agit de l'appareil anglais ou de l'appareil P.-L.-M.;

2° Le loquet est retiré du cran d'arrêt; la coulisse est dans sa position moyenne centrée sur l'axe du levier ; le gril est également dans une position moyenne ; les barres d'enclenchement à taquets se sont déjà déplacées et elles enclenchent tous les grils et, par suite, tous les leviers que le levier à manœuvrer doit enclencher dans sa position finale. Le levier étant manœuvré, la coulisse et le gril ne changent pas de position pendant la course.

3° Le loquet est dans le cran d'arrêt de gauche ; la coulisse a basculé de ce côté ; le gril complète son mouvement de rotation et arrive à 45° environ de sa position primitive.

En réalité ce dernier mouvement de la coulisse ne produit aucun enclenchement nouveau ; il ne sert qu'à fixer le levier dans sa position inverse ; les enclenchements sont réalisés par le seul mouvement de la manette et avant même que l'on ait commencé à déplacer le levier. D'autre part, les enclenchements nécessaires dans la position inverse que le levier vient de quitter subsistent, lorsqu'on le ramène dans la position normale, jusqu'à ce que la poignée de la manette ait été lâchée et que le loquet soit retombé dans son cran d'arrêt en fixant invariablement le levier.

256. Enclenchements entre plusieurs leviers. — Nous avons vu comment avec les taquets et les grils, on pouvait réaliser toute la série des enclenchements binaires. On obtient également, avec ces appareils, les enclenchements ternaires.

Par exemple, l'enclenchement entre trois leviers α, β, γ, si γN, $\dfrac{\beta R}{\alpha N}$ ou $\dfrac{\alpha R}{\beta N}$, est réalisé, au chemin de fer du Nord, de la façon suivante :

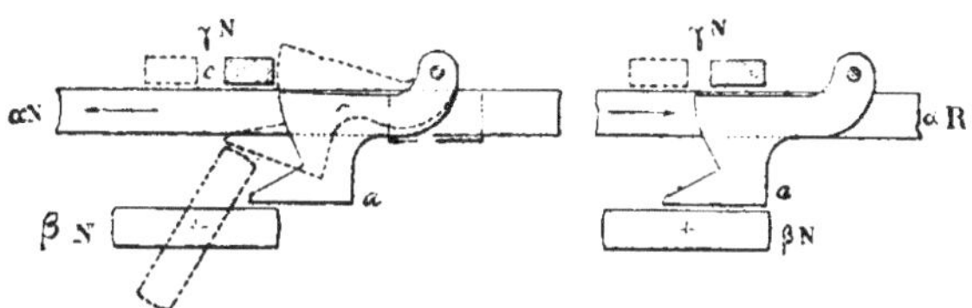

Cette figure et les suivantes, relatives aux enclenchements entre plusieurs leviers sont extraites également de l'Étude des Signaux de MM. *Brame* et *Aguillon*. Le levier α commande une barre d'enclenchement ayant un taquet a oscillant, retombant de son propre poids ; le levier γ commande un taquet transversal c, monté sur sa barre d'enclenchement. — On voit facilement que cet enclenchement équivaut aussi à si γR, $\dfrac{\alpha R \text{ et } \beta R}{\gamma R}$.

L'inconvénient de cette disposition, c'est que le taquet a n'est applicable qu'aux tringles supérieures de l'appareil anglais.

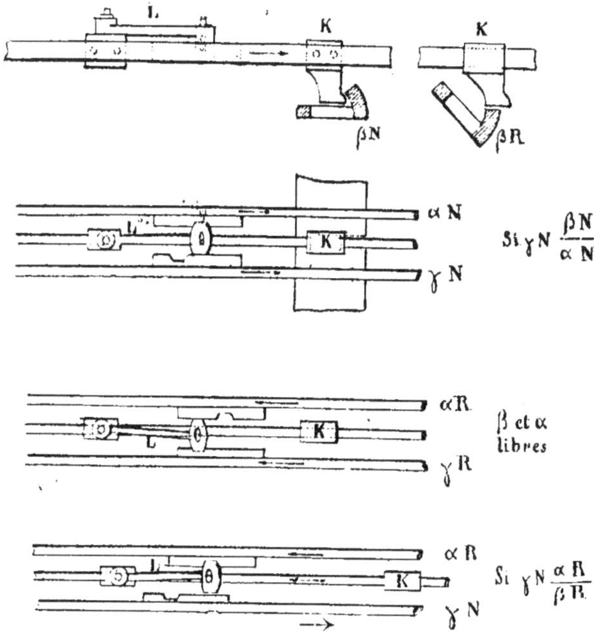

On emploie également, au Nord, la disposition ci-dessus qui donne l'enclenchement :

$$\text{Si } \gamma\text{N,} \quad \frac{\beta\text{N}}{\alpha\text{N}} \quad \text{ou} \quad \frac{\alpha\text{R}}{\beta\text{R}}\,.$$

Les leviers α et γ commandent chacun une tringle, munie d'un rebord portant une encoche, dans laquelle peut s'engager le talon d'un balancier L fixé sur une barre auxiliaire, qui est comprise entre les deux barres α et γ. Sur cette tringle auxiliaire se trouve le taquet K, qui joue avec le gril du levier β. Les encoches des barres α et γ sont disposées de façon à ne pouvoir être en face l'une de l'autre que si l'un des leviers est dans la position renversée et l'autre dans sa position normale. Lorsque α et γ sont normaux, le talon du balancier est placé dans l'encoche de la barre α; on voit que l'on a $\dfrac{\beta\text{N}}{\alpha\text{N}}$ lorsque γ reste normal. En revanche γ est libre; si on le renverse, le talon du balancier se place dans l'encoche de ce levier, le levier α n'entraîne plus le taquet K : α et β sont libres de jouer. Enfin, si, γ étant normal, on renverse β, puis α, on réalisera l'enclenchement $\dfrac{\alpha\text{R}}{\beta\text{R}}$. On voit encore que si γR, $\dfrac{\alpha\text{R et }\beta\text{N}}{\gamma\text{R}}\,.$

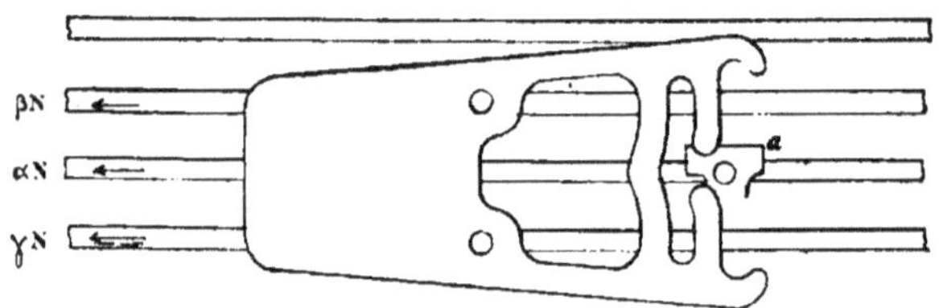

Au chemin de fer de Lyon, *M. Dujour* a réalisé l'enclenchement conditionnel : Si αR, $\dfrac{\beta\text{R}}{\gamma\text{N}}$ ou $\dfrac{\gamma\text{R}}{\beta\text{N}}$ à l'aide d'une plaque-balancier ayant deux axes d'oscillation montés sur les barres d'enclenchement β et γ et portant des encoches dans lesquelles le tourillon du taquet a peut entrer lorsqu'on renverse d'abord α, puis β ou γ.

M. Dujour a appliqué également la méthode du balancier à l'appareil Saxby. Pour cela, un balancier articulé p est monté sur les deux barres d'enclenchement β et γ et commande une barre auxiliaire, portant des taquets K, qui peuvent engager le gril du levier α. Suivant les positions

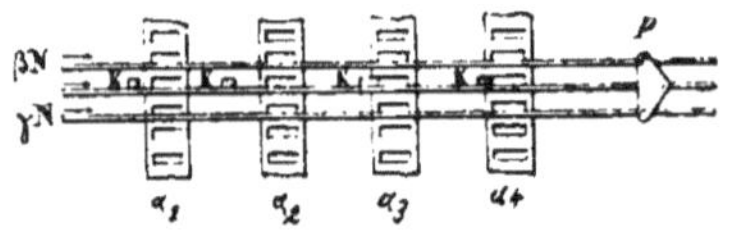

relatives adoptées pour le gril et le taquet, on réalise divers enclenchements conditionnels. On peut faire en sorte, par exemple : 1° que le renversement de β ou de γ engage le gril (position α_1); 2° qu'il faille renverser β et γ pour engager le gril (position α_2); 3° que le renversement de l'une ou l'autre des barres dégage le gril (position α_3); 4° ou encore que, pour dégager le gril, il faille renverser β et γ (position α_4).

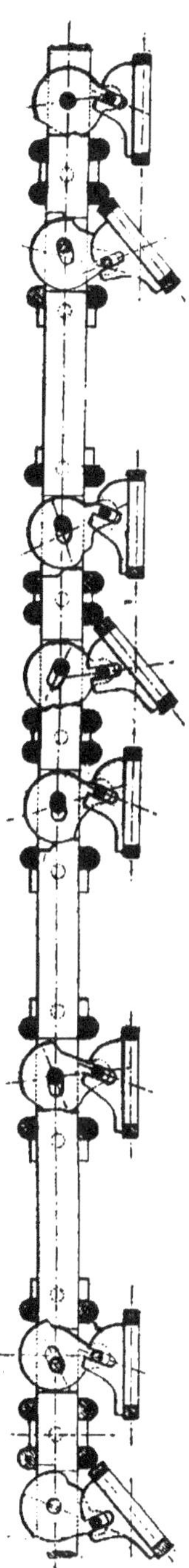

Pour produire l'enclenchement entre plus de trois leviers, MM. Saxby et Farmer ont imaginé l'*enclenchement à glissière.*

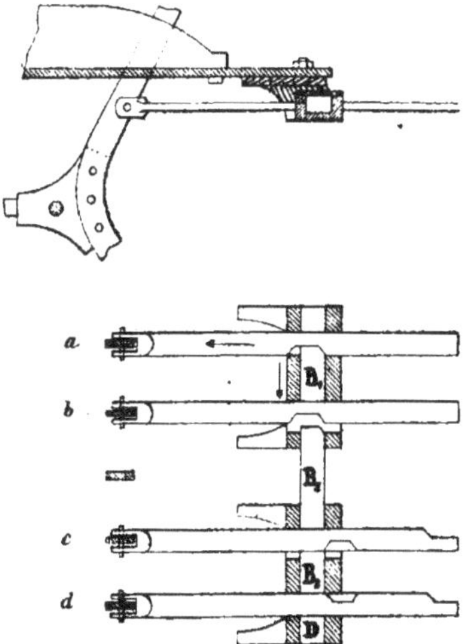

Cet enclenchement n'est pas obtenu entre les grils et les barres d'enclenchement à taquets. On le réalise entre des barres reliées aux leviers. Ces barres se déplacent longitudinalement entre des glissières dans lesquelles jouent, transversalement aux barres, des taquets qui peuvent, suivant la disposition d'encoches portées par les barres et les glissières, immobiliser les barres ou les déplacer latéralement.

Si on prend quatre leviers par exemple, α, β, γ, δ, conduisant quatre barres a, b, c, d, on voit, avec la disposition de la figure, que l'on a l'enclenchement :

$$\text{Si } \alpha R, \frac{(\gamma + \delta)\, N}{\beta N}.$$

Ce système a l'inconvénient d'enclencher les leviers et non les manettes. M. Dujour y substitue un enclenchement par *cames* et *platines* qui permet de revenir au gril. Le principe de cet appareil est le suivant :

Les grils des leviers à enclencher entre eux actionnent, à l'aide de la pièce à fourche, des cames dont le profil est formé d'arcs de cercle concentriques, réunis par des rampes ; ces cames tournent autour d'un pivot porté par une barre fixe, et elles sont séparées par des platines, ayant des bords convenablement étudiés, qui glissent le long de cette barre fixe à laquelle elles sont reliées par des glissières. Les cames peuvent avoir leur centre, par où passe l'axe d'oscillation, ovalisé. On conçoit que, selon les dispositions adoptées pour les profils des cames et des platines ainsi que pour l'ovalisation des centres des cames, on puisse assujettir la rotation des grils à certaines conditions et, par suite, réaliser entre eux des combinaisons d'enclenchements.

B. Enclenchements à distance

257. Désengageurs et safety-locks. — Parmi les appareils qui permettent d'obtenir des enclenchements à distance, nous citerons d'abord l'appareil *désengageur Saxby et Farmer* que nous avons déjà décrit. A la vérité, cet appareil ne donne pas un enclenchement réciproque, c'est-à-dire un enclenchement proprement dit. Si D désigne le levier désengageur et S celui d'un signal normalement fermé, le désengageur donne l'enclenchement $\dfrac{DR}{SN}$; mais, si le signal S est ouvert (SR), le désengageur n'est pas immobilisé à la position normale ; autrement dit l'on n'a pas l'enclenchement $\dfrac{SR}{DN}$ ·

Un autre mode d'enclenchement, pour les aiguilles, est obtenu avec l'appareil dit *safety-lock* qui permet d'enclencher à distance le levier d'une aiguille ou de tout autre appareil.

Cet appareil se compose d'une tige portant un cran à talon, que l'on dispose sous le plancher de la cabine, normalement au levier, de façon

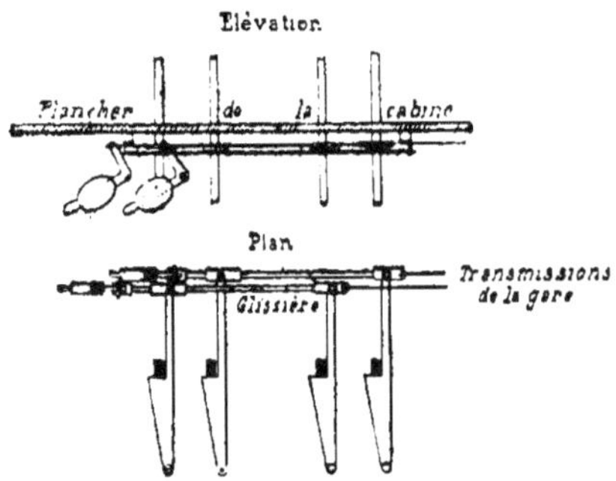

que ce levier soit retenu par le cran d'arrêt. On voit qu'il faut que la tige à cran d'arrêt soit déplacée vers la droite pour que le levier qu'elle retenait puisse être renversé. Le déplacement des tiges s'obtient par un levier avec transmission à fil ; un contrepoids les ramène dans la position primitive si l'on détend la transmission. Si L désigne le levier du safety-lock et A celui d'une aiguille, on voit que l'enclenchement réalisé est $\dfrac{LN}{AN}$; mais on n'a pas l'enclenchement réciproque $\dfrac{AR}{LR}$, à moins que le levier A ne manœuvre, conjointement avec l'aiguille, un safety-lock qui lui-même immobilisera le levier du premier safety-lock dans sa position renversée.

On s'est servi, pour produire des enclenchements à distance, de l'eau *sous pression* ; c'est ce mode de transmission hydraulique qu'utilisent les appareils *Bianchi* et *Servettaz*. On a employé également en Amérique l'*air comprimé*. Mais l'intermédiaire le plus commode et le plus simple est l'*électricité*. On en fait un usage courant en Allemagne pour produire le verrouillage. Son emploi, depuis quelques années, commence aussi à se répandre en France.

258. Serrures Annett. — D'autres dispositions ont été employées pour réaliser économiquement des enclenchements réciproques, soit sur place, soit à distance. L'un d'eux qui, pendant longtemps, a été assez en faveur est la *serrure Annett*. Cette serrure immobilise une tringle, solidement fixée au levier d'une aiguille ou d'un signal, à l'aide d'un pêne s'engageant dans une encoche de cette tringle, qui sert donc de gâche à la serrure. Le pêne est manœuvré par une clé, et cette clé est tellement disposée que l'on ne peut la retirer de la serrure que lorsque le pêne est engagé dans l'encoche, c'est-à-dire lorsque la tringle et, par suite, son levier correspondant sont immobilisés. En montant deux serrures semblables sur deux appareils, un levier et un signal par exemple, et en ne donnant qu'une seule clé aux agents, on réalisera un enclenchement. Supposons deux leviers A et B, munis chacun d'une serrure Annett dans la position normale. Si on ouvre la serrure de B pour renverser ce levier, on ne pourra pas ouvrir celle de A. On aura donc l'enclenchement $\dfrac{BR}{AN}$. Si replaçant B dans sa position normale, on retire la clé de la serrure correspondante pour ouvrir A, c'est B qui sera immobilisé normalement, et l'on aura également l'enclenchement $\dfrac{AR}{BN}$.

259. Serrures Bouré. — Les serrures Annett sont beaucoup moins employées depuis l'invention de serrures spéciales, imaginées par M. *Bouré*, ancien élève de l'Ecole Polytechnique, inspecteur principal à la Compagnie P.-L.-M.

Ces serrures se composent de deux parties : une *armature*, que l'on fixe à l'appareil à enclencher, et une *agrafe*, que l'on réunit par un bout de chaîne à un point fixe. L'armature porte une *clé fixe* qui glisse longitudinalement dans sa mortaise, mais qui ne peut pas être sortie de cette mortaise. L'agrafe porte une *clé mobile* qui, sous certaines conditions, peut être dégagée et retirée. Lorsque l'agrafe et l'armature sont réunies par des crochets de la première pénétrant dans des mortaises de la seconde, on obtient ce que l'on appelle la *serrure agencée*. En faisant jouer la clé fixe de l'armature, on emprisonne les crochets de l'agrafe ; on peut alors tourner la clé mobile de l'agrafe et la sortir de la mortaise ; mais on ne peut plus tourner la clé fixe en sens inverse. L'appareil auquel a été fixée l'armature se trouve ainsi immobilisé, enclenché, et l'on ne pourra plus lui rendre la liberté qu'en replaçant la clé mobile dans l'agrafe.

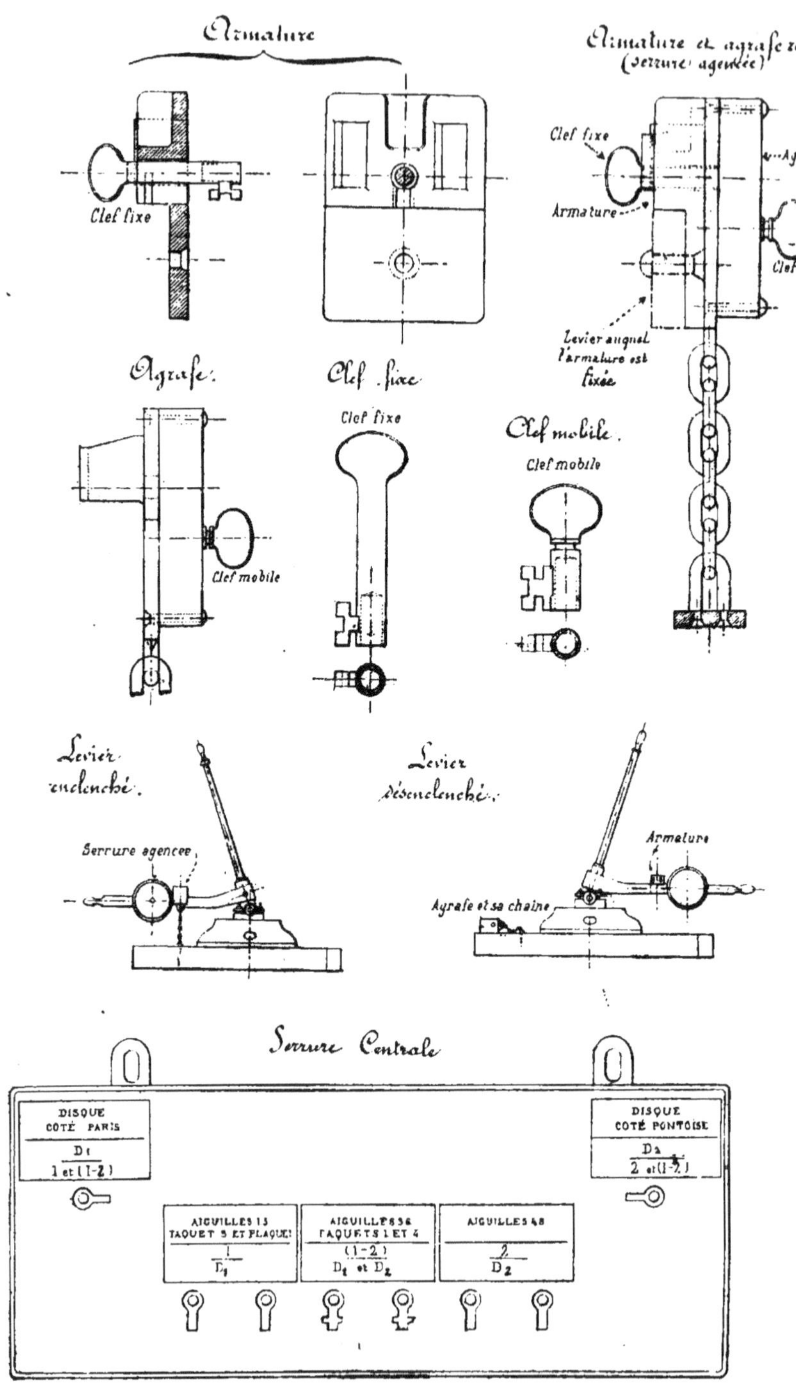
Armature
Armature et agrafe réunies
(serrure agencée)
Clef fixe
Agrafe
Armature
Clef mobile
Levier auquel l'armature est fixée
Agrafe
Clef fixe
Clef mobile
Clef fixe
Clef mobile
Levier enclenché
Levier désenclenché
Serrure agencée
Armature
Agrafe et sa chaîne
Serrure Centrale
DISQUE COTÉ PARIS
D 1
1 et (1-2)
DISQUE COTÉ PONTOISE
D 2
2 et (1-2)
AIGUILLES 1 3
TAQUET 5 ET PLAQUE
1
D 1
AIGUILLES 3 6
TAQUETS 1 ET 4
(1-2)
D 1 et D 2
AIGUILLES 4 8
2
D 2

Cette clé ayant été ainsi réengagée dans sa mortaise, on la tourne dans le sens opposé à celui suivant lequel on l'avait fait jouer pour la dégager ; puis on tourne également la clé fixe, et l'agrafe peut être séparée de l'armature. L'appareil enclenché devient libre, mais la clé mobile est emprisonnée dans son agrafe. On voit ainsi que, suivant que la clé mobile est libre ou emprisonnée, l'appareil est enclenché ou libre. Dès lors, pour réaliser des enclenchements entre divers appareils, il suffit de les munir de serrures analogues, ayant des clés mobiles à pannetons différents, et d'enclencher entre elles les différentes clés à l'aide d'une *serrure centrale*.

Les serrures Bouré sont maintenant d'un usage courant à l'*Etat*, au *P.-L.-M.* et surtout au chemin de fer du *Nord* qui en fait une très large application, non seulement pour obtenir des enclenchements économiques dans les petites gares et compléter ceux des gares importantes où se trouvent déjà des appareils d'enclenchement du genre Vignier ou Saxby, mais aussi pour assurer une position concordante aux aiguilles de dédoublement de la voie principale dans les gares des lignes à voie unique.

On trouvera une description des serrures Bouré et de leurs applications dans une note de M. Janet, ingénieur au corps des Mines, insérée dans les *Annales des Mines* (3e livraison de 1899), ainsi que dans un article de M. Moutier, ingénieur au chemin de fer du Nord, publié par la *Revue générale des Chemins de fer* (n° de juin 1899).

CHAPITRE XII

EXPLOITATION TECHNIQUE

§ 1. FORMATION ET CIRCULATION DES TRAINS

260. Marche à gauche : désignation des voies et des trains. — Les chemins de fer sont établis soit à *simple voie* ou *voie unique*, soit à *double voie*.

Sur les lignes à *double voie*, l'une des voies est affectée exclusivement à la circulation dans un sens, l'autre à la circulation dans le sens opposé. Presque universellement, on adopte la marche à gauche, c'est-à-dire que les trains suivent la voie qui est à leur gauche. Aussi désigne-t-on les deux voies principales du nom de *voie de gauche* et de *voie de droite*. Sur certains réseaux, comme le Lyon par exemple, on adopte plus volontiers l'expression de *voie I* pour désigner la voie de gauche et de *voie II* pour la voie de droite ; les voies situées à gauche de la voie I dans les gares portent des numéros impairs ; celles qui se trouvent à droite de la voie II, des numéros pairs.

Pour les voies qui rayonnent de Paris, on emploie quelquefois la désignation de *voie montante* et *voie descendante*. Mais ces expressions n'ont pas uniformément la même signification : ainsi, à l'Est, les *trains montants* s'éloignent de Paris, et la voie de gauche ou voie I qu'ils suivent est la voie montante ; à l'Ouest, au contraire, la voie de gauche est la voie descendante, et, par conséquent, sur ce réseau, les *trains descendants* sont ceux qui s'éloignent de Paris. Ces appellations correspondent au sens des cours d'eau. Les trains qui circulent sur la voie de gauche ou voie I sont affectés d'un numéro impair ; ceux qui suivent la voie II ou voie de droite sont désignés par un numéro pair. La même règle est appliquée sur les lignes transversales ; mais le sens de la ligne est généralement arbitraire.

Lorsqu'un train circule sur une voie dans le sens opposé à celui auquel elle est affectée, on dit qu'il marche à *contre-voie*. La circulation à contre-voie ne peut se faire que dans des cas exceptionnels et avec des précautions spéciales.

Pour repérer les divers points d'une ligne, on établit le long de cette ligne un *kilométrage* ; cela consiste à placer, à partir de l'origine, sur un des côtés de la ligne, des poteaux kilométriques et hectométriques que l'on numérote 1, 2, 3... Ce kilométrage part de Paris pour les lignes rayonnantes, de façon que, en suivant les poteaux kilométriques dans leur ordre croissant, on ait à gauche la voie de gauche ou voie I. La même règle est encore adoptée généralement pour les lignes transversales, c'est-à-dire que le numérotage des poteaux est établi toujours de façon à présenter la voie I ou voie de gauche à la gauche d'un observateur qui suivrait les poteaux dans leur ordre croissant. Ces règles sont essentielles pour éviter la confusion dans le langage.

Sur les lignes à *voie unique*, les trains des deux sens doivent nécessairement suivre la même voie qui, en certains points, se dédouble pour permettre les croisements. Sur certains réseaux, comme au chemin de fer P.-L.-M., par exemple, les trains dans les gares de croisement prennent leur gauche sur les voies de dédoublement, et l'on donne un numéro impair à ceux qui passent sur la voie de gauche et un numéro pair à ceux qui passent sur la voie droite. Sur d'autres réseaux comme au Nord et à l'Est, les trains de chaque sens, dans les gares où la voie est dédoublée, sont toujours reçus sur la voie contiguë au bâtiment des voyageurs quand il n'y a pas de croisement. Les trains impairs suivent la ligne dans le sens du kilométrage ; les trains pairs, en sens opposé. La règle de la marche à gauche ne s'applique que dans le cas où deux trains doivent effectivement se croiser. Au chemin de fer du Nord, lorsque le service se fait sur une seule voie contiguë au bâtiment de la gare, les trains peuvent même, en cas de croisement d'un train de marchandises et d'un train de voyageurs, être reçus sur la voie qui est à leur droite pour amener le train de voyageurs sur la voie de service.

Dans une gare, on distingue les *voies principales* et les *voies accessoires*. Les premières sont celles sur lesquelles se fait la circulation des trains ; les secondes, celles qui sont réservées aux manœuvres, aux garages, et au service général des marchandises. Les voies sont réunies entre elles par des aiguilles. Celles de ces aiguilles qui se trouvent sur les voies principales doivent être normalement disposées pour donner la continuité de la voie principale. Sur les lignes à double voie, ces aiguilles sont, en outre, établies de façon à être prises en talon par les trains de la voie principale, afin d'éviter les erreurs de direction. On n'admettait guère d'exception que pour les bifurcations ou dans les grandes gares d'arrêt général. Il en résulte que les manœuvres dans les gares doivent commencer par un refoulement. Aujourd'hui, certains réseaux, comme le *Nord*, ne se montrent plus aussi stricts sur cette règle. Il n'est pas rare d'y rencontrer des aiguilles en pointe même dans des gares de passage, afin de permettre l'entrée directe sur les voies de garage. Ces aiguilles en pointe sont alors précédées des signaux de bifurcation.

D'une manière générale, les aiguilles qui aboutissent aux voies principales doivent être dégagées et les voies principales débarrassées 10 à 15 minutes avant l'heure des trains. Ce délai peut être réduit : au chemin de fer de Lyon, il peut s'abaisser à 3 minutes ; au Nord à 5 minutes.

261. Diverses espèces de trains. — Les trains ordinaires de l'exploitation comprennent les *trains de voyageurs*, les *trains de marchandises* et les *trains mixtes*.

Les *trains de voyageurs* assurent le transport des voyageurs et celui des marchandises en grande vitesse, que l'on nomme aussi les *messageries*. Ils se divisent en *trains rapides, express, directs, semi-directs* ou *omnibus*.

Parmi les trains de voyageurs, on distingue encore les *trains légers*, dont la composition ne comprend pas plus de seize essieux et qui sont soumis à des règles spéciales ; ces trains se divisent même en *trains légers ordinaires* et en *trains tramways* ; ces derniers sont dispensés du transport des bagages, des chiens et autres articles de messageries, de la poste, des prisonniers.

Les *trains de marchandises* sont spécialement affectés au transport des marchandises.

Les *trains mixtes* font à la fois le service des voyageurs et celui des marchandises en petite vitesse. Sauf en ce qui concerne les freins, ces trains sont soumis aux mêmes règles que les trains de voyageurs. Lorsque, exceptionnellement, on ajoute à des trains de marchandises des voitures à voyageurs, on a ce que l'on nomme des trains de *marchandises-voyageurs*.

On distingue encore les *trains de messageries*, qui assurent normalement le transport des marchandises en grande vitesse et exceptionnellement des voyageurs et des marchandises en petite vitesse.

Au point de vue de la circulation, les trains sont dits *réguliers* ou *facultatifs*, suivant qu'ils sont mis régulièrement en marche ou que leur horaire est simplement tracé en vue des cas où l'on pourra avoir à les faire circuler. On distingue également les trains *supplémentaires*, qui doublent ou triplent les trains réguliers et portent leurs numéros *bis* ou *ter*, et les trains *spéciaux* qui sont mis en marche en dehors des itinéraires des trains réguliers ou facultatifs.

Enfin, il existe une catégorie de trains qui ne font pas partie du service de l'exploitation. Ce sont les *trains de service*, organisés pour les besoins intérieurs de la Compagnie ; on les nomme également *trains de ballast* ou de *matériaux*.

262. Composition des trains. — Les machines doivent être placées en *tête des trains*, en thèse générale. Il ne peut être dérogé à cette règle que dans le cas de *renfort*, sur de fortes rampes, de *secours*, de *manœuvres*, ou pour la circulation des *trains de ballast* ou de *matériaux* ; la vitesse de marche, dans ces cas, ne devait pas dépasser 25 km. à l'heure avant la révision de l'ordonnance du 15 novembre 1846 ; le décret du 1er mars 1901 laisse maintenant au Ministre des Travaux publics le soin de fixer cette vitesse limite.

Les machines autres que les machines-tenders doivent être attelées *cheminée en avant.* Il ne peut y avoir d'exception pour les trains réguliers que si leur parcours est de faible longueur ; la vitesse de marche doit être, dans ce cas, très réduite.

Au Nord et au P.-L.-M., la limite du parcours des trains ainsi remorqués est de 3o km. et la vitesse ne doit pas dépasser 4o km. à l'heure ; à l'Est, le parcours peut atteindre 4o km. et la vitesse 5o km. à l'heure.

Les machines peuvent encore circuler cheminée en arrière dans le cas de renfort, de secours, de manœuvres, ou isolément ; dans ce dernier cas, le maximum de la vitesse est porté à 5o km. Ces prescriptions ne s'appliquent pas au cas où une machine est attelée en double traction et se trouve placée entre la machine qui conduit le train et le premier fourgon de tête.

Toute machine doit être accompagnée d'un mécanicien et d'un chauffeur (article 17 de l'ordonnance modifiée de 1846) ; cependant, par exception, le personnel est réduit à un mécanicien pour les trains légers, lorsque les véhicules sont munis du frein continu et que, en outre, le conducteur du train peut accéder facilement sur la machine et est en état de l'arrêter (article 18).

Les règles précédentes s'appliquent aux trains de toutes catégories. Mais les trains sont, en outre, assujettis à certaines prescriptions spéciales suivant leur nature.

Les *trains de voyageurs* ne sont remorqués que par une seule machine, sauf le cas où il est nécessaire d'avoir une machine de renfort, par suite d'une forte rampe, d'une affluence exceptionnelle, de secours ou d'accident ; toutefois, on peut encore atteler une seconde machine pour faciliter la répartition du matériel. Il est interdit d'atteler plus de deux machines en feu ; l'attelage d'une troisième machine n'est autorisé qu'en cas de secours.

Pour franchir de fortes rampes, les trains de toute nature peuvent être poussés en queue par une machine de renfort.

Entre la machine et la première voiture contenant des voyageurs, il doit toujours y avoir au moins un véhicule ne transportant pas de voyageurs. Toutefois, les trains légers peuvent être dispensés de cette obligation (article 20 de l'ordonnance de 1846).

Les véhicules munis de ressorts de choc et de traction sont seuls admis dans les trains de voyageurs. Enfin, ces trains, sauf dans le cas où ils sont exclusivement affectés au transport des troupes, ne doivent pas, en général, avoir plus de vingt-quatre voitures, non compris la machine et le tender ; ils ne doivent pas transporter de wagons chargés de pièces de bois ou de fer dépassant la longueur du véhicule, ou de matières explosibles, de noir animal, de fûts de sang, de cuirs verts et autres matières infectes. Les wagons chargés de bestiaux sont placés à l'arrière des voitures à voyageurs. Cette mesure est surtout obligatoire pour les wagons chargés de porcs.

Les *trains mixtes* sont soumis aux mêmes règles, sauf les variantes suivantes :

Ils peuvent avoir un plus grand nombre de véhicules lorsque leur vitesse ne dépasse pas une certaine limite ; les wagons à traction rigide et à tampons secs peuvent y être admis, s'ils sont séparés des voitures à voyageurs par un wagon à ressorts de choc et de traction, dans le cas où ils sont isolés, et par trois de ces wagons, dans le cas où ils forment un groupe de deux ou plus : ils doivent d'ailleurs, autant que possible, être placés à l'arrière des voitures à voyageurs. Enfin, ces trains sont autorisés à recevoir des wagons chargés de pièces reposant sur plusieurs véhicules et même, sur les lignes où il n'y a pas de trains de marchandises réguliers, des wagons chargés de matières infectes, pourvu que ces wagons soient séparés des voitures à voyageurs par un wagon ne renfermant pas de marchandises de cette catégorie. Les wagons chargés de ces matières sont alors placés à l'arrière des voitures à voyageurs.

Les *trains de marchandises* peuvent avoir encore un plus grand nombre de wagons ; généralement on le limite à 6o (Nord) ou 65 (P.-L.-M) ; ils peuvent transporter des marchandises de toute nature.

Les *trains de marchandises-voyageurs* sont soumis aux mêmes règles que les trains de marchandises. Toutefois, ils ne doivent pas transporter les poudres, munitions ou autres matières explosibles très dangereuses. Certaines autres matières moins dangereuses peuvent y être admises sous certaines conditions.

Dans tous les trains, les conducteurs sont mis en communication avec le mécanicien. On se sert généralement pour cela d'une *cloche*, sur le tender, dont la corde peut être tirée par le conducteur-chef, de son fourgon (article 23 de l'ordonnance de 1846).

Les trains de voyageurs sont ordinairement munis du frein continu. Ce frein est obligatoire pour tous les trains de voyageurs, sauf pour les trains mixtes (circulaire du 29 mars 1886)

Les trains non munis du frein continu doivent avoir, dans leur composition, un certain nombre de freins gardés par un agent ; le nombre de ces freins varie suivant la composition et la vitesse du train, ainsi que suivant le profil de la voie. Dans le cas où les véhicules ont le frein continu, il doit néanmoins y avoir toujours dans la composition du train des véhicules munis du frein ordinaire, pour parer au cas où le frein continu viendrait à être avarié, et même plusieurs de ces freins doivent être gardés.

Dans les trains de voyageurs, le frein monté de queue doit être sur la dernière voiture contenant des voyageurs ou sur l'un des véhicules qui la suivent ; dans les trains de marchandises, le frein de queue doit être sur l'un des cinq derniers véhicules du train, et, dans le cas d'un train de marchandises-voyageurs, sur la dernière voiture contenant des voyageurs ou à l'arrière de cette voiture.

263. Vitesse de marche des trains. — La vitesse de marche des trains est limitée à des maxima qui varient selon les compagnies.

Au chemin de fer de Lyon, les mécaniciens peuvent, en pleine voie, augmenter de la moitié la vitesse de marche à laquelle est tracé leur train, à la condition de ne pas dépasser la limite que l'on s'est fixée suivant le type de la machine ou la nature du profil de la voie. La vitesse est, de plus, limitée à 70 km. à l'heure pour les trains de messageries non munis du frein continu ; à 55 km. à l'heure pour les trains mixtes non munis du frein continu ; à 45 km. à l'heure pour les trains de marchandises. En outre, des ralentissements sont imposés au passage des bifurcations. Au chemin de fer du Nord, la vitesse de marche peut être également augmentée de moitié et elle n'est soumise qu'à l'obligation de ne pas dépasser 120 km. pour les trains ordinaires et 80 km. pour les trains légers ; au passage des bifurcations enclenchées, les trains ne sont pas tenus de ralentir, mais ils ne peuvent pas dépasser la vitesse de marche du train ; aux bifurcations non enclenchées, la vitesse est réduite à 30 km. à l'heure pour les trains de voyageurs et les trains mixtes, à 15 km. à l'heure pour les trains de marchandises et de marchandises-voyageurs. A l'Est, la vitesse est limitée suivant les mêmes principes qu'au P.-L.-M.

264. Intervalles à maintenir entre les trains de même sens. — Lorsque deux trains circulent dans le même sens, on doit toujours maintenir entre eux un certain écart pour éviter que le premier ne puisse être tamponné à l'arrière par celui qui le suit. Cet intervalle peut être un intervalle de temps ou un intervalle d'espace.

L'intervalle d'espace est obtenu par le système du *cantonnement* ou du *block-system*, sur lequel nous reviendrons.

Sur les lignes qui ne sont pas exploitées par *block-system*, l'intervalle entre deux trains successifs est généralement fixé à dix minutes et réduit à cinq lorsque le premier va plus vite que le second ou qu'il est passé sans arrêt à une gare où le second s'est arrêté. Au chemin de fer du Nord et à l'Est, il peut même être réduit à deux minutes si les deux trains ne doivent pas avoir un parcours commun de plus de 3 km.

Les intervalles de temps sont réalisés soit à l'aide des signaux avancés des gares, soit encore, comme au chemin de fer de Lyon, avec des *sémaphores*. Ces disques ou sémaphores sont mis à l'arrêt aussitôt qu'ils ont été franchis par un train et sont maintenus à l'arrêt pendant un certain temps. Sur le Lyon, ce temps est de dix minutes (ou de quinze minutes dans le cas de trains de marchandises) et peut être réduit à cinq si le premier train a une marche plus rapide que le second ; la voie étant normalement fermée, le disque ne sera effacé que si on attend un second train ou si un train demande la voie. Sur le Nord, le disque est maintenu, d'une manière générale, à l'arrêt pendant cinq minutes, puis réouvert, et, pendant les cinq minutes suivantes, on présente le signal de ralentissement à tout train qui se présenterait ; les gares dont le service est suspendu la nuit ont toujours leurs signaux à voie libre, et elles n'interviennent pas pour la circulation des trains.

265. Marche des trains. Graphiques. — La marche des trains est déterminée à l'avance par des tableaux qui doivent être portés à la connaissance des agents, et qui sont étudiés de façon que les *trains puissent circuler en toute sécurité*. Les mécaniciens et les agents de tous ordres qui contribuent à la circulation des trains doivent donc s'efforcer de suivre rigoureusement la marche indiquée par ces tableaux ; s'ils s'en écartent, les trains sont désorganisés, et cela peut être l'occasion d'accidents, car, quelque précaution que l'on prenne pour assurer l'intervalle entre les trains ou la protection des voies, il peut suffire d'une défaillance ou d'un oubli pour rendre les accidents possibles.

Les dérangements dans la marche des trains ne doivent se produire que par retards ; il est, en effet, interdit d'une façon absolue aux mécaniciens de partir d'une gare ou d'y arriver avant l'heure fixée par le tableau de marche.

L'étude de la marche des trains se fait à l'aide de *tableaux graphiques*, ou *graphiques de marche*, que l'on obtient en portant les temps sur une horizontale et, sur une verticale, les distances parcourues.

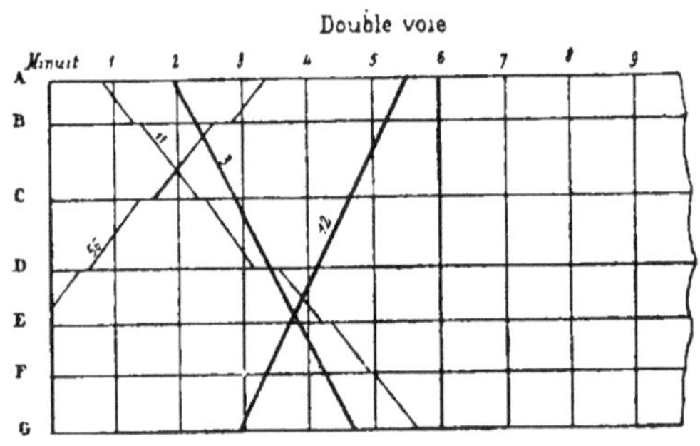

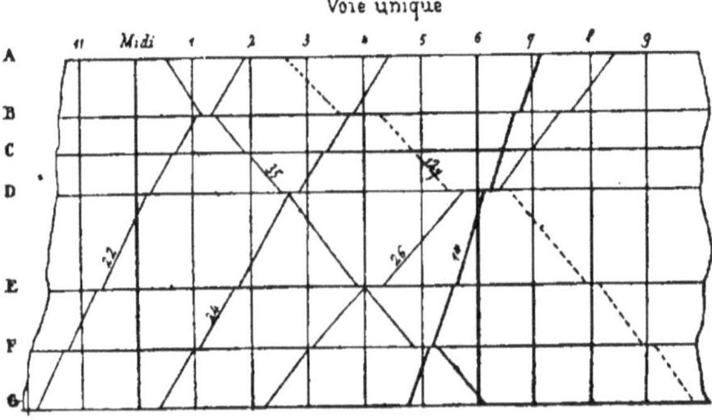

La marche d'un train, que l'on suppose animé d'une vitesse uniforme entre les diverses stations, est représentée par une succession de droites qui font, sur les horizontales A, B, C, D, E....., correspondant aux stations, des ressauts égaux à la durée des stationnements. Les trains de même sens sont tous inclinés de la même façon ; les trains de sens inverse sont inclinés symétriquement. Sur les lignes à double voie, les points de rencontre des lignes représentant la marche des trains de sens inverse ne sont soumis à aucune condition de position ; sur les lignes à voie unique, ces points ne doivent se trouver que sur les horizontales correspondant aux gares de croisement.

Les trains sont marqués par leurs numéros et les lignes qui les tracent peuvent être différentes suivant la nature des trains. Enfin, les graphiques donnent généralement de chaque côté, sur les horizontales des stations, les indications relatives à la voie et au profil (kilométrage, postes sémaphoriques, gares de secours, de prise d'eau, etc...).

Lorsqu'on trace la marche d'un train sur le graphique, on suppose qu'il parcourt à une vitesse uniforme l'intervalle compris entre deux stations ; mais pour tenir compte du démarrage et du ralentissement nécessaire pour obtenir l'arrêt, on ajoute à la durée ainsi calculée un certain nombre de minutes ou de secondes, suivant la nature du train.

Au chemin de fer du Nord, le temps ainsi ajouté pour le démarrage et le ralentissement à l'arrivée est déterminé de la manière suivante :

20 secondes pour le démarrage, 20 secondes à l'arrivée, pour les trains-tramways ayant une ou deux voitures ;

30 secondes pour le démarrage, 30 secondes à l'arrivée, pour les autres trains légers ;

1 minute pour le démarrage, 30 secondes à l'arrivée, pour les trains de voyageurs ;

1 minute pour le démarrage, 1 minute à l'arrivée, pour les trains mixtes de messageries et de détail ;

2 minutes pour le démarrage, 2 minutes à l'arrivée, pour les trains de marchandises.

En outre, pour le ralentissement aux bifurcations, aux ponts tournants, à la traversée des tunnels et de certaines gares, on ajoute :

20 secondes pour les trains-tramways ayant une ou deux voitures ;

30 secondes pour les autres trains légers ;

1 minute pour les trains de voyageurs, mixtes, de messageries ou de détail ;

1 minute pour les trains de marchandises rapides ;

2 minutes pour les trains de marchandises ordinaires.

Les marches de trains réguliers ou facultatifs doivent être soumises à l'approbation du ministre des travaux publics.

La nécessité des croisements réduit d'une façon très notable la *capacité de circulation* des lignes à voie unique ; elle dépend de la distance comprise entre les gares de croisement. Sur les lignes à double voie, cette capacité de circulation n'est fonction que de l'intervalle à maintenir entre les trains de même sens. Elle pourrait à la rigueur, théoriquement, avec le block-system, atteindre 250 trains par jour ; mais, dans la pratique, on atteint rarement le chiffre de 180 à 200 trains.

§ 2. BLOCK-SYSTEM

A. Principes généraux

266. Divers modes d'organisation. — L'exploitation par *block-system* ou par *cantonnement* substitue l'*intervalle de distance* à l'*intervalle de temps* qui doit exister entre des trains se succédant dans le même sens.

Le principe de ce mode d'exploitation consiste à diviser la ligne en *sections de block* ou *de cantonnement* ou simplement en *cantons* AB, BC, CD....., et à faire en sorte que deux trains ne puissent se trouver simultanément sur la même section. Autrement dit, le train P, qui suit le train M, ne pourra pénétrer dans la section BC, c'est-à-dire franchir le point B, que si le train précédent M a quitté la section, c'est-à-dire a déjà franchi le point C. Les points A, B, C,... qui divisent la ligne en sections, se nomment les *postes de block* ou de *cantonnement*. Les agents chargés de manœuvrer les appareils de block qui y sont installés sont appelés *bloqueurs, stationnaires, gardes-sémaphores*, etc.

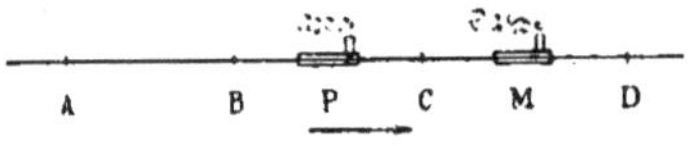

Cette organisation, prise à la lettre, conduirait à une impossibilité pratique, puisqu'il suffirait d'un accident pour paralyser complètement la circulation sur la ligne. Il faut donc que l'interdiction de pénétrer dans une section occupée, ou bloquée, comme l'on dit, ne soit pas absolue et puisse se faire sous certaines réserves.

On distingue trois modes d'organisation de block-system, que l'on appelle le *block absolu*, le *block permissif* et le *block absolu conditionnel*, intermédiaire entre les deux premiers.

Le *block absolu* interdit d'une façon absolue la pénétration d'un train ou d'une machine dans une section bloquée, sauf en cas de dérangement constaté des appareils ou d'accident signalé. Dans le cas de dérangement des appareils, la ligne est considérée comme n'ayant plus le block-system, et les trains s'y succèdent avec les intervalles de temps.

Dans le *block permissif*, l'entrée d'une section bloquée est toujours permise ; les trains n'ont pas à s'arrêter à l'entrée de cette section, mais un signal, placé à l'entrée de la section, avertit les mécaniciens que la section n'est pas libre et leur prescrit un ralentissement, sans cependant les astreindre à pouvoir s'arrêter dans la partie de voie en vue.

Dans le *block absolu conditionnel*, l'entrée d'un train dans une section bloquée est bien interdite d'une façon absolue comme dans le premier système de block, mais pendant un certain temps seulement ; puis les trains, après avoir marqué l'arrêt à l'entrée de la section, sont admis, sous réserve de certaines formalités, à pénétrer dans cette section avec une marche prudente et de façon à pouvoir arrêter dans la section de voie en vue.

Le block absolu est le système usité en Angleterre, en Belgique, en Hollande ; en France, on ne le rencontre que sur le réseau d'Orléans et sur le P.-L.-M. ; ce block est désigné également sous le nom de *block absolu fermé*.

Le *block absolu conditionnel*, que l'on appelle aussi *block absolu ouvert*, est le système d'exploitation adopté sur les réseaux français du *Nord* et de l'*Est*. Sur l'*Ouest*, on emploie un block intermédiaire qui tient à la fois du block conditionnel et du permissif : pendant les cinq premières minutes, l'interdiction de passer est absolue ; pendant les cinq minutes suivantes, la pénétration n'est autorisée que par un ordre écrit remis au mécanicien ; passé ce délai de dix minutes, les trains pénètrent en section bloquée en ralentissant, mais sans marquer l'arrêt et sans recevoir d'ordre spécial.

Sur le *Nord* et sur l'*Est*, lorsque le signal d'entrée dans la section est à l'arrêt, les trains marquent l'arrêt et ne peuvent pénétrer dans cette section que cinq minutes après que le train précédent a franchi le poste (ou trois minutes si les deux trains n'ont pas un parcours commun de 3 km.) ; l'autorisation de continuer est donnée au mécanicien par le conducteur chef ou l'agent du poste, au moyen d'un bulletin dit de pénétration, et le mécanicien ne doit avancer qu'avec prudence, comme s'il allait au secours d'un train attendu, de façon à pouvoir arrêter dans la partie de voie en vue.

Au chemin de fer de *Lyon*, en cas de marche lente d'un train, un train suivant peut être autorisé à pénétrer dans la section bloquée vingt minutes après le passage du premier, à la condition que la section ait plus de 3 km. de longueur, et qu'elle ne renferme pas un tunnel de plus de 200 m. de longueur. Le délai est porté à trente minutes si le train à marche lente est un train de marchandises et si la section bloquée a plus de 6 km. Dans le cas où, pour franchir la section, le premier train aurait une marche telle que la durée du parcours serait supérieure à vingt minutes, le délai ci-dessus serait égal à cette durée augmentée de dix minutes. Un seul train peut ainsi pénétrer dans une section bloquée, tant que l'on n'a pas rendu voie libre, à moins d'un ordre écrit remis par le conducteur chef d'un des trains engagés ou un agent porteur d'une demande de secours. Sur les sections de moins de 3 km. ou comprenant un tunnel de plus de 200 m., la pénétration dans la section bloquée par suite de marche lente n'est pas autorisée.

En cas de détresse ou de secours, la pénétration en section bloquée est autorisée, quel que soit le temps écoulé depuis le passage du premier train et quelle que soit la longueur de la section, sous réserve de la remise au mécanicien d'un bulletin.

Enfin, dans les cas où les appareils sont dérangés, le poste d'entrée de la section maintient entre les trains les intervalles prévus pour les lignes non munies du block.

267. Programme du fonctionnement du block-system. — Ce programme peut se résumer ainsi :

1º Lorsqu'un train entre dans une section, il doit être couvert par un signal ;

2º Le signal d'entrée d'une section ne peut être remis à voie libre, ou débloqué, que par l'agent qui est au poste de sortie ou après réception d'un avis émanant de cet agent ;

3º Le poste de sortie ne doit débloquer le poste d'entrée qu'après que le train a quitté la section ;

4º Il ne doit pas débloquer deux fois de suite le poste d'entrée sans que son signal ait été mis à voie libre dans l'intervalle.

Les deux premières règles sont évidentes : elles résultent de la définition même du block. Les deux suivantes sont la conséquence de l'application stricte des deux premières ; elles marquent plutôt des conditions que devraient matérialiser les appareils dans le but d'éviter les chances d'erreur des agents.

Si la troisième règle n'était pas rigoureusement appliquée et si l'agent d'un poste de block venait à mettre son signal à l'arrêt avant qu'un train engagé sur la section précédente eût quitté cette section et franchi son signal de block, un second train trouvant à voie libre le signal d'entrée de cette section entrerait en vitesse et pourrait tamponner le premier par l'arrière. Toutes les garanties données par le block seraient évanouies. Cette éventualité n'est malheureusement pas purement théorique, et des accidents se sont produits dans ces conditions. On ne peut y remédier avec certitude que par l'emploi d'appareils automatiques mis à l'arrêt par les trains eux-mêmes.

La quatrième règle est également essentielle pour que le block-system ne soit pas mis en échec. Lorsqu'un train quitte une section AB, le bloqueur B le couvre et débloque le poste d'entrée A ; un second train peut alors pénétrer sur la section AB, et, si le stationnaire du poste B, pendant que son signal est encore à l'arrêt pour couvrir le premier train, avait la possibilité de débloquer à nouveau le signal du poste A, celui-ci pourrait, avant que le second train eût quitté la section AB, laisser pénétrer en vitesse un troisième train qui entrerait en collision avec le second. Si, au contraire, le stationnaire B ne peut débloquer à nouveau le poste A qu'après que son signal aura été effacé, puis remis à voie fermée, il faudra, après le passage du premier train, qu'il attende que le poste suivant lui ait rendu voie libre et qu'il ait remis son signal à l'arrêt, le second train passé, pour pouvoir lui-même lancer son déblocage : la collision sera donc évitée.

Dans l'hypothèse que nous venons d'envisager, il y avait faute grave d'un agent qui aurait lancé un déblocage avant d'attendre que le train fût passé à son poste. Mais la quatrième règle est même indispensable pour éviter que l'accident ne se produise sans qu'il y ait faute d'agent quand on applique le block conditionnel ou le block permissif.

Avec ces blocks, deux trains peuvent se trouver simultanément sur une section bloquée BC. Lorsque le premier train a eu franchi le poste B, le stationnaire l'a couvert, puis a débloqué A. Un deuxième train a donc pu pénétrer en vitesse dans la section AB ; trouvant le poste B à l'arrêt, ce train l'a franchi conformément aux règles prescrites pour le block et avec les précautions qu'elles recommandent Si le stationnaire B, dont le signal n'a pas été débloqué après le passage du premier train, avait le droit de débloquer A à nouveau après le passage du deuxième train, le signal de ce poste redeviendrait libre à nouveau ; un troisième train survenant le franchirait en vitesse, et s'il se présentait au poste B juste au moment où le poste C, après avoir laissé passer le premier train, débloquait B et avant que ce poste B eût remis son signal à l'arrêt pour couvrir le deuxième train, ce troisième train pénétrerait également en vitesse dans la section BC où il pourrait tamponner le précédent.

L'accident aurait encore plus de chances de se produire si, à cette coïncidence, venait s'ajouter une faute de l'agent du poste B : il suffirait, par exemple, qu'au lieu de couvrir le deuxième train dès que son appareil aurait été débloqué, ce stationnaire ne mît son signal à l'arrêt qu'au bout d'un intervalle plus ou moins long, ou encore qu'il omît complètement de couvrir ce second train, c'est-à-dire que le train fût *mangé*.

L'observation stricte de la quatrième règle doit sinon éviter les accidents de ce genre, du moins les rendre moins probables, à la condition toutefois que la première soit également observée dans toute sa rigueur, c'est-à-dire qu'aucun train ne puisse être *mangé* par une section. Si effectivement le poste B, après avoir rendu une première fois voie libre à A ou débloqué A, lorsque le premier train a eu pénétré dans la section BC, ne peut pas débloquer ce poste une seconde fois, lorsque le second train est entré dans la section bloquée BC, à moins que, dans l'intervalle, il n'ait été lui-même débloqué par C, le troisième train ne pourra trouver le signal du poste A qu'à l'arrêt, tant qu'il y aura deux trains sur la section BC ; il entrera sur la section AB avec les précautions recommandées, et il ne pourrait franchir le poste B, dans le court intervalle compris entre la mise à voie libre ou le déblocage de ce signal par le poste C et la mise à l'ar-

rêt pour la couverture du second train, sans précaution, comme s'il était
à voie libre, que dans des conditions peu vraisemblables. Mais la collision
pourrait néanmoins se produire si B omettait de couvrir le second train,
c'est-à-dire si ce dernier était mangé.

Au chemin de fer du Nord, on est parvenu à matérialiser la quatrième
règle par des enclenchements électriques qui placent tous les signaux
de block sous la dépendance les uns des autres ; de plus, on évite les
omissions des gardes-sémaphores par l'emploi de l'appareil dit *Memento* ;
cet appareil, qui fonctionne avec le concours des agents des trains engagés dans la section bloquée, rappelle aux stationnaires qu'ils ont à
mettre leur signal à l'arrêt, c'est-à-dire à bloquer la section autant de
fois qu'ils ont laissé pénétrer de trains. De plus, les mécaniciens ont l'ordre, lorsqu'ils pénètrent dans une section bloquée, de ne pas reprendre
leur vitesse, si le signal de sortie de la section est à voie libre, sans s'être
assurés que le stationnaire a bien fait son service et qu'il n'a pas *omis
de couvrir* un train engagé dans la section suivante. Au chemin de fer
de Lyon, on est encore plus strict : le train engagé dans une section bloquée doit marquer l'arrêt au poste de sortie pour remettre au stationnaire de ce poste le bulletin de pénétration que celui d'entrée avait délivré
au train.

B. Appareils de block-system

268. — Au début, on s'est borné à utiliser les stations et leurs signaux
avancés pour diviser les lignes en cantons, en se servant des appareils de
télégraphie ordinaire. Mais, outre que ce système n'offrait aucune garantie
contre les chances d'erreur et qu'il donnait des sections d'une étendue
trop inégale, il exigeait comme stationnaires des agents exercés ; de plus,
il est lent, car les signaux à manœuvrer ne sont pas immédiatement à
côté des appareils télégraphiques, et ne peut donc convenir pour les
lignes à grande circulation, celles pour lesquelles précisément le block-
system offre le plus grand intérêt. Plus tard, on s'est servi d'appareils
spéciaux obligeant à effectuer les opérations du block dans un ordre
donné. Dans ce système, le déblocage du poste d'amont ne peut être
obtenu que par le poste d'aval. Les appareils de ce genre employés en
France sont les appareils *Tyer*, *Regnault* et les *électro-sémaphores Lartigue*, *Tesse* et *Prudhomme*. Ils constituent ce que l'on peut appeler la
seconde étape du block-system, et ce sont les plus employés.

Mais la garantie qu'ils donnent n'est pas suffisante, les conditions du
programme n'y étant pas matériellement réalisées. Pour le block Tyer,
par exemple, employé au chemin de fer de Lyon, le signal de la section,
qui est un sémaphore, est indépendant du block ; le stationnaire d'un
poste ne peut avoir voie libre que si le poste d'aval le débloque, mais, son
signal étant indépendant, il n'est pas matériellement tenu de ne l'ouvrir

qu'après avoir reçu voie libre. Il en est de même pour les appareils Regnault, de la Compagnie de l'Ouest, qui ne produisent pas de signal optique sur la voie à chaque poste. Les postes sont munis d'un signal de cantonnement à l'aide duquel ils font aux trains les signaux nécessaires pour la réalisation du block-system ; mais la manœuvre du signal est indépendante matériellement des appareils du block.

Dans une dernière étape, on a donc cherché à réaliser une dépendance matérielle entre les communications électriques et les signaux optiques du block qui s'adressent aux mécaniciens, de façon à éviter toutes les chances d'erreurs des agents. Le block ainsi obtenu est le *block enclenché* ; on le réalise avec les mêmes appareils déjà cités, mais perfectionnés.

269. Electro-sémaphore Lartigue, Tesse et Prud'homme. — Cet appareil est un signal optique qui s'adresse aux trains, et c'est avec le signal lui-même que l'on réalise le block-system, à l'aide d'enclenchements électriques.

Il se compose d'un grand mât portant, pour chaque voie, une *grande aile* et un *petit bras*.

La grande aile a une face peinte en rouge et porte deux ouvertures garnies d'un verre rouge et d'un verre vert. Celle qu'on voit se développer à gauche, en regardant le sémaphore vers lequel on se dirige, est la seule dont les agents des trains doivent tenir compte. Lorsqu'elle est étendue horizontalement, elle présente aux trains, le jour, sa face rouge et, la nuit, un feu rouge et un feu vert, et elle commande l'arrêt. Le petit bras est peint en jaune et n'a pas de signification pour le mécanicien ; il sert à annoncer au garde-sémaphore le passage ou le départ d'un train ou d'une machine qui se dirige vers son poste.

Chaque mât est muni, pour chacune des deux voies, de deux boîtes de mouvement que l'on appelle l'appareil n° 1 et l'appareil n° 2. En tournant la manivelle de l'appareil n° 1, le garde-sémaphore développe horizontalement la grande aile de son sémaphore et le petit bras d'annonce du poste suivant ; la manivelle de l'appareil n° 2 sert à effacer le petit bras d'annonce du poste et la grande aile du poste précédent. En outre, les sémaphores ont un timbre qui sonne chaque fois que la grande aile s'efface ou que le petit bras se développe horizontalement. Enfin, les électrosémaphores sont précédés, dans les deux directions, d'un disque à distance.

Avec cet appareil, chaque poste, au moment où il se couvre, annonce le train au poste suivant, et il ne peut être débloqué que par ce dernier qui, rendant voie libre au poste d'amont, efface du même coup le petit bras d'annonce. Le poste d'amont n'a pas la faculté de rester couvert lorsqu'on lui rend voie libre ; il faudrait pour cela qu'il remît sa grande aile à l'arrêt, mais il annoncerait un train au poste d'aval et ne pourrait plus luimême se débloquer ultérieurement.

Electro-sémaphore Lartigue, Tesse et Prudhomme

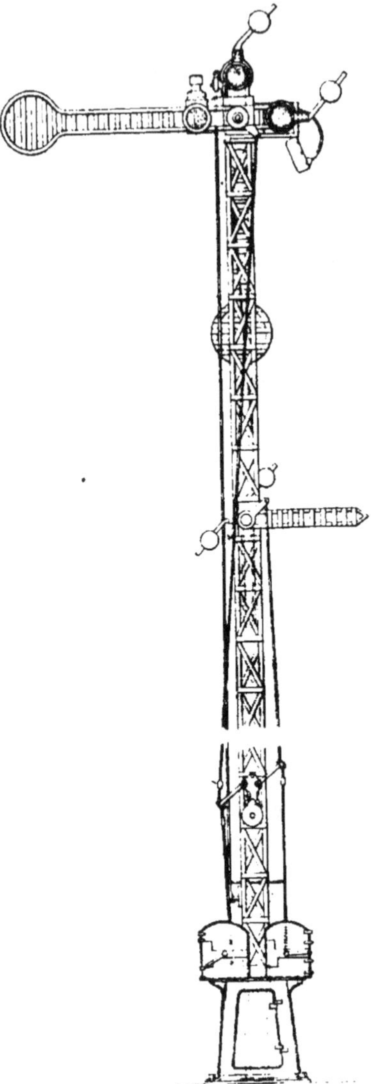

(Cette figure et les suivantes sont tirées de l'ouvrage de MM. Brame et Aguillon).

Il n'y a d'ailleurs pas de nécessité à ce que le poste d'amont puisse maintenir son sémaphore à l'arrêt lorsqu'on lui a rendu voie libre, les appareils de block n'étant pas, en principe, des signaux de couverture destinés à protéger un train ou un obstacle, mais ayant seulement pour fonction d'indiquer si les sections sont libres ou engagées. Toutefois, on peut avoir besoin de couvrir un obstacle ou un train arrêté, par exemple un train qui tomberait en détresse aussitôt après avoir franchi un poste. Bien que la grande aile de ce poste soit à l'arrêt, elle ne suffirait pas toujours, pour protéger le train, qui pourrait être très rapproché, si les conditions de visibilité ne s'y prêtaient pas. C'est pour ce motif qu'il a paru nécessaire de traiter les postes sémaphoriques comme de véritables gares et de les couvrir dans l'une et l'autre direction par un disque à distance.

L'électro-sémaphore qui est employé par le *Nord* et l'*Est*, réalise matériellement une des règles du programme du block-system, la seconde. Au chemin de fer du Nord, on a enclenché, d'une part, les appareils nᵒˢ 1 et 2 entre eux et, d'autre part, les disques à distance avec les appareils nᵒ 1, et réalisé matériellement les conditions suivantes :

1ᵒ Le garde-sémaphore doit couvrir d'abord les trains qui franchissent son poste par le disque à distance avant de pouvoir mettre la grande aile à l'arrêt, et il ne peut remettre le disque à voie libre tant que cette grande aile est à l'arrêt ;

2ᵒ Le garde-sémaphore n'a la possibilité de débloquer la grande aile du poste d'arrière que s'il a préalablement mis à l'arrêt la grande aile de son poste ;

3° Le déblocage du poste d'arrière ne peut être fait deux fois de suite si, dans l'intervalle, la grande aile n'a pas été elle-même débloquée.

Les enclenchements électriques réalisent donc la *dépendance des sections successives de block* et permettent d'établir un block continu.

Ce système de block offre les plus sérieuses garanties pour la sécurité; mais il a l'inconvénient, dès qu'un obstacle encombre une section ou qu'un dérangement se produit dans les enclenchements, de mettre à l'arrêt tous les sémaphores précédents. A moins de paralyser toute la circulation, il fallait donc ou bien autoriser la pénétration dans les sections bloquées, ou bien supprimer le block dans un cas d'accident ou de dérangement d'appareils, pour revenir aux intervalles de distance : on s'est arrêté à la première solution.

Des dispositions ont été prises pour concilier la continuité du block avec la nécessité des garages et des rebroussements.

Aux bifurcations, les électro-sémaphores ont autant de grandes ailes qu'il y a de directions, et, en conjuguant les courants de désolidarisation avec la position des aiguilles, le chemin de fer du Nord a pu conserver la continuité du block sur chacune des directions suivies, dans des conditions telles que le déblocage ne peut se produire que pour la direction même qui a été suivie par le train. La solidarité électrique qui existait entre les disques avancés et les électro-sémaphores a été réalisée entre ces derniers et les signaux carrés d'arrêt absolu qui protègent la circulation sur chacune des branches comme sur le tronc commun. On trouvera des développements intéressants à cet égard dans le numéro d'avril 1898 de la *Revue générale des Chemins de fer*.

Au *Nord*, comme à l'*Est*, l'électro-sémaphore à l'arrêt commande l'arrêt immédiat pour un train survenant pendant un délai de 5 minutes après le passage d'un premier train, délai qui peut être réduit à 2 minutes si la distance à parcourir par les deux trains qui se suivent est de moins de 3 km.; après ce délai, l'entrée en section bloquée est permise avec un bulletin de pénétration.

Le chemin de fer d'*Orléans* emploie également l'électro-sémaphore, mais modifié par MM. Heurteau et Guillot en vue d'éviter un déclenchement accidentel par les temps d'orage; de plus, le feu vert y a été supprimé, et le signal a la valeur d'un signal d'arrêt absolu ; il n'est pas doublé par des disques à distance comme sur les réseaux précédents. La pénétration en section bloquée n'est autorisée que dans le cas de secours. Dans le cas de dérangement des appareils, le stationnaire démonte la tringle qui commande la grande aile de son sémaphore et se sert provisoirement de cette grande aile, ainsi que d'un disque, pour assurer le passage des trains avec les intervalles de temps comme si le block-system n'existait pas.

270. Appareil Tyer. — Sur le réseau P.-L.-M., le block-system est réalisé avec l'appareil *Tyer*, complété par l'avertisseur *Jousselin*. Mais ces appareils ne donnent que des communications électriques ; les signaux optiques sont faits par les stationnaires à l'aide de sémaphores et de disques avancés. Lorsque l'aile du sémaphore est horizontale, elle présente sa face rouge aux trains ou un feu rouge la nuit : elle commande l'arrêt ; inclinée à 45°, ou donnant un feu vert, elle commande le ralentissement ; verticalement, elle donne un feu blanc la nuit, et indique que la voie est libre.

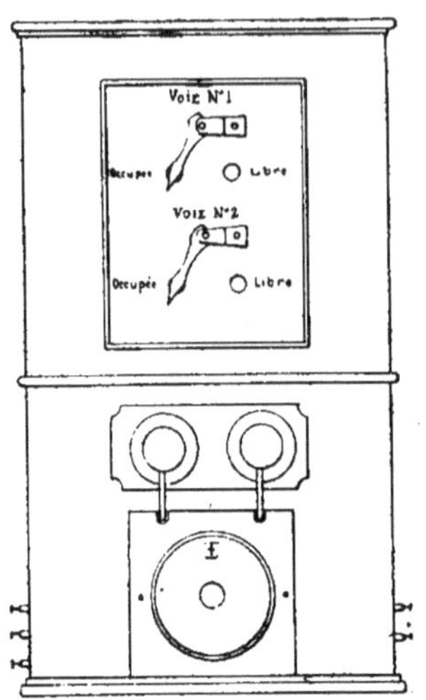

Avec ce système de block, il y a indépendance complète entre les appareils du block et les signaux sémaphoriques. Mais on a muni les sémaphores de serrures électriques enclenchées avec l'appareil Tyer dans des conditions telles que :

1° Le bras sémaphorique d'un poste B mis à l'arrêt ne peut plus être effacé que s'il a été débloqué par le poste suivant C ;

2° Le poste B ne peut rendre voie libre au poste précédent, c'est-à-dire le débloquer, que s'il a mis à l'arrêt le bras sémaphorique couvrant la section BC ;

3° Le bras sémaphorique du poste B ne peut être débloqué par C que

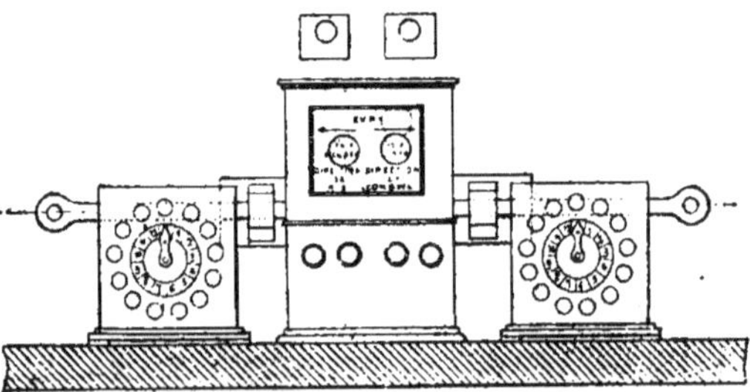

si l'agent du poste B, après avoir mis d'abord ce bras à l'arrêt pour couvrir l'arrivée d'un train, puis annoncé ce train au poste C, a bien reçu de ce poste un signal lui accusant réception de l'annonce du train.

Cette dernière condition est la conséquence de l'organisation sur le réseau de Lyon du régime de la voie fermée ; le bras sémaphorique doit être toujours à l'arrêt, et c'est seulement pour le passage d'un train qu'il peut être effacé.

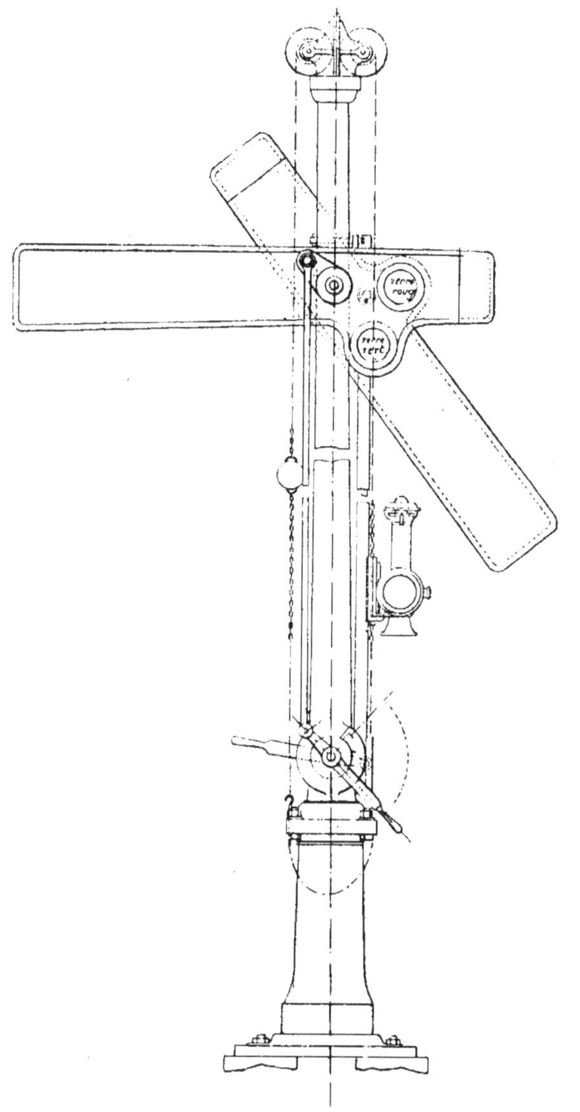

271. Appareil Regnault. — Au chemin de fer de l'Ouest on emploie l'appareil Regnault qui, comme l'appareil Tyer, ne donne que des communications électriques. Les signaux sont faits sur la voie à l'aide d'un *signal de cantonnement* pouvant déployer horizontalement une aile à damier rouge et blanc, commandant l'arrêt absolu, ou une aile portant en transparent le mot « ATTon » La nuit, l'aile à damier rouge et blanc donne deux feux rouges. L'appareil est tellement disposé que

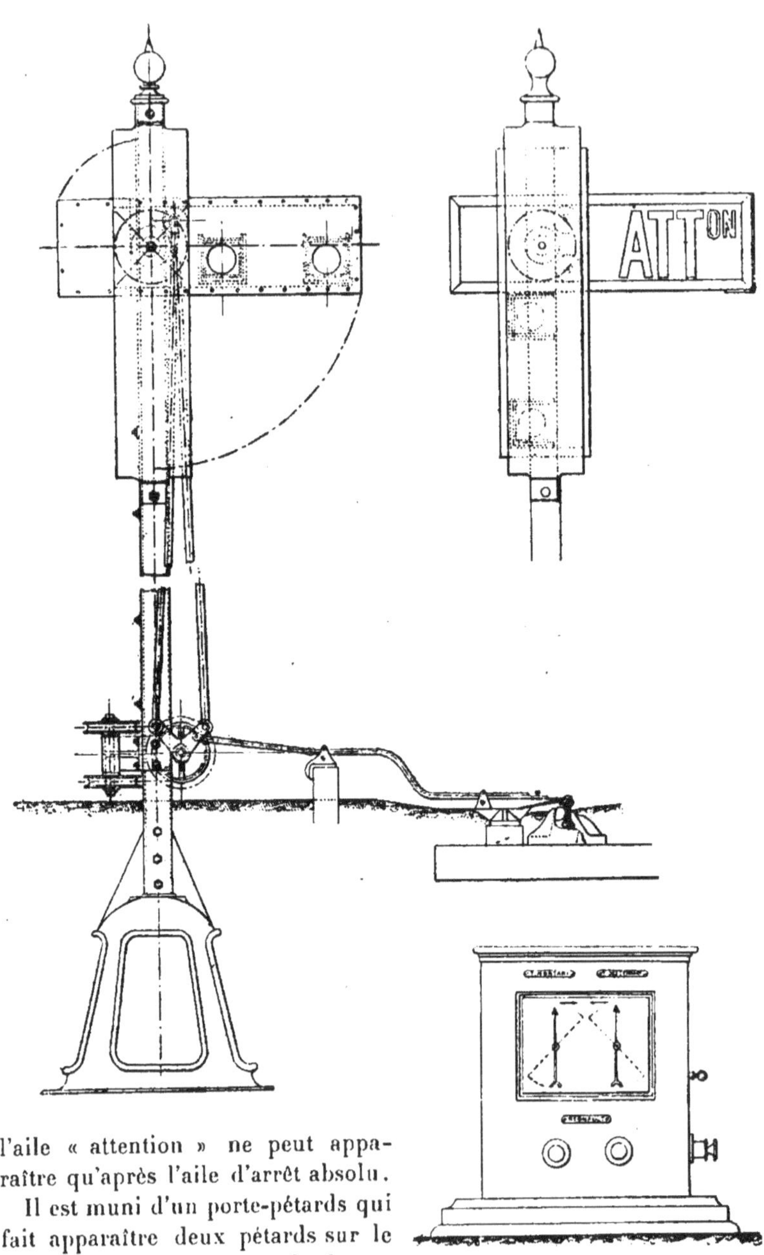

l'aile « attention » ne peut apparaître qu'après l'aile d'arrêt absolu.

Il est muni d'un porte-pétards qui
fait apparaître deux pétards sur le
rail quand l'aile d'arrêt absolu est
déployée. Le signal de cantonnement est appuyé par des signaux à
distance.

Actuellement l'appareil Regnault est enclenché avec le signal de cantonnement de telle façon que :

1º Le poste B ne peut annoncer un train au poste suivant C sans avoir au préalable mis à l'arrêt l'aile à damier rouge et blanc de son poste ;

2º Le poste B ne peut que remplacer son aile d'arrêt absolu par l'aile « attention », tant que le poste C n'aura pas débloqué électriquement la voie en B ;

3º Le poste C ne peut débloquer la voie en B avant que son disque avancé ne soit fermé.

Pendant les cinq minutes qui suivent le passage d'un train, un train survenant ne peut pas entrer dans la section bloquée.

Pendant les cinq minutes suivantes, le signal continue à rester à l'arrêt, mais la pénétration du second train est autorisée contre remise d'un bulletin de pénétration.

Après ces dix minutes, le signal d'arrêt est remplacé par le voyant « attention » qui avertit les mécaniciens que le poste suivant n'a pas rendu voie libre.

Ces délais sont doublés si, sur la section occupée, se trouve un tunnel en ligne droite de plus de 1.000 m. ou un tunnel en courbe de plus de 600 m. de longueur.

C. Prescriptions réglementaires concernant le Block-system

272. — Deux circulaires ministérielles du *25 mars 1876* et du *31 janvier 1877* avaient appelé l'attention des compagnies sur les électro-sémaphores Lartigue, Tesse et Prudhomme. Mais c'est seulement une circulaire du *13 septembre 1880* qui, pour la première fois, imposa le block-system aux compagnies. Cette circulaire a rendu obligatoire l'exploitation par le block-system sur toutes les sections de lignes où le trafic peut atteindre, à un moment donné, cinq trains à l'heure dans le même sens. De plus, l'administration recommandait le block absolu, tout en laissant à l'initiative des compagnies le choix du système de cantonnement destiné à le réaliser.

Un an plus tard, le *2 novembre 1881*, le Ministre des Travaux publics a fait connaître aux compagnies les résultats déjà acquis ; mais la réglementation fut bientôt plus serrée, et, le *12 janvier 1882*, le Ministre, tout en laissant encore aux Compagnies la liberté de choisir leurs appareils de block, fixa les conditions auxquelles ces appareils devaient satisfaire. Outre les qualités de solidité voulues, ces conditions étaient les suivantes : solidarité immédiate et complète des signaux électriques et des signaux à vue de telle sorte que ceux-ci traduisent automatiquement les premiers ; calage mécanique à l'arrêt des signaux visuels de telle façon qu'ils ne puissent être ensuite annulés et remis à voie libre que par le poste suivant, dans le sens de la marche du train, et au moyen d'un déclenchement électrique ; enfin, si l'électricité vient à faire défaut, maintien de tous les signaux à l'arrêt.

Depuis cette époque, le développement du block-system a suivi une marche progressive sur les réseaux français ; mais il s'en faut cependant qu'il existe sur toutes les lignes. A la suite de récents accidents et, en particulier, de la catastrophe de Thouars, l'administration supérieure a invité les Compagnies, par une circulaire du *8 janvier 1900*, à organiser l'exploitation par le block-system sur un certain nombre de lignes qu'elle a indiquées et sur lesquelles elle a estimé que cette mesure est imposée par les conditions actuelles de la circulation. En outre, elle a obligé les compagnies, en attendant l'installation des appareils, à organiser sur ces lignes un système provisoire de cantonnement, dans des conditions qu'elle a déterminées, au moyen des gares et stations et, s'il y a lieu, de postes intermédiaires pourvus d'appareils télégraphiques.

Sous l'empire de cette réglementation, l'exploitation par block-system va devenir la règle générale en France. Sur certains réseaux, comme le *Nord*, le block existe déjà sur presque toutes les lignes à double voie et sur un grand nombre de voies uniques. Ce réseau a une longueur totale de 3.746 km. comprenant :

Double voie..........	1.980 k.
Voie unique	1.766 k. ;

le block y est déjà installé :

En double voie, sur...	1.865 k.
En voie unique, sur...	231 k.

En outre, il est à l'étude et va être bientôt réalisé sur les 115 derniers kilomètres de double voie, ainsi que sur 583 km. de voie unique sur lesquels doivent circuler des trains express ou directs.

§ 3. EXPLOITATION DES LIGNES A VOIE UNIQUE

Une des préoccupations de l'exploitation des lignes à double voie a été, comme nous l'avons vu, en dehors de la protection des gares ou des obstacles accidentels, d'assurer un certain intervalle de sécurité entre les trains qui se succèdent dans le même sens. La même préoccupation subsiste avec les voies uniques, mais il s'y ajoute, dans ce cas, une difficulté nouvelle tenant à ce que les trains des deux sens circulent sur la même voie : il est nécessaire de prendre des dispositions spéciales pour que deux trains ne se rencontrent pas.

273. Trains en navette. — Lorsque les trains ne sont pas très fréquents et que l'on peut éviter les croisements, on exploite la ligne en *navette*. Il n'y a alors rigoureusement qu'une seule machine affectée au service de la ligne. En cas de secours, une seconde machine peut pénétrer sur la ligne, mais seulement après que la première machine a été immobilisée ; les deux machines, une fois réunies, ne peuvent plus circuler qu'attelées au même train. C'est ce qui se passe à l'*Ouest* notamment. Sur le réseau d'*Orléans*, il n'y a bien toujours qu'un train ou une machine à la fois, mais on admet, pour la facilité des roulements, que cette machine change d'un train à l'autre. Par compensation, elle doit être munie d'un bâton qui est unique pour chaque section.

274. — Lorsque l'exploitation doit nécessiter des croisements, la ligne est divisée, par des *gares de croisement*, en sections sur lesquelles il ne peut et il ne doit jamais y avoir simultanément deux trains de sens inverses. Ce résultat peut être obtenu de différentes façons que nous passerons en revue.

275. Pilotage. — Il suffit de désigner, pour une section, un *pilote* et de ne laisser circuler un train que quand il est accompagné du pilote pour que les rencontres soient sûrement évitées, le pilote ne pouvant être sur deux trains à la fois. Ce système n'est guère employé que sur de courtes sections ou, sur les lignes à double voie, dans le cas d'interruption de la circulation sur une des voies. Dans le cas où deux trains doivent se succéder dans le même sens sans que, dans l'intervalle, il y ait un train de sens inverse, le premier peut être expédié sans le pilote, mais avec un ordre écrit de lui, et c'est le second train qui emmène le pilote.

276. Emploi du bâton ou train staff system. — L'exploitation par le *bâton* n'est qu'une variété économique du pilotage. Pour que ce système fonctionne bien, il faut que, sur chaque section, les trains de sens opposés alternent de manière à rapporter le bâton ; autrement, il faut envoyer le bâton par un exprès.

Or, cela devient impossible dès que la ligne est un peu longue. Il

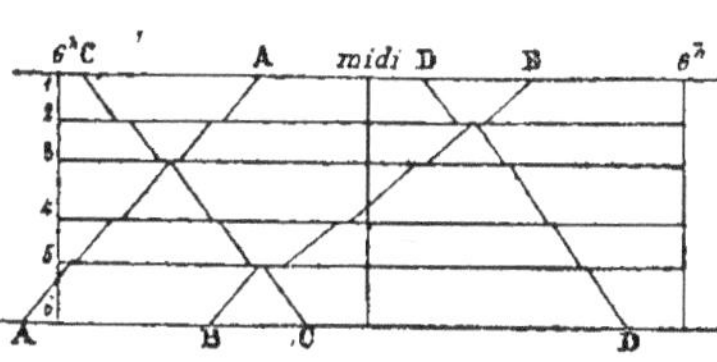

suffit, en effet, pour l'empêcher, que deux trains consécutifs A et B partent d'une station avant l'arrivée du train C qui les croise, ou y arrivent sans départ intermédiaire, ou que deux croisements successifs, tels que ceux des trains A et C, en 3, B et D, en 2, se fassent dans des stations différentes, pour que l'alternance soit rompue.

277. Emploi du bâton avec tickets ou train staff and ticket system. — Ce système permet d'expédier successivement plusieurs trains de même sens.

Le bâton n'est plus, à proprement parler, un appareil de train, mais un appareil de station. Celle qui a le bâton est maîtresse de la voie ; elle justifie de ce pouvoir, auprès des agents du train, en leur présentant le bâton, et elle leur donne, comme pièce justificative de l'autorisation de marcher, un bulletin ou ticket extrait d'une boîte qui s'ouvre avec le bâton lui-même et qui se ferme par le fait seul de retirer le bâton.

Le bâton se trouve toujours en arrière du train qui occupe une section. Donc, en cas de détresse, si le train ne porte qu'un bulletin et non le bâton, il ne peut demander le secours qu'en arrière. S'il a le bâton, le chauffeur le porte à l'une ou l'autre des stations, suivant le côté où est faite la demande de secours.

Quand un train de matériaux s'engage sur la section, on lui remet le bâton et la section est interdite à tout autre train jusqu'à ce qu'il ait rapporté le bâton à l'une des stations de bâton.

Ce système ne donne pas le cantonnement pour les trains marchant dans le même sens mais n'empêche pas de l'établir par d'autres moyens.

Il ne permet pas la circulation de trains directs ; il ne permet les changements de croisement, en cas de retard, qu'en faisant porter le bâton par un exprès.

En cas de secours, si la machine de secours ne trouve pas partout le bâton à l'extrémité convenable, sa marche peut entraîner des délais énormes.

A l'*Ouest*, on a évité ces derniers inconvénients en autorisant une gare à expédier train ou machine sans avoir le bâton, mais après entente par le télégraphe avec la station pourvue du bâton, qui s'engage à retenir tout train ou machine jusqu'à l'arrivée du train ainsi engagé.

On a critiqué ce procédé comme supprimant les garanties données par le bâton. Cependant, il oblige le chef de gare qui veut expédier un train sans avoir le bâton à justifier auprès du mécanicien et du chef de train de l'échange de dépêches qu'il a fait avec l'autre station. Le danger serait plutôt à l'autre station, qui a le bâton et qui pourrait, par oubli, le remettre à un train, surtout si l'agent qui a fait l'échange de dépêches vient à être remplacé momentanément par un autre. On y pourvoit en l'obligeant à prendre, *avant d'envoyer la dépêche* autorisant l'expédition d'un train hors tour, les dispositions imposées pour un croisement de trains (mise des signaux à l'arrêt, signal d'arrêt en tête du quai). En outre, le chef du train en retard doit s'informer si des dispositions n'ont pas été prises pour un changement de croisement.

La Compagnie de l'*Ouest* emploie ce système sur toutes les lignes à voie unique où il n'y a pas de trains directs. Il a notamment toute son efficacité en cas de dédoublement de trains, la deuxième partie du train devant seule emporter le bâton, et en cas d'interversion dans l'ordre de succession de deux trains. Dans les gares de bifurcation, il évite la confusion des trains de deux lignes.

278. Train tablet system. — En Angleterre, on a obtenu un résultat analogue, mais avec un contrôle matériel de l'échange de dépêches permettant le changement de croisement, par le système de la plaque pilote électrique (*train tablet system*), imaginé par un ingénieur du *Caledonian Ry*.

Les stations sont pourvues d'appareils contenant des plaques circulaires de métal et reliées électriquement. Quand une station A veut expédier un train vers B, elle donne un signal à l'aide d'une cloche électrique. Si la voie est libre, le signaliste de B retire de son instrument une coulisse et appuie sur un plongeur ou bouton qui, par une transmission électrique, donne au signaliste de A la faculté de tirer de son appareil une coulisse (*slide*) correspondante et d'y prendre une plaque pilote qu'il remet au mécanicien.

Par cette opération, les deux appareils sont bloqués et il devient impossible d'extraire de l'un ou de l'autre une plaque pilote jusqu'à ce que le mécanicien ait remis celle dont il est porteur au signaliste B et que celui-ci l'ait introduite dans son appareil.

Au contraire, une fois cette opération faite, on peut retirer une plaque de l'un ou de l'autre des appareils et par conséquent expédier un train de l'une ou de l'autre des stations, mais seulement avec l'autorisation de la station correspondante.

On a ainsi le cantonnement absolu dans les deux sens avec possibilité de changer les croisements, mais non d'expédier des trains directs à moins de considérer les stations où ces trains ne s'arrêtent pas comme des stations où ne peuvent jamais s'effectuer de croisements.

Au *London and North Western Ry*, on a créé un appareil remplissant le même but que le précédent, mais dans lequel les plaques pilotes sont remplacées par des bâtons ; ceux-ci sont pourvus de bourrelets circulaires dont l'espacement varie d'une section à une autre. Ces bâtons ne peuvent ainsi être introduits que dans les deux appareils affectés à la section pour laquelle ils ont été construits.

Le cantonnement pour les trains de même sens a l'inconvénient de ne pas permettre d'expédier, par exemple, un train de marchandises à peu d'intervalle derrière un train de voyageurs ou, en cas de dédoublement, de forcer à établir un intervalle inutile entre les deux trains, si la section est longue et la marche peu rapide. L'inconvénient devient grave surtout si l'on veut espacer les stations à bâton pour mettre en circulation des trains directs.

279. Système français. — En *France*, le système du bâton ne paraît guère avoir été employé que sur l'*Ouest* ; sur les autres réseaux, l'exploitation des voies uniques y est pratiquée à l'aide du télégraphe des stations sous la condition que l'on respectera l'ordre de succession établi pour les trains, c'est-à-dire que les croisements se feront aux gares où ils sont indiqués par les tableaux de marche. Il en résulte que, si aucune modification n'est apportée dans les croisements, l'expédition d'un train peut se faire sans que l'on soit obligé de demander à la station suivante si la voie est libre. Aussi l'expédition des trains réguliers sur la plupart des réseaux se fait-elle sans *demande préalable de la voie;* la voie n'est demandée que pour les circulations extraordinaires ou pour les changements dans les croisements ou dans les garages. Toutefois à l'*Est* et à l'*Etat*, la demande préalable de la voie doit se faire *pour tous les trains sans aucune exception.*

Les gares de voie unique sont munies de disques avancés comme sur les lignes à double voie. La position normale de ces signaux varie selon les réseaux. Au chemin de fer de *Lyon*, qui a le régime de la voie fermée, les disques de voie unique sont normalement à l'arrêt. La même disposition a été adoptée pour les voies uniques à l'*Etat* et au *Midi*. Sur les autres réseaux, les disques à distance sont normalement effacés.

En cas de croisement normal, au *Nord*, à l'*Ouest*, à l'*Orléans* et à l'*Est*, les disques à distance sont mis à l'arrêt 10 minutes avant l'heure de l'arrivée du premier train et ouverts successivement pour laisser pénétrer les deux trains ; sur le *Midi* et l'*Etat*, les disques sont déjà à l'arrêt ; ils ne sont ouverts aussi que successivement, le second après que le premier train est arrêté. Au *P.-L.-M.*, les disques sont effacés avant l'arrivée du premier train, mais les sémaphores ou les carrés qui en tiennent lieu sont maintenus à l'arrêt : le sémaphore est ouvert au premier train qui se présente ; le second n'est reçu que quand le premier est complètement arrêté et que l'on s'est assuré que les aiguilles sont dégagées.

Lorsque les trains doivent se croiser dans une gare, ils ne sont pas toujours tenus obligatoirement de s'arrêter avant l'aiguille de dédoublement ; les prescriptions à ce sujet varient selon les réseaux.

Pour compléter la sécurité sur les lignes à voie unique, les gares ou stations peuvent être munies de *cloches électriques* qui avaient été rendues obligatoires en France sur toutes les lignes à voie unique, quel que fût leur trafic, par la circulaire ministérielle du *12 janvier 1882*, sauf pour les lignes exploitées en navette. Mais une circulaire du *27 juillet 1898* s'est montrée plus tolérante et a exonéré de cette obligation les lignes à voie unique où ne circule aucun train direct ou express et qui satisfont à certaines conditions.

Il existe deux types de cloches électriques : les *cloches allemandes* ou *Siemens*, à courant d'induction, et les *cloches autrichiennes* ou *Léopolder*, à courant continu. Ces appareils ont pour objet d'annoncer à la gare suivante et à tous les postes intermédiaires l'approche et la direction des trains sur la voie unique ; elles peuvent, en outre, être utilisées pour transmettre des signaux d'alarme, celui notamment d'arrêt général de tous les trains.

Ces appareils ont reçu diverses modifications selon les réseaux qui les ont adoptées.

Le *Nord* et l'*Est* emploient la cloche avec courant d'induction ; à l'*Orléans* et à l'*État*, on a adopté la cloche Siemens avec courant de pile permanent ; au *P.-L.-M.* et à l'*Ouest*, la cloche Léopolder à courant de pile permanent.

280. Block-system sur les lignes à voie unique. — Certains appareils de block-system ont pu être également employés pour l'exploitation des lignes à voie unique. Au chemin de fer du Nord, on applique sur ces lignes les *électro-sémaphores* Lartigue, Tesse et Prudhomme : cet appareil fonctionne déjà sur 231 km. et son application va être très largement étendue, comme nous l'avons dit.

L'électro-sémaphore de voie unique a un double but :

1º Éviter que deux trains de sens inverse ne puissent être expédiés sur la portion de voie comprise entre deux points de croisement ;

2º Substituer l'intervalle de distance à l'intervalle de temps réglementaire à maintenir entre deux trains ou machines qui se suivent.

Aucun train ni aucune machine, à moins de circonstances déterminées et sous la condition de prendre des précautions spéciales, ne peut franchir ou quitter un poste que lorsque le sémaphore indique que la voie est libre.

Les électro-sémaphores de voie unique sont les mêmes que ceux employés pour la double voie ; mais les enclenchements réalisés y sont différents. Normalement, les grandes ailes sont à l'arrêt, contrairement à ce qui se passe pour la double voie ; cette disposition est essentielle puisque, *a priori*, on ignore de quel côté se présentera le premier train qui doit s'engager sur la section de voie et que, pour pouvoir lui ouvrir le signal, il faut que la voie soit bloquée à l'autre extrémité de la section ; les petits bras sont, au contraire, normalement effacés.

La fonction des électro-sémaphores varie suivant la nature des postes : aux gares de croisement, on installe ce que l'on nomme des *postes terminus* qui autorisent l'expédition des trains dans les deux sens ; entre ces gares, il peut exister des *postes intermédiaires* qui n'ont pour but que de régler l'espacement des trains de même sens.

Ces appareils fonctionnent de la façon suivante :

Considérons une section de voie unique comprise entre deux gares de croisement M et P. Aux extrémités de chacune de ces gares se trouvent des postes terminus XY, X'Y' ; entre les gares, sont les postes intermédiaires A, B..... Supposons que la gare M ait à envoyer un train ou une

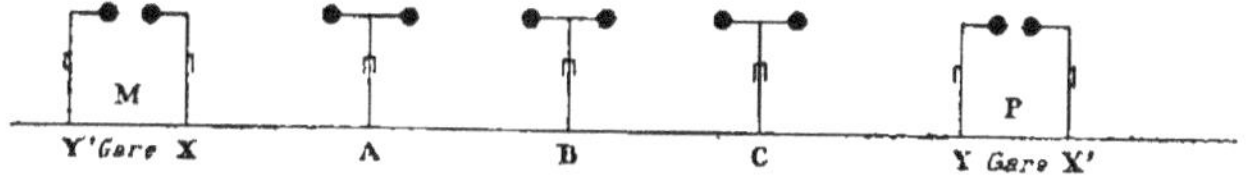

machine vers P ; le garde X, du poste terminus de droite, devra préalablement manœuvrer le commutateur de l'appareil n° 1, ce qui aura pour effet :

1° Si aucun train n'est déjà engagé de M vers P :

a) de faire apparaître aux postes A, B, C et au poste Y le petit bras d'annonce ; de faire sonner le timbre de chaque poste et passer le voyant de l'appareil n° 2 du rouge au blanc ;

b) d'enclencher aux postes A, B, C et au poste Y la grande aile commandant l'arrêt aux trains de sens inverse ;

c) d'effacer la grande aile pour la direction de M vers P du poste X et des postes A, B, C, et de faire passer en même temps du blanc au rouge le voyant de l'appareil n° 1 de ces postes.

2° Si un train marchant dans le même sens est déjà engagé devant le train à expédier :

a) de produire les effets ci-dessus jusqu'au poste qui précède celui qui est situé en deçà du premier train ;

b) de faire apparaître le petit bras de ce dernier poste, mais sans abaisser sa grande aile, en faisant passer du rouge au blanc le voyant de l'appareil n° 2 ;

c) de confirmer au delà de ce poste l'enclenchement des grandes ailes commandant l'arrêt aux trains de sens inverse.

3° De ne produire aucun effet, si un train de sens inverse est annoncé, tant que ce train et ceux qui le suivent ne seront pas arrivés à la gare M, et que le poste X, après avoir exécuté ce qui est prescrit, n'aura pas, avec une clef spéciale, débloqué son appareil n° 2.

Ces conditions permettent à l'électro-sémaphore de remplir le double but qu'on exige de lui sur les lignes à voie unique.

§ 4. PROTECTION DES GARES ET DES BIFURCATIONS

281. Rôle différent des enclenchements et du block-system. — La protection des gares ou des bifurcations est obtenue à l'aide des signaux, définis par le code, qui sont placés en des points convenables pour couvrir les aiguilles, les traversées ou obstacles divers. Ces signaux sont destinés non seulement à fermer la voie en cas de besoin, mais aussi à assurer la sécurité du passage des trains ou la couverture des divers mouvements que l'on peut avoir à exécuter dans les gares. Pour obtenir la protection de tous ces mouvements, on pourrait laisser la manœuvre des signaux et des appareils de voie à l'initiative des agents. La moindre erreur de l'un d'eux conduirait à un accident, et c'est pour éviter ces chances d'erreur que l'on a imaginé les enclenchements qui sont obligatoires pour les aiguilles en pointe, en vertu des circulaires ministérielles des 13 septembre 1880, 2 novembre 1881 et 6 août 1883.

Le rôle des enclenchements est tout différent de celui du block-system.

Les premiers ont pour but d'empêcher la convergence des mouvements, mais ils ne permettent pas de protéger un obstacle sur une voie, un train en stationnement, par exemple, puisque, pendant toute la durée du stationnement, les leviers peuvent être replacés dans leur position normale et qu'ils sont alors tous libres. Le second assure entre les trains de même sens un intervalle obligatoire, qui n'est supprimé que sous réserve de précautions spéciales. C'est donc par l'emploi du block system que l'on aura la garantie matérielle qu'un train en stationnement dans une gare sur une des deux voies principales ne sera pas rejoint par un autre train.

282. Étude du programme des enclenchements d'une gare ou bifurcation. — Pour étudier le programme des enclenchements d'une gare ou d'une bifurcation, on détermine, sur le plan des voies, de préférence sur un plan schématique, la position normale des aiguilles et des signaux auxquels on donne des numéros d'ordre ; puis l'on part de cette idée qu'en principe tous les mouvements possibles sont interdits normalement et qu'il faut, pour les exécuter, les autoriser par l'ouverture d'un signal. Cela revient à dire que dans une gare ou une bifurcation enclenchée, les signaux seront placés normalement à l'arrêt. On ne fera d'exception que pour certains mouvements que l'on aura intérêt à laisser libres d'une façon permanente, et que l'on commandera par un signal normalement effacé.

C'est ainsi, par exemple, qu'aux bifurcations de l'Ouest, si l'une des branches est prépondérante, les signaux qui s'adressent à cette direction sont placés normalement à voie libre ; ceux des autres branches seront, au contraire, disposés à l'arrêt normalement.

Cette disposition des signaux n'est d'ailleurs nullement inconciliable avec le régime de la voie ouverte adopté par la plupart des réseaux. Sur le Nord, par exemple, les gares enclenchées et les bifurcations ont leurs signaux normalement à l'arrêt ; mais les disques à distance et les signaux sémaphoriques sont remis à voie libre dès que les voies ont été dégagées dans l'étendue de la section qu'ils avaient mission de couvrir.

Après avoir ainsi déterminé la position normale des signaux et autres appareils de la voie, on dresse, à l'aide du plan schématique, le tableau des mouvements à faire, ou *tableau des passages*, en relevant, pour chacun d'eux, les leviers à renverser. On remarquera, en faisant ce relevé, que le signal commandant chacun des mouvements doit toujours être effacé le dernier et que, tant que ce signal sera à voie libre, les leviers des aiguilles, verrous ou autres appareils intéressés dans le mouvement, devront être immobilisés dans la position qui donne la continuité des voies. D'autre part, tous les signaux, aiguilles ou autres appareils qui pourraient conduire à des convergences devront être également immobilisés de manière à les interdire. L'ouverture du signal forme donc en quelque sorte la clé de protection du mouvement. De là la nécessité de le maintenir renversé pendant toute la durée de ce mouvement.

En étudiant ainsi, pour chaque mouvement, les enclenchements qu'il exige pour assurer la continuité des voies, l'ordre de renversement des leviers et la protection contre les convergences, on peut dresser le tableau des enclenchements binaires pour toute la cabine. On s'astreindra d'ailleurs à supprimer ceux qui feraient double emploi par suite du principe de réciprocité ou de cascade des enclenchements binaires.

Les enclenchements ainsi établis ne permettent de commander qu'un seul mouvement pour chaque signal. Le levier du signal renversé doit, en effet, immobiliser tous les appareils dans la position qui convient au mouvement considéré ; s'il devait commander un second mouvement, il serait nécessaire de modifier la position d'une au moins des aiguilles ; or, l'enclenchement binaire simple entre le levier de l'aiguille et celui du signal ne le permet pas ; il faudra ou bien établir entre ces deux leviers un enclenchement binaire double, ou bien réaliser un enclenchement conditionnel ou encore munir le signal d'un second levier qui enclenchera celui de l'aiguille dans la position correspondant au second mouvement. On pourra donc, en partant de ces considérations, dresser également le tableau des enclenchements conditionnels à obtenir.

Le tableau des enclenchements binaires directs ou des enclenchements conditionnels se présente sous une forme un peu différente d'un réseau à l'autre.

Voici, par exemple, le tableau des enclenchements du poste I de la gare de Dijon-Ville sur le P.-L.-M. et celui de la cabine III de Villers-Cotterets sur le Nord.

GARE DE DIJON

Poste n° 1 (Block P.-L.-M.)

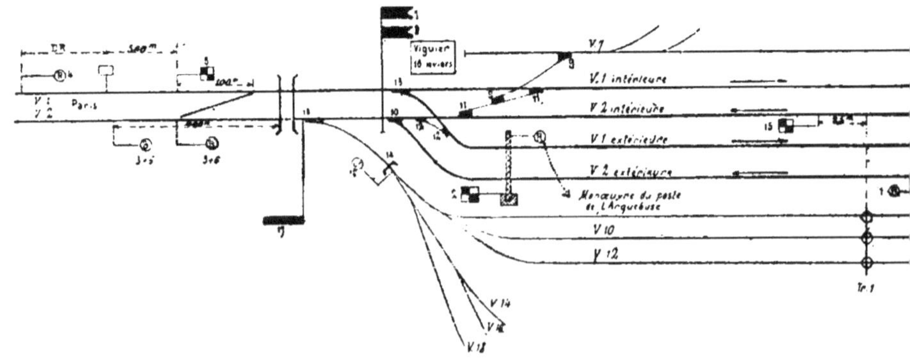

GARE DE DIJON
Poste n° 1 (Block P.-L.-M.)

TABLEAU DES ENCLENCHEMENTS

| Leviers enclencheurs | | Leviers enclenchés dans la position | | | Observations |
N°s	Position	Normale	Renversée	Normale ou renversée	
1	....	....	....	....	non enclenché
2	normale				
	renversée	3.14..........	10.		
3	renversée	2.14.15.......	....	9.10.11.12	
4	renversée	....	5.		
5	normale	4.			
	renversée	....		7.8	
6	renversée	16..........	14.		
7	normale	5..........	....	....	5 peut être déclenché par 8 quoique 7 reste normal
	renversée	13.11.			
8	normale	5..........			5 peut être déclenché par 7 quoique 8 reste normal
9	renversée	....	13.		
	renversée	....	11.		
10	normale	2.13.			
	renversée	11.12.15.			
11	normale	9.			
	renversée	7.10.12.14.15.			
12	renversée	10.11.14.15.			
13	normale	8.			
	renversée	7..........	10.		
14	normale	16.6.			
	renversée	3.15.2.11.12.			
15	renversée	10.14.3.11.12.			
16	renversée	6..........	14.		
17					

TABLEAU DES LEVIERS

N°s	Désignation des leviers
1	Disque rouge voie 2 extérieure.
2	Carré voie 2 extérieure.
3	Disques bleus latéraux à la voie 2 Paris (Refoulements).
4	Disque rouge dans la direction de Paris.
5	Carré dans la direction de Paris.
6	Disques bleus latéraux à la voie 2 Paris (Refoulements).
7	Signal le plus élevé du sémaphore (pour voie 1 intérieure).
8	Signal le moins élevé du sémaphore (pour voie 1 extérieure).
9	Aiguilles de la C^{on} [7-(1-2) I.]
10	Aiguille (2 intérieure-2 extérieure).
11	Aiguilles de la C^{on} (1-2) I.
12	Aiguilles du changement anglais de voie 1 extérieure sur voie II intérieure.
13	Aiguille (1 intérieure-1 extérieure).
14	Aiguille (2-8) et taquet d'arrêt.
15	Carré voie 2 intérieure.
16	Disque jaune commandant les voies 8, 10, 12.....18.
17	Bras sémaphorique de sortie voie 2.

GARE DE VILLERS-COTTERETS

Cabine n° 3

TABLEAU DES ENCLENCHEMENTS

N°s des leviers	Désignation des leviers	Leviers enclenchés normalement et qui sont dégagés	Leviers libres normalement et qui sont enclenchés	Leviers enclenchés et renversés
			par ceux de la 1re colonne renversée	
1	D. à distance vers Paris.........	........non enclenché		
2	S. d'arrêt départ voie I	3............	9.10.	
3	Indicateur tournant vers Paris ..	....	....	2.
4	S. d'arrêt départ voie IV........		7............	8.10
5	S. d'arrêt sortie garages	(6 norm. ou renversé). 16.		
6	Jonction.....................	16............	11.15.........	(5 pendant sa course). 7.
7	Aiguille	6.11.15......	4.14........	8.
8	Aiguilles	4.7.14......	13.	
9	Aiguille et block.............		2.10.	
10	Traversée-jonction...........	4.11.......	2.9.13.14.15.16.	
11	S. d'arrêt départ voie VI.......		6.	7.10.
12	Indicateur tournant vers Soissons.		....	13.
13	S. d'arrêt arrivée Soissons sur voie II..................	12..........	8.10.	
14	S. d'arrêt arrivée Soissons sur voie IV		7.10........	8.A.
15	S. d'arrêt arrivée Soissons sur voie VI.................		6.10.........	7.B.
16	S. d'arrêt arrivée Soissons sur voie VIII		10......	5.6.C.
17	D. à distance vers bifurcation..	18.	·	
18	D. à distance — 1er levier.....	.•............	....	17.
19				
20				
A	Désengageur manœuvré de cabine 2 par levier 28. Arrivée sur voie IV..................	14.		
B	Désengageur manœuvré de cabine 2 par levier 29. Arrivée sur voie VI..................	15.		
C	Désengageur manœuvré de cabine 2 par levier 30. Arrivée sur voie VIII	16.		

6 normal est enclenché par 5 et 10 normaux.

GARE DE VILLERS-COTTERETS

Cabine n° 3

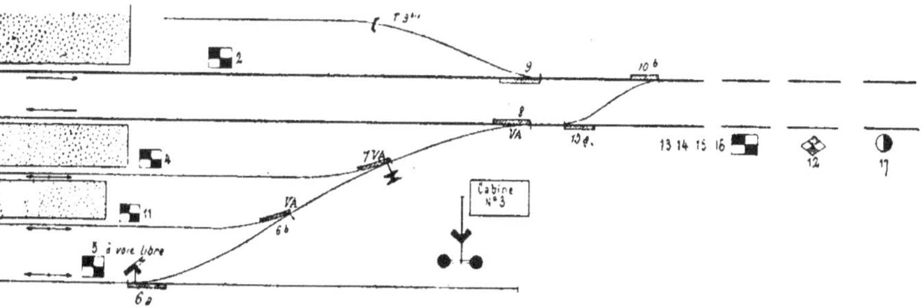

La lecture de ces tableaux est très simple ; il suffit de se bien pénétrer du titre des colonnes pour apprécier de suite la relation qui unit les leviers.

Ainsi, par exemple, si l'on prend le levier 13 du poste I de Dijon, il donne les enclenchements :

$$\frac{13N}{8N} \cdot \frac{13R}{7N} \quad \frac{13R}{10R} ;$$

leurs réciproques :

$$\frac{8R}{13R} \quad \frac{7R}{13N} \quad \frac{10N}{13N}$$

figurent sur les horizontales correspondant aux leviers 8, 7 et 10.

Les enclenchements entre les leviers 7, 8 et 5 du tableau P.-L.-M. sont un peu plus complexes. Il est aisé de voir, par la lecture des lignes correspondantes, qu'ils se traduisent par les formules symboliques,

$$\frac{(7+8)N}{5N} \quad , \quad \frac{5R}{7N \text{ et } R} \quad , \quad \frac{5R}{8N \text{ et } R} .$$

La première formule est celle d'un enclenchement conditionnel qui n'est pas nécessairement complet, comme nous l'avons vu. S'il représentait un enclenchement conditionnel complet, il n'exclurait que la combinaison (5R, 7N, 8N) ; on pourrait donc *a priori* avoir (5R, 7R, 8R). Or, 7 et 8 sont des bras sémaphoriques et 5 un signal carré. Pour ouvrir le signal carré, il faut que le bras sémaphorique correspondant à la direction à suivre soit abaissé, mais non les deux à la fois. On ne doit pas pouvoir renverser simultanément 7 et 8 et ouvrir 5. La combinaison (7R, 8R, 5R) doit donc être exclue comme la première (7N, 8N, 5R).

En fait, la première de ces combinaisons sera rendue impossible par suite de l'enclenchement indirect que le levier 13 établit entre 7 et 8 : on a, en effet, $\dfrac{7R}{13N}$ et $\dfrac{13N}{8N}$ d'où suit $\dfrac{7R}{8N}$, ce qui exclut toutes les combinaisons dans lesquelles entreraient à la fois 7R et 8R. Des huit groupes ternaires que l'on peut former avec ces trois leviers :

$$
\begin{array}{ccc}
5N & 7N & 8N \\
5N & 7N & 8R \\
5N & 7R & 8N \\
5N & 7R & 8R \\
5R & 7N & 8N \\
5R & 7N & 8R \\
5R & 7R & 8N \\
5R & 7R & 8R,
\end{array}
$$

le cinquième est interdit par l'enclenchement conditionnel donné par le tableau : $\dfrac{(7+8)N}{5N}$, et les quatrième et huitième par l'enclenchement binaire résultant $\dfrac{7R}{8N}$. En se reportant aux fonctions des trois leviers, on voit aisément que toutes les autres combinaisons sont possibles ; la seule relation ternaire nécessaire entre les trois leviers est donc donnée par :

$$(5R,\ 7N,\ 8N),$$

ce qui montre que l'enclenchement peut être conditionnel complet. On pourrait dès lors réaliser la relation entre ces trois leviers par le schéma

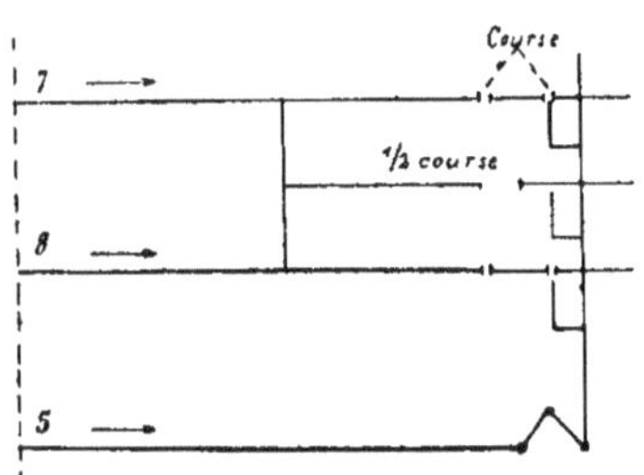

ci-contre, qui donne à la fois l'enclenchement conditionnel complet et les deux enclenchements binaires doubles.

Mais, au lieu de faire découler l'exclusion de la combinaison :

$$(5R,\ 7R,\ 8R)$$

d'un enclenchement binaire, il est facile de la réaliser par un enclenchement ternaire qui doit alors exclure, par lui-même, des huit combinaisons possibles les deux suivantes :

$$(5R,\ 7N,\ 8N) \text{ ou } \frac{(7+8)N}{5N}$$

$$(5R,\ 7R,\ 8R) \text{ ou } \frac{(7+8)R}{5N} .$$

L'enclenchement entre 5, 7 et 8 serait alors un conditionnel incomplet, et, du moment où il réaliserait la double relation ci-dessus, il aurait pour conséquence, d'après les règles de composition que nous avons données, les deux enclenchements binaires doubles :

$$(5R,\ 7N \text{ et } R) \text{ et } (5R,\ 8N \text{ et } R),$$

c'est-à-dire :

$$\frac{5R}{7N \text{ et } R} \text{ et } \frac{5R}{8N \text{ et } R} ,$$

qui sont précisément définis par le tableau. Cet enclenchement conditionnel incomplet n'est autre que celui que nous avons examiné page 512 et

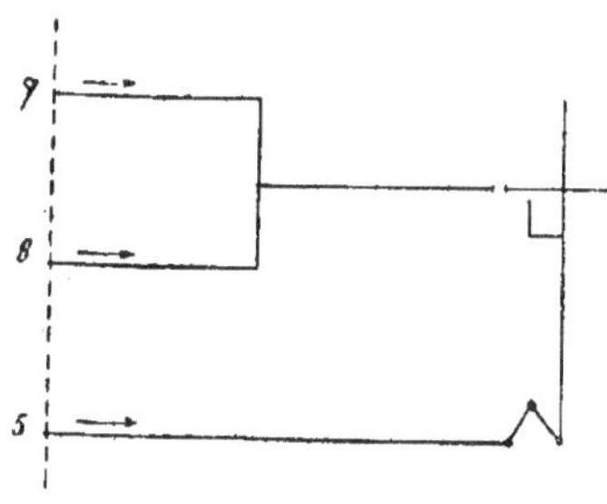

qui peut être obtenu par le schéma ci-contre ; il dispense de réaliser directement les deux enclenchements binaires doubles. La solution est donc
beaucoup plus simple : c'est celle qui est adoptée.

La lecture du tableau du Nord est un peu moins claire, mais elle est
encore très facile avec un peu d'atten-tion. Si l'on considère le levier 7, par
exemple, les enclenchements qu'il donne se lisent ainsi :

$$\frac{7N}{6N} \quad , \quad \frac{7N}{11N} \quad , \quad \frac{7N}{15N} ,$$

$$\frac{7R}{4N} \quad , \quad \frac{7R}{14N} \quad \text{et enfin} \quad \frac{7R}{8R} .$$

La réciproque de ces enclenchements se trouvera sur les horizontales
qui correspondent aux leviers placés en dénominateur.

L'enclenchement entre les leviers 5 et 6, se lit :

$$\frac{5N}{6N \text{ ou } R} \quad \text{et} \quad \frac{6 \text{ pendant sa course}}{5N} .$$

Quant à l'enclenchement conditionnel entre les leviers 6, 5 et 10, on
peut l'écrire symboliquement :

$$\frac{(5 + 10)N}{6N} .$$

Il a la même forme que celui du poste 1 de Dijon entre les leviers 5, 7
et 8. Mais, tandis que ce dernier est un conditionnel incomplet, celui du
Nord en est un complet, c'est-à-dire qu'il n'exclut que la combinaison :

$$(6R, 5N, 10N).$$

C'est ce que l'on vérifierait en faisant le tableau des huit enclenchements possibles et en se reportant à la fonction de chacun des leviers. En
particulier, on ne peut pas exclure la seconde combinaison de l'enclenchement conditionnel incomplet précédent (6R, 5R, 10R), car si l'on avait
également :

$$\frac{(5 + 10)R}{6N} ,$$

on ne pourrait jamais renverser 10 et 6 à la fois, puisqu'il faudrait également renverser 5 à cause de l'enclenchement binaire double $\dfrac{5N}{6N \text{ ou } R}$.

36

Lorsque les tableaux d'enclenchements ont été dressés, il est facile d'en déduire la construction de l'appareil. S'il s'agit d'un appareil Saxby, chaque levier actionne un gril, et les grils conduisent les barres d'enclenchement sur lesquelles on placera les taquets pour réaliser les enclenchements directs qui figurent dans le tableau ; on adoptera également les combinaisons utiles, suivant les principes précédemment exposés, pour réaliser les enclenchements conditionnels. S'il s'agit d'un appareil Vignier, chaque levier conduira une barre d'enclenchement dans laquelle on percera des trous par où pourront s'engager les verrous des leviers enclencheurs.

Voici, par exemple, en adoptant le mode de représentation schématique, comment on pourrait réaliser les enclenchements des deux tableaux dans le système Vignier :

GARE DE DIJON

Poste N° 1 (Block P.-L.-M.)

Schéma des enclenchements

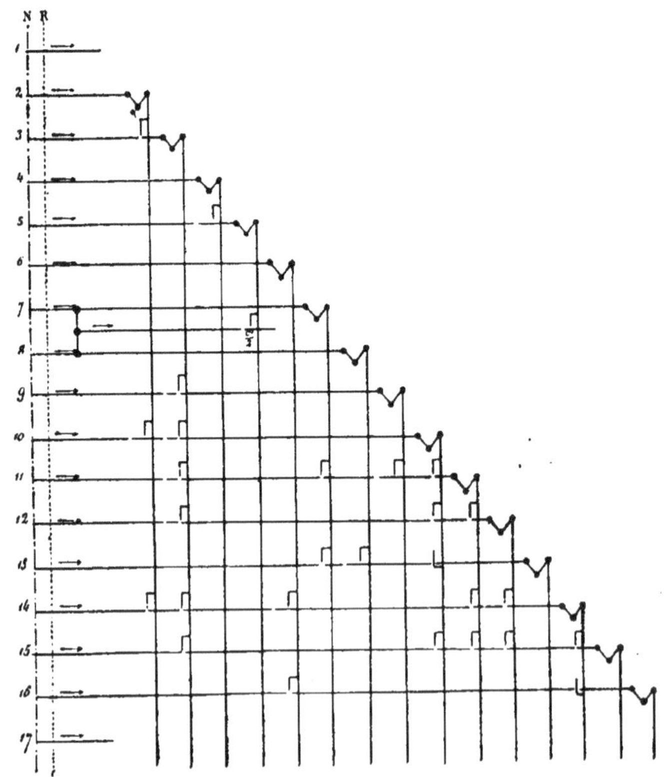

GARE DE VILLERS-COTTERETS

Cabine N° 2

Schéma des enclenchements

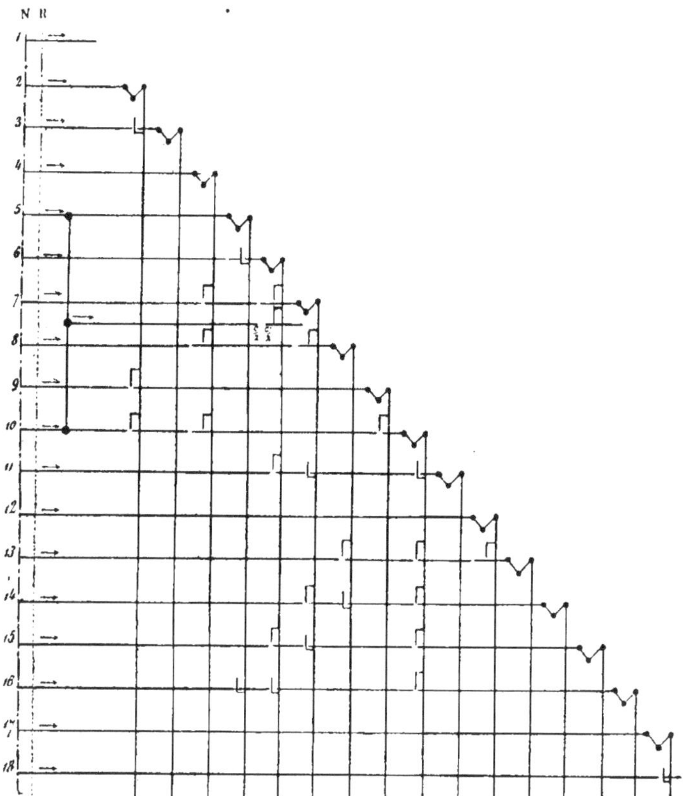

283. Directeurs et trajecteurs. — Il reste, pour terminer, à dire quelques mots de certaines combinaisons d'enclenchements qui permettent, dans les gares importantes, de réaliser une très sérieuse économie de leviers : nous voulons parler de l'emploi des leviers *directeurs* et des signaux *trajecteurs*.

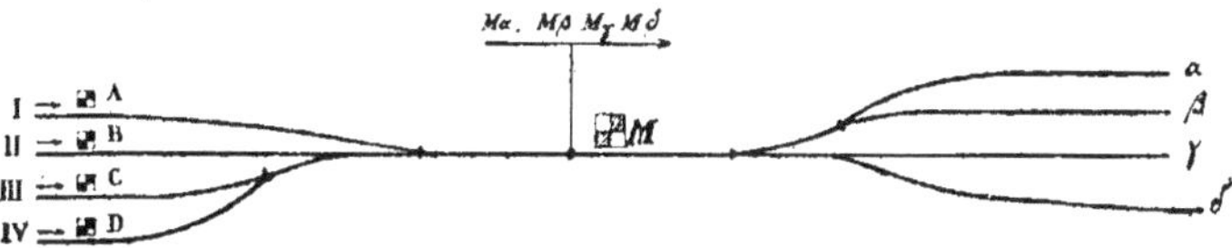

Supposons 4 voies de départ I, II, III et IV se réunissant sur un tronc commun, au-delà duquel la voie se bifurque en plusieurs tronçons α, β, γ, δ. Les mouvements sur chacune des voies de départ seront commandés par un signal carré enclenché avec les aiguilles, et, en vertu de ce que nous avons dit tout à l'heure, si ces signaux n'ont qu'un seul levier, chacun d'eux ne pourra commander qu'un seul mouvement. Si, par exemple, le levier de A réalise avec les aiguilles les enclenchements nécessaires pour aller sur δ, il ne sera pas possible de faire passer un train de A sur une des directions α, β, γ. On sera donc amené, pour pouvoir aller de l'une quelconque des 4 voies de départ sur une quelconque des directions α, β, γ, δ, à munir chacun des signaux A, B, C ou D de 4 leviers, ce qui fait en tout 16 leviers. L'emploi du directeur simplifie notablement ce résultat.

Supposons que l'on ait, sur le tronc commun, un signal imaginaire M muni de 4 leviers $M\alpha$, $M\beta$, $M\gamma$, $M\delta$, et réalisons, pour chacun de ces leviers, les enclenchements binaires qui conduisent du tronc sur α, β, γ ou δ. Il suffira alors, pour aller sur l'une quelconque de ces directions, que les leviers des signaux A, B, C, D soient munis chacun d'un seul levier enclenché avec les aiguilles de façon à conduire sur le tronc commun, et d'établir, entre chacun d'eux et les 4 leviers de M, un enclenchement tel qu'il faille renverser un de ces derniers pour ouvrir celui du signal. Le nombre des leviers, au lieu d'être de $4 \times 4 = 16$, se trouve réduit à $4 + 4 = 8$. On dit alors que M est un *directeur* à 4 leviers : on le marque sur les plans par un point indiquant la position du signal imaginaire, et l'on indique par une flèche le sens des circulations qu'il permet d'obtenir.

Les enclenchements qui doivent exister entre les leviers du directeur et ceux des signaux A, B, C, D sont évidemment de la forme :

$$\frac{(M\alpha + M\beta + M\gamma + M\delta)N}{AN},$$

$$\frac{(M\alpha + M\beta + M\gamma + M\delta)N}{BN},$$

$$. \quad . \quad . \quad . \quad . \quad . \quad . \quad . \quad . \quad . \quad . \quad . \quad .$$

D'une manière générale, si m directions convergent vers un tronc commun, conduisant lui-même à n directions, il faudra mn leviers pour aller d'une quelconque des m directions sur une quelconque des n autres, et l'emploi d'un directeur à n leviers réduira le nombre des leviers à $m + n$.

Supposons encore que l'on ait plusieurs voies de départ aboutissant

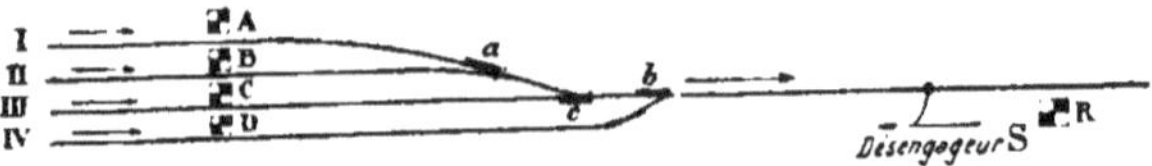

à un tronc commun. Chacune des voies de départ sera munie d'un signal d'arrêt A, B, C, D dont le levier sera convenablement enclenché avec les aiguilles, a, b, c pour assurer la continuité des voies, et ils seront, comme conséquence, enclenchés entre eux de telle façon que l'un deux seulement puisse être ouvert à la fois.

Si, par exemple, pour partir de la voie I, il faut que a et b soient normales et c renversée, on aura les enclenchements $\dfrac{AR}{aN}$, $\dfrac{AR}{cR}$ et $\dfrac{AR}{bN}$, et évidemment on ne pourra renverser ni B, ni C, ni D, puisqu'il faudrait que les aiguilles a, b, c occupassent une position différente.

Le fait que l'un des leviers A, B, C, D a pu être renversé établit donc la continuité entre la voie correspondante et le tronc commun et, de plus, implique que les autres voies sont fermées. Si donc on veut refouler du tronc commun sur une des 4 voies, on pourra, au lieu de munir de 4 leviers le signal de refoulement R, l'astreindre à ne pouvoir être ouvert que si l'on a pu préalablement renverser un des 4 leviers A, B, C, D sous réserve que, dans ce cas, la manœuvre de ces leviers n'effacera pas le voyant du signal.

Ce résultat est obtenu : 1º à l'aide d'un désengageur S, qui peut couper la transmission des signaux A, B, C, D, et dont le levier enclenche normalement à l'arrêt le signal R : $\dfrac{SN}{RN}$; 2º en enclenchant conditionnellement les leviers des signaux A, B, C, D et R de telle façon que

$$\frac{(A+B+C+D)N}{RN} .$$

Il faudra donc, pour ouvrir R, renverser d'abord S, ce qui coupera la transmission des signaux A, B, C, D, puis un des leviers A, B, C ou D, ce qui assurera la continuité des aiguilles pour le refoulement sur une des 4 voies de départ. D'ailleurs, on combinera les enclenchements de manière qu'il faille renverser d'abord le désengageur S avant le levier d'un des signaux A, B, C, D, ce que l'on obtiendra en réalisant entre ces leviers des enclenchements binaires doubles de la forme :

$$\frac{AR}{SN\ et\ R} , \quad \frac{BR}{SN\ et\ R} , \quad etc\ldots$$

On voit, en effet, que si l'on avait renversé le levier d'un signal avant le désengageur, on ne pourrait plus manœuvrer ce dernier ni, par conséquent, ouvrir R ; dans ce cas, on aurait disposé les voies pour un départ. Si, au contraire, on a renversé S et, par suite, coupé les transmissions, on peut renverser l'un des deux leviers de signaux pour ouvrir ensuite R, mais on ne peut plus ramener le désengageur à l'engagement : les voyants des signaux de départ seront immobilisés à l'arrêt ; les leviers A, B, C et D jouent donc le rôle de directeurs pour le mouvement inverse de celui que les signaux qu'ils manœuvrent commandent. On dit alors que ces leviers sont *trajecteurs* pour le refoulement.

Avec un levier pour le signal de refoulement R et un désengageur, on a obtenu le même résultat que si on avait mis 4 leviers au signal R. L'économie a été de deux leviers. Si l'on avait eu m directions convergentes, l'économie du nombre des leviers eût été de $m - 2$. D'une manière générale, si l'on a m directions convergentes aboutissant à un tronc commun et se divisant en n branches, il faudra, pour aller des m directions aux n autres et réciproquement, en employant 2 directeurs M et M' sur le tronc commun, à savoir un pour chaque sens, $2(m + n)$ leviers.

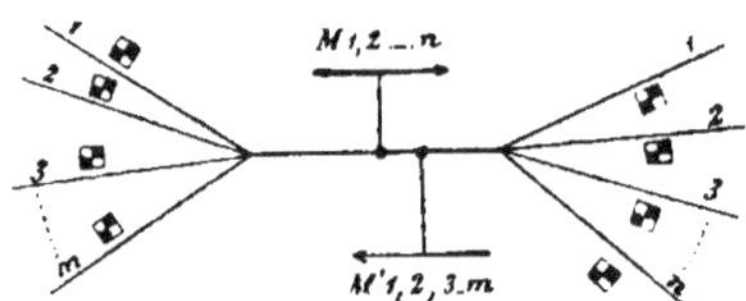

A l'aide de la combinaison des leviers trajecteurs, il suffira de $(m + n)$ leviers pour la direction de gauche à droite (départ), plus n signaux de refoulement et un désengageur pour les mouvements de sens inverse, soit au total $(m + n) + n + 1$ leviers.

L'économie totale sera de $m - 1$ leviers.

A notre connaissance, les leviers trajecteurs ont été appliqués pour la première fois par la compagnie du *Nord* qui a imaginé tout récemment cette combinaison et en a usé très largement dans les installations d'enclenchements de la gare de Paris, à la suite du remaniement général des voies qu'elle a opéré en 1898-1899.

284. Vérification des projets d'enclenchements. — Les ingénieurs du contrôle des chemins de fer ont souvent à vérifier les projets d'enclenchements présentés par les compagnies à l'approbation de l'Administration supérieure. C'est là une opération relativement facile, mais qu'il importe de conduire avec beaucoup de méthode.

Le premier soin à prendre, lorsqu'on examine un de ces projets, est de dresser le *tableau des passages*, si ce tableau n'a pas été joint au projet par la compagnie, ou, s'il a été présenté, de le vérifier. Ce tableau doit comprendre l'énumération de tous les mouvements possibles et, pour chacun d'eux, la liste des appareils de voie et des signaux à manœuvrer pour l'obtenir. On l'établit ou le vérifie à l'aide du plan schématique, puis on s'assure que les enclenchements prévus conduisent pour tous ces mouvements (auxquels on donne des numéros d'ordre) à la même succession de leviers à renverser.

Au chemin de fer de *Lyon*, le tableau des passages accompagne toujours les projets d'enclenchements. Nous avons donné précédemment, à titre d'exemple, le tableau des enclenchements du poste n° 1 de la gare de Dijon-ville. Voici maintenant le tableau des passages :

N^{os}	Désignation des passages	Leviers à renverser
1	De voie 1 Paris sur voie 1 intérieure...................	7.5.4.
2	— 1 — 1 extérieure...................	10.13.8.5.4.
3	— 2 — 7 — ...	11.9.3.
4	— 2 — 1 intérieure ...	11.3.
5	— 2 — 2 intérieure ...	3.
	} Refoulement	
6	— 2 — 1 extérieure ...	12.3.
7	— 2 — 2 extérieure ...	10.3.
8	— 2 — 8, 10, 12...18 ...	14.6.
9	Des voies 8,10,12....18 sur voie 2 Paris...............	14.17.16.
10	De voie 2 extérieure — 2 Paris...............	10.17.2.1.
11	— 2 intérieure — 2 Paris...............	17.15.
12	— 1 intérieure — 2 Paris (Refoulement).	11.
13	— 7 sur voie 2 Paris...........................	11.9.

Cette première vérification faite, on établit, toujours en se servant du croquis schématique des voies, le *tableau des passages simultanés*, c'est-à-dire le tableau des mouvements qui peuvent se faire simultanément sans conduire à des convergences. Le chemin de fer de *Lyon* fournit également ce tableau, qui comporte autant de lignes et de colonnes qu'il y a de passages. On marque, au croisement des lignes et des colonnes qui correspondent à des mouvements simultanément possibles, un signe conventionnel, — on répétera, par exemple, le numéro de la colonne — et on laisse vides les autres cases. Enfin on remarquera que ce tableau doit être symétrique, car si le passage A est simultanément possible avec le passage B, réciproquement B est évidemment possible avec A. Le tableau des passages simultanés du poste 1 de Dijon-ville est donné à la page suivante :

On peut d'ailleurs, si l'on veut, accoler ce tableau à la droite du précédent de façon à rendre les rapprochements plus faciles.

Ces tableaux établis, la vérification des enclenchements consistera à s'assurer que les enclenchements prévus par les tableaux permettent de donner simultanément les passages que leurs itinéraires rendent possibles simultanément, et surtout qu'ils interdisent les passages conduisant à des convergences. Il est évident que, si les enclenchements satisfont à cette double condition, ils ne conduiront pas à des impossibilités d'exploitation et qu'ils assureront la sécurité. La seconde partie de la question est d'ailleurs de beaucoup la plus importante. On prendra successivement chacune des cases blanches, et l'on vérifiera que les enclenchements ne permettent pas de renverser simultanément les leviers qui donnent les mouvements indiqués par les numéros de la ligne et de la colonne qui s'y croisent. Si, par exemple, on considère les passages 11 et 9, ils sont impossibles simultanément parce que $\dfrac{15\,R}{14\,N}$ et que $\dfrac{14\,N}{16\,N}$, c'est-à-dire que $\dfrac{15\,R}{16\,N}$. On peut alors inscrire dans la case 11-9 les enclenchements ci-dessus qui indiquent que la simultanéité est impossible. On procédera de la même façon pour chacune des cases, ou du moins pour la moitié, puisque le tableau est symétrique, en étudiant d'ailleurs avec soin les cas particuliers qui peuvent se produire. Dans la case 9-11, les enclenchements qui interdiront la simultanéité des deux mouvements seront évidemment les inverses des précédents.

Nᵒˢ	1	2	3	4	5	6	7	8	9	10	11	12	13
1	+				5	6	7	8	9	10	11		
2		+					7	8	9	10			
3			+										
4				+									
5	1				+								
6	1					+							
7	1	2					+						
8	1	2						+					
9	1	2							+		$\frac{16R}{14R}\ \frac{14R}{15N}$		
10	1	2								+			
11	1								$\frac{15R}{14N}\ \frac{14N}{16N}$		+		
12												+	
13													+

Cette méthode peut se compléter par l'emploi du tableau de M. *Massieu* qui donne la liste complète de tous les enclenchements binaires directs et indirects, et permet de trouver très rapidement l'enclenchement à inscrire, — s'il existe — dans la case qui correspond à deux passages convergents, ou, mieux encore, par l'emploi du tableau de M. *Descubes* qui donne tous enclenchements binaires ou multiples. Nous avons cité, page 511, les publications où se trouvent les mémoires de ces auteurs.

L'emploi du tableau des passages simultanés est malheureusement peu praticable lorsqu'on a affaire à des cabines importantes ; le nombre des passages devient très considérable, et le tableau prendrait des développements inadmissibles. Ainsi à la gare de *Paris-Nord*, dans la zone d'action des cabines 1 et 2, qui ont, la première 200 et la seconde 130 leviers, le nombre des mouvements possibles est d'environ 400. Le tableau des passages simultanés comporterait donc 400 lignes et 400 colonnes et aurait au moins 5 mètres de côté ; le nombre des cases à vérifier y serait de 80.000. On arrive ainsi à une véritable impossibilité pratique. Il faut alors se borner à des vérifications par épreuves. On prendra pour cela les mouvements principaux et quelques mouvements transversaux parmi ceux qui intéressent le plus grand nombre d'appareils, puis on recherchera, avec le tableau des enclenchements et en suivant attentivement le plan schématique, la liste des leviers à renverser pour les obtenir. Cela fait, on dressera avec le plan, pour chacun d'eux, la liste des mouvements qui pourraient le prendre en écharpe et l'on vérifiera si, étant donné qu'on a manœuvré les leviers utiles pour avoir le mouvement considéré, les enclenchements interdisent bien tous les mouvements convergents. Le travail sera d'ailleurs facilité si la compagnie a joint au dossier — ce qui est toujours pratiquement possible — le tableau des passages avec l'indication des leviers à renverser.

TABLE DES MATIÈRES

CHAPITRE II

Matériel moteur. — Locomotive considérée comme véhicule.

CHAPITRE III

Locomotive considérée comme machine à vapeur

DEUXIÈME PARTIE

Traction

CHAPITRE IV

Résistance des trains

CHAPITRE V

Traction

CHAPITRE VI

Freins

CHAPITRE VII

Freins continus

TROISIÈME PARTIE

Voie

CHAPITRE VIII

Voie proprement dite

CHAPITRE IX

Dispositions particulières à certains points de la voie

CHAPITRE X

Gares

QUATRIÈME PARTIE

Exploitation

CHAPITRE XI

Signaux

CHAPITRE XII

Exploitation technique

LAVAL. — IMPRIMERIE PARISIENNE, L. BARNÉOUD & Cⁱᵉ.

ENCYCLOPÉDIE DES TRAVAUX PUBLICS (*suite*)

OUVRAGE D'UN PROFESSEUR A L'ÉCOLE NATIONALE FORESTIÈRE

M. Thiéry. *Restauration des montagnes*, avec une *Introduction* par M. Lechalas père. Vol. de 442 pages, avec 173 figures... 15 fr.

OUVRAGES DE DIVERS AUTEURS

M. Emile Bourry, ingénieur des Arts et Manufactures, *Traité des Industries céramiques*, 1 vol. Voir *Encyclopédie industrielle*.................................. 20 fr.

M. Charpentier de Cossigny, ingénieur civil des mines, lauréat de la Société des agriculteurs de France. *Hydraulique agricole*. 2e édit., 1 vol., avec 160 figures..... 15 fr.

M. Degrand, inspecteur général honoraire des ponts et chaussées. *Ponts en maçonnerie* (Voir ci-dessus : *J. Résal*).

M. Derôme, *Chimie appliquée* (Voir ci-dessus *Durand-Claye*).

M. Doniol, inspecteur général des ponts et chaussées en retraite. *Réglementation des chemins de fer d'intérêt local, des tramways et des automobiles* 1 vol. avec figures.. 10 fr.

M. le Dr Duchesne, ancien président de la Société de médecine pratique. *Hygiène générale et Hygiène industrielle*, ouvrage rédigé conformément au programme du *Cours d'hygiène industrielle de l'Ecole centrale*. 1 vol. de 740 pages, avec figures..... 15 fr.

M. Feret. *Chimie appliquée* (Voir ci-dessus *Durand-Claye*).

M. Henry (Ernest). Inspecteur général des ponts et chaussées. *Théorie et pratique du mouvement des terres, d'après le procédé Bruckner*. 1 vol., 2 fr. 50. — *Ponts métalliques à travées indépendantes : formules, barèmes et tableaux*. 1 vol. de 639 pages, avec 267 figures, 20 fr.— *Traité pratique des chemins vicinaux*, volume de près de 800 pages (1). 20 fr.

M. Maurice Koechlin, ingénieur. *Applications de la statique graphique*. 1 vol., avec 311 figures et 1 atlas de 34 planches, seconde édition, revue et très augmentée.... 30 fr.

M. Lallemand, ingénieur en chef des mines. *Nivellement de précision* (Voir ci-dessus *Durand-Claye*).

M. Lavoinne. *La Seine maritime et son estuaire*, 1 vol., avec 49 figures......... 10 fr.

M. Lechalas père, inspecteur général des ponts et chaussées. *Hydraulique fluviale*. 1 vol., avec 78 figures. 17 fr. 50. — *Des conditions générales d'établissement des ouvrages dans les vallées* (Voir ci-dessus : *J. Résal et Degrand*; c'est l'introduction à leur *Traité des Ponts en maçonnerie*).

M. Lechalas fils, ingénieur en chef des ponts et chaussées. *Manuel de droit administratif*. Tome I, 20 fr.; tome II, 1re partie, 10 fr.; tome II, 2e partie................. 10 fr.

M. Lévy-Lambert, ingénieur civil, inspecteur de l'exploitation à la Compagnie du Nord. *Chemins de fer à crémaillère*. 1 vol., avec 79 figures. 15 fr. — *Chemins de fer funiculaires, Transports aériens*. 1 vol., avec 150 figures........................ 15 fr.

M. Leygue, ancien ingénieur auxiliaire des travaux de l'Etat, agent-voyer en chef de la province d'Oran. *Chemins de fer. Notions générales et économiques*. 1 vol. de 617 pages, avec figures... 15 fr.

M. E. Pontzen, ingénieur civil (l'un des auteurs de *Les chemins de fer en Amérique*) : *Procédés généraux de construction : Terrassements, tunnels, dragages et dérochements*. 1 vol. de 572 pages, avec 234 figures (médaille d'or à l'Exposition de 1900).... 25 fr.

M. Tarbé de Saint-Hardouin, inspecteur général des ponts et chaussées, ancien directeur de l'Ecole de ce corps. *Notices biographiques sur les ingénieurs des ponts et chaussées*, un vol... 5 fr.

(1) Le second de ces ouvrages rend très faciles et d'une rapidité inespérée les calculs relatifs aux ponts métalliques. — Le troisième élucide toutes les questions concernant les chemins vicinaux.

Chaque ouvrage se vend séparément (et quelquefois aussi chaque volume des ouvrages qui en comprennent plusieurs). Il n'y a pas de numérotage général des volumes formant la collection.

Les ouvrages entrant dans l'*Encyclopédie des Travaux publics* sont en vente chez Ch. Béranger, chez Gauthier-Villars, E. Bernard et Cie, etc.

CHIMIE ÉLÉMENTAIRE (P.C.N.)
POUR LES CANDIDATS AU CERTIFICAT D'ÉTUDES PHYSIQUES, CHIMIQUES ET NATURELLES
DEUXIÈME ÉDITION
Par A. JOANNIS
Professeur à la Faculté des Sciences de Paris

Premier fascicule, in-16 de 300 pages avec 95 figures, 3 fr. 50 : 2e fascicule, 148 pages avec 29 fig., 1 fr. 50 ; 3e fascicule, 264 pages avec 34 fig., 3 fr. 50 ; 4e fascicule, 150 pages avec 23 fig., 1 fr. 50. — Les quatre fascicules ont été réunis en un volume relié de 10 fr. — On continuera *provisoirement* à vendre les fascicules brochés, séparément : 1er, généralités, mécanique chimique, métalloïdes ; 2e, sels, métaux ; 3e, chimie organique ; 4e, analyse chimique. — Ouvrage complet en un volume, relié.............................. 10 fr.

Sous presse : SCIENCES NATURELLES (P. C. N.)
En préparation : PHYSIQUE (P. C. N)
(*Voir ci-après l'Encyc. indust. et l'Encyc. agricole*).

ENCYCLOPÉDIE INDUSTRIELLE

Vol. grand in-8°, avec de nombreuses figures

Exploitation technique des Chemins de fer, par A. Schoeller, et A. Fleurquin, 1 vol. de 408 pages et 109 figures. 12 fr.

Calcul infinitésimal, par E. Rouché et L. Lévy. 2 forts vol. Chaque vol. 15 fr.

Cours de géométrie descriptive de l'Ecole centrale, par C. Brisse, prof. de ce cours, et H. Picquet, examinateur d'admission à l'Ecole polytechnique. 17 fr. 50

Construction pratique des navires de guerre, par A. Croneau, ingénieur des constructions navales, professeur à l'Ecole du Génie maritime, 2 vol. (996 pages et 664 figures) et 1 bel atlas double in-4° de 11 planches, dont 2 à 3 couleurs. 33 fr.

Verre et verrerie, par Léon Appert, président de la Société des Ingénieurs civils, et J. Henrivaux, directeur de la manufacture de St-Gobain. 1 vol. et 1 atlas 20 fr.

Blanchiment et apprêts; teinture et impression, matières colorantes, 1 vol. de 674 p., avec 368 fig. et échantillons de tissus imprimés, par Guignet, directeur des teintures aux Gobelins, Dommer, professeur à l'Ecole de physique et de chimie appliquées, et Grandmougin (de Mulhouse). 30 fr.

Éléments et organes des machines, par A. Gouilly, répétiteur de mécanique appliquée à l'Ecole centrale, 1 vol. de 410 pages, avec 710 figures. 12 fr.

Les associations ouvrières et les associations patronales, par Hubert-Valleroux, avocat. 1 vol. de 361 pages 10 fr.

Traité pratique des ch. de fer (intérêt local) et des Tramways, par P. Guédon. 11 f.

Traité des Industries céramiques, par Emile Bourry, ingénieur des Arts et Manufactures. 1 vol. de 755 pages avec 349 fig. ou groupes de fig. et une planche (teintes usitées en céramique). 20 fr.

Le vin et l'eau-de-vie de vin, par Henri de Lapparent, insp. gén. de l'agriculture. 1 vol. de 545 p., 110 fig. et 28 cartes 12 fr.

Métallurgie générale : Procédés de chauffage, par Le Verrier, 1 vol. de 370 pages avec 171 figures. 12 fr.

La Betterave agricole et industrielle, par Geschwind et Sellier, 1 vol. avec 129 figures (méd. d'arg. soc. nat. d'agr). 20 fr.

Chimie organique appliquée, par A. Joannis, professeur à la Faculté des Sciences de Paris. Tome 1er, 688 pages, avec figures. 20 fr. Tome II. 718 pages, avec figures. 15 fr.

Traité des machines à vapeur, à gaz, à pétrole et à air chaud (1), par Alhéilig et Rocne, ingénieurs des constructions navales. 2 vol. de 1.176 p., avec 693 figures. Tome 1er, 20 fr. Tome II. 18 fr.

Chemins de fer. Superstructure, par E. Deharme (Voir : *Encyc. des Travaux publics*).

Chemins de fer : Résistance des trains. Traction par E. Deharme, professeur à l'Ecole centrale, et A. Pulis, ingénieur de la Cie du Nord. 15 fr.

Chaudières de locomotives, par les mêmes, 130 fig. et 2 pl. 15 fr.

Electricité industrielle, 2e éd., v. de 826 p., 404 fig. (C. de M. Monnier à l'Ec. Cent.) 25 fr.

Machines frigorifiques, par Lorenz, professeur à la faculté de Halle : traduction de Petit, professeur à la faculté des sciences de Nancy, et Jaquet, 131 fig. 7 fr.

Industries du sulfate d'aluminium, des aluns et des sulfates de fer, par L. Geschwind, ingénieur-chimiste. 1 vol. avec 195 figures. 10 fr.

Accidents du travail et assurances contre les accidents, par G. Féolde (Méd. d'arg. Exp. 1900), 1 vol. de 646 p. 7 fr. 50

Traité des fours à gaz à chaleur régénérée, par Toldt, traduction de Dommer, 392 pages, avec 68 figures. 11 fr.

Résistance des matériaux et Eléments de la théorie mathématique de l'élasticité, par Aug. Föppl, professeur à l'Université technique de Munich ; traduction de E. Hahn, ingénieur, 75 fig. 15 fr.

---

1. Cet ouvrage comprend, outre les sujets qui ressortent nécessairement de son titre, la thermodynamique, le montage des machines, l'essai des moteurs, la passation des marchés, les prix de revient de construction et d'exploitation. — Des *Annexes* sont consacrées aux servo-moteurs, au système français de pas mécanique, à des tables et notes diverses (vapeurs d'eau, d'éther, de chloroforme, de benzine et d'alcool ; caractéristiques des divers aciers ; boulons et écrous de la Marine, etc.).

ENCYCLOPÉDIE AGRICOLE

LIBRAIRIE ARMAND COLIN, rue de Mézières, 5, Paris

Format in-18 jésus, avec figures, à 3 fr. 50 le volume

Principes de laiterie, par E. Duclaux, membre de l'Institut, directeur de l'Institut Pasteur. 1 vol.

Nutrition et production des animaux, par P. Petit, professeur à la Faculté des Sciences de Nancy. 1 vol.

La petite culture, par G. Heuzé, inspecteur général de l'agriculture. 1 vol.

Amendements et engrais, par A. Renard, professeur de chimie agricole à l'Ecole des Sciences de Rouen. 1 vol.

Les légumes usuels, par Vilmorin. 2 vol. (plusieurs centaines de figures).

Eléments de géologie, par E. Nivoit, inspecteur général des Mines (conformes aux derniers programmes de l'Université). 1 vol.

Les syndicats professionnels agricoles, par G. Gain, juge d'instruction à Toulon, membre de la Société des Agriculteurs de France. 1 vol.

Le commerce de la boucherie, par Ernest Pion, vétérinaire, inspecteur au marché de la Villette, avec une *Introduction* par M.-C. Lechalas. 1 vol.

Les cours d'eau : *Hydrologie* (par M.-C. Lechalas) et *Législation* (par de Lalande, avocat au Conseil d'Etat). 1 vol. (1).

Petit dictionnaire d'agriculture, de zootechnie et de droit rural, par A. Larbalétrier, professeur d'agriculture. 1 vol. relié (par exception, 2 fr. 50).

---

1. Cet ouvrage comprend l'exposé des beaux travaux de M. Fargue sur les rivières, des considérations importantes relatives aux rivières industrielles, des notions pratiques sur la jurisprudence concernant les rivières et les ruisseaux, etc.

Le Ministre de l'Instruction publique et celui de l'Agriculture ont souscrit à la plupart de ces ouvrages. *Les cours d'eau* et *Les légumes usuels* ont été approuvés par la Commission des *Bibliothèques scolaires* ; *La nutrition et production des animaux* et *La petite culture* ont été approuvées par la Commission ministérielle des Bibliothèques populaires, communales et libres.

LAVAL. — IMPRIMERIE PARISIENNE, L. BARNÉOUD & Cie.

www.ingramcontent.com/pod-product-compliance
Lightning Source LLC
LaVergne TN
LVHW050819060726
842527LV00001BA/69